LUDWIK BORKOWSKI

Formale Logik

Logische Systeme
Einführung in die Metalogik

Ein Lehrbuch

Herausgegeben
von
Lothar Kreiser

Verlag C. H. Beck · München

Polnischer Originaltitel:
Logika Formalna
Systemy logiczne
Wstęp do metalogiki

Ins Deutsche übertragen von
Karl-Heinz Beschoner und Karl Jürgen Meyer

ISBN: 3 406 06802 2
Verlag C. H. Beck München, 1977

Lizenzausgabe mit freundlicher Genehmigung von Państwowe Wydawnictwo Naukowe und Akademie-Verlag
Schutzumschlag: Walter Kraus, München
Gesamtherstellung: IV/2/14 VEB Druckerei »Gottfried Wilhelm Leibniz«, 445 Gräfenhainichen · 4899
Printed in GDR

Inhaltsverzeichnis

Kapitel VI

Nichtklassische logische Kalküle

Kapitel VII

Der Namenkalkül

Kapitel VIII

Logische Antinomien und Methoden ihrer Beseitigung

Kapitel IX

Einführung in die Metalogik

Vorwort des Herausgebers

Nach dem 1958 erschienenen „Abriß der Logik" von K. Ajdukiewicz liegt mit der „Formalen Logik" die Übersetzung des Buches eines weiteren namhaften polnischen Logikers vor. Hatte jener „Abriß" im wesentlichen Themen der traditionellen formalen Logik vom modernen Standpunkt aus zum Gegenstand, gibt dieses Buch eine Einführung in den Grundbestand der formalen (oder modernen oder eben auch mathematischen) Logik.

Mit dieser Einführung in die formale Logik wendet sich der Autor besonders an jene, für die die formale Logik ihrer Aussagen bezüglich des logischen Schließens und seiner Kontrolle wegen von Bedeutung ist, an jene also, denen es um eine Aneignung und Anwendung logischer Theorien als notwendigen Bestandteil wissenschaftlichen Denkens und Erkennens geht. Die regellogische Darstellung insbesondere der Aussagen- und Prädikatenlogik kommt diesem Wunsch ebenso entgegen, wie das Bemühen des Autors, im allgemeinen keine speziellen mathematischen Kenntnisse bei den erforderlichen Begriffsbildungen wie auch bei der Darstellung der einzelnen logischen Theorien vorauszusetzen. Dem Autor geht es in erster Linie darum, die von ihm behandelten Themen einem breiten Leserkreis so verständlich zu machen, daß nicht nur logische Operationen bewußt nachvollzogen werden können, damit also beherrscht werden, sondern sich auch eine Einsicht in deren inhaltliche Grundlagen eröffnet. Jahrzehntelange Lehrerfahrungen ermöglichten dem Autor eine solche Synthese von Verständlichkeit und wissenschaftlicher Exaktheit. Von mehr oder minder intuitiven Einsichten ausgehend werden aufeinander aufbauende bzw. sich ergänzende logische Theorien entwickelt. Und wenn man die nun einmal unerläßliche Mühe des Denkens beim Einarbeiten in einen Wissenschaftsbereich nicht scheut, wird sich dem Leser in der ihm hier gebotenen methodisch-didaktischen Führung der Mengen- und Relationenkalkül mit seiner wissenschaftstheoretisch weitreichenden Bedeutung ebenso erschließen, wie das Gebiet der Metalogik. Es ist dem

Lehrprinzip geschuldet, das Einfachere vor dem Komplizierteren zu behandeln, wenn der Autor metalogische Untersuchungen zu den vorgestellten logischen Theorien in das letzte Kapitel des Buches verlegt, dann aber in einer systematischen Form zusammengefaßt behandelt als eine Einführung in die Metalogik.

Eine Einführung in die moderne formale Logik wendet sich nicht an einen solchen bestimmten Leserkreis, wie etwa eine Einführung in die Physiologie oder in die Mathematik. Der anzusprechende Leserkreis ist dem Gegenstand der Logik nach wesentlich größer und differenziert sich nur durch die Voraussetzungen, welche eine gegebene Einführung in die Logik an seinen Leser stellt. Es kann daher einer Verbreitung logischer Erkenntnisse nur von Nutzen sein, wenn die Skala der verfügbaren Literatur zur Logik so breit und vielfältig als möglich ist. Das vorliegende Buch versucht einen möglichst großen Kreis von Lesern anzusprechen, die, aus welchen Gründen auch immer, sich mit logischen Theorien vertraut machen wollen.

Es gibt Einführungen in die moderne formale Logik unter Berücksichtigung eines besonderen Anwendungsbereiches. Die „Formale Logik" gibt keinem speziellen Anwendungsbereich einen Vorzug, wenn auch gelegentlich vor allem aus entwicklungsgeschichtlichen Gründen ein unmittelbarer Bezug auf die Mathematik unumgänglich wird. Auch die gewählten Beispiele sind in der Regel dem Alltag oder der Geschichte entnommen. Es ist möglich, daß es Leser gibt, denen sie zu trivial erscheinen; wer aber deshalb dem ausgedrückten logischen Gehalt ein geringeres Gewicht beilegt, gleicht einem, der die Arithmetik belächelt, weil sie auch auf Dinge des Alltags anwendbar ist. Ein Beispiel ist gut, wenn es das Allgemeine einsichtig und einprägsam zum Ausdruck bringt und nicht durch das Verständnis seiner Besonderheiten zusätzlich erschwert. Es dürfte wohl keine Unterschätzung des allgemeinen Bildungsniveaus sein, wenn in einer Einführung in die Logik vorliegender Art zur Demonstration eines logischen Schlußschematas statt aus der Physik der Elementarteilchen oder der mathematischen Funktionentheorie ein simples Alltagsbeispiel ausgewählt wurde.

Die Übersetzung dieses Buches aus dem Polnischen war nun insofern nicht ohne gewisse Schwierigkeiten, als noch keine dem Umfang nach entsprechende Vergleichsmöglichkeit vor allem bezüglich der jeweiligen adäquaten Übersetzung der Fachtermini vorlag. Hier ist nun neben den Übersetzern für ihre gezeigte Sorgfalt vor allem Herrn Prof. Dr. L. Borkowski zu danken, der sich der Mühe unterzog, die gesamte deutschsprachige Fassung hinsichtlich ihrer Sinnübereinstimmung mit der polnischen Ausgabe zu lesen. Die Durchsicht der Übersetzung durch den Autor entläßt natürlich nicht den Herausgeber aus seiner Verantwortlichkeit. Der Autor hat ferner auch eine Reihe über den Inhalt der polnischen Ausgabe hinausgehende Ergänzungen vorgenommen. Einige, weniger dem deutschen, als dem polnischen Leser intuitiv verständliche Beispiele wurden entsprechend geändert. Das betrifft auch angegebene Literatur, die ein vom Autor behandeltes Thema ebenfalls ausführt, aber nur in polnischer Sprache vorliegt. In diesen Fällen werden äquivalente deutschsprachige Arbeiten angeführt. Beruft sich der Autor aber auf andere Werke, so wurde natürlich keine Veränderung vorgenommen, sondern geprüft, ob eine betreffende deutschsprachige Ausgabe vorliegt und diese dann zusätzlich mitgeteilt, falls die zitierte Arbeit nicht schon eine deutschsprachige war. Fiel diese Prüfung negativ aus, wurden ergänzend solche deutschsprachige Arbeiten angegeben, in denen jene Resultate, auf welche sich der Autor beruft, zur Sprache kommen. Es versteht sich, daß solche Ergänzungen nicht dem Prinzip der Vollständigkeit gemäß erfolgen konnten. An einigen Stellen sind vom Herausgeber Literaturangaben hinzugefügt worden, die, wie alle anderen Ergänzungen im Text, besonders gekennzeichnet sind, nämlich durch ein eckiges Klammerpaar.

Dem Akademie-Verlag gebührt Dank für die Aufnahme dieses Buches in sein Verlagsprogramm; nicht minder aber muß an dieser Stelle auch den Setzern der Druckerei „G. W. Leibniz", Gräfenhainichen, gedankt werden für die, dem Namen ihrer Druckerei alle Ehre machende ausgezeichnete Sorgfalt, mit der sie den Satz dieses Buches besorgten.

Vorwort

Das lebhafte Interesse, das Vertreter verschiedener Wissenschaftsdisziplinen der formalen Logik entgegenbringen, ist auf zwei Tatsachen zurückzuführen, nämlich auf ihre Anwendung in bestimmten Wissenschaften (z. B. in der Sprachwissenschaft oder auch in bestimmten philosophischen Wissenschaften) sowie darauf, daß in der modernen Logik Ergebnisse erreicht wurden, die vom allgemeinen Standpunkt interessant und bedeutungsvoll sind.

Das vorliegende Buch ist hauptsächlich für Personen bestimmt, die sich mit der modernen formalen Logik ausführlicher beschäftigen möchten, jedoch über keine speziellen mathematischen Vorkenntnisse verfügen. Diese Rücksicht bestimmt die Wahl des Stoffes, das Streben nach einer möglichst allgemeinverständlichen Darstellungsweise sowie die Wahl der Beispiele.

Die vier ersten Kapitel sowie ein Teil des V. Kapitels enthalten neben allgemeinen Kenntnissen, die für die Lektüre der nächsten Kapitel benötigt werden, ausführliche, jedoch möglichst allgemeinverständlich dargestellte Kenntnisse aus den wichtigsten logischen Kalkülen, nämlich dem klassischen Aussagenkalkül, dem klassischen Prädikatenkalkül, dem Mengen- und Relationenkalkül. In den Kapiteln VI und VII sind einige nichtklassische Kalküle und der Namenkalkül dargestellt. Die in diesem Teil des Buches behandelten Themen können auch für Studenten der gesellschaftswissenschaftlichen Fakultäten, für die ein umfangreicheres Studium der formalen Logik obligatorisch ist, von Nutzen sein.

Die weiteren Partien des V. Kapitels, beginnend mit den Behauptungen über die kleinsten, in bezug auf gewisse Relationen abgeschlossenen Mengen, und die Kapitel VII und IX sind für diejenigen bestimmt, die sich nicht nur darauf beschränken möchten, die Elemente der formalen Logik kennen zu lernen, sondern eine gründlichere und tiefere Kenntnis der Ergebnisse der modernen formalen Logik anstreben. Die Lektüre dieses Teiles des Buches wird vom Leser mehr

Mühe verlangen als die Lektüre der vorangegangenen Kapitel, aber die Aneignung der dort angeführten Kenntnisse wird ihm den Zugang zu gründlicheren Darstellungen der Probleme und Ergebnisse der modernen formalen Logik erleichtern. Gewisse mathematische Vorkenntnisse des Lesers erleichtern sicherlich das volle Verständnis einiger Passagen des Kapitels V, VIII und IX; hier wird der Leser, der zum ersten Male mit den dort behandelten Begriffen in Berührung kommt, größere Mühe aufbringen müssen.

Durch den Einschub längerer oder kürzerer Erwähnungen verschiedener Ergebnisse der modernen Logikforschung möchte ich den Leser in ziemlich breitem Umfang über diese Ergebnisse informieren und auf das Vorhandensein einer reichen und interessanten Problematik, die auf der Grundlage der modernen formalen Logik formuliert und gelöst wird, hinweisen. Um den ohnehin schon erheblichen Umfang des Buches nicht übermäßig zu vergrößern, vermeide ich im Prinzip Bemerkungen historischer Art; der Leser kann sie in anderen Darstellungen finden.

Zum Schluß möchte ich Herrn Doz. Dr. Henryk Stonert für die zahlreichen wertvollen Hinweise in seiner Rezension dieses Buches herzlich danken.

In der deutschsprachigen Ausgabe wurden verschiedene Änderungen und Ergänzungen vorgenommen. Insbesondere wurde im Kapitel VII die Aristotelische Syllogistik umfangreicher dargestellt. Manche Ergänzungen sind erläuternder Natur, um die Lesbarkeit gewisser Stellen zu erhöhen.

Ludwik Borkowski

KAPITEL I

Funktionen und Arten von Sprachausdrücken

1. Formale Logik und Sprachausdrücke

Der allgemein verbreiteten Meinung nach vermittelt die Logik Kenntnisse, die uns eine Überprüfung der Richtigkeit des von uns durchgeführten Schließens ermöglichen. Unter Schließen wiederum versteht man einen Denkprozeß, der darin besteht, daß anhand bestimmter Sätze, welche Prämissen des gegebenen Schlusses genannt werden, ein anderer Satz bewiesen wird, den man als Conclusio dieses Schlusses bezeichnet. Wenn wir z. B. anhand der Sätze:

1. Wyspiański ist ein Dichter
2. Wyspiański ist ein Maler

den Satz

3. Manche Dichter sind Maler

beweisen, dann ist diese Beweisführung ein Schluß, dessen Prämissen die Sätze (1) und (2) sind, während der Satz (3) die Conclusio bildet.

Das so verstandene Schließen unterscheidet sich als indirekter Nachweis von dem direkten Wahrheitsnachweis für Sätze, die aufgrund einer äußeren oder auch inneren Wahrnehmung (Introspektion) anerkannt werden.

Definiert man das Schließen als einen bestimmten Denkprozeß ist damit die Gefahr eines gewissen Mißverständnisses verbunden. Man könnte der Meinung sein, daß auf Grund der Tatsache, daß das Schließen ein psychischer Vorgang ist, die Logik ein Zweig der Psychologie sei. Diese Meinung ist von Grund auf falsch. Die Untersuchung der logischen Richtigkeit eines Schlusses besteht nicht in einer psychologischen Analyse bestimmter psychischer Erscheinungen. Das Schließen ist deshalb die Begründung eines Satzes, weil eine bestimmte logische Beziehung, ein logischer Zusammenhang zwischen den Prämissen und der Conclusio besteht. Im Rahmen der formalen Logik beschränken wir uns auf die Untersuchung solcher Fälle des Schließens, bei denen diese Beziehung eine Beziehung der logischen Folgerung ist. Die Definition dieser Beziehung werden wir später kennenlernen. Hier wollen wir nur darauf aufmerksam machen, wenn die Conclusio logisch aus den Prämissen folgt und die Prämissen wahr sind, ist auch die Conclusio wahr. Dies genügt, um zu verstehen, auf welche Weise man mit Hilfe eines solchen Schließens, das von der Wahrheit anderer Sätze ausgeht, die Wahrheit bestimmter Sätze nachweisen kann, d. h. wie man bestimmte Sätze anhand anderer Sätze beweisen kann.

Wenn wir unter einem Schluß den indirekten Nachweis der Wahrheit eines Satzes verstehen, müssen natürlich die Prämissen des Schlusses wahr und (sei es direkt oder indirekt) bewiesen sein. Wenn diese Bedingung nicht erfüllt ist, ist der gegebene Schluß kein richtiger Beweis. Die Untersuchung dessen, ob die Prämissen des Schließens wahr und bewiesen sind, gehört zu dem Zweig des Wissens, dem die bei diesem Schluß auftretenden Sätze angehören. Wenn wir aber die Richtigkeit des Schließens vom logischen Standpunkt untersuchen, beschränken wir uns auf eine Untersuchung dessen, ob zwischen den Prämissen und der Conclusio die für die gegebene Art des Schlusses charakteristische logische Beziehung besteht. Da diese Beziehung im Rahmen der formalen Logik eine Beziehung der logischen Folgerung ist, besteht die Untersuchung der sogenannten formalen Richtigkeit eines Schlusses in der Feststellung, ob die Conclusio logisch aus den Prämissen folgt. Wenn wir also von nun an einfach von der Richtigkeit des Schließens sprechen werden, meinen wir eben eine so verstandene formale Richtigkeit des Schließens.

Wir sagen also, daß der obenangeführte Schluß richtig ist, weil sich die Conclusio (3) logisch aus den Prämissen (1) und (2) ergibt. Wir sagen z. B. auch, daß der Schluß mit der Prämisse:

(4) Manche Dichter sind Maler

und der Conclusio:

(5) Manche Maler sind Dichter

richtig ist, weil die Conclusio (5) logisch aus der Prämisse (4) folgt. Der Schluß mit der Prämisse:

(6) Jeder Dichter ist ein Künstler

und der Conclusio:

(7) Jeder Künstler ist ein Dichter

ist dagegen nicht richtig, weil die Conclusio (7) nicht aus der Prämisse (6) folgt.

Wir sehen also, daß sich eine so verstandene Richtigkeit des Schließens auf keine Momente psychologischer Natur zurückführen läßt, sondern nur davon abhängt, ob zwischen bestimmten Sätzen eine Beziehung der logischen Folgerung besteht. Das ist der Gesichtspunkt, unter dem man in der formalen Logik – angefangen beim Begründer dieser Wissenschaft, dem griechischen Philosophen Aristoteles – das Problem der Richtigkeit des Schließens untersucht.

Im Lichte der obigen Bemerkungen wird verständlich, daß in logischen Überlegungen solche einen bedeutenden Platz einnehmen, die Sprachausdrücke und bestimmte zwischen ihnen bestehende Beziehungen betreffen. Man darf dies jedoch nicht so verstehen, daß die Sprachausdrücke den einzigen Untersuchungsgegenstand der formalen Logik bilden. Wenn wir auch in bestimmten Teilbereichen der Logik die Ausdrücke und bestimmte Beziehungen zwischen ihnen behandeln, so ist damit aber nicht die Gesamtheit der logischen Problematik erschöpft. In der Logik untersucht man auch die Beziehungen zwischen den Ausdrücken und den Gegenständen, auf die sich diese Ausdrücke beziehen. Außerdem – wie wir später sehen werden – werden viele Gesetze der formalen Logik formuliert, ohne daß dabei überhaupt von Ausdrücken die Rede ist. Diese Gesetze stellen gewisse allgemeine Behauptungen über Gegenstände dar, und aus so formulierten Gesetzen bestehen ganze Bereiche der formalen Logik.

Zum Schluß sei noch folgendes bemerkt: Wenn wir in der Logik von Ausdrücken sprechen, beschäftigen wir uns im allgemeinen mit anderen Problemen als jenen, die für Sprachwissenschaftler interessant sind. Außerdem werden von den Logikern im Gegensatz zu den Sprachwissenschaftlern oder Philologen, die ausschließlich natürliche, ethnische Sprachen untersuchen, auch die symbolisierten Sprachen (wie z. B. die Sprache der Mathematik) in ihre Überlegungen einbezogen. Das ist nicht verwunderlich, da ja mit Hilfe von Ausdrücken solcher symbolisierter Sprachen verschiedene, manchmal sehr komplizierte Fälle des Schließens formuliert werden und die Beziehung der logischen Folgerung auch zwischen Sätzen dieser Sprachen besteht. Es ist z. B. leicht festzustellen, daß aus dem Satz „$2<3$" logisch der Satz „$2\leqq3$" folgt. Das ist schon zumindest deshalb verständlich, weil ja im allgemeinen die Sätze solcher Sprachen in bestimmte Sätze einer natürlichen Sprache übersetzt werden können.

2. Die Funktionen der Ausdrücke

Die Ausdrücke einer Sprache erfüllen verschiedene Funktionen. Auf einige von ihnen wollen wir kurz eingehen, um uns zu vergegenwärtigen, welche dieser Funktionen den Logiker interessieren.

Wenn bei einem Ausflug ins Gebirge eine Person zu einer anderen den Satz „Links vor uns ist ein Abgrund" ausspricht, so drückt dieser Satz die Wahrnehmung eines bestimmten Sachverhaltes aus, der von der sprechenden Person beobachtet wurde. Wir haben es hier mit einer der Grundfunktionen der sprachlichen Ausdrücke zu tun, nämlich dem Ausdrücken psychischer Zustände einer sprechenden Person. Dank dieser Funktion der Sprachausdrücke erfahren wir über die sprachlichen Äußerungen von psychischen Erscheinungen, die bei der sprechenden Person auftreten.

Die Ausdrücke einer Sprache sind nicht das einzige Mittel, um psychische Zustände zum Ausdruck zu bringen. Gesten, Mimik, das gesamte Verhalten der betreffenden Person haben die Funktion, ihre psychischen Zustände auszudrücken. Man sieht am Beispiel der Pantomime, wie groß die Vielfalt der psychischen Zustände ist, die man ausdrücken kann, ohne überhaupt Ausdrücke einer Sprache zu verwenden.

Man kann auch beobachten, daß manchmal die ausgesprochenen Ausdrücke erst in Verbindung mit den sie begleitenden Gesten bzw. der Haltung der sprechenden Person deren psychische Zustände zum Ausdruck bringen. Der gleiche Satz, auf verschiedene Weise ausgesprochen, kann psychische Zustände verschiedener Art ausdrücken. Zum Beispiel bringt der über jemanden im Tone tiefer Überzeugung ausgesprochene Satz „Er ist ein guter Mensch" die Überzeugung der sprechenden Person zum Ausdruck, daß der betreffende Mensch gut sei. Der gleiche Satz jedoch, mit offensichtlicher Ironie ausgesprochen, drückt eine ganz andere Überzeugung der sprechenden Person aus, nämlich die Überzeugung, daß der betreffende Mensch durchaus nicht gut sei.

Auf jeden Fall ist es eine Tatsache, daß die Ausdrücke einer Sprache eine der wichtigsten Ausdrucksmittel für psychische Erscheinungen und zweifellos das wichtigste Ausdrucksmittel für intellektuelle Erscheinungen darstellen.

Mit der Funktion des Ausdrückens, des Aussprechens psychischer Zustände ist oft eine andere Funktion der Sprachausdrücke verbunden, nämlich das Hervorrufen entsprechender psychischer Erscheinungen beim Empfänger. In dem von uns angeführten Beispiel ruft der Satz „Links vor uns ist ein Abgrund" bei der Person, an die er gerichtet wurde, eine entsprechende Überzeugung und eine damit verbundene Reaktion hervor. Von dieser Funktion der Sprachausdrücke machen wir oft in verschiedenen Bereichen des menschlichen Zusammenlebens Gebrauch.

Diese beiden Funktionen, das Ausdrücken psychischer Erscheinungen der sprechenden Person und das Hervorrufen bestimmter psychischer Erscheinungen beim Empfänger, können zweifelsohne

Gegenstand einer interessanten und allseitigen psychologischen Analyse sein. Die Logik beschäftigt sich aber nicht mit diesen Funktionen sprachlicher Ausdrücke.

Wenn der von uns angeführte Satz „Links vor uns ist ein Abgrund" von einem Touristen ausgesprochen wird, informiert er damit einen anderen über einen bestimmten Sachverhalt, übermittelt er ihm eine bestimmte Nachricht. Es ist allgemein bekannt, daß die Ausdrücke einer Sprache das wichtigste Mittel zur Informationsübermittlung, zur Übermittlung bestimmter Nachrichten über bestimmte Sachverhalte an andere, das wichtigste Mittel zur Verständigung der Menschen untereinander sind.

Diese Funktion der sprachlichen Ausdrücke basiert auf einer anderen, noch grundlegenderen Funktion dieser Ausdrücke. Diese Funktion ist der Bezug der Ausdrücke auf bestimmte Gegenstände, Sachverhalte usw. Der von uns betrachtete Satz kann deshalb dazu dienen, jemanden über einen bestimmten Sachverhalt zu informieren, weil er die Existenz eben dieses Sachverhaltes feststellt, weil er eben diese Tatsache beschreibt[1]. Wie wir später sehen werden, sind die verschiedenen Arten der Ausdrücke auf unterschiedliche Weise mit ihren gegenständlichen Korrelaten in Beziehung gesetzt. Die Logik befaßt sich mit dieser Funktion der sprachlichen Ausdrücke. Sie bestimmt die verschiedenen Beziehungen zwischen den Ausdrücken und den Gegenständen, auf die sich diese Ausdrücke beziehen, und untersucht die Eigenschaften dieser Beziehungen. Die Beziehungen zwischen den Ausdrücken und den Gegenständen, auf die sich diese Ausdrücke beziehen, werden in der modernen Logik semantische Beziehungen genannt. Die Eigenschaften der Ausdrücke, die ihnen deshalb zukommen, weil sie Glieder bestimmter semantischer Beziehungen sind, werden semantische Eigenschaften genannt. Die sich auf semantische Beziehungen und Eigenschaften beziehenden Begriffe sowie die mit ihrer Hilfe definierten Begriffe werden semantische Begriffe genannt.

Den Teilbereich der Logik, der sich mit den semantischen Beziehungen und den semantischen Eigenschaften der Ausdrücke befaßt,

[1] [Zu dieser besonders in der philosophisch-erkenntnistheoretischen Literatur vielfach behandelten Thematik, verweisen wir den Leser auf K. Berka, L. Kreiser, *Eine grundsätzliche Erweiterung der Semantik, G. Freges,* Deutsche Zeitschrift für Philosophie, Heft 10/1968, S. 1228–1239, sowie auf *Begriff und Funktion der Tatsache in der wissenschaftlichen Forschung,* Rostocker philosophische Manuskripte Heft 6, Rostock, 1969.]

nennt man Semantik. Mit den Beziehungen zwischen den sprachlichen Ausdrücken und den sie benutzenden Personen befaßt sich dagegen die sogenannte Pragmatik, die einen Teilbereich einer allgemeinen Sprachtheorie darstellt, die Semiotik genannt wird. Der Teilbereich der Logik der Sprache, in dem die Eigenschaften der Ausdrücke und die Beziehungen zwischen diesen Ausdrücken untersucht werden, wobei weder die Beziehungen der Ausdrücke zu den Gegenständen, auf die sie sich beziehen, noch die sie verwendenden Personen Berücksichtigung finden, wird logische Syntax genannt.

Jeder sprachliche Ausdruck besitzt einen bestimmten Sinn. Es wird dabei allgemein angenommen, daß verschiedene Menschen den gleichen Ausdruck im gleichen Sinn benutzen können. Damit wird die Möglichkeit ausgeschlossen, daß der Sinn eines Ausdrucks mit den individuellen Prozessen seines Verstehens identifiziert wird, weil ja diese Prozesse bei verschiedenen Personen verschieden sind. Man kann auch nicht den Sinn eines Ausdrucks mit dem Gegenstand, auf den sich dieser Ausdruck bezieht, direkt identifizieren. Davon zeugt die Tatsache, daß zwei Namen, die den gleichen Gegenstand bezeichnen, z. B. die Namen „Die Hauptstadt Polens", „Die Stadt Polens mit der größten Bevölkerungszahl", einen unterschiedlichen Sinn haben können. Andererseits gibt es keine Zweifel darüber, daß zwei Ausdrücke mit dem gleichen Sinn die gleichen semantischen Funktionen erfüllen. Das scheint davon zu zeugen, daß der Begriff des Sinns zu den semantischen Begriffen gehört. Man ist aber bisher zu keiner allgemein anerkannten Definition dieses Begriffes gekommen.[1]

3. Die syntaktischen Kategorien

In der modernen Logik wird eine Einteilung der Ausdrücke in Arten, die syntaktische Kategorien genannt werden, vorgenommen. Diese Einteilung bezieht sich sowohl auf die Ausdrücke der natürlichen

[1] Von den polnischen Logikern hat sich mit dem Problem der Definition des Begriffes des Sinns von Ausdrücken vor allem Kazimierz Ajdukiewicz befaßt. Die Ergebnisse dieser Untersuchungen sind in folgenden Arbeiten enthalten: *Sprache und Sinn*, Erkenntnis IV, 1934, S. 100–138, *Zagadnienie empiryzmu a koncepcja znaczenia* [*Das Problem des Empirismus und die Sinnkonzeption*]. Langjährige und eingehende Untersuchungen brachten K. Ajdukiewicz zur Formulierung einer bestimmten semantischen Definition für den Begriff des Sinns von Ausdrücken. [Vgl. auch K. Ajdukiewicz, *Abriß der Logik*, Berlin 1958, S. 13–50; G. Frege, *Ausführungen über Sinn und Bedeutung*, in: *G. Frege, Schriften*

Sprachen als auch auf die Ausdrücke der symbolisierten Sprachen. Sie deckt sich aber weder mit der grammatischen Einteilung in Wortarten noch mit der Einteilung in Satzglieder.

Der Einteilung der Ausdrücke in syntaktische Kategorien liegen folgende Beobachtungen zugrunde. Nicht alle Zusammenstellungen von Wörtern einer gegebenen Sprache sind entsprechend den Forderungen der Syntax dieser Sprache aufgebaut. Ausdrücke, die gemäß den Forderungen der Syntax aufgebaut sind, werden wir sinnvolle Ausdrücke der gegebenen Sprache, die übrigen dagegen sinnlose Ausdrücke nennen. Der Ausdruck „Der Brocken ist ein Berg" ist z. B. ein sinnvoller Ausdruck der deutschen Sprache, während der Ausdruck „Ist ist ein Berg" ein sinnloser Ausdruck ist. Ähnlich ist z. B. der Satz „$4 = 2 + 2$" ein sinnvoller Ausdruck der Arithmetik, während dagegen der Ausdruck „$+ = 2 + 2$" ein sinnloser Ausdruck ist. Es ist leicht festzustellen, daß wir wieder einen Satz – also einen sinnvollen Ausdruck, der wahr oder falsch sein kann – erhalten, wenn wir in dem Satz „Der Brocken ist ein Berg" den Namen „Der Brocken" durch einen beliebigen anderen Namen ersetzen. Wenn wir z. B. den Namen „Der Brocken" durch den Namen „Der Fichtelberg" ersetzen, erhalten wir einen wahren Satz, wenn wir ihn dagegen durch den Namen „Berlin" ersetzen, erhalten wir einen falschen Satz. Wenn wir jedoch im obigen Satz den Namen „Der Brocken" durch das Wort „ist" ersetzen, erhalten wir einen sinnlosen Ausdruck. Ähnlich verhält es sich z. B. im Satz „$4 = 2 + 2$". Wenn wir das Symbol „4" durch das Symbol „5" ersetzen, erhalten wir einen Satz, obwohl er natürlich falsch ist. Wenn wir jedoch das Symbol „4" durch das Symbol „+" ersetzen, erhalten wir einen sinnlosen Ausdruck.

Diese Beispiele lassen den Gedanken aufkommen, daß man die Ausdrücke einer gegebenen Sprache in Klassen mit folgenden Eigenschaften einteilen könne:

Zwei Ausdrücke gehören zu der gleichen Klasse dann und nur dann, wenn wir nach Ersetzung des einen durch den anderen aus jedem sinnvollen Ausdruck wieder einen sinnvollen Ausdruck erhalten. Dagegen gehören zwei Ausdrücke verschiedenen Klassen dann und nur dann an, wenn wir nach Ersetzung des einen Ausdrucks durch den anderen aus einem sinnvollen einen sinnlosen Ausdruck erhalten.

So verstandene Klassen von Ausdrücken nennen wir syntaktische Kategorien.

zur Logik. Aus dem Nachlaß, Berlin 1973; *G. Frege, Funktion und Begriff*, in: K. Berka, L. Kreiser, *Logik-Texte. Kommentierte Auswahl zur Geschichte der modernen Logik*, 2. Auflage Berlin 1973.]

Auf den Begriff der syntaktischen Kategorie machte schon E. Husserl aufmerksam, als er den Terminus „Bedeutungskategorie" verwendete. Aber erst Stanisław Leśniewski, einer der hervorragendsten polnischen Logiker aus der Zeit zwischen den beiden Weltkriegen, schuf die moderne Theorie der syntaktischen Kategorien, die Theorie der Einteilung der Ausdrücke in syntaktische Kategorien. Leśniewski verwendete übrigens den Terminus „semantische Kategorie" und auch jetzt wird dieser Terminus manchmal in verschiedenen Darstellungen dieser Konzeption benutzt. Die Termini „Semantik", „semantisch" haben jedoch gegenwärtig in der Logik eine andere Bedeutung als zur Zeit der Entstehung der Theorie der syntaktischen Kategorien. Deshalb werden wir den Terminus „syntaktische Kategorie" gebrauchen.

St. Leśniewski baute seine originellen logischen Systeme auf, indem er in ihnen eine detailliert ausgearbeitete Einteilung der Ausdrücke in syntaktische Kategorien einführte. Nach dem Beispiel Leśniewskis wird diese Verfahrensweise auch beim Aufbau moderner logischer Systeme angewandt.

Es wird dabei gewöhnlich – nach dem Beispiel Leśniewskis – folgende Voraussetzung angenommen:

(Z) Wenn wir nach Ersetzung eines Ausdrucks durch einen anderen aus irgendeinem sinnvollen Ausdruck wieder einen sinnvollen Ausdruck erhalten, so erhalten wir nach Austausch dieser Ausdrücke gegeneinander aus jedem sinnvollen Ausdruck wieder einen sinnvollen Ausdruck.

Aus dieser Voraussetzung folgt:

Wenn wir nach Ersetzung eines Ausdrucks durch einen anderen aus irgendeinem sinnvollen Ausdruck einen sinnlosen Ausdruck erhalten, so erhalten wir nach Austausch dieser Ausdrücke gegeneinander aus jedem sinnvollen Ausdruck einen sinnlosen Ausdruck.

Bei Sprachen, deren Ausdrücke die Voraussetzung (Z) erfüllen, kann man leicht feststellen, ob irgendwelche zwei Wörter der gleichen syntaktischen Kategorie angehören. Es genügt nämlich, einen sinnvollen Ausdruck zu finden, in dem eines dieser Wörter enthalten ist, und festzustellen, ob der nach Ersetzung des einen Wortes durch das andere aus diesem Ausdruck entstehende Ausdruck ebenfalls sinnvoll ist.

Die Theorie der syntaktischen Kategorien wird in bestimmtem Maße auf die natürliche Sprache, die Umgangssprache, angewandt. In einigen Fällen können wir aber auf verschiedene Schwierigkeiten bei der Feststellung stoßen, welcher syntaktischen Kategorie bestimmte

Ausdrücke dieser Sprache angehören. Einige dieser Schwierigkeiten sind darauf zurückzuführen, daß in der Umgangssprache mehrdeutige Wörter auftreten. So gehört manchmal ein solches Wort in der einen Bedeutung zu einer bestimmten syntaktischen Kategorie, in der anderen Bedeutung dagegen zu einer anderen syntaktischen Kategorie. Zum Beispiel gehört das Wort „szalej" „tobe" in dem Ausdruck „Nie szalej" „tobe nicht" einer anderen syntaktischen Kategorie an als das gleiche Wort in dem Satz „Szalej jest rośliną" „Bilsenkraut ist eine Pflanze"[1]. Zur Vermeidung dieser Schwierigkeit müssen wir bei der Bestimmung der Bedingung für die Zugehörigkeit zweier Ausdrücke einer solchen Sprache zu der gleichen syntaktischen Kategorie den Sinn der Ausdrücke berücksichtigen. Diese Bestimmung formulieren wir dann folgendermaßen:

Der Ausdruck W_1 mit dem Sinn Z_1 gehört dann und nur dann zu der gleichen syntaktischen Kategorie wie der Ausdruck W_2 mit dem Sinn Z_2, wenn wir nach Ersetzen von W_1 mit dem Sinn Z_1 durch W_2 mit dem Sinn Z_2 aus jedem sinnvollen Ausdruck wieder einen sinnvollen Ausdruck erhalten.[2]

Die Hauptschwierigkeiten bei der Bestimmung der syntaktischen Kategorie bestimmter Ausdrücke der Umgangssprache entstehen jedoch dadurch, daß wir hier nicht über einen eindeutigen und scharf umrissenen Begriff des sinnvollen Ausdrucks verfügen. Um Schwierigkeiten dieser Art aus dem Wege zu gehen, werden für moderne deduktive (logische und mathematische) Systeme genaue Regeln formuliert, in denen bestimmt wird, wie aus Ausdrücken bestimmter syntaktischer Kategorien sinnvolle Ausdrücke eines gegebenen Systems gebildet werden.

Eine prinzipielle Einteilung der syntaktischen Kategorien der Ausdrücke stellt die Einteilung in: 1. Sätze, 2. Namen, 3. Funktoren und 4. Operatoren, dar.

Innerhalb jeder Unterteilung kann man noch verschiedene syntaktische Kategorien unterscheiden. In den folgenden Abschnitten werden wir nacheinander auf diese Arten der syntaktischen Kategorien eingehen.

[1] [Das Wort „szaly" ist also sowohl der Imperativ eines Verbs (toben) als auch ein Substantiv (Bilsenkraut). Ein analoges Beispiel hat man in der deutschen Sprache in den Sätzen: „Robben wir" und „Robben sind Meeressäugetiere".]

[2] K. Ajdukiewicz, *O spojnosci syntaktycznej* [*Die syntaktische Konnexität*, Studia Philosophica 1, (Lwow) 1935, S. 1–27. Diese Arbeit erschien in deutscher Sprache.]

4. Sätze

In der Grammatik unterscheidet man Aussagesätze (Mitteilungssätze), Fragesätze (Interrogativsätze) und Befehlssätze (Imperativsätze). Jede dieser Satzarten bildet eine besondere syntaktische Kategorie. Man kann sich davon leicht überzeugen, indem man einen Aussagesatz, der Teil eines zusammengesetzten Satzes ist, durch einen Frage- bzw. einen Befehlssatz ersetzt. Betrachten wir z. B. den Satz „Wenn Tell den Apfel trifft, erschießt er nicht den Landgraf". Wenn wir in diesem Satz den Aussagesatz „Tell trifft den Apfel" durch den Fragesatz „Ob Tell den Apfel trifft?" bzw. durch den Befehlssatz „Tell, triff den Apfel!" ersetzen, erhalten wir im Ergebnis dieser Ersetzung keinen sinnvollen Ausdruck der deutschen Sprache.

Lange Zeit befaßte man sich in der Logik fast ausschließlich mit sinnvollen Aussagesätzen. In der modernen Logik sind alle diese Satzarten Gegenstand der Untersuchung. Es entwickelt sich – als neuer Teilbereich – die Logik der Fragen, die Logik der Fragesätze. Untersucht werden Befehlssätze, die mit bestimmten Aussagesätzen, die Normen genannt werden, in Verbindung stehen. Zum Beispiel entspricht der Befehlssatz „Sei gerecht" der Norm „Man soll (muß) gerecht sein". Die Logik der Normen ist gegenwärtig Gegenstand intensiver Untersuchungen.[1]

Das Hauptinteresse der Logiker gilt aber nach wie vor bestimmten sinnvollen Aussagesätzen, nämlich solchen, die entweder wahr oder falsch sind. Solche Sätze nennt man Sätze im logischen Sinne, in der Regel aber kurz Aussagen. Aussagen stehen auch in diesem Buch im Mittelpunkt des Interesses. Aus den obigen Bemerkungen ersieht man aber, daß der Terminus „Sätze im logischen Sinne" (und damit der Terminus „Aussage") nicht so zu verstehen ist, daß nur solche Sätze Untersuchungsgegenstand der modernen Logik sind.

Es ist zu bemerken, daß nicht jeder sinnvolle Aussagesatz ein Satz im logischen Sinne ist. Von dem Problem, ob Wahrheit oder Falschheit

[1] Die Grundlagen der Logik der Fragesätze formulierte K. Ajdukiewicz, *Analiza semantyczna zdania pytajnego* [*Semantische Analyse des Fragesatzes*], Ruch Filozoficzny X, 1926; *Logiczne podstawy nauczania* [*Logische Grundlagen des Lehrens*], Warszawa 1934. Von den modernen polnischen Logikern befaßt sich mit der Logik der Fragesätze T. Kubinski. Die moderne Literatur auf dem Gebiet der Logik der Normen ist sehr umfangreich. Sie wird von Kalinowski im Artikel *Les thèmes actuels de la ligique deóntique* [*Aktuelle Probleme der deontischen Logik*] besprochen: Studia Logica, T. XVII, 1965. [Literaturangaben findet der Leser ferner in: *Quantoren, Modalitäten, Paradoxien*, Berlin 1972, S. 391–401 und S. 513–522.]

Merkmale der Normen sind, sehen wir hier ab. Betrachten wir aber einen solchen Satz der Umgangssprache wie z. B. den Satz „Es regnet“. Das ist ein sinnvoller Aussagesatz, der eine Kurzfassung des Satzes darstellt, in dem festgestellt wird, daß es zu einer bestimmten Zeit und an einem bestimmten Ort regnet, z. B. des Satzes „Jetzt regnet es hier“. Ein Satz, in dem festgestellt wird, daß es zu einer bestimmten Zeit und an einem bestimmten Ort regnet, ist wahr oder falsch. Der Ausdruck „Es regnet“ ist jedoch selbst weder wahr noch falsch. Dagegen ist die gleiche Aussage „Es regnet“, wenn sie unter verschiedenen zeitlichen und örtlichen Umständen formuliert wird, eine Kurzfassung verschiedener Sätze im logischen Sinne, von denen einige wahr und andere falsch sind. Die Betrachtung solcher Kurzaussagen als Sätze im logischen Sinne war eine der Quellen für die irrige Ansicht, daß der gleiche Satz einmal wahr und ein anderes Mal falsch sein kann.

Sätze im logischen Sinne sind die Art von Sätzen, in denen die Ergebnisse unserer Erkenntnis, die Ergebnisse der wissenschaftlichen Untersuchungen auf verschiedenen Gebieten formuliert werden. Daraus resultiert die Bedeutung der Untersuchungen solcher Sätze. Es ist also nicht verwunderlich, daß gerade Sätze dieser Art den Hauptgegenstand der logischen Analyse von Ausdrücken bildeten und bilden. Wenn wir im weiteren einfach von Sätzen sprechen, meinen wir Sätze im logischen Sinne, also Aussagen. In diesem Sinne verwendeten wir auch im Abschnitt 1 den Terminus „Satz“, als wir von Sätzen sprachen, welche die Prämissen bzw. die Conclusio gegebener Schlüsse sind, oder auch als wir auf die Beziehung der logischen Folgerung als einer bestimmten Beziehung zwischen Sätzen hinwiesen.

Das gegenständliche Korrelat der Sätze sind bestimmte Sachverhalte. Als Sachverhalt gilt z. B., daß ein gegebener Gegenstand ein bestimmtes Merkmal besitzt, daß er einer bestimmten Menge von Gegenständen angehört, daß zwischen gegebenen Gegenständen eine bestimmte Beziehung besteht usw. Sätze stellen die Existenz (das Eintreten) eines bestimmten Sachverhalts fest. Der Satz „Dresden ist eine Stadt“ stellt z. B. fest, daß ein bestimmter Ort (Dresden) zu einer bestimmten Klasse von Orten gehört, nämlich zu der Klasse der Städte. Der Satz „Berlin liegt zwischen Dresden und Rostock“ stellt fest, daß zwischen diesen drei Orten ein bestimmtes räumliches Verhältnis besteht. Die Beziehung zwischen einem Satz und einem Sachverhalt, dessen Existenz der Satz feststellt, ist eine semantische Beziehung.

Ein Satz ist dann und nur dann wahr, wenn der Sachverhalt besteht, dessen Existenz dieser Satz feststellt, und falsch dagegen, wenn dieser Sachverhalt nicht existiert.

Wahrheit und Falschheit sind semantische Eigenschaften der Sätze, weil sie den Sätzen im Hinblick auf ihre Beziehung zu den Sachverhalten zukommen, die durch diese Sätze festgestellt werden. Wir haben es hier mit dem von Aristoteles formulierten klassischen Wahrheitsbegriff zu tun. In der modernen Logik – wir werden es später sehen – wurde dieser Begriff genau präzisiert, wobei angegeben wird, wie man bestimmte Schwierigkeiten in Verbindung mit seiner Verwendung vermeiden kann.

Die Wahrheit und die Falschheit der Sätze nennt man logische Werte der Sätze. Aus der klassischen Definition der Wahrheit ergibt sich das sogenannte Prinzip der Zweiwertigkeit. Es besagt, daß jeder Satz einen und nur einen der beiden logischen Werte besitzt, den Wert „wahr" oder den Wert „falsch". Das bedeutet, daß jeder Satz wahr oder falsch ist und daß kein Satz zugleich wahr und falsch ist. Man muß den Sinn eines Satzes von den psychischen Erscheinungen unterscheiden, die mit dem Verständnis eines Satzes verbunden sind, dem Urteilsakt. Wenn wir von wissenschaftlichen Behauptungen sprechen und sie so verstehen, daß die gleiche Behauptung in verschiedenen Sprachen formuliert werden kann, meinen wir eben Sätze im logischen Sinne. Die Sätze im logischen Sinne, die Aussagen, – wie der Sinn der Ausdrücke überhaupt – sind keine psychischen Erscheinungen. Man muß sie also vom Urteilsakt unterscheiden, von Urteilen, die so verstanden werden, wie man von ihnen in der Psychologie spricht. Urteile im psychologischen Sinne sind eine bestimmte Art von psychischen Erscheinungen. Wir zählen hierzu Überzeugungen, die geäußerte Urteile genannt werden, und Vermutungen, die man nur gedachte Urteile nennt. Der Unterschied zwischen ihnen besteht darin, daß bei der Überzeugung das sogenannte Moment der Assertion, das Überzeugtsein von der Existenz eines Sachverhaltes, auftritt, während bei der Vermutung dieses Moment der Assertion, also das Überzeugtsein von der Existenz eines gegebenen Sachverhaltes, fehlt. Urteile im psychologischen Sinne sind psychische Erscheinungen, die durch Sätze ausgedrückt und hervorgerufen werden, sie stellen psychische Erscheinungen dar, die in Prozessen des Verstehens von Sätzen auftreten.

5. Namen

Zu den Namen zählt man in der Logik alle Wörter und Ausdrücke, die Subjekt oder Prädikat eines sinnvollen Ausdruckes der Form „M ist N" sein können. Namen sind also z. B. die Subjekte und Prädikativa der Aussagen „Prag ist eine Stadt", „Hans ist ein guter Mensch", „Er ist klug", „der Gierlach ist der höchste Berg der Tatra". Die Namen „ein guter Mensch", „der höchste Berg der Tatra" sind Namen, die aus mehreren Wörtern bestehen. Wie wir daraus ersehen, können zur syntaktischen Kategorie der Namen Substantive, Adjektive, Pronomen wie auch entsprechend gebildete zusammengesetzte Ausdrücke gehören.

Den Sinn eines Namens nennen wir Begriff im logischen Sinne. Wenn wir in der Logik einfach von Begriffen sprechen, meinen wir Begriffe im logischen Sinne. Man muß sie von Begriffen im psychologischen Sinne unterscheiden, die bestimmte psychische Erscheinungen sind. Begriffe im psychologischen Sinne sind nichtanschauliche Vorstellungen, Gedanken über Gegenstände, die keine anschauliche, bildliche Vergegenwärtigung des Aussehens dieser Gegenstände enthalten. Sie werden von augenscheinlichen Vorstellungen unterschieden. Begriffe im psychologischen Sinne sind psychische Erscheinungen, die im Prozeß des Verstehens von Namen auftreten, also dann, wenn wir gegebene Namen mit Verständnis gebrauchen. Wir sagen, daß der Name „*N*" den Gegenstand *P* dann und nur dann bezeichnet, wenn die Aussage „*P* ist *N*" wahr ist.[1] Mit anderen Worten: Ein Name bezeichnet einen bestimmten Gegenstand dann und nur dann, wenn man ihn über diesen Gegenstand wahrheitsgemäß aussagen kann. Der Name „Berg" bezeichnet z. B. den Giewont, weil die Aussage „Der Giewont ist ein Berg" wahr ist. Die Bezeichnungsbeziehung gehört zu den semantischen Beziehungen.

Der durch einen gegebenen Namen bezeichnete Gegenstand wird Designat dieses Namens genannt. Nach der Zahl der Designate teilen wir die Namen ein in: 1. allgemeine Namen, die mehr als ein Designat haben, 2. Einzelnamen (Eigennamen), die genau ein Designat haben, und 3. leere Namen, die gar kein Designat haben. Die Namen „Mensch", „Berg" sind z. B. allgemeine Namen, die Namen „die gegenwärtige Hauptstadt Polens", „der höchste Berg der Tatra" sind Einzelnamen, wogegen der Name „der gegenwärtige König von Polen" ein leerer Name ist, weil es keine Person gibt, von der man wahrheitsgemäß aussagen könnte, sie sei der gegenwärtige König von Polen.

[1] Diese Formulierung der Definition der Bezeichnung führt zu gewissen Schwierigkeiten, von denen in Abschnitt 5 des letzten Kapitels die Rede sein wird. Eine genauere Formulierung der Definition der Bezeichnung sowie auch bestimmter anderer semantischer Begriffe ist in Abschnitt 7 des letzten Kapitels angegeben.

Die Menge der Designate eines gegebenen Namens wird **Bereich** bzw. **Denotat** dieses Namens genannt. Wir sagen von einem Namen, daß er seinen Bereich **denotiert**. Der Name „Mensch" bezeichnet z. B. einzelne Menschen, denotiert dagegen die Menge aller Menschen. Die Denotationsbeziehung, die zwischen einem Namen und seinem Bereich besteht, gehört ebenfalls zu den semantischen Beziehungen. Zwischen der Bezeichnungsbeziehung und der Denotationsbeziehung besteht folgender Zusammenhang: Ein Name bezeichnet einen gegebenen Gegenstand dann und nur dann, wenn er ein Element der Menge von Gegenständen ist, die durch diesen Namen denotiert wird.

Der Bereich eines Namens ist zugleich der Bereich desjenigen Begriffes, welcher der Sinn dieses Namens ist. Von Gegenständen, die zum Bereich eines gegebenen Begriffes gehören, sagen wir, daß sie unter diesen Begriff fallen.

Wenn wir von den durch die Namen der Umgangssprache bezeichneten Gegenständen sprechen, verwenden wir den Terminus „Gegenstand" in einem sehr weiten Umfang. Nicht nur Gegenstände im engeren Sinne, wie z. B. Dinge und Personen, sondern auch Mengen, Merkmale, Beziehungen, Ereignisse, Prozesse usw. können Gegenstände in diesem Sinne sein, die durch gegebene Namen bezeichnet werden. Der Ausdruck „Bereich des Namens" ist z. B. ein Name, der bestimmte Mengen von Gegenständen bezeichnet. Der Name „das Weiß des Schnees" ist der Name eines bestimmten Merkmals. Die Namen „Gleichheit", „Verwandtschaft" sind Namen für bestimmte Beziehungen. Der Ausdruck „Die Ermordung des Cäsar" ist der Name für ein bestimmtes Ereignis. Der Ausdruck „Erster Weltkrieg" ist der Name für einen bestimmten geschichtlichen Vorgang.

Da ein scharf umrissener Begriff des sinnvollen Ausdruckes der Umgangssprache fehlt, ist es nicht leicht, die Frage zu beantworten, ob alle Namen dieser Sprache zu einer syntaktischen Kategorie gehören oder ob es in ihr verschiedene syntaktische Kategorien der Namen gibt. Schwierig ist z. B. die Beantwortung der Frage, ob die Namen der Gegenstände und die Namen der Merkmale dieser Gegenstände der gleichen syntaktischen Kategorie oder verschiedenen syntaktischen Kategorien angehören. Wenn wir den Satz „Das Weiß des Schnees ist ein Merkmal des Schnees" in Betracht ziehen, kann man ernste Zweifel haben, ob wir nach Ersetzung des Namens „Das Weiß des Schnees" in diesem Satz durch den Namen „Schnee" einen sinnvollen Ausdruck der deutschen Sprache erhalten. Würden wir jedoch andere Kontexte untersuchen, z. B. den Satz „Der Schnee zog unsere Aufmerksamkeit auf sich", kämen wir zu einer anderen Schlußfolgerung.

In verschiedenen logischen Systemen wird das Problem der syntaktischen Kategorie der Namen auf unterschiedliche Weise beantwortet. Es gibt Systeme, in denen alle Namen eine syntaktische Kategorie bilden. In anderen logischen Systemen wiederum werden verschiedene syntaktische Kategorien der Namen unterschieden. Das hängt mit der verschiedenen Auffassung des Wörtchens „ist" zusammen. Bei der einen Art gehören Subjekt und Prädikativum einer Aussage der Form „*M* ist *N*" der gleichen syntaktischen Kategorie an, während sie bei einer anderen Art verschiedenen syntaktischen Kategorien angehören.

Auch sprachliche Ausdrücke können durch Namen bezeichnete Gegenstände sein. In der Umgangssprache treten außer Namen von Gegenständen, die keine sprachlichen Ausdrücke darstellen, auch Namen von Ausdrücken auf. Wenn wir in der Logik Überlegungen über Ausdrücke anstellen, müssen wir Namen für die Ausdrücke verwenden. Zur Bildung solcher Namen werden in der Logik Anführungszeichen verwendet. In der Umgangssprache erfüllen Anführungszeichen mehrere Funktionen. In der Logik machen wir nur von einer Funktion Gebrauch: Wir bilden nämlich den Namen eines gegebenen Ausdruckes, indem wir diesen Ausdruck in Anführungszeichen setzen. So haben wir die Anführungszeichen bisher verwendet, und so wollen wir sie auch weiterhin verwenden.

6. Funktoren

Aussagen und Namen können als selbständige sprachliche Ganzheiten verwendet werden. Es gibt jedoch Wörter und Ausdrücke, die wir ständig nur im Kontext mit anderen Ausdrücken verwenden, die wir in der Regel als Bestandteile zusammengesetzter Ausdrücke, insbesondere als Bestandteile von Aussagen oder Namen gebrauchen. Zu solchen Ausdrücken gehören die Funktoren und die Operatoren.

Funktoren sind Ausdrücke, die zusammen mit den Teilausdrücken, die ihre Argumente genannt werden, sinnvolle zusammengesetzte Ausdrücke bilden.

Die Funktoren werden in syntaktische Kategorien nach folgenden Kriterien eingeteilt:

1. nach der syntaktischen Kategorie des zusammengesetzten Ausdruckes, den der betreffende Funktor mit seinen Argumenten bildet,
2. nach der Zahl der Argumente,
3. nach den syntaktischen Kategorien der aufeinanderfolgenden Argumente.

Wir wollen jetzt einige der häufig gebrauchten Funktorenarten aufzählen.

Das eine ganze Aussage verneinende Wort „nicht“ ist ein *aussagenbildender Funktor von einem Aussagenargument*. Ein solcher Funktor ist z. B. das Wort „nicht“ in der Aussage „Er trat nicht zurück“, weil es aus der Aussage „Er trat zurück“ die zusammengesetzte Aussage „Er trat nicht zurück“ bildet.

Ein *aussagenbildender Funktor von zwei Aussagenargumenten* ist ein Ausdruck, der aus zwei Aussagen eine zusammengesetzte Aussage bildet. Zum Beispiel ist die Konjunktion „und“ in der Aussage „Er verbeugte sich und trat zurück“ ein solcher Funktor. Zu solchen Funktoren gehören auch die Ausdrücke: „wenn ... so“, „dann und nur dann, wenn“, mit deren Hilfe wir aus zwei Aussagen zusammengesetzte Aussagen bilden.

Ein *aussagenbildender Funktor von einem Namenargument* ist ein Ausdruck, der zusammen mit einem Namen eine Aussage bildet. Zum Beispiel ist das Wort „scheint“ in der Aussage „Die Sonne scheint“ ein solcher Funktor.

Ein *aussagenbildender Funktor von zwei Namenargumenten* ist ein Ausdruck, der zusammen mit zwei Namen eine Aussage bildet. Zum Beispiel gehört das Wort „erhellt“ in der Aussage „Die Sonne erhellt die Erde“ zu dieser syntaktischen Kategorie. Zu ihr gehören auch die Symbole „$<$“, „$=$“, wie sie z. B. in den Aussagen „$2<3$“, „$4=2+2$“ vorkommen.

Ein *aussagenbildender Funktor von drei Namenargumenten* ist ein Ausdruck, der eine Aussage zusammen mit drei Namen bildet. Ein solcher Funktor ist z. B. das Wort „überreicht“ in der Aussage „Hans überreicht Helga ein Geschenk“.

Anhand dieser Beispiele sehen wir, daß die aussagenbildenden Funktoren von Namenargumenten finite Verbformen sind. Die Deklinationsendungen der in solchen Aussagen auftretenden Namenausdrücke geben an, welches Argument des aussagenbildenden Funktors der betreffende Name darstellt. Das erste Argument des Funktors „erhellt“ tritt z. B. im Nominativ, das zweite dagegen im Akkusativ auf. Das erste Argument des Funktors „überreicht“ tritt im Nominativ auf, das zweite im Dativ und das dritte dagegen im Akkusativ.

Ein *namenbildender Funktor von einem Namenargument* ist ein Ausdruck, der zusammen mit einem Namen einen Namen bildet. Ein solcher Funktor ist z. B. das Wort „König“ in dem Ausdruck „König von Polen“ oder auch das Wort „Sohn“ in dem Ausdruck „Sohn von Hans“. Ein solcher Funktor ist auch das Wort „hoher“ in dem Ausdruck „hoher Berg", sowie das Wort „singende" in dem Ausdruck „singende Nachtigall".

Ein namenbildender Funktor von zwei Namenargumenten ist ein Ausdruck, der zusammen mit zwei Namen einen Namen bildet. Ein solcher Funktor ist z. B. das Wörtchen „und" in dem Ausdruck „Peter und Eva". Zu dieser syntaktischen Kategorie gehören auch die Zeichen „+", „–", „·", wie sie z. B. in den Namen „2+3", „5–4", „6 · 4" usw. vorkommen.

Neben aussagenbildenden und namenbildenden Funktoren treten in der Umgangssprache auch verschiedene Arten von funktorbildenden Funktoren auf, d. h. Ausdrücke, die zusammen mit Teilfunktoren zusammengesetzte Funktoren bilden. In der Aussage „Die Sonne scheint hell" ist der Ausdruck „scheint hell" ein zusammengesetzter aussagenbildender Funktor von einem Namenargument. In dem Ausdruck „scheint hell" ist das Wort „scheint" das Argument, Funktor ist dagegen das Wort „hell". Das Wort „hell" ist also ein funktorbildender Funktor. Dieser Funktor bildet – zusammen mit dem Argument „scheint", das ein aussagenbildender Funktor von einem Namenargument ist – den Funktor „scheint hell", der auch ein aussagenbildender Funktor von einem Namenargument ist.

Zur kurzen und übersichtlichen Bezeichnung der syntaktischen Kategorie von Ausdrücken werden wir Indizes verwenden, deren Bildungsweise wir jetzt behandeln wollen.[1] Der Buchstabe „*s*" ist der Index für die syntaktische Kategorie der Aussagen und der Buchstabe „*n*" der Index für die syntaktische Kategorie der Namen. Der Index eines Funktors besteht aus zwei Teilen, die durch einen waagerechten Strich getrennt sind. Über dem Strich steht der Index der syntaktischen Kategorie des zusammengesetzten Ausdruckes, den der Funktor mit seinen Argumenten bildet, unter dem Strich stehen dagegen die Indizes der syntaktischen Kategorien der aufeinanderfolgenden Argumente des Funktors.

Als Beispiel bringen wir nachstehend die Indizes der vorhergenannten syntaktischen Kategorien der aussagenbildenden und namenbildenden Funktoren

Syntaktische Kategorie	*Ihr Index*
Aussagenbildende Funktoren von einem Aussagenargument	$\frac{s}{s}$

[1] K. Ajdukiewicz, *Die syntaktische Konnexität*, Studia Philosophica I., (Lwow) 1935, S. 1–27.

Syntaktische Kategorie	*Ihr Index*
Aussagenbildende Funktoren von zwei Aussagenargumenten	$\frac{s}{s,\, s}$
Aussagenbildende Funktoren von einem Namenargument	$\frac{s}{n}$
Aussagenbildende Funktoren von zwei Namenargumenten	$\frac{s}{n,\, n}$
Aussagenbildende Funktoren von drei Namenargumenten	$\frac{s}{n,\, n,\, n}$
Namenbildende Funktoren von einem Namenargument	$\frac{n}{n}$
Namenbildende Funktoren von zwei Namenargumenten	$\frac{n}{n,\, n}$

Der funktorbildende Funktor „hell“ in der Aussage „Die Sonne scheint hell“ hat den Index:

$$\frac{\frac{s}{n}}{\frac{s}{n}}.$$

In der Aussage „Hans spricht langsam und deutlich“ hat der Ausdruck „spricht langsam und deutlich“ den Index:

$$\frac{\frac{s}{n}}{\frac{s}{n}}.$$

Beide Wörter, „langsam“ und „deutlich“, haben den gleichen Index, das Wort „und“ ist hier also ein funktorbildender Funktor mit dem Index: $\frac{k}{k,\, k}$, wobei

$$k = \frac{\frac{s}{n}}{\frac{s}{n}}.$$

In der Aussage „Hans weiß, daß die Erde rund ist“ ist der Ausdruck „weiß, daß“ ein Funktor mit dem Index: $\frac{s}{n,\, s}$, d. h., er ist ein aussagenbildender Funktor von zwei Argumenten, von denen das erste ein Name und das zweite eine Aussage ist.

Die obigen Bemerkungen beziehen sich auf Sprachen, in denen nur eine syntaktische Kategorie der Namen auftritt. In Sprachen mit Namen, die verschiedenen syntaktischen Kategorien angehören, ist die Funktorenhierarchie stärker differenziert. Zum Beispiel kann man in einer Sprache, die zwei verschiedene syntaktische Kategorien der Namen mit den Indizes n, N enthält, vier verschiedene syntaktische Kategorien der aussagenbildenden Funktoren von zwei Namenargumenten unterscheiden; sie werden durch folgende Indizes charakterisiert:

$$\frac{s}{n, n}, \quad \frac{s}{n, N}, \quad \frac{s}{N, n}, \quad \frac{s}{N, N}.$$

Analog zu den obenangegebenen Beispielen kann man mit Hilfe von Indizes die kompliziertesten syntaktischen Kategorien der Funktoren bezeichnen.

Zusammengesetzte sinnvolle Ausdrücke bestehen immer aus einem Funktor und seinen entsprechenden Argumenten. Ein zusammengesetzter sinnvoller Ausdruck einer beliebigen syntaktischen Kategorie k besteht nämlich aus folgenden Teilausdrücken: 1. dem Funktor, der einen Ausdruck der syntaktischen Kategorie k bildet, mit den Argumenten, die nacheinander den syntaktischen Kategorien $k_1, \ldots, k_n$ angehören, 2. den aufeinanderfolgenden Argumenten, die nacheinander den syntaktischen Kategorien $k_1, \ldots, k_n$ angehören.

Wenn die einzelnen Glieder des zusammengesetzten Ausdruckes mit Indizes ihrer syntaktischen Kategorien versehen sind, so ist ein solcher Ausdruck dann und nur dann sinnvoll, wenn er aus dem Funktor mit dem Index $\frac{k}{k_1, \ldots, k_n}$ und seinen aufeinanderfolgenden Argumenten mit den Indizes $k_1, \ldots, k_n$ besteht.

7. Konstanten und Variablen. Aussageform und Namenfunktion

Zur Formulierung des allgemeinen Gesetzes, welches feststellt, daß die Summe zweier Zahlen bei Änderung ihrer Reihenfolge unverändert bleibt, verwenden wir in der Arithmetik V a r i a b l e n. Mit Hilfe von Variablen formulieren wir dieses Gesetz als Formel: $a + b = b + a$. Die Buchstaben „a" und „b" sind hier nicht Namen irgendeiner bestimmten Zahl. Sie sind V a r i a b l e n, für die man Namen b e l i e b i g e r Z a h l e n einsetzen kann. Durch solche Einsetzungen erhalten wir aus der allgemeinen Formel die Gleichungen: $2+3=3+2$, $4+7=7+4$ usw.

Im Gegensatz zu den Variablen werden die in den obigen Aussagen auftretenden Symbole „+“, „=“, „2“, „3“ usw. Konstanten genannt.

Variablen werden in verschiedenen Wissenschaften zur Formulierung bestimmter allgemeiner Gesetze, zur Beschreibung bestimmter Zusammenhänge oder allgemeiner Gesetzmäßigkeiten verwendet.

Die Umgangssprache kommt ohne Variablen aus. Statt der Variablen verwendet man in ihr Pronomen, vor allem unbestimmte Pronomen: Jemand, etwas usw. Die Aussage „Wenn jemand von jemandem etwas leiht, muß er es ihm zurückgeben“ stellt z. B. das gleiche fest, wie der mit Hilfe von Variablen notierte Ausdruck „Wenn x y von z leiht, muß x y der Person z zurückgeben“. Bei komplizierteren Ausdrücken, die die gleichen Variablen an verschiedenen Stellen enthalten, nehmen jedoch die Schwierigkeiten bei der Formulierung der gegebenen Aussage in der Umgangssprache ohne Verwendung von Variablen und ohne die Gefahr der Vieldeutigkeit zu. Die Verwendung von Variablen ermöglicht in solchen Fällen eine kurze, übersichtliche und eindeutige Formulierung der gegebenen Aussage.

Bei Einführung von Variablen legen wir fest, welche Art von Konstanten wir für die Variablen einsetzen können. Konstanten, die man für eine gegebene Variable einsetzen kann, nennt man Werte dieser Variablen. Wir sagen, die Variablen repräsentieren die Konstanten, die ihre Werte sind. Wir sagen auch, die Variablen durchlaufen die Menge der Gegenstände, die durch die Konstanten bezeichnet werden, die wiederum die Werte der Variablen sind. Eine solche Menge nennt man den Variabilitätsbereich der gegebenen Variablen.[1]

Die Variablen zählen wir zu der gleichen syntaktischen Kategorie, zu der die ihre Werte darstellenden Konstanten gehören. Die Namenvariablen, für die man Namen einsetzen kann, zählen wir also zu der Kategorie der Namen, die Aussagenvariablen, für die man Aussagen einsetzen kann, zählen wir zur Kategorie der Aussagen usw.

Die Logik ist die Wissenschaft, in der man am frühesten Variablen eingeführt hat. Schon Aristoteles führte in die Logik Namenvariablen ein, während man in der Algebra Variablen erst im 16. Jh. zu verwenden begann.

Mit der Einführung von Variablen wird die Menge der sinnvollen

[1] Wir müssen bemerken, daß gegenwärtig oft auch der Terminus „Wert der Variablen“ zur Bezeichnung der zum Variabilitätsbereich dieser Variablen gehörenden Gegenstände verwendet wird.

Ausdrücke einer gegebenen Sprache um Aussageformen und Namenfunktionen bereichert.

Eine **Aussageform** ist ein Ausdruck mit Variablen, aus dem wir Aussagen erhalten, wenn wir für die Variablen ihre Werte einsetzen. Die Aussageformen zählen wir zu der syntaktischen Kategorie der Aussagen. Die Aussagen und die Aussageformen bezeichnen wir insgesamt als **Aussagenausdrücke**. Aussageformen sind z. B. die Ausdrücke: Jedes S ist P, Kein S ist P, Manche S sind P, Manche S sind nicht P, $a+b=b+a$, $x+2=5$, $x+3>2$ usw. Wir ersehen aus den Beispielen, daß Gleichungen und Ungleichungen, in denen Variable enthalten sind, Aussageformen sind.

Unter den Aussageformen kann man unterscheiden:

1. Aussageformen, bei denen alle Einsetzungen zu wahren Aussagen führen,

2. Aussageformen, bei denen alle Einsetzungen zu falschen Aussagen führen,

3. Aussageformen, bei denen bestimmte Einsetzungen wahre Aussagen und andere Einsetzungen falsche Aussagen ergeben.

Ein Beispiel für eine Aussageform der ersten Art ist der Ausdruck „$a=a$", ein Beispiel für eine Aussageform der zweiten Art ist der Ausdruck „$a \neq a$" und Beispiele für Aussageformen der dritten Art sind die Ausdrücke: Jedes S ist P, $x+2=5$, $x>4$.

Die Aussageformen der ersten Art nennt man zuweilen – immer wahre Ausdrücke, die Aussageformen der zweiten Art – immer falsche Ausdrücke und die Aussageformen der dritten Art – manchmal wahre und manchmal falsche Ausdrücke. Wenn wir diese Termini gebrauchen, müssen wir immer an ihren eigentlichen Sinn denken, der oben bestimmt wurde.

Wir sagen, daß der Gegenstand a die Aussageform $E(x)$ dann und nur dann **erfüllt**, wenn die Aussage $E(a)$ wahr ist, die aus der Aussageform $E(x)$ durch Einsetzung des Namens des Gegenstandes a für die freie Variable „x" entstanden ist.[1]

Beispiele: Prag erfüllt die Aussageform „x ist die Hauptstadt eines Landes", weil die Aussage „Prag ist die Hauptstadt eines Landes" wahr ist.

Die Zahl 2 erfüllt die Aussageform „$x+3=5$", weil die Aussage „$2+3=5$" wahr ist.

[1] Eine ausführliche Besprechung des Begriffes der Erfüllbarkeit und eine genauere Formulierung der Definition dieses Begriffes ist in Abschnitt 6 des letzten Kapitels angegeben. [Der Terminus „freie Variable" wird im folgenden Abschnitt erklärt.]

Eine **Namenfunktion** ist ein Ausdruck mit Variablen, aus dem wir Namen erhalten, wenn wir für die Variablen ihre Werte einsetzen. Die Namenfunktionen zählen wir zu der syntaktischen Kategorie der Namen. Die Namen und Namenfunktionen nennen wir **Namenausdrücke**. Die Ausdrücke „$a + b$", „$4x$", „$5 - x$" sind Beispiele für Namenfunktionen.

Wenn wir von Namenfunktionen sprechen, gebrauchen wir jedoch den Terminus „Funktion" in einem anderen Sinne als es in der Mathematik üblich ist. Namenfunktionen sind Ausdrücke einer bestimmten Art. In der Mathematik dagegen bezeichnet der Terminus „Funktion" bestimmte Relationen. Von Funktionen in diesem Sinne wird im Relationenkalkül die Rede sein.

8. Operatoren

Mit den Aussagen, Namen und Funktoren verschiedener Art ist der Bestand der syntaktischen Kategorien der natürlichen Sprache erschöpft. In solchen Sprachen, in denen Variablen und Aussageformen eingeführt werden, können noch Ausdrücke anderer syntaktischer Kategorien auftreten, die wir die Operatoren nennen werden.

Aus der Aussageform „$x + 2 = 5$" kann man Aussagen auf zweierlei Weise erhalten:

1. Wenn wir in dieser Form für die Variable „x" Konstanten einsetzen, die Namen von Zahlen sind (z. B. die Konstanten „3", „4" usw.), erhalten wir wahre oder falsche Aussagen.

2. Wenn wir dieser Form die Ausdrücke „für jedes x" bzw. „für ein bestimmtes x" voransetzen, erhalten wir ebenfalls Aussagen.

Die Aussage „Für jedes x, $x + 2 = 5$" ist natürlich eine falsche Aussage, während dagegen die Aussage „Für ein bestimmtes x, $x + 2 = 5$" bzw. die mit ihr gleichbedeutende Aussage „Es gibt ein solches x, daß $x + 2 = 5$" eine wahre Aussage ist.

Der Ausdruck „für jedes", der in Kontexten dieser Art auftritt, wird **Allquantifikator** genannt. Den Ausdruck „für ein bestimmtes" oder auch „es gibt ein solches . . . , daß", der in Kontexten dieser Art auftritt, nennt man **Existenzquantifikator**.

Man muß unterstreichen, daß nicht immer Wörter wie „jedes", „es gibt" als Quantifikatoren auftreten. In der Aussage „Es gibt gesunde Menschen" tritt das Wort „es gibt" nicht als Quantifikator, sondern als Funktor auf.[1] Das gleiche ist der Fall in der Aussage „Jeder Mensch ist sterblich". Auch hier ist „jeder" kein Quantifikator.

[1] Vgl. dazu Kap. VII, Abschnitt 2.

Quantifikatoren treten zusammen mit Variablen auf, also in Ausdrücken der Form: „für jedes x", „es gibt ein solches x, daß". Zu sinnvollen Ausdrücken zählen wir dagegen nicht die Ausdrücke, die man aus ihnen erhält, wenn man für die beim Quantifikator auftretende Variable eine Konstante einsetzt; Ausdrücke wie „für jede 2", „es gibt eine 2, daß" usw. sind also keine sinnvollen Ausdrücke. Wir ersehen daraus, daß man den Quantifikator nicht als Funktor und die bei ihm auftretende Variable nicht als sein Argument betrachten kann, weil wir nach Ersetzung des Arguments des Funktors durch eine Konstante der gleichen syntaktischen Kategorie aus einem sinnvollen Ausdruck wieder einen sinnvollen Ausdruck erhalten.

Ausdrücke, die Quantifikatoren enthalten, bestehen aus drei aufeinanderfolgenden Teilen: 1. dem Quantifikator, 2. einer Variablen, 3. einer Aussageform, die Quantifikatorbereich oder die der durch den Quantifikator erfaßte Ausdruck genannt wird. Der gesamte, aus solchen Teilen gebildete Ausdruck ist ein Aussagenausdruck, der im speziellen Fall eine Aussage sein kann.

Die beim Quantifikator auftretende Variable dient dazu, anzugeben, zu welcher Variablen im Quantifikatorbereich dieser Quantifikator gehört. Z. B. in der Aussage:

(1) Für jedes x gibt es ein y, so daß $y>x$, bezieht sich der Allquantifikator auf die in der Aussageform „$y>x$" auftretende Variable „x", während sich der Existenzquantifikator auf die in dieser Aussageform vorkommende Variable „y" bezieht. In sinngleichen Formulierungen der Umgangssprache und ohne Verwendung von Variablen entspricht diesem Zusammenhang die Verwendung von Pronomen bzw. Numeralis, die zueinander in Beziehung gesetzt werden. Die Aussage (1) kann man also ohne Verwendung von Variablen folgendermaßen formulieren:

(2) Für jede Zahl gibt es eine solche Zahl, die größer als sie ist. In dieser Aussage ist das Wort „die" sinngemäß mit dem Ausdruck „es gibt eine solche" verbunden, während das Wort „sie" sinngemäß mit dem Ausdruck „für jede" zusammenhängt.

Wir sagen, der Quantifikator **bindet** diese in seinem Bereich auftretende Variable, auf die er sich bezieht (d. h. die in seinem Bereich auftretende Variable, die mit der Variablen beim Quantifikator identisch ist), oder wir sagen, die im Quantifikatorbereich auftretende Variable ist durch den Quantifikator, auf den sie sich bezieht (d. h. bei dem die gleiche Variable auftritt) **gebunden**. In der Aussageform „$y>x$", die einen Teil der Aussage (1) darstellt, ist z. B. die Variable „y" durch den Existenzquantifikator, die Variable „x" dagegen durch den Allquantifikator gebunden.

Eine Variable ist **frei an einer gegebenen Stelle** in einem gegebenen Ausdruck, wenn sie in diesem Ausdruck an dieser Stelle vorkommt, aber weder unmittelbar nach einem Quantifikator noch im Bereich eines sie bindenden Quantifikators.

In einem Ausdruck kann ein und dieselbe Variable an einer Stelle frei, und an anderer gebunden sein. Z. B. ist in dem Ausdruck „Wenn für jedes x, $x=x$, so $x+2=x+2$" die Variable „x" im Vorderglied „$x=x$" gebunden und im Hinterglied, „$x+2=x+2$", frei.

Wenn wir von **freien Variablen eines gegebenen Ausdruckes** sprechen, meinen wir Variablen, die in ihm an einer bestimmten Stelle frei vorkommen.

Die beim Quantifikator auftretende Variable dient also dazu, anzugeben, welche Variable dieser Quantifikator in seinem Bereich bindet.

Die Bindung der Variablen durch einen Quantifikator ändert die Rolle dieser Variablen. Für eine freie Variable setzen wir eine Konstante ein, während für gebundene Variablen nichts eingesetzt werden darf. Z. B. kann man in dem Ausdruck „Es gibt ein solches y, daß $y>x$" für die freie Variable „x" Namen bestimmter Zahlen einsetzen, wobei man aus diesem Ausdruck resultierende Aussagen erhält: „Es gibt ein solches y, daß $y>2$". „Es gibt ein solches y, daß $y>3$" usw. Für die Variable „y" in diesem Ausdruck wird dagegen nichts eingesetzt.

Wenn wir im vorangegangenen Abschnitt von der Einsetzung für Variablen sprachen, meinten wir die Einsetzung für freie Variablen. Wenn wir die Aussageformen und Namenfunktionen als Ausdrücke bestimmen, in denen Variable enthalten sind, meinen wir ebenso die freien Variablen. Den Terminus „Aussage" werden wir zur Bezeichnung von Aussagenausdrücken, in denen keine freien Variablen enthalten sind, verwenden, also zur Bezeichnung von Aussagenausdrücken, die überhaupt keine Variablen enthalten oder in denen alle Variablen gebunden sind. Die Ausdrücke, die die Variablen binden, werden wir **Operatoren** nennen. Quantifikatoren sind also Operatoren.

Der Gebrauch des Terminus „Aussage" ist in der Logik-Literatur nicht einheitlich. Manche Autoren verwenden diesen Terminus sowohl zur Bezeichnung der Aussagen in dem oben genannten Sinne als auch zur Bezeichnung der Aussageformen. Um diese Mehrdeutigkeit zu vermeiden, führten wir für einen solchen allgemeinen Gebrauch den Terminus „Aussagenausdruck" (und analog dazu den Terminus „Namenausdruck") ein.

Ausdrücke, die Operatoren enthalten, bestehen aus drei Teilen: 1. dem Operator, 2. der beim Operator auftretenden Variablen, 3. dem

Bereich des Operators, der ein Ausdruck oder eine Folge von Ausdrücken ist. Die Glieder des Bereiches werden wir **Argumente** des Operators nennen.

Die beim Operator auftretende Variable dient dazu, anzugeben, welche Variable ein gegebener Operator in seinem Bereich bindet. Die Variable beim Operator kann man nicht durch eine Konstante ersetzen, weil wir sonst einen sinnlosen Ausdruck erhalten würden. Wenn wir Operatoren einführen, müssen wir die in Abschnitt 3 formulierte Voraussetzung (Z) einschränken. Nach der Einsetzung einer Konstanten für die beim Operator auftretende Variable, welche der gleichen syntaktischen Kategorie angehört, wie die Variable, erhalten wir nämlich aus einem sinnvollen Ausdruck nicht wieder einen sinnvollen Ausdruck.

Analog den Funktoren teilen wir die Operatoren in syntaktische Kategorien ein, wobei wir außerdem noch die syntaktische Kategorie der durch den Operator gebundenen Variablen in Betracht ziehen. Wir teilen also die Operatoren in syntaktische Kategorien nach folgenden Kriterien ein:

1. nach der syntaktischen Kategorie des zusammengesetzten Ausdruckes, den der betreffende Operator mit der Variablen und seinem Bereich (seinen Argumenten) bildet,
2. nach der Zahl der Argumente,
3. nach den syntaktischen Kategorien der aufeinanderfolgenden Argumente,
4. nach der syntaktischen Kategorie der durch den Operator gebundenen Variablen.

Die bereits besprochenen Quantifikatoren werden „gewöhnliche Quantifikatoren" genannt. Sie sind aussagenbildende Operatoren von einem Aussagenargument. Man kann annehmen, daß ihre syntaktische Kategorie von der syntaktischen Kategorie der durch diese Quantifikatoren gebundenen Variablen unabhängig ist, und wir sprechen dann von einer syntaktischen Kategorie der gewöhnlichen Quantifikatoren. Die gewöhnlichen Quantifikatoren müssen wir von Quantifikatoren mit begrenztem Bereich unterscheiden, von denen später die Rede sein wird und die Beispiele für Operatoren von zwei Argumenten darstellen.

Neben Quantifikatoren werden in der Logik auch andere Operatoren verwendet.

In dem Ausdruck „Dasjenige y, für das gilt, y ist die Mutter von x" tritt ein namenerzeugender Operator von einem Aussagenargument auf. Dieser Operator wird **deskriptiver Operator** oder **Kennzeichnungsoperator** genannt.

In dem Ausdruck „Die Menge solcher y, daß y ist Kind von x" tritt ein Operator von einem Aussagenargument auf, der den Namen einer bestimmten Menge bildet, nämlich der Menge der Kinder der Person x. Dieser Operator wird – vor allem in der englischen Logikliteratur – Abstraktionsoperator genannt.

Diesen Operatoren werden wir uns ausführlicher in den nächsten Kapiteln zuwenden, in denen wir auch noch andere Beispiele für Operatoren kennenlernen werden.

9. Syntaktische und semantische Kategorien

In logischen Systemen werden präzise Regeln für die Bildung zusammengesetzter sinnvoller Ausdrücke aus Ausdrücken bestimmter syntaktischer Kategorien formuliert. Es ist also nicht verwunderlich, daß es in solchen Systemen für jeden zusammengesetzten sinnvollen Ausdruck nur eine Zerlegung in Teilausdrücke im Hinblick auf ihre syntaktische Kategorie gibt. In der Umgangssprache, für die solche präzisen Regeln fehlen, haben wir manchmal die Möglichkeit, daß wir verschiedene Zerlegungen eines zusammengesetzten Ausdruckes in Teilausdrücke durchführen können. Man kann z. B. Zweifel haben, ob der Satz „Dieses Buch liegt auf diesem Tisch" in zwei Teile zu zerlegen sei: 1. in den Namen „dieses Buch" und 2. in den zusammengesetzten aussagenbildender Funktor von einem Namenargument „liegt auf diesem Tisch" oder ob dieser Satz in drei Teile zu zerlegen ist, von denen der erste und der dritte Teil Namen sind und der zweite dagegen, „liegt auf", ein aussagenbildender Funktor von zwei Namenargumenten ist.

Man kann versuchen, diesen Zweifel zu beheben, indem man die gegenständlichen Korrelate der Ausdrücke in Betracht zieht und in dem gegebenen Beispiel zur Unterstützung der zweiten Zerlegung den Umstand anführt, daß dieser Satz die Existenz eines bestimmten räumlichen Verhältnisses zwischen zwei individuellen Gegenständen – zwischen diesem Buch und diesem Tisch – feststellt, eines Verhältnisses, das durch den Funktor „liegt auf" bezeichnet wird.

Wir verlassen dann aber den rein syntaktischen Standpunkt und ziehen die Einteilung der Ausdrücke in Hinblick auf ihre gegenständlichen Korrelate in Betracht, gehen also zu semantischen Begriffen über.

Nach der gegenwärtigen Bedeutung des Terminus „semantisch" in der Logik ist unter der Einteilung der Ausdrücke in semantische Kategorien eine Einteilung der Ausdrücke im Hinblick auf die Art der gegenständlichen Korrelate dieser Ausdrücke, auf die sich diese Ausdrücke beziehen bzw. – wie wir in der Logik sagen – die diese Ausdrücke denotieren[1], zu verstehen.

Die semantische Kategorie der Individuennamen werden die Namen einzelner Gegenstände bilden. Andere semantische Kategorien werden Ausdrücke bilden, die Mengen oder auch Merkmale denotieren, Ausdrücke, die Relationen denotieren usw.

Eine ausführlichere Darstellung einer solchen Einteilung der Ausdrücke in semantische Kategorien ist hier nicht möglich, weil dies die Verwendung von Termini notwendig macht, die wir erst später definieren werden.

[1] K. Ajdukiewicz, *Syntaktische Beziehungen zwischen den Gliedern von Aussagesätzen*, Internationales linguistisches Symposium, Erfurt 1958; polnisch in: *Język i poznanie*, Teil 2, Warszawa 1965, S. 344ff.

KAPITEL II

Systeme der formalen Logik. Metalogik

1. Logische Konstanten

Unter den konstanten Termini, die in den Theoremen einer beliebigen Wissenschaft auftreten, kann man Termini von zweierlei Art unterscheiden. Konstanten der ersten Art treten in den Theoremen dieser Wissenschaft auf und werden bzw. können bei der Formulierung von Theoremen in jeder anderen Wissenschaft verwendet werden. Konstanten der zweiten Art treten dagegen nur in Theoremen einer betreffenden Wissenschaft bzw. einer bestimmten Gruppe von Wissenschaften, jedoch nicht in jeder Wissenschaft auf.

Zu den Konstanten erster Art gehören z. B. die Wörter und Ausdrücke: nicht; und; oder; weder ... noch; wenn ... so; dann und nur dann, wenn; jeder; keiner; manche; ist; ist identisch; ist ein Element der Menge; ist möglich; ist notwendig; ist Teil von usw., sowie die Ausdrücke, die sich ausschließlich mit Hilfe solcher Konstanten (und von Variablen) definieren lassen.

Zu den Konstanten zweiter Art gehören z. B. die Namen von Gegenständen und die von den jeweiligen Einzelwissenschaften untersuchten Eigenschaften. Konstanten dieser Art sind z. B. in der Physik die Termini „Geschwindigkeit", „Beschleunigung", „Elektron", in der Biologie die Termini „Zelle", „Mutation", die Namen der verschiedenen Gattungen von Lebewesen; in der Psychologie die Termini „psychische Erscheinung", „Vorstellung", „Gefühl"; in der Literaturtheorie die Termini „Sonett", „Novelle", „Tragödie"; in der Pädagogik die Termini „Lehren", „Erziehung" usw.

Konstanten der ersten Art nennen wir logische Konstanten und Konstanten der zweiten Art außerlogische Konstanten.[1]

Keine der übrigen Einzelwissenschaften, außer der Logik, untersucht die Eigenschaften der Gegenstände, die durch die logischen Konstanten

[1] Der Terminus „logische Konstante" wird auch im engeren Sinne gebraucht. In diesem Falle werden die Ausdrücke „ist ein Element der Menge", „ist Teil von" nicht zu den logischen Konstanten gezählt.

denotiert werden, und präzisiert die Anwendungsweise dieser Konstanten. In jeder Wissenschaft machen wir z. B. von den Eigenschaften der Identitätsrelation Gebrauch und benutzen bestimmte, für die Identität geltende Gesetze, ohne sie deutlich zu formulieren und zu begründen. Da in fast jedem wissenschaftlichen Theorem irgendeine logische Konstante auftritt, kann das Fehlen der Präzisierung ihres Gebrauches zu zahlreichen Mißverständnissen und sogar zu Fehlern beim Schließen führen. Die formale Logik unternimmt diese sehr wichtige Aufgabe der Präzisierung des Sinnes und der Anwendungsweise der logischen Konstanten, der allgemein verwendeten Termini. In den Systemen der formalen Logik verfügen wir über Mengen von logischen Gesetzen und logischen Schlußschemata, in denen logische Konstanten mit genau präzisiertem Sinn vorkommen.

2. Logische Schlußschemata

In der Umgangssprache trennen wir die Prämissen eines Schlusses von der Conclusio durch die Wörter: also, somit usw. Z. B.: Wyspiański ist ein Dichter. Wyspiański ist ein Maler. Also sind manche Dichter Maler. In der Logik schreibt man die Prämissen gewöhnlich untereinander und unter die Prämissen die Conclusio, die von ihnen durch einen waagerechten Strich getrennt wird. Zum Beispiel:

Wyspiański ist ein Dichter
Wyspiański ist ein Maler
―――――――――――――――――――――――― .
Manche Dichter sind Maler

Einen ähnlichen Schluß mit der Prämisse „Manche Dichter sind Maler" und der Conclusio „Manche Maler sind Dichter" schreiben wir in der Form:

Manche Dichter sind Maler
―――――――――――――――――――――――― .
Manche Maler sind Dichter

Um die formale Richtigkeit des letzteren Schlusses zu untersuchen, ersetzen wir die in seiner Prämisse und seiner Conclusio auftretenden außerlogischen Konstanten durch Namenvariablen, wobei wir für gleiche Konstanten gleiche Variablen und für verschiedene Konstanten verschiedene Variablen einsetzen. Im Ergebnis dieser Einsetzung erhalten wir ein Schlußschema, das nicht mehr aus Aussagen, sondern aus Aussageformen aufgebaut ist, von der Form:

$$\frac{\text{Manche } S \text{ sind } P}{\text{Manche } P \text{ sind } S}.$$

Ein formales Schlußschema wird ein solches Schlußschema genannt, in dessen Prämissen und dessen Conclusio nur logische Konstanten und Variablen auftreten.

Das oben erhaltene Schlußschema ist ein solches formales Schema.

Wenn wir in diesem Schema für die Namenvariablen „*S*“ und „*P*“ bestimmte Namen einsetzen – natürlich gleiche Namen für gleiche Variablen – erhalten wir aus der Prämisse und der Conclusio dieses Schemas wahre oder falsche Aussagen. Wir sehen jedoch, daß sooft wir aus der Prämisse dieses Schemas durch eine solche Einsetzung eine wahre Aussage erhalten, wir durch diese Einsetzung auch aus der Conclusio dieses Schemas eine wahre Aussage erhalten

Gültig nennen wir ein solches Schlußschema, das von wahren Prämissen immer zu einer wahren Conclusio führt, wenn die gleichen Einsetzungen für die gleichen Variablen in den Prämissen und in der Conclusio vorgenommen werden.

Das von uns untersuchte Schlußschema ist ein gültiges Schema.

Ein logisches Schlußschema nennen wir ein solches Schlußschema, das sowohl formal als auch gültig ist.

Ein Schluß ist formal richtig, wenn das durch Ersetzung der außerlogischen Konstanten durch Variablen (gleiche Konstanten durch gleiche Variablen, unterschiedliche Konstanten durch unterschiedliche Variablen) erhaltene formale Schlußschema gültig ist. Wenn dagegen das durch eine solche Ersetzung erhaltene formale Schlußschema ungültig ist, ist der Schluß formal unrichtig.

Der obenbetrachtete Schluß ist formal richtig, während der Schluß:

$$\frac{\text{Jedes Dreieck ist eine dreiseitige Figur}}{\text{Jede dreiseitige Figur ist ein Dreieck}}$$

formal unrichtig ist, weil das durch Ersetzung der außerlogischen Konstanten durch Variablen erhaltene formale Schlußschema der Form:

$$\frac{\text{Jedes } S \text{ ist } P}{\text{Jedes } P \text{ ist } S}$$

ungültig ist. Man sieht das daran, daß wir z. B. nach der Einsetzung des Namens „Dreieck“ für die Variable „*S*“ und des Namens „Vieleck“

für die Variable „P" einen Schluß mit der wahren Prämisse „Jedes Dreieck ist ein Vieleck" und der falschen Conclusio „Jedes Vieleck ist ein Dreieck" erhalten.

Wenn wir hier und bei den weiteren Betrachtungen von einem Schluß sprechen, verwenden wir diesen Terminus nicht zur Bezeichnung des psychischen, gedanklichen Prozesses, der einem Schluß zugrunde liegt, sondern zur Bezeichnung eines Systems von Aussagenausdrücken, das aus Prämissen und einer Conclusio besteht.

Wir sagen, daß ein gegebener Schluß dann und nur dann unter ein gegebenes Schlußschema fällt, wenn man ihn aus diesem Schema durch Einsetzung erhalten kann.

Entsprechend dieser Bestimmung kann es vorkommen, daß ein gegebener Schluß unter verschiedene formale Schemata fällt. Zum Beispiel fällt der Schluß:

Wenn diese Flüssigkeit Benzin ist oder diese Flüssigkeit Petroleum ist, so ist diese Flüssigkeit leicht brennbar
Diese Flüssigkeit ist Benzin oder diese Flüssigkeit ist Petroleum

---

Diese Flüssigkeit ist leicht brennbar

unter folgende formale Schemata:

(I) Wenn x ist S oder x ist P, so x ist M

$$\frac{x \text{ ist } S \text{ oder } x \text{ ist } P}{x \text{ ist } M}$$

(II) Wenn p oder q, so r

$$\frac{p \text{ oder } q}{r}$$

(III) Wenn p, so q

$$\frac{p}{q}.$$

In dem Schema I treten Namenvariablen, im Schema II und III dagegen Aussagenvariablen auf.

Wenn wir diese Schemata miteinander vergleichen, stellen wir fest, daß man aus dem Schema II durch Einsetzung das Schema I und aus dem Schema III durch Einsetzung sowohl das Schema II als auch das Schema I erhalten kann. Deshalb sagen wir, daß das Schema II allgemeiner als das Schema I und das Schema III allgemeiner als das Schema II ist. Wenn ein Schema allgemeiner als ein zweites ist, so nennen wir das zweite das gegenüber dem ersten ausführlichere Schema. Das aus einem gegebenen Schluß durch Ersetzung der in ihm auftretenden außerlogischen Konstanten durch Variablen erhaltene Schema ist das ausführlichste formale Schema, unter das dieser Schluß fällt.

Wenn ein formales Schema gültig ist, dann ist auch jedes aus ihm durch eine Einsetzung erhaltene Schema gültig. Aus der Gültigkeit des allgemeineren Schemas ergibt sich also die Gültigkeit des ausführlicheren Schemas. Wenn also der Schluß unter irgendein formales Schema fällt, dann ist auch das aus ihm durch Ersetzung der außerlogischen Konstanten durch Variablen erhaltene Schema gültig. Daraus ergibt sich, daß ein Schluß dann und nur dann formal richtig ist, wenn er unter ein formales und gültiges Schema, d. h. ein logisches Schema fällt.[1]

Von den Prozessen des Schließens als des indirekten Wahrheitsnachweises unterscheidet man Prozesse der Ableitung von Aussagen aus anderen Aussagen als ihre Folgen. Mit einer Ableitung haben wir es dann zu tun, wenn wir uns um die Beantwortung der Frage bemühen, welche Aussagen aus irgendeiner Aussage folgen, die bisher von uns nicht bewiesen wurde, insbesondere aus irgendeiner Hypothese oder Vermutung, die wir weder anerkennen, noch ablehnen. Die Untersuchung der Richtigkeit der Ableitung beschränkt sich auf die Untersuchung ihrer formalen Richtigkeit. Diese formale Richtigkeit wiederum untersuchen wir genauso wie die formale Richtigkeit des Schlusses. Die logischen Schlußschemata sind also gleichzeitig logische Schemata für die Ableitung von Aussagen aus anderen Aussagen als ihre Folgen. Wenn wir einfach von logischen Schemata sprechen werden, meinen wir logische Schlußschemata (Ableitungsschemata).

Die Untersuchung der formalen Richtigkeit eines Schlusses bzw. einer Ableitung wird – im Sinne dieser Begriffsbestimmung – auf die Untersuchung der Gültigkeit bestimmter formaler Schemata zurückgeführt. Die formale Logik macht uns mit den logischen Schemata bekannt, die bei den von uns durchgeführten Schlüssen bzw. den durchgeführten Ableitungen am häufigsten verwendet werden. Durch die

[1] Der Begriff des logischen Schemas und die mit diesem Begriff zusammenhängenden Bemerkungen stammen aus *Logika Pragmatyczna* [*Pragmatische Logik*, Warszawa 1965, 2. Auflage Warszawa 1974] von K. Ajdukiewicz.

Kenntnis solcher Schemata werden diese wichtigen Erkenntnisprozesse verbessert. Darüber hinaus macht uns die Logik mit Methoden zum Nachweis der Gültigkeit von formalen Schemata sowie mit Methoden zur Überprüfung und Entscheidung, ob bestimmte formale Schemata gültig oder nicht gültig sind, bekannt. Durch die Kenntnis solcher Methoden ist es möglich, festzustellen, ob ein gegebener Schluß oder eine gegebene Ableitung richtig ist, und formale Fehler beim Schließen (bei der Ableitung) zu vermeiden.

3. Logische Gesetze

Logische Gesetze sind Ausdrücke, die aus logischen Konstanten und Variablen gebildet sind und für alle Werte der Variablen zutreffen.[1] (Statt des Terminus „logisches Gesetz" wird auch der Terminus „Tautologie" verwendet.)

Sie gehören zu verschiedenen Teilgebieten der Logik in Abhängigkeit von der syntaktischen Kategorie der in ihnen auftretenden Variablen. Diese können sein Aussagenvariablen, Individuenvariablen, Variablen, die sich auf Mengen oder Relationen beziehen usw. Untersuchen wir drei Beispiele für logische Gesetze:

(1) *x* ist identisch mit *x*

(2) Wenn *x* mit *y* identisch ist, so ist *y* mit *x* identisch

(3) *p* oder nicht *p*

Im ersten und zweiten Beispiel treten Individuenvariablen auf, für die man die Namen beliebiger Gegenstände einsetzen kann. Alle Einsetzungen in diese Gesetze ergeben wahre Aussagen. Diese Gesetze sind allgemeine Aussagen über beliebige Gegenstände. Sie stellen bestimmte Eigenschaften der Identitätsrelation fest. Im dritten Gesetz ist die Variable „p" eine Aussagenvariable. Welche Aussage wir auch für diese Variable einsetzen mögen, wir erhalten aus diesem Gesetz eine wahre Aussage, z. B. die Aussage: Auf dem Mars gibt es Lebewesen oder auf dem Mars gibt es keine Lebewesen. Die Aussage „Auf dem Mars gibt es Lebewesen" stellt das Vorhandensein eines Sachverhaltes fest; die Aussage „Auf dem Mars gibt es keine Lebewesen" stellt einen Sachverhalt fest, der zum ersten im Widerspruch steht. Die Aussage „Auf dem Mars gibt es Lebewesen oder auf dem Mars gibt es keine Lebewesen" stellt also fest, daß von diesen zwei sich widersprechenden Sach-

[1] Eine genauere Formulierung der Definition für den Begriff des logischen Gesetzes wird im Abschnitt 7 des letzten Kapitels angegeben.

verhalten einer besteht. Ähnlich stellt das allgemeine Gesetz (3) fest, daß von zwei beliebigen, sich widersprechenden Sachverhalten einer besteht.

Analog sind logische Gesetze, in denen Variablen auftreten, die sich auf Mengen, Relationen usw. beziehen, allgemeine Behauptungen über beliebige Mengen, Relationen usw.

Da man gewöhnlich den Terminus „Ontologie" zur Bezeichnung einer allgemeinen Untersuchung von den verschiedenen Arten des Seins (Gegenständen, Merkmalen, Mengen, Relationen usw.) verwendet, sagen wir, daß die logischen Gesetze eine ontologische Interpretation haben. Das Gesetz (3) formuliert z. B. das sogenannte ontologische Prinzip vom ausgeschlossenen Dritten. Auf der Grundlage der klassischen Definition der Wahrheit läßt sich anhand des Gesetzes (3) folgendes Gesetz beweisen:

(4) Von zwei sich widersprechenden Aussagen ist eine wahr.

Dieses Gesetz nennen wir metalogisches Gesetz vom ausgeschlossenen Dritten. Im Gesetz (4) treten die Termini „Aussage" und „wahr" auf, die zur Metalogik gehören – einem Teilgebiet der Logik, von dem am Ende dieses Kapitels die Rede sein wird. Im Gesetz (3) und in anderen Gesetzen, die zu den Systemen der formalen Logik gehören, treten dagegen Termini dieser Art nicht auf.

Zwischen den logischen Schemata und den logischen Gesetzen gibt es eine bestimmte Beziehung, die wir zunächst an Beispielen erklären wollen.

Dem logischen Schema:

$$\frac{\text{Manche } S \text{ sind } P}{\text{Manche } P \text{ sind } S}$$

entspricht das logische Gesetz:

Wenn manche *S* *P* sind, so sind manche *P* *S*.

Dem logischen Schema:

$$\frac{\begin{array}{c}\text{Jedes } S \text{ ist } M \\ \text{Jedes } M \text{ ist } P\end{array}}{\text{Jedes } S \text{ ist } P}$$

entspricht das logische Gesetz:

Wenn jedes *S* ist *M* und jedes *M* ist *P*, so jedes *S* ist *P*.

Allgemein: Dem logischen Schema der Form:

(S)
$$\frac{\begin{matrix} W_1 \\ W_2 \\ \vdots \\ W_n \end{matrix}}{W}$$

entspricht das logische Gesetz der Form:

(P) Wenn W_1 und W_2 und ... und W_n, so W.

Diese Entsprechung ist so zu verstehen, daß ein formales Schema der Form (S) dann und nur dann gültig ist, also ein logisches Schema ist, wenn ein Ausdruck der Form (P), der ausschließlich mit Hilfe logischer Konstanten und Variablen notiert wurde, ein wahrer Ausdruck ist, also ein logisches Gesetz ist.

Um nachzuweisen, daß ein formales Schema der Form (S) ein logisches Schema ist, genügt es, nachzuweisen, daß der ihm entsprechende Ausdruck der Form (P) ein logisches Gesetz ist.

4. Logische Folgerung

Den wichtigen Begriff der logischen Folgerung kann man mit Hilfe des Begriffes des logischen Schemas folgendermaßen bestimmen:

Aus den Aussagen $Z_1, Z_2, \ldots, Z_n$ folgt logisch die Aussage Z dann und nur dann, wenn die Aussagen $Z_1, Z_2, \ldots, Z_n$ als Prämissen und die Aussage Z als Conclusio unter irgendein logisches Schema fallen, d. h. wenn wir bei Einsetzung gleicher Konstanten für gleiche Variablen in einem formalen und gültigen Schema aus seinen Prämissen die Aussagen $Z_1, Z_2, \ldots, Z_n$ und aus seiner Conclusio die Aussage Z erhalten.

Diese Bestimmung schließt auch den Spezialfall ein, daß $n = 1$ ist, daß also aus der Aussage Z_1 logisch die Aussage Z folgt.

Wenn wir den Zusammenhang zwischen einem logischen Schema und dem ihm entsprechenden logischen Gesetz (von dem im vorangegangenen Abschnitt die Rede war) in Betracht ziehen, gelangen wir zu folgender Formulierung der Bestimmung des logischen Schlusses mit Hilfe des Begriffes des logischen Gesetzes:

Aus den Aussagen $Z_1, Z_2, \ldots, Z_n$ folgt logisch die Aussage Z dann und nur dann, wenn der Ausdruck:

Wenn Z_1 und Z_2 und ... und Z_n, so Z

eine Einsetzung in irgendein logisches Gesetz ist.

Diese Bestimmung schließt den Fall ein, daß $n = 1$ ist; dann ist das Einsetzungsresultat in irgendein logisches Gesetz der Ausdruck: Wenn Z_1, so Z.[1]

Ein Schluß, bei dem die Conclusio logisch aus den Prämissen folgt, wird deduktiver Schluß genannt.

In Übereinstimmung mit dem, was wir zu Beginn des Kapitels I gesagt haben, beschränken wir uns im Rahmen der formalen Logik auf die Untersuchung von Schlüssen dieser Art, also auf das deduktive Schließen.

Unter Berücksichtigung der Bestimmung der logischen Folgerung mit Hilfe des Begriffes des logischen Schemas sowie der in Abschnitt 2 angegebenen Bestimmung der formalen Richtigkeit eines Schlusses kann man kurz sagen, daß ein solcher Schluß dann und nur dann formal richtig ist, wenn seine Conclusio logisch aus seinen Prämissen folgt.

Wir müssen noch bemerken, daß sich aus der Bestimmung der logischen Folgerung mit Hilfe des Begriffes des logischen Schemas folgende Schlußfolgerung ergibt: Wenn aus den Aussagen $Z_1, Z_2, \ldots, Z_n$ logisch die Aussage Z folgt und die Aussagen $Z_1, Z_2, \ldots, Z_n$ wahr sind, so ist auch die Aussage Z wahr. Wenn nämlich eine solche logische Folgerung vorliegt, fallen diese Aussagen unter ein gültiges Schema, das immer von wahren Aussagen zu wahren Aussagen führt.

Aus dieser Bemerkung folgt auch, daß die Wahrheit der Prämissen eines deduktiven Schlusses die Wahrheit seiner Conclusio garantiert.

Statt der Termini „logische Folgerung", „es folgt logisch" werden wir einfach die Termini „Folgerung", „es folgt" verwenden.

Wissenschaften, in denen ausschließlich deduktive Methoden des Schließens angewandt werden, nennt man deduktive Wissenschaften.

Die Mathematik und die Logik gehören zu den deduktiven Wissenschaften. In den übrigen Wissenschaften, die empirische bzw. induktive Wissenschaften genannt werden, werden sowohl deduktive als auch nichtdeduktive Methoden des Schließens benutzt. Das deduktive Schließen wird also in allen Wissenschaften angewandt. Aus diesem Grunde ist auch die Kenntnis der formalen Logik, die uns Verfahren für die Prüfung der Richtigkeit deduktiver Schlüsse liefert, für die Vertreter der verschiedenen Wissenschaften notwendig und nützlich.

[1] Diese Bestimmung des logischen Schließens stammt von K. Ajdukiewicz (*Logiczne podstawy nauczania* [*Logische Grundlagen des Lehrens*, 1934]). Eine genauere, mit Hilfe des Modellbegriffs präzisierte Formulierung beider hier angeführten Definitionen für das logische Schließen wird in Abschnitt 7 des letzten Kapitels gegeben.

5. Systeme der formalen Logik

Wenn wir Systeme der formalen Logik aufbauen, stellen wir uns die Aufgabe, eine Methode zum Nachweis der Wahrheit von Ausdrücken, die ausschließlich aus logischen Konstanten und Variablen bestehen, bzw. eine Nachweismethode für die Gültigkeit formaler Schemata anzugeben. Bezüglich dieser Methoden kann man unterscheiden: 1. Beweismethoden, 2. Entscheidungs- bzw. Prüfverfahren.

Wenn wir eine Beweismethode angeben, beschränken wir uns auf die Angabe eines systematischen Beweisverfahrens für die logischen Gesetze bzw. Schemata. Wenn wir eine Entscheidungsmethode einführen, geben wir ein systematisches Verfahren für den Nachweis der Wahrheit oder Falschheit von Ausdrücken an, die ausschließlich aus logischen Konstanten und Variablen gebildet sind, bzw. für den Nachweis der Gültigkeit oder Ungültigkeit formaler Schemata. Wenn wir über eine Entscheidungsmethode verfügen, können wir nicht nur nachweisen, daß ein bestimmter Ausdruck ein logisches Gesetz ist, daß ein bestimmtes Schema ein logisches Schema ist, sondern auch, daß ein bestimmter Ausdruck, der ausschließlich aus logischen Konstanten und Variablen besteht, falsch ist, daß ein bestimmtes formales Schema ungültig ist. Es gibt jedoch nicht für jedes Teilgebiet der Logik ein allgemeines Entscheidungsverfahren, mit dessen Hilfe die Frage entschieden werden könnte, ob ein beliebiger Ausdruck aus diesem Teilgebiet wahr oder falsch sei oder ob ein beliebiges formales Schema aus diesem Teilgebiet gültig oder ungültig sei. Wenn es ein solches allgemeines Entscheidungsverfahren nicht gibt, müssen wir uns auf die Beweismethode beschränken und sie eventuell durch Entscheidungsverfahren ergänzen, die dann nicht mehr allgemein sind, sondern nur auf einige Arten von Ausdrücken des betreffenden Teilgebietes der Logik angewendet werden können.

Bei den Beweismethoden unterscheiden wir: 1. die axiomatische Methode, 2. die Annahmemethode.

Wenn wir ein logisches System nach der axiomatischen Methode aufbauen, nehmen wir bestimmte logische Gesetze aus einem gegebenen Teilgebiet der Logik ohne Beweis als Axiome an. Wir nehmen auch Definitionen und Bestimmungen für andere Termini des betreffenden Teilgebietes der Logik an, die mit Hilfe von in den Axiomen auftretenden Termini formuliert sind. Wir bemühen uns, die Axiome so auszuwählen, daß man auf ihrer Grundlage sowie unter Verwendung der Definitionen alle übrigen logischen Gesetze des betreffenden Teilgebietes der Logik – sofern dies möglich ist – beweisen kann. Die

Axiome und die anhand der Axiome und Definitionen bewiesenen Aussagen nennen wir Theoreme des Systems. Bei der Durchführung von Beweisen benutzen wir Beweisregeln (Schlußregeln).

Die Beweisregeln eines axiomatischen Systems sind Aussagen, die feststellen: Wenn bestimmte Ausdrücke Theoreme dieses Systems sind, dann sind auch bestimmte andere Ausdrücke Theoreme dieses Systems. Eine solche Regel ist z. B. die Einsetzungsregel, welche feststellt: Ist ein gegebener Ausdruck ein Theorem des Systems, dann ist auch der Ausdruck ein Theorem des Systems, der dadurch entsteht, daß man für eine Variable (an allen Stellen ihres Vorkommens im gegebenen Ausdruck) einen Ausdruck des Systems einsetzt, der zu der gleichen syntaktischen Kategorie gehört wie die Variable. Die Abtrennungsregel für ein solches System ist eine Aussage, die feststellt: Wenn irgendeine Bedingungsaussage (Konditionalsatz) und ihr Vorderglied Theoreme dieses Systems sind, dann ist auch ihr Hinterglied ein Theorem dieses Systems. Eine solche Regel kann man folgendermaßen formulieren: Wenn eine Bedingungsaussage mit dem Vorderglied *E* und dem Hinterglied *F* ein Theorem eines gegebenen Systems ist und der Ausdruck *E* ein Theorem dieses Systems ist, dann ist auch der Ausdruck *F* ein Theorem dieses Systems.

Man muß die Beweisregeln von den Theoremen eines gegebenen Systems und auch von seinen logischen Schemata unterscheiden. Die Abtrennungsregel ist eine Aussage, in der wir etwas über die Ausdrücke eines gegebenen Systems aussagen. Die in ihrer Formulierung auftretenden Variablen „*E*", „*F*" sind Variablen, die Namen von Ausdrücken des betreffenden Systems repräsentieren. Der Unterschied zwischen den logischen Schemata und den Beweisregeln wird schon am Beispiel des logischen Abtrennungsschemas und der Abtrennungsregel deutlich. In dem logischen Abtrennungsschema:

$$\begin{array}{c}\text{Wenn } p, \text{ so } q \\ p \\ \hline q\end{array}$$

sind die Variablen „*p*", „*q*" Aussagenvariablen, für die man Aussagenausdrücke einsetzen kann.

In der Abtrennungsregel, die besagt: Wenn eine Bedingungsaussage der Form: Wenn *E*, so *F* ein Theorem ist und der Ausdruck *E* ein Theorem ist, so ist der Ausdruck *F* ein Theorem – sind die Variablen „*E*", „*F*" Variablen, für die man Namen von Aussagenausdrücken des gegebenen Systems einsetzen kann.

Die logischen Schemata, oder auch allgemeiner, die formalen

Schemata sind bestimmte Folgen von Ausdrücken, die ausschließlich mit Hilfe von logischen Konstanten und Variablen notiert sind. Die ihnen entsprechenden Beweisregeln (Schlußregeln) dagegen sind Aussagen, die feststellen, daß bestimmte formale Schemata gültig sind, daß aus Aussagen einer bestimmten Form logisch Aussagen einer bestimmten Form folgen, oder auch, wenn Ausdrücke einer bestimmten Form Theoreme sind, dann sind Ausdrücke einer bestimmten Form ebenfalls Theoreme.

In axiomatischen logischen Systemen steht der Beweis der logischen Gesetze im Vordergrund. Unter Bezugnahme auf die am Ende des vorangegangenen Abschnittes abgegebene Bemerkung können wir jedoch in ihnen leicht Regeln beweisen, die feststellen, daß bestimmte formale Schemata gültig sind, daß aus Aussagen einer bestimmten Form Aussagen einer bestimmten Form folgen.

Wenn wir ein logisches System nach der Annahmemethode aufbauen, unterscheiden wir keine logischen Gesetze als Axiome (Theoreme, die ohne Beweis angenommen wurden). Für jedes Theorem des Systems gibt es einen Annahmebeweis dieses Theorems. Die Beweisregeln eines solchen Systems sind Regeln, die bestimmen, wie die Annahmebeweise der Theoreme des Systems aufgebaut sind. Man kann auch Beweisregeln formulieren, die bestimmen, wie die Annahmebeweise der logischen Schemata aufgebaut sind.

Die Beweisregeln sowohl des axiomatischen Systems als auch des Annahmesystems sind also Aussagen, in denen über Ausdrücke des gegebenen Systems ausgesagt wird. Sie sind jedoch keine Ausdrücke dieses Systems. Wir sagen, daß sie nicht zum gegebenen System gehören, sondern zu dem System, in dem von den Ausdrücken des gegebenen Systems die Rede ist und das sein Metasystem genannt wird.

6. Metalogik

Die Metalogik ist die Theorie der logischen Systeme. Die logischen und die mathematischen Systeme nennt man deduktive Systeme. Die Theorie der deduktiven Systeme nennt man auch Methodologie der deduktiven Wissenschaften bzw. Metamathematik. Wenn wir von Begriffen und Theoremen der Metalogik sprechen, meinen wir: 1. Begriffe und Theoreme einer allgemeinen Theorie der deduktiven Systeme, die beliebige, sowohl logische als auch mathematische deduktive Systeme betreffen, 2. Begriffe und Theoreme, die ausschließlich logische Systeme betreffen.

Ähnlich wie die logischen Konstanten Wörter sind, die in Theoremen verschiedener Wissenschaften auftreten, werden die metalogischen Grundtermini von Vertretern verschiedener Wissenschaften verwendet, sooft sie – bei Überlegungen über die betreffende Wissenschaft – über ihre Termini und Aussagen, über die Beziehungen zwischen ihnen oder über die Beziehungen zwischen den Ausdrücken dieser Wissenschaft und den Gegenständen, auf die sich diese Ausdrücke beziehen, sprechen.

Hier einige Beispiele für solche metalogische Termini: Aussage, Name, Funktor, Operator, Widerspruchsbeziehung zwischen Aussagen, Widerspruchsfreiheit einer Menge von Aussagen, Unabhängigkeit einer Menge von Aussagen, Bezeichnung, Wahrheit, Falschheit, logische Folgerung usw.

Die Metalogik gibt die Definitionen solcher Termini an und untersucht die von Termini dieser Art bezeichneten Eigenschaften, Mengen und Relationen.

Unter diesen Termini treten solche auf, die in der allgemeinen Theorie (Methodologie) der Wissenschaften sowie in der Erkenntnistheorie verwendet werden, wie z. B. der Terminus „Wahrheit“. Daraus resultiert die philosophische Bedeutung der Ergebnisse der Metalogik.

In den Kapiteln **III–VII** werden die wichtigsten Systeme der formalen Logik, im Kapitel **VIII** die allgemeinen Prinzipien, auf die sich der Mengenkalkül und der Relationenkalkül stützen, und im Kapitel **IX** die Elemente der Metalogik dargestellt.

Bei der Darstellung der Systeme der formalen Logik müssen wir uns natürlich bestimmter metalogischer Begriffe bedienen. Schon in den bisherigen Abschnitten bedienten wir uns solcher Begriffe, als wir z. B. von den syntaktischen Kategorien der Ausdrücke, von der Gültigkeit formaler Schemata usw. sprachen. Bei der Formulierung der Beweisregeln für logische Systeme bedienen wir uns auch metalogischer Begriffe. Wir verwenden dann aber solche metalogische Begriffe nur insofern, als wir sie zur Darstellung der logischen Systeme benötigen.

Eine genauere Bestimmung solcher Termini und die allgemeinste Charakterisierung der durch sie denotierten Eigenschaften, Mengen und Relationen wird im letzten Kapitel dieses Buches zusammen mit bestimmten Informationen über Forschungsergebnisse zu logischen Systemen gegeben.

KAPITEL III

Der klassische Aussagenkalkül

1. Funktoren und Ausdrücke

Sowohl der klassische Aussagenkalkül, dem das vorliegende Kapitel gewidmet ist, als auch die nichtklassischen Aussagenkalküle haben folgende gemeinsamen Merkmale:

1. Die einzige Art von Variablen, die in den Ausdrücken dieser Kalküle auftreten, sind die Aussagenvariablen, für die man beliebige Aussagen einsetzen kann. Deshalb sprechen wir auch vom Aussagenkalkül. Für die Aussagenvariablen werden wir die Buchstaben p, q, r, s, t, p_1, q_1, r_1, s_1, ... verwenden.

2. Die in den Ausdrücken dieser Kalküle auftretenden logischen Konstanten sind aussagenbildende Funktoren von Aussagenargumenten.

3. Für diese Konstanten werden Symbole eingeführt und Regeln für die Durchführung von Operationen (für das „Rechnen") mit diesen Symbolen formuliert. Deshalb sprechen wir vom Aussagenkalkül.

Die einzelnen Aussagenkalküle unterscheiden sich dagegen durch den Sinn der in ihnen auftretenden logischen Konstanten. Dieser Unterschied im Sinn zeigt sich in den Unterschieden zwischen bestimmten Gesetzen bzw. Schlußschemata, die in den einzelnen Kalkülen angenommen werden. Insbesondere werden bestimmte Gesetze bzw. Schemata des Schließens, die für einen bestimmten Funktor in einem dieser Kalküle angenommen werden, in einem anderen Kalkül für den ihm entsprechenden Funktor nicht angenommen.

Wenn wir im weiteren Verlauf dieses Kapitels vom Aussagenkalkül sprechen, meinen wir seine klassische Form.

Wenden wir uns jetzt den wichtigsten konstanten Symbolen dieses Kalküls zu.

Das Symbol „$\sim$" nennt man das Zeichen der Negation. Es ist ein aussagenbildender Funktor von einem Aussagenargument. Einen aus dem Negationszeichen und einem darauffolgenden Aussagenausdruck W bestehenden Ausdruck nennen wir die Negation oder die Verneinung des Ausdruckes W. Den Ausdruck „$\sim p$" lesen wir auf eine der folgenden Arten: nicht p; es ist nicht so, daß p; es ist nicht wahr, daß p. In der Umgangssprache tritt das Wort „nicht" als aussagenbildendes Negationszeichen mit einem Aussagenargument nur in einfachsten Kontexten auf, wie z. B. in: Er fällt nicht. Er trat nicht zurück. Vor einer zusammengesetzten Aussage verwenden wir dagegen in der Umgangssprache als Negationszeichen solche Wendungen wie „es ist nicht so, daß p", „es ist nicht wahr, daß p". Wir sagen z. B.: Es ist nicht so, daß (es ist nicht wahr, daß), wenn ich ein Los kaufe, ich gewinne. Bekannt sind auch andere Symbole, die als Negationszeichen verwendet werden. Statt „$\sim p$" schrieb man früher „p'", und heute schreibt man auch „$\neg p$".

Die weiteren Konstanten des Aussagenkalküls, von denen jetzt die Rede sein wird, sind aussagenbildende Funktoren von zwei Aussagenargumenten.

Das Symbol „$\wedge$" nennt man das Zeichen der Konjunktion. Einen Aussagenausdruck, der aus zwei durch das Konjunktionszeichen verbundenen Aussagenausdrücken besteht, nennt man die Konjunktion dieser Ausdrücke oder ihr logisches Produkt. Die Glieder der Konjunktion nennt man auch die Faktoren der Konjunktion. Den Ausdruck „$p \wedge q$" lesen wir: p und q. Statt „$p \wedge q$" schreibt man auch in einer ziemlich oft verwendeten Symbolik „$p \cdot q$".

Das Symbol „$\vee$" nennen wir das Zeichen der Alternative. Einen aus zwei Aussagenausdrücken mit Hilfe des Alternativzeichens gebildeten Aussagenausdruck nennen wir die Alternative dieser Ausdrücke oder ihre logische Summe. Die Glieder der Alternative nennt man auch ihre Summanden. Den Ausdruck „$p \vee q$" lesen wir: p oder q. Wir verwenden dabei eine der Sinnentsprechungen des Wortes „oder", das in der Umgangssprache noch andere Sinnentsprechungen hat. Auf die Unterschiede zwischen diesen Sinnentsprechungen werden wir später eingehen. Statt „$p \vee q$" schrieb man in der älteren Symbolik „$p + q$".

Das Symbol „$\rightarrow$" nennt man das Zeichen der Implikation. Einen aus zwei Ausdrücken mit Hilfe des Implikationszeichens gebildeten Aussagenausdruck nennen wir Implikation oder Bedingungsaussage. Das erste Glied einer Implikation nennt man ihr Vorderglied, das zweite ihr Hinterglied. Den Ausdruck „$p \rightarrow q$" lesen wir: wenn p, so q. Wir verwenden dabei eine der Sinnentsprechungen des Ausdruckes „wenn ..., so". Um diese Sinnentsprechung von anderen Sinnentsprechungen des Ausdruckes „wenn p, so q" zu unterscheiden, nennen wir die mit Hilfe des Zeichens „$\rightarrow$" gebildete Implikation die materiale Implikation oder die materiale Bedingungsaussage.

Wenn wir einfach von Implikation sprechen, meinen wir die materiale Implikation. Statt „$p \rightarrow q$“ schreibt man auch oft „$p \supset q$“ und manchmal auch „$p \Rightarrow q$“.

Das Symbol „$\equiv$“ nennt man das Zeichen der Äquivalenz. Einen aus zwei Aussagenausdrücken mit Hilfe des Äquivalenzzeichens gebildeten Aussagenausdruck nennen wir Äquivalenz. Ihr erstes Glied nennt man die linke Seite der Äquivalenz, das zweite – ihre rechte Seite. Den Ausdruck „$p \equiv q$“ lesen wir: p dann und nur dann, wenn q. Die Äquivalenz „$p \equiv q$“ kann man als Konjunktion zweier materialer Implikationen, „$p \rightarrow q$“ sowie „$q \rightarrow p$“, betrachten. Deshalb wird sie auch materiale Äquivalenz genannt. Statt „$p \equiv q$“ schreibt man auch manchmal „$p \leftrightarrow q$“ oder „$p \Leftrightarrow q$“.

Die oben aufgezählten Funktoren sind die am häufigsten verwendeten Funktoren des klassischen Aussagenkalküls. Damit sind aber nicht alle Funktoren dieses Kalküls erschöpft. Auf andere Funktoren dieses Kalküls werden wir in Abschnitt 4 dieses Kapitels eingehen.

Aussagenausdrücke des Aussagenkalküls sind Aussagenvariablen und zusammengesetzte Ausdrücke, die aus Aussagenvariablen und Funktoren des Aussagenkalküls bestehen und gemäß den Prinzipien der Theorie der syntaktischen Kategorien sinnvolle Ausdrücke darstellen. Insbesondere gilt:

1. Aussagenvariablen sind Aussagenausdrücke.

2. Die Negation eines Aussagenausdrucks ist ein Aussagenausdruck. Die Konjunktion, die Alternative, die Implikation und die Äquivalenz zweier Aussagenausdrücke ist ein Aussagenausdruck.

3. Jeder Aussagenausdruck ist eine Aussagenvariable oder wird aus Aussagenvariablen durch eine einmalige bzw. mehrmalige Verbindung einfacherer Ausdrücke durch Funktoren des Aussagenkalküls gebildet.

Eine genauere Formulierung der Definition des Aussagenausdruckes und die Art der Formulierung solcher Definitionen werden wir später kennenlernen.

In der natürlichen Sprache zeigen die Flexionsendungen und die Interpunktionszeichen die Aufteilung eines zusammengesetzten Ausdruckes in Funktoren und Argumente an. Wenn wir für die Funktoren des Aussagenkalküls Symbole einführen und sie zwischen ihren Argumenten anordnen, müssen wir zur Sicherung der Eindeutigkeit der Zerlegung des Ausdruckes in Funktoren und Argumente Klammern einführen. Durch die Einführung von Klammern können wir z. B. den Ausdruck „$p \rightarrow (q \rightarrow r)$“ von dem Ausdruck „$(p \rightarrow q) \rightarrow r$“ unterscheiden.

Um eine übermäßige Häufung der Klammern in zusammengesetzten Ausdrücken zu vermeiden, treffen wir gewisse Vereinbarungen, wie sie auf bestimmte Weise weggelassen werden können. Insbesondere vereinbaren wir:

1. Ohne Klammern schreiben wir die Negation von Variablen, die Negation solcher Negationen usw., also die Ausdrücke: $\sim p$, $\sim\sim p$ usw.

2. Das Negationszeichen bindet stärker als das Konjunktionszeichen, was z. B. bedeutet, daß der Ausdruck „$\sim p \wedge q$" die gleiche syntaktische Zerlegung (Zerlegung in Funktoren und ihre Argumente) wie der Ausdruck „$(\sim p) \wedge q$" hat.

3. Das Konjunktionszeichen bindet stärker als das Alternativzeichen. Der Ausdruck „$p \wedge q \vee r$" z. B. hat also die gleiche syntaktische Zerlegung wie der Ausdruck „$(p \wedge q) \vee r$".

4. Das Alternativzeichen bindet stärker als das Implikationszeichen. Also hat z. B. der Ausdruck „$p \vee q \rightarrow r$" die gleiche syntaktische Zerlegung wie der Ausdruck „$(p \vee q) \rightarrow r$".

5. Das Implikationszeichen bindet stärker als das Äquivalenzzeichen. Also hat z. B. der Ausdruck „$p \rightarrow q \equiv r$" die gleiche syntaktische Zerlegung wie der Ausdruck „$(p \rightarrow q) \equiv r$".

Diese Regeln für das Weglassen der Klammern kann man kurz folgendermaßen formulieren: In der Symbolfolge: $\sim$, $\wedge$, $\vee$, $\rightarrow$, $\equiv$, bindet jedes früher auftretende Symbol stärker als alle nachfolgenden Symbole.

Die Klammern sind überhaupt überflüssig, wenn wir die Funktoren stets vor die Argumente setzen und nach den Funktoren ihre aufeinanderfolgenden Argumente schreiben. Eine solche Symbolik führte einer der hervorragendsten polnischen Logiker, Jan Łukasiewicz, ein. In dieser Symbolik schreibt man „Np" statt „$\sim p$", „Kpq" statt „$p \wedge q$", „Apq" statt „$p \vee q$", „Cpq" statt „$p \rightarrow q$", „Epq" statt „$p \equiv q$".

In der klammerfreien Symbolik von Łukasiewicz, die in der Logikliteratur auch die klammerfreie polnische Symbolik genannt wird, hat jeder Aussagenausdruck nur eine syntaktische Zerlegung in Funktoren und Argumente. Dem Ausdruck „$CCpqr$" entspricht z. B. in der gewöhnlichen Symbolik der Ausdruck „$(p \rightarrow q) \rightarrow r$", dem Ausdruck „$CpCqr$" entspricht der Ausdruck „$p \rightarrow (q \rightarrow r)$".

Die Symbolik von J. Łukasiewicz erweist sich in theoretischen Arbeiten als sehr nützlich. Die in ihr übliche Schreibweise der Funktoren vor ihren Argumenten weicht jedoch sowohl von dem in einer Umgangssprache als auch von dem in der mathematischen Symbolik üblichen Brauch ab, daß die Funktoren im allgemeinen zwischen ihren Argumenten geschrieben werden. Vom didaktischen Standpunkt aus ist also die gewöhnliche Symbolik, die diesem Brauch angepaßt ist, leichter. Aus diesem Grund wird sie auch im vorliegenden Buch verwendet.

2. Primäre Regeln des Annahmesystems

Die Methoden der Beweisführung in logischen Annahmesystemen unterscheiden sich sehr wenig von den Arten der Beweisführung, die wir sowohl in verschiedenen Wissenschaften als auch in alltäglichen Überlegungen anwenden. Solche Systeme werden deshalb auch Systeme des „natürlichen Schließens" genannt. In diesen Systemen werden genaue Regeln formuliert, nach denen wir – intuitiv – unsere Beweise durchführen. Außerdem sind die Beweise in Annahmesystemen im allgemeinen bedeutend leichter als die Beweise in logischen Axiomensystemen. Aus diesem Grunde wollen wir uns zunächst, und zwar ausführlich, dem Annahmesystem des Aussagenkalküls zuwenden und erst später die axiomatische Form dieses Kalküls kennenlernen.

Die Regeln des Annahmesystems bestimmen, wie die Annahmebeweise aufzubauen sind. Untersuchen wir zunächst ein einfaches Beispiel eines solchen Beweises, nämlich den Beweis des Satzes „Wenn heute Dienstag ist, so ist übermorgen Donnerstag" anhand der Prämissen (1) Wenn heute Dienstag ist, so ist morgen Mittwoch, (2) Wenn morgen Mittwoch ist, so ist übermorgen Donnerstag. Wir formulieren diesen Beweis kurz folgendermaßen: Nehmen wir an, heute sei Dienstag. Daraus folgt aufgrund von (1), daß morgen Mittwoch ist. Daraus wiederum folgt aufgrund von (2), daß übermorgen Donnerstag ist. Also, wenn heute Dienstag ist, so ist übermorgen Donnerstag. Etwas ausführlicher kann man diesen Beweis folgendermaßen schreiben:

(1) Wenn heute Dienstag ist, so ist morgen Mittwoch	Prämissen
(2) Wenn morgen Mittwoch ist, so ist übermorgen Donnerstag	
(3) Heute ist Dienstag	
(4) Morgen ist Mittwoch	(aufgrund von (1) und (3))
(5) Übermorgen ist Donnerstag	(aufgrund von (2) und (4)).

Die Annahmen sind hier die Prämissen, auf die wir uns stützen, und das Vorderglied der zu beweisenden Implikation. Aus diesen Annahmen leiten wir weitere Zeilen des Beweises ab, wobei wir die Regel zugrunde legen, daß sich aus einer Implikation und ihrem Vorderglied ihr Hinterglied ergibt. Wenn wir auf diese Weise das Hinterglied des zu beweisenden Theorems erhalten haben, halten wir den Beweis für beendet.

Unter den Regeln, welche die Annahmebeweise festlegen, kann man zwei Arten von Regeln unterscheiden: 1. Regeln der Hinzufügung neuer Zeilen zu einem Beweis, 2. Regeln der Bildung von Beweisen.

Die Regeln der Hinzufügung neuer Zeilen zu einem Beweis stellen fest, daß aus Ausdrücken einer bestimmten Form Ausdrücke wiederum einer bestimmten Form logisch folgen, so daß man sie aufgrund der bisherigen Zeilen dem Beweis hinzufügen kann.

Eine kleine Anzahl solcher – nach Möglichkeit einfachster und intuitiver – Regeln nehmen wir ohne Beweis als Primärregeln an. Andere Regeln dieser Art sind im System bewiesene, sekundäre Regeln.[1]

Als primäre Regeln der Hinzufügung neuer Zeilen zu einem Beweis nehmen wir die Abtrennungsregel sowie die Regeln der Einführung und der Beseitigung der Konjunktion, der Alternative und der Äquivalenz an.

Die Abtrennungsregel, die wir mit dem Symbol AR bezeichnen werden, stellt fest, daß aus einer Bedingungsaussage (einer Implikation) und ihrem Vorderglied ihr Hinterglied folgt.

Nach dieser Regel ist das Abtrennungsschema:

$$\begin{array}{c} p \rightarrow q \\ p \\ \hline q \end{array}$$

ein logisches Schema.

Wenn also zu einem Beweis eine Implikation und ihr Vorderglied als bisherige Zeilen des Beweises gehören, kann man in den Beweis ihr Hinterglied als neue Zeile des Beweises einführen. Diese Zeile folgt nämlich aus den bisherigen Zeilen des Beweises. Zeilen des Beweises sind natürlich Aussagenausdrücke.

Hier ein Beispiel für das Schließen nach dem Abtrennungsschema:

Wenn Paris die Hauptstadt Frankreichs ist, so wohnt der Präsident von Frankreich in Paris

Paris ist die Hauptstadt Frankreichs

Der Präsident von Frankreich wohnt in Paris.

[1] Das in diesem Buch dargestellte Annahmesystem des klassischen Aussagenkalküls und Prädikatenkalküls ist in dem Buch von J. Słupecki und L. Borkowski, *Elements of Mathematical Logic and Set Theory*, Warszawa 1967, erläutert. Die ersten Annahmesysteme des Aussagenkalküls bauten S. Jáskowski und G. Gentzen auf. Dargestellt sind sie in den Arbeiten: S. Jáskowski, *On the Rules of Suppositions in Formal Logic*, Studia Logica 1, 1934, S. 1–34; G. Gentzen, *Untersuchungen über das logische Schließen*, Mathematische Zeitschrift, Vol. 39, 1934/1935, S. 176–210 und S. 405–431. [Nachdruck in: K. Berka, L. Kreiser, *Logik-Texte. Kommentierte Auswahl zur Geschichte der modernen Logik*, 2. Auflage Berlin 1973, S. 192–253.]

Die Regel der **Einführung der Konjunktion**, mit dem Symbol EK bezeichnet, stellt fest, daß aus zwei Aussagenausdrücken ihre Konjunktion folgt.

Die Regel der **Beseitigung der Konjunktion**, mit dem Symbol BK bezeichnet, stellt fest, daß aus einer Konjunktion jedes ihrer Glieder folgt.

Nach der ersten dieser Regeln ist das Schema der Einführung der Konjunktion:

$$\frac{\begin{matrix} p \\ q \end{matrix}}{p \wedge q}$$

ein logisches Schema.

Nach der zweiten von ihnen sind die Schemata der Beseitigung der Konjunktion:

$$\frac{p \wedge q}{p} \qquad \frac{p \wedge q}{q}$$

ogische Schemata.

Nach der Regel EK folgt aus den Aussagen:

(1) Goethe ist der Autor von „Werthers Leiden".

(2) Goethe ist der Autor von „Faust".

die Aussage:

(3) Goethe ist der Autor von „Werthers Leiden" und Goethe ist der Autor von „Faust".

Nach der Regel BK folgt aus der Aussage (3) wiederum jede der Aussagen (1), (2).

Die Regel der **Einführung der Alternative**, mit dem Symbol EA bezeichnet, stellt fest, daß aus einer beliebigen Aussage die Alternative folgt, deren erstes oder zweites Glied diese Aussage ist.

Nach dieser Regel sind die Schemata der Einführung der Alternative:

$$\frac{p}{p \vee q} \qquad \frac{q}{p \vee q}$$

logische Schemata.

Nach der Regel EA folgt aus jeder der Aussagen:

(1) *N* befördert im Zug leichtbrennbare Stoffe

(2) *N* befördert im Zug übelriechende Stoffe

die Aussage:

(3) *N* befördert im Zug leichtbrennbare Stoffe oder *N* befördert im Zug übelriechende Stoffe.

Die Regel der Beseitigung der Alternative, mit dem Symbol BA bezeichnet, stellt fest, daß aus einer Alternative und der Negation eines ihrer Glieder ihr zweites Glied folgt.

Nach dieser Regel sind die Schemata der Beseitigung der Alternative:

$$\frac{\begin{array}{c} p \vee q \\ \sim p \end{array}}{q} \qquad \frac{\begin{array}{c} p \vee q \\ \sim q \end{array}}{p}$$

logische Schemata.

Beispiele für das Schließen nach diesen Schemata:

$$\frac{\begin{array}{c}\text{Die 1. Röhre in meinem Rundfunkgerät ist durchgebrannt} \\ \text{oder die 2. Röhre in meinem Rundfunkgerät ist durchgebrannt} \\ \text{Die 1. Röhre in meinem Rundfunkgerät ist nicht durchgebrannt}\end{array}}{\text{Die 2. Röhre in meinem Rundfunkgerät ist durchgebrannt}} .$$

$$\frac{\begin{array}{c}\text{Der Kontakt ist defekt oder die Glühbirne ist durchgebrannt} \\ \text{Die Glühbirne ist nicht durchgebrannt}\end{array}}{\text{Der Kontakt ist defekt}} .$$

Die Implikation $H \to F$ nennen wir die umgekehrte Implikation in bezug auf die Implikation $F \to H$. Die Äquivalenz $F \equiv H$ nennen wir die der Implikation $F \to H$ entsprechende Äquivalenz; analog nennen wir die Implikation $F \to H$ die der Äquivalenz $F \equiv H$ entsprechende Implikation. $H \to F$ ist die der Äquivalenz $F \equiv H$ entsprechende umgekehrte Implikation.

Die Regel der Einführung der Äquivalenz, durch das Symbol EÄ bezeichnet, stellt fest, daß die einer gegebenen Implikation entsprechende Äquivalenz aus dieser Implikation und der umgekehrten Implikation folgt.

Nach dieser Regel ist das Schema der Einführung der Äquivalenz:

$$\frac{\begin{array}{c} p \to q \\ q \to p \end{array}}{p \equiv q}$$

ein logisches Schema.

Die Regel der Beseitigung der Äquivalenz, durch das Symbol BÄ bezeichnet, stellt fest, daß aus einer gegebenen Äquivalenz die ihr entsprechende Implikation sowie die umgekehrte Implikation folgen.

Nach dieser Regel sind die Schemata der Beseitigung der Äquivalenz:

$$\frac{p \equiv q}{p \to q} \qquad \frac{p \equiv q}{q \to p}$$

logische Schemata.

Nach der Regel EÄ folgt aus den Aussagen:

(1) Wenn Wasser gefriert, so liegt die Temperatur unter 0 °C.

(2) Wenn die Temperatur unter 0 °C liegt, gefriert Wasser

die Aussage:

(3) Wasser gefriert dann und nur dann, wenn die Temperatur unter 0 °C liegt.

Nach der Regel BÄ folgt aus der Aussage (3) wiederum jede der Aussagen (1), (2).

Wir führen jetzt eine bestimmte Terminologie ein, die wir bei der Formulierung der Bildungsregeln für Annahmebeweise verwenden werden.

Die Ausdrücke $W_1, W_2, \ldots, W_{n-1}$, die in dem Ausdruck:

$$(W) \qquad W_1 \to \{W_2 \to [W_3 \to \cdots \to (W_{n-1} \to W_n) \cdots]\}$$

auftreten, werden wir die Vorderglieder des Ausdruckes (W) nennen.

Z. B. sind die Ausdrücke: $p \to q$, $q \to r$, p die Vorderglieder des Ausdruckes: $(p \to q) \to [(q \to r) \to (p \to r)]$.

Wenn $W_1, W_2, \ldots, W_i$ aufeinanderfolgende Vorderglieder des Ausdruckes (W) sind, dann nennen wir den übrigen Teil des Ausdruckes (W), nämlich den Ausdruck: $W_{i+1} \to [\cdots \to (W_{n-1} \to W_n)]$ das diesen Vordergliedern entsprechende Hinterglied des Ausdruckes (W). Z. B. ist im folgenden Ausdruck: $(p \to q) \to [(q \to r) \to (p \to r)]$ der Ausdruck „$(q \to r) \to (p \to r)$" das Hinterglied, das dem Vorderglied „$p \to q$" entspricht, der Ausdruck „$p \to r$" ist das Hinterglied, das den Vordergliedern „$p \to q$" und „$q \to r$" entspricht, der Ausdruck „r" ist das Hinterglied, das den Vordergliedern: $p \to q$, $q \to r$, p entspricht.

Den A n n a h m e b e w e i s einer R e g e l, welche die Gültigkeit eines gegebenen logischen Schemas feststellt, beginnen wir damit, daß wir als A n n a h m e n des B e w e i s e s (als Beweisannahmen) die Prämissen dieses Schemas und die Vorderglieder seiner Conclusio hinschreiben. Aus diesen Annahmen leiten wir gemäß der (primären bzw. vorher bewiesenen) Regeln der Hinzufügung neuer Zeilen zu einem Beweis neue Zeilen ab. In den Beweis können wir auch als neue Zeilen vorher bewiesene Theoreme einführen. Der d i r e k t e A n n a h m e b e w e i s ist beendet, wenn wir das den Vordergliedern der Conclusio, welche als

Beweisannahmen geschrieben wurden, entsprechende Hinterglied erhalten.

Ein Beispiel für einen solchen Beweis ist der Beweis der Regel des hypothetischen bzw. bedingten (d. h. auf Bedingungsaussagen bezogenen) Syllogismus, die die Gültigkeit des folgenden Schemas feststellt:

$$\frac{\begin{array}{c} p \rightarrow q \\ q \rightarrow r \end{array}}{p \rightarrow r}.$$

Beweis.	(1)	$p \rightarrow q$	{Annahmen}
	(2)	$q \rightarrow r$	
	(3)	p	
	(4)	q	{AR: 1, 3}
		r	{AR: 2, 4}

Auf der rechten Seite der einzelnen Zeilen des Beweises, die keine Annahmen sind, geben wir an, gemäß welcher Regeln und aus welchen Zeilen sie folgen. Die letzte Zeile wird nicht numeriert und damit zeigen wir an, daß der Beweis beendet ist.

Den Annahmebeweis eines Theorems beginnen wir damit, daß wir die Vorderglieder des Theorems als Annahmen des Beweises hinschreiben. Gemäß der (primären oder vorher bewiesenen) Regeln der Hinzufügung neuer Zeilen zu einem Beweis fügen wir dem Beweis neue Zeilen bzw. vorher bewiesene Theoreme hinzu. Der direkte Annahmebeweis eines gegebenen Theorems ist beendet, wenn wir das den Vordergliedern des Theorems, welche die Annahmen im Beweis sind, entsprechende Hinterglied dieses Theorems erhalten.

Der direkte Annahmebeweis des Gesetzes: $(p \rightarrow q \rightarrow [(q \rightarrow r) \wedge (p \rightarrow r)]$ deckt sich mit dem oben angegebenen Beweis der Regel des bedingten Syllogismus.

Der direkte Annahmebeweis des Gesetzes, das nach der Bemerkung in Abschnitt 3, Kap. II dem Schema der Regel des bedingten Syllogismus entspricht, d. h. des Gesetzes: $(p \rightarrow q) \wedge (q \rightarrow r) \rightarrow (p \rightarrow r)$ hat die Form

(1)	$(p \rightarrow q) \wedge (q \rightarrow r)$	{Annahmen[1]}
(2)	p	

[1] Anm. des Herausg.: Diese Annahmen ergeben sich also daraus, daß gemäß (W) das Gesetz die Form: $W_1 \rightarrow (W_2 \rightarrow W_3)$ hat, wobei W_1: „$(p \rightarrow q) \wedge (q \rightarrow r)$“, W_2: „p“ und W_3: „q“ ist.

(3) $p \to q$ }
(4) $q \to r$ } {BK: 1}
(5) q {AR: 3, 2}
r {AR: 4, 5}

Aus diesem Beispiel eines Beweises ist ersichtlich, daß wenn irgendeine Annahme eine Konjunktion ist, wir daraus mit Hilfe der Regel BK beide Glieder dieser Konjunktion als besondere Zeilen des Beweises ableiten können. Um den Beweis abzukürzen, kann man beim Hinschreiben der Annahmen statt der Annahme, die eine Konjunktion darstellt, als Annahmen die einzelnen Glieder dieser Konjunktion hinschreiben. Der so abgekürzte Beweis des Gesetzes: $(p \to q) \wedge (q \to r) \to \to (p \to r)$ deckt sich dann mit dem vorher angegebenen Beweis der Regel des bedingten Syllogismus.

Der direkte Annahmebeweis irgendeines Theorems ist von einem üblichen direkten Beweis zu unterscheiden. Einen üblichen direkten Beweis irgendeines Theorems beginnen wir mit vorher bewiesenen Theoremen (bzw. mit Axiomen – in einem axiomatischen System). Aus diesen Theoremen leiten wir mit Hilfe der Regeln der Hinzufügung neuer Zeilen zu einem Beweis – als ein aus ihnen folgendes Theorem – das zu beweisende Theorem ab. Bei einem üblichen direkten Beweis ist jede Zeile des Beweises ein Theorem (eine bewiesene Aussage), während die Zeilen eines Annahmebeweises, insbesondere die Annahmen des Beweises, keine Theoreme zu sein brauchen und es oft auch nicht sind.

Ein Beispiel für einen üblichen direkten Beweis stellt der Beweis des folgenden Gesetzes dar:

$$p \wedge q \equiv q \wedge p .$$

Beweis. (1) $p \wedge q \to q \wedge p$
(2) $q \wedge p \to p \wedge q$
$p \wedge q \equiv q \wedge p$ {EÄ: 1, 2}

Die Zeilen (1) und (2) sind hier vorher bewiesene Theoreme.

Den indirekten Annahmebeweis einer Regel, welche die Gültigkeit eines gegebenen logischen Schemas feststellt, beginnen wir damit, daß wir die Annahmen des Beweises hinschreiben. Diese Annahmen sind die Prämissen dieses Schemas sowie die Vorderglieder seiner Conclusio. Denjenigen Ausdruck, der mit dem entsprechenden Hinterglied dieser Conclusio im Widerspruch steht, schreiben wir als Annahme des indirekten Beweises. Unter sich widersprechenden Ausdrücken verstehen wir dabei den Ausdruck W und seine Negation

$\sim W$. Die Annahme des indirekten Beweises schreiben wir also entweder so, daß wir vor das gegebene Hinterglied das Negationszeichen setzen oder das anfängliche Negationszeichen im Hinterglied der Form $\sim W$ streichen. Dem Beweis fügen wir gemäß der (primären oder vorher bewiesenen) Regeln der Hinzufügung neuer Zeilen zu einem Beweis neue Zeilen oder vorher bewiesene Theoreme hinzu. Der indirekte Annahmebeweis ist beendet, wenn wir in ihm zwei sich widersprechende Zeilen erhalten.

Genauso aufgebaut ist der indirekte Annahmebeweis eines Theorems – der Unterschied besteht nur darin, daß die Vorderglieder dieses Theorems die Annahmen des Beweises sind.

Hier zwei Beispiele für indirekte Annahmebeweise:

$$\frac{\sim p \rightarrow q}{\sim q \rightarrow p}.$$

Beweis.	(1)	$\sim p \rightarrow q$	{Annahmen}
	(2)	$\sim q$	
	(3)	$\sim p$	{Annahme des indirekten Beweises}
	(4)	q	{AR: 1, 3}
		Widerspruch	{2, 4}

Die Annahme des indirekten Beweises haben wir hier so geschrieben, daß wir vor das Hinterglied der Conclusio das Negationszeichen setzten.

$$\frac{p \rightarrow q}{\sim q \rightarrow \sim p}.$$

Beweis.	(1)	$p \rightarrow q$	{Annahmen}
	(2)	$\sim q$	
	(3)	p	{Annahme des indirekten Beweises}
	(4)	q	{AR: 1, 3}
		Widerspruch	{2, 4}

Die Annahme des indirekten Beweises, „p“, entsteht hier aus dem Hinterglied „$\sim p$“ der Conclusio, indem das anfängliche Negationszeichen in ihm gestrichen wird.

Bei der Notierung der Beweise werden wir folgende Abkürzungen verwenden: „An.“ statt „Annahmen“, „A.d.i.B.“ statt „Annahme des indirekten Beweises“.

Ein üblicher indirekter Beweis irgendeines Theorems unterscheidet sich von einem indirekten Annahmebeweis nur dadurch, daß in ihm außer der Annahme des indirekten Beweises keine weiteren

Annahmen auftreten. Die Annahme des indirekten Beweises ist in einem solchen Beweis der mit dem zu beweisenden Theorem im Widerspruch stehende Ausdruck.

Hier ein Beispiel eines üblichen indirekten Beweises:

$$\sim[(p \to q) \wedge (p \wedge \sim q)]$$

Beweis.	(1)	$(p \to q) \wedge (p \wedge \sim q)$	{A. d. i. B.}
	(2)	$p \to q$	{BK: 1}
	(3)	$p \wedge \sim q$	
	(4)	p	{BK: 3}
	(5)	$\sim q$	
	(6)	q	{AR: 2, 4}
		Wid.	{5, 6}

Den Abschluß eines indirekten Annahmebeweises bzw. eines indirekten üblichen Beweises zeigen wir an, indem wir am Ende „Wid." schreiben und rechts die Nummern der beiden widersprüchlichen Zeilen angeben.

Man kann jeden direkten Annahmebeweis einer Regel bzw. eines Theorems in einen indirekten Annahmebeweis umwandeln, indem man nach den Annahmen denjenigen Ausdruck, der mit dem entsprechenden Hinterglied der Conclusio bzw. dem entsprechenden Hinterglied des zu beweisenden Theorems im Widerspruch steht, als Annahme des indirekten Beweises hinschreibt.

Ähnlich kann man jeden üblichen direkten Beweis in einen üblichen indirekten Beweis umwandeln, indem man den mit dem zu beweisenden Theorem im Widerspruch stehenden Ausdruck als die Annahme des indirekten Beweises an den Beweisanfang setzt.

Wenn es also einen direkten Annahmebeweis bzw. einen direkten üblichen Beweis für eine Regel oder ein Theorem gibt, dann gibt es auch einen indirekten Annahmebeweis bzw. einen indirekten üblichen Beweis für diese Regel oder dieses Theorem. In diesem Sinne ist die Bildungsregel des direkten Annahmebeweises bzw. des direkten üblichen Beweises in bezug auf die Bildungsregel des indirekten Annahmebeweises bzw. indirekten üblichen Beweises sekundär. Es genügt also, wenn man als primäre Regel der Beweisbildung die Bildungsregel des indirekten Annahmebeweises und des indirekten üblichen Beweises annimmt.

3. Annahmebeweise der sekundären Gesetze und Regeln

Die Regel des bedingten Syllogismus, die kurz mit „Syl." bezeichnet wird, stellt die Gültigkeit des Schemas fest:

$$\begin{array}{c} p \to q \\ q \to r \\ \hline p \to r \end{array}.$$

Den Beweis dieses Schemas haben wir im vorangegangenen Abschnitt als Beispiel für einen direkten Annahmebeweis angeführt.

Beispiele des Schließens nach diesem Schema sind:

Wenn heute Dienstag ist, so ist morgen Mittwoch
Wenn morgen Mittwoch ist, so ist übermorgen Donnerstag
———
Wenn heute Dienstag ist, so ist übermorgen Donnerstag.

Wenn während der Blütezeit des Baumes Frost ist, so erfrieren die Blüten
Wenn die Blüten erfrieren, so wird der Baum keine Früchte tragen
———
Wenn während der Blütezeit des Baumes Frost ist, so wird der Baum keine Früchte tragen.

Die Regel modus tollens, die abkürzend mit „Tol." bezeichnet wird, stellt fest, daß aus einer Implikation und dem mit ihrem Hinterglied im Widerspruch stehenden Ausdruck ein Ausdruck folgt, der mit ihrem Vorderglied im Widerspruch steht.

Nach dieser Regel sind folgende Schemata gültig:

$$\begin{array}{c} p \to q \\ \sim q \\ \hline \sim p \end{array} \qquad \begin{array}{c} \sim p \to q \\ \sim q \\ \hline p \end{array} \qquad \begin{array}{c} p \to \sim q \\ q \\ \hline \sim p \end{array} \qquad \begin{array}{c} \sim p \to \sim q \\ q \\ \hline p \end{array}.$$

Hier der Beweis des ersten dieser Schemata:

(1)	$p \to q$	{An.}
(2)	$\sim q$	
(3)	p	{A. d. i. B.}
(4)	q	{AR: 1, 3}
	Wid.	{2, 4}

Die Beweise der drei übrigen Schemata sind analog.

Nun Beispiele des Schließens nach der Regel modus tollens:

$$\frac{\begin{array}{c}\text{Wenn an dieser Stelle Gas ausströmt, so entzündet sich das Gas}\\ \text{nach Anlegen eines brennenden Streichholzes an dieser Stelle}\\ \text{Nach Anlegen eines brennenden Streichholzes an dieser Stelle}\\ \text{entzündet sich kein Gas}\end{array}}{\text{An dieser Stelle strömt kein Gas aus}}\,.$$

$$\frac{\begin{array}{c}\text{Wenn ich diese Frage nicht verstehe, so kann ich diese Frage nicht}\\ \text{beantworten}\\ \text{Ich kann diese Frage beantworten}\end{array}}{\text{Ich verstehe diese Frage}}\,.$$

Die Transposition einer gegebenen Implikation nennen wir eine Implikation, deren Vorderglied mit dem Hinterglied der gegebenen Implikation im Widerspruch steht und deren Hinterglied mit dem Vorderglied der gegebenen Implikation im Widerspruch steht. Wenn wir in einer gegebenen Implikation ihr Vorderglied mit dem Hinterglied vertauschen und beide Ausdrücke negieren, erhalten wir die Transposition dieser Implikation.

Die Regel der Transposition, die mit der Abkürzung „Transp." bezeichnet wird, stellt fest, daß aus einer Implikation ihre Transposition folgt.

Nach dieser Regel sind folgende Schemata gültig:

$$\frac{p \to q}{\sim q \to \sim p} \qquad \frac{\sim p \to q}{\sim q \to p} \qquad \frac{p \to \sim q}{q \to \sim p} \qquad \frac{\sim p \to \sim q}{q \to p}\,.$$

Die Beweise zweier dieser Schemata wurden im vorangegangenen Abschnitt als Beispiele für indirekte Annahmebeweise angeführt. Die Beweise der übrigen beiden Schemata sind analog. Man muß den Unterschied zwischen den Transpositionsschemata und den Schemata des modus tollens beachten. In Transpositionsschemata haben wir eine Prämisse, die eine Implikation ist, und eine Conclusio, die ebenfalls eine Implikation ist. In den Schemata des modus tollens haben wir zwei Prämissen, von denen die erste eine Implikation und die zweite keine Implikation ist, und eine Conclusio, die ebenfalls keine Implikation ist.

Ein Beispiel des Schließens nach der Transpositionsregel ist:

$$\frac{\text{Wenn es regnet, so ist die Straße naß}}{\text{Wenn die Straße nicht naß ist, so regnet es nicht}}\,.$$

Die Regel der **zusammengesetzten Transposition** stellt die Gültigkeit folgender Schemata fest:

$$\frac{r\wedge p\to q}{r\wedge\sim q\to\sim p}\qquad\frac{r\wedge\sim p\to q}{r\wedge\sim q\to p}\qquad\frac{r\wedge p\to\sim q}{r\wedge q\to\sim p}\qquad\frac{r\wedge\sim p\to\sim q}{r\wedge q\to p}.$$

Wir geben den Beweis des ersten dieser Schemata:

(1)	$r\wedge p\to q$	
(2)	r	{An.}
(3)	$\sim q$	
(4)	p	{A. d. i. B.}
(5)	$r\wedge p$	{EK: 4, 2}
(6)	q	{AR: 1, 5}
	Wid.	{3, 6}

Die Beweise der übrigen Schemata der zusammengesetzten Transposition sind analog.

Aus den Schemata der zusammengesetzten Transposition erhalten wir die ihnen entsprechenden Transpositionsschemata, indem wir die Variable „r" und das Konjunktionszeichen im Vorderglied der Prämisse und der Conclusio streichen.

Beispiele für das Schließen nach dem Schema der zusammengesetzten Transposition sind:

Wenn Hans der Bruder von Peter ist und Hans der Bruder von Maria ist, so sind Hans, Peter und Maria Geschwister

———————————————————— .

Wenn Hans der Bruder von Peter ist und Hans, Peter und Maria keine Geschwister sind, so ist Hans nicht der Bruder von Maria

Wenn es sonnig und warm ist, so sonne ich mich

———————————————————— .

Wenn es sonnig ist und ich mich nicht sonne, so ist es nicht warm

Die Regel der **Negation der Alternative**, mit „NA" bezeichnet, stellt fest, daß aus der Negation einer Alternative die Negation jeder ihrer Glieder, also auch die Konjunktion der Negation ihrer Glieder folgt.

Nach dieser Regel sind folgende Schemata gültig:

$$\frac{\sim(p\vee q)}{\sim p}\qquad\frac{\sim(p\vee q)}{\sim q}\qquad\frac{\sim(p\vee q)}{\sim p\wedge\sim q}.$$

Hier der Beweis des ersten dieser Schemata:

(1)	$\sim(p \vee q)$	{An.}
(2)	p	{A. d. i. B.}
(3)	$p \vee q$	{EA: 2}
	Wid.	{1, 3}

Der Beweis des zweiten Schemas ist analog. Im Beweis des dritten Schemas verwenden wir die beiden ersten Schemata und die Regel der Einführung der Konjunktion.

Gemäß der Regel der Negation der Alternative folgen aus der Aussage:

Es ist nicht wahr, daß *A* der Bruder von *B* oder *A* die Schwester von *B* ist

die Aussagen:

A ist nicht der Bruder von *B*

A ist nicht die Schwester von *B*

und ihre Konjunktion.

Das Gesetz der Reflexivität der Implikation $p \to p$:

Beweis.	(1)	p	{An.}
	(2)	$\sim p$	{A. d. i. B.}
		Wid.	{1, 2}

Das Gesetz der Reflexivität der Äquivalenz (Identitätsgesetz): $p \equiv p$.

Dieses Gesetz beweisen wir anhand des Gesetzes der Reflexivität der Implikation und der Regel der Einführung der Äquivalenz.

Diese Gesetze verwenden wir in einigen Beweisen als bereits bewiesene Behauptungen (Theoreme).

Die Regel der Multiplikation der Implikationen stellt die Gültigkeit des Schemas fest:

$$\frac{\begin{matrix} p \to q \\ r \to s \end{matrix}}{p \wedge r \to q \wedge s}.$$

Beweis.	(1)	$p \to q$	{An.}
	(2)	$r \to s$	{An.}
	(3)	p	{An.}
	(4)	r	{An.}
	(5)	q	{AR: 1, 3}
	(6)	s	{AR: 2, 4}
		$q \wedge s$	{EK: 5, 6}

Beispiel des Schließens nach dem Schema der Multiplikation der Implikationen:

$$\frac{\begin{array}{c}\text{Wenn es kalt ist, so muß man einen Mantel anziehen}\\ \text{Wenn es regnet, so muß man einen Schirm mitnehmen}\end{array}}{\begin{array}{c}\text{Wenn es kalt ist und regnet, so muß man einen Mantel anziehen}\\ \text{und einen Schirm mitnehmen}\end{array}}.$$

Die Regel des neuen Faktors stellt die Gültigkeit der folgenden Schemata fest:

$$\frac{p \to q}{p \wedge r \to q \wedge r} \qquad \frac{p \to q}{r \wedge p \to r \wedge q}.$$

Hier der Beweis des ersten dieser Schemata:

(1)	$p \to q$	{An.}
(2)	$r \to r$	{Ges. Refl. Impl.}
	$p \wedge r \to q \wedge r$	{Mult. Impl.}

Der Beweis des zweiten Schemas ist analog.

Wenn wir in den Beweisen Regeln und Gesetze verwenden, zu deren Bezeichnung wir keine besonderen Symbole einführten, verwenden wir die entsprechenden Abkürzungen ihrer Bezeichnungen, also z. B.: „Ges. Refl. Impl." anstelle von „Gesetz der Reflexivität der Implikation", „Mult. Impl." anstelle von „Regel der Multiplikation der Implikationen", „Add. Impl." anstelle von „Additionsregel der Implikation", „Reg. neu. Fakt." anstelle von „Regel des neuen Faktors" usw. Es ist nicht schwer, diese Abkürzungen eindeutig zu lesen.

Beispiel des Schließens nach der Regel des neuen Faktors:

$$\frac{\text{Wenn der Arm gebrochen ist, so muß man einen Gipsverband anlegen}}{\begin{array}{c}\text{Wenn der Arm gebrochen ist und man Antibiotika verwenden muß,}\\ \text{so muß man einen Gipsverband anlegen und Antibiotika verwenden}\end{array}}.$$

Die Regel der Addition der Implikationen stellt die Gültigkeit des Schemas fest:

$$\frac{\begin{array}{c}p \to q\\ r \to s\end{array}}{p \vee r \to q \vee s}.$$

Beweis.	(1)	$p \to q$	
	(2)	$r \to s$	{An.}
	(3)	$p \vee r$	
	(4)	$\sim(q \vee s)$	{A. d. i. B.}
	(5)	$\sim q$	{NA: 4}
	(6)	$\sim s$	
	(7)	$\sim p$	{Tol.: 1, 5}
	(8)	$\sim r$	{Tol.: 2, 6}
	(9)	r	{BA: 3, 7}
		Wid.	{8, 9}

Beispiel des Schließens nach der Additionsregel der Implikationen:

Wenn ich die englische Sprache beherrsche, kann ich Shakespeare im Original lesen

Wenn ich die französische Sprache beherrsche, kann ich Molière im Original lesen

---

Wenn ich die englische Sprache beherrsche oder die französische Sprache beherrsche, kann ich Shakespeare im Original lesen oder Molière im Original lesen.

Die Regel des zusammengesetzten konstruktiven Dilemmas stellt fest, daß aus zwei Implikationen und der Alternative ihrer Vorderglieder die Alternative ihrer Hinterglieder folgt.

Nach dieser Regel ist das folgende Schema gültig:

$$\frac{\begin{array}{c} p \to q \\ r \to s \\ p \vee r \end{array}}{q \vee s}\;.$$

Beweis.	(1)	$p \to q$	
	(2)	$r \to s$	{An.}
	(3)	$p \vee r$	
	(4)	$p \vee r \to q \vee s$	{Add. Impl.: 1, 2}
		$q \vee s$	{AR: 4, 3}

Beispiel des Schließens nach dem zusammengesetzten konstruktiven Dilemma:

Wenn ich mit dem Flugzeug fliege, so bin ich um 7 Uhr an Ort und Stelle

Wenn ich mit dem Zug fahre, so bin ich um 10 Uhr an Ort und Stelle
Ich fliege mit dem Flugzeug oder fahre mit dem Zug

Ich bin um 7 Uhr an Ort und Stelle oder ich bin um 10 Uhr an Ort und Stelle.

Die Regel des **neuen Summanden** stellt die Gültigkeit der Schemata fest:

$$\frac{p \to q}{p \vee r \to q \vee r} \qquad \frac{p \to q}{r \vee p \to r \vee q}.$$

Beim Beweis dieser Schemata wenden wir das Gesetz der Reflexivität der Implikation und die Additionsregel der Implikationen an.

Beispiel des Schließens nach der Regel des neuen Summanden:

Wenn A der Sohn von B ist, dann ist A das Kind von B

Wenn A der Sohn von B oder A von B adoptiert ist, so ist A das Kind von B oder A ist von B adoptiert.

Die **Abtrennungsregel für die Äquivalenz**, durch das Symbol „ARÄ“ bezeichnet, stellt fest, daß aus einer Äquivalenz und einem ihrer Glieder das zweite Glied folgt.

Nach dieser Regel sind folgende Schemata gültig:

$$\begin{array}{c} p \equiv q \\ \dfrac{p}{q} \end{array} \qquad \begin{array}{c} p \equiv q \\ \dfrac{q}{p} \end{array}.$$

Beweis. (1)	$p \equiv q$	{An.}	Beweis. (1)	$p \equiv q$	{An.}
(2)	p		(2)	q	
(3)	$p \to q$	{BÄ: 1}	(3)	$q \to p$	{BÄ: 1}
	q	(AR: 3, 2}		p	{AR: 3, 2}.

Beispiele des Schließens nach der Abtrennungsregel für die Äquivalenz:

Wasser gefriert dann und nur dann, wenn die Temperatur unter 0° C liegt

Wasser gefriert

Die Temperatur liegt unter 0 °C.

$$\frac{\text{Wasser gefriert dann und nur dann, wenn die Temperatur unter 0 °C liegt} \quad \text{Die Temperatur liegt unter 0 °C}}{\text{Wasser gefriert}}.$$

Die Regel der **Kommutativität** (der **Symmetrie**) der Äquivalenz stellt fest, daß aus einer gegebenen Äquivalenz eine Äquivalenz folgt, die durch Umstellung ihrer Glieder entsteht.

Nach dieser Regel ist das Schema gültig:

$$\frac{p \equiv q}{q \equiv p}.$$

Beweis.	(1)	$p \equiv q$	{An.}
	(2)	$p \to q$	{BÄ: 1}
	(3)	$q \to p$	
		$q \equiv p$	{EÄ: 3, 2}

Die Regel der **Transitivität** der Äquivalenz stellt die Gültigkeit des Schemas fest:

$$\frac{p \equiv q \quad q \equiv r}{p \equiv r}.$$

Beweis.	(1)	$p \equiv q$	{An.}
	(2)	$q \equiv r$	
	(3)	$p \to q$	{BÄ: 1}
	(4)	$q \to p$	
	(5)	$q \to r$	{BÄ: 2}
	(6)	$r \to q$	
	(7)	$p \to r$	{Syl: 3, 5}
	(8)	$r \to p$	{Syl: 6, 4}
		$p \equiv r$	{EÄ: 7, 8}

Das Schema der Regel der Transitivität der Äquivalenz ist analog dem Schema der Regel des bedingten Syllogismus für die Implikation.

Die Regel der **Negation der Äquivalenzglieder** stellt fest, daß aus einer aus zwei Ausdrücken gebildeten Äquivalenz eine Äquivalenz folgt, die aus den Negationen dieser Ausdrücke gebildet ist.

Nach dieser Regel ist folgendes Schema gültig:

$$\frac{p \equiv q}{\sim p \equiv \sim q}$$

Beweis.	(1)	$p \equiv q$	{An.}
	(2)	$p \to q$	{BÄ: 1}
	(3)	$q \to p$	
	(4)	$\sim p \to \sim q$	{Transp.: 3}
	(5)	$\sim q \to \sim p$	{Transp.: 2}
		$\sim p \equiv \sim q$	{EÄ: 4, 5}

Beispiel des Schließens nach diesem Schema:

Wasser gefriert dann und nur dann, wenn die Temperatur unter 0 °C liegt

---

Wasser gefriert dann nicht und nur dann nicht, wenn die Temperatur nicht unter 0 °C liegt .

Die Regel der Multiplikation der Äquivalenzen stellt die Gültigkeit des folgenden Schemas fest:

$$\begin{array}{c} p \equiv q \\ r \equiv s \\ \hline p \wedge r \equiv q \wedge s \end{array}$$

Beweis.	(1)	$p \equiv q$	{An.}
	(2)	$r \equiv s$	
	(3)	$p \to q$	{BÄ: 1}
	(4)	$q \to p$	
	(5)	$r \to s$	{BÄ: 2}
	(6)	$s \to r$	
	(7)	$p \wedge r \to q \wedge s$	{Mult. Impl.: 3, 5}
	(8)	$q \wedge s \to p \wedge r$	{Mult. Impl.: 4, 6}
		$p \wedge r \equiv q \wedge s$	{EÄ: 7, 8}

Beispiel des Schließens nach der Regel der Multiplikation der Äquivalenzen:

Wir fahren von *A* nach *B* mit den Autobus dann und nur dann, wenn es keine Schneewehen gibt

Wir fliegen von *B* nach *C* mit dem Flugzeug dann und nur dann, wenn es kein Gewitter gibt

---

Wir fahren von *A* nach *B* mit dem Autobus und fliegen von *B* nach *C* mit dem Flugzeug dann und nur dann, wenn es keine Schneewehen und kein Gewitter gibt .

Anhand des Gesetzes der Reflexivität der Äquivalenz und der Regel der Multiplikation der Äquivalenzen beweisen wir die Regel des neuen Faktors für die Äquivalenz, die die Gültigkeit folgender Schemata feststellt:

$$\frac{p \equiv q}{p \wedge r \equiv q \wedge r} \qquad \frac{p \equiv q}{r \wedge p \equiv r \wedge q}.$$

Die Regel der Addition der Äquivalenzen stellt die Gültigkeit des Schemas fest:

$$\frac{\begin{array}{c} p \equiv q \\ r \equiv s \end{array}}{p \vee r \equiv q \vee s}.$$

Diese Regel beweisen wir mit Hilfe der Regel der Beseitigung der Äquivalenz, der Additionsregel der Implikationen und der Regel der Einführung der Äquivalenz.

Beispiel des Schließens nach der Additionsregel der Äquivalenz:

Der Wettkämpfer erhält die Goldmedaille dann und nur dann, wenn der Wettkämpfer als erster am Ziel ankommt

Der Wettkämpfer erhält die Silbermedaille dann und nur dann, wenn der Wettkämpfer als zweiter am Ziel ankommt

---

Der Wettkämpfer erhält die Goldmedaille oder der Wettkämpfer erhält die Silbermedaille dann und nur dann, wenn der Wettkämpfer als erster am Ziel ankommt oder der Wettkämpfer als zweiter am Ziel ankommt

Anhand des Gesetzes der Reflexivität der Äquivalenz und der Additionsregel der Äquivalenzen beweisen wir die Regel des neuen Summanden für die Äquivalenz, die die Gültigkeit folgender Schemata feststellt:

$$\frac{p \equiv q}{p \vee r \equiv q \vee r} \qquad \frac{p \equiv q}{r \vee p \equiv r \vee q}.$$

Die Negationsregel der Äquivalenzglieder und die Multiplikations- und Additionsregel der Äquivalenzen stellen fest, daß aus Äquivalenzen, die aus bestimmten Ausdrücken gebildet sind, Äquivalenzen folgen, die aus der Negation, der Konjunktion und der Alternative dieser Ausdrücke gebildet sind. Analog stellen Regeln, die sich für die Implikation und die Äquivalenz beweisen lassen, die Gültigkeit der Schemata mit den Prämissen: $p \equiv q$, $r \equiv s$ und der Conclusio, die einer der Ausdrücke: $p \to r \equiv q \to s$, $(p \equiv r) \equiv (q \equiv s)$ ist, fest.

Alle diese Regeln zusammengenommen stellen fest, daß aus der Äquivalenz der Glieder zusammengesetzter Ausdrücke, die mit Hilfe der untersuchten Funktoren des Aussagenkalküls gebildet sind, die Äquivalenzen der entsprechenden zusammengesetzten Ausdrücke folgen.

Anhand dieser Regeln sowie der Abtrennungsregel für die Äquivalenz kann man die Ersetzungsregel bezüglich der Glieder einer Äquivalenz beweisen. Bevor wir diese Regel formulieren, möchten wir noch eine Bezeichnung einführen.

Der Ausdruck $W(F//G)$ ist ein Ausdruck, der aus dem Ausdruck W dadurch entsteht, daß in W an irgendeiner Stelle (bzw. an irgendwelchen Stellen) der Ausdruck F durch den Ausdruck G ersetzt wird.

Beispiel:

Wenn $W =$ „$\sim p$", $F =$ „p", $G =$ „q", dann $W(F//G) =$ „$\sim q$". Wenn $W =$ „$p \rightarrow r$", $F =$ „p", $G =$ „q", dann $W(F//G) =$ „$q \rightarrow r$". Wenn F in W an mehreren Stellen vorkommt, bezeichnet das Symbol $W(F//G)$ mehrere Ausdrücke.

Z. B., wenn $W =$ „$p \wedge r \rightarrow p$", $F =$ „p", $G =$ „q", dann bezeichnet das Symbol $W(F//G)$ jeden der Ausdrücke: $p \wedge r \rightarrow q$, $q \wedge r \rightarrow p$, $q \wedge r \rightarrow q$. Wenn der Ausdruck F nicht in dem Ausdruck W vorkommt, dann gilt: $W(F//G) = W$.

Die Regel der Extensionalität der Äquivalenz, d. h. die Ersetzungsregel bezüglich der Glieder einer Äquivalenz, stellt fest, daß aus der Äquivalenz $F \equiv G$ und dem Ausdruck W die Ausdrücke $W(F//G)$ und $W(G//F)$ folgen. Wenn der Ausdruck $F \equiv G$ und der Ausdruck W Theoreme sind, dann sind auch die Ausdrücke $W(F//G)$ und $W(G//F)$ Theoreme.

Aufgrund der Regel der Extensionalität der Äquivalenz ist es also möglich, in einer beliebigen Aussage ein Glied einer ein Theorem darstellenden Äquivalenz durch das andere Glied dieser Äquivalenz zu ersetzen. Die Äquivalenz erfüllt also im Aussagenkalkül eine analoge Rolle wie die Identität in der Mathematik, wo man in einer beliebigen Aussage ein Glied einer Gleichung, die ein Theorem ist, durch das andere Glied dieser Gleichung ersetzen kann.

Wir führen an dieser Stelle nicht den allgemeinen Beweis der Extensionalitätsregel der Äquivalenz an, weil das Verstehen dieses Beweises dem Leser gegenwärtig noch gewisse Schwierigkeiten bereiten könnte.[1]

[1] Der Beweis dieser Regel ist im Kapitel V (S. 312) als Beispiel eines induktiven Beweises angeführt.

Wir wollen dagegen ein Beispiel für die Anwendung dieser Regel untersuchen, wodurch es uns möglich sein wird, zu verstehen, auf welche Weise wir von den vorher erwähnten Regeln, wie der Negationsregel der Äquivalenzglieder, der Multiplikations- und Additionsregel der Äquivalenzen usw., Gebrauch machen.

Gegeben sei $F =$ „p“, $G =$ „q“, $W =$ „ $\sim p \wedge r \rightarrow s \equiv t$“. Die auf dieses Beispiel angewandte Extensionalitätsregel der Äquivalenz stellt fest, daß aus den Ausdrücken:

(1) $p \equiv q$

(2) $\sim p \wedge r \rightarrow s \equiv t$

der Ausdruck: $\sim q \wedge r \rightarrow s \equiv t$ folgt. In der Tat, aus (1) erhalten wir aufgrund der Negationsregel der Äquivalenzglieder:

(3) $\sim p \equiv \sim q$.

Aufgrund der Multiplikation der Äquivalenzen und des Gesetzes der Reflexivität der Äquivalenz erhalten wir aus (3):

(4) $\sim p \wedge r \equiv \sim q \wedge r$.

Aus (4) erhalten wir aufgrund der Regel, welche feststellt, daß aus der Äquivalenz der Glieder einer Implikation die Äquivalenz der gesamten Inplikation folgt:

(5) $\sim p \wedge r \rightarrow s \equiv \sim q \wedge r \rightarrow s$.

Hieraus erhalten wir aufgrund einer analogen Regel für die Äquivalenz:

(6) $(\sim p \wedge r \rightarrow s \equiv t) \equiv (\sim q \wedge r \rightarrow s \equiv t)$.

Aus (2) und (6) erhalten wir aufgrund der Abtrennungsregel der Äquivalenz:

(7) $\sim q \wedge r \rightarrow s \equiv t$.

Es ist auch leicht festzustellen, daß man aus (1) und (7) analog den Ausdruck (2) ableiten kann.

Auf ähnliche Weise kann man jeden einzelnen Fall der Anwendung der Extensionalitätsregel der Äquivalenz beweisen. Beim allgemeinen Beweis dieser Regel verwenden wir eine bestimmte Formulierung der Definition eines Aussagenausdrucks des Aussagenkalküls; diese Formulierung behandeln wir in dem dem Relationenkalkül gewidmeten Kapitel. In diesem Kapitel wird auch die Grundlage, auf die sich der allgemeine Beweis der untersuchten Regel stützt, besprochen.

Die Ausdrücke F und G sind dann und nur dann logisch äquivalent, wenn aus F logisch G folgt und aus G logisch F folgt. Anstatt zu sagen, daß die Ausdrücke F und G logisch äquivalent sind, werden wir sagen, die Ausdrücke F und G sind äquivalent.

Nach der Definition der logischen Folgerung sind die Ausdrücke F und G dann und nur dann äquivalent, wenn die Äquivalenz $F \equiv G$ durch Einsetzung aus irgendeinem logischen Gesetz hervorgeht. Damit F mit G äquivalent ist, genügt es also nicht, wenn die Äquivalenz $F \equiv G$ wahr ist, sondern diese Äquivalenz muß ein logisches Gesetz oder eine Einsetzung in ein logisches Gesetz sein.

Aus der Extensionalitätsregel der Äquivalenz folgt: Wenn die Ausdrücke F und G äquivalent sind, dann sind auch die Ausdrücke W, $W(F//G)$ und $W(G//F)$ äquivalent.

Wenn nämlich die Ausdrücke F und G äquivalent sind, also die Äquivalenz $F \equiv G$ ein logisches Gesetz (bzw. eine Einsetzung in ein logisches Gesetz) ist, dann erhalten wir aufgrund des Gesetzes: $p \equiv p$, daß $W \equiv W$, und daraus erhalten wir auf Grund der Extensionalitätsregel der Äquivalenz:

$$W \equiv W(F//G) \quad \text{und} \quad W \equiv W(G//F).$$

Die Ausdrücke W, $W(F//G)$ und $W(G//F)$ sind also äquivalent.

Diese Folgerung macht uns auf die wichtige Rolle der logischen Gesetze in Äquivalenz-Form aufmerksam. Einem jeden solchen Gesetz entsprechen nicht nur zwei logische Regeln, welche feststellen, daß aus einem Glied einer solchen Äquivalenz ihr zweites Glied folgt. Darüber hinaus ist ein beliebiger Ausdruck einem Ausdruck äquivalent, der aus ihm durch Ersetzung eines Gliedes einer solchen Äquivalenz durch ihr zweites Glied entsteht. Wenn wir also ein logisches Theorem in Äquivalenz-Form bewiesen haben, können wir in einem beliebigen Ausdruck eine Seite dieser Äquivalenz durch die zweite ersetzen, wodurch wir aus dem betreffenden Ausdruck einen mit ihm äquivalenten Ausdruck erhalten.

Wir wollen jetzt bestimmte Gesetze des Aussagenkalküls, die die Form einer Äquivalenz haben, kennenlernen. Die Beweise solcher Gesetze bestehen aus zwei Teilen, (a) und (b), von denen der erste Teil der Beweis der Implikation ist, die der gegebenen Äquivalenz entspricht, der zweite dagegen der Beweis der dieser Äquivalenz entsprechenden umgekehrten Implikation ist.

Gesetz der Kommutativität der Konjunktion: $p \wedge q \equiv q \wedge p$. Beide Implikationen, die dieser Äquivalenz entsprechen, beweisen wir mit Hilfe der Beseitigungs- und der Einführungsregel der Konjunktion.

Gesetz der Kommutativität der Alternative: $p \vee q \equiv q \vee p$

Beweis. (a)	(1)	$p \vee q$	{An.}
	(2)	$\sim(q \vee p)$	{A. d. i. B.}
	(3)	$\sim q$	{NA: 2}
	(4)	$\sim p$	
	(5)	q	{BA: 1, 4}
		Wid.	{3, 5}

Der Beweis (b) der umgekehrten Implikation ist analog.

Aufgrund der Kommutativgesetze der Konjunktion und der Alternative kann man in jedem Ausdruck die Glieder einer Konjunktion bzw. einer Alternative, die ein Teil dieses Ausdruckes ist, vertauschen, wodurch man aus dem gegebenen Ausdruck einen äquivalenten Ausdruck erhält.

Assoziativgesetz der Konjunktion: $(p \wedge q) \wedge r \equiv p \wedge (q \wedge r)$.

Der Beweis erfolgt anhand der Beseitigungs- und der Einführungsregel der Konjunktion und der Einführungsregel der Äquivalenz.

Assoziativgesetz der Alternative: $(p \vee q) \vee r \equiv p \vee (q \vee r)$

Beweis. (a)	(1)	$(p \vee q) \vee r$	{An.}
	(2)	$\sim[p \vee (q \vee r)]$	{A. d. i. B.}
	(3)	$\sim p$	{NA: 2}
	(4)	$\sim(q \vee r)$	
	(5)	$\sim q$	{NA: 4}
	(6)	$\sim r$	
	(7)	$p \vee q$	{BA: 1, 6}
	(8)	q	{BA: 7, 3}
		Wid.	{5, 8}

Der Beweis (b) der umgekehrten Implikation ist analog.

Aufgrund der Assoziativgesetze der Konjunktion und der Alternative kann man in mehrgliedrigen Konjunktionen und Alternativen die Klammern weglassen, weil die eine wie die andere Verteilung dieser Klammern äquivalente Ausdrücke ergibt.

Aufgrund der Kommutativ- und Assoziativgesetze kann man in einer mehrgliedrigen Konjunktion bzw. Alternative ihre Glieder beliebig umstellen, wobei man einen äquivalenten Ausdruck erhält.

Idempotenzgesetz der Konjunktion: $p \wedge p \equiv p$.

Der Beweis erfolgt anhand der Beseitigungs- und der Einführungsregel der Konjunktion.

Idempotenzgesetz[1] **der Alternative:** $p \vee p \equiv p$.

Beweis. (a)	(1)	$p \vee p$	{An.}
	(2)	$\sim p$	{A. d. i. B.}
	(3)	p	{BA: 1, 2}
		Wid.	{2, 3}

Die umgekehrte Implikation beweisen wir anhand der Einführungsregel der Alternative.

Wenn wir die sich wiederholenden Glieder einer Konjunktion bzw. einer Alternative streichen, erhalten wir aufgrund der Idempotenzgesetze äquivalente Ausdrücke. Da die Möglichkeit besteht, die Glieder einer Konjunktion und einer Alternative beliebig umzustellen, kann man in einer mehrgliedrigen Konjunktion oder Alternative sich wiederholende Glieder, die nicht nebeneinander stehen, streichen. Im Sinne der Idempotenzgesetze ist natürlich dieses Streichen so zu verstehen, daß wir in einer gegebenen Konjunktion bzw. Alternative eines der sich wiederholenden Glieder übriglassen.

Gesetz der Prämissenvertauschung[2]: $p \to (q \to r) \equiv q \to (p \to r)$.

Beim direkten Annahmebeweis beider Implikationen, die diesem Gesetz entsprechen, verwenden wir nur die Abtrennungsregel. Auf Grund des Kommutativgesetzes ist es möglich, das Vorderglied einer Implikation mit dem Vorderglied ihres Hintergliedes zu vertauschen.

Gesetz der Prämissenverbindung[3]:

$$p \wedge q \to r \equiv p \to (q \to r).$$

Bei Beweisen von Implikationen, die diesem Gesetz entsprechen, wenden wir die Abtrennungsregel sowie die Einführungs- und Beseitigungsregel der Konjunktion an. Die diesem Gesetz entsprechende Implikation: $(p \wedge q \to r) \to (p \to (q \to r))$, die Exportationsgesetz genannt wird, erlaubt es, ein Glied der Konjunktion, die das Vorderglied der Implikation ist, in ihr Hinterglied als Vorderglied dieses Hintergliedes zu „exportieren" bzw. einzuführen. Die umgekehrte Implikation: $(p \to (q \to r)) \to (p \wedge q \to r)$, die Importationsgesetz genannt wird, ermöglicht die Einbeziehung des Vordergliedes des Hintergliedes der

[1] [Im Polnischen: Tautologiegesetz.]

[2] [Im Polnischen wörtlich: Kommutativgesetz.]

[3] [Im Polnischen wörtlich: Exportier- und Importiergesetz. Diese Bezeichnungsweise wird mitunter auch in der deutschsprachigen Literatur verwendet, z. B. von H. A. Schmidt in: *Mathematische Gesetze der Logik*. I. *Vorlesungen über Aussagenlogik*, Berlin-Göttingen-Heidelberg 1960.]

Implikation in das Vorderglied der Implikation, läßt also eine entgegengesetzte Umwandlung wie die Exportation zu.

Multiplikationsgesetz für die Hinterglieder:

$$(p \to q) \wedge (p \to r) \equiv p \to q \wedge r\,.$$

Wir überlassen dem Leser den leichten Beweis der Implikation, die dieser Äquivalenz entspricht, und führen hier nur den Beweis der umgekehrten Implikation an. Diesen Beweis können wir so durchführen, daß wir zunächst zwei Hilfstheoreme beweisen:

T1 $\quad (p \to q \wedge r) \to (p \to q)$,

T2 $\quad (p \to q \wedge r) \to (p \to r)$,

deren einfache Beweise wir dem Leser überlassen, und dann die umgekehrte Implikation folgendermaßen beweisen:

Beweis. (b)	(1)	$p \to q \wedge r$	{An.}
	(2)	$(p \to q \wedge r) \to (p \to q)$	{T 1}
	(3)	$(p \to q \wedge r) \to (p \to r)$	{T 2}
	(4)	$p \to q$	{AR: 2, 1}
	(5)	$p \to r$	{AR: 3, 1}
		$(p \to q) \wedge (p \to r)$	{EK: 4, 5}

Um die Durchführung von besonderen Beweisen der Hilfstheoreme zu vermeiden, führen wir folgende Schreibweise des Beweises der umgekehrten Implikation ein:

Beweis. (b)	(1)	$p \to q \wedge r$	{An.}
	(1.1)	p	{z. An.}
	(1.2)	$q \wedge r$	{AR: 1, 1.1}
	(1.3)	q	{BK: 1, 2}
	(1.4)	r	
	(2)	$p \to q$	{1.1 → 1.3}
	(3)	$p \to r$	{1.1 → 1.4}
		$(p \to q) \wedge (p \to r)$	{EK: 2, 3}

Die Zeile mit der Doppelnummer (1.1) ist in diesem Beweis eine zusätzliche Annahme (z. An.). In einem Annahmebeweis kann man beliebige Ausdrücke als zusätzliche Annahmen einführen. Aus den Annahmen des Beweises und der zusätzlichen Annahme kann man anhand der festgelegten Regeln weitere Zeilen ableiten. Diese Zeilen haben ebenfalls durch einen Punkt getrennte Doppelnummern, um damit anzuzeigen, daß sie aufgrund einer zusätzlichen Annahme erhalten wurden. Die Nummer vor dem Punkt ist bei der zusätzlichen Annahme und bei allen aufgrund dieser Annahme erhaltenen Zeilen die gleiche. Die Nummer nach dem Punkt gibt die Reihenfolge der Zeilen eines Beweises an. Zeilen mit einer Doppelnummer können nicht am Ende des Beweises stehen, weil sie nicht ausschließlich aufgrund der Annahmen des Beweises, sondern aufgrund einer zusätzlichen Annahme erhalten wurden (und als zusätzliche Annahme kann man ja jeden beliebigen Ausdruck wählen). Wenn wir jedoch aufgrund der Annahmen des Beweises und einer zusätzlichen Annahme einen Ausdruck erhalten, kann man in den Beweis – dann schon als eine Zeile mit einer einfachen Nummer – eine Implikation einführen, deren Vorderglied diese zusätzliche Annahme und deren Hinterglied ein im Beweis aufgrund dieser Annahme erhaltener Ausdruck ist.

In den Zeilen (2) und (3) des obenangeführten Beweises kommen solche Implikationen vor. Auf der rechten Seite solcher Zeilen geben wir an, auf welche Weise eine solche Implikation erhalten wurde. Die Angabe auf der rechten Seite der Zeile (2) zeigt z. B. an, daß in dieser Zeile eine Implikation vorkommt, deren Vorderglied die zusätzliche Annahme mit der Nummer (1.1) ist und das Hinterglied der aufgrund dieser Annahme erhaltene Ausdruck mit der Nummer (1.3) ist.

Die oben angegebene Schreibweise des Teiles (b) des Beweises kann man gewissermaßen als komprimierte Schreibweise von drei Beweisen betrachten. Die Zeilen (1), (1.1), (1.2), (1.3) bilden den Beweis von T1, die Zeilen (1), (1.1), (1.2), (1.4) den Beweis von T2, dagegen sind die Zeilen (1), (2), (3), ergänzt durch T 1 und T 2 nach der Zeile (1), der Beweis des eigentlichen Theorems.

Auf gleiche Weise läßt sich jeder Beweis, in dem ein Teil mit doppelter Numerierung enthalten ist, in einen Beweis gemäß der primären Regeln des Annahmesystems umwandeln. Durch die Einführung der Schreibweise mit doppelter Numerierung wird jedoch manchmal die Schreibweise der gemäß der primären Regeln durchgeführten Beweise beachtlich verkürzt. Außerdem – wir werden es an einem konkreten Beispiel sehen – entsprechen die Beweise, in denen Teile mit doppelter Numerierung enthalten sind, ziemlich natürlich den von uns im täglichen Leben durchgeführten Beweisen.

Nehmen wir an, daß wir aufgrund der Prämisse:

Wenn ich an den See fahre, so werde ich schwimmen und werde ich rudern,

die Conclusio:

Wenn ich an den See fahre, so werde ich schwimmen, und wenn ich an den See fahre, werde ich rudern,

ableiten sollen.

Den Beweis führen wir folgendermaßen durch:

Als Voraussetzung nehmen wir die Prämisse:

(1) Wenn ich an den See fahre, so werde ich schwimmen und werde ich rudern.

Nehmen wir zusätzlich an (1.1): Ich fahre an den See. Daraus folgt aufgrund von (1), daß (1.2): Ich werde schwimmen und ich werde rudern. Daraus wiederum folgt, daß (1.3): Ich werde schwimmen und (1.4): Ich werde rudern. Aus der Annahme (1.1) folgt also aufgrund von (1) der Ausdruck (1.3) und auch der Ausdruck (1.4). Wenn man also annimmt, daß die Prämisse (1) wahr ist, dann sind folgende Implikationen wahr:

(2) Wenn ich an den See fahre, so werde ich schwimmen.

(3) Wenn ich an den See fahre, so werde ich rudern.

Aus den Sätzen (2) und (3) folgt ihre Konjunktion, also die Conclusio, die wir aufgrund der Prämisse (1) erhalten sollten.

Aufgrund des Multiplikationsgesetzes für die Hinterglieder ist die Konjunktion zweier Implikationen mit dem gleichen Vorderglied einer Implikation mit eben diesem Vorderglied und einem Hinterglied, das die Konjunktion der Hinterglieder dieser beiden Implikationen ist, äquivalent.

Nach diesem Gesetz ist die Aussage:
Wenn ich an den See fahre, so werde ich schwimmen, und wenn ich an den See fahre, so werde ich rudern,
äquivalent der Aussage:
Wenn ich an den See fahre, so werde ich schwimmen und werde ich rudern.

Additionsgesetz der Vorderglieder: $(p \rightarrow r) \wedge (q \rightarrow r) \equiv p \vee q \rightarrow r$.

Die diesem Theorem entsprechende Implikation beweisen wir anhand der Additionsregel der Implikationen und des Idempotenzgesetzes der Alternative. Wir führen den Beweis der umgekehrten Implikation an.

Beweis. (b)	(1)	$p \vee q \rightarrow r$	{An.}
	(1.1)	p	{z. An.}
	(1.2)	$p \vee q$	{EA: 1.1}
	(1.3)	r	{AR: 1, 1.2}
	(2)	$p \rightarrow r$	{1.1 → 1.3}
	(2.1)	q	{z. An.}
	(2.2)	$p \vee q$	{EA: 2.1}
	(2.3)	r	{AR: 1, 2.2}
	(3)	$q \rightarrow r$	{2.1 → 2.3}
		$(p \rightarrow r) \wedge (q \rightarrow r)$	{EK: 2, 3}

In diesem Beweis kommen zwei zusätzliche Annahmen vor, die erste mit der Nummer (1.1) und die zweite mit der Nummer (2.1). Wenn man eine dritte zusätzliche Annahme hätte einführen müssen, hätten wir sie mit der Nummer (3.1) bezeichnet usw.

Aufgrund des Additionsgesetzes der Vorderglieder ist die Konjunktion zweier Implikationen mit dem gleichen Hinterglied einer Implikation äquivalent, die eben dieses Hinterglied hat und deren Vorderglied die Alternative der Vorderglieder dieser beiden Implikationen ist.

Nach diesem Gesetz ist die Aussage:

Wenn ich mit dem Flugzeug fliege, so komme ich rechtzeitig an, und wenn ich mit dem Expreßzug fahre, komme ich rechtzeitig an, der Aussage äquivalent:

Wenn ich mit dem Flugzeug fliege oder mit dem Expreßzug fahre, so komme ich rechtzeitig an.

Anhand der diesem Gesetz entsprechenden Implikation kann man die Regel des **einfachen konstruktiven Dilemmas** beweisen, welche feststellt, daß aus zwei Implikationen mit dem gleichen Hinterglied und der Alternative der Vorderglieder dieser Implikationen ihr Hinterglied folgt.

Nach dieser Regel ist folgendes Schema gültig:

$$\frac{\begin{array}{c} p\rightarrow r \\ q\rightarrow r \\ p\vee q \end{array}}{r}\,.$$

Beispiel des Schließens nach diesem Schema:

Wenn der Patient Bronchitis hat, so muß man Antibiotika verwenden

Wenn der Patient Lungenentzündung hat, so muß man Antibiotika verwenden

Der Patient hat Bronchitis oder der Patient hat Lungenentzündung

---

Man muß Antibiotika verwenden.

Distributivgesetz der Konjunktion bezüglich der Alternative:

$$(p\vee q)\wedge r\equiv p\wedge r\vee q\wedge r$$

Beweis. (a)	(1)	$p\vee q$	{An.}
	(2)	r	
	(1.1)	p	{z. An.}
	(1.2)	$p\wedge r$	{EK: 1.1, 2}

(3)	$p \to p \wedge r$	{1.1 → 1.2}
(2.1)	q	{z. An.}
(2.2)	$q \wedge r$	{EK: 2.1, 2}
(4)	$q \to q \wedge r$	{2.1 → 2.2}
	$p \wedge r \vee q \wedge r$	{Einf. konstr. Dilemma: 3, 4, 1}

Wenn man in der Schreibweise dieses Beweises die Zeilen (3) und (4) außer acht läßt, kann man diesen Beweis kürzer auf folgende Weise schreiben:

Beweis. (a)			
	(1)	$p \vee q$	{An.}
	(2)	r	
	(1.1)	p	{z. An.}
	(1.2)	$p \wedge r$	{EK: 1.1, 2}
	(2.1)	q	{z. An.}
	(2.2)	$q \wedge r$	{EK: 2.1, 2}
		$p \wedge r \vee q \wedge r$	{1.1 → 1.2, 2.1 → 2.2, 1}

Auf der rechten Seite der letzten Zeile des Beweises bezeichnen die Implikationen: 1.1 → 1.2, 2.1 → 2.2, die Zeile (3) und (4) der vorigen Schreibweise.

Einen solchen Beweis werden wir einen **verzweigten** Beweis nennen. Die zusätzlichen Annahmen eines solchen Beweises sind die Glieder einer Alternative, die entweder eine Zeile des Beweises ist oder in den Beweis als bewiesenes Theorem eingeführt werden kann. Die letzte Zeile eines solchen Beweises erhält man mit Hilfe der Regel des zusammengesetzten bzw. einfachen konstruktiven Dilemmas aufgrund der Alternative sowie der Implikationen, deren Bezeichnungen sich auf der rechten Seite dieser Zeile befinden und die aufgrund der entsprechenden Teile des Beweises mit doppelter Numerierung erhalten wurden.

Beweis. (b)			
	(1)	$p \wedge r \vee q \wedge r$	{An.}
	(1.1)	$p \wedge r$	{z. An.}
	(1.2)	p	{BK: 1.1}
	(1.3)	r	
	(1.4)	$p \vee q$	{EA: 1.2}
	(1.5)	$(p \vee q) \wedge r$	{EK: 1.4, 1.3}
	(2.1)	$q \wedge r$	{z. An.}
	(2.2)	q	{BK: 2.1}
	(2.3)	r	
	(2.4)	$p \vee q$	{EA: 2.2}
	(2.5)	$(p \vee q) \wedge r$	{EK: 2.4, 2.3}
		$(p \vee q) \wedge r$	{1.1 → 1.5, 2.1 → 2.5, 1}

Aufgrund des Kommutativgesetzes der Konjunktion erhalten wir aus dem oben bewiesenen Gesetz ein zweites Distributivgesetz der Konjunktion bezüglich der Alternative:

$$r \wedge (p \vee q) \equiv r \wedge p \vee r \wedge q .$$

Nach dem Distributivgesetz der Konjunktion bezüglich der Alternative ist die Aussage: (N hat Bronchitis oder N hat Lungenentzündung) und N hat Grippe äquivalent der Aussage:
(N hat Bronchitis und N hat Grippe) oder (N hat Lungenentzündung und N hat Grippe).

Gesetz vom ausgeschlossenen Dritten: $p \vee \sim p$.

Beweis.	(1)	$\sim(p \vee \sim p)$	{A. d. i. B.}
	(2)	$\sim p$	{NA: 1}
	(3)	$\sim\sim p$	
		Wid.	{2, 3}

Dieses Gesetz verwenden wir manchmal in verzweigten Beweisen, und zwar dann, wenn wir als zusätzliche Annahmen zwei sich widersprechende Ausdrücke Z und $\sim Z$ annehmen. Die Alternative dieser Annahmen, $Z \vee \sim Z$, kann nämlich als eine Einsetzung in das Gesetz vom ausgeschlossenen Dritten in den Beweis eingeführt werden.

Distributivgesetze der Alternative bezüglich der Konjunktion:

$$p \wedge q \vee r \equiv (p \vee r) \wedge (q \vee r)$$
$$r \vee p \wedge q \equiv (r \vee p) \wedge (r \vee q) .$$

Das zweite dieser Gesetze erhalten wir aus dem ersten aufgrund des Kommutativgesetzes der Alternative. Hier der Beweis des ersten dieser Gesetze:

Beweis. (a)	(1)	$p \wedge q \vee r$	{An.}
	(1.1)	$p \wedge q$	{z. An.}
	(1.2)	p	{BK: 1.1}
	(1.3)	q	
	(1.4)	$p \vee r$	{EA: 1.2}
	(1.5)	$q \vee r$	{EA: 1.3}
	(1.6)	$(p \vee r) \wedge (q \vee r)$	{EK: 1.4, 1.5}
	(2.1)	r	{z. An.}
	(2.2)	$p \vee r$	{EA: 2.1}
	(2.3)	$q \vee r$	{EA: 2.1}
	(2.4)	$(p \vee r) \wedge (q \vee r)$	{EK: 2.2, 2.3}
		$(p \vee r) \wedge (q \vee r)$	{1.1 → 1.6, 2.1 → 2.4, 1}

Beweis. (b)	(1)	$p \vee r$	{An.}
	(2)	$q \vee r$	
	(1.1)	r	{z. An.}
	(1.2)	$p \wedge q \vee r$	{EA: 1.1}
	(2.1)	$\sim r$	{z. An.}
	(2.2)	p	{BA: 1, 2.1}
	(2.3)	q	{BA: 2, 2.1}
	(2.4)	$p \wedge q$	{EK: 2.2, 2.3}
	(2.5)	$p \wedge q \vee r$	{EA: 2.4}
		$p \wedge q \vee r$	{1.1 $\rightarrow$ 1.2, 2.1 $\rightarrow$ 2.5}

Die letzte Zeile des Beweises (b) erhielten wir gemäß der Regel des einfachen konstruktiven Dilemmas aufgrund der Implikationen 1.1 $\rightarrow$ 1.2, 2.1 $\rightarrow$ 2.5 und der Alternative der zusätzlichen Annahmen: $r \vee \sim r$, die man in einen Beweis aufgrund des Gesetzes vom ausgeschlossenen Dritten einführen kann.

Ähnlich wie in diesem werden wir auch in anderen verzweigten Beweisen eine Bezugnahme auf das Gesetz vom ausgeschlossenen Dritten unterlassen, wenn die Alternative der zusätzlichen Annahmen eines gegebenen Beweises eine Einsetzung in dieses Gesetz ist.

Gemäß dem Distributivgesetz der Alternative bezüglich der Konjunktion ist die Aussage: (*A* bekommt einen Ball oder *A* bekommt ein Fahrrad) und (*A* bekommt ein Buch oder *A* bekommt ein Fahrrad) äquivalent der Aussage:

(*A* bekommt einen Ball und *A* bekommt ein Buch) oder *A* bekommt ein Fahrrad.

Gesetz der doppelten Negation: $\sim \sim p \equiv p$.

Beweis. (a)	(1)	$\sim \sim p$	{An.}
	(2)	$\sim p$	{A. d. i. B.}
		Wid.	{1, 2}

Der Beweis der umgekehrten Implikation ist analog.

Aufgrund des Gesetzes der doppelten Negation erhalten wir nach Streichung einer geraden Anzahl von aufeinanderfolgenden Negationszeichen in einem gegebenen Ausdruck einen zu ihm äquivalenten Ausdruck.

Unter Verwendung des Gesetzes der doppelten Negation kann man die Regel der Beseitigung der Alternative verallgemeinern. In dieser allgemeineren Formulierung stellt die Regel der Beseitigung der Alternative fest, daß aus einer Alternative und einem mit einem ihrer Glieder im Widerspruch stehenden Ausdruck das zweite Glied dieser Alternative folgt. Nach dieser Regel sind nicht nur die bei der Formulierung der primären Regel BA angegebenen Schemata, sondern auch folgende Schemata gültig:

$$\frac{\begin{array}{c}\sim p \vee q\\ p\end{array}}{q} \qquad \frac{\begin{array}{c}p \vee \sim q\\ q\end{array}}{p}\,.$$

Hier der Beweis des ersten dieser Schemata:

Beweis. (1)	$\sim p \vee q$	{An.}
(2)	p	
(3)	$\sim\sim p$	{Ges. dopp. Neg.: 2}
	q	{BA: 1, 3}

Der Beweis des zweiten Schemas ist analog.

Von nun an werden wir die Abkürzung BA zur Bezeichnung der Beseitigungsregel der Alternative in dieser allgemeineren Formulierung verwenden.

Gesetz der Negation der Alternative: $\sim(p \vee q) \equiv \sim p \wedge \sim q$.

Die diesem Gesetz entsprechende Implikation ist ein Gesetz, das dem dritten Schema der Negation der Alternative („NA") entspricht. Beweis der umgekehrten Implikation:

(1)	$\sim p$	{An.}
(2)	$\sim q$	
(3)	$p \vee q$	{A. d. i. B.}
(4)	q	{BA: 3, 1}
	Wid.	{2, 4}

Nach dem Gesetz der Negation der Alternative ist die Negation einer Alternative der Konjunktion ihrer negierten Glieder äquivalent.

Aufgrund des Gesetzes der doppelten Negation erhalten wir aus dem eben bewiesenen Gesetz der Negation der Alternative folgende Gesetze:

$$\sim(\sim p \vee \sim q) \equiv p \wedge q$$
$$\sim(\sim p \vee q) \equiv p \wedge \sim q$$
$$\sim(p \vee \sim q) \equiv \sim p \wedge q\,.$$

Diese Gesetze werden wir auch Gesetze der Negation der Alternative nennen.

Nach all diesen Negationsgesetzen der Alternative ist die Negation einer Alternative äquivalent der Konjunktion von Ausdrücken, die mit den Gliedern dieser Alternative im Widerspruch stehen.

Gemäß dem Negationsgesetz der Alternative ist die Aussage:

Es ist nicht wahr, daß (dieser Baum eine Kiefer ist oder dieser Baum eine Fichte ist)

äquivalent mit der Aussage:

Dieser Baum ist keine Kiefer, und dieser Baum ist keine Fichte.

Unter Anwendung der Kommutativregel der Äquivalenz erhalten wir aus dem zweiten der Negationsgesetze der Alternative das Gesetz:

$$p \wedge q \equiv \sim(\sim p \vee \sim q).$$

Dieses Gesetz kann man das Gesetz der Ersetzung der Konjunktion durch die Alternative und die Negation nennen, weil nach diesem Gesetz die Konjunktion von zwei Aussagen einem Ausdruck äquivalent ist, der aus diesen Aussagen mit Hilfe der Zeichen der Alternative und der Negation gebildet wurde.

Gesetze der Negation der Konjunktion:

$$\sim(p \wedge q) \equiv \sim p \vee \sim q$$
$$\sim(\sim p \wedge \sim q) \equiv p \vee q$$
$$\sim(\sim p \wedge q) \equiv p \vee \sim q$$
$$\sim(p \wedge \sim q) \equiv \sim p \vee q.$$

Hier der Beweis des ersten dieser Gesetze:

Beweis. (a)	(1)	$\sim(p \wedge q)$	{An.}
	(2)	$\sim(\sim p \vee \sim q)$	{A. d. i. B.}
	(2)	$p \wedge q$	{Neg. d. Altern.: 2}
		Wid.	{1, 3}
(b)	(1)	$\sim p \vee \sim q$	{An.}
	(2)	$p \wedge q$	{A. d. i. B.}
	(3)	p	{BK: 2}
	(4)	q	
	(5)	$\sim q$	{BA: 1, 3}
		Wid.	{4, 5}

Die übrigen Negationsgesetze der Konjunktion erhalten wir aus dem obenbewiesenen Gesetz aufgrund des Gesetzes der doppelten Negation.

Nach dem ersten Negationsgesetz der Konjunktion ist die Negation einer Konjunktion der Alternative ihrer negierten Glieder äquivalent.

Nach der allgemeineren Formulierung, die allen Negationsgesetzen der Konjunktion entspricht, ist die Negation einer Konjunktion äquivalent der Alternative von Ausdrücken, die mit den Gliedern dieser Konjunktion im Widerspruch stehen.

Gemäß dem Negationsgesetz der Konjunktion ist die Aussage: Es ist nicht wahr, daß (*A* die englische Sprache beherrscht und *A* die französische Sprache beherrscht),

äquivalent der Aussage:

A beherrscht nicht die englische Sprache, oder *A* beherrscht nicht die französische Sprache.

Unter Anwendung der Kommutativregel der Äquivalenz erhalten wir aus dem zweiten Negationsgesetz der Konjunktion das Gesetz der Ersetzung der Alternative durch die Konjunktion und die Negation: $p \vee q \equiv \sim(\sim p \wedge \sim q)$.

Nach diesem Gesetz ist die Alternative von zwei Aussagen einem Ausdruck äquivalent, der aus diesen Aussagen mit Hilfe der Zeichen der Konjunktion und der Negation gebildet wurde.

Gesetz der Ersetzung der Implikation durch die Konjunktion und die Negation:

$$p \to q \equiv \sim(p \wedge \sim q)\,.$$

Beweis. (a)	(1)	$p \to q$	{An.}
	(2)	$p \wedge \sim q$	{A. d. i. B.}
	(3)	p	{BK: 2}
	(4)	$\sim q$	
	(5)	q	{AR: 1, 3}
		Wid.	{4, 5}
(b)	(1)	$\sim(p \wedge \sim q)$	{An.}
	(2)	p	
	(3)	$\sim q$	{A. d. i. B.}
	(4)	$p \wedge \sim q$	{EK: 2, 3}
		Wid.	{1, 4}

Aus dem Gesetz der Ersetzung der Implikation durch die Konjunktion und die Negation erhalten wir aufgrund des vierten Negationsgesetzes der Konjunktion folgendes Gesetz der Ersetzung der Implikation durch die Alternative und die Negation:

$$p \to q \equiv \sim p \vee q\,.$$

Nach den Gesetzen der Ersetzung der Implikation ist eine aus zwei Aussagen gebildete Implikation einem Ausdruck äquivalent, der aus diesen Aussagen mit Hilfe der Zeichen der Konjunktion und der Negation oder mit Hilfe der Zeichen der Alternative und der Negation gebildet wurde.

Mit Hilfe der Beseitigungs- und der Einführungsregel der Äquivalenz kann man leicht das Gesetz der Ersetzung der Äquivalenz: $(p \equiv q) \equiv (p \to q) \wedge (q \to p)$ beweisen.

Aufgrund dieses Gesetzes ist es möglich, eine Äquivalenz durch die Konjunktion von zwei Implikationen zu ersetzen, nämlich durch die Konjunktion der Implikation, die dieser Äquivalenz entspricht, und der umgekehrten Implikation.

Gesetz der Negation der Implikation: $\sim(p \rightarrow q) \equiv p \wedge \sim q$.

Dieses Gesetz erhalten wir aus dem Gesetz der Ersetzung der Implikation durch die Konjunktion und die Negation aufgrund der Negationsregel der Äquivalenzglieder und des Gesetzes der doppelten Negation.

Gesetz der Negation der Äquivalenz: $\sim(p \equiv q) \equiv p \wedge \sim q \vee q \wedge \sim p$.

Dieses Gesetz beweisen wir aufgrund des Gesetzes der Ersetzung der Äquivalenz, des Negationsgesetzes der Konjunktion und des Negationsgesetzes der Implikation.

Die Regel des zusammengesetzten destruktiven Dilemmas stellt fest, daß aus zwei Implikationen und der Alternative der Negation ihrer Hinterglieder die Alternative der Negation ihrer Vorderglieder folgt.

Nach dieser Regel ist folgendes Schema gültig:

$$\frac{\begin{array}{c} p \rightarrow q \\ r \rightarrow s \\ \sim q \vee \sim s \end{array}}{\sim p \vee \sim r}.$$

Beweis.	(1)	$p \rightarrow q$	{An.}
	(2)	$r \rightarrow s$	
	(3)	$\sim q \vee \sim s$	
	(4)	$\sim q \rightarrow \sim p$	{Transp.: 1}
	(5)	$\sim s \rightarrow \sim r$	{Transp.: 2}
		$\sim p \vee \sim r$	{Zusammeng. konstr. Dilemma: 4, 5, 3}

Beispiel des Schließens nach der Regel des zusammengesetzten destruktiven Dilemmas:

Wenn ich die englische Sprache beherrsche, so kann ich Shakespeare im Original lesen

Wenn ich die französische Sprache beherrsche, so kann ich Molière im Original lesen

Ich kann Shakespeare nicht im Original lesen, oder ich kann Molière nicht im Original lesen

---

Ich beherrsche die englische Sprache nicht, oder ich beherrsche die französische Sprache nicht

Die Regel des **einfachen destruktiven Dilemmas** stellt fest, daß aus zwei Implikationen mit dem gleichen Vorderglied und der Alternative der Negation ihrer Hinterglieder die Negation ihres Vordergliedes folgt.

Nach dieser Regel ist folgendes Schema gültig:

$$\frac{\begin{array}{c} p \rightarrow q \\ p \rightarrow r \\ \sim q \vee \sim r \end{array}}{\sim p}.$$

Der Beweis erfolgt auf Grund der Regel des einfachen destruktiven Dilemmas sowie des Idempotenzgesetzes der Alternative.

Beispiel des Schließens nach der Regel des einfachen destruktiven Dilemmas:

Wenn dieses Paar Schuhe paßt, so ist der linke Schuh dem Fuß angepaßt

Wenn dieses Paar Schuhe paßt, so ist der rechte Schuh dem Fuß angepaßt

Der linke Schuh ist dem Fuß nicht angepaßt, oder der rechte Schuh ist dem Fuß nicht angepaßt

---

Dieses Paar Schuhe paßt nicht

Gesetz vom ausgeschlossenen Widerspruch: $\sim(p \wedge \sim p)$.

Beweis.	(1)	$p \wedge \sim p$	{A. d. i. B.}
	(2)	p	{BK: 1}
	(3)	$\sim p$	
		Wid.	{2, 3}

Das Gesetz vom ausgeschlossenen Widerspruch stellt fest, daß von zwei sich widersprechenden Sachverhalten einer nicht existiert. Nach der klassischen Definition der Wahrheit ist dieses Gesetz äquivalent dem metalogischen Gesetz vom ausgeschlossenen Widerspruch, welches feststellt, daß von zwei sich widersprechenden Aussagen eine falsch ist.

Die **Duns-Scotus-Regel** stellt fest, daß aus zwei sich widersprechenden Aussagen eine beliebige Aussage folgt.

Nach dieser Regel ist folgendes Schema gültig:

$$\frac{\begin{array}{c} p \\ \sim p \end{array}}{q}$$

Beweis. (1) p } {An.}
(2) $\sim p$ }
(3) $p \vee q$ {EA: 1}
q {BA: 3, 2}

Diese Regel macht darauf aufmerksam, warum ein Widerspruch gefährlich ist. Wenn nämlich jemand zwei sich widersprechende Aussagen, also irgendeine Aussage und ihre Negation beweisen würde, könnte er – nach der Duns-Scotus-Regel – jede Aussage, also auch jede falsche Aussage beweisen.

Die Regel **Reductio ad absurdum** stellt die Gültigkeit folgender Schemata fest:

$$\frac{p \to \sim p}{\sim p} \qquad \frac{\sim p \to p}{p}$$

$$\frac{\begin{array}{c} p \to q \\ p \to \sim q \end{array}}{\sim p} \qquad \frac{\begin{array}{c} \sim p \to q \\ \sim p \to \sim q \end{array}}{p}.$$

Hier der Beweis des ersten dieser Schemata:

Beweis. (1) $p \to \sim p$ {An.}
(2) p {A. d. i. B.}
(3) $\sim p$ {AR: 1, 2}
Wid. {2, 3}

Die Beweise der übrigen Schemata sind analog.

Die Regel der **Umkehrung der Implikationen** stellt fest, daß aus zwei Implikationen, der Alternative ihrer Vorderglieder und der Negation der Konjunktion ihrer Hinterglieder beide umgekehrte Implikationen folgen.

Nach dieser Regel ist folgendes Schema gültig:

$$\frac{\begin{array}{c} p \to q \\ r \to s \\ p \vee r \\ \sim (q \wedge s) \end{array}}{\begin{array}{c} q \to p \\ s \to r \end{array}}.$$

Beweis. (1) $p \to q$ } {An.}
(2) $r \to s$ }
(3) $p \vee r$ }
(4) $\sim (q \wedge s)$ }
(5) $\sim q \vee \sim s$ {Neg. d. Konjunkt.: 4}

(1.1)	q	{z. An.}
(1.2)	$\sim s$	{BA: 5, 1.1}
(1.3)	$\sim r$	{Tol.: 2, 1.2}
(1.4)	p	{BA: 3, 1.3}
	$q \rightarrow p$	{1.1 → 1.4}
(2.1)	s	{z. An.}
(2.2)	$\sim q$	{BA: 5, 2.1}
(2.3)	$\sim p$	{Tol.: 1, 2.2}
(2.4)	r	{BA: 3, 2.3}
	$s \rightarrow r$	{2.1 → 2.4}

Beispiel des Schließens nach der Regel der Umkehrung der Implikationen:

Wenn *A* als erster an das Ziel kam, so erhielt *A* den ersten Preis
Wenn *A* als zweiter an das Ziel kam, so erhielt *A* den zweiten Preis
A kam als erster an das Ziel, oder *A* kam als zweiter an das Ziel
Es ist nicht wahr, daß (*A* den ersten Preis erhielt und *A* den zweiten Preis erhielt)

Wenn *A* den ersten Preis erhielt, so kam *A* als erster an das Ziel
Wenn *A* den zweiten Preis erhielt, so kam *A* als zweiter an das Ziel

Die Regel der Umkehrung der Implikationen kann man auf eine größere Anzahl von Implikationen verallgemeinern. Hier das Schema dieser Regel für drei Implikationen:

$$\frac{\begin{array}{c} p_1 \rightarrow q_1 \\ p_2 \rightarrow q_2 \\ p_3 \rightarrow q_3 \\ p_1 \vee p_2 \vee p_3 \\ \sim (q_1 \wedge q_2) \\ \sim (q_1 \wedge q_3) \\ \sim (q_2 \wedge q_3) \end{array}}{\begin{array}{c} q_1 \rightarrow p_1 \\ q_2 \rightarrow p_2 \\ q_3 \rightarrow p_3 \end{array}}\ .$$

Nach diesem Schema folgen aus den Implikationen:
Wenn *A* und *B* das gleiche Einkommen haben, so zahlen *A* und *B* die gleiche Steuer
Wenn *A* ein höheres Einkommen als *B* hat, so zahlt *A* eine höhere Steuer als *B*

Wenn *A* ein geringeres Einkommen als *B* hat, so zahlt *A* eine geringere Steuer als *B*, sowie aus der Alternative der Vorderglieder dieser

Implikationen und daraus, daß die Hinterglieder der 1. und 2. Implikation, der 1. und 3. Implikation und der 2. und 3. Implikation nicht zugleich wahr sind, die umgekehrten Implikationen zu diesen drei Implikationen.

4. Wahrheitsfunktoren. Null-Eins-Prüfung

Ein **Wahrheitsfunktor** ist ein aussagenbildender Funktor von Aussagenargumenten, der die Eigenschaft besitzt, daß der logische Wert jeder mit Hilfe dieses Funktors gebildeten zusammengesetzten Aussage durch die logischen Werte seiner Argumente bestimmt wird.

Das Negationszeichen ist ein Wahrheitsfunktor, da der logische Wert der Negation einer Aussage durch den logischen Wert dieser Aussage bestimmt wird. Wenn nämlich eine Aussage wahr ist, dann ist ihre Negation falsch, wenn eine Aussage dagegen falsch ist, so ist ihre Negation wahr. Wenn wir die Wahrheit einer Aussage mit dem Symbol „1“ und die Falschheit einer Aussage mit dem Symbol „0“ bezeichnen, können wir diese Beziehungen zwischen dem logischen Wert einer Aussage und dem logischen Wert der Negation dieser Aussage in Form einer Tabelle darstellen:

p	$\sim p$
1	0
0	1

Nach den Regeln der Einführung und der Beseitigung der Konjunktion folgt aus zwei Aussagen ihre Konjunktion und aus der Konjunktion folgt jedes ihrer Glieder. Daraus folgt aufgrund der Definition der logischen Folgerung (Kapitel II, Abschnitt 5), wenn beide Glieder einer Konjunktion wahr sind, ist auch die Konjunktion wahr und umgekehrt: Wenn eine Konjunktion wahr ist, dann ist jedes ihrer Glieder wahr. Wenn also irgendein Glied einer Konjunktion falsch ist, dann ist die Konjunktion falsch. Diese Beziehungen zwischen den logischen Werten der Glieder einer Konjunktion und dem logischen Wert der Konjunktion stellt folgende Tabelle dar:

p	q	$p \wedge q$
1	1	1
0	1	0
1	0	0
0	0	0

Diese Beziehungen kann man kurz folgendermaßen formulieren: Die Konjunktion ist dann und nur dann wahr, wenn ihre beiden Glieder wahr sind. Die Konjunktion ist dann und nur dann falsch, wenn mindestens eines ihrer Glieder falsch ist.

Das Konjunktionszeichen ist also ein Wahrheitsfunktor.

Nach der Einführungsregel der Alternative folgt aus einem beliebigen Glied einer Alternative die betreffende Alternative. Wenn also irgendein Glied einer Alternative wahr ist, dann ist diese Alternative wahr. Nach der Beseitigungsregel der Alternative folgt aus einer Alternative und der Negation eines ihrer Glieder ihr zweites Glied. Wenn also eine Alternative wahr und die Negation eines ihrer Glieder wahr ist, folglich, wenn eines ihrer Glieder falsch ist, dann ist das zweite Glied dieser Alternative wahr. Daraus folgt (nach der Regel der zusammengesetzten Transposition): Wenn ein Glied einer Alternative falsch und auch das andere Glied falsch ist, dann ist die Alternative falsch. Also:

Die Alternative ist dann und nur dann wahr, wenn mindestens eines ihrer Glieder wahr ist.

Die Alternative ist dann und nur dann falsch, wenn ihre beiden Glieder falsch sind.

Diese Beziehungen zwischen den logischen Werten der Glieder einer Alternative und dem logischen Wert der Alternative stellt folgende Tabelle dar:

p	q	$p \vee q$
1	1	1
0	1	1
1	0	1
0	0	0

Das Zeichen der Alternative ist also ebenfalls ein Wahrheitsfunktor.

Der Beweis der umgekehrten Implikation, die dem Gesetz der Ersetzung der Implikation durch die Alternative und die Negation entspricht, ist gleichzeitig ein Beweis der Regel, durch welche die Gültigkeit des folgenden Schemas festgestellt wird:

$$\frac{\sim p \vee q}{p \rightarrow q}.$$

Diese Regel besagt: Wenn eine Alternative, welche die Prämisse dieses Schemas ist, wahr ist, dann ist auch die Implikation, die seine Conclusio ist, wahr. Die genannte Alternative ist wahr, wenn das Vorderglied der Implikation falsch ist oder ihr Hinterglied wahr ist. Wenn also das Vorderglied einer Implikation falsch ist oder ihr Hinterglied wahr ist, dann ist die Implikation wahr. Die Abtrennungsregel stellt fest, daß aus einer Implikation und ihrem Vorderglied ihr Hinterglied folgt. Wenn also die Implikation wahr ist und ihr Vorderglied wahr ist, dann ist ihr Hinterglied wahr. Daraus folgt wiederum (aufgrund der zusammengesetzten Transposition): Wenn das Vorderglied wahr ist und das Hinterglied falsch, ist die Implikation falsch. Diese Beziehungen zwischen den logischen Werten der Glieder einer Implikation und dem logischen Wert der Implikation stellt die folgende Tabelle dar:

p	q	$p \to q$
1	1	1
0	1	1
1	0	0
0	0	1

Also: Die Implikation ist dann und nur dann wahr, wenn ihr Vorderglied falsch ist oder ihr Hinterglied wahr ist. Die Implikation ist dann und nur dann falsch, wenn ihr Vorderglied wahr und ihr Hinterglied falsch ist.

Nach der Einführungsregel und der Beseitigungsregel der Äquivalenz ist die Äquivalenz dann und nur dann wahr, wenn die ihr entsprechende Implikation und die umgekehrte Implikation wahr sind. Auf dieser Grundlage erhalten wir unter Berücksichtigung der Tabellen für die Implikation und die umgekehrte Implikation folgende Tabelle für die Äquivalenz:

p	q	$p \equiv q$
1	1	1
0	1	0
1	0	0
0	0	1

Nach dieser Tabelle ist die Äquivalenz dann und nur dann wahr, wenn ihre beiden Glieder den gleichen logischen Wert haben. Dagegen ist die Äquivalenz dann und nur dann falsch, wenn ihre Glieder entgegengesetzte logische Werte haben (weil dann die dieser Äquivalenz entsprechende Implikation bzw. die umgekehrte Implikation falsch ist).

Die Zeichen der Implikation und der Äquivalenz gehören also ebenfalls zu den Wahrheitsfunktoren.

Außer den genannten Wahrheitsfunktoren verdienen noch einige andere Funktoren dieser Art, die entsprechende zusammengesetzte Aussagen bilden, die Aufmerksamkeit.

Die Alternative, von der bisher die Rede war, kann man auch einschließende (nichtausschließende) Alternative nennen, weil die Wahrheit einer solchen Alternative die Wahrheit ihrer beiden Glieder nicht ausschließt. Von einer solchen Alternative ist die ausschließende (nichteinschließende) Alternative zu unterscheiden.

Die ausschließende Alternative ist dann und nur dann wahr, wenn genau nur eines ihrer Glieder wahr ist. Eine solche Alternative ist dann und nur dann falsch, wenn ihre beiden Glieder wahr sind oder beide falsch sind. Die Wahrheit einer solchen Alternative schließt also die Wahrheit ihrer beiden Glieder aus. Im Deutschen wird das Wort „oder" in verschiedenen Kontexten sowohl als Funktor der einschliessenden Alternative als auch der ausschließenden Alternative verwendet. Für die ausschließende Alternative steht aber das „entweder... oder" zur Verfügung, so daß wir vereinbaren können, das Wort „oder" als Funktor für die einschließende Alternative und das „entweder ... oder" als Funktor für die ausschließende Alternative zu verwenden.

Hier die Tabelle der so verstandenen ausschließenden Alternative:

p	q	entweder p oder q
1	1	0
0	1	1
1	0	1
0	0	0

Aus dieser Tabelle ersehen wir, daß die ausschließende Alternative der Negation der Äquivalenz äquivalent ist (weil sie dann und nur dann wahr ist, wenn die Äquivalenz falsch ist).

Das „entweder ... oder" verwenden wir als Funktor der ausschließenden Alternative z. B. in den Ausdrücken: Man muß entweder Schröpfköpfe ansetzen oder Blutegel verwenden. Die Arznei ist entweder morgens oder abends einzunehmen. Entweder du bist artig oder du wirst bestraft.

Das Zeichen „|" nennen wir das Exklusionszeichen.[1] Die Exklusion „$p \mid q$" lesen wir: höchstens p oder q. Sie wird durch folgende Tabelle charakterisiert:

[1] [Im Polnischen: Disjunktionszeichen.]

p	q	$p \mid q$
1	1	0
0	1	1
1	0	1
0	0	1

Die Exklusion ist dann und nur dann wahr, wenn mindestens eines ihrer Glieder falsch ist. Die Exklusion ist dann und nur dann falsch, wenn ihre beiden Glieder wahr sind.

Wie wir aus der Tabelle ersehen, ist die Exklusion der Negation der Konjunktion äquivalent.

Das Zeichen „↓" nennen wir das Zeichen der einschließenden Negation. Den Ausdruck „$p \downarrow q$" lesen wir: weder p noch q. Die einschließende Negation ist dann und nur dann wahr, wenn ihre beiden Glieder falsch sind. Die einschließende Negation ist dann und nur dann falsch, wenn mindestens eines ihrer Glieder wahr ist. Die Beziehungen zwischen den logischen Werten der Glieder der einschließenden Negation und dem logischen Wert dieser zusammengesetzten Aussage stellt die folgende Tabelle dar:

p	q	$p \downarrow q$
1	1	0
0	1	0
1	0	0
0	0	1

Anhand der Tabelle stellen wir fest, daß die einschließende Negation zweier Ausdrücke der Negation der Alternative dieser Ausdrücke äquivalent ist.

Mit den bisher untersuchten Wahrheitsfunktoren sind nicht alle Funktoren dieser Art erschöpft. Es entsteht die Frage, wieviele verschiedene Wahrheitsfunktoren von einem Argument, von zwei Argumenten usw. es überhaupt gibt.

Die Tabelle des Wahrheitsfunktors von einem Argument, z. B. des Negationszeichens, enthält in der Argument-Spalte zwei Zeilen, die mit Symbolen der logischen Werte ausgefüllt sind. Es gibt soviele verschiedene Wahrheitsfunktoren von einem Argument, wie verschiedene Anordnungen der Symbole 1, 0 in zwei Zeilen einer Spalte eines solchen Funktors möglich sind. Es gibt vier solche Anordnungen der Symbole 1, 0, also gibt es vier Wahrheitsfunktoren von einem Argument.

p	as(p)	$\sim p$	vr(p)	fl(p)
1	1	0	1	0
0	0	1	1	0

Der Funktor „as", Assertion genannt, bildet eine Aussage, die den gleichen logischen Wert wie das Argument dieses Funktors hat. Der Funktor „vr" (*verum*) bildet eine Aussage, die immer wahr ist, d. h. eine Aussage, die den Wert 1 sowohl dann besitzt, wenn das Argument wahr ist, als auch dann, wenn das Argument falsch ist. Der Funktor „fl" (*falsum*) bildet eine Aussage, die immer falsch ist, also sowohl dann, wenn das Argument wahr ist, als auch dann, wenn das Argument falsch ist. Von den Wahrheitsfunktoren von einem Argument wird in der Umgangssprache nur einer, nämlich das Negationszeichen, verwendet.

Die Tabelle eines Wahrheitsfunktors von n Argumenten besteht aus n Argument-Spalten und einer Funktor-Spalte, in der die logischen Werte des Ausdruckes angegeben werden, der aus diesem Funktor und seinen aufeinanderfolgenden Argumenten gebildet wurde (in Abhängigkeit vom logischen Wert der Argumente). Der logische Wert der Argumente ist 1 oder 0. Folglich ist die Anzahl der Zeilen einer solchen Tabelle gleich der Anzahl der verschiedenen Anordnungen der Werte 1, 0 in den n Argumentspalten. Die Anzahl aller solcher verschiedenen Anordnungen ist gleich 2^n. Die Tabelle eines Wahrheitsfunktors von n Argumenten hat also 2^n Zeilen.

Die Anzahl der verschiedenen Wahrheitsfunktoren von n Argumenten ist gleich der Anzahl der verschiedenen Anordnungen der logischen Werte 1, 0, die die Spalte eines solchen Funktors ausfüllen können. Da eine solche Spalte 2^n Zeilen hat, ist die Anzahl der Wahrheitsfunktoren von n Argumenten also gleich 2^{2^n}.

Nach diesen Formeln hat die Tabelle eines Wahrheitsfunktors mit einem Argument $2^1 = 2$ Zeilen. Die Anzahl solcher Funktoren ist dagegen gleich $2^{2^1} = 2^2 = 4$, was wir bereits festgestellt haben.

Die Tabelle eines Wahrheitsfunktors mit zwei Argumenten hat, wie wir vorher gesehen haben, $2^2 = 4$ Zeilen. Die Anzahl der Wahrheitsfunktoren mit zwei Argumenten ist gleich $2^{2^2} = 16$. In nachstehender Tabelle sind alle Wahrheitsfunktoren mit zwei Argumenten dargestellt:

		F_1	F_2	F_3	F_4	F_5	F_6	F_7	F_8	F_9	F_{10}	F_{11}	F_{12}	F_{13}	F_{14}	F_{15}	F_{16}
1	1	1	0	1	0	1	0	1	0	1	0	1	0	1	0	1	0
0	1	1	1	0	0	1	1	0	0	1	1	0	0	1	1	0	0
1	0	1	1	1	1	0	0	0	0	1	1	1	1	0	0	0	0
0	0	1	1	1	1	1	1	1	1	0	0	0	0	0	0	0	0

Die Funktoren F_2, F_5, F_7, F_8, F_9, F_{10}, F_{15} sind nacheinander die Funktoren der Exklusion, der Implikation, der Äquivalenz, der einschließenden Negation, der Alternative, der ausschließenden Alternative und der Konjunktion. Es sind dies die Wahrheitsfunktoren von zwei Argumenten, die in der Logik am häufigsten verwendet werden; im allgemeinen haben sie auch ihre Entsprechungen in den natürlichen Sprachen. Für die übrigen Funktoren gelten folgende Äquivalenzen:

$$
\begin{aligned}
&F_1\,(p, q) \equiv (p \vee \sim p) \wedge (q \vee \sim q) \equiv p \vee \sim p \\
&F_{16}(p, q) \equiv (p \wedge \sim p) \wedge (q \wedge \sim q) \equiv p \wedge \sim p \\
&F_{11}(p, q) \equiv p \wedge (q \vee \sim q) \equiv p \\
&F_{13}(p, q) \equiv q \wedge (p \vee \sim p) \equiv q \\
&F_6\,(p, q) \equiv \sim p \wedge (q \vee \sim q) \equiv \sim p \\
&F_4\,(p, q) \equiv \sim q \wedge (p \vee \sim p) \equiv \sim q \\
&F_3\,(p, q) \equiv q \to p \\
&F_{12}(p, q) \equiv p \wedge \sim q \\
&F_{14}(p, q) \equiv \sim p \wedge q .
\end{aligned}
$$

Der Funktor F_1 ist der Funktor verum von zwei Argumenten, der Funktor F_{16} dagegen der Funktor falsum von zwei Argumenten. F_3 ist ein Funktor, der die umgekehrte Implikation bildet. Den Ausdruck „$F_{11}(p, q)$“ kann man lesen: „p unabhängig davon, ob q oder nicht q“. Analog kann man die mit Hilfe der Funktoren F_{13}, F_6 und F_4 gebildeten Ausdrücke lesen. Die obengenannten Äquivalenzen weisen auch auf die Lesart der mit Hilfe der übrigen Funktoren gebildeten Ausdrücke hin.

Die Tabelle eines Wahrheitsfunktors von drei Argumenten hat $2^3 = 8$ Zeilen. Die Anzahl der Wahrheitsfunktoren von drei Argumenten ist gleich $2^{2^3} = 2^8 = 256$. Beispiele für Wahrheitsfunktoren von drei Argumenten sind Bindewörter, die dreigliedrige Konjunktionen oder Alternativen bilden.

In logischen Betrachtungen werden manchmal Symbole für n-gliedrige Konjunktionen und Alternativen eingeführt. In den natürlichen Sprachen treten hauptsächlich Wahrheitsfunktoren von einem Argument (Negationszeichen) und von zwei Argumenten auf, nämlich die, welche wir vorhin besprochen haben.

Es ist bemerkenswert, daß die in einer gegebenen Sprache vorhandene Beschränkung auf eine kleine Anzahl von Wahrheitsfunktoren von einem oder zwei Argumenten, die einen geringen Teil aller Wahrheitsfunktoren von n Argumenten ausmachen, keine prinzipielle Verarmung dieser Sprache darstellen muß. Dies hängt mit der Tatsache zusammen, daß man mit Hilfe einiger solcher Wahrheitsfunktoren

Ausdrücke formulieren kann, die den mit Hilfe von Wahrheitsfunktoren von n Argumenten gebildeten Ausdrücken äquivalent sind.

Wir sagen, daß man einen Wahrheitsfunktor F von n Argumenten mit Hilfe der Wahrheitsfunktoren $F_1, \ldots, F_k$ nur dann **definieren** (**bestimmen**) kann, wenn es für den Ausdruck $F(p_1, \ldots, p_n)$ einen äquivalenten Ausdruck gibt, der ausschließlich mit Hilfe der Aussagenvariablen: $p_1, \ldots, p_n$ und der Wahrheitsfunktoren $F_1, \ldots, F_k$ notiert ist.

Wir sagen auch, daß ein solcher äquivalenter Ausdruck, der ausschließlich mit Hilfe der Aussagenvariablen: $p_1, \ldots, p_n$ und der Funktoren $F_1, \ldots, F_k$ notiert ist, den gegebenen Funktor F oder auch den mit Hilfe des Funktors F gebildeten Ausdruck **definiert**.

Man kann z. B. leicht feststellen, daß sich die dreigliedrige Konjunktion mit Hilfe der Konjunktion von zwei Argumenten definieren läßt. Der Ausdruck „$(p \wedge q) \wedge r$" bzw. der ihm aufgrund des Assoziativgesetzes äquivalente Ausdruck „$p \wedge (q \wedge r)$" definiert eine solche dreigliedrige Konjunktion. Analog kann man mit Hilfe der Konjunktion von zwei Argumenten die Konjunktion von n Argumenten definieren, die dann und nur dann wahr ist, wenn alle ihre Glieder wahr sind.

Ähnlich definiert der Ausdruck „$(p \vee q) \vee r$" oder auch der ihm äquivalente Ausdruck „$p \vee (q \vee r)$" die dreigliedrige übliche Alternative. Analog kann mit man Hilfe der üblichen (nichtausschließenden) Alternative von zwei Argumenten die übliche (nichtausschließende) Alternative von n Argumenten definieren, die dann und nur dann wahr ist, wenn mindestens eines ihrer Glieder wahr ist.

Manchmal ist der einen gegebenen Funktor definierende Ausdruck komplizierter. Die dreigliedrige ausschließende Alternative, der in einer ihrer Bedeutungen die Redewendung „entweder p oder q oder r" entspricht, wird z. B. durch folgenden Ausdruck definiert:

$$(p \vee q \vee r) \wedge \sim(p \wedge q) \wedge \sim(p \wedge r) \wedge \sim(q \wedge r).$$

Die Tabelle einer solchen ausschließenden Alternative ist folgende:

p	q	r	p oder q oder r
1	1	1	0
0	1	1	0
1	0	1	0
0	0	1	1
1	1	0	0
0	1	0	1
1	0	0	1
0	0	0	0

Die so verstandene dreigliedrige ausschließende Alternative ist dann und nur dann wahr, wenn eines und nur eines ihrer Glieder wahr ist.

Es zeigt sich nun, daß man mit Hilfe der Zeichen der Negation, der Konjunktion und der Alternative jeden anderen Wahrheitsfunktor von n Argumenten definieren kann. Um die Wahrheit dieser Behauptung nachzuweisen, werden wir – zunächst an typischen Beispielen und dann allgemein – aufzeigen, wie für Ausdrücke, die mit Hilfe definierter Funktoren gebildet wurden, mit Hilfe der Zeichen der Negation, der Konjunktion und der Alternative äquivalente Ausdrücke gebildet werden.

Untersuchen wir zunächst die einschließende Negation. Nach der oben angeführten Tabelle ist sie nur in einem Fall wahr, nämlich dann, wenn ihre beiden Glieder falsch sind, also wenn ihre Negationen wahr sind, was dann der Fall ist, wenn die Konjunktion ihrer Negationen wahr ist. Die einschließende Negation „weder p noch q" ist also dann und nur dann wahr, wenn die Konjunktion „$\sim p \wedge \sim q$" wahr ist. Dieser letzte Ausdruck – mit Hilfe des Zeichens der Negation und der Konjunktion notiert – definiert somit den Funktor der einschließenden Negation.

Untersuchen wir jetzt Beispiele für Wahrheitsfunktoren, die in mehr als nur einem Fall wahre Aussagen bilden. Die Äquivalenz ist nach der angeführten Tabelle in den beiden folgenden Fällen wahr: 1. wenn ihre beiden Glieder wahr sind, 2. wenn ihre beiden Glieder falsch sind. Die Äquivalenz „$p \equiv q$" ist also dann wahr, wenn die Konjunktion „$p \wedge q$" oder die Konjunktion „$\sim p \wedge \sim q$" wahr ist. Dies ist der Fall dann und nur dann, wenn die Alternative „$p \wedge q \vee \sim p \wedge \sim q$" wahr ist. Dieser letzte Ausdruck – mit Hilfe der Zeichen der Negation, der Konjunktion und der Alternative notiert – ist dem Ausdruck „$p \equiv q$" äquivalent, definiert also das Äquivalenzzeichen.

Ähnlich stellen wir fest, daß die Implikation „$p \rightarrow q$" – die in drei, in ihrer Tabelle angeführten Fällen wahr ist – einer mit Hilfe der Zeichen der Negation, der Konjunktion und der Alternative notierten Alternative äquivalent ist. Daraus ergibt sich die Möglichkeit, das Implikationszeichen mit Hilfe der genannten Funktoren zu definieren.

Um alle typischen Beispiele zu berücksichtigen, untersuchen wir noch den Funktor falsum von zwei Argumenten. In der Spalte dieses Funktors tritt nicht ein einziges Mal der Wert 1 auf. Der Ausdruck „$\mathrm{fl}(p, q)$" ist dem Ausdruck

$$\sim(p \wedge q) \wedge \sim(\sim p \wedge q) \wedge \sim(p \wedge \sim q) \wedge \sim(\sim p \wedge \sim q)$$

äquivalent. Der Funktor falsum von zwei Argumenten wird also mit Hilfe der Zeichen der Negation und der Konjunktion definiert.

Allgemein bilden wir einen mit Hilfe der Zeichen der Negation, der Konjunktion und der Alternative notierten Ausdruck, der einen gegebenen Wahrheitsfunktor von *n* Argumenten definiert, auf folgende Weise. Den Zeilen der Tabelle dieses Funktors, bei denen in der Spalte des Funktors der Wert 1 auftritt, ordnen wir die Konjunktion der Variablen (wenn in einer solchen Zeile unter der gegebenen Variablen der Wert 1 auftritt) oder der Negation der Variablen (wenn in einer solchen Zeile unter der gegebenen Variablen der Wert 0 auftritt) zu.

Wenn in der Spalte des Funktors nur einmal der Wert 1 auftritt, dann ist ein diesen Funktor definierender Ausdruck die Konjunktion, die auf die angegebene Weise gebildet und der Zeile zugeordnet wurde, in der in der Spalte des Funktors der Wert 1 auftritt. Wenn in der Spalte des Funktors der Wert 1 mehr als einmal auftritt, dann ist ein diesen Funktor definierender Ausdruck die Alternative der Konjunktionen, die auf die angegebene Weise gebildet und den Zeilen zugeordnet wurden, in denen in der Spalte des Funktors der Wert 1 auftritt. Wenn in der Spalte des Funktors der Wert 1 nicht auftritt, dann ist ein diesen Funktor definierender Ausdruck die Konjunktion der Negationen aller einzelnen Konjunktionen, die auf die obenangegebene Weise gebildet wurden.

Aufgrund des im vorangegangenen Abschnitt angegebenen Gesetzes der Ersetzung der Konjunktion durch die Alternative und die Negation können wir feststellen, daß sich das Konjunktionszeichen mit Hilfe der Zeichen der Negation und der Alternative definieren läßt. Daraus folgt – in Hinblick auf die angeführte Behauptung von der Definierbarkeit der übrigen Wahrheitsfunktoren mit Hilfe der Zeichen der Negation, der Konjunktion und der Alternative –, daß sich mit Hilfe der Zeichen der Negation und der Alternative jeder übrige Wahrheitsfunktor von *n* Argumenten definieren läßt.

Ähnlich schließen wir aufgrund des ebenfalls im vorangegangenen Abschnitt angegebenen Gesetzes der Ersetzung der Alternative durch die Konjunktion und die Negation, daß sich das Zeichen der Alternative mit Hilfe der Zeichen der Negation und der Konjunktion definieren läßt. Daraus wiederum folgt, daß sich mit Hilfe der Zeichen der Negation und der Konjunktion jeder übrige Wahrheitsfunktor von *n* Argumenten definieren läßt.

Eine Definition eines Wahrheitsfunktors F von n Argumenten mit Hilfe der Funktoren $F_1, \ldots, F_k$ nennen wir eine Aussage, welche feststellt, daß der Ausdruck $F(p_1, \ldots, p_n)$ einem bestimmten, mit

Hilfe der Variablen: $p_1, \ldots, p_n$ und der Funktoren $F_1, \ldots, F_k$ notierten Ausdruck äquivalent ist, also eine Aussage, welche feststellt, daß der Funktor F auf bestimmte Weise mit Hilfe der Funktoren $F_1, \ldots, F_k$ darstellbar ist.

Eine solche Definition notiert man manchmal mit Hilfe des Zeichens der Definitionsgleichheit: „$\underset{\text{df}}{\equiv}$". Links von diesem Zeichen schreiben wir den zu definierenden Ausdruck $F(p, \ldots, p_n)$, der Definiendum genannt wird, rechts dagegen den definierenden Ausdruck – Definiens genannt –, der mit Hilfe der Variablen: $p_1, \ldots, p_n$ und der Funktoren $F_1, \ldots, F_k$ notiert wird.

Ein Beispiel für eine solche Definition ist die folgende des Zeichens der Alternative mit Hilfe der Zeichen der Negation und der Implikation:

$$p \vee q \underset{\text{df}}{\equiv} \sim p \rightarrow q \, .$$

Diese Definition stellt fest, daß der Ausdruck „$p \vee q$" dem Ausdruck „$\sim p \rightarrow q$" äquivalent ist. Aufgrund dessen kann man also in jedem Ausdruck eine Seite dieser Definition bzw. eine Einsetzung in sie durch ihre andere Seite – bzw. die entsprechende Einsetzung – ersetzen.

Eine Definition, welche die Äquivalenz zwischen Definiendum und Definiens feststellt, ist dann und nur dann richtig, wenn sie eine wahre Aussage ist, wenn also ihr Definiendum mit ihrem Definiens äquivalent ist. Die Prüfung der Richtigkeit einer solchen Definition besteht somit im Nachweis der Äquivalenz zwischen ihrem Definiendum und ihrem Definiens. Diese Prüfung kann auf zweierlei Weise durchgeführt werden.

Die erste Methode besteht darin, daß die Äquivalenz beider Seiten der Definition mit Hilfe der Regeln des Annahmesystems bewiesen wird. Um die Richtigkeit der obenangegebenen Definition des Zeichens der Alternative mit Hilfe der Zeichen der Negation und der Implikation nachzuweisen, muß man – bei Anwendung dieser Methode – folgendes Gesetz beweisen:

$$p \vee q \equiv \sim p \rightarrow q \, .$$

Diese Methode kann man bei den Funktoren anwenden, für die die Regeln des Annahmesystems formuliert wurden.

Die zweite Methode besteht darin, daß anhand der Tabellen der gegebenen Wahrheitsfunktoren nachgewiesen wird, daß beide Seiten der Definition für die gleichen Werte der Variablen den gleichen logischen Wert haben. Bei Anwendung dieser Methode stützen wir uns darauf, daß aus der Äquivalenz beider Seiten der Definition folgt, daß für bestimmte Werte der Variablen eine dieser Seiten dann und nur dann wahr ist, wenn auch die andere Seite für die gleichen Werte der Variablen wahr ist.

Mit Hilfe dieser Methode prüfen wir die Richtigkeit der oben untersuchten Definition, indem wir unter den in ihr auftretenden Variablen alle möglichen Anordnungen der logischen Werte 1, 0 schreiben und dann mit Hilfe der Tabellen für die Alternative, die Negation und die Implikation die logischen Werte der immer komplizierteren Ausdrücke berechnen. Im Ergebnis der Prüfung erhalten wir[1]:

$$p \vee q \underset{\mathrm{df}}{=} \sim p \rightarrow q$$

1	1	1	0	1	1	1
0	1	1	1	0	1	1
1	1	0	0	1	1	0
0	0	0	1	0	0	0

Daraus ist ersichtlich, daß für die gleichen logischen Werte der Variablen die linke und die rechte Seite der Definition den gleichen logischen Wert haben, daß die Definition also richtig ist.

Gemäß dieser Definition läßt sich das Zeichen der Alternative mit Hilfe der Zeichen der Negation und der Implikation definieren. Daraus und aus der Definierbarkeit aller übrigen Wahrheitsfunktoren mit Hilfe der Zeichen der Negation und der Alternative folgt, daß sich mit Hilfe der Zeichen der Negation und der Implikation alle übrigen Wahrheitsfunktoren definieren lassen.

Mit Hilfe dieser Methode weisen wir die Richtigkeit folgender Definitionen der einstelligen Wahrheitsfunktoren nach, deren Tabellen oben angeführt wurden:

$$\mathrm{vr}\,(p) \underset{\mathrm{df}}{=} p \rightarrow p$$

1	1	1	1	1
1	0	0	1	0

$$\mathrm{fl}(p) \underset{\mathrm{df}}{=} \sim (p \rightarrow p)$$

0	1	0	1	1	1
0	0	0	0	1	0

$$\mathrm{as}(p) \underset{\mathrm{df}}{=} p$$

1	1	1
0	0	0

[1] Eine ausführlichere Erklärung einer solchen Schreibweise der Prüfung wird später, bei der Prüfung von Ausdrücken des Aussagenkalküls, gegeben.

Aus der letzten Definition ist ersichtlich, daß sich der Funktor der Assertion ausschließlich mit Hilfe von Variablen definieren läßt, d. h. daß es für den Ausdruck „as(p)“ einen äquivalenten Ausdruck gibt, der nur aus der Aussagenvariablen „p“ besteht.

Die nachstehend angeführten Prüfungen weisen die Richtigkeit der Definition der Zeichen der Negation und der Konjunktion mit Hilfe des Zeichens der Exklusion nach:

$$\begin{array}{cccccc}
\sim & p & \underset{df}{\equiv} & p & \mid & p \\
0 & 1 & & 1 & 0 & 1 \\
1 & 0 & & 0 & 1 & 0
\end{array}$$

$$\begin{array}{ccccccccccc}
p & \wedge & q & \underset{df}{\equiv} & (p & \mid & q) & \mid & (p & \mid & q) \\
1 & 1 & 1 & & 1 & 0 & 1 & 1 & 1 & 0 & 1 \\
0 & 0 & 1 & & 0 & 1 & 1 & 0 & 0 & 1 & 1 \\
1 & 0 & 0 & & 1 & 1 & 0 & 0 & 1 & 1 & 0 \\
0 & 0 & 0 & & 0 & 1 & 0 & 0 & 0 & 1 & 0
\end{array}$$

Da man mit Hilfe der Zeichen der Negation und der Konjunktion alle übrigen Wahrheitsfunktoren definieren kann, kommen wir aufgrund dieser Definitionen zu der Schlußfolgerung, daß das Zeichen der Exklusion allein ausreicht, um alle übrigen Wahrheitsfunktoren zu definieren.

Der zweite Wahrheitsfunktor von zwei Argumenten, der allein ausreicht, um alle übrigen Wahrheitsfunktoren zu definieren, ist das Zeichen der einschließenden Negation. Mit Hilfe dieses Zeichens kann man nämlich die Zeichen der Negation und der Alternative definieren, die ihrerseits ausreichen, um alle übrigen Wahrheitsfunktoren zu definieren. Hier die Prüfung der Richtigkeit der Definition der Zeichen der Negation und der Alternative mit Hilfe des Zeichens der einschließenden Negation:

$$\begin{array}{cccccc}
\sim & p & \underset{df}{\equiv} & p & \downarrow & p \\
0 & 1 & & 1 & 0 & 1 \\
1 & 0 & & 0 & 1 & 0
\end{array}$$

$$\begin{array}{ccccccccccc}
p & \vee & q & \underset{df}{\equiv} & (p & \downarrow & q) & \downarrow & (p & \downarrow & q) \\
1 & 1 & 1 & & 1 & 0 & 1 & 1 & 1 & 0 & 1 \\
0 & 1 & 1 & & 0 & 0 & 1 & 1 & 0 & 0 & 1 \\
1 & 1 & 0 & & 1 & 0 & 0 & 1 & 1 & 0 & 0 \\
0 & 0 & 0 & & 0 & 1 & 0 & 0 & 0 & 1 & 0
\end{array}$$

Es ist bewiesen worden, daß die Zeichen der Exklusion und der einschließenden Negation die einzigen Wahrheitsfunktoren von zwei

Argumenten sind, von denen jeder ausreicht, um alle übrigen Wahrheitsfunktoren von n Argumenten zu definieren.

Gemäß der Tabelle für die Implikation ist diese wahr, wenn ihr Vorderglied falsch ist oder ihr Hinterglied wahr ist. Eine so verstandene Implikation – materiale Implikation genannt – kann somit wahr sein, obwohl es keinen engeren Zusammenhang zwischen ihrem Vorderglied und ihrem Hinterglied gibt, bis auf den, daß es ausgeschlossen ist, daß das Vorderglied wahr und das Hinterglied falsch ist. Wenn wir eine solche Implikation verwenden, müssen wir daran denken, daß der Ausdruck „$p \rightarrow q$“ dem Ausdruck „$\sim p \vee q$“ („nicht p oder q“) oder auch dem Ausdruck „$\sim (p \wedge \sim q)$“ („es ist nicht wahr, daß p und nicht q“) äquivalent ist. Wir lesen jedoch die Implikation „$p \rightarrow q$“ als Bedingungssatz der Umgangssprache „wenn p, so q“. Ein solcher Bedingungssatz kann verschiedenen Sinn besitzen. Wir erwähnen hier nur einige der Sinnentsprechungen der umgangssprachlichen Redewendung „wenn p, so q“:

1. daraus, daß p, folgt, daß q (aus der Aussage p folgt die Aussage q)
2. die Tatsache, daß p, ist die Ursache dafür, daß q
3. es ist nicht möglich, daß p und nicht q
4. es ist nicht wahr, daß p und nicht q.

Die materiale Implikation entspricht dem unter 4. genannten Sinn. Man muß jedoch darauf hinweisen, daß in der Umgangssprache der Sinn des Bedingungssatzes „wenn p, so q“ selten dem unter 4. genannten entspricht.

Wenn wir in den Gesetzen und Schemata des klassischen Aussagenkalküls die Implikation “$p \rightarrow q$“ als Bedingungssatz „wenn p, so q“ lesen und diesen Satz in einem anderen Sinn als den unter 4. angegebenen verwenden, kommen wir zu verschiedenen intuitiven Unstimmigkeiten. Um sie zu vermeiden, muß man streng darauf achten, daß die Implikation „$p \rightarrow q$“ nicht einen anderen Sinn erhält als ihren eigentlichen, unter 4. genannten.

Manchmal wird die Implikation „$p \rightarrow q$“ fälschlicherweise in dem unter 1. genannten Sinn verwendet. Die materiale Implikation wird mit der (logischen) Folgerung verwechselt, indem man die Implikation „$p \rightarrow q$“ als eine Aussage deutet, welche feststellt, daß aus p q folgt. Man kommt dann zu paradoxen Konsequenzen, indem man behauptet, daß aus einer falschen Aussage eine beliebige Aussage folgt (weil die materiale Implikation mit falschem Vorderglied und beliebigem Hinterglied wahr ist) und daß eine wahre Aussage aus einer beliebigen Aussage folgt (weil die materiale Implikation mit beliebigem Vorderglied und wahrem Hinterglied wahr ist). Solche Formulierungen erscheinen sogar gegenwärtig in manchen populären Arbeiten. Sie sind jedoch von Grund auf falsch und beruhen auf einer Unkenntnis der modernen Logik. Vor über sechzig Jahren haben zwar einige hervorragende Logiker die materiale Implikation auf diese Weise gedeutet. Das war aber noch vor der Entstehung der Metalogik. Vor über vierzig Jahren wurde jedoch schon die Definition der logischen Folgerung formuliert, auf die wir im Kapitel II eingegangen sind. Nach dieser Definition, die besagt, wann zwischen zwei Aussagen die Beziehung der logischen Folgerung besteht, genügt es nicht, daß die aus ihnen gebildete Implikation wahr ist, sondern es ist noch erforderlich, daß diese Implikation durch Einsetzung aus irgendeinem logischen Gesetz hervorgeht. Aufgrund dieser Definition ist sowohl die Behauptung falsch, daß aus einer falschen Aussage eine beliebige Aussage folgt, wie auch die Behauptung, daß eine wahre Aussage aus einer beliebigen Aussage folgt.

Ebenso nichtintuitive und falsche Konsequenzen entstehen, wenn wir die Implikation in dem unter 2. bzw. 3. genannten Sinn verstehen.

Es muß erwähnt werden, daß das Problem, welches der Sinn des Bedingungssatzes ist, eine lange Geschichte hat. Schon im Altertum formulierte man die Konzeption der materialen Implikation und stellte ihr andere, genauere Konzeptionen des Sinns eines Bedingungssatzes gegenüber. Von der Lebhaftigkeit der Diskussionen zu diesem Thema zeugt z. B. das aus jener Zeit stammende Epigramm, daß schon die Raben auf den Dächern darüber krächzten, welche Implikationen die treffenden wären. Diskussionen um die Interpretation eines Bedingungssatzes wurden sowohl im Mittelalter als auch in unserem Jahrhundert geführt. Es entsteht die Frage, wie sich dieses Problem im Lichte der modernen Logik darstellt.

Es scheint, daß man in der modernen Logik viel zur Lösung dieses Problems in theoretischer Hinsicht getan hat. Wie wir bereits festgestellt haben, wurde der Begriff der logischen Folgerung definiert. Mit Hilfe der Methoden der modernen Logik – vor allem der axiomatischen Methode – wurden verschiedene Systeme der „strikten" und der „strengen" Implikation aufgebaut, in denen man die Paradoxien der materialen Implikation vermeidet und den genaueren Sinn eines Bedingungssatzes, insbesondere verschiedene Schattierungen des unter 3. genannten, erfaßt. Es gibt auch bestimmte Versuche, den unter 2. genannten Sinn in einem logischen System zu erfassen.

Wenn wir also in der modernen Logik nach Entsprechungen für den umgangssprachlichen Bedingungssatz suchen, sind wir nicht nur auf die Verwendung der materialen Implikation angewiesen. Im Arsenal der Mittel der modernen Logik stehen uns auch andere Arten von Implikationen zur Verfügung, und zwar solche, die dem landläufigen Sinn eines Bedingungssatzes besser als die materiale Implikation entsprechen.

Wenn dem tatsächlich so ist, drängt sich die Frage auf, warum das System der materialen Implikation beim Lehren der formalen Logik eine besondere oder sogar ausschließliche Rolle spielt. Das ist wahrscheinlich darauf zurückzuführen, daß es für dieses System eine sehr einfache Beweismethode gibt (die wir in den vorangegangenen Abschnitten kennengelernt haben) sowie eine sehr einfache Null-Eins-Prüfung für die Überprüfung der logischen Gesetze und Schemata, deren Anwendung auf die Prüfung einer Definition wir zuletzt kennenlernten und mit der wir uns jetzt befassen wollen. Dagegen sind die Systeme der „strikten" bzw. „strengen" Implikation unter diesem Gesichtspunkt für didaktische Zwecke schwieriger zugänglich. Nur für einige von ihnen wurden Annahmebeweismethoden formuliert, und zwar wesentlich kompliziertere als die Annahmebeweismethode für das System der materialen Implikation. Die Prüfmethoden für diese Systeme sind ebenfalls viel komplizierter als die Null-Eins-Prüfung für die Ausdrücke und Schemata des klassischen Aussagenkalküls. Aus diesem Grund haben offenbar jene Systeme, in denen Implikationen vorkommen, die dem landläufigen Bedingungssatz besser als die materiale Implikation entsprechen, bis zum gegenwärtigen Zeitpunkt den Kreis der Diskussionen unter Logikern nicht verlassen und keine größere Verbreitung und Anwendung gefunden.

Wir wollen jetzt die Null-Eins-Prüfung für die Ausdrücke und Schemata des klassischen Aussagenkalküls, d. h. ihre Prüfung mit Hilfe von Tabellen der Wahrheitsfunktoren, kennenlernen. Die Möglichkeit einer Anwendung der Null-Eins-Prüfung auf Ausdrücke des klassischen Aussagenkalküls ist dadurch gegeben, daß in diesem Fall folgende zwei Voraussetzungen erfüllt sind:

1. das Prinzip der Zweiwertigkeit, nach dem jede Aussage entweder wahr oder falsch ist;

2. die sogenannte Extensionalität aller Funktoren dieses Kalküls, d. h. die Tatsache, daß alle Funktoren dieses Kalküls Wahrheitsfunktoren sind, die logischen Werte der zusammengesetzten Aussagen also durch die logischen Werte der Teilaussagen bestimmt sind.

Bei der Prüfung dessen, ob ein gegebener Ausdruck ein logisches Gesetz ist, müssen wir – gemäß der Bestimmung des logischen Gesetzes – die Frage beantworten, ob er für alle Werte der Variablen wahr ist. Im Aussagenkalkül sind diese Variablen Aussagenvariablen, für die man beliebige Aussagen einsetzen kann. Diese Aussagen sind – nach dem Prinzip der Zweiwertigkeit – wahre oder falsche Aussagen. Wir haben also dann nachgewiesen, daß ein Ausdruck des Aussagenkalküls ein logisches Gesetz ist, wenn wir nachgewiesen haben, daß er sowohl wahr ist, wenn die den Variablen zugeordneten Aussagen wahr sind, als auch dann, wenn sie falsch sind. Deshalb beginnen wir die Prüfung damit, daß wir den Variablen des zu prüfenden Ausdruckes alle möglichen Anordnungen der logischen Werte 1, 0, die wahre oder falsche Aussagen repräsentieren, zuordnen. Danach – ausgehend von den einfachsten Teilausdrücken des gegebenen Ausdruckes – berechnen wir nacheinander die logischen Werte der immer komplizierteren Ausdrücke, bis wir schließlich zur Berechnung des logischen Wertes des zu prüfenden Ausdruckes kommen; dabei bedienen wir uns der Tabellen der in dem betreffenden Ausdruck auftretenden Wahrheitsfunktoren. Dies ist dadurch möglich, weil alle in dem zu prüfenden Ausdruck auftretenden aussagenbildenden Funktoren von Aussagenargumenten Wahrheitsfunktoren sind, und der logische Wert der zusammengesetzten Ausdrücke, die in dem betreffenden Ausdruck vorkommen, durch die logischen Werte der Teilausdrücke auf die in den Tabellen der entsprechenden Funktoren festgelegte Weise bestimmt wird.

Es folgen Beispiele für die Null-Eins-Prüfung von Ausdrücken des Aussagenkalküls:

$$\begin{array}{cccc} p & \vee & \sim & p \\ 1 & 1 & 0 & 1 \\ 0 & 1 & 1 & 0 \end{array}$$

Diese Prüfung führten wir folgendermaßen durch:

Im zu prüfenden Ausdruck tritt die Aussagenvariable p auf, unter die wir in der ersten Zeile der Prüfung den Wert 1 und in der zweiten Zeile den Wert 0 schreiben. Damit erschöpfen wir alle Möglichkeiten, da man für die Variable p entweder wahre Aussagen mit dem logischen Wert 1 oder falsche Aussagen mit dem logischen Wert 0 einsetzen kann. Danach berechnen wir die logischen Werte der immer komplizierteren Ausdrücke, also zunächst den logischen Wert des Ausdruckes „$\sim p$“ und dann den logischen Wert des Ausdruckes „$p \vee \sim p$“. Wenn „p“ den Wert 1 hat (erste Zeile), dann hat – gemäß der Tabelle für die Negation – der Ausdruck „$\sim p$“ den Wert 0. Diesen Wert schreiben wir in die erste Zeile unter das Negationszeichen. Wenn „p“ den Wert 0 hat (zweite Zeile) dann hat „$\sim p$“ den Wert 1, den wir in die zweite Zeile unter das Negationszeichen schreiben. Der Ausdruck „$p \vee \sim p$" ist eine Alternative, deren erstes Glied „p" in der ersten Zeile den Wert 1 hat, während das zweite Glied „$\sim p$" in dieser Zeile den Wert 0 hat. Gemäß der Tabelle für die Alternative hat eine solche Alternative den Wert 1, den wir in die erste Zeile unter das Alternativzeichen schreiben. In der zweiten Zeile der Prüfung hat das erste Glied der Alternative „$p \vee \sim p$", d. h. der Ausdruck „p", den Wert 0, während dagegen ihr zweites Glied, d. h. der Ausdruck „$\sim p$", den Wert 1 hat. Gemäß der Tabelle für die Alternative hat diese dann den Wert 1, den wir in die zweite Zeile unter ihr Zeichen schreiben. Wir sehen also, daß der geprüfte Ausdruck den Wert 1 sowohl dann hat, wenn „p" den Wert 1 hat, als auch dann, wenn „p" den Wert 0 hat. Er ist ein immer wahrer Ausdruck, somit ein logisches Gesetz. Statt von „immer wahren Ausdrücken" sprechen wir nachfolgend in Übereinstimmung mit der entsprechenden Definition von A. Tarski[1] kurz von „wahren Ausdrücken".

Analog prüfen wir die Wahrheit des Ausdruckes „$\sim(p \wedge \sim p)$". Unter die Variable schreiben wir die Werte 1 und 0; danach berechnen wir die logischen Werte der immer komplizierteren Ausdrücke, wobei wir die Werte unter die diese zusammengesetzten Ausdrücke bildenden Funktoren schreiben. Im Ergebnis erhalten wir:

$$
\begin{array}{ccccc}
\sim(& p & \wedge & \sim & p) \\
1 & 1 & 0 & 0 & 1 \\
1 & 0 & 0 & 1 & 0
\end{array}
$$

Somit ist nachgewiesen, daß der geprüfte Ausdruck wahr, also ein logisches Gesetz ist.

Wenn in einem gegebenen Ausdruck eine größere Anzahl von Variablen auftritt, führen wir die Prüfung im Prinzip genauso durch, man muß nur zu Beginn unter die Variablen alle möglichen Anordnungen der logischen Werte schreiben. Zur Erleichterung kann man sich merken, daß wir bei Prüfung eines Ausdruckes mit n verschiedenen Variablen 2^n Zeilen der Prüfung haben. Am praktischsten ist es dabei, wenn man in die Spalte unter der ersten Variablen abwechselnd einmal 1 und einmal 0 einsetzt, in die Spalte unter der zweiten Variablen abwechselnd 2mal 1 und 2mal 0, in die Spalte unter der dritten Variablen abwechselnd 4mal 1 und 4mal 0 usw.

Nunmehr ein Beispiel für die Prüfung eines Ausdruckes mit zwei Variablen:

[1] Vgl. Kap. IX, Abschnitt 7, insbesondere S. 555f.

$(p$	$\to$	$q)$	$\vee$	$(q$	$\to$	$p)$
1	1	1	1	1	1	1
0	1	1	1	1	0	0
1	0	0	1	0	1	1
0	1	0	1	0	1	0

Bei der Durchführung dieser Prüfung berechneten wir nacheinander die logischen Werte der Ausdrücke „$p \to q$", „$q \to p$" und schließlich des Ausdruckes „$(p \to q) \vee (q \to p)$", der sich als ein wahrer Ausdruck erweist. Das ist auch nicht verwunderlich, weil aufgrund der Äquivalenz: $p \to q \equiv {\sim p} \vee q$ der geprüfte Ausdruck dem Ausdruck: „$({\sim p} \vee q) \vee ({\sim q} \vee p)$" äquivalent ist, den man aus dem Gesetz vom ausgeschlossenen Dritten ableiten kann, wobei von der Einführung der Alternative und dem Assoziativgesetz für die Alternative Gebrauch gemacht wird. Das geprüfte Gesetz ist ein nachdrückliches Beispiel dafür, daß man die materiale Implikation nicht mit der logischen Folgerung identifizieren darf. Wenn wir nämlich den Ausdruck „$p \to q$" als einen Ausdruck lesen würden, der feststellt, daß aus p q folgt, kämen wir zu der Schlußfolgerung – auf Grund des so gedeuteten Gesetzes –, daß es für zwei beliebige Aussagen wahr ist, daß entweder aus der ersten die zweite folgt oder aus der zweiten die erste folgt. Das ist natürlich falsch.

Die nachstehend angeführte Prüfung:

$(p$	$\to$	$q)$	$\to$	$(q$	$\to$	$p)$
1	1	1	1	1	1	1
0	1	1	0	1	0	0
1	0	0	1	0	1	1
0	1	0	1	0	1	0

weist nach, daß der geprüfte Ausdruck kein logisches Gesetz ist, weil in einem Fall (ersichtlich aus der zweiten Zeile) der gesamte Ausdruck den Wert 0 hat.

Außer der bisher behandelten unverkürzten Prüfung kann man auch bei vielen Ausdrücken eine verkürzte Prüfung anwenden.

Wenn wir einen Ausdruck von der Form einer Implikation verkürzt prüfen, können wir die Wahrheit ihrer Vorderglieder annehmen und dann untersuchen, ob unter dieser Annahme das ihnen entsprechende Hinterglied wahr sein muß. Wenn das der Fall ist, dann ist der geprüfte Ausdruck wahr, weil nämlich ausgeschlossen ist, daß seine Vorderglieder wahr sind und das ihnen entsprechende Hinterglied falsch ist.

Auch hier Beispiele für eine solche verkürzte Prüfung.

$$\sim p \wedge \sim q \rightarrow \sim (p \vee q)$$

1 0 1 1 0   1 0 0 0

Wir nehmen an, daß das Vorderglied der Implikation, d. h. der Ausdruck „$\sim p \wedge \sim q$", wahr ist. Gemäß der Tabelle für die Konjunktion müssen dann die Ausdrücke „$\sim p$" und „$\sim q$" wahr sein. Gemäß der Tabelle für die Negation sind dann die Ausdrücke „p" und „q" falsch. Im Hinterglied des zu prüfenden Ausdruckes schreiben wir also unter die Variablen „p" und „q" den Wert 0. In einem solchen Fall hat jedoch der Ausdruck „$p \vee q$" – aufgrund der Tabelle für die Alternative – den Wert 0, den wir unter das Zeichen der Alternative schreiben. Die Negation dieses Ausdruckes hat dann aber den Wert 1, den wir unter das Zeichen der Negation, mit der das Hinterglied der Implikation beginnt, schreiben. Unter der Voraussetzung der Wahrheit des Vordergliedes der zu prüfenden Implikation muß also ihr Hinterglied wahr sein, woraus folgt, daß der Ausdruck immer wahr ist. Der unter der Prüfungszeile befindliche Pfeil zeigt die Prüfungsrichtung an: Indem wir die Wahrheit des Vordergliedes annehmen, gelangen wir zum Nachweis der Wahrheit des Hintergliedes.

$$(p \rightarrow q) \rightarrow [(q \rightarrow r) \rightarrow (p \rightarrow r)]$$

1 1 1   1 1 1   1   1

Wir nehmen die Wahrheit der Vorderglieder des zu prüfenden Ausdruckes, d. h. der Ausdrücke „$p \rightarrow q$", „$q \rightarrow r$", „p", an. Wenn die Implikation „$p \rightarrow q$" den Wert 1 hat und ihr Vorderglied „p" den Wert 1 hat, dann hat auch ihr Hinterglied „q" den Wert 1. Wenn dagegen die Implikation „$q \rightarrow r$" – gemäß Voraussetzung – den Wert 1 und ihr Vorderglied „q", wie sich herausstellte, ebenfalls den Wert 1, dann muß auch ihr Hinterglied „r" den Wert 1 haben. Die Annahme der Wahrheit der Vorderglieder des zu prüfenden Ausdrucks zieht also die Wahrheit des diesen Vordergliedern entsprechenden Hintergliedes nach sich, woraus unmittelbar folgt, daß der geprüfte Ausdruck wahr ist. Die Pfeile unter der Zeile der Prüfung geben die Richtung dieser Prüfung an: Wir nehmen die Wahrheit der drei Vorderglieder des zu prüfenden Ausdruckes an und weisen nach, daß dann das ihnen entsprechende Hinterglied dieses Ausdruckes wahr sein muß.

Die obenangegebene Prüfung des Gesetzes des bedingten Syllogismus entspricht dem direkten Annahmebeweis dieses Gesetzes.

Die unverkürzte Prüfung dieses Gesetzes hätte acht Zeilen erfordert. An diesem Beispiel sieht man, daß uns die verkürzte Prüfung die Durchführung vieler mühseliger Berechnungen ersparen kann. Die verkürzte Prüfung ist jedoch nicht eine so rein mechanische Tätigkeit wie die unverkürzte Prüfung. Die verkürzte Prüfung läßt sich nicht immer in einer Zeile durchführen und erfordert manchmal eine gewisse Findigkeit, wie man auf kürzestem Wege den gegebenen Ausdruck prüfen kann.

Manchmal erhalten wir eine kürzere Prüfung einer Implikation, wenn wir die Falschheit ihres Hintergliedes annehmen. Wenn sich herausstellt, daß unter dieser Voraussetzung das Vorderglied dieser Implikation (bzw. eines ihrer Vorderglieder) falsch sein muß, ist die Implikation wahr. Dann ist nämlich ausgeschlossen, daß das Vorderglied der Implikation (bzw. alle ihre Vorderglieder) wahr und ihr Hinterglied falsch ist.

Auch hier ein Beispiel für eine solche Prüfung.

$$\sim p \vee \sim q \rightarrow \sim (p \wedge q)$$
$$0\,1\,0\,0\,1 \quad 0\,1\,1\,1$$

Wir nehmen an, daß das Hinterglied der zu prüfenden Implikation, d. h. der Ausdruck „$\sim (p \wedge q)$“, falsch ist. Der Ausdruck „$p \wedge q$“ hat dann den Wert 1, also haben die Ausdrücke „p“ und „q“ den Wert 1. Dann haben die Ausdrücke „$\sim p$“ und „$\sim q$“ den Wert 0 und ihre Alternative „$\sim p \vee \sim q$“, die das Vorderglied der zu prüfenden Implikation ist, hat ebenfalls den Wert 0. Wenn wir die Falschheit des Hintergliedes der zu prüfenden Implikation annehmen, dann muß auch ihr Vorderglied falsch sein, die geprüfte Implikation ist also immer wahr. Der Pfeil unter der Zeile der Prüfung gibt ihre Richtung an: Indem wir die Falschheit des Hintergliedes annehmen, gelangen wir zum Nachweis der Falschheit des Vordergliedes der zu prüfenden Implikation.

Wir müssen darauf hinweisen, daß wir bei der Durchführung der verkürzten Prüfung einer Implikation untersuchen, ob bei wahrem Vorderglied das Hinterglied zumindest für eine Anordnung der Variablenwerte falsch sein **kann**, sowie ob bei falschem Hinterglied das Vorderglied zumindest für eine Anordnung der Variablenwerte wahr sein **kann**. Wenn es sich herausstellt, daß bei wahrem Vorderglied das Hinterglied mindestens für eine Anordnung der Variablenwerte falsch ist, dann ist der geprüfte Ausdruck falsch. Ebenso ist der gesamte Ausdruck falsch, wenn es sich herausstellt, daß bei falschem Hinterglied das Vorderglied auch nur in einem Fall wahr ist.

Hier einige Beispiele für verkürzte Prüfungen, in denen die Falschheit von Ausdrücken nachgewiesen wird.

$$\sim(p \wedge q) \rightarrow \sim p \wedge \sim q$$
$$1\,0\,0\,1 \qquad 1\,0\,0\,0\,1$$

Wir nehmen an, daß das Vorderglied der Implikation wahr ist. Die Konjunktion „$p \wedge q$" hat dann den Wert 0, was nur der Fall ist, wenn mindestens eines ihrer Glieder, z. B. „p", den Wert 0 hat. Wenn wir annehmen – was bei unseren Voraussetzungen möglich ist –, daß „q" den Wert 1 hat, dann hat das Hinterglied den Wert 0. Der geprüfte Ausdruck ist also falsch.

$$\sim p \vee \sim q \rightarrow \sim(p \vee q)$$
$$0\,1\,1\,1\,0 \qquad 0\,1\,1\,0$$

Wir nehmen die Falschheit des Hintergliedes an. Die Alternative „$p \vee q$" hat den Wert 1. Damit dies eintritt, genügt es, wenn wir annehmen, daß eines ihrer Glieder, z. B. „p", den Wert 1 hat. Wenn wir außerdem noch annehmen – was auf Grund unserer Voraussetzungen möglich ist –, daß ihr zweites Glied, d. h. der Ausdruck „q", den Wert 0 hat, dann hat „ $\sim q$" den Wert 1 und das Vorderglied der Implikation hat ebenfalls den Wert 1. Der geprüfte Ausdruck ist also falsch.

Um die Wahrheit eines Ausdruckes von der Form einer Äquivalenz mit der verkürzten Prüfung nachzuweisen, genügt es, wenn entweder nachgewiesen wird, daß wenn eine Seite der Äquivalenz wahr ist, dann auch ihre zweite Seite wahr ist, oder nachgewiesen wird, daß wenn eine Seite der Äquivalenz falsch ist, dann auch die zweite falsch ist. Zwei Beispiele für eine solche Prüfung.

$$\sim(p \vee q) \equiv \sim p \wedge \sim q$$
$$1\;0\,0\,0 \qquad 1\,0\,1\;1\,0$$

Die Pfeile unter der Zeile der Prüfung geben an, daß wir unter Voraussetzung der Wahrheit der linken Seite der Äquivalenz zu der Schlußfolgerung der Wahrheit ihrer rechten Seite gelangen, und umgekehrt, daß wir unter Voraussetzung der Wahrheit der rechten Seite zu der Schlußfolgerung der Wahrheit ihrer linken Seite gelangen.

Diese Äquivalenz ist also ein wahrer Ausdruck.

$$\sim(p \wedge q) \equiv \sim p \vee \sim q$$
$$0\,1\,1\,1 \qquad 0\,1\,0\,0\,1$$

Bei dieser Prüfung führt die Annahme der Falschheit der linken Seite der Äquivalenz zu der Schlußfolgerung der Falschheit der rechten Seite und umgekehrt; der geprüfte Ausdruck ist also wahr.

Mit Hilfe der verkürzten Null-Eins-Prüfung kann man auch die Gültigkeit der Schemata des Aussagenkalküls prüfen. Um die Gültigkeit eines solchen Schemas nachzuweisen, genügt es, wenn nachgewiesen wird, daß es ausgeschlossen ist, daß alle seine Prämissen wahr sind und die Conclusio falsch ist. Diese Prüfung kann auf zweierlei Weise durchgeführt werden:

1. Wir nehmen an, daß alle Prämissen und Vorderglieder der Conclusio wahr sind. Wenn es sich herausstellt, daß das Hinterglied der Conclusio dann wahr sein muß, so ist das Schema gültig. Wenn dagegen bei wahren Prämissen und wahren Vordergliedern der Conclusio das Hinterglied der Conclusio zumindest für eine Anordnung der Variablenwerte falsch sein kann, ist das Schema ungültig, nicht korrekt.

2. Wir nehmen an, daß die Conclusio falsch ist. Wenn dann zumindest eine der Prämissen falsch sein muß, so ist das Schema gültig (weil dann ausgeschlossen ist, daß alle Prämissen wahr sind und die Conclusio falsch ist). Wenn dagegen bei falscher Conclusio alle Prämissen wenigstens für eine Anordnung der Variablenwerte wahr sein können, ist das Schema ungültig.

Einige Beispiele für die verkürzte Prüfung der Gültigkeit von Schemata des Aussagenkalküls.

$$\begin{array}{c} p \rightarrow q \\ 0\,1\,0 \\ \sim q \\ 1\,0 \\ \hline \sim p \\ 1\,0 \end{array}$$

Wir nehmen an, daß beide Prämissen wahr sind. Wenn „$\sim q$“ den Wert 1 hat, hat „q“ den Wert 0. Da die Implikation „$p \rightarrow q$“ den Wert 1 und ihr Hinterglied „q“ den Wert 0 hat, muß auch ihr Vorderglied „p“ den Wert 0 haben. Dann hat aber „$\sim p$“ den Wert 1. Wenn beide Prämissen wahr sind, muß die Conclusio wahr sein, das Schema ist somit gültig.

$$\begin{array}{c} p \rightarrow q \\ 0\,1\,1 \\ \hline \sim p \rightarrow \sim q \\ 1\,0\,0\,0\,1 \end{array}$$

Wir nehmen die Falschheit der Conclusio an. Dann hat „ $\sim p$“ den Wert 1, „ $\sim q$“ dagegen hat den Wert 0, also hat „p“ den Wert 0, „q“ dagegen den Wert 1. Die Prämisse hat dann den Wert 1. Das Schema ist somit ungültig.

$$\begin{array}{c} p \rightarrow q \\ 1\,1\,1 \\ r \rightarrow s \\ 1\,1\,1 \\ \hline p \wedge r \rightarrow q \wedge s \\ 111 \quad 111 \end{array}$$

Wir nehmen an, daß beide Prämissen und das Vorderglied der Conclusio wahr sind. Dann haben „p“ und „r“ den Wert 1 und damit auch „q“ und „s“ den Wert 1, da beide Implikationen wahr sind, deren Vorderglieder sie sind; also hat auch ihre Konjunktion, welche das Hinterglied der Conclusio ist, den Wert 1. Das Schema ist somit gültig, weil unter Voraussetzung der Wahrheit der Prämissen und des Vordergliedes der Conclusio das Hinterglied der Conclusio wahr sein muß.

$$\begin{array}{c} p \rightarrow q \\ 0\,1\,0 \\ r \rightarrow s \\ 0\,1\,0 \\ p \vee r \\ 0\,0\,0 \\ \hline q \vee s \\ 0\,0\,0 \end{array}$$

Wir nehmen an, daß die Conclusio falsch ist. Dann haben „q“ und „s“ den Wert 0. Wir untersuchen, ob dann alle Prämissen wahr sein können. Wenn die erste Prämisse „$p \rightarrow q$“ den Wert 1 hat, dann hat, angesichts dessen, daß ihr Hinterglied „q“ den Wert 0 hat, auch ihr Vorderglied „p“ den Wert 0. Wenn die zweite Prämisse „$r \rightarrow s$“ den Wert 1 hat, „s“ nun dagegen den Wert 0, hat auch „r“ den Wert 0. Dann hat aber auch die Alternative „$p \vee r$“ den Wert 0. Wenn wir also die Falschheit der Conclusio und die Wahrheit der beiden ersten Prämissen annehmen, muß die dritte Prämisse falsch sein. Es ist also ausgeschlossen, daß die Conclusio dieses Schemas falsch ist und alle ihre Prämissen wahr sind. Somit ist das Schema gültig.

Wir sind auf die verkürzte Null-Eins-Prüfung etwas ausführlicher eingegangen, weil sie im Vergleich zu der unverkürzten Prüfung über einige Vorzüge verfügt. Durch sie ist es möglich, langwierigen und mühseligen Berechnungen der unverkürzten Methode aus dem Wege zu gehen. Bei der unverkürzten Prüfung des letzten Schemas, in dem 4 Variablen vorkommen, wäre es z. B. erforderlich gewesen, 16 Zeilen der Prüfung hinzuschreiben und zu berechnen. Vom didaktischen Standpunkt aus ist sie als ein Verfahren, das eine gewisse Findigkeit erfordert, stärker bildend als die rein mechanische unverkürzte Prüfung. Außerdem ist es mit Hilfe der verkürzten Prüfung in bestimmten Fällen möglich, die Wahrheit von Ausdrücken und die Gültigkeit von Schemata des Aussagenkalküls festzustellen, die nicht nur für die materiale Implikation, sondern für jegliche Implikation überhaupt von Bedeutung sind. Für jede Implikation, also nicht nur für die materiale, sondern auch für eine solche, in der eine engere Beziehung zwischen dem Vorderglied und dem Hinterglied besteht, ist wahr, daß:

1. Wenn die Implikation wahr ist und ihr Vorderglied wahr ist, dann ist ihr Hinterglied wahr.
2. Wenn die Implikation wahr ist und ihr Hinterglied falsch ist, dann ist ihr Vorderglied falsch.
3. Wenn das Vorderglied wahr ist und das Hinterglied falsch ist, dann ist die Implikation falsch.

Wenn wir bei Durchführung der verkürzten Prüfung in bezug auf eine Implikation nur von diesen allgemeinen Beziehungen Gebrauch machen und bei Annahme der Wahrheit des Vordergliedes der Implikation zur Feststellung der Wahrheit ihres Hintergliedes gelangen, bzw. bei Annahme der Wahrheit der Prämissen eines Schemas zur Feststellung der Wahrheit seiner Conclusio gelangen oder auch bei Annahme der Falschheit der Conclusio zur Feststellung der Falschheit irgendeiner Prämisse des betreffenden Schemas gelangen, dann sind die auf diese Weise geprüften logischen Gesetze und Schemata nicht nur für die materiale Implikation, sondern auch für andere Implikationen gültig. Das erste und vierte der zuletzt geprüften Schemata gehören z. B. zu solchen Schemata.

Die Null-Eins-Prüfung, sei es in der unverkürzten oder auch in der verkürzten Form, erlaubt es nicht nur – wie die Methode des Annahmebeweises – nachzuweisen, daß bestimmte Schemata des Aussagenkalküls gültig sind, sondern auch nachzuweisen, daß bestimmte Schemata dieses Kalküls ungültig sind. Wenn wir ein Schema eines gegebenen Schlusses ermitteln und mit Hilfe dieser Methode seine Ungültigkeit feststellen, weisen wir damit nach, daß der gegebene Schluß kein korrekter deduktiver Schluß ist. Deshalb spielen diese Prüfungen sowohl bei der Untersuchung der formalen Richtigkeit eines deduktiven Schlusses als auch bei der Entdeckung von formalen Fehlern beim deduktiven Schließen eine wichtige Rolle.

Wir haben bisher zwei Nachweismethoden für die Wahrheit von Ausdrücken und die Gültigkeit von Schemata des klassischen Aussagenkalküls kennengelernt: die Annahmebeweis-Methode und die Null-Eins-Prüfung. Es erhebt sich die Frage nach dem Verhältnis der Menge von Ausdrücken, die sich mit Hilfe der Annahmemethode beweisen lassen, zu der Menge von Ausdrücken, die der Null-Eins-Prüfung unterzogen werden, sowie nach dem Verhältnis der Menge von Schemata, die sich mit Hilfe der Annahmemethode beweisen lassen, zu der Menge von Schemata, die der Null-Eins-Prüfung unterzogen werden. Es zeigt sich:

I. Jeder Ausdruck des Aussagenkalküls, der sich mit Hilfe der Annahmemethode beweisen läßt, ist ein wahrer Ausdruck (läßt sich mit Hilfe der Null-Eins-Prüfung als solcher nachweisen).

II. Jeder wahre Ausdruck des Aussagenkalküls läßt sich mit Hilfe der Annahmemethode beweisen.

III. Jedes Schema des Aussagenkalküls, das sich mit Hilfe der Annahmemethode beweisen läßt, erweist sich auch nach der Null-Eins-Prüfung als ein gültiges Schema.

IV. Jedes mit Hilfe der Null-Eins-Prüfung geprüfte gültige Schema des Aussagenkalküls läßt sich mit Hilfe der Annahmemethode beweisen.

Beim Beweis der Behauptung (I) machen wir davon Gebrauch, daß die Schemata der primären Regeln der Hinzufügung neuer Zeilen zum Beweis, die im Annahmesystem verwendet werden, sich bei der Null-Eins-Prüfung als gültig erweisen. Aufgrund dessen gelangen wir bei Annahme der Wahrheit der Vorderglieder eines beliebigen Theorems zu der Schlußfolgerung, daß das Hinterglied dieses Theorems wahr ist, also zu der Schlußfolgerung, daß es ein wahrer Ausdruck ist. Der genaue Beweis dieser Behauptung, der eine Bestimmung des Theorem-Begriffes eines Annahmesystems erfordert, wird in Abschnitt 1, Kapitel IX, gegeben.[1]

Aus der I. Behauptung ergibt sich die III. Behauptung. Die sekundären Schemata, die sich mit Hilfe der Annahmemethode beweisen lassen, entsprechen bestimmten Gesetzen von der Form einer Implikation. Die Annahmebeweise solcher Schemata und der ihnen entsprechenden Gesetze decken sich dabei im Prinzip. Wenn daher gemäß der I. Behauptung diese Gesetze wahr sind, dann sind die ihnen

[1] Vgl. S. 472-473.

entsprechenden Schemata gültig und lassen sich mit Hilfe der Null-Eins-Methode auch als solche prüfen.

Ähnlich folgt aus der II. Behauptung die IV. Behauptung. Jedes Schema des Aussagenkalküls, das sich mit Hilfe der Null-Eins-Methode als gültig prüfen läßt, entspricht einem bestimmten wahren Ausdruck dieses Kalküls von der Form einer Implikation. Wenn sich jeder solcher Ausdruck mit Hilfe der Annahmemethode beweisen läßt (gemäß der II. Behauptung), dann läßt sich auch jedes solches Schema mit Hilfe der Annahmemethode beweisen.

Die II. Behauptung kann man beweisen, indem man die sogenannten Normalformen benutzt, auf die wir im nächsten Abschnitt eingehen wollen.

5. Normalformen

Normalformen der Ausdrücke des Aussagenkalküls sind gewisse Ausdrücke dieses Kalküls, die einen bestimmten Aufbau haben. Von besonderer Bedeutung ist, daß jeder Ausdruck des Aussagenkalküls Ausdrücken mit bestimmter Normalform äquivalent ist. Die bekanntesten Arten der Normalformen sind die konjunktive Normalform und die alternative Normalform

Ein Ausdruck des Aussagenkalküls ist eine *konjunktive Normalform* genau dann, wenn er

1. eine Aussagenvariable oder die Negation einer Aussagenvariablen oder
2. eine zwei- bzw. mehrgliedrige Alternative, die aus Aussagenvariablen oder ihren Negationen besteht, oder
3. eine zwei- bzw. mehrgliedrige Konjunktion der Ausdrücke der Form 1. oder 2.

ist.

Außer Aussagenvariablen können also in einer konjunktiven Normalform nur die Zeichen der Negation, der Alternative und der Konjunktion auftreten.

Jeder Ausdruck des Aussagenkalküls ist einer konjunktiven Normalform äquivalent. Die Äquivalenz (eines gegebenen Ausdrucks und einer entsprechenden Normalform) läßt sich mit Hilfe der Theoreme und Regeln des Annahmesystems beweisen. Deshalb sprechen wir davon, daß sich jeder Ausdruck des Aussagenkalküls mit Hilfe der Theoreme und Regeln des Annahmesystems auf eine konjunktive Normalform zurückführen läßt. Aufgrund der Reflexivität der Äquivalenz ist jeder Ausdruck sich selbst äquivalent. Also ist jede konjunktive Normalform, da sie sich selbst äquivalent ist, einer bestimmten konjunktiven Normalform äquivalent. Wenn ein Ausdruck des Aussagenkalküls keine konjunktive Normalform ist, bringen wir ihn in eine solche Form in mehreren Schritten:

1. Die in dem gegebenen Ausdruck eventuell vorkommenden Zeichen der Äquivalenz und der Implikation beseitigen wir aufgrund des Gesetzes der Ersetzung der Äquivalenz (durch die Konjunktion und die Implikation) sowie aufgrund des Gesetzes der Ersetzung der Implikation durch die Alternative und die Negation bzw. durch die Konjunktion und die Negation. Auf diese Weise erhalten wir einen zum gegebenen Ausdruck äquivalenten Ausdruck, in dem keine anderen Funktoren als die Zeichen der Negation, der Konjunktion und der Alternative vorkommen.

2. Aufgrund des Gesetzes der Negation der Konjunktion und des Gesetzes der Negation der Alternative – die eventuell mehrmals angewandt werden müssen – formen wir den erhaltenen Ausdruck in einen äquivalenten Ausdruck um, in welchem die Negationszeichen weder vor einer Konjunktion noch vor einer Alternative, sondern nur vor Variablen, Negationen von Variablen, Negationen solcher Negationen usw. vorkommen.

3. Den so erhaltenen Ausdruck formen wir in einen äquivalenten Ausdruck um, indem wir aufgrund des Gesetzes der doppelten Negation jede gerade Anzahl von aufeinanderfolgenden Negationszeichen streichen. So erhalten wir einen Ausdruck, der aus Variablen oder ihren Negationen höchstens mit Hilfe der Zeichen der Alternative sowie der Konjunktion gebildet ist.

4. Aufgrund des entsprechend angewandten Distributivgesetzes der Konjunktion bezüglich der Alternative und des Distributivgesetzes der Alternative bezüglich der Konjunktion formen wir schließlich den bisher erhaltenen Ausdruck in einen äquivalenten Ausdruck um, der eine konjunktive Normalform ist.

Bei jedem Umformungsschritt des gegebenen Ausdruckes, insbesondere nach dem dritten und vierten Schritt, können wir den erhaltenen Ausdruck aufgrund der Idempotenzgesetze für die Konjunktion und die Alternative vereinfachen, indem wir alle sich wiederholenden Glieder einer Konjunktion oder einer Alternative bis auf ein Glied streichen.

Die beschriebene Methode der Zurückführung eines Ausdruckes des Aussagenkalküls auf eine konjunktive Normalform wollen wir jetzt an Beispielen veranschaulichen.

$$
\begin{aligned}
&[(p \to q) \to p] \to p \equiv \\
&\equiv [(\sim p \vee q) \to p] \to p \equiv \\
&\equiv [\sim(\sim p \vee q) \vee p] \to p \equiv \\
&\equiv \sim[\sim(\sim p \vee q) \vee p] \vee p \equiv \\
&\equiv (\sim p \vee q) \wedge \sim p \vee p \equiv \\
&\equiv (\sim p \vee q \vee p) \wedge (\sim p \vee p)
\end{aligned}
$$

Indem wir mehrmals vom Gesetz der Ersetzung der Implikation durch die Alternative und die Negation Gebrauch machen, formen wir den gegebenen Ausdruck in einen äquivalenten (in der vierten Zeile angegebenen) Ausdruck um, der das Zeichen der Implikation nicht mehr enthält. Wir wenden auf diesen Ausdruck eines der Gesetze der Negation der Alternative an und erhalten den in der fünften Zeile der Umformung angegebenen Ausdruck. Aus diesem letzten Ausdruck erhalten wir schließlich aufgrund des Distributivgesetzes der Alternative bezüglich der Konjunktion eine konjunktive Normalform des umgeformten Ausdruckes.

$$
\begin{aligned}
&p \wedge q \to (p \equiv q) \equiv \\
&\equiv p \wedge q \to (p \to q) \wedge (q \to p) \equiv \\
&\equiv p \wedge q \to (\sim p \vee q) \wedge (\sim q \vee p) \equiv \\
&\equiv \sim(p \wedge q) \vee (\sim p \vee q) \wedge (\sim q \wedge p) \equiv \\
&\equiv (\sim p \vee \sim q) \vee (\sim p \vee q) \wedge (\sim q \vee p) \equiv \\
&\equiv (\sim p \vee \sim q \vee \sim p \vee q) \wedge (\sim p \vee \sim q \vee \sim q \vee p) \equiv \\
&\equiv (\sim p \vee \sim q \vee q) \wedge (\sim p \vee \sim q \vee p)
\end{aligned}
$$

Unter Anwendung des Gesetzes der Ersetzung der Äquivalenz beseitigen wir in dem gegebenen Ausdruck das Äquivalenzzeichen. Danach formen wir aufgrund des Gesetzes der Ersetzung der Implikation durch die Alternative und die Negation den erhaltenen Ausdruck in den in der vierten Zeile angegebenen Ausdruck um, der das Zeichen der Implikation nicht mehr enthält. Aufgrund des Gesetzes der Negation der Konjunktion erhalten wir daraus den in der fünften Zeile angegebenen Ausdruck. Aus diesem letzten Ausdruck erhalten wir aufgrund des Distributivgesetzes der Alternative bezüglich der Konjunktion eine konjunktive Normalform (sechste Zeile), die wir dann dadurch vereinfachen, daß wir in beiden Alternativen eines der sich wiederholenden Glieder streichen.

Bei einer Umformung von Ausdrücken des Aussagenkalküls in eine Normalform ist es manchmal günstig, wenn man vom Gesetz der Multiplikation der Alternativen und vom Gesetz der Addition der Konjunktionen Gebrauch macht. Diese Gesetze lassen sich aufgrund der Distributivgesetze der Konjunktion bezüglich der Alternative und der Alternative bezüglich der Konjunktion beweisen.

Gesetz der Multiplikation der Alternativen:

$$(p \vee q) \wedge (r \vee s) \equiv p \wedge r \vee p \wedge s \vee q \wedge r \vee q \wedge s .$$

Beweis.

$$\begin{aligned}&(p \vee q) \wedge (r \vee s) \equiv \\ &\equiv p \wedge (r \vee s) \vee q \wedge (r \vee s) \equiv \\ &\equiv p \wedge r \vee p \wedge s \vee q \wedge r \vee q \wedge s\end{aligned}$$

Den in der zweiten Zeile des Beweises angegebenen Ausdruck erhalten wir aufgrund des Distributivgesetzes der Konjunktion bezüglich der Alternative, aus ihm wiederum erhalten wir aufgrund des gleichen Gesetzes den in der dritten Zeile angegebenen Ausdruck, wobei alle drei Ausdrücke einander äquivalent sind.

Additionsgesetz der Konjunktionen:

$$p \wedge q \vee r \wedge s \equiv (p \vee r) \wedge (p \vee s) \wedge (q \vee r) \wedge (q \vee s)$$

Beweis.

$$\begin{aligned}&p \wedge q \vee r \wedge s \equiv \\ &\equiv [p \vee (r \wedge s)] \wedge [q \vee (r \wedge s)] \equiv \\ &\equiv (p \vee r) \wedge (p \vee s) \wedge (q \vee r) \wedge (q \vee s)\end{aligned}$$

Aufgrund des Distributivgesetzes der Alternative bezüglich der Konjunktion wandeln wir die linke Seite des zu beweisenden Gesetzes in äquivalente Ausdrücke um, wobei wir in der letzten Zeile des Beweises die rechte Seite des zu beweisenden Gesetzes erhalten.

In dem nachstehend angeführten Beispiel wenden wir bei der Umformung in eine konjunktive Normalform das Additionsgesetz der Konjunktionen an.

$$\begin{aligned}&(p \equiv q) \to p \equiv \\ &\equiv \sim(p \equiv q) \vee p \equiv \\ &\equiv (p \wedge \sim q \vee q \wedge \sim p) \vee p \equiv \\ &\equiv (p \vee q) \wedge (p \vee \sim p) \wedge (\sim q \vee q) \wedge (\sim q \vee \sim p) \vee p \equiv \\ &\equiv (p \vee q \vee p) \wedge (p \vee \sim p \vee p) \wedge (\sim q \vee q \vee p) \wedge (\sim q \vee \sim p \vee p) \equiv \\ &\equiv (p \vee q) \wedge (p \vee \sim p) \wedge (\sim q \vee q \vee p) \wedge (\sim q \vee \sim p \vee p)\end{aligned}$$

Aufgrund des Gesetzes der Ersetzung der Implikation durch die Alternative und die Negation sowie des Gesetzes der Negation der Äquivalenz erhalten wir den in der dritten Zeile angegebenen Ausdruck. Aus ihm erhalten wir aufgrund der Addition der Konjunktionen den in der folgenden Zeile auftretenden Ausdruck. Wenn wir auf ihn das Distributivgesetz der Alternative bezüglich der Konjunktion anwenden, erhalten wir eine konjunktive Normalform des gegebenen Ausdruckes (fünfte Zeile), die wir dann vereinfachen, indem wir in der ersten und zweiten Alternative eines der sich wiederholenden Glieder streichen. Für einen gegebenen Ausdruck des Aussagenkalküls kann es mehrere verschiedene konjunktive Normalformen geben, die natürlich alle untereinander äquivalent sind. Unter diesen Formen verdient die ausgezeichnete konjunktive Normalform Aufmerksamkeit, die auch die kanonische konjunktive Normalform genannt wird.

Die ausgezeichnete konjunktive Normalform eines gegebenen Ausdrucks ist eine solche konjunktive Normalform dieses Ausdrucks, bei der jede Variable des gegebenen Ausdruckes in jeder Alternative auftritt (mit Negationszeichen oder ohne Negationszeichen), welche ein Glied dieser konjunktiven Normalform ist.

Jeder Ausdruck des Aussagenkalküls läßt sich mit Hilfe der Theoreme und Regeln des Annahmesystems in die ausgezeichnete konjunktive Normalform umformen.

Diese Behauptung ergibt sich aus derjenigen, welche besagt, daß sich jeder Ausdruck des Aussagenkalküls mit Hilfe der Theoreme und Regeln des Annahmesystems in eine konjunktive Normalform überführen läßt, sowie daraus, daß sich auf Grund dieses Annahmesystems jede konjunktive Normalform, die keine ausgezeichnete Form ist, in eine ausgezeichnete konjunktive Normalform umformen läßt. Bei der Umformung in eine ausgezeichnete konjunktive Form wenden wir folgendes Theorem des Annahmesystems an:

$$p \equiv (p \vee q) \wedge (p \vee \sim q) .$$

Beweis.	(a)	(1)	p	{An.}
		(2)	$p \vee q$	{EA: 1}
		(3)	$p \vee \sim q$	{EA: 1}
			$(p \vee q) \wedge (p \vee \sim q)$	{EK: 2, 3}
	(b)	(1)	$p \vee q$	{An.}
		(2)	$p \vee \sim q$	
		(3)	$\sim p$	{A. d. i. B.}
		(4)	q	{BA: 1, 3}
		(5)	$\sim q$	{BA: 2, 3}
			Wid.	{4, 5}

Von den obigen Beispielen ist die konjunktive Normalform des Ausdruckes „$p \wedge q \rightarrow (p \equiv q)$“ eine ausgezeichnete Form, während dagegen die konjunktive Normalform des Ausdruckes „$[(p \rightarrow q) \rightarrow p] \rightarrow p$“, nämlich der Ausdruck „$(\sim p \vee q \vee p) \wedge (\sim p \vee p)$“, keine ausgezeichnete Normalform ist. Diese konjunktive Normalform formen wir aufgrund des obenangeführten Theorems in eine ausgezeichnete konjunktive Normalform um, indem wir in ihr den Ausdruck „ $\sim p \vee p$" durch den Ausdruck „$(\sim p \vee p \vee q) \wedge (\sim p \vee p \vee \sim q)$" ersetzen. So erhalten wir den Ausdruck:

$$(\sim p \vee q \vee p) \wedge (\sim p \vee p \vee q) \wedge (\sim p \vee p \vee \sim q).$$

Wenn wir in der ersten Alternative ihr zweites und drittes Glied umstellen, erhalten wir einen mit der zweiten Alternative identischen Ausdruck. Durch Streichen eines der sich wiederholenden Glieder der Konjunktion erhalten wir dann schließlich als ausgezeichnete konjunktive Normalform des Ausdruckes „$[(p \to q) \to p] \to p$" den Ausdruck „$(\sim p \vee p \vee q) \wedge (\sim p \vee p \vee \sim q)$".

Indem wir eine ausgezeichnete konjunktive Normalform durch Streichen der sich wiederholenden Glieder der Alternativen und der Konjunktion (nach eventueller vorheriger Umstellung der Glieder der Alternativen) in die einfachste Form bringen und eine bestimmte Ordnung der Glieder der Alternativen und der Glieder der gesamten Konjunktion festlegen, erhalten wir für jeden Ausdruck des Aussagenkalküls genau eine solche ausgezeichnete konjunktive Normalform. In diesem Sinne sprechen wir davon, daß eine solche Form für jeden Ausdruck eindeutig bestimmt ist.

Die konjunktiven Normalformen der Ausdrücke des Aussagenkalküls haben verschiedene Anwendungen.

Auf ihnen basiert eine bestimmte Prüfmethode für die Wahrheit von Ausdrücken des Aussagenkalküls. Bei dieser Prüfung formen wir den untersuchten Ausdruck des Aussagenkalküls in eine konjunktive Normalform um und stellen danach fest, ob diese Form ein wahrer Ausdruck ist. Dies kann man sofort feststellen, weil es ein sehr einfaches Kriterium für die Wahrheit einer konjunktiven Normalform gibt, nämlich:

Eine konjunktive Normalform ist dann und nur dann ein wahrer Ausdruck, wenn in jeder Alternative, die ein Glied dieser Konjunktion ist, mindestens eine Variable als Glied dieser Alternative einmal mit dem Negationszeichen und einmal ohne Negationszeichen vorkommt.

Wenn nämlich diese Bedingung erfüllt ist, dann ist jede solche Alternative ein wahrer Ausdruck, also ist auch die Konjunktion aller dieser Alternativen ein wahrer Ausdruck (was sich mit Hilfe der Null-Eins-Prüfung nachweisen läßt). Ist diese Bedingung nicht erfüllt, dann kann die Alternative, in der keine Variable als Glied einmal mit dem Negationszeichen und einmal ohne Negationszeichen vorkommt, ein falscher

Ausdruck sein (wenn wir den nichtnegierten Variablen den Wert 0 und den negierten Variablen den Wert 1 zuordnen), also ist dann auch die gesamte Konjunktion ein falscher Ausdruck.

Da die konjunktiven Normalformen der Ausdrücke „$[(p \to q) \to p] \to p$" und „$p \wedge q \to (p \equiv q)$" die obenangeführte Bedingung erfüllen, schließen wir, daß sie wahre Ausdrücke sind. Der erste dieser Ausdrücke wird in der Literatur das Gesetz von Peirce genannt. Dagegen erfüllt die gegebene konjunktive Normalform des dritten der von uns untersuchten Ausdrücke, nämlich des Ausdruckes „$(p \equiv q) \to p$", die angeführte Bedingung nicht, weil in ihrem ersten Glied, d. h. in dem Ausdruck „$p \vee q$", keine Variable einmal mit Negationszeichen und einmal ohne Negationszeichen vorkommt. Also ist der Ausdruck ein falscher Ausdruck.

Diese Art der Prüfung von Ausdrücken des Aussagenkalküls durch ihre Umformung in eine konjunktive Normalform kann sich vor allem dann als geeignet erweisen, wenn es sich um Ausdrücke mit einer größeren Anzahl von Aussagenvariablen handelt (dazu noch um solche, für die auch die verkürzte Null-Eins-Prüfung schwieriger durchzuführen ist). In bestimmten Fällen dieser Art kann diese Prüfmethode kürzer als die unverkürzte Null-Eins-Prüfung sein. Konjunktive Normalformen verwendet man auch in Beweisen von Behauptungen, welche besagen, daß jeder wahre Ausdruck des Aussagenkalküls ein Theorem des gegebenen Systems des Aussagenkalküls ist. Wir führen jetzt den Beweis einer solchen Behauptung für das Annahmesystem an, also den Beweis der am Ende des vorangegangenen Abschnittes formulierten II. Behauptung.

Wir haben bereits nachgewiesen, daß sich jeder (mit Hilfe der Zeichen der Negation, der Konjunktion, der Alternative, der Implikation und der Äquivalenz geschriebene) Ausdruck des Aussagenkalküls mit Hilfe der Theoreme und Regeln des Annahmesystems in eine konjunktive Normalform umformen läßt, daß also eine Äquivalenz dieses Systems ein Theorem ist, deren eine Seite ein gegebener beliebiger Ausdruck des Aussagenkalküls, die andere dagegen irgendeine konjunktive Normalform dieses Ausdruckes ist. Ein gegebener Ausdruck ist dann und nur dann wahr, wenn eine äquivalente konjunktive Normalform wahr ist. Um also nachzuweisen, daß sich jeder wahre Ausdruck des Aussagenkalküls im Annahmesystem beweisen läßt, genügt es, wenn nachgewiesen wird, daß sich jede wahre konjunktive Normalform im Annahmesystem beweisen läßt.

Diese letzte Behauptung ist leicht zu beweisen. Jede Alternative, die ein Glied einer immer wahren konjunktiven Normalform ist, läßt sich nämlich aufgrund des Gesetzes vom ausgeschlossenen Dritten, der Regel der Einführung der Alternative sowie des Kommutativgesetzes und des Assoziativgesetzes der Alternative beweisen. Auf der Grundlage aller dieser Alternativen erhalten wir dann wiederum mit Hilfe der (eventuell mehrmals angewendeten) Einführungsregel der Konjunktion die gegebene, beliebige wahre konjunktive Normalform. Wir haben damit bewiesen, daß **jeder wahre Ausdruck des Aussagenkalküls ein Theorem des Annahmesystems ist.**

Außer konjunktiven Normalformen werden auch alternative Normalformen in die Überlegungen einbezogen.

Ein Ausdruck des Aussagenkalküls ist eine **alternative Normalform** genau dann, wenn er

1. eine Aussagenvariable oder die Negation einer Aussagenvariablen oder

2. eine Konjunktion von Aussagenvariablen oder ihrer Negationen oder

3. eine Alternative der Ausdrücke der Form 1. oder 2. ist.

Jeder Ausdruck des Aussagenkalküls läßt sich in eine äquivalente alternative Normalform umformen. Dies resultiert daraus, daß es für die Umformung eines Ausdruckes W in eine alternative Normalform genügt, wenn der Ausdruck $\sim W$ in eine konjunktive Normalform umgeformt und diese konjunktive Form dann negiert wird. Die Negation einer solchen konjunktiven Normalform ist nach den Gesetzen der Negation der Konjunktion und der Alternative eine alternative Normalform des Ausdrucks $\sim\sim W$, also auch des Ausdruckes W. Aus der Umformbarkeit jedes Ausdrucks des Aussagenkalküls in eine konjunktive Normalform folgt daher die Umformbarkeit jedes Ausdrucks des Aussagenkalküls in eine alternative Normalform.

Die **ausgezeichnete alternative Normalform** eines gegebenen Ausdrucks des Aussagenkalküls ist eine solche alternative Normalform dieses Ausdrucks, bei der jede Variable des gegebenen Ausdrucks bzw. ihre Negation als Glied in jeder Konjunktion auftritt, die ein Glied dieser alternativen Normalform ist. Bei der Umformung einer alternativen Normalform in die ausgezeichnete alternative Normalform wenden wir folgendes Theorem des Annahmesystems an:

$$p \equiv p \wedge q \vee p \wedge \sim q\,.$$

Beweis. $$p \equiv p \wedge (q \vee \sim q) \equiv p \wedge q \vee p \wedge \sim q\,.$$

Die erste Äquivalenz erhalten wir aufgrund des Gesetzes vom ausgeschlossenen Dritten, die zweite dagegen aufgrund des Distributivgesetzes der Konjunktion bezüglich der Alternative.

In dem im vorangegangenen Abschnitt angeführten Beweis der Aussage, daß sich jeder Wahrheitsfunktor von n Argumenten mit Hilfe der Zeichen der Negation, der Konjunktion und der Alternative definieren lasse, machten wir eben von solchen ausgezeichneten alternativen Normalformen Gebrauch, die aus n Variablen gebildet sind und Wahrheitsfunktoren von n Argumenten definieren.

In Untersuchungen über Systeme des Aussagenkalküls, der auf der Implikation und Negation beruht, kurz des Implikation-Negation-Systems, werden bestimmte Normalformen erörtert, die wir implikativ-negierende oder kurz implikative Normalformen nennen wollen.

Ein Ausdruck des Aussagenkalküls ist eine **implikative Normalform** genau dann, wenn er

1. eine Aussagenvariable oder ihre Negation oder
2. eine Implikation ist, deren sämtlichen Vorderglieder und das Hinterglied Aussagenvariablen oder ihre Negationen sind.

Jeder Ausdruck des Aussagenkalküls läßt sich auf Grund des Annahmesystems in eine Klasse implikativer Normalformen umformen. Dies resultiert daraus, daß: 1. jeder Ausdruck des Aussagenkalküls in eine äquivalente konjunktive Normalform umgeformt werden kann, 2. jede Alternative, die ein Glied einer konjunktiven Normalform ist, aufgrund der Gesetze „$p \vee q \equiv \sim p \rightarrow q$", „$\sim p \vee q \equiv p \rightarrow q$" einer implikativen Normalform äquivalent ist, 3. aus der Konjunktion der gegebenen Ausdrücke die Klasse dieser Ausdrücke, d. h. jeder Ausdruck dieser Klasse gemäß der Beseitigungsregel der Konjunktion abgeleitet werden kann, während dagegen aus der Klasse der gegebenen Ausdrücke gemäß der Einführungsregel der Konjunktion ihre Konjunktion abgeleitet werden kann.

Eine konjunktive Normalform des Ausdruckes „$[(p \rightarrow q) \rightarrow p] \rightarrow p$" ist – wie wir gesehen haben – der Ausdruck „$(\sim p \vee q \vee p) \wedge (\sim p \vee p)$". Gemäß den obigen Bemerkungen ist dieser Ausdruck folgender Klasse implikativer Normalformen äquivalent: $p \rightarrow (\sim q \rightarrow p)$, $p \rightarrow p$. Eine implikative Normalform ist dann und nur dann ein wahrer Ausdruck, wenn ihr Hinterglied mit irgendeinem ihrer Vorderglieder identisch ist oder wenn eines ihrer Vorderglieder die Negation eines anderen Vordergliedes ist.

6. Axiomatische Systeme des Aussagenkalküls

Wenn wir ein axiomatisches System des Aussagenkalküls aufbauen nehmen wir bestimmte (immer) wahre Ausdrücke dieses Kalküls als Axiome an. Wir nennen auch die primären Beweisregeln (Schlußregeln), die von wahren Ausdrücken stets wieder zu wahren Ausdrücken führen. Anhand der Axiome beweisen wir mit Hilfe der primären Regeln andere Ausdrücke des Aussagenkalküls. Die Axiome und die mit Hilfe der primären Regeln aus den Axiomen herleitbaren Ausdrücke nennen wir Theoreme des Systems. Die Axiome und die primären Regeln wählen wir so aus, daß wir auf ihrer Grundlage alle wahren Ausdrücke des Aussagenkalküls, die mit Hilfe der im gegebenen System vorkommenden Termini geschrieben sind, beweisen können. Unter diesen Termini unterscheiden wir Grundtermini und definierte Termini. Die Grundtermini treten in den Axiomen auf. Die anderen Termini des Systems werden mit Hilfe der Grundtermini des Systems definiert.

Es gibt verschiedene axiomatische Systeme des klassischen Aussagenkalküls, die sich in der Wahl der Grundtermini und der Wahl der Axiome unterscheiden. Wir wollen jetzt einige dieser Systeme kurz erörtern.

Im Hinblick auf die Wahl der Grundtermini können wir axiomatische Systeme unterscheiden, in denen alle Termini des Annahmesystems Grundtermini sind, sowie Systeme, in denen nur einige dieser Termini zu den Grundtermini gehören.

Zu den Systemen der ersten Art gehört das von D. Hilbert und P. Bernays angegebene System[1], das sich auf folgende Axiome stützt:

1. $(p \to q) \to [(q \to r) \to (p \to r)]$
2. $p \to (q \to p)$
3. $[p \to (p \to q)] \to (p \to q)$
4. $p \to \sim \sim p$
5. $\sim \sim p \to p$
6. $(p \to q) \to (\sim q \to \sim p)$
7. $p \wedge q \to p$
8. $p \wedge q \to q$
9. $(p \to q) \to [(p \to r) \to (p \to q \wedge r)]$
10. $p \to p \vee q$
11. $q \to p \vee q$
12. $(p \to r) \to [(q \to r) \to (p \vee q \to r)]$
13. $(p \equiv q) \to (p \to q)$
14. $(p \equiv q) \to (q \to p)$
15. $(p \to q) \to [(q \to p) \to (p \equiv q)]$.

[1] [D. Hilbert, P. Bernays, *Grundlagen der Mathematik*, Bd. I, Berlin 1934, S. 66]

Die Einsetzungsregel und die Abtrennungsregel sind primäre Regeln dieses Systems, ähnlich wie auch in vielen anderen Axiomensystemen des Aussagenkalküls, die das Implikationszeichen als Grundterminus enthalten.

Die Einsetzungsregel stellt fest, daß ein durch Einsetzung aus einem Theorem des gegebenen Systems hervorgegangener Ausdruck wiederum ein Theorem dieses Systems ist. Ein Ausdruck des Aussagenkalküls geht durch Einsetzung aus einem Ausdruck des Aussagenkalküls hervor, wenn man in letzterem für irgendeine seiner Aussagenvariablen an allen Stellen ihres Vorkommens in ihm wiederum einen (und denselben) Ausdruck des Aussagenkalküls einsetzt.

Wenn wir z. B. im Axiom 1 für die Variable „q" den Ausdruck „$q \to p$" einsetzen, erhalten wir im Ergebnis der Einsetzung den Ausdruck:

$$[p \to (q \to p)] \to \{[(q \to p) \to r] \to (p \to r)\}\,.$$

Bei dieser Einsetzung haben wir für die Variable „q" an beiden Stellen, an denen sie im Axiom 1 vorkommt, den gleichen Ausdruck „$q \to p$" eingesetzt.

Die Abtrennungsregel stellt fest: Wenn eine Implikation und ihr Vorderglied Theoreme des Systems sind, dann ist auch das Hinterglied der Implikation ein Theorem des Systems.

Da z. B. die eben angeführte Einsetzung in das Axiom 1 (aufgrund der Einsetzungsregel) ein Theorem ergibt, dessen Vorderglied ebenfalls ein Theorem ist (Axiom 2), ist somit auch das Hinterglied dieser Implikation, d. h. der Ausdruck „$[(q \to p) \to r] \to (p \to r)$", ein Theorem des Systems.

Die Axiome 7 und 8 entsprechen den Schemata der Beseitigung der Konjunktion; das Axiom 9 kann man durch das Axiom „$p \to (q \to p \wedge q)$" ersetzen, welches dem Schema der Einführung der Konjunktion entspricht; die Axiome 10 und 11 entsprechen den Schemata der Einführung der Alternative; die Axiome 13 bis 15 entsprechen den Schemata der Beseitigung und der Einführung der Äquivalenz.

In den Beweisen der Theoreme eines Axiomensystems ist jede Zeile eines Beweises ein Theorem des gegebenen Systems. Solche Beweise sind endliche Folgen von Ausdrücken, deren jedes Folgeglied ein Axiom ist oder aus früheren Gliedern der Folge mit Hilfe primärer Regeln des Systems erhalten wurde, während das letzte Glied der Folge das zu beweisende Theorem ist.

Unter den Axiomensystemen des klassischen Aussagenkalküls, in denen nicht alle Grundtermini des Annahmesystems Grundtermini sind, kann man Systeme unterscheiden, deren Grundtermini ausreichen, um alle Wahrheitsfunktoren zu definieren, sowie fragmentarische Systeme, die dieser Bedingung nicht genügen. Von den Systemen der ersten Art haben die größte Verbreitung folgende gefunden: Systeme nur mit Implikation und Negation, nur mit Alternative und Negation, nur mit Konjunktion und Negation, das System nur mit Exklusion sowie ein System, das auf dem Implikationszeichen und der eine falsche Aussage bezeichnenden Konstanten 0 beruht.

Das erste axiomatische System des Aussagenkalküls, das von G. Frege[1] aufgebaut wurde, ist ein Implikation-Negation-System, d. h. ein System, in dem als Grundtermini nur die Zeichen der Implikation und der Negation auftreten.

Die Axiome dieses Systems sind:

1. $[p \to (q \to r)] \to [(p \to q) \to (p \to r)]$
2. $p \to (q \to p)$
3. $p \to \sim\sim p$
4. $\sim\sim p \to p$
5. $(p \to q) \to (\sim q \to \sim p)$.

G. Frege nahm noch das Gesetz der Prämissenverbindung als Axiom an, jedoch – wie Łukasiewicz[2] nachgewiesen hat – läßt sich dieses Gesetz anhand der übrigen Axiome mit Hilfe der Regeln des Systems beweisen.

Als primäre Regeln dieses Systems wie auch anderer axiomatischer Implikation-Negations-Systeme dienen die Einsetzungs- und Abtrennungsregeln.

Das erste dieser Axiome wird Fregescher Syllogismus genannt. J. Łukasiewicz hat auch nachgewiesen, daß es genügt, wenn man anstelle der Axiome 3 bis 5 in diesem System als Axiom eine andere Form des Transpositionsgesetzes annimmt, nämlich das Gesetz „$(\sim q \to \sim p)$“ $\to (p \to q)$, also die Umkehrung des fünften Axioms.

Von J. Łukasiewicz stammen verschiedene Axiomensysteme eines Implikation-Negation-Aussagenkalküls. Eines der bekanntesten dieser Systeme besteht aus den Axiomen:

[1] G. Frege, *Begriffsschrift, eine der arithmetischen nachgebildete Formelsprache des reinen Denkens*, Halle 1879, S. 25–50. [Dieser Teil findet sich auch in: K. Berka, L. Kreiser. *Logik – Texte. Kommentierte Auswahl zur Geschichte der modernen Logik*, 2. Auflage Berlin 1973, S. 72–99.]

[2] Vgl. J. Łukasiewicz, A. Tarski, *Untersuchungen über den Aussagenkalkül*, Comptes rendus de la Société des Sciences et des Lettres de Varsovie (Warszawa), Cl. III, 23, 1930, S. 1–21.

1. $(p \to q) \to [(q \to r) \to (p \to r)]$.
2. $(\sim p \to p) \to p$
3. $p \to (\sim p \to q)$

Ein anderes, interessantes Axiomensystem, das ebenfalls von Łukasiewicz stammt, besteht aus den Axiomen:

1. $[(p \to q) \to r] \to (\sim p \to r)$
2. $[(p \to q) \to r] \to (q \to r)$
3. $(\sim p \to r) \to \{(q \to r) \to [(p \to q) \to r]\}$.

Gemäß dieser drei Axiome ist der Ausdruck „$(p \to q) \to r$" der Klasse von Ausdrücken „$\sim p \to r$, $q \to r$" äquivalent. J. Łukasiewicz baute auch nur auf einem Axiom beruhende Systeme eines Implikation-Negation-Aussagenkalküls auf, wobei er danach strebte, ein immer kürzeres Axiom zu finden. Das kürzeste derartige Axiom unter den bisher bekannten stellt der von Meredith stammende Ausdruck dar:

$$\{[((p \to q) \to (\sim r \to \sim s)) \to r] \to t\} \to [(t \to p) \to (s \to p)].$$

Anhand jedes dieser Axiomensysteme kann man mit Hilfe der Einsetzungs- und der Abtrennungsregel jeden wahren Ausdruck des Aussagenkalküls beweisen, der mit Hilfe der Zeichen der Implikation und der Negation geschrieben ist.

Andere Wahrheitsfunktoren können mit Hilfe von Definitionen in das System eingeführt werden.

Die in ein Implikation-Negation-System des Aussagenkalküls aufgenommenen Definitionen können auf zweierlei Weise formuliert sein:

1. Sie können aus zwei Theoremen des Systems der Form einer Implikation und der umgekehrten Implikation bestehen, die – ähnlich wie die Axiome – ohne Beweis angenommen werden.

2. Sie können zum Metasystem gehörende Regeln der Ersetzung bestimmter Ausdrücke des Systems durch bestimmte andere Ausdrücke sein.

Eine auf die erste Weise formulierte Definition des Zeichens der Alternative mit Hilfe des Zeichens der Implikation und der Negation wird z. B. aus zwei Theoremen bestehen:

$$p \vee q \to (\sim p \to q)$$
$$(\sim p \to q) \to p \vee q.$$

Um im Axiomensystem eine solche Definition verwenden zu können, muß man die in diesem System sekundäre Extensionalitätsregel beweisen, nach der man aufgrund der Theoreme: $E \to F$ und $F \to E$ in jedem Theorem des Systems den Ausdruck E durch den Ausdruck F (und umgekehrt) ersetzen kann.

Wenn wir die zweite Formulierungsart einer Definition anwenden, schreiben wir die Definition des Zeichens der Alternative mit Hilfe des Zeichens der Implikation und der Negation in der Form:

$$p \vee q \underset{\text{df}}{=} \sim p \rightarrow q \,.$$

Die so geschriebene Definition ist eine Ersetzungsregel, welche die Äquivalenz beider Seiten der Definition bzw. ihrer Einsetzungen feststellt, d. h. sie ist eine Regel, aufgrund derer es möglich ist, in jedem Theorem des Systems eine Seite der Definition durch ihre zweite Seite zu ersetzen bzw. eine Einsetzung für eine Seite der Definition durch die entsprechende Einsetzung für ihre zweite Seite zu ersetzen (wobei in beiden Seiten der Definition gleiche Ausdrücke für gleiche Variablen einzusetzen sind).

Durch die Einführung von Definitionen in ein System erweitern wir entweder die Menge der Theoreme dieses Systems (bei der ersten Art der Formulierung einer Definition) oder die Menge der primären Regeln des Systems (bei der zweiten Formulierungsart einer Definition). In Axiomensystemen, die um Definitionen bereichert wurden, treten als Theoreme des Systems auf: Axiome, als Ausdrücke des Systems formulierte Definitionen sowie Ausdrücke des Systems, die sich anhand der Axiome und der Definitionen mit Hilfe der primären Regeln des Systems (zu denen auch die Definitionen zählen, die als zum Metasystem gehörende Ersetzungsregeln formuliert sind) beweisen lassen.

Wenn wir im Implikation-Negation-Aussagenkalkül die zweite Formulierungsart einer Definition anwenden, genügt es, wenn wir als primäre Regel nur die Regel der Ersetzung der rechten Seite (bzw. ihrer Einsetzungen) durch ihre linke Seite (bzw. ihrer entsprechenden Einsetzungen) hinzunehmen. Aufgrund des Theorems „$p \rightarrow p$“ und der in diesem System sekundären Extensionalitätsregel kann man nämlich die Regel der Ersetzung der linken Seite der Definition (und ihrer Einsetzung) durch ihre rechte Seite (und ihrer entsprechenden Einsetzung) als sekundäre Regel des Systems beweisen. Eine solche Formulierung der Definitionen führt J. Łukasiewicz in seinem System ein.

Das Alternative-Negation-System von Russell-Whitehead besteht aus vier Axiomen (J. Łukasiewicz wies nach, daß das von den Autoren angenommene fünfte Axiom anhand der übrigen bewiesen werden kann), die mit Hilfe der Zeichen der Alternative und der Negation geschrieben sind.

Nach Einführung der Definition

$$p \rightarrow q \underset{\text{df}}{=} \sim p \vee q$$

sind diese Axiome folgenden Theoremen des Systems äquivalent:

1. $p \vee p \to p$
2. $q \to p \vee q$
3. $p \vee q \to q \vee p$
4. $(q \to r) \to (p \vee q \to p \vee r)$.

Die primären Regeln des genannten Systems sind die Einsetzungsregel und die Regel mit dem Schema:

$$\frac{\begin{matrix}\sim p \vee q \\ p\end{matrix}}{q},$$

die – im Hinblick auf die Definition des Implikationszeichens – eine Entsprechung der Abtrennungsregel ist.

Für das Alternative-Negation-System wurden auch andere, einfachere Axiomensysteme angegeben, darunter auch nur aus einem Axiom bestehende Systeme. Von J. Łukasiewicz stammt ein System mit drei Axiomen, die in der Schreibweise mit Hilfe des definierten Implikationszeichens folgende Form haben:

1. $(p \vee q \to r) \to (p \to r)$
2. $(p \vee q \to r) \to (q \to r)$
3. $(p \to r) \to [(q \to r) \to (p \vee q \to r)]$.

Gemäß diesen drei Axiomen ist der Ausdruck „$p \vee q \to r$" der Klasse von Ausdrücken „$p \to r, q \to r$" äquivalent.

Die erste Axiomatisierung eines Konjunktion-Negation-Systems stammt von B. Sobociński.[1] Später wurden andere, einfachere Axiomensysteme angegeben. Das Implikationszeichen wird in diesem System mit Hilfe folgender Definition eingeführt:

$$p \to q \underset{\mathrm{df}}{\equiv} \sim(p \wedge \sim q).$$

Außer der Einsetzungsregel dient in diesem System als primäre Regel eine Regel mit dem Schema:

$$\frac{\begin{matrix}\sim(p \wedge \sim q) \\ p\end{matrix}}{q},$$

die aufgrund der Definition des Implikationszeichens eine Entsprechung der Abtrennungsregel ist.

[1] **[Vgl. dazu die Besprechung von H. Scholz in: *Zentralblatt für Mathematik und ihre Grenzgebiete*, 23, 1940, S. 97–98.]**

Ein solches Axiomensystem stammt von J. B. Rosser (die Axiome mit Hilfe des definierten Implikationszeichens geschrieben):

1. $p \to p \wedge p$
2. $p \wedge q \to p$
3. $(p \to q) \to [\sim(q \wedge r) \to \sim(r \wedge p)]$.

Das System allein mit Exklusion axiomatisierte Nicod als erster. Er benutzte dazu nur ein einziges Axiom. Das einzige Axiom von Łukasiewicz für dieses System hat die Form:

$$(p \mid (q \mid r)) \mid \{(p \mid (r \mid p)) \mid [(s \mid q) \mid ((p \mid s) \mid (p \mid s))]\}.$$

In diesem System werden folgende Definitionen eingeführt:

$$\sim p \underset{\mathrm{df}}{\equiv} p \mid p$$

$$p \wedge q \underset{\mathrm{df}}{\equiv} \sim(p \mid q)$$

$$p \to q \underset{\mathrm{df}}{\equiv} p \mid (q \mid q).$$

Da der Ausdruck „$p \mid ((q \mid r)$" dem Ausdruck „$p \to q \wedge r$" äquivalent ist, ist das Axiom von Łukasiewicz dem Ausdruck („$p \to q \wedge r) \to \{(p \to r \wedge p) \wedge [\sim(s \wedge q) \to \sim(p \wedge s)]\}$" äquivalent.

Als primäre Regeln des Aussagenkalküls nur mit Exklusion werden angenommen die Einsetzungsregel und die Abtrennungsregel mit dem Schema:

$$\frac{\begin{array}{c} p \mid (q \mid r) \\ p \end{array}}{r},$$

die der Regel mit dem Schema:

$$\frac{\begin{array}{c} p \to q \wedge r \\ p \end{array}}{r}$$

entspricht.

Im Aussagenkalkül kann man die Konstante falsum einführen, die eine falsche Aussage bezeichnet. Für sie wird das Symbol „0" bzw. „f" verwendet. Der Ausdruck „0" ist allen falschen Ausdrücken des Aussagenkalküls, wie z. B. „$p \wedge \sim p$", „$\sim(p \to p)$" usw., äquivalent (denn alle falschen Ausdrücke sind aufgrund der Theoreme und Regeln des klassischen Aussagenkalküls einander äquivalent). Bei der Null-Eins-Prüfung wird der Konstante falsum immer der Wert 0 zugeordnet. Mit Hilfe des Zeichens der Implikation und der Konstanten falsum kann man das Negationszeichen folgendermaßen definieren:

$$\sim p \underset{\mathrm{df}}{=} p \rightarrow 0.$$

Das erste Axiomensystem des klassischen Aussagenkalküls, in dem als Grundtermini das Implikationszeichen und die Konstante falsum auftreten, stammt von Ch. S. Peirce. Ein Axiomensystem für einen solchen Kalkül erhalten wir, wenn wir den Axiomen eines Aussagenkalküls nur mit Implikation das Axiom

$$0 \rightarrow p$$

hinzufügen.

Die Menge der Theoreme des Aussagenkalküls nur mit Implikation setzt sich aus allen und nur den wahren Ausdrücken des Aussagenkalküls zusammen, die ausschließlich mit Hilfe der Variablen und des Implikationszeichens geschrieben sind. Eines der bekanntesten Axiomensysteme dieses Kalküls ist das von A. Tarski und P. Bernays, das aus folgenden Axiomen besteht:

1. $(p \rightarrow q) \rightarrow [(q \rightarrow r) \rightarrow (p \rightarrow r)]$
2. $q \rightarrow (p \rightarrow q)$
3. $[(p \rightarrow q) \rightarrow p] \rightarrow p$.

Das dritte dieser Axiome ist das Gesetz von Peirce, das in dem von Ch. S. Peirce angegebenen Axiomensystem auftritt. Wenn man diesen drei Axiomen das Axiom „$0 \rightarrow p$“ sowie die Definition des Negationszeichens mit Hilfe des Implikationszeichens und der Konstante falsum hinzufügt, kann man alle Axiome des Implikation-Negation-Aussagenkalküls beweisen. Als primäre Regeln sowohl des Systems nur mit Implikation als auch des Systems mit den Konstanten „$\rightarrow$, 0“ werden die Einsetzungsregel und die Abtrennungsregel angenommen.

Als einziges und kürzestes Axiom eines Aussagenkalküls nur mit Implikation fand J. Łukasiewicz folgenden Ausdruck:

$$[(p \rightarrow q) \rightarrow r] \rightarrow [(r \rightarrow p) \rightarrow (s \rightarrow p)].$$

Wenn man im Tarski-Bernaysschen Axiomensystem das dritte Axiom durch den Ausdruck

$$[p \rightarrow (p \rightarrow q)] \rightarrow (p \rightarrow q)$$

ersetzt, erhält man ein Axiomensystem des **positiven** Aussagenkalküls nur mit Implikation. Theoreme dieses Systems sind diejenigen und nur diejenigen wahren Ausdrücke des Aussagenkalküls mit Implikation, die sich mit Hilfe der direkten Annahmebeweise beweisen lassen.

Ein anderes Axiomensystem des positiven Aussagenkalküls nur mit Implikation besteht aus den Axiomen:

1. $[p \to (q \to r)] \to [(p \to q) \to (p \to r)]$.
2. $q \to (p \to q)$.

Der positive Aussagenkalkül nur mit Implikation stellt ein Fragment des positiven Aussagenkalküls dar. Theoreme des positiven Aussagenkalküls sind alle und nur diejenigen mit Hilfe der Zeichen: $\to$, $\wedge$, $\vee$, $\equiv$ geschriebenen Ausdrücke, die sich mit Hilfe der direkten Annahmebeweise beweisen lassen. Axiome eines solchen Kalküls sind die Axiome 1 bis 3 und 7 bis 15 des eingangs angegebenen Hilbert-Bernaysschen Axiomensystems.

Der Aussagenkalkül nur mit Implikation gehört zu den fragmentarischen Systemen des Aussagenkalküls, deren Grundtermini nicht ausreichen, um alle Wahrheitsfunktoren zu definieren. Ein anderes fragmentarisches System ist der Aussagenkalkül nur mit Äquivalenz. Theoreme des Aussagenkalküls nur mit Äquivalenz sind alle und nur diejenigen wahren Ausdrücke des Aussagenkalküls, die ausschließlich mit Hilfe der Variablen und des Äquivalenzzeichens geschrieben sind. J. Łukasiewicz fand das kürzeste und einzige Axiom des Aussagenkalküls nur mit Äquivalenz.[1] Dieses ist der Ausdruck

$$(p \equiv q) \equiv [(r \equiv q) \equiv (p \equiv r)].$$

Neben diesem Ausdruck gibt es auch andere Ausdrücke dieses Kalküls, die aus der gleichen Anzahl von Zeichen (Variablen und Funktoren) bestehen, von denen jeder als einziges Axiom des Aussagenkalküls nur mit Äquivalenz genügt. Die primären Regeln dieses Systems sind folgende: Die Einsetzungsregel und die Abtrennungsregel für die Äquivalenz mit dem Schema:

$$\begin{array}{c} p \equiv q \\ p \\ \hline q \end{array}.$$

Für Ausdrücke des Aussagenkalküls nur mit Äquivalenz gibt es ein sehr einfaches strukturelles Wahrheitskriterium, auf das Leśniewski aufmerksam machte. Ein ausschließlich mit Hilfe von Variablen und des Äquivalenzzeichens geschriebener Ausdruck ist nämlich dann und nur dann wahr, wenn jede Variable in ihm geradzahlig oft vorkommt.

Wir beschränkten uns hier auf die Erörterung einiger axiomatischer

[1] [Vgl. dazu: J. Łukasiewicz, *Der Äquivalenzkalkül*, Collectanea Logica 1, 1939, S. 145–169].

Systeme des klassischen Aussagenkalküls. Eine ausgezeichnete Darstellung solcher Systeme findet der Leser in dem Buch von Jan Łukasiewicz: *Elements of Mathematical Logic*[1]. In der Zeit zwischen den beiden Weltkriegen begann Łukasiewicz die Untersuchungen zu axiomatischen Systemen des klassischen Aussagenkalküls, die von seinen Schülern weitergeführt wurden. Auch andere Logiker wandten sich der Analyse solcher Systeme zu. Alle diese Untersuchungen führten zu interessanten Resultaten.[2]

7. Aussagenkalküle mit Quantifikatoren und Funktorenvariable. Axiomatische Methode des Verwerfens falscher Ausdrücke im Aussagenkalkül

Der Ausdruck „$p \rightarrow \sim p$“ ist ein falscher Ausdruck des Aussagenkalküls; er ist aber kein immer falscher Ausdruck, weil er den Wert 1 annimmt, wenn „p“ den Wert 0 hat. Ebenso ist der Ausdruck „$\sim (p \rightarrow \sim p)$“ ein falscher, aber nicht ein immer falscher Ausdruck, weil er den Wert 1 annimmt, wenn „p“ den Wert 1 hat. In dem bisher von uns behandelten Aussagenkalkül ist es nicht möglich, eine Aussage zu formulieren, welche feststellt, daß es nicht wahr ist, daß für jedes „p“, wenn „p“, so nicht „p“. Eine solche Aussage kann man im Aussagenkalkül mit Quantifikatoren, welche Aussagenvariablen binden, formulieren.

Als Symbol für den Allquantifikator werden wir das Zeichen „$\bigwedge$“ verwenden. Oft wird anstelle dieses Zeichens das Symbol „Π“ oder „$\forall$“ verwendet. Den Ausdruck „$\bigwedge_{p}$“ lesen wir: für jedes p. Als Symbol für den Existenzquantifikator werden wir das Zeichen „$\bigvee$“ gebrauchen, an dessen Stelle oft auch das Symbol „Σ“ bzw. „$\exists$“ verwendet wird. Den Ausdruck „$\bigwedge_{p}$“ lesen wir: „für mindestens ein p gilt, daß ...“, oder auch: „es gibt ein solches p, daß ...“.

Aussagenausdrücke des Aussagenkalküls mit Quantifikatoren sind alle Ausdrücke des bisher von uns behandelten Aussagenkalküls sowie Ausdrücke, die aus ihnen durch Voranstellen von Aussagenvariablen bindenden Quantifikatoren[3] entstehen, wie auch Ausdrücke, die man

[1] 2. Auflage Warszawa 1963 [Vgl. auch G. Asser, *Einführung in die mathematische Logik*, I. *Aussagenkalkül*, 4. Auflage 1972].

[2] [Vgl. A. N. Prior, Formallogie, Nachtrag, Oxford 1955, 2. Auflage Oxford 1962].

[3] [Da die Zeichen der beiden Quantitikatoren sets mit unter sie gesetzten Variablenzeichen vorkommen, ist keine Verwechslung mit dem Konjunktions- und Alternativzeichen möglich.]

mit Hilfe von Funktoren des Aussagenkalküls aus solchen Ausdrücken erhält.

Mit Hilfe des Allquantifikators kann man die Konstante falsum folgendermaßen definieren:

$$0 \underset{\mathrm{df}}{=} \bigwedge_p p.$$

Eine Aussage, welche nämlich feststellt, daß für jedes p es so ist, daß p, ist zweifelsohne eine falsche Aussage.

Da man mit Hilfe der Konstanten falsum und des Implikationszeichens das Negationszeichen definieren kann, ist es also mit Hilfe des Implikationszeichens und des Allquantifikators möglich, das Negationszeichen zu definieren. Diese Definition hat folgende Form:

$$\sim p \underset{\mathrm{df}}{=} p \rightarrow \bigwedge_p p.$$

Man kann also den axiomatischen Aussagenkalkül mit Quantifikatoren auf dem Implikationszeichen und dem Allquantifikator als den Grundtermini aufbauen. Der Existenzquantifikator kann nämlich mit Hilfe des Allquantifikators und des Negationszeichens definiert werden.

Beim Aufbau eines solchen axiomatischen Aussagenkalküls mit Quantifikatoren genügt es, wenn man als Axiome die drei Tarski-Bernaysschen Axiome für den Aussagenkalkül mit Implikation und als primäre Regeln neben der Einsetzungsregel und der Abtrennungsregel noch zwei, sich auf den Allquantifikator beziehende Regeln annimmt. Außerdem führen wir in das System die obenangegebene Definition des Negationszeichens ein.

Aufgrund der ersten, sich auf den Allquantifikator beziehenden primären Regel ist es möglich, den eine beliebige Aussagenvariable bindenden Allquantifikator an den Anfang des Vordergliedes einer Implikation, die ein Theorem ist, zu setzen. Aufgrund der zweiten dieser Regeln kann man an den Anfang des Hintergliedes einer Implikation, die ein Theorem ist, einen Allquantifikator setzen, der eine solche Aussagenvariable bindet, die im Vorderglied dieser Implikation keine freie Variable ist.

Im besprochenen System tritt der Allquantifikator, der einer seiner Grundtermini ist, nicht in den Axiomen des Systems auf, sondern wird durch die primären Regeln des Systems eingeführt.

Auf der Grundlage dieses Systems kann man die Axiome des Aussagenkalküls nur mit Implikation und Negation beweisen, z. B. die drei Axiome des ersten der oben angeführten Axiomensysteme von

Łukasiewicz. Indem wir im Gesetz von Peirce für die Variable „q" den Ausdruck „$\bigwedge_p p$" einsetzen, erhalten wir den Ausdruck:

$$[(p \to \bigwedge_p p) \to p] \to p\,,$$

aus dem wir aufgrund der Definition des Negationszeichens das zweite dieser Axiome erhalten:

$$(\sim p \to p) \to p\,.$$

Um das dritte Axiom zu beweisen, beweisen wir zunächst anhand der Tarski-Bernaysschen Axiome folgende Theoreme:

4. $p \to p$
5. $[p \to (q \to r)] \to [q \to (p \to r)]$
6. $(q \to r) \to [(p \to q) \to (p \to r)]\,.$

Mit Hilfe der ersten der Regeln für den Allquantifikator erhalten wir aus dem Theorem 4 das Theorem:

7. $\bigwedge_p p \to p\,.$

Wenn wir im Theorem 6 für die Variable „q" den Ausdruck „$\bigwedge_p p$" und für die Variable „r" die Variable „q" einsetzen, erhalten wir das Theorem:

8. $(\bigwedge_p p \to q) \to [(p \to \bigwedge_p p) \to (p \to q)]\,.$

Mit Hilfe der Abtrennungsregel erhalten wir aus dem Theorem 8 und dem Theorem $\bigwedge_p p \to q$ (das aus dem Theorem 7 durch Einsetzen der Variablen „q" für die freie Variable „p" erhalten wurde) das Theorem:

9. $(p \to \bigwedge_p p) \to (p \to q)\,.$

Aus dem Theorem 9 erhalten wir auf Grund des Kommutativgesetzes 5 und der Definition des Negationszeichens das Theorem:

10. $p \to (\sim p \to q)\,,$

welches das dritte Axiom von J. Łukasiewicz ist. Da das Gesetz des bedingten Syllogismus ein gemeinsames Axiom beider Systeme ist, sind die Axiome des Aussagenkalküls mit Implikation und Negation und damit auch alle Theoreme dieses Systems Theoreme des hier behandelten Aussagenkalküls nur mit Implikation und Quantifikatoren.

Der klassische Aussagenkalkül mit Quantifikatoren ist in dem bereits erwähnten Buch von Łukasiewicz dargestellt.

St. Leśniewski baute ein allgemeineres System des klassischen Aussagenkalküls auf, in dem außer Aussagenvariablen Variable, welche Wahrheitsfunktoren repräsentieren (wir werden sie Funktorvariable nennen) und Quantifikatoren, welche beide Arten von Variablen binden, auftreten. Dieses System, das manchmal elementare Protothetik genannt wird, stellt einen Teil eines noch allgemeineren Systems der von St. Leśniewski aufgebauten Protothetik dar. In der gesamten Protothetik treten Ausdrücke beliebiger syntaktischer Kategorie auf, die man erhalten kann, wenn man von der syntaktischen Kategorie der Aussagen als der Grundkategorie ausgeht.

Im Kontext „$f(p)$" ist die Variable f eine Variable, welche Wahrheitsfunktoren von einem Argument repräsentiert, im Kontext „$f(p, q)$" ist die Variable f eine Variable, welche Wahrheitsfunktoren von zwei Argumenten repräsentiert. Ein Beispiel für ein Theorem, in dem eine Funktorvariable auftritt, ist das Extensionalitätsgesetz:

$$(p \equiv q) \rightarrow [f(p) \equiv f(q)] .$$

Wenn „p" und „q" den gleichen logischen Wert haben, haben nach diesem Gesetz auch „$f(p)$" und „$f(q)$" den gleichen logischen Wert – die Variable f repräsentiert hier Wahrheitsfunktoren von einem Argument. Dieses Extensionalitätsgesetz kann man überprüfen, indem man für die Variable f ihre Werte, d. h. Wahrheitsfunktoren von einem Argument (also die Konstanten: as, $\sim$, vr, fl), einsetzt. Jede solche Einsetzung ist ein wahrer Ausdruck, also ist auch das Extensionalitätsgesetz ein wahrer Ausdruck (wenn wir den Wertebereich der Variablen f auf Wahrheitsfunktoren beschränken).

Analog dazu hat das Extensionalitätsgesetz für Funktoren von zwei Argumenten die Form:

$$(p \equiv r) \wedge (q \equiv s) \rightarrow [f(p, q) \equiv f(r, s)] .$$

Es wird überprüft, indem man für die Variable f einen beliebigen Wahrheitsfunktor von zwei Argumenten einsetzt.

Das System der elementaren Protothetik umfaßt alle wahren Ausdrücke, die mit Hilfe von Wahrheitsfunktoren, Aussagenvariablen, Funktorvariablen sowie beide Arten von Variablen bindenden Quantifikatoren geschrieben sind. Sowohl der übliche Aussagenkalkül als auch der seine Erweiterung darstellende Aussagenkalkül mit Quantifikatoren ist also ein Teil dieses Systems.

In den axiomatischen Systemen der elementaren Protothetik sind die Grundtermini entweder das Implikationszeichen und der Allquantifikator oder das Äquivalenzzeichen und der Allquantifikator Letzteres ist möglich, weil man mit Hilfe des Äquivalenzzeichens. und des Funktorvariablen bindenden Allquantifikators das Konjunktionszeichen definieren kann. Diese Definition hat die Form

$$p \wedge q \equiv \bigwedge_{f} \{p \equiv [f(p) \equiv f(q)]\}.$$

Die Wahrheit dieser Äquivalenz wird durch folgende Überlegung nachgewiesen: Wenn ihre linke Seite wahr ist, dann haben „p" und „q" den Wert 1. Der Ausdruck „$f(p) \equiv f(q)$" hat dann – auf Grund des Extensionalitätsgesetzes – für einen beliebigen Wert der Variablen f den Wert 1. Auf Grund dessen, daß „p" den Wert 1 hat, hat die Äquivalenz „$p \equiv [f(p) \equiv f(q)]$" für jeden beliebigen Wert der Variablen f den Wert 1, die rechte Seite der betrachteten Definition ist dann also wahr. Nehmen wir jetzt an, die rechte Seite der Definition ist wahr. Dann ist der Ausdruck „$p \equiv [f(p) \equiv f(q)]$" für einen beliebigen Wert der Variablen f, also insbesondere für $f = \mathrm{vr}$ und für $f = \mathrm{as}$, wahr. Der Ausdruck „$\mathrm{vr}(p) \equiv \mathrm{vr}(q)$" hat den Wert 1, und deshalb – da nach Voraussetzung der Ausdruck „$p \equiv [\mathrm{vr}(p) \equiv \mathrm{vr}(q)]$" wahr ist – hat „$p$" den Wert 1. Aus der Wahrheit des Ausdruckes „$p \equiv [\mathrm{as}(p) \equiv \mathrm{as}(q)]$", der dem Ausdruck „$p \equiv (p \equiv q)$" äquivalent ist, und der Wahrheit von „p" folgt die Wahrheit von „q". Wenn also die rechte Seite der Definition den Wert 1 hat, dann haben „p" und „q" den Wert 1, folglich hat die linke Seite der Definition den Wert 1.

Da man jedoch mit Hilfe des Äquivalenzzeichens und des Aussagenvariablen bindenden Allquantifikators das Negationszeichen analog wie mit Hilfe des Implikationszeichens und des Allquantifikators definieren kann, ist es also mit Hilfe des Äquivalenzzeichens und des die Aussagen- und Funktorvariablen bindenden Allquantifikators möglich, alle Wahrheitsfunktoren zu definieren. Dank dieser zweiten Möglichkeit konnte St. Leśniewski Definitionen als Theoreme des Systems von der Form einer Äquivalenz einführen.

Nach Einführung der Definition der Konstante verum, für die wir das Symbol „1" verwenden werden (das in diesem Fall eine konstante wahre Aussage bedeutet), mit Hilfe des Implikationszeichens und des Allquantifikators:

$$1 \underset{\mathrm{df}}{\equiv} \bigwedge_{p} (p \rightarrow p)$$

kann man das Axiom der elementaren Protothetik mit Implikationszeichen und Allquantifikator als den Grundtermini in Form des Ausdruckes:

$$f(1) \to [f(0) \to f(p)]$$

schreiben.

Primäre Regeln des Systems sind neben der Einsetzungsregel und der Abtrennungsregel die vorhin formulierten Regeln für den Aussagen- bzw. Funktorvariablen bindenden Allquantifikator. In den Beweisen der Theoreme gemäß der Methode von Leśniewski wird außerdem von Definitionen ein wesentlicher Gebrauch gemacht. J. Łukasiewicz wies darauf hin, daß man in Beweisen anstelle von Definitionen auch die Einsetzungsregel für Ausdrücke, die sich aus einer Funktorvariablen und ihren Argumenten zusammensetzen, verwenden kann. Wir wollen jetzt diese beiden verschiedenen Beweismethoden an einem Beispiel veranschaulichen.

Um aus dem Theorem:

(a) $f(p) \to [f(\sim p) \to f(q)]$.

den Ausdruck:

(b) $(p \to r) \to [(\sim p \to r) \to (q \to r)]$

abzuleiten, führen wir – unter Anwendung der Methode von Leśniewski – die Definition:

(c) $*\langle r\rangle\ (s) \equiv s \to r$

ein. Der Ausdruck „$*\langle r\rangle$" hat den Index $\frac{s}{s}$, also hat das definierte Symbol „$*$" den Index $\frac{\frac{s}{s}}{s}$. Einen solchen Ausdruck wie „$*\langle r\rangle$" nennt man einen vom Parameter „r" abhängigen Funktor.

Im Ausdruck (a) setzen wir für die Variable f den Funktor „$*\langle r\rangle$" ein und erhalten den Ausdruck

(a) $*\langle r\rangle(p) \to [*\langle r\rangle(\sim p) \to *\langle r\rangle(q)]$.

Aus der Definition (c) leiten wir folgende Äquivalenzen ab:

$$*\langle r\rangle(p) \equiv p \to r$$
$$*\langle r\rangle(\sim p) \equiv \sim p \to r$$
$$*\langle r\rangle(q) \equiv q \to r.$$

Anhand dieser Äquivalenzen leiten wir aus dem Ausdruck (d) den Ausdruck (b) ab.

Die Methode von Łukasiwiecz knüpft an die Interpretation des

Ausdruckes $f(E)$ an (E ist hier ein Aussagenausdruck), gemäß deren der Ausdruck $f(E)$ alle den Ausdruck E enthaltende Ausdrücke des Aussagenkalküls repräsentiert. Angesichts dessen kann man für den Ausdruck $f(E)$ jeden dieser Ausdrücke einsetzen (wenn die Variable f in dem Ausdruck, in den wir einsetzen, eine freie Variable ist). In unserem Beispiel setzen wir also ein:

für $f(p)$ den Ausdruck „$p \to r$“,
für $f(\sim p)$ den Ausdruck „$\sim p \to r$“,
für $f(q)$ den Ausdruck „$q \to r$“.

Allgemein: Für $f(E)$ setzen wir in diesem Fall den Ausdruck „$E \to r$“ ein. Mit Hilfe der so verstandenen Einsetzungsregel für Ausdrücke, die sich aus einer Funktorvariablen und ihren Argumenten zusammensetzen, erhalten wir aus dem Ausdruck (a) direkt den Ausdruck (b).

Diese Einsetzungsregel ist eine sehr starke Regel. Es erweist sich nämlich, daß man mit Hilfe dieser Regel, der üblichen Einsetzungsregel und der Abtrennungsregel aus dem Ausdruck (a) alle wahren Ausdrücke, die mit Hilfe von Aussagen und Funktorvariablen sowie der Zeichen der Implikation und der Negation geschrieben sind, also insbesondere alle Theoreme des Aussagenkalküls nur mit Implikation und Negation, ableiten kann. Bei den gleichen Regeln genügt der Ausdruck:

$$f(0 \to 0) \to [f(0) \to f(p)],$$

welcher aufgrund der Definition: $1 \underset{\mathrm{df}}{=} 0 \to 0$ dem Ausdruck:

$$f(1) \to [f(0) \to f(p)]$$

äquivalent ist, für den Beweis aller wahren Ausdrücke, die mit Hilfe von Aussagen- und Funktorvariablen sowie des Implikationszeichens und der Konstanten „0“ geschrieben sind, also u. a. für den Beweis aller Theoreme des klassischen Aussagenkalküls.

Dieser letzte Ausdruck kommt inhaltlich dem folgenden Theorem nahe: Wenn irgend etwas für eine konstante wahre Aussage wahr ist und das gleiche für eine konstante falsche Aussage wahr ist, so ist dies für eine beliebige Aussage wahr. Dieses Theorem setzt jedoch voraus, daß es nur zwei Arten von Aussagen gibt: wahre und falsche, setzt also das Prinzip der Zweiwertigkeit voraus, d. h., aus diesem Theorem folgt das Prinzip der Zweiwertigkeit. Umgekehrt folgt aus dem Prinzip der Zweiwertigkeit dieses Theorem, also ist es dem Prinzip der Zweiwertigkeit äquivalent. Wie Łukasiewicz bemerkt, ist aufgrund der obengenannten Regeln eine Entsprechung des Prinzips der Zweiwertigkeit ausreichend, um den gesamten klassischen Aussagenkalkül abzuleiten.

J. Łukasiewicz machte auch darauf aufmerksam, daß im Aussagenkalkül mit Funktorvariablen eine Definition der Form (1) $E \equiv F$ dem Ausdruck der Form (2) $f(E) \rightarrow f(F)$ äquivalent ist, wenn man voraussetzt, daß die Variable f weder in E noch in F frei ist. Aufgrund des Extensionalitätsgesetzes erhalten wir aus (1) nämlich (2). Wenn wir dagegen in (2) für den Ausdruck $f(H)$ den Ausdruck $E \equiv H$ einsetzen, erhalten wir den Ausdruck: $(E \equiv E) \rightarrow (E \equiv F)$, aus dem wir aufgrund des Gesetzes der Reflexivität der Äquivalenz den Ausdruck $E \equiv F$ erhalten. Im System der Protothetik mit dem Implikationszeichen als Grundterminus und auch in entsprechenden Fragmenten dieses Systems (welche Funktorvariablen enthalten) kann man also Definitionen in Form des Ausdruckes: $f(E) \rightarrow f(F)$ schreiben. Bei Anwendung der von J. Łukasiewicz formulierten Einsetzungsregel kann man aufgrund einer solchen Definition den Ausdruck E durch den Ausdruck F in einem beliebigen Ausdruck W ersetzen, d. h., aus dem Ausdruck W kann man einen Ausdruck ableiten, der aus ihm entsteht, wenn wir E durch F ersetzen, und umgekehrt, aus dem Ausdruck W kann man einen Ausdruck ableiten, der aus ihm entsteht, wenn wir F durch E ersetzen. Die erste Ersetzung führen wir aufgrund der Definition $f(E) \rightarrow f(F)$ direkt mit Hilfe der genannten Einsetzungsregel durch. Daß man ausgehend von dieser Definition auch die umgekehrte Ersetzung vornehmen kann, resultiert daraus, daß man ausschließlich mit Hilfe der genannten Einsetzungsregel aus dem Ausdruck $f(E) \rightarrow f(F)$ die umgekehrte Implikation $f(F) \rightarrow f(E)$ ableiten kann, aufgrund deren man die umgekehrte Ersetzung direkt durchführen kann. Aus dem Ausdruck:

$$(1) \quad f(E) \rightarrow f(F)$$

erhalten wir nämlich, wenn wir $f(H) \rightarrow f(E)$ für $f(H)$ einsetzen:

$$(2) \quad [f(E) \rightarrow f(E)] \rightarrow [f(E) \rightarrow f(E)] \, .$$

Aus (1) erhalten wir durch Einsetzen von $[f(E) \rightarrow f(H)] \rightarrow [f(F) \rightarrow f(E)]$ für $f(H)$:

$$(3) \quad \{[f(E) \rightarrow f(E)] \rightarrow [f(F) \rightarrow f(E)]\} \rightarrow \{[f(E) \rightarrow f(F)] \rightarrow [f(F) \rightarrow f(E)]\} \, .$$

Aus (3) und (2) erhalten wir aufgrund der Abtrennungsregel das Hinterglied von (3) und aus ihm und (1) erhalten wir durch Abtrennung den Ausdruck:

(4) $f(F) \rightarrow f(E)$.

Im Aussagenkalkül mit Quantifikatoren können wir jeden falschen Ausdruck $W(p_1, \ldots, p_n)$ des üblichen Aussagenkalküls (mit den Aussagenvariablen: $p_1, \ldots, p_n$) verwerfen, indem wir den Ausdruck: $\sim \bigwedge_{p_1} \cdots \bigwedge_{p_n} W$ beweisen. Wir verwerfen also z. B. den falschen Ausdruck: $(p \rightarrow q) \rightarrow (q \rightarrow p)$, indem wir den Ausdruck: $\sim \bigwedge_{p} \bigwedge_{q} [(p \rightarrow q) \rightarrow (q \rightarrow p)]$ beweisen. Um dies jedoch tun zu können, gehen wir vom üblichen Aussagenkalkül zu dem reicheren System des Aussagenkalküls mit Quantifikatoren über. Es erhebt sich die Frage, ob man falsche Ausdrücke des üblichen Aussagenkalküls nicht verwerfen könnte, ohne im Prinzip den Bereich der Ausdrücke dieses Kalküls zu verlassen, also ohne in diesen Kalkül Aussagenvariablen bindende Quantifikatoren einzuführen. Es erweist sich, daß dies möglich ist, und J. Łukasiewicz hat für eine solche Verwerfung eine Methode gegeben, indem er die axiomatische Methode der Verwerfung falscher Ausdrücke des Aussagenkalküls formulierte. Diese Methode stützt sich auf folgenden Gedanken:

Wir geben bestimmte Ausdrücke des Aussagenkalküls als falsche Ausdrücke an. Diese Ausdrücke sind „axiomatisch verworfene" Ausdrücke, d. h., aufgrund unseres Systems nehmen wir ohne Beweis an, daß sie falsch sind. Auf andere Weise, z. B. mit Hilfe der Null-Eins-Prüfung bzw. im Aussagenkalkül mit Quantifikatoren, kann man natürlich nachweisen, daß sie falsch sind.

Danach formulieren wir die Regeln der Verwerfung. Diese Regeln führen stets von falschen Ausdrücken zu falschen Ausdrücken. Die Regeln sind so gewählt, daß man mit ihrer Hilfe aufgrund der axiomatisch verworfenen Ausdrücke alle und nur die Ausdrücke des Aussagenkalküls verwerfen kann, welche falsch sind.

Im klassischen Aussagenkalkül genügt es, wenn man die Variable „p" (die natürlich ein falscher Ausdruck ist) axiomatisch verwirft und folgende zwei Regeln der Verwerfung annimmt:

1. Wenn der durch Einsetzung aus einem Ausdruck W entstandene Ausdruck zu verwerfen ist, so ist der Ausdruck W zu verwerfen.

2. Wenn eine Implikation ein Theorem ist und ihr Hinterglied ein zu verwerfender Ausdruck ist, so ist auch ihr Vorderglied ein zu verwerfender Ausdruck.

Diese Regeln führen stets von falschen Ausdrücken zu falschen Ausdrücken. Daraus nämlich, daß die Einsetzungsregel von wahren Ausdrücken immer zu wahren Ausdrücken führt, folgt: Wenn der durch Einsetzung aus irgendeinem Ausdruck W entstandene Ausdruck falsch ist, dann ist auch der Ausdruck W falsch. Wenn dagegen die Implikation $E \to F$ ein Theorem ist, dann ist sie ein wahrer Ausdruck. Daraus folgt, daß wenn ihr Hinterglied F ein falscher Ausdruck ist, dann ist auch ihr Vorderglied E ein falscher Ausdruck.

Aufgrund des axiomatisch verworfenen Ausdruckes „p" kann man mit Hilfe dieser beiden Regeln jeden falschen Ausdruck des klassischen Aussagenkalküls verwerfen.

Um z. B. nachzuweisen, daß der Ausdruck „$p \to q$" ein zu verwerfender Ausdruck ist, gehen wir von folgendem Theorem aus:

$$[(p \to p) \to p] \to p\,,$$

welches durch Einsetzung aus dem Gesetz von Peirce entsteht.

Das Hinterglied dieses Theorems ist ein axiomatisch verworfener Ausdruck. Nach der zweiten Regel der Verwerfung ist also sein Vorderglied, d. h. der Ausdruck „$(p \to p) \to p$", ein zu verwerfender Ausdruck. Dieser Ausdruck ist jedoch durch Einsetzung aus dem Ausdruck „$p \to q$" entstanden, indem „$(p \to p)$" für die Variable „p" und die Variable „p" für die Variable „q" eingesetzt wurden. Da durch diese Einsetzung aus dem Ausdruck „$p \to q$" ein zu verwerfender Ausdruck entsteht, ist also – nach der ersten Regel der Verwerfung – auch der Ausdruck „$p \to q$" ein zu verwerfender Ausdruck.

J. Łukasiewicz führte für die Beweise von zu verwerfenden Ausdrücken eine besondere Schreibweise ein. Man kann jedoch die Prozedur der Verwerfung falscher Ausdrücke des Aussagenkalküls vereinfachen, indem man keine besonderen Regeln der Verwerfung einführt. Eine solche Möglichkeit stützt sich auf folgendes Prinzip: Wenn sich aus einem Ausdruck W des Aussagenkalküls und den Theoremen dieses Kalküls gemäß der Regeln dieses Kalküls, die stets von wahren Ausdrücken zu wahren Ausdrücken führen, der axiomatisch zu verwerfende Ausdruck Z ableiten läßt, dann ist der Ausdruck W ein zu verwerfender Ausdruck. Wenn nämlich der Ausdruck Z falsch ist, die Theoreme des Kalküls wahre Ausdrücke sind und die Regeln immer von wahren Ausdrücken zu wahren Ausdrücken führen, kann der Ausdruck W kein wahrer Ausdruck sein, sondern muß ein falscher Ausdruck sein.

In der Praxis können wir bestimmte Ausdrücke verwerfen nicht nur aufgrund von axiomatisch verworfenen Ausdrücken, sondern auch aufgrund von Ausdrücken, die bereits gemäß dieser Methode verworfen wurden.

Der Beweis dessen, daß der Ausdruck „$p \to q$" ein zu verwerfender Ausdruck ist, hat bei dieser Auffassung folgende Form:

1. $p \to q$
2. $(p \to p) \to p$ {Einsetzung in den Ausdruck 1}
3. $[(p \to p) \to p] \to p$ {Theorem}
4. p {AR: 3, 2}

Da wir aus dem Ausdruck „$p \to q$" sowie aus den Theoremen des klassischen Aussagenkalküls den axiomatisch verworfenen Ausdruck „p" gemäß den Regeln dieses Kalküls (der Einsetzungsregel und der Abtrennungsregel) abgeleitet haben, ist auch der Ausdruck „$p \to q$" ein zu verwerfender Ausdruck. Das bedeutet, daß wir aufgrund dieses Beweises von der Falschheit des Ausdruckes „p" auf die Falschheit des Ausdruckes „$p \to q$" schließen können.

Hier ein zweites Beispiel für einen Beweis dieser Art:

1. $(p \to q) \to (q \to p)$
2. $[p \to (p \to p)] \to [(p \to p) \to p]$ {Einsetzung in 1}
3. $p \to (p \to p)$ {Theorem}
4. $(p \to p) \to p$ {AR: 2, 3}
5. $p \to p$ {Theorem}
6. p {AR: 4, 5}.

Von der Falschheit des Ausdruckes „p" schließen wir aufgrund dieses Beweises auf die Falschheit des Ausdruckes „$(p \to q) \to (q \to p)$".

Wir brachten einige kurze Ausführungen über bestimmte Verallgemeinerungen des klassischen Aussagenkalküls. Die Systeme des Aussagenkalküls mit Quantifikatoren und Funktorenvariablen sind reichere Systeme, von denen der übliche klassische Aussagenkalkül ein Fragment ist. Es treten in ihnen Termini auf, die über den üblichen klassischen Aussagenkalkül hinausgehen, und die Mengen der Theoreme dieser Systeme enthalten außer den Theoremen des üblichen klassischen Aussagekalküls auch noch verschiedene andere Theoreme. Das um die axiomatische Methode der Verwerfung bereicherte System des üblichen klassischen Aussagenkalküls enthält weder neue Termini noch neue Theoreme. Es ist jedoch insofern allgemeiner als das System des üblichen klassischen Aussagenkalküls, als es außer der Beweismethode für wahre Ausdrücke die Methode der Verwerfung falscher Ausdrücke enthält.

Durch diese kurzen Hinweise wollten wir den Leser auf das Vorhandensein einer interessanten und mannigfaltigen Logik-Problematik aufmerksam machen, die auf der Grundlage dieser Verallgemeinerungen des klassischen Aussagenkalküls formuliert und gelöst wird. Den an diesen Problemen interessierten Leser verweisen wir auf entsprechende Arbeiten.[1]

[1] Eine erste Charakteristik der Protothetik von St. Leśniewski gibt der Artikel von J. Słupecki: *St. Leśniewski's Protothetics*, Studia Logica 1, 1953, S. 44–112; die mit ihr im Zusammenhang stehenden Ergebnisse von J. Łukasiewicz sind in seinem Artikel: *On Variable Functiones of Propositional Arguments* (in: *J. Łukasiewicz. Selected Works*, Amsterdam-Warszawa 1970, S. 311–324), und die axiomatische Methode der Verwerfung ist in dem Buch von J. Łukasiewicz: *Aristotle's Syllogistic from the standpoint of modern formal logic*, Oxford 1950, Kap. III, § 20 bzw. Kap. IV, § 27 und Kap. V, § 30, dargestellt. [St. Leśniewski hat seine, die Protothetik umfassende Ontologie erstmals veröffentlicht in: *Über die Grundlagen der Ontologie*, Comptes rendus des Séances de la Société des Sciences et des Lettres de Varsovie (Warszawa), Cl. III, Vol. 21 (1930), S. 111–132. Zur axiomatischen Methode der Verwerfung vgl. z. B. auch J. Słupecki, G. Bryll, U. Wybraniec – Skardowska, *Theory of rejected Propositions*, I, Studia Logica, 29, 1971, S.75–123, II, Studia Logica, 30, 1972, S. 97–145, oder auch I. M. Bochenski, A. Menne, *Grundriß der Logistik*, 4. Auflage Paderborn 1973, Kap. VI. § 30.]

KAPITEL IV

Klassischer Prädikatenkalkül

1. Symbole und Ausdrücke

In den Ausdrücken des Prädikatenkalküls treten alle Symbole des Aussagenkalküls auf sowie darüber hinaus:

1. Symbole des All- und des Existenzquantifikators. Als Symbol des Allquantifikators verwenden wir das Zeichen „$\wedge$", welches wir lesen: für jedes. Als Symbol des Existenzquantifikators verwenden wir das Zeichen „$\vee$", welches wir lesen „für mindestens ein ... gilt, daß" oder „es gibt ein solches ..., daß".

2. Variable, die Eigennamen repräsentieren und Individuen- oder Namenvariable genannt werden:

$$x, y, z, x_1, y_1, z_1, \ldots$$

3. Individuenkonstanten: $a, b, c, a_1, b_1, c_1, \ldots$ Diese Konstanten treten nur in Ausdrücken auf, die Zeilen in Annahmebeweisen der Theoreme des Prädikatenkalküls sind; in den Theoremen dieses Kalküls treten sie jedoch nicht auf.

4. Variable, die aussagenbildende Funktoren von Namenargumenten repräsentieren. Solche Funktoren nennen wir Prädikate der ersten Stufe. Als Variable, die Prädikate der ersten Stufe von einem Argument repräsentieren, werden wir die Buchstaben $A, B, C, A_1, B_1, C_1, \ldots$ verwenden. Als Variable, die Prädikate der ersten Stufe von zwei und mehreren Argumenten repräsentieren, werden wir die Buchstaben: $P, R, P_1, R_1 \ldots$ verwenden, wobei der Kontext auf die Zahl der Argumente hinweist.

5. Variable, die Prädikate höherer Stufen repräsentieren.

Ein Prädikat der zweiten Stufe ist ein aussagenbildender Funktor von Argumenten, die zur syntaktischen Kategorie der Individuennamen bzw. der Prädikate der ersten Stufe gehören, wobei mindestens eines der Argumente zu der letzteren Kategorie gehört.

Ein Beispiel für ein Prädikat der zweiten Stufe ist das Prädikat „*exkl.*", das durch die Definition:

$$exkl.(A, B) \equiv \sim \bigvee_x [A(x) \wedge B(x)]$$

eingeführt wird. Den Ausdruck „*exkl.* (A, B)“ lesen wir: A und B schließen sich aus.

Ein Prädikat der dritten Stufe ist ein aussagenbildender Funktor von Argumenten, die zur syntaktischen Kategorie der Individuennamen bzw. der Prädikate der ersten oder zweiten Stufe gehören, wobei mindestens eines dieser Argumente ein Prädikat der zweiten Stufe ist.

Allgemein: Ein **Prädikat der n-ten Stufe** ist ein aussagenbildender Funktor von Argumenten, die zur syntaktischen Kategorie der Individuennamen bzw. der Prädikate der niedrigeren Stufen als n gehören, wobei mindestens eines dieser Argumente zu der syntaktischen Kategorie der Prädikate der Stufe $n-1$ (bzw. zu der syntaktischen Kategorie der Individuennamen – im Falle $n=1$) gehört.

Der Prädikatenkalkül wird auch **Quantifikatorenkalkül** oder **Funktionenkalkül** genannt.

Derjenige Teil des Prädikatenkalküls, in dessen Ausdrücken nur Prädikate der ersten Stufe auftreten, und in dem die Quantifikatoren nur Individuenvariablen binden, wird **Prädikatenkalkül erster Stufe** bzw. **engerer Prädikatenkalkül** genannt.

Im **Prädikatenkalkül** n-ter **Stufe** treten Prädikate der Stufen 1 bis n auf; die Quantifikatoren binden in ihm Individuenvariablen und Variablen, welche Prädikate niedrigerer Stufen als n (d. h. der Stufen von 1 bis $n-1$) repräsentieren.

Die einfachsten Aussagenausdrücke dieses Kalküls, also Aussagenvariable bzw. Ausdrücke, die aus einer Prädikate der ersten Stufe repräsentierenden Variablen und ihren Argumenten gebildet sind, stellen die **atomaren** Ausdrücke des Prädikatenkalküls der ersten Stufe dar; hierzu gehören also solche Ausdrücke wie z. B.: $A(x)$, $B(x)$, $P(x, y)$, $P(x_1, \ldots, x_n)$ usw. Statt „$P(x, y)$“ schreiben wir auch „xPy“ usw.

Die atomaren Ausdrücke des Prädikatenkalküls n-ter Stufe sind Aussagenvariablen oder sind Variablen, welche die Prädikate der Stufen 1 bis n und ihre Argumente repräsentieren.

Wenn wir annehmen, daß die Prädikate erster Stufe von einem Argument Merkmale (Eigenschaften) von Gegenständen denotieren und die Prädikate erster Stufe von zwei und mehreren Argumenten zwischen diesen Gegenständen bestehende zwei- und mehrgliedrige Relationen (Beziehungen) denotieren, dann lesen wir den Ausdruck „$A(x)$“: x hat die Eigenschaft (das Merkmal) A bzw. das Merkmal A kommt x zu, den Ausdruck „xPy“ lesen wir: x steht in der Relation P zu y; den Ausdruck „$P(x_1, \ldots, x_n)$“ lesen wir: die Relation P besteht zwischen den Gegenständen $x_1, \ldots, x_n$.

Im Sinne dieser Intepretation denotieren die Prädikate der höheren Stufe Eigenschaften der Merkmale bzw. Relationen oder Beziehungen, die zwischen den Merkmalen oder Relationen bestehen.

Das oben eingeführte Prädikat „*exkl.*" denotiert z. B. die Relation des Ausschließens von Merkmalen, die zwischen zwei Merkmalen dann und nur dann besteht, wenn es keinen Gegenstand gibt, der diese beiden Merkmale gleichzeitig besitzt. Ähnlich denotiert z. B. das Prädikat „*sym*", das durch die Definition:

$$sym(R) \equiv \bigwedge_{x} \bigwedge_{y} (xRy \rightarrow yRx)$$

eingeführt wird, ein bestimmtes Merkmal einer zweigliedrigen Relation, welches die Symmetrie einer solchen Relation genannt wird.

Mit Hilfe der Funktoren des Aussagenkalküls sowie der Quantifikatoren werden aus den atomaren Ausdrücken des Prädikatenkalküls die zusammengesetzten Ausdrücke dieses Kalküls gebildet.

Aussagenausdrücke des engeren Prädikatenkalküls sind also:

1. Die atomaren Ausdrücke dieses Kalküls.

2. Die Negation eines Aussagenausdruckes ist ein Aussagenausdruck. Die Konjunktion, die Alternative, die Implikation und die Äquivalenz zweier Aussagenausdrücke ist ein Aussagenausdruck.

3. Ein Ausdruck, der aus einem All- bzw. einem Existenzquantifikator, einer unter ihm stehenden Individuenvariablen und einem ihm folgenden Aussagenausdruck (dem Quantifikatorenbereich) gebildet ist, ist ein Aussagenausdruck.

4. Jeder Aussagenausdruck dieses Kalküls ist ein atomarer Ausdruck dieses Kalküls oder ist aus solchen Ausdrücken durch einfache oder mehrfache Verbindung mit Hilfe von Funktoren des Aussagenkalküls bzw. durch Voranstellung von Individuenvariablen bindenden Quantifikatoren gebildet.

Man muß beachten, daß in der dritten Bedingung nicht verlangt wird, daß im Quantifikatorenbereich eine freie Variable auftreten muß, die durch diesen Quantifikator gebunden wird. Gemäß Bedingung 3. stellen also sinnvolle Aussagenausdrücke des engeren Prädikatenkalküls z. B. solche Ausdrücke dar wie: $\bigwedge_{x} p$, $\bigvee_{x} p$, $\bigwedge_{y} A(y)$ usw. Daß Ausdrücke dieser Art zu der Menge der sinnvollen Ausdrücke zugelassen werden, hat seinen Ursprung darin, daß auf Grund des klassischen Aussagenkalküls Ausdrücke, die eine gegebene Variable nicht enthalten, bestimmten Ausdrücken äquivalent sind, welche die gegebene Variable als freie Variable enthalten. Aus dem Theorem: $p \equiv p \wedge (q \vee \sim q)$ erhalten wir z. B. durch Einsetzung von „$A(x)$" für die Variable „q" das

Theorem: $p \equiv p \wedge (A(x) \vee \sim A(x))$. Aufgrund dieses Theorems und der Extensionalitätsregel für die Äquivalenz erhalten wir aus dem Ausdruck „$\bigwedge_x p \wedge [(A(x) \vee \sim A(x))]$“ den äquivalenten Ausdruck „$\bigwedge_x p$“. Würden wir also den Ausdruck „$\bigwedge_x p$“ aus der Klasse der sinnvollen Ausdrücke ausschließen, müßten wir annehmen, falls wir in sinnvollen Ausdrücken bestimmte ihrer Teile durch äquivalente Ausdrücke ersetzen, Ausdrücke erhalten zu können, die keine sinnvollen Ausdrücke sind.

Im allgemeinen ist die Definition der Aussagenausdrücke des Prädikatenkalküls n-ter Stufe der obenangegebenen Bestimmung vollkommen analog, nur mit dem Unterschied, daß in 1. von den atomaren Ausdrücken des Prädikatenkalküls n-ter Stufe und in 3. von Quantifikatoren die Rede ist, die Individuenvariablen oder Variablen, welche Prädikate der Stufen 1 bis $n-1$ repräsentieren, binden.

Engerer einstelliger Prädikatenkalkül wird derjenige Teil des engeren Prädikatenkalküls genannt, in dessen Ausdrücken unter den Prädikate repräsentierenden Variablen nur solche auftreten, welche Prädikate von einem Argument repräsentieren.

Zur Verkürzung der Schreibweise der Formeln werden wir manchmal eine Anordnung von aufeinanderfolgenden Allquantifikatoren durch ein Symbol des Allquantifikators ersetzen, wobei wir unter dem Symbol die aufeinanderfolgenden, durch diese Allquantifikatoren gebundenen Variablen angeben werden. Anstelle des Ausdruckes „$\bigwedge_x \bigwedge_y \bigwedge_z P(x, y, z)$“ können wir z. B. den Ausdruck „$\bigwedge_{x,y,z} P(x, y, z)$“ schreiben, d. h., diese beiden Ausdrücke sind äquivalent. Analoge Verkürzungen kann man für eine Anordnung von aufeinanderfolgenden Existenzquantifikatoren einführen, wir können also z. B. anstelle des Ausdruckes „$\bigvee_x \bigvee_y \bigvee_z P(x, y, z)$“ als eine äquivalente Form den Ausdruck „$\bigvee_{x,y,z} P(x, y, z)$“ einführen. Die auf diese Weise erhaltenen Ausdrücke zählen wir auch zu den Aussagenausdrücken des engeren Prädikatenkalküls.

Die Menge der Aussagenausdrücke des engeren Prädikatenkalküls erweitern wir durch Einführung sogenannter Quantifikatoren mit begrenztem Bereich. Es sind dies Operatoren mit zwei Argumenten (aussagenbildende Operatoren von zwei Aussagenargumenten). Zusammen mit zwei Aussagenausdrücken bilden sie nämlich einen zu-

sammengesetzten Aussagenausdruck. Das Symbol „$\wedge$“ in dem Ausdruck:

(1) $\bigwedge_{A(x)} B(x)$

ist ein Allquantifikator mit begrenztem Bereich. Der Ausdruck (1) ist dem Ausdruck:

(2) $\bigwedge_{x} [A(x) \rightarrow B(x)]$

äquivalent.

Der Existenzquantifikator mit begrenztem Bereich ist das Symbol „$\vee$“ in dem Ausdruck:

(3) $\bigvee_{A(x)} B(x)$,

welcher dem Ausdruck:

(4) $\bigvee_{x} [A(x) \wedge B(x)]$

äquivalent ist.

Die Quantifikatoren mit begrenztem Bereich kann man also mit Hilfe der üblichen Quantifikatoren und der Funktoren des Aussagenkalküls definieren.

Wenn in einem Aussagenausdruck, der unter dem Zeichen eines Quantifikators mit begrenztem Bereich auftritt, nur eine freie Variable vorkommt, nehmen wir an, daß dieser Quantifikator gerade diese freie Variable bindet. Außerdem nehmen wir in diesem Kapitel an, daß der Quantifikator mit begrenztem Bereich in einem unter diesem Quantifikator auftretenden Ausdruck die erste freie Namenvariable von links bindet.

Wenn wir Quantifikatoren mit begrenztem Bereich einführen, zählen wir zu den Aussagenausdrücken des engeren Quantifikatorenkalküls Ausdrücke, die aus zwei Aussagenausdrücken dieses Kalküls mit Hilfe solcher Quantifikatoren gebildet sind. Wir nehmen dabei an, wenn in einem Ausdruck, der sich unter dem Zeichen eines Quantifikators mit begrenztem Bereich befindet, keine freie Variable vorkommt, dieser Quantifikator eine beliebig festlegbare Variable – z. B. die Variable „x“ – bindet. Wir geben jetzt eine Aufstellung der Lesarten für die Ausdrücke, in denen entweder übliche Quantifikatoren oder Quantifikatoren mit begrenztem Bereich enthalten sind.

Den Ausdruck „$\bigwedge_{x} A(x)$“ lesen wir „für jedes x, $A(x)$“ oder auch „jedes x hat die Eigenschaft A“.

Den Ausdruck „$\bigvee_{x} A(x)$“ lesen wir „es gibt ein solches x, daß $A(x)$“ oder „für mindestens ein x, $A(x)$“ oder auch „es gibt ein x, das die Eigenschaft A besitzt“.

Den Ausdruck „$\bigwedge_{A(x)} B(x)$“ lesen wir „jedes x, das die Eigenschaft A hat, hat die Eigenschaft B“.

Den Ausdruck „$\bigvee_{A(x)} B(x)$“ lesen wir „es gibt ein solches x mit der Eigenschaft A, das die Eigenschaft B hat“ oder „mindestens ein x mit der Eigenschaft A hat die Eigenschaft B“.

2. Primäre Annahmeregeln für Quantifikatoren

Den klassischen Quantifikatorenkalkül erhalten wir, indem wir bestimmte, mit Hilfe von Quantifikatoren formulierte Axiome oder bestimmte, die Quantifikatoren betreffende Regeln in den klassischen Aussagenkalkül einführen. Um ein Annahmesystem des engeren Prädikatenkalküls zu erhalten, nehmen wir die primären Regeln des Annahmesystems des Aussagenkalküls – in entsprechend erweiterter Interpretation – an und ergänzen sie durch primäre Regeln für Quantifikatoren. Diese erweiterte Interpretation besteht darin, daß wir den in der Formulierung dieser Regeln auftretenden Terminus „(Aussagen-)Ausdruck“ jetzt als einen Terminus verstehen, der einen beliebigen Aussagenausdruck des engeren Prädikatenkalküls bezeichnet. Daraus folgt, daß die gleiche Interpretation auf die sekundären Regeln des Aussagenkalküls und die Theoreme dieses Kalküls übertragen wird, in denen man jetzt für die Aussagenvariablen beliebige Ausdrücke des engeren Prädikatenkalküls einsetzen kann.

Die zusätzlichen primären Regeln für Quantifikatoren, um die wir die so verstandenen primären Regeln des Annahmesystems bereichern, sind die Einführungs- und die Beseitigungsregel des All- und des Existenzquantifikators.

Bevor wir die Formulierung dieser Regeln geben, wollen wir den Begriff der Einsetzung für einen Ausdruck des Quantifikatorenkalküls bestimmen. Diesen Begriff wollen wir so verstehen, daß eine Einsetzung in einen wahren Ausdruck wieder einen wahren Ausdruck ergibt. Damit diese Bedingung für Systeme, in denen Quantifikatoren auftreten, erfüllt ist, müssen wir bei der Einsetzung bestimmte Vorsichtsmaßregeln einhalten. Wir wollen das zunächst an Beispielen erklären. Der Ausdruck „$\bigvee_y$ *y* ist verschieden von *x*", in dem die Variablen eine mindestens aus zwei Elementen bestehende Menge durchlaufen, z. B. die Menge der gegenwärtig lebenden Menschen, ist ein wahrer Ausdruck. Wir können jedoch in diesem Ausdruck nicht für die Variable „*x*" die Variable „*y*" einsetzen, weil wir dann den falschen Ausdruck erhalten würden: „$\bigvee_y$ *y* ist verschieden von *y*". Ebenso kann man in dem Ausdruck: „$\bigvee_y$ *y* ist der Vater von *x*" für die freie Variable „*x*" weder die Variable „*y*" noch z. B. den Ausdruck „Vater von *y*" einsetzen, weil wir sonst die falschen Aussagen erhalten würden: „$\bigvee_y$ *y* ist der Vater von *y*", „$\bigvee_y$ *y* ist der Vater des Vaters von *y*", denn niemand ist ja weder sein eigner Vater noch sein eigner Großvater. Beim Einsetzen – verstanden als ordnungsgemäßes Einsetzen, das immer von wahren Ausdrücken zu wahren Ausdrücken führt – müssen folgende Bedingungen erfüllt sein:

1. Wir setzen nur für **freie** Variablen ein.

2. An jeder Stelle, an der die Variable, für die wir einsetzen, als freie Variable auftritt, setzen wir für sie den **gleichen** Ausdruck ein.

3. Der eingesetzte Ausdruck muß der **gleichen syntaktischen Kategorie** angehören wie die Variable, für die wir diesen Ausdruck einsetzen.

4. Keine freie Variable des eingesetzten Ausdruckes darf im Ergebnis der Einsetzung gebunden sein. Genauer: In dem Ausdruck *E* kann man für die freie Variable *v* nicht den die freie Variable *w* enthaltenden Ausdruck *W* einsetzen, wenn der Ausdruck *E* den Ausdruck $\bigwedge_w H$ oder den Ausdruck $\bigvee_w H$ enthält und *v* eine freie Variable in *H* ist.

Die Bedingungen 1. bis 3. erfordern keine näheren Erläuterungen. Die Bedingung 4. schließt die obenangeführten Beispiele der nichtordnungsgemäßen Einsetzung aus. Alle diese Bedingungen werden durch folgende Bestimmung des Begriffes der Einsetzung erfaßt:

Der Aussagenausdruck *F* entsteht aus dem Aussagenausdruck *E* durch Einsetzung des Ausdruckes *W* für die freie Variable *v* ≡ *F* entsteht aus *E* durch Einsetzung des gleichen Ausdruckes *W* an jeder Stelle, an welcher *v* in *E* als freie Variable auftritt (wobei *W* der gleichen syntaktischen Kategorie wie *v* angehört), unter dem Vorbehalt, daß die Variable *v* nicht als freie Variable im Ausdruck *E* im Bereich eines Quantifikators auftritt, der irgendeine Variable bindet, welche als freie Variable im Ausdruck *W* vorkommt.

Mit dem Symbol „$E(v/W)$" bezeichnen wir:

1. Den Aussagenausdruck E, wenn die Variable v in E nicht frei vorkommt.

2. Den aus dem Aussagenausdruck E im Ergebnis der Einsetzung des Ausdruckes W für die freie Variable v entstandenen Ausdruck, wenn eine solche Einsetzung ordnungsgemäß ist, d. h. insbesondere die Bedingung 4. nicht verletzt wird. In dem Falle, daß eine gegebene Einsetzung aufgrund der Bedingung 4. nicht möglich ist, hat das Symbol „$E(v/W)$" keinen Sinn und bezeichnet keinen Ausdruck.

Dazu einige Beispiele:

$$p(x/y) = p$$
$$(\bigwedge_x A(x))(x/y) = \bigwedge_x A(x)$$
$$(\bigwedge_x A(x) \to A(y))(y/x) = (\bigwedge_x A(x) \to A(x)).$$

Die Zusammensetzung der Symbole „$(\bigvee_y xRy)(y/x)$" hat dagegen keinen Sinn und bezeichnet keinen Ausdruck, da man in dem Ausdruck „$\bigvee_y xRy$" für die freie Variable „y" aufgrund der Bedingung 4. nicht die freie Variable „x" einsetzen kann.

Wenn wir mit Hilfe des oben eingeführten Einsetzungssymbols die Regeln für das Operieren mit Quantifikatoren für den engeren Prädikatenkalkül formulieren, nehmen wir an, daß die Variable E einen beliebigen Aussagenausdruck dieses Systems bezeichnet, die Variable v beliebige Individuenvariablen bezeichnet und der Ausdruck W ein Ausdruck der Namenkategorie (eine Variable, eine Konstante oder ein aus Konstanten und Variablen aufgebauter Ausdruck) ist.

Die Regel der Beseitigung des Allquantifikators, durch das Symbol $B\bigwedge$ bezeichnet, stellt fest, daß aus dem Ausdruck $\bigwedge_v E$ der Ausdruck $E(v/W)$ folgt. Man kann sie in Form des folgenden Schemas schreiben:

$$\frac{\bigwedge_v E}{E(v/W)}.$$

Hier einige Beispiele gemäß dieses Schemas:

$$\frac{\bigwedge_x A(x)}{A(x)} \quad \frac{\bigwedge_x A(x)}{A(y)} \quad \frac{\bigwedge_x A(x)}{A(a)} \quad \frac{\bigwedge_x xPy}{yPy} \quad \frac{\bigwedge_x p}{p}.$$

Nach der Regel der Beseitigung des Allquantifikators folgt daraus, daß jeder Gegenstand eine bestimmte Eigenschaft besitzt, auch ein beliebiger oder ein ganz bestimmter Gegenstand diese Eigenschaft besitzt.

Die Regel der **Einführung des Allquantifikators**, durch das Symbol $E\wedge$ bezeichnet, stellt fest: Wenn aus den die freie Variable v nicht enthaltenden Ausdrücken Z die Aussageform $E(v)$ folgt, in der v eine freie Variable ist, dann folgt aus den Ausdrücken Z der Ausdruck $\bigwedge_v E(v)$. Diese Regel schreiben wir in Form des Schemas:

$$\frac{\dfrac{Z}{E(v)}}{\bigwedge_v E(v)} \quad (v \text{ ist in } Z \text{ keine freie Variable}).$$

Der intuitive Sinn dieser Regel läßt sich wie folgt verdeutlichen: Wenn aus den Ausdrücken Z, die die freie Variable v nicht enthalten, der Ausdruck $E(v)$ folgt, dann ist, wenn die Ausdrücke Z wahr sind, auch der Ausdruck $E(v)$ wahr, und zwar für einen beliebigen Wert seiner freien Variablen v. Dann ist aber auch der Ausdruck $\bigwedge_v E(v)$ wahr. Daraus nämlich, daß ein beliebiger Gegenstand irgendeine Eigenschaft besitzt, folgt, daß jeder Gegenstand diese Eigenschaft besitzt. Wenn dagegen $E(v)$ aus den Ausdrücken Z, welche die freie Variable v enthalten, folgt, dann können wir daraus nur schließen, daß $E(v)$ für die Werte der freien Variablen v wahr ist, für die die Ausdrücke Z wahr sind. Dies brauchen aber nicht alle Werte dieser Variablen zu sein, also braucht der Ausdruck $E(v)$ dann nicht für einen beliebigen Wert der Variablen v wahr zu sein. Der Ausdruck $\bigwedge_v E(v)$ kann somit auch falsch sein.

Gemäß der Regel $E\wedge$ können wir im Annahmebeweis den Allquantifikator in irgendeiner Zeile des Beweises nur dann einführen, wenn die durch diesen Quantifikator gebundene Variable keine freie Variable in den Annahmen ist, also weder in den Beweisannahmen noch in den in dem gegebenen Beweis eingeführten zusätzlichen Annahmen eine freie Variable ist.

Die Regel der **Einführung des Existenzquantifikators**, durch das Symbol $E\vee$ bezeichnet, stellt fest, daß aus dem Ausdruck $E(v/W)$ der Ausdruck $\bigvee_v E$ folgt.

Diese Regel schreiben wir in Form des Schemas:

$$\frac{E(v/W)}{\bigvee_v E}.$$

Hier einige Beispiele gemäß dieses Schemas:

$$\frac{A(x)}{\bigvee_x A(x)} \quad \frac{A(y)}{\bigvee_x A(x)} \quad \frac{A(a)}{\bigvee_x A(x)} \quad \frac{yPy}{\bigvee_x xPy} \quad \frac{aPa}{\bigvee_x xPx} \quad \frac{p}{\bigvee_x p}.$$

Gemäß der Einführungsregel des Existenzquantifikators folgt daraus, daß ein beliebiger oder ein ganz bestimmter Gegenstand eine gegebene Eigenschaft besitzt, daß es einen Gegenstand mit dieser Eigenschaft gibt.

Der allgemeinen Formulierung der Beseitigungsregel des Existenzquantifikators lassen wir – zur Erläuterung ihres intuitiven Sinnes – eine Betrachtung entsprechender Beispiele vorangehen.

Da der Satz „$\bigvee_x x$ Einwohner von Warschau" wahr ist, ist auch der singuläre Satz „*N.* ist Einwohner von Warschau" wahr, in dem „*N.*" der Name einer ganz bestimmten Person ist, für welche die Aussageform „*x* ist Einwohner von Warschau" wahr ist. „*N.*" ist also der Name eines ganz bestimmten Einwohners von Warschau. Ähnlich verhält es sich im folgenden Beispiel. Da die Aussage „$\bigvee_x x$ ist Einwohner von Kraków" wahr ist, ist also auch die Aussage „*M.* ist Einwohner von Kraków" wahr, wenn „*M.*" der Name eines ganz bestimmten Einwohners von Kraków ist.

Wenn *v* die einzige freie Variable im Ausdruck $E(v)$ ist, dann ist – nach der Beseitigungsregel des Existenzquantifikators –, wenn die Aussage $\bigvee_v E(v)$ wahr ist, auch die Aussage $E(v/t)$ wahr, in welchem *t* eine Konstante ist, die einen ganz bestimmten Gegenstand bezeichnet, für den die Aussageform $E(v)$ wahr ist.

Da in den Theoremen des engeren Prädikatenkalküls keine Individuenkonstanten auftreten, sind die mit Hilfe der Beseitigungsregel des Existenzquantifikators erhaltenen Ausdrücke keine Theoreme dieses Systems. Sie können aber Zeilen in Annahmebeweisen solcher Theoreme sein.

Bei Anwendung der Beseitigungsregel des Existenzquantifikators in Annahmebeweisen müssen wir vorsichtig sein, um nicht von wahren Ausdrücken zu falschen Ausdrücken zu gelangen.

Nehmen wir an, wir stützen uns auf die zwei Prämissen:

(1) $\bigvee_x x$ ist Einwohner von Warschau

(2) $\bigvee_x x$ ist Einwohner von Kraków.

Aus dem Ausdruck (1) leiten wir mit Hilfe der Beseitigungsregel des Existenzquantifikators den Ausdruck:

(3) *N.* ist Einwohner von Warschau

ab. Wenn wir danach die Beseitigungsregel des Existenzquantifikators auf den Ausdruck (2) anwenden, können wir nicht wieder die gleiche Konstante „*N.*" einführen, weil die Aussage „*N.* ist Einwohner von Kraków" falsch sein kann. Wir können dagegen eine neue Konstante einführen, die bisher in unseren Betrachtungen nicht verwendet wurde, z. B. die Konstante „*M.*", und erhalten den Ausdruck:

(4) *M.* ist Einwohner von Kraków.

Dieses Beispiel erklärt den intuitiven Sinn der folgenden Beschränkung für die Beseitigungsregel des Existenzquantifikators:

Jedesmal, wenn wir die Beseitigungsregel des Existenzquantifikators in dem gleichen Beweis anwenden, führen wir eine neue Konstante ein, die von allen Konstanten in den Annahmen und von den vorher in diesem Beweis mit Hilfe dieser Regel eingeführten Konstanten verschieden ist.

Wir wollen jetzt untersuchen, wie man die besprochene Regel auf Ausdrücke anwenden kann, die aus einem Existenzquantifikator und aus Aussageformen mit mehr als einer freien Variablen gebildet sind.

Würden wir aus dem Ausdruck:

(1) $\bigvee_{x} x$ ist Einwohner der Stadt y

durch Beseitigung des Existenzquantifikators den Ausdruck:

(2) *N.* ist Einwohner der Stadt y

ableiten, dann kämen wir von der wahren Aussage (1), welche feststellt, daß es für jede beliebige Stadt y ein solches x gibt, daß x Einwohner der Stadt y ist, zu der falschen Aussage (2), welche feststellt, daß eine bestimmte Person *N.* Einwohner einer beliebigen Stadt y sei. Um dies zu vermeiden, werden wir den Existenzquantifikator in solchen Fällen auf folgende Weise beseitigen:

Aus (1) leiten wir den Ausdruck:

(2′) N_y ist Einwohner der Stadt y

ab. Der Ausdruck „N_y" gehört zu der syntaktischen Kategorie der Individuennamen, die Konstante „N" ist also hier ein namenbildender Funktor von einem Namenargument.

Wenn wir für die freie Variable y in (2') die Konstanten M_1, M_2, ... einsetzen, erhalten wir aus (2') die Aussagen:

$$\begin{array}{l} N_{M_1} \text{ ist Einwohner von } M_1 \\ N_{M_2} \text{ ist Einwohner von } M_2 \\ \ldots\ldots\ldots\ldots\ldots\ldots \end{array}$$

Aus der Wahrheit aller dieser Aussagen folgt die Wahrheit der Aussage (2'). Auf diese Weise vermeiden wir die gerade erläuterten Schwierigkeiten.

Im Ergebnis dieser Betrachtungen kommen wir zu folgender Formulierung der Beseitigungsregel des Existenzquantifikators: $E(v)$ sei eine beliebige Aussageform des engeren Prädikatenkalküls mit einer freien Individuenvariablen v, $E(v, v_1, \ldots, v_n)$ sei dagegen eine beliebige Aussageform dieses Kalküls, in der die vorkommenden freien Individuenvariablen v, $v_1, \ldots, v_n$ sind, und schließlich sei t eine Individuenkonstante oder ein konstanter namenbildender Funktor von n Namenargumenten.

Die Regel der Beseitigung des Existenzquantifikators, bezeichnet durch das Symbol $B\bigvee$, stellt fest:

1. Wenn der Ausdruck $\bigvee_v E(v)$ wahr ist, dann ist der Ausdruck $E(v/t)$ wahr.

2. Wenn der Ausdruck $\bigvee_v E(v, v_1, \ldots, v_n)$ wahr ist, dann ist der Ausdruck $E(v/t_{v_1,\ldots,v_n}, v_1, \ldots, v_n)$ wahr.

Wir nehmen dabei an, daß die nach dieser Regel erhaltenen Ausdrücke die ersten Ausdrücke des Beweises sind, in denen die Konstante t vorkommt.

Diese Regel schreiben wir in Form der Schemata:

$$\frac{\bigvee_v E(v)}{E(v/t)} \qquad \frac{\bigvee_v E(v, v_1, \ldots, v_n)}{E(v/t_{v_1,\ldots,v_n}, v_1, \ldots, v_n)}.$$

Die nach diesen Schemata erhaltenen Conclusionen sind dabei die ersten Zeilen des Beweises, in denen die Konstante t vorkommt.

Als Individuenkonstanten werden wir die Buchstaben: a, b, c, a_1, b_1, c_1, ... verwenden.

Als Konstanten der namenbildenden Funktoren von Namenargumenten werden wir die gleichen Buchstaben, jedoch mit Indizes, verwenden: a_x, $a_{x, y}$, $b_{x', y, z}$ usw.

3. Annahmebeweise der sekundären Gesetze und Regeln

Gesetz der Negation des Allquantifikators: $\sim \bigwedge_v E \equiv \bigvee_v \sim E$.

Ein Spezialfall dieses Gesetzes ist das folgende, mit Hilfe von Prädikaten von einem Argument geschriebene Gesetz: $\sim \bigwedge_x A(x) \equiv \bigvee_x \sim A(x)$.
Dieses Gesetz können wir auf folgende Weise lesen: Nicht jeder Gegenstand hat die Eigenschaft A dann und nur dann, wenn es Gegenstände gibt, welche die Eigenschaft A nicht haben.

Beispiel: Nicht jeder Gegenstand ist farbig dann und nur dann, wenn es Gegenstände gibt, die nicht farbig sind.

Der Ausdruck E kann ein beliebiger Aussagenausdruck des engeren Prädikatenkalküls sein. Bei der Annahme, daß $E =$ „$A(x)$", erhielten wir den obenangeführten Spezialfall des Negationsgesetzes des Allquantifikators. Wenn wir z. B. annehmen, daß $E =$ „xPy", erhalten wir: $\sim \bigwedge_x xPy \equiv \bigvee_x \sim xPy$. Wenn wir annehmen, daß $E =$ „$A(x) \to B(x)$", erhalten wir:

$$\sim \bigwedge_x [A(x) \to B(x)] \equiv \bigvee_x \sim [A(x) \to B(x)] \text{ usw.}$$

Alle diese Spezialfälle sind Theoreme auf Grund des allgemeinen Gesetzes, welches feststellt, daß jeder Ausdruck von der durch dieses Gesetz bestimmten Form ein Theorem ist.

Wir führen den Beweis des Gesetzes $\sim \bigwedge_x A(x) \equiv \bigvee_x \sim A(x)$ an.

Beweis. (a)	(1)	$\sim \bigwedge_x A(x)$	{An.}
	(2)	$\sim \bigvee_x \sim A(x)$	{A. d. i. B.}
	(1.1.)	$\sim A(x)$	{z. An.}
	(1.2.)	$\bigvee_x \sim A(x)$	{E $\bigvee$: 1.1}
	(3)	$\sim A(x) \to \bigvee_x \sim A(x)$	{1.1 $\to$ 1.2}
	(4)	$A(x)$	{Tol.: 3, 2}
	(5)	$\bigwedge_x A(x)$	{E $\bigwedge$: 4}
		Wid.	{1, 5}

Der Beweis der allgemeinen Formulierung des Negationsgesetzes der Quantifikatoren ist völlig analog. Ähnlich werden wir mitunter auch in bezug auf andere Gesetze und Regeln des Prädikatenkalküls verfahren. Wir werden ihre allgemeinen Formulierungen anführen, die Beweise jedoch für ihre Spezialfälle, die Prädikate von einem Argument betreffen, durchführen. Die Beweise der allgemeinen Formulierungen sind gewöhnlich analog.

Gesetz der **Negation des Existenzquantifikators**:

$$\sim \bigvee_v E \equiv \bigwedge_v \sim E\,.$$

Wir geben den Beweis des Theorems: $\sim \bigvee_x A(x) \equiv \bigwedge_x \sim A(x)$ an.

Beweis. (a)	(1)	$\sim \bigvee_x A(x)$	{An.}
	(1.1)	$A(x)$	{z. An.}
	(1.2)	$\bigvee_x A(x)$	{E$\bigvee$: 1.1}
	(2)	$A(x) \rightarrow \bigvee_x A(x)$	{1.1 → 1.2}
	(3)	$\sim A(x)$	{Tol.: 2, 1}
		$\bigwedge_x \sim A(x)$	{E$\bigwedge$: 3}
Beweis. (b)	(1)	$\bigwedge_x \sim A(x)$	{An.}
	(2)	$\bigvee_x A(x)$	{A. d. i. B.}
	(3)	$A(a)$	{B$\bigvee$: 2}
	(4)	$\sim A(a)$	{B$\bigwedge$: 1}
		Wid.	{3, 4}

Das Negationsgesetz des Existenzquantifikators kann wie folgt gelesen werden:

Es gibt keine Gegenstände mit der Eigenschaft A dann und nur dann, wenn jeder Gegenstand die Eigenschaft A nicht besitzt.

Beispiel: Es gibt dann und nur dann keinen Gegenstand, der in sich widersprüchlich ist, wenn alle Gegenstände nicht in sich widersprüchlich sind.

Aus den Negationsgesetzen der Quantifikatoren erhalten wir aufgrund des Negationsgesetzes der Glieder einer Äquivalenz und des Gesetzes der doppelten Negation folgende Gesetze:

Das Gesetz der **Ersetzung des Allquantifikators durch den Existenzquantifikator und die Negation**:

$$\bigwedge_v E \equiv \sim \bigvee_v \sim E\,.$$

Das Gesetz der Ersetzung des Existenzquantifikators durch den Allquantifikator und die Negation:

$$\bigvee_{v} E \equiv \sim \bigwedge_{v} \sim E .$$

Jeden der Quantifikatoren kann man also mit Hilfe des anderen und des Negationszeichens definieren.

Regel I der Verteilung des Allquantifikators auf eine Implikation:

$$\frac{\bigwedge_{v} (E \rightarrow F)}{\bigwedge_{v} E \rightarrow \bigwedge_{v} F} .$$

Zur Abwechslung führen wir diesmal den Beweis für die allgemeine Formulierung dieses Schemas:

Beweis.	(1)	$\bigwedge_{v} (E \rightarrow F)$	{An.}
	(2)	$\bigwedge_{v} E$	{An.}
	(3)	$E \rightarrow F$	{B∧: 1}
	(4)	E	{B∧: 2}
	(5)	F	{AR: 3, 4}
		$\bigwedge_{v} F$	{E∧: 5}

Ein Beispiel für einen Schluß nach diesem Schema ist folgender:

Für jedes x, wenn x gegen Pocken geimpft ist, so ist x gegen Pockenviren widerstandsfähig

---

Wenn jedes x gegen Pocken geimpft ist, so ist jedes x gegen Pockenviren widerstandsfähig .

Regel II der Verteilung des Allquantifikators auf eine Implikation:

$$\frac{\bigwedge_{v} (E \rightarrow F)}{\bigvee_{v} E \rightarrow \bigvee_{v} F} .$$

Wir geben den Beweis des Schemas für Prädikate mit einem Argument an:

Beweis.	(1)	$\bigwedge_{x} [A(x) \rightarrow B(x)]$	{An.}
	(2)	$\bigvee_{x} A(x)$	{An.}

$$
\begin{array}{lll}
(3) & A(a) & \{\mathrm{B}\bigvee: 2\} \\
(4) & A(a) \rightarrow B(a) & \{B\bigwedge: 1\} \\
(5) & B(a) & \{\mathrm{AR}: 4, 3\} \\
 & \bigvee_{x} B(x) & \{\mathrm{E}\bigvee: 5\}
\end{array}
$$

Ein Beispiel für einen Schluß nach diesem Schema ist folgender:

$$
\frac{\text{Für jedes } x \text{, wenn } x \text{ nicht gegen Pocken geimpft ist, so kann } x \text{ an Pocken erkranken}}{\text{Wenn es ein } x \text{ gibt, so daß } x \text{ nicht gegen Pocken geimpft ist, so gibt es ein } x \text{, so daß } x \text{ an Pocken erkranken kann}}.
$$

Regel I der Verteilung des Allquantifikators auf eine Äquivalenz:

$$
\frac{\bigwedge_{v}(E \equiv F)}{\bigwedge_{v} E \equiv \bigwedge_{v} F}.
$$

$$
\begin{array}{llll}
\text{Beweis.} & (1) & \bigwedge_{v}(E \equiv F) & \{\mathrm{An.}\} \\
 & (2) & E \equiv F & \{\mathrm{B}\bigwedge: 1\} \\
 & (3) & E \rightarrow F & \multirow{2}{*}{\{\mathrm{BÄ}: 2\}} \\
 & (4) & F \rightarrow E & \\
 & (5) & \bigwedge_{v}(E \rightarrow F) & \{\mathrm{E}\bigwedge: 3\} \\
 & (6) & \bigwedge_{v}(F \rightarrow E) & \{\mathrm{E}\bigwedge: 4\} \\
 & (7) & \bigwedge_{v} E \rightarrow \bigwedge_{v} F & \{\text{Vert. d. Allquant. auf Impl. I}: 5\} \\
 & (8) & \bigwedge_{v} F \rightarrow \bigwedge_{v} E & \{\text{Vert. d. Allquant. auf Impl. I}: 6\} \\
 & & \bigwedge_{v} E \equiv \bigwedge_{v} F & \{\mathrm{EÄ}: 7, 8\}
\end{array}
$$

Regel II der Verteilung des Allquantifikators auf eine Äquivalenz:

$$
\frac{\bigwedge_{v}(E \equiv F)}{\bigvee_{v} E \equiv \bigvee_{v} F}.
$$

Im Beweis dieser Regel, der analog zum Beweis der Regel I ist, verwenden wir die II. Regel der Verteilung des Allquantifikators auf eine Implikation.

Anhand der Regeln der Verteilung des Allquantifikators auf eine Äquivalenz sowie der Extensionalitätsregel für die Äquivalenz aus dem

Aussagenkalkül kann man die Extensionalitätsregel für den engeren Prädikatenkalkül beweisen. Bei der Formulierung dieser Regel nehmen wir an, daß H ein beliebiger Aussagenausdruck dieses Kalküls ist, F und G dagegen solche Ausdrücke dieses Kalküls sind, deren sämtliche freie Individuenvariablen die Variablen $v_1, \ldots, v_n$ sind. Unter diesen Voraussetzungen stellt die Extensionalitätsregel für den engeren Prädikatenkalkül fest, daß aus dem Ausdruck $\bigwedge_{v_1,\ldots,v_n} (F \equiv G)$ und dem Ausdruck H die Ausdrücke $H(F//G)$ und $H(G//F)$ folgen.

Nach den Regeln der Verteilung des Allquantifikators auf eine Äquivalenz folgen aus der Aussage:

(1) $\bigwedge_x$ (x ist der Bruder von Maria $\equiv$ Maria ist die Schwester von x)

die Aussagen:

$\bigwedge_x$ (x ist der Bruder von Maria) $\equiv$ $\bigwedge_x$ (Maria ist die Schwester von x).

$\bigvee_x$ (x ist der Bruder von Maria) $\equiv$ $\bigvee_x$ (Maria ist die Schwester von x).

Nach der Extensionalitätsregel für Quantifikatoren folgt aus der Aussage (1) und der Aussage:

$\bigwedge_x$ (x ist der Bruder von Maria $\rightarrow$ Maria hat Geschwister)

die Aussage:

$\bigwedge_x$ (Maria ist die Schwester von $x \rightarrow$ Maria hat Geschwister).

Die Einführungsregel des Allquantifikators kann man auf die Theoreme ohne jede Einschränkung anwenden. Wenn wir nämlich mit Hilfe von Regeln, die von wahren zu wahren Aussagen führen, den Ausdruck $E(v)$, in dem v eine freie Variable ist, beweisen, so ist dieser Ausdruck für einen beliebigen Wert der freien Variablen wahr. Also ist die Aussage $\bigwedge_v E(v)$ in diesem Fall wahr. Wenn wir also in den Theoremen des Aussagenkalküls für die Aussagenvariablen beliebige Ausdrücke des engeren Prädikatenkalküls einsetzen und den auf diese Weise erhaltenen Ausdrücken Allquantifikatoren voranstellen, welche die in den Ausdrücken vorkommenden freien Variablen binden, erhalten wir Theoreme des engeren Prädikatenkalküls. Die Einsetzungsregel für Aussagenvariable wird hier übrigens nur als sekundäre Regel verwendet, weil wir die Einsetzung für ein gegebenes Theorem des Aussagenkalküls mit Hilfe der Annahmeregeln auf analoge Weise beweisen können, wie wir das gegebene Theorem beweisen. Zum Beispiel erhalten wir aufgrund des Gesetzes der doppelten Verneinung und der Regel E$\wedge$ das Theorem: $\bigwedge_x [A(x) \equiv \sim \sim A(x)]$. Aufgrund dieses Theorems und der Extensionalitätsregel für Quantifikatoren kann man in jedem Ausdruck des engeren Prädikatenkalküls den Ausdruck „$\sim \sim A(x)$" durch den Ausdruck „$A(x)$" ersetzen, wobei wir aus dem gegebenen Ausdruck einen äquivalenten Ausdruck erhalten. Äquivalent sind also z. B. die Ausdrücke „$\bigwedge_x \sim \sim A(x)$" und „$\bigwedge_x A(x)$", die Ausdrücke „$\bigvee_x \sim \sim A(x)$" und „$\bigvee_x A(x)$", die Ausdrücke: „$\bigwedge_x [\sim \sim A(x) \rightarrow B(x)]$" und „$\bigwedge_x [A(x) \rightarrow B(x)]$" usw.

Gesetz der Verteilung des Allquantifikators auf eine Konjunktion:

$$\bigwedge_v (E \wedge F) \equiv \bigwedge_v E \wedge \bigwedge_v F .$$

Beweis. (a)	(1)	$\bigwedge_v (E \wedge F)$	{An.}
	(2)	$E \wedge F$	{B$\wedge$: 1}
	(3)	E	{BK: 2}
	(4)	F	
	(5)	$\bigwedge_v E$	{E$\wedge$: 3}
	(6)	$\bigwedge_v F$	{E$\wedge$: 4}
		$\bigwedge_v E \wedge \bigwedge_v F$	{EK: 5, 6}

Beweis. (b)	(1)	$\bigwedge_v E$	{An.}
	(2)	$\bigwedge_v F$	
	(3)	E	{B$\wedge$: 1}
	(4)	F	{B$\wedge$: 2}
	(5)	$E \wedge F$	{EK: 3, 4}
		$\bigwedge_v (E \wedge F)$	{E$\wedge$: 5}

Aufgrund dieses Gesetzes kann man den vor einer Konjunktion stehende Allquantifikator auf die Glieder der Konjunktion verteilen und umgekehrt, der Allquantifikator kann aus den Gliedern einer Konjunktion herausgezogen und vor die gesamte Konjunktion gesetzt werden.

Nach diesem Gesetz ist die Aussage:
Für jedes x, x hat ein Herz und x hat eine Leber, der Aussage: (Für jedes x, x hat ein Herz) und (für jedes x, x hat eine Leber) äquivalent.

Regel der Verteilung des Existenzquantifikators auf eine Konjunktion:

$$\frac{\bigvee_{v}(E \wedge F)}{\bigvee_{v} E \wedge \bigvee_{v} F}.$$

Wir geben den Beweis des Schemas für Prädikate von einem Argument an.

Beweis.	(1)	$\bigvee_{x}[A(x) \wedge B(x)]$	{An.}
	(2)	$A(a) \wedge B(a)$	{B$\bigvee$: 1}
	(3)	$A(a)$	{BK: 2}
	(4)	$B(a)$	
	(5)	$\bigvee_{x} A(x)$	{E$\bigvee$: 3}
	(6)	$\bigvee_{x} B(x)$	{E$\bigvee$: 4}
		$\bigvee_{x} A(x) \wedge \bigvee_{x} B(x)$	{EK: 5, 6}

Nach dieser Regel folgt aus der Aussage:
Es gibt ein solches x, daß (x ist ein Dichter und x ist ein Maler)
die Aussage:
(Es gibt ein solches x, daß x ein Dichter ist) und (es gibt ein solches x, daß x ein Maler ist).

Die umgekehrte Folgerung ist nicht richtig, das umgekehrte Schema ist ungültig. Dazu folgendes Beispiel. Die Aussage: (Es gibt ein solches x, daß x ein Löwe ist) und (es gibt ein solches x, daß x ein Elephant ist) ist eine wahre Aussage, während dagegen die Aussage: Es gibt ein solches x, daß (x ist ein Löwe und x ist ein Elephant) falsch ist.

Regel des Herausziehens des Allquantifikators vor eine Alternative:

$$\frac{\bigwedge_{v} E \vee \bigwedge_{v} F}{\bigwedge_{v}(E \vee F)}.$$

Beweis.	(1)	$\bigwedge_{v} E \vee \bigwedge_{v} F$	{An.}
	(1.1)	$\bigwedge_{v} E$	{z. An.}
	(1.2)	E	{B$\bigwedge$: 1.1}

(1.3)	$E \vee F$	{EA: 1.2}
(1.4)	$\bigwedge_v (E \vee F)$	{E∧: 1.3}
(2.1)	$\bigwedge_v F$	{z. An.}
(2.2)	F	{B∧: 2.1}
(2.3)	$E \vee F$	{EA: 2.2}
(2.4)	$\bigwedge_v (E \vee F)$	{E∧: 2.3}
	$\bigwedge_v (E \vee F)$	{1.1 → 1.4, 2.1 → 2.4,1}

Nach dieser Regel folgt aus der Aussage:
(Für jedes x, x bestand die Prüfung in Psychologie) oder (für jedes x, x bestand die Prüfung in Pädagogik)

die Aussage:
Für jedes x, (x bestand die Prüfung in Psychologie oder x bestand die Prüfung in Pädagogik).

Die umgekehrte Folgerung ist nicht richtig, das umgekehrte Schema ist ungültig.

Zum Beispiel folgt aus der Aussage:
(Für jedes x, x ist ein Mann oder x ist eine Frau) nicht die Aussage:
(Für jedes x, x ist ein Mann) oder (für jedes x, x ist eine Frau).

Wenn die Variable „x" die Menge aller Menschen durchläuft, so ist die erste dieser Aussagen wahr und die zweite falsch.

Gesetz der Verteilung des Existenzquantifikators auf eine Alternative:

$$\bigvee_v (E \vee F) \equiv \bigvee_v E \vee \bigvee_v F .$$

Wir geben den Beweis dieses Gesetzes für Prädikate von einem Argument an, also den Beweis des Gesetzes:

$$\bigvee_x [A(x) \vee B(x)] \equiv \bigvee_x A(x) \vee \bigvee_x B(x) .$$

Beweis. (a)	(1)	$\bigvee_x [A(x) \vee B(x)]$	{An.}
	(2)	$A(a) \vee B(a)$	{B∨: 1}
	(1.1)	$A(a)$	{z. An.}
	(1.2)	$\bigvee_x A(x)$	{E∨: 1.1}
	(2.1)	$B(a)$	{z. An.}
	(2.2)	$\bigvee_x B(x)$	{E∨: 2.1}
		$\bigvee_x A(x) \vee \bigvee_x B(x)$	{Zusam. konstr. Dilemma: 2, 1.1 → 1.2, 2.1 → 2.2}

Beweis. (b) (1) $\bigvee_x A(x) \vee \bigvee_x B(x)$ {An.}

(1.1)	$\bigvee_x A(x)$	{z. An.}
(1.2)	$A(a)$	{B ∨ : 1.1}
(1.3)	$A(a) \vee B(a)$	{EA: 1.2}
(1.4)	$\bigvee_x [A(x) \vee B(x)]$	{E ∨ : 1.3}
(2.1)	$\bigvee_x B(x)$	{z. An.}
(2.2)	$B(b)$	{B ∨ : 2.1}
(2.3)	$A(b) \vee B(b)$	{EA: 2.2}
(2.4)	$\bigvee_x [A(x) \vee B(x)]$	{E ∨ : 2.3}
	$\bigvee_x [A(x) \vee B(x)]$	{1.1 → 1.4, 2.1 → 2.4, 1}

Aufgrund des Gesetzes der Verteilung des Existenzquantifikators auf eine Alternative ist es möglich, den vor einer Alternative auftretenden Existenzquantifikator auf die Glieder dieser Alternative zu verteilen und umgekehrt, den Existenzquantifikator aus den Gliedern einer Alternative herauszuziehen und vor die gesamte Alternative zu setzen.

Nach diesem Gesetz ist die Aussage:
Es gibt ein solches x, daß (x bestieg den Annapurna oder x bestieg den Mont Everest)
äquivalent der Aussage:
(Es gibt ein solches x, daß x bestieg den Annapurna) oder (es gibt ein solches x, daß x bestieg den Mont Everest).

Das Gesetz der Verschiebung des Allquantifikators in das Hinterglied stellt fest, daß wenn v in E keine freie Variable ist, dann die Äquivalenz:

$$\bigwedge_v (E \to F) \equiv E \to \bigwedge_v F$$

wahr ist. Aufgrund dieses Gesetzes ist es möglich, den vor einer Implikation auftretenden Allquantifikator in das Hinterglied dieser Implikation zu verlegen, wenn die durch diesen Quantifikator gebundene Variable keine freie Variable im Vorderglied dieser Implikation ist. Ein Spezialfall dieses Gesetzes für Prädikate von einem Argument ist das Gesetz:

$$\bigwedge_x [p \to A(x)] \equiv p \to \bigwedge_x A(x)\,.$$

In diesem letzten Gesetz kann man für die Aussagenvariable „p“ nur solche Aussagenausdrücke des engeren Prädikatenkalküls einsetzen, in denen die Variable „x“ nicht als freie Varable vorkommt. Wir müssen nämlich bei einer solchen Einsetzung die allgemeinen Beschränkungen respektieren, die beim Einsetzen in Ausdrücke, in denen freie und gebundene Variable vorkommen, gelten. Insbesondere darf keine freie Variable des eingesetzten Ausdruckes im Ergebnis der Einsetzung gebunden sein. Im letzten Gesetz darf man z. B. für die Variable „p“ nicht den Ausdruck „$B(x)$“ einsetzen.

Wir geben nachfolgend nur den Beweis des besprochenen Gesetzes für Prädikate von einem Argument an.

Beweis. (a)	(1)	$\bigwedge_x [p \to A(x)]$	{An.}
	(2)	p	
	(3)	$p \to A(x)$	{B $\bigvee$: 1}
	(4)	$A(x)$	{AR: 3, 2}
		$\bigwedge_x A(x)$	{E $\bigwedge$: 4}

Beweis. (b)	(1)	$p \to \bigwedge_x A(x)$	{An.}
	(1.1)	p	{z. An.}
	(1.2)	$\bigwedge_x A(x)$	{AR: 1, 1.1}
	(1.3)	$A(x)$	{B $\bigwedge$: 1.2}
	(2)	$p \to A(x)$	{1.1 → 1.3}
		$\bigwedge_x [p \to A(x)]$	{E $\bigwedge$: 2}

Nach dem Gesetz der Verschiebung des Allquantifikators in das Hinterglied ist die Aussage:
Für jedes x, (wenn Jan kinderlos ist, so ist x kein Kind von Jan)
äquivalent der Aussage:
Wenn Jan kinderlos ist, so für jedes x, x ist kein Kind von Jan.

Das Gesetz der **Verschiebung des Existenzquantifikators in das Hinterglied** stellt fest, daß wenn v in E keine freie Variable ist, die Äquivalenz:

$$\bigvee_v (E \to F) \equiv E \to \bigvee_v F$$

wahr ist.

Für Prädikate von einem Argument haben wir hier das Gesetz:

$$\bigvee_x [p \to A(x)] \equiv p \to \bigvee_x A(x)$$

Aufgrund dieses Gesetzes ist es möglich, den vor einer Implikation stehenden Existenzquantifikator in das Hinterglied dieser Implikation zu verlegen, wenn die durch ihn gebundene Variable im Vorderglied dieser Implikation nicht frei vorkommt.

Der Beweis dieses Gesetzes ist dem Beweis des Gesetzes der Verschiebung des Allquantifikators in das Hinterglied analog, nur mit dem Unterschied, daß wir in ihm anstelle der Regeln für den Allquantifikator die Regeln der Beseitigung und der Einführung des Existenzquantifikators anwenden.

Nach dem Gesetz der Verschiebung des Existenzquantifikators in das Hinterglied ist die Aussage:
Es gibt ein solches x, daß wenn Maria verheiratet ist, so ist x der Ehemann von Maria
äquivalent der Aussage:
Wenn Maria verheiratet ist, so gibt es ein solches x, daß x der Ehemann von Maria ist.

Das Gesetz der Verschiebung des Allquantifikators in das Vorderglied stellt fest, wenn v in F keine freie Variable ist, dann ist die Äquivalenz:

$$\bigwedge_{v}(E \rightarrow F) \equiv \bigvee_{v} E \rightarrow F$$

wahr.

Für Prädikate von einem Argument haben wir hier das Gesetz:

$$\bigwedge_{x}[A(x) \rightarrow p] \equiv \bigvee_{x} A(x) \rightarrow p\,.$$

Beweis. (a)	(1)	$\bigwedge_{x}[A(x) \rightarrow p]$	{An.}
	(2)	$\bigvee_{x} A(x)$	
	(3)	$A(a)$	{B$\bigvee$:2}
	(4)	$A(a) \rightarrow p$	{B$\bigwedge$:1}
		p	{AR: 4, 3}
Beweis. (b)	(1)	$\bigvee_{x} A(x) \rightarrow p$	{An.}
	(1.1)	$A(x)$	{z. An.}
	(1.2)	$\bigvee_{x} A(x)$	{E$\bigvee$: 1.1}
	(1.3)	p	{AR: 1, 1.2}
	(2)	$A(x) \rightarrow p$	{1.1 → 1.3}
		$\bigwedge_{x}[A(x) \rightarrow p]$	{E$\bigwedge$: 2}

Indem wir den Allquantifikator vor einer Implikation, in deren Hinterglied keine durch ihn gebundene Variable als freie Variable auftritt, in das Vorderglied dieser Implikation verschieben, ersetzen wir ihn dann aufgrund dieses Gesetzes durch den Existenzquantifikator.

Nach dem Gesetz der Verschiebung des Allquantifikators in das Vorderglied ist die Aussage:
Für jedes x, wenn x der Ehemann von Maria ist, so ist Maria verheiratet
äquivalent der Aussage:
Wenn es ein solches x gibt, daß x der Ehemann von Maria ist, so ist Maria verheiratet.

Man kann auch leicht die Gültigkeit des folgenden Schemas beweisen:

$$\frac{\bigwedge_x [A(x) \to p]}{\bigwedge_x A(x) \to p}.$$

Hier ein Beispiel des Schlusses nach diesem Schema:

Für jedes x, wenn x Bewohner der Osterinsel ist, so ist die Osterinsel nicht menschenleer
———————————————————————————.
Wenn jedes x Bewohner der Osterinsel ist, so ist die Osterinsel nicht menschenleer

Das umgekehrte Schema ist dagegen ungültig, was durch das folgende Beispiel nachgewiesen wird. Wir nehmen an, daß die Variable „x" eine Menge von drei Personen durchläuft und daß sich am Boden einer Schlucht ein Gegenstand P befindet, den keine dieser Personen allein hochziehen kann, den aber die drei Personen zusammen hochziehen können. Dann ist die folgende Aussage wahr:
„Wenn jedes x an der am Gegenstand P befestigten Leine zieht, wird der Gegenstand P hochgezogen". Falsch ist dagegen die Aussage „Für jedes x, wenn x an der am Gegenstand P befestigten Leine zieht, wird der Gegenstand P hochgezogen".

Das Gesetz der Verschiebung des Existenzquantifikators in das Vorderglied stellt fest: Wenn die Variable v in F nicht frei ist, dann ist die Äquivalenz

$$\bigvee_v (E \to F) \equiv \bigwedge_v E \to F$$

wahr.

Wir geben den Beweis dieses Gesetzes für Prädikate von einem Argument an:

$$\bigvee_x [A(x) \to p] \equiv \bigwedge_x A(x) \to p\,.$$

Beweis. (a) (1) $\bigvee_x A(x) \to p$ } {An.}

(2) $\bigwedge_x A(x)$

(3) $A(a) \to p$ {B $\vee$: 1}

(4) $A(a)$ {B $\wedge$: 2}

p {AR: 3, 4}

Beweis. (b) (1) $\bigwedge_x A(x) \to p$ {An.}

(2) $\sim \bigvee_x A(x) \to p$ {A. d. i. B.}

(3) $\bigwedge_x \sim [A(x) \to p]$ {Ges. d. Neg. Existenzquant.: 2}

(4) $\sim [A(x) \to p]$ {B $\wedge$: 3}

(5) $A(x) \wedge \sim p$ {Ges. d. Neg. ein. Impl.: 4}

(6) $A(x)$ } {BK: 5}

(7) $\sim p$

(8) $\bigwedge_x A(x)$ {E $\wedge$: 6}

(9) $\sim \bigwedge_x A(x)$ {Tol.: 1, 7}

Wid. {8, 9}

Indem wir den Existenzquantifikator vor einer Implikation, in deren Hinterglied die durch ihn gebundene Variable nicht als freie Variable vorkommt, auf ihr Vorderglied verlegen, ersetzen wir ihn dann auf Grund dieses Gesetzes durch den Allquantifikator.

Nach diesem Gesetz ist die Aussage:

Wenn jedes x an der Leine zieht, wird der Gegenstand P hochgezogen, äquivalent der Aussage:

Es gibt ein solches x, wenn x an der Leine zieht, so wird der Gegenstand P hochgezogen.

(Dieses x ist die letzte dieser Personen, welche die Leine erfaßt, die von den übrigen Personen bereits gehalten wird.)

Man kann die Gültigkeit des Schemas nachweisen:

$$\frac{\bigvee_x A(x) \to p}{\bigvee_x [A(x) \to p]}.$$

Die Conclusio dieses Schemas ist nämlich dem Ausdruck: $\bigwedge_x A(x) \to p$ äquivalent. Aus dem Theorem: $\bigwedge_x A(x) \to \bigvee_x A(x)$ und der Prämisse des Schemas erhalten wir gemäß der Regel des bedingten Syllogismus den Ausdruck: $\bigwedge_x A(x) \to p$, also die Conclusio des Schemas.

Das umgekehrte Schema ist dagegen ungültig, wie das folgende Beispiel zeigt. Wir nehmen an, daß Adam der Freund von Hans ist, Karl dagegen der Feind von Hans. Dann ist die Implikation „Karl ist der Freund von Hans → Hans hat keine Feinde“ wahr, also ist auch die Prämisse:

$$\bigvee_x (x \text{ ist der Freund von Hans} \rightarrow \text{Hans hat keine Feinde})$$

wahr. Wahr ist auch das Vorderglied der Conclusio „ $\bigvee_x$ (x ist der Freund von Hans)“, weil die Aussage „Adam ist der Freund von Hans“ wahr ist. Das Hinterglied der Conclusio „Hans hat keine Feinde“ ist dagegen falsch, da Karl ein Feind von Hans ist.

Das Gesetz der Verschiebung des Allquantifikators in ein Glied einer Alternative (wenn in ihrem zweiten Glied die durch diesen Quantifikator gebundene Variable nicht als freie Variable vorkommt):

$$\bigwedge_x [p \vee A(x)] \equiv p \vee \bigwedge_x A(x) .$$

Das Gesetz der Verschiebung des Existenzquantifikators in ein Glied einer Konjunktion (wenn in ihrem zweiten Glied die durch diesen Quantifikator gebundene Variable nicht als freie Variable vorkommt):

$$\bigvee_x [p \wedge A(x)] \equiv p \wedge \bigvee_x A(x).$$

Die Beweise dieser Gesetze überlassen wir dem Leser.

Mit Hilfe der Einführungs- und der Beseitigungsregel des Allquantifikators beweisen wir das Theorem: $\bigwedge_x p \equiv p$.

Ähnlich beweisen wir mit Hilfe der Beseitigungs- und der Einführungsregel des Existenzquantifikators das Theorem: $\bigvee_x p \equiv p$. (Wir machen dabei davon Gebrauch, daß: $p(x/x) = p$ sowie daß: $p(x/a) = p$.)

Aus dem ersten dieser Theoreme und aus dem Gesetz der Verteilung des Allquantifikators auf eine Konjunktion folgt das Gesetz, nach dem es möglich ist, den vor einer Konjunktion stehenden Allquantifikator auf eines ihrer Glieder zu verlegen, wenn im zweiten Glied die durch diesen Quantifikator gebundene Variable nicht als freie Variable vorkommt. Aus dem zweiten dieser Theoreme und aus dem Gesetz der Verteilung des Existenzquantifikators auf eine Alternative folgt ein analoges Gesetz, das den Existenzquantifikator und die Alternative betrifft.

Eine kompliziertere Form haben die Gesetze der **Verschiebung des All- und des Existenzquantifikators in ein Glied einer Äquivalenz**, nämlich:

$$\bigwedge_x [A(x) \equiv p] \equiv [\bigvee_x A(x) \rightarrow p] \wedge [p \rightarrow \bigwedge_x A(x)]$$

$$\bigvee_x [A(x) \equiv p] \equiv [\bigwedge_x A(x) \rightarrow p] \wedge [p \rightarrow \bigvee_x A(x)].$$

Zum Beweis des ersten dieser Gesetze benutzen wir das Gesetz der Ersetzung der Äquivalenz (durch die Konjunktion und Implikation), das Gesetz der Verteilung des Allquantifikators auf eine Konjunktion sowie die Gesetze der Verschiebung des Allquantifikators in das Vorderglied und das Hinterglied einer Implikation. Das zweite dieser Gesetze kann man unter Anwendung folgender Gesetze beweisen: Des Gesetzes des Aussagenkalküls: $(p \equiv q) \equiv p \wedge q \vee \sim p \wedge \sim q$, des Gesetzes der Verteilung des Existenzquantifikators auf eine Alternative, des Gesetzes der Verschiebung dieses Quantifikators in ein Glied einer Konjunktion sowie des Additionsgesetzes der Konjunktionen und des Gesetzes, aufgrund dessen es immer möglich ist, wahre Glieder einer Konjunktion zu streichen.

Nach dem ersten dieser Gesetze ist der Ausdruck:

$$\bigwedge_x (x \text{ ist Hans unterstellt} \equiv \text{Hans ist Abteilungsleiter}),$$

in dem die Variable „x" die Menge der Abteilungsmitglieder, die verschieden von Hans sind, durchläuft, äquivalent dem Ausdruck:

(Wenn es ein solches x gibt, daß x Hans unterstellt ist, so ist Hans Abteilungsleiter) und (wenn Hans Abteilungsleiter ist, so ist jedes x Hans unterstellt).

Nach dem zweiten dieser Gesetze ist der Ausdruck:

$$\bigvee_x (x \text{ hat Hans gern} \equiv \text{Hans ist allgemein beliebt})$$

äquivalent dem Ausdruck:

(Wenn jedes x Hans gern hat, so ist Hans allgemein beliebt) und
(wenn Hans allgemein beliebt ist, so gibt es ein solches x,
daß x Hans gern hat).

Die Regel der hinteren Generalisierung[1] stellt fest: Wenn die Variable v weder in den Beweisannahmen noch im Ausdruck E frei vorkommt, so folgt aus der Implikation $E \rightarrow F$ die Implikation $E \rightarrow \bigwedge_v F$. Diese

[1] [Im Original: Einführung des Allquantifikators in das Hinterglied.]

Regel beweisen wir anhand der Einführungsregel des Allquantifikators und des Gesetzes der Verschiebung dieses Quantifikators in das Hinterglied einer Implikation. Da man auf diese Theoreme die Einführung des Allquantifikators ohne jede Beschränkung anwenden kann, erhalten wir nach dieser Regel aus einer Implikation, wenn sie ein Theorem ist, wieder ein Theorem, nachdem wir in ihr Hinterglied den Allquantifikator eingeführt haben, welcher eine Variable bindet, die im Vorderglied dieser Implikation keine freie Variable ist.

Die Regel der *vorderen Partikularisierung*[1] stellt fest: Wenn die Variable v weder in den Beweisannahmen noch im Ausdruck F frei vorkommt, folgt aus der Implikation $E \to F$ die Implikation $\bigvee_{v} E \to F$.

Diese Regel beweisen wir anhand der Einführungsregel des Allquantifikators und des Gesetzes der Verschiebung dieses Quantifikators in das Vorderglied einer Implikation. Bei der Anwendung dieser Regel erhalten wir aus einer Implikation, wenn sie ein Theorem ist, wieder ein Theorem, wenn wir in das Vorderglied dieser Implikation den Existenzquantifikator einführen, der eine Variable bindet, welche im Hinterglied dieser Implikation nicht frei vorkommt.

Die Regel der *vorderen Generalisierung* stellt fest, daß aus der Implikation $E \to F$ die Implikation $\bigwedge_{v} E \to F$ folgt. Wir beweisen sie mit Hilfe der Regel $B \bigwedge$.

Die Regel der *hinteren Partikularisierung* stellt fest, daß aus der Implikation $E \to F$ die Implikation $E \to \bigvee_{v} F$ folgt. Beim Beweis wenden wir die Regel $E \bigvee$ an.

Die Regel der *Einsetzung für Individuenvariable* stellt fest: Wenn ein Ausdruck E ein Theorem des engeren Prädikatenkalküls ist, so ist auch der Ausdruck $E(v/W)$, der aus ihm durch Einsetzung einer anderen Variablen für die freie Individuenvariable v erhalten wurde, ein Theorem. Aus dem Theorem E erhalten wir nämlich nach der Regel $E \bigwedge$ das Theorem $\bigwedge_{v} E$ und aus diesem Theorem nach der Regel $B \bigwedge$ das Theorem $E(v/W)$.

Die Regel der *Umbenennung gebundener Variablen* stellt fest, wenn v_1 in E keine freie Variable ist, so sind die Äquivalenzen: $\bigwedge_{v} E \equiv \bigwedge_{v_1} E(v/v_1)$, $\bigvee_{v} E \equiv \bigvee_{v_1} E(v/v_1)$ wahr.

[1] [Diese und die nachfolgenden zwei Regeln heißen im Original in dieser Reihenfolge: Einführung des Existenzquantifikators in das Vorderglied, Einführung des Allquantifikators in das Vorderglied, Einführung des Existenzquantifikators in das Hinterglied.]

Wir geben die Beweise dieser Äquivalenzen an.

$$\bigwedge_{v} E \equiv \bigwedge_{v_1} E(v/v_1)\,.$$

Beweis. (a) (1) $\bigwedge_{v} E$ } {An.}
(2) v_1 ist in E nicht frei }
(3) $E(v/v_1)$ {B$\wedge$: 1}
$\bigwedge_{v_1} E(v/v_1)$ {E$\wedge$: 3, 2}

Beweis. (b) (1) $\bigwedge_{v_1} E(v/v_1)$ } {An.}
(2) v_1 ist in E nicht frei }
(3) $(E(v/v_1))(v_1/v)$ {B$\wedge$: 1}
(4) $(E(v/v_1))(v_1/v) = E$ {2}
$\bigwedge_{v} E$ {E$\wedge$: 3, 2}

Die zweite dieser Äquivalenzen erhalten wir aus der ersten aufgrund des Gesetzes der Ersetzung des Existenzquantifikators durch den Allquantifikator und das Negationszeichen. Aus der Äquivalenz: $\bigwedge_{v} \sim E \equiv \bigwedge_{v_1} \sim E(v/v_1)$, die einen Spezialfall der ersten Äquivalenz ist, erhalten wir aufgrund des Negationsgesetzes der Glieder einer Äquivalenz die Äquivalenz: $\sim \bigwedge_{v} \sim E \equiv \sim \bigwedge_{v_1} \sim E(v/v_1)$.

Aus dieser Äquivalenz wiederum erhalten wir aufgrund des Gesetzes der Ersetzung des Existenzquantifikators durch den Allquantifikator und das Negationszeichen die zweite der zu beweisenden Äquivalenzen.

Unter Anwendung der Extensionalitätsregel für Quantifikatoren kann man gemäß der Regel der Umbenennung gebundener Variablen in jedem Ausdruck eines der Glieder der obenbewiesenen Äquivalenzen durch ihr zweites Glied ersetzen. Beispielsweise sind also folgende Äquivalenzen wahr:

$$\bigwedge_{x} A(x) \equiv \bigwedge_{y} A(y), \quad \bigvee_{x} A(x) \equiv \bigvee_{y} A(y), \quad \bigwedge_{x} [A(x) \to p] \equiv \bigwedge_{y} [A(y) \to p]\,.$$

Bei Anwendung der Regel der Umbenennung gebundener Variablen auf Theoreme erhalten wir Ausdrücke, welche ebenfalls Theoreme sind. Wir erhalten also z. B. aus dem Theorem: $\bigwedge_{x} [A(x) \to p] \equiv \bigvee_{x} A(x) \to p$, das Theorem: $\bigwedge_{y} [A(y) \to p] \equiv \bigvee_{y} A(y) \to p$.

Wenn der Vorbehalt, daß die bei der Umbenennung eingeführte Variable im Bereich des gegebenen Quantifikators keine freie Variable sein darf, nicht erfüllt wäre, so könnten wir aus einem gegebenen Ausdruck einen Ausdruck erhalten, der ihm nicht äquivalent wäre. Wenn wir z. B. in dem Ausdruck „$\bigwedge_{x} xRy$" die gebundene Variable „x" durch die Variable „y" ersetzen, welche im Bereich des die Variable „x" bindenden Quantifikators eine freie Variable ist, erhalten wir den Ausdruck „$\bigwedge_{y} yRy$", der dem Ausdruck „$\bigwedge_{x} xRy$" nicht äquivalent ist. In diesem Fall ist der Ausdruck „$(xRy(x/y))(y/x)$" = „xRx" also auch verschieden von „xRy".

Gesetz der Vertauschung der Allquantifikatoren:

$$\bigwedge_{v} \bigwedge_{v_1} E \equiv \bigwedge_{v_1} \bigwedge_{v} E\,.$$

Beweis. (a)	(1)	$\bigwedge_{v} \bigwedge_{v_1} E$	{An.}
	(2)	$\bigwedge_{v_1} E$	{B $\bigwedge$: 1}
	(3)	E	{B $\bigwedge$: 2}
	(4)	$\bigwedge_{v} E$	{E $\bigwedge$: 3}
		$\bigwedge_{v_1} \bigwedge_{v} E$	{E $\bigwedge$: 4}

Der Beweis der umgekehrten Implikation ist analog.

Aufgrund dieses Gesetzes kann man in jedem Ausdruck nebeneinander vorkommende Allquantifikatoren vertauschen.

Gesetz der Vertauschung der Existenzquantifikatoren:

$$\bigvee_{v} \bigvee_{v_1} E \equiv \bigvee_{v_1} \bigvee_{v} E\,.$$

Beweis. Aufgrund des Gesetzes der Ersetzung des Existenzquantifikators durch den Allquantifikator und das Negationszeichen sowie des Gesetzes der doppelten Negation erhalten wir die Äquivalenzen:

$$\bigvee_{v} \bigvee_{v_1} E \equiv \sim \bigwedge_{v} \sim \sim \bigwedge_{v_1} \sim E \equiv \sim \bigwedge_{v} \bigwedge_{v_1} \sim E$$

$$\bigvee_{v_1} \bigvee_{v} E \equiv \sim \bigwedge_{v_1} \sim \sim \bigwedge_{v} \sim E \equiv \sim \bigwedge_{v_1} \bigwedge_{v} \sim E\,.$$

Aufgrund des Gesetzes der Vertauschung der Allquantifikatoren sind die rechten Seiten dieser Äquivalenzen äquivalent. Also sind auch die linken Seiten äquivalent, woraus das zu beweisende Gesetz folgt.

Im Sinne dieses Gesetzes kann man in jedem Ausdruck nebeneinander auftretende Existenzquantifikatoren vertauschen.

Die Regel der Vertauschung des Existenz- und des Allquantifikators stellt fest, daß aus dem Ausdruck $\bigvee_{v}\bigwedge_{v_1} E$ der Ausdruck $\bigwedge_{v_1}\bigvee_{v} E$ folgt. Gültig ist also jedes Schema der Form:

$$\frac{\bigvee_{v}\bigwedge_{v_1} E}{\bigwedge_{v_1}\bigvee_{v} E}.$$

Beweis.	(1)	$\bigvee_{v}\bigwedge_{v_1} E$	{An.}
	(2)	$\bigwedge_{v_1} E(v/t_{v_2,\ldots,v_n})$	{B$\bigvee$: 1}
	(3)	$E(v/t_{v_2,\ldots,v_n})$	{B$\bigwedge$: 2}
	(4)	$\bigvee_{v} E$	{E$\bigvee$: 3}
		$\bigwedge_{v_1}\bigvee_{v} E$	{E$\bigwedge$: 4}

(die Variablen $v_2, \ldots, v_n$ sind hier die freien Variablen des Ausdruckes E, die verschieden von den Variablen v und v_1 sind).

Nach dieser Regel folgt aus der Aussage:
Es gibt ein solches y, so daß für jedes x gilt, x lebt auf dem Planeten y
die Aussage:
Für jedes x gibt es ein solches y, daß x auf dem Planeten y lebt.
Die umgekehrte Beziehung trifft nicht zu, ein solches Schema ist also ungültig. Dies zeigt folgendes Beispiel, in dem die Variable „x" die Menge der Menschen und die Variable „y" die Menge der Staaten durchläuft. Die Aussage: „Für jedes x gibt es ein solches y, so daß x Bürger des Staates y ist" ist eine wahre Aussage, während dagegen die Aussage: „Es gibt ein solches y, so daß jedes x Bürger des Staates y ist" falsch ist. Wenn also zuerst der Allquantifikator und nach ihm der Existenzquantifikator auftritt, können wir bei ihrer Vertauschung aus einer wahren Aussage eine falsche Aussage erhalten.

In bestimmten Spezialfällen kann man jedoch in Ausdrücken des einstelligen Prädikatenkalküls zwei verschiedene, nebeneinander auftretende Quantifikatoren vertauschen. Z. B. sind folgende Äquivalenzen wahr:

$$\bigwedge_{x}\bigvee_{y}[A(x) \rightarrow B(y)] \equiv \bigvee_{y}\bigwedge_{x}[A(x) \rightarrow B(y)]$$

$$\bigwedge_{x}\bigvee_{y}[A(x) \wedge B(y)] \equiv \bigvee_{y}\bigwedge_{x}[A(x) \wedge B(y)].$$

Wir beweisen sie aufgrund der Gesetze der Verschiebung der Quantifikatoren, weil jede der durch diese Quantifikatoren gebundenen Variablen nur in einem Glied des gegebenen zusammengesetzten Ausdruckes auftritt. Z. B.:

$$\bigwedge_x \bigvee_y [A(x) \to B(y)] \equiv \bigwedge_x [A(x) \to \bigvee_y B(y)] \equiv [\bigvee_x A(x) \to \bigvee_y B(y)] \equiv$$
$$\equiv \bigvee_y [\bigvee_x A(x) \to B(y)] \equiv \bigvee_y \bigwedge_x [A(x) \to B(y)] .$$

Nach der ersten dieser Äquivalenzen ist z. B. die Aussage: „Für jedes x gibt es ein solches y, so daß (wenn x das zweite Kind von Hans ist, so ist y das erste Kind von Hans)" äquivalent der Aussage: „Es gibt ein solches y, so daß für jedes x (wenn x das zweite Kind von Hans ist, so ist y das erste Kind von Hans)".

Abgesehen von solchen Spezialfällen, ist jedoch hervorzuheben, daß die nichtordnungsgemäße Vertauschung des All- und des Existenzquantifikators einen häufigen und ernsten logischen Fehler darstellt.

Quantifikatoren mit begrenztem Bereich kann man mit Hilfe folgender Definitionen einführen:

(I) $\bigwedge_{E(v)} F \equiv \bigwedge_v [E(v) \to F]$

(II) $\bigvee_{E(v)} F \equiv \bigvee_v [E(v) \wedge F]$

$E(v)$ ist hier eine Aussageform des engeren Prädikatenkalküls, welche die freie Variable v enthält, die übrigens nicht die einzige freie Variable dieses Ausdruckes zu sein braucht. F ist ein beliebiger Aussagenausdruck dieses Kalküls.

Aufgrund der Äquivalenzen (I) und (II) sowie der Gesetze und Regeln, die sich auf die gewöhnlichen Quantifikatoren beziehen, kann man die Einführungs- und Beseitigungsregeln der Quantifikatoren mit begrenztem Bereich beweisen, die solchen Regeln für gewöhnliche Quantifikatoren entsprechen. Wir führen nachfolgend die Schemata dieser Regeln an.

Regel der **Einführung des Allquantifikators mit begrenztem Bereich:**

$$\frac{\dfrac{Z}{E(v) \to F} \quad (v \text{ ist in } Z \text{ keine freie Variable})}{\bigwedge_{E(v)} F},$$

Regel der **Beseitigung des Allquantifikators mit begrenztem Bereich:**

$$\frac{\bigwedge_{E(v)} F}{E(v/W) \to F(v/W)},$$

Regel der Einführung des Existenzquantifikators mit begrenztem Bereich:

$$\frac{\begin{array}{c} E(v/W) \\ F(v/W) \end{array}}{\bigvee\limits_{E(v)} F}.$$

Regel der Beseitigung des Existenzquantifikators mit begrenztem Bereich:

$$\frac{\bigvee\limits_{E(v)} F}{\begin{array}{c} E(v/t) \\ F(v/t) \end{array}} \qquad \frac{\bigvee\limits_{E(v,v_1,\ldots,v_n)} F}{\begin{array}{c} E(v/t_{v_1,\ldots,v_n}, v_1, \ldots, v_n) \\ F(v/t_{v_1,\ldots,v_n}) \end{array}}.$$

Dabei sind die nach diesen Schemata erhaltenen Conclusionen die ersten Beweiszeilen, in denen die Konstante t auftritt. Das erste Schema umfaßt Fälle, in denen die Variable v die einzige freie Individuenvariable des Ausdruckes $E(v)$ und eventuell des Ausdruckes F ist (es ist auch möglich, daß F keine freie Individuenvariable enthält; F kann aber keine anderen freien Individuenvariablen als die Variable v enthalten). Das zweite Schema umfaßt Fälle, in denen die Variablen v, $v_1, \ldots, v_n$ die freien Individuenvariablen der Ausdrücke E und F sind. Es ist dabei möglich, daß einige dieser Variablen in einem der Ausdrücke nicht vorkommen.

Wenn wir andererseits die Einführungs- und die Beseitigungsregel der Quantifikatoren mit begrenztem Bereich als primäre Regeln annehmen, können wir auf ihrer Grundlage sowie mit Hilfe der Regeln für die üblichen Quantifikatoren die Äquivalenzen (I) und (II) beweisen. Diese Äquivalenzen bzw. die Einführungs- und die Beseitigungsregel der Quantifikatoren mit begrenztem Bereich sind also ausreichend, um auf der Grundlage des Quantifikatorenkalküls alle die Quantifikatoren mit begrenztem Bereich betreffenden Gesetze und Regeln zu beweisen.

Viele mit Hilfe von Quantifikatoren mit begrenztem Bereich formulierte Gesetze sind den entsprechenden, mit Hilfe üblicher Quantifikatoren formulierten Gesetzen analog. Hierzu gehören die Gesetze der Negation, der Verteilung und der Vertauschung der Quantifikatoren mit begrenztem Bereich. Wir geben die Formulierungen dieser Gesetze und Regeln für Prädikate von einem Argument an.

Gesetze der **Negation der Quantifikatoren mit begrenztem Bereich.**

$$\sim \bigwedge_{A(x)} B(x) \equiv \bigvee_{A(x)} \sim B(x)$$

$$\sim \bigvee_{A(x)} B(x) \equiv \bigwedge_{A(x)} \sim B(x).$$

Gesetze und Regeln der Verteilung der Quantifikatoren mit begrenztem Bereich:

$$\bigwedge_{A(x)} [B(x) \wedge C(x)] \equiv \bigwedge_{A(x)} B(x) \wedge \bigwedge_{A(x)} C(x)$$

$$\bigvee_{A(x)} [B(x) \vee C(x)] \equiv \bigvee_{A(x)} B(x) \vee \bigvee_{A(x)} C(x)$$

$$\frac{\bigvee_{A(x)} [B(x) \wedge C(x)]}{\bigvee_{A(x)} B(x) \wedge \bigvee_{A(x)} C(x)}$$

$$\frac{\bigwedge_{A(x)} B(x) \vee \bigwedge_{A(x)} C(x)}{\bigwedge_{A(x)} [B(x) \vee C(x)]}.$$

Gesetze und Regeln der Vertauschung der Quantifikatoren mit begrenztem Bereich:

$$\bigwedge_{A(x)} \bigwedge_{B(y)} xRy \equiv \bigwedge_{B(y)} \bigwedge_{A(x)} xRy$$

$$\bigvee_{A(x)} \bigvee_{B(y)} xRy \equiv \bigvee_{B(y)} \bigvee_{A(x)} xRy$$

$$\frac{\bigvee_{A(x)} \bigwedge_{B(y)} xRy}{\bigwedge_{B(y)} \bigvee_{A(x)} xRy}.$$

Außerdem kann man ein Gesetz beweisen, auf dessen Grundlage es möglich ist, zwei nebeneinander auftretende Allquantifikatoren, von denen der eine ein üblicher Quantifikator und der andere ein Quantifikator mit begrenztem Bereich ist, zu vertauschen. Ein analoges Gesetz gilt auch für Existenzquantifikatoren. Wir geben diese Gesetze an:

$$\bigwedge_{x} \bigwedge_{A(y)} xRy \equiv \bigwedge_{A(y)} \bigwedge_{x} xRy$$

$$\bigvee_{x} \bigvee_{A(y)} xRy \equiv \bigvee_{A(y)} \bigvee_{x} xRy.$$

Man kann auch ein Schema beweisen, aufgrund dessen die Vertauschung des üblichen Existenzquantifikators mit dem Allquantifikator mit begrenztem Bereich möglich ist, sowie ein Schema, das uns die Vertauschung des Existenzquantifikators mit begrenztem Bereich mit dem üblichen Allquantifikator erlaubt. Hier diese Schemata der Regeln:

$$\frac{\bigvee_{x}\bigwedge_{A(y)} xRy}{\bigwedge_{A(y)}\bigvee_{x} xRy} \qquad \frac{\bigvee_{A(x)}\bigwedge_{y} xRy}{\bigwedge_{y}\bigvee_{A(x)} xRy}.$$

Die umgekehrten Schemata dieser beiden Schemata sind ungültig.

Wir führen jetzt Beispiele der Beweise von Gesetzen und Regeln für Quantifikatoren mit begrenztem Bereich an, und zwar sowohl auf der Grundlage der Äquivalenzen (I) und (II) als auch der Einführungs- und Beseitigungsregeln dieser Quantifikatoren.

Beweis des Negationsgesetzes des Allquantifikators mit begrenztem Bereich:

$$\sim \bigwedge_{A(x)} B(x) \equiv \sim \bigwedge_{x}[A(x) \rightarrow B(x)] \equiv \bigvee_{x} \sim [A(x) \rightarrow B(x)] \equiv$$
$$\equiv \bigvee_{x}[(A(x) \wedge \sim B(x)] \equiv \bigvee_{A(x)} \sim B(x).$$

Bei der Umformung der linken Seite des zu beweisenden Gesetzes in äquivalente Ausdrücke wandten wir nacheinander an: Die Äquivalenz (I), das Negationsgesetz des üblichen Allquantifikators, das Negationsgesetz der Implikation und schließlich die Äquivalenz (II).

Beweis des Gesetzes der Verteilung des Existenzquantifikators mit begrenztem Bereich auf eine Alternative:

$$\bigvee_{A(x)}[B(x) \vee C(x)] \equiv \bigvee_{x}\{A(x) \wedge [B(x) \vee C(x)]\} \equiv \bigvee_{x}[A(x) \wedge B(x) \vee$$
$$\vee A(x) \wedge C(x)] \equiv \bigvee_{x}[A(x) \wedge B(x)] \vee \bigvee_{x}[A(x) \wedge C(x)] \equiv \bigvee_{A(x)} B(x) \vee \bigvee_{A(x)} C(x).$$

Wir benutzten hier nacheinander: Die Äquivalenz (II), das Distributivgesetz der Konjunktion bezüglich der Alternative, das Gesetz der Verteilung des üblichen Existenzquantifikators auf eine Alternative und wieder die Äquivalenz (II).

Beweis des Schemas:

$$\frac{\bigvee_{A(x)}\bigwedge_{y} xRy}{\bigwedge_{y}\bigvee_{A(x)} xRy}.$$

(1)	$\bigvee_{A(x)}\bigwedge_{y} xRy$	{An.}
(2)	$A(a)$	{B $\vee$ m. begr. Bereich: 1}
(3)	$\bigwedge_{y} aRy$	
(4)	aRy	{B $\wedge$: 3}
(5)	$\bigvee_{A(x)} xRy$	{E $\vee$ m. begr. Bereich: 2, 4}
	$\bigwedge_{y}\bigvee_{A(x)} xRy$	{E $\wedge$: 5}

Die Durchführung solcher Beweise für die übrigen Gesetze und Schemata für Quantifikatoren mit begrenztem Bereich überlassen wir dem Leser.

Nicht alle für übliche Quantifikatoren gültigen Gesetze sind jedoch in analoger Form für Quantifikatoren mit begrenztem Bereich gültig. Für übliche Quantifikatoren beweisen wir z. B. mit Hilfe der Regeln $B\bigwedge$ und $E\bigvee$ das Gesetz: $\bigwedge_x A(x) \rightarrow \bigvee_x A(x)$. Dagegen läßt sich der Ausdruck: $\bigwedge_{B(x)} A(x) \rightarrow \bigvee_{B(x)} A(x)$, der seine mit Hilfe von Quantifikatoren mit begrenztem Bereich geschriebene Entsprechung ist, nicht beweisen und ist falsch. Wenn wir im Vorderglied dieses Ausdruckes den Allquantifikator mit begrenztem Bereich beseitigen, erhalten wir die Implikation: $B(x) \rightarrow A(x)$, während die Einführungsregel des Existenzquantifikators mit begrenztem Bereich als Prämissen zwei Ausdrücke oder ihre Konjunktion verlangt. Wenn es kein solches x gibt, so daß x die Eigenschaft B hat, ist das Vorderglied des untersuchten Ausdruckes wahr und sein Hinterglied falsch. Wahr und beweisbar ist dagegen:

$$\bigvee_x B(x) \rightarrow [\bigwedge_{B(x)} A(x) \rightarrow \bigvee_{B(x)} A(x)] .$$

Ähnlich verhält es sich auch in anderen Fällen dieser Art. Für Quantifikatoren mit begrenztem Bereich lassen sich entweder Gesetze beweisen, die den für übliche Quantifikatoren gültigen Gesetzen analog sind, oder Gesetze, die aus Entsprechungen der für übliche Quantifikatoren gültigen Gesetzen erhalten wurden, indem diesen entsprechende Bedingungen vorangestellt wurden, in denen die Existenz von Gegenständen einer bestimmten Art festgestellt wird. Unter den Gesetzen der Verlegung der Quantifikatoren mit begrenztem Bereich in die Glieder einer Implikation z. B. lassen sich z. B. folgende Gesetze nur in dieser bedingten Form beweisen:

$$\bigvee_x B(x) \rightarrow \{[p \rightarrow \bigvee_{B(x)} A(x)] \rightarrow \bigvee_{B(x)} [p \rightarrow A(x)]\}$$

$$\bigvee_x B(x) \rightarrow \{[\bigwedge_{B(x)} A(x) \rightarrow p] \rightarrow \bigvee_{B(x)} [A(x) \rightarrow p]\} .$$

Die Gesetze und Regeln für Quantifikatoren mit begrenztem Bereich werden häufiger verwendet als die Gesetze und Regeln für übliche Quantifikatoren. Das hat seine Ursache darin, daß die Betrachtungen der verschiedenen Wissenschaften wie auch die alltäglichen Betrachtungen gewöhnlich Gegenstände eines ganz bestimmten Bereiches, einer ganz bestimmten Art betreffen. Bei Verwendung von Variablen in Ausdrücken, die solche Gegenstände betreffen, schränken wir ihren Wertebreich auf ein ganz bestimmtes Gebiet ein. Für die Formulierung von Ausdrücken dieser Art sind gerade Quantifikatoren mit begrenztem Bereich geeignet. Deshalb ist es auch leichter, für die mit Hilfe von Quantifikatoren mit begrenztem Bereich formulierten Gesetze und Regeln intuitive Beispiele zu finden. Wir wollen hier einige Beispiele für die Anwendung solcher Gesetze und Regeln anführen.

Nach den Gesetzen der Verteilung der Quantifikatoren mit begrenztem Bereich auf eine Alternative und eine Konjunktion ist die Aussage:
„Es gibt ein x mit der Eigenschaft Pole zu sein derart, daß (x ist ein Dichter oder x ist ein Maler)" äquivalent der Aussage: „Es gibt ein x mit der Eigenschaft Pole zu sein, und x ist ein Dichter, oder es gibt ein x, mit der Eigenschaft Pole zu sein und x ist ein Maler", während die Aussage „Für jedes x, das ein Mensch ist, gilt, x hat ein Herz und x hat eine Leber" äquivalent ist der Aussage „(Für jedes x, das ein Mensch ist, x hat ein Herz) und (für jedes x, das ein Mensch ist, x hat eine Leber)".

Nach der Regel der Vertauschung des Existenz- und des Allquantifikators (mit begrenztem Bereich) folgt aus der Aussage: „Es gibt ein x mit der Eigenschaft, Student der Anglistik zu sein derart, daß x jedes y, welches ein Werk von Shakespeare ist, im Original gelesen hat" die Aussage: „Für jedes y, welches ein Werk von Shakespeare ist, gibt es ein x mit der Eigenschaft, Student der Anglistik zu sein derart, daß x y im Original gelesen hat".

Unter Verwendung von Ausdrücken, in denen Quantifikatoren mit begrenztem Bereich enthalten sind, bzw. ihnen äquivalenten Ausdrücken, kann man Funktoren definieren, welche kategorische Aussagen bilden. In diesen Definitionen lesen wir den Ausdruck „$A(x)$": x ist A. Nachfolgend diese Definitionen:

$$\text{Jedes } A \text{ ist } B \equiv \bigwedge_{A(x)} B(x)$$

$$\text{Kein } A \text{ ist } B \equiv \bigwedge_{A(x)} \sim B(x)$$

$$\text{Einige } A \text{ sind } B \equiv \bigvee_{A(x)} B(x)$$

$$\text{Einige } A \text{ sind nicht } B \equiv \bigvee_{A(x)} \sim B(x)\,.$$

Im Sinne dieser Definitionen ist der Ausdruck „Jedes A ist B" äquivalent dem Ausdruck „Für jedes x, wenn x A ist, so ist x B", der Ausdruck „Kein A ist B“ ist äquivalent dem Ausdruck „Für jedes x, wenn x A ist, so ist x nicht B“, der Ausdruck „Einige A sind B“ ist äquivalent dem Ausdruck „Es gibt ein solches x, daß x A ist und x B ist“, der Ausdruck „Einige A sind nicht B“ ist äquivalent dem Ausdruck „Es gibt ein solches x, daß x A ist und x nicht B ist“.

Anhand dieser Definitionen kann man auf der Grundlage des engeren einstelligen Prädikatenkalküls die Gesetze des traditionellen Namenkalküls beweisen, wobei allerdings einigen von ihnen die Bedingung der Existenz entsprechender Gegenstände vorangestellt werden muß. Dazu definieren wir:

$$\text{Es gibt } A \equiv \bigvee_{x} A(x) .$$

Im engeren einstelligen Prädikatenkalkül kann man auch die Definition zusammengesetzter Prädikate einführen, z. B.:

$$-A(x) \equiv \sim A(x)$$
$$A \cap B(x) \equiv A(x) \wedge B(x)$$
$$A \cap B(x) \equiv A(x) \vee B(x) .$$

Diese Definitionen lesen wir:

x ist non-A $\equiv x$ ist nicht A
x ist A und B $\equiv x$ ist A und x ist B
x ist A oder $B \equiv x$ ist A oder x ist B .

Wir wollen auf diese Begriffe nicht weiter eingehen, weil wir analoge Begriffe in dem dem Mengenkalkül gewidmeten Kapitel behandeln werden. Wir wollen nur bemerken, daß man den Ausdruck „A (x)“ auch so lesen kann „x ist Element der Menge A“. Bei dieser Auffassung kann man die Gesetze des engeren einstelligen Prädikatenkalküls als bestimmte Gesetze des Mengenkalküls betrachten.

Der Allquantifikator und der Existenzquantifikator sind – wie wir bereits im Abschnitt 8, Kapitel I, dargestellt haben – aussagenbildende Operatoren von einem Aussagenargument. Außer diesen beiden Quantifikatoren von einem Argument gibt es auch noch andere solche Quantifikatoren. Einer von ihnen, allgemein-negierender Quantifikator genannt, hat in der Umgangssprache eine Entsprechung. Es ist dies der Ausdruck „für kein . . .“. Diesen Quantifikator kann man folgendermaßen definieren:

(1) $\text{für kein } x, E \equiv \bigwedge_{x} \sim E .$

Wenn wir für E die Aussagenvariable „p" einsetzen, erhalten wir die Äquivalenz:

(2) $\text{für kein } x, p \equiv \bigwedge_x \sim p \equiv \sim p.$

Aus (1) erhalten wir ebenfalls die Äquivalenz:

(3) $\text{für kein } x, \sim E \equiv \bigwedge_x \sim \sim E \equiv \bigwedge_x E.$

Aus (2) ist ersichtlich, daß man mit Hilfe des allgemein-negierenden Quantifikators das Negationszeichen definieren kann, aus (3) geht dagegen hervor, daß man mit seiner Hilfe und mit Hilfe des Negationszeichens den Allquantifikator definieren kann. Man kann also den engeren Prädikatenkalkül auf dem allgemein-negierenden Quantifikator und z. B. dem Implikationszeichen als den Grundtermini aufbauen, da diese Termini ausreichen, um alle übrigen Wahrheitsfunktoren und Quantifikatoren zu definieren.

Quantifikatoren mit begrenztem Bereich werden hauptsächlich aus praktischen Gründen eingeführt. Sie dienen nämlich zur Verkürzung der Schreibweise von Ausdrücken, in denen übliche Quantifikatoren auftreten. Diese Quantifikatoren sind jedoch auch vom theoretischen Gesichtspunkt aus interessant. Sie sind Quantifikatoren von zwei Argumenten. Außer ihnen gibt es auch andere solche Quantifikatoren. Hier die Definition eines solchen Quantifikators, die mit Hilfe des Allquantifikators und des Exklusionszeichens „|" formuliert wird:

(4) $\text{für kein } x \text{ zugleich } E, F \equiv \bigwedge_x (E \mid F).$

Wenn wir in (4) für E und F die Aussagenvariablen „p", „q" einsetzen, erhalten wir die Äquivalenz:

(5) $\text{für kein } x \text{ zugleich } p, q \equiv \bigwedge_x (p \mid q) \equiv p \mid q.$

Wenn wir in (4) E für F annehmen, erhalten wir die Äquivalenz:

(6) $\text{für kein } x \text{ zugleich } E, E \equiv \bigwedge_x (E \mid E) \equiv \bigwedge_x \sim E \equiv \text{für kein } x, E.$

Aus (5) und (6) ist ersichtlich, daß man mit Hilfe eines Quantifikators von zwei Argumenten für den die Äquivalenz (4) wahr ist, das Exklusionszeichen und den allgemein-negierenden Quantifikator definieren kann. Daraus und aus der Tatsache, daß man mit Hilfe des allgemein-negierenden Quantifikators und der Funktoren des Aussagenkalküls die übrigen Quantifikatoren definieren kann, folgt, daß ein Quantifikator von zwei Argumenten, für den die Äquivalenz (4) wahr ist, als einziger Grundterminus des engeren Prädikatenkalküls ausreicht. Es gibt auch andere Quantifikatoren von zwei Argumenten, mit deren Hilfe man alle Wahrheitsfunktoren und alle übrigen Quantifikatoren definieren kann, wobei durch den Quantifikator nur Individuenvariablen gebunden werden. Man kann auch folgendes nachweisen: Wenn durch den Allquantifikator mit begrenztem Bereich sowohl Individuenvariable als auch Aussagenvariable gebunden werden, kann man mit seiner Hilfe das Implikationszeichen, den (üblichen) Allquantifikator und das Negationszeichen definieren, also Termini einführen, die ausreichen, um alle übrigen Wahrheitsfunktoren und Quantifikatoren zu definieren.[1]

4. Identität. Deskriptiver Operator und Epsilonoperator. Funktionsvariablen

Man kann den engeren Prädikatenkalkül erweitern, indem man in ihn das Identitätszeichen „=" einführt. Dieses Zeichen ist ein aussagenbildender Funktor von zwei Individuenargumenten. Den Ausdruck „$x = y$" lesen wir: x ist identisch mit y. Durch eine solche Erweiterung des engeren Prädikatenkalküls erhalten wir ein System, welches engerer Prädikatenkalkül mit Identität genannt wird. Atomare Ausdrücke dieses Kalküls sind alle atomaren Ausdrücke des engeren Prädikatenkalküls sowie Ausdrücke, die aus dem Identitätszeichen und zwei zur syntaktischen Kategorie der Individuennamen gehörenden Argumenten gebildet sind. In den Theoremen dieses Kalküls sind dabei die Argumente des Identitätsfunktors Individuenvariablen, während dagegen in den Zeilen der Annahmebeweise Argumente dieses Funktors auch mit Hilfe der Regel B$\vee$ eingeführte Individuenkonstanten oder solche Konstanten enthaltende Namenausdrücke sein können, wie z. B. die Ausdrücke a, b, a_x usw. Ähnlich wie im engeren Prädikatenkalkül werden im engeren Prädikatenkalkül mit Identität aus atomaren Ausdrücken mit Hilfe der Funktoren des Aussagenkalküls und den Quantifikatoren zusammengesetzte Ausdrücke gebildet. Wir verallgemeinern die primären Regeln des engeren Prädikatenkalküls und nehmen an, daß sie die Aussagenausdrücke des engeren Prädikatenkalküls mit Identität betreffen. Außerdem nehmen wir als Axiom das Gesetz der Reflexivität der Identität an:

$$x = x.$$

[1] L. Borkowski, *On Proper Quantifiers*, I, Studia Logica, 8, 1958, S. 65–128.

In einem so erweiterten System ist die Einsetzungsregel für Individuenvariablen in den Theoremen, ähnlich wie im engeren Prädikatenkalkül, eine sekundäre Regel. Aufgrund dieser Regel erhalten wir aus dem Theorem: $x = x$ die Theoreme: $y = y$, $z = z$ usw. Wir nehmen auch eine neue primäre Regel an, die wir die Regel der **Extensionalität der Identität** bzw. Ersetzungsregel bezüglich der Glieder einer Identität nennen werden. Diese Regel werden wir durch das Symbol „EI" bezeichnen.

Die Extensionalitätsregel der Identität stellt fest, daß aus der Identität $W_1 = W_2$ und dem Ausdruck E der Ausdruck $E(W_1//W_2)$ folgt, sofern folgende Bedingungen erfüllt sind:

1. Jede Variable des Ausdruckes W_1 kommt in E an der Ersetzungsstelle als freie Variable vor. 2. Der Ausdruck W_1 kommt in E an der Ersetzungsstelle nicht im Bereich eines Quantifikators vor, welcher irgendeine freie Variable des Ausdruckes W_2 bindet (mit anderen Worten: keine freie Variable des Ausdruckes W_2 darf im Ergebnis der Ersetzung zu einer gebundenen Variablen werden).

Wenn eine der Bedingungen 1, 2 nicht erfüllt wäre, würde die Regel von gegebenen Ausdrücken zu aus ihnen nicht folgenden Ausdrücken führen, insbesondere von wahren Ausdrücken zu falschen Ausdrücken. Würden wir die 1. Bedingung nicht einhalten, erhielten wir z. B. aus dem Ausdruck „$x = y$" und dem Theorem: $\bigwedge_x x = x$ den Ausdruck: „$\bigwedge_x x = y$". Für x = Warschau, y = Hauptstadt Polens, ist der Ausdruck „$x = y$" wahr, während dagegen der Ausdruck „$\bigwedge_x x = y$" falsch ist, weil die Aussage „$\bigwedge_x x$ = Hauptstadt Polens" falsch ist. Bei Nichteinhaltung der 2. Bedingung erhielten wir z. B. aus dem Ausdruck „$y = x$" und dem Ausdruck „$\bigvee_x \sim (x = y)$" den Ausdruck „$\bigvee_x \sim (x = x)$". Wenn nun die Variablen „x" und „y" eine Menge durchlaufen, zu der mindestens zwei Gegenstände gehören, so ist der zweite Ausdruck wahr, der erste ist wahr für bestimmte Werte der Variablen und der dritte ist ein immer falscher Ausdruck, folgt also nicht aus den beiden ersten Ausdrücken.

Bei einer Anwendung der Ersetzungsregel bezüglich der Glieder einer Identität stützen wir uns darauf, wenn etwas für einen bestimmten Gegenstand wahr ist, so ist dies auch für einen mit ihm identischen Gegenstand wahr.

Gesetz der **Symmetrie der Identität**:

$$x = y \rightarrow y = x$$

Beweis. (1) $x=y$ {An.}
(2) $x=x$ {Axiom}
$y=x$ {EI: 1, 2}

Aufgrund der primären Regel der Ersetzung bezüglich der Glieder einer Identität ist es möglich, die linke Seite einer Identität durch ihre rechte Seite zu ersetzen. Anhand dieser Regel und des Symmetriegesetzes der Identität kann man eine Regel beweisen, die es uns erlaubt, die rechte Seite einer Identität durch ihre linke Seite zu ersetzen. Auch diese Regel werden wir durch das Symbol „EI" bezeichen.

Gesetz der Transitivität der Identität:

$$x=y \wedge y=z \rightarrow x=z$$

Beweis. (1) $x=y$ }
(2) $y=z$ } {An.}
$x=z$ {EI: 1, 2}

Anstelle des Ausdruckes „$\sim(x=y)$" werden wir auch den Ausdruck „$x \neq y$" verwenden, welchen wir lesen: x ist verschieden von y.

Das Gesetz: $A(x) \wedge \sim A(y) \rightarrow x \neq y$
stellt fest, wenn der Gegenstand x eine bestimmte Eigenschaft besitzt und der Gegenstand y diese Eigenschaft nicht besitzt, dann ist x verschieden von y.

Beweis. (1) $A(x)$ }
(2) $\sim A(y)$ } {An.}
(3) $x=y$ {A. d. i. B.}
(4) $A(y)$ {EI: 1, 3}
Wid. {2, 4}

Das Gesetz: $A(x) \equiv \bigwedge_{y=x} A(y)$
erlaubt es uns, eine singuläre Aussage (d. h. eine Aussage der Form $A(x)$) durch eine ihr äquivalente, mit dem Allquantifikator beginnende Aussage zu ersetzen.

Beweis. (a) (1) $A(x)$ {An.}
(1.1) $y=x$ {z. An.}
(1.2) $A(y)$ {EI: 1, 1.1}
(2) $y=x \rightarrow A(y)$ {1.1 → 1.2}
$\bigwedge_{y=x} A(y)$ {Einf. d. Allquant. m. begr. Ber.: 2}

Beweis. (b) (1) $\bigwedge_{y=x} A(y)$ {An.}

(2) $x=x \rightarrow A(x)$ {Bes. d. Allquant. m. begr. Ber.}

$A(x)$ {AR: 2, Axiom $x=x$}

Nach diesem Gesetz ist z. B. die Aussage „Der Gierlach ist der höchste Berg der Tatra" äquivalent der Aussage „Für jedes x gilt, wenn x mit dem Gierlach identisch ist, so ist x der höchste Berg der Tatra".

Eine singuläre Aussage kann man auch aufgrund des Gesetzes: $A(x) \equiv \bigvee_{y=x} A(x)$ durch eine ihr äquivalente, mit dem Existenzquantifikator beginnende Aussage ersetzen.

Beweis. (a) (1) $A(x)$ {An.}

(2) $x=x$ {Axiom}

$\bigvee_{y=x} A(y)$ {Einf. d. Existenzquantifik. m. begr. Ber.: 1, 2}

Beweis. (b) (1) $\bigvee_{y=x} A(y)$ {An.}

(2) $a_x=x$ {Bes. d. Existenzquant. m.

(3) $A(a_x)$ begr. Ber.: 1}

$A(x)$ {EI: 2, 3}

Nach diesem Gesetz ist die Aussage „Der Gierlach ist der höchste Berg der Tatra" äquivalent der Aussage „Es gibt ein solches x, so daß x mit dem Gierlach identisch ist und x der höchste Berg der Tatra ist".

Aus der diesem Gesetz entsprechenden Implikation folgt das Gesetz:

$$A(x) \rightarrow \bigvee_{y} y=x .$$

Nach diesem Gesetz folgt aus der Aussage „ich denke" die Aussage „es gibt ein soches x, so daß x mit mir identisch ist", also die Aussage „ich existiere".

Aus diesem letzten Gesetz ist ersichtlich, daß man in den Theoremen des engeren Prädikatenkalküls für Individuenvariablen nicht leere Namen einsetzen kann. Wenn $E(x)$ ein Theorem ist, so ist – aufgrund des angeführten Gesetzes – der Ausdruck „$\bigvee_{y} y=x$" wahr. Man kann also nicht für die Variable „x" einen leeren Namen „N" einsetzen, weil die Aussage „$\bigvee_{y} y=N$" dann falsch ist.

Im engeren Prädikatenkalkül mit Identität kann man **Anzahlquantifikatoren** definieren, welche in Wendungen der folgenden Form auftreten:

es gibt mindestens n solche x, so daß $A(x)$
es gibt höchstens n solche x, so daß $A(x)$
es gibt genau n solche x, so daß $A(x)$

wobei n eine beliebige natürliche Zahl 1, 2, 3, ... ist. Anzahlquantifikatoren der ersten Art definieren wir folgendermaßen:

Es gibt mindestens ein solches x, so daß $A(x) \equiv \bigvee_{x} A(x)$

Es gibt mindestens zwei solche x, so daß $A(x) \equiv \bigvee_{A(x)} \bigvee_{A(y)} x \neq y$

Es gibt mindestens drei solche x, so daß $A(x) \equiv$
$\equiv \bigvee_{A(x)} \bigvee_{A(y)} \bigvee_{A(z)} (x \neq y \wedge x \neq z \wedge y \neq z).$

Auf analoge Weise kann man mit Hilfe des Identitätszeichens, des Existenzquantifikators und der Funktoren des Aussagenkalküls jeden Anzahlquantifikator definieren, der in einem Ausdruck der Form „es gibt mindestens n solche x, daß $A(x)$“ auftritt, wobei n eine natürliche Zahl ist.

Der Ausdruck „Es gibt höchstens n solche x, so daß $A(x)$“ ist äquivalent dem Ausdruck „Es ist nicht wahr, daß es mindestens $n+1$ solche x gibt, so daß $A(x)$“. Zum Beispiel ist der Ausdruck „Es gibt höchstens vier solche x, so daß x ein Berg auf der Erde mit einer Höhe von über 8500 m ist“ äquivalent dem Ausdruck „Es ist nicht wahr, daß es mindestens fünf solche x gibt, so daß x ein Berg auf der Erde mit einer Höhe von über 8500 m ist“. Der Anzahlquantifikator „es gibt höchstens n solche ...“ läßt sich also mit Hilfe des Negationszeichens und des Anzahlquantifikators „es gibt mindestens n solche ...“ definieren.

Der Ausdruck „Es gibt genau ein solches x, so daß $A(x)$“ ist äquivalent dem Ausdruck „Es gibt mindestens ein solches x, so daß $A(x)$, und es gibt höchstens ein solches x, so daß $A(x)$“. Zum Beispiel ist der Ausdruck „Es gibt genau einen höchsten Berg der Tatra“ äquivalent dem Ausdruck „Es gibt mindestens einen höchsten Berg der Tatra, und es gibt höchstens einen höchsten Berg der Tatra“. Ähnlich definieren wir:

Es gibt genau zwei solche x, so daß $A(x) \equiv$ Es gibt mindestens zwei solche x, so daß $A(x)$, und es gibt höchstens zwei solche x, so daß $A(x)$.

Analog definieren wir jeden Anzahlquantifikator, welcher in einer Aussage auftritt, in der festgestellt wird, daß es genau n verschiedene Gegenstände mit der gegebenen Eigenschaft gibt:

Es gibt genau n solche x, so daß $A(x) \equiv$ Es gibt mindestens n solche x, so daß $A(x)$, und es gibt höchstens n solche x, so daß $A(x)$.

Alle hier untersuchten Anzahlquantifikatoren kann man also mit Hilfe von Quantifikatoren der Form „es gibt mindestens n solche ..., so daß" definieren.

Von den Anzahlquantifikatoren wird am häufigsten der Einsquantifikator verwendet, für den wir das Symbol „$\bigvee_1$" benutzen werden. Den Ausdruck „$\bigvee_{1\,x} A(x)$" lesen wir: es gibt genau ein solches x, so daß $A(x)$.

$E(v)$ sei eine beliebige Aussageform mit der freien Variablen v, und $E(v_1) = E(v/v_1)$.

Im Sinne der angegebenen Erklärungen kann man den Einsquantifikator mit Hilfe folgender Definition einführen:

$$\bigvee_{1\,v} E(v) \equiv \bigvee_v E(v) \wedge \sim \bigvee_{E(v)} \bigvee_{E(v_1)} v \neq v_1.$$

Aufgrund dieser Definition und des Negationsgesetzes des Existenzquantifikators mit begrenztem Bereich erhalten wir die Äquivalenzen:

$$\bigvee_{1\,x} A(x) \equiv \bigvee_x A(x) \wedge \sim \bigvee_{A(x)} \bigvee_{A(y)} x \neq y \equiv \bigvee_x A(x) \wedge \bigwedge_{A(x)} \bigwedge_{A(y)} x = y.$$

Ein Beispiel für ein Theorem des engeren Prädikatenkalküls mit Identität, in dem ein Einsquantifikator auftritt, ist das Theorem: $\bigvee_{1\,x}(x=y)$, welches der Konjunktion: $\bigvee_x x=y \wedge \bigwedge_{x=y} \bigwedge_{z=y} x=z$ äquivalent ist. Das erste Glied dieser Konjunktion erhalten wir aus dem Reflexivitätsgesetz der Identität mit Hilfe der Regel E$\bigvee$. Das zweite Glied erhalten wir aus dem Theorem: $x=y \rightarrow (z=y \rightarrow x=z)$ (welches aus den Gesetzen der Symmetrie und der Transitivität der Identität folgt) aufgrund der Regeln und Gesetze für Quantifikatoren.

Aus der Definition des Einsquantifikators erhalten wir aufgrund des Negationsgesetzes der Glieder einer Äquivalenz und des Negationsgesetzes der Konjunktion das Negationsgesetz des Einquantifikators:

$$\sim \bigvee_{1\,x} A(x) \equiv \sim \bigvee_x A(x) \vee \bigvee_{A(x)} \bigvee_{A(y)} x \neq y\,.$$

Nach diesem Gesetz ist der Ausdruck „es gibt nicht genau einen Gegenstand mit der Eigenschaft A" äquivalent dem Ausdruck „es gibt keine Gegenstände mit der Eigenschaft A, oder es gibt mindestens zwei Gegenstände mit der Eigenschaft A".

Aufgrund der Definition des Einsquantifikators und der Extensionalitätsregel für übliche Quantifikatoren kann man die Extensionalitätsregel auf den Einsquantifikator enthaltende Ausdrücke ausdehnen.

Im engeren Prädikatenkalkül mit Identität kann man auch einen deskriptiven Operator einführen, den wir bereits in Abschnitt 8, Kapitel I, erwähnten und für den man das Symbol „ι" gebraucht.[1] Den Ausdruck „Dasjenige x, für das gilt: Ax" werden wir im folgenden schreiben: $\underset{x}{\iota} A(x)$. In der Logik-Literatur wird er meistens in der Form „$(\text{℩}x)A(x)$" oder in der Form: „$(\iota x)A(x)$" geschrieben. Der im engeren Prädikatenkalkül vorkommende deskriptive Operator ist ein namenbildender Operator von einem Aussagenargument. Der Ausdruck „$\underset{x}{\iota} A(x)$" gehört zu der gleichen syntaktischen Kategorie wie die durch diesen Operator gebundene Variable „x".

Mit der Einführung des deskriptiven Operators sind gewisse Schwierigkeiten verbunden, auf die wir kurz eingehen wollen.

Wir können diesen Operator nicht mit Hilfe einer Definition der Form:

$$y = \underset{x}{\iota} A(x) \equiv A(y) \wedge \underset{x}{\vee_1} A(x)$$

einführen, weil wir nämlich aus dieser Äquivalenz z. B. erhalten würden:

$$y = \underset{x}{\iota}(x \neq x) \equiv y \neq y \wedge \underset{x}{\vee_1} x \neq x\,.$$

Aus dieser Äquivalenz folgt:

$$\sim \underset{y}{\vee}\, y = \underset{x}{\iota}(x \neq x) \equiv \sim \underset{y}{\vee}(y \neq y \wedge \underset{x}{\vee_1} x \neq x)\,.$$

Da die rechte Seite dieser Äquivalenz ein Theorem ist, läßt sich also aus der untersuchten Definition der Ausdruck: $\sim \underset{y}{\vee}\, y = \underset{x}{\iota}\,(x \neq x)$ ableiten. Wenn wir andererseits den Ausdruck „$\underset{x}{\iota}(x = x)$" für die Variable „$x$" in dem Theorem „$\underset{y}{\vee}\, y = x$" einsetzen würden, erhielten wir den Ausdruck: $\underset{y}{\vee}\, y = \iota\,(x \neq x)$. In dem um die betrachtete Definition bereicherten System ließen sich also zwei sich widersprechende Ausdrücke beweisen.

[1] [Vgl. zu dieser Thematik auch: G. Asser, *Einführung in die mathematische Logik*, Teil II. Prädikatenkalkül der 1. Stufe, Leipzig 1972, S. 158–164 und die dort angegebene weitere Literatur.]

Würden wir eine Definition der Form:

$$\bigvee_{x} {}_1A(x) \rightarrow [y = \underset{x}{\iota}\, A(x) \equiv A(y)]$$

einführen, kämen wir zwar nicht zu einem Widerspruch, aber der falsche Ausdruck „$\bigvee_{y} y = \underset{x}{\iota}(x \neq x)$“ wäre ein Theorem des so erweiterten Systems. Diese Schwierigkeit rührt daher, daß der Name „$\underset{x}{\iota}(x \neq x)$“ ein leerer Name ist und – wie wir bereits festgestellt haben – die Einsetzung von leeren Namen für Individuenvariablen in Theoreme des engeren Prädikatenkalküls zu falschen Aussagen führen kann.

Es wäre auch denkbar, den Namenausdruck $\underset{v}{\iota}E(v)$ dann und nur dann zu den sinnvollen Ausdrücken zu zählen, wenn der Ausdruck $\bigvee_{v} {}_1E(v)$ wahr ist oder sich beweisen läßt. Den Ausdruck „das einzige x mit der gegebenen Eigenschaft“ würden wir dann und nur dann als sinnvollen Namenausdruck betrachten, wenn es genau ein x mit der gegebenen Eigenschaft gibt oder wenn es sich beweisen läßt, daß es genau nur ein x mit der gegebenen Eigenschaft gibt. Dieser Standpunkt erscheint intuitiv überzeugend, führt jedoch zu gewissen Schwierigkeiten. Wenn wir nicht entscheiden können, ob der Ausdruck $\bigvee_{v} {}_1E(v)$ wahr oder ob er ein Theorem ist, werden wir auch nicht entscheiden können, ob der Ausdruck $\underset{v}{\iota}E(v)$ ein sinnvoller Namenausdruck ist. Es erhebt sich dann auch die Frage, wie man den deskriptiven Operator enthaltende Namenfunktionen zu behandeln habe. Wenn Hans nur einen Sohn hat, ist der Ausdruck „dasjenige x, für das gilt, x ist Sohn von Hans“ ein sinnvoller Namenausdruck. Wenn Adam keinen Sohn hat oder mehrere Söhne hat, ist der Ausdruck „dasjenige x, für das gilt, x ist Sohn von Adam“ sinnlos. Auf welche Weise als diese könnte man aber die Namenfunktion „dasjenige x, für das gilt, x ist Sohn von y“ gebrauchen? Aus dieser Funktion würden wir für bestimmte Werte der Variablen „y“ sinnvolle Namenausdrücke und für andere Werte dieser Variablen dagegen sinnlose Ausdrücke erhalten. Dies würde dem Prinzip der Einteilung der Ausdrücke in syntaktische Kategorien nicht entsprechen. Außerdem entsteht die Frage, wie man Aussagen beweisen kann, in denen diese Art von Namenfunktionen mit deskriptivem Operator enthalten sind.

Es gibt verschiedene Methoden der Einführung des deskriptiven Operators, die wir jedoch hier nicht behandeln wollen. Wir beschränken uns auf die Darstellung einer dieser Möglichkeiten.

Wir erweitern den Bereich der atomaren Ausdrücke des engeren Prädikatenkalküls mit Identität, indem wir die Namenausdrücke $\underset{v}{\iota} E(v)$ als Argumente des Identitätszeichens oder der Prädikate dieses Kalküls zulassen. Damit ist eine Erweiterung des Bereiches der Aussagenausdrücke des Systems und die entsprechende Verallgemeinerung der Regeln des engeren Prädikatenkalküls mit Identität verbunden, so daß auch die einen deskriptiven Operator enthaltenden Aussagenausdrücke erfaßt sind.

Wir nehmen eine neue primäre Regel an, nämlich die Regel der Einführung des deskriptiven Operators mit dem Schema:

$$E\iota \qquad \frac{\underset{v}{\bigvee_1} E}{E(v/\underset{v}{\iota} E)}.$$

Aus dem Ausdruck „$\underset{x}{\bigvee_1} A(x)$" kann man nach dieser Regel den Ausdruck „$A(\underset{x}{\iota} A(x))$" ableiten.

Wir beschränken auch die Beseitigungsregel des Allquantifikators, indem wir für Ausdrücke, in denen ein deskriptiver Operator vorkommt, folgendes Schema der Beseitigung des Allquantifikators annehmen:

$$\frac{\underset{v_1}{\bigwedge} E}{\underset{v}{\bigvee_1} F \rightarrow E(v_1/\underset{v}{\iota} F)}.$$

Die Einsetzungsregel für Individuenvariablen in den Theoremen ist – wie bereits erwähnt – bezüglich der Regel B$\bigwedge$ eine sekundäre Regel. Auf der Grundlage der obenangeführten Formulierung der Regel B$\bigwedge$ ist es mit Hilfe der Einsetzungsregel möglich, aus einem Theorem E das Theorem $\underset{v}{\bigvee_1} F \rightarrow E(v_1/\underset{v}{\iota} F)$ abzuleiten.

Bei einer solchen Einschränkung können wir aus dem Theorem: $\underset{y}{\bigvee} y = x$ durch Einsetzung das Theorem: $\underset{x}{\bigvee_1}(x \neq x) \rightarrow \underset{y}{\bigvee} y = \underset{x}{\iota}(x \neq x)$, jedoch nicht das Hinterglied dieser Implikation selbst ableiten.

Mit Hilfe der Regel Eι läßt sich die zweite der vorhin erörterten eventuellen Definition des deskriptiven Operators beweisen:

$$\underset{x}{\bigvee_1} A(x) \rightarrow [y = \underset{x}{\iota} A(x) \equiv A(y)].$$

Beweis. (1)	$\bigvee_{x} {}_{1} A(x)$	{An.}
(2)	$A(\underset{x}{\iota} A(x))$	{Eι : 1}
(1.1)	$y = \underset{x}{\iota} A(x)$	{z. An.}
(1.2)	$A(y)$	{EI: 2, 1.1}
(2.1)	$A(y)$	{z. An.}
(2.2)	$A(y) \wedge A(\underset{x}{\iota} A(x)) \rightarrow y = \underset{x}{\iota} A(x)$	{Def. d. Einsquant: 1}
(2.3)	$A(y) \wedge A(\underset{x}{\iota} A(x))$	{EK: 2.1, 2}
(2.4)	$y = \underset{x}{\iota} A(x)$	{AR: 2.2, 2.3}
	$y = \underset{x}{\iota} A(x) \equiv A(y)$	{EÄ: 1.1 → 1.2, 2.1 → 2.4}

Wenn das Vorderglied des bewiesenen Theorems erfüllt ist, so kann man dem Theorem zufolge einen atomaren Ausdruck von der Gestalt einer Identität, in der auf einer Seite ein deskriptiver Operator steht, durch einen äquivalenten Ausdruck, in dem dieser Operator nicht vorkommt, ersetzen.

Mit Hilfe des nächsten Theorems, dessen Beweis wir hier weglassen, können wir auf analoge Weise den deskriptiven Operator beseitigen, wenn er Argument irgendeines Prädikates ist:

$$\bigvee_{x} {}_{1} A(x) \rightarrow [\mathrm{B}(\underset{x}{\iota} A(x)) \equiv \bigvee_{A(x) \wedge B(x)} \bigwedge_{A(y)} y = x] \, .$$

Bei Russell, der den deskriptiven Operator einführte, spielt die als Hinderglied dieses Theorems stehende Äquivalenz die Rolle der Definition dieses Operators. Russell führte auch die folgende Definition ein:

$$E!\underset{x}{\iota} A(x) \equiv \bigvee_{A(x)} \bigwedge_{A(y)} y = x \, .$$

Der Ausdruck „$E!\underset{x}{\iota} Ax$" wird gelesen: Es gibt ein einziges x, welches dasjenige x ist, für das gilt: $A(x)$. Die rechte Seite dieser Definition ist dem Ausdruck „$\bigvee_{x} {}_{1} A(x)$" äquivalent.

Im Gegensatz zu den Schwierigkeiten, mit denen die mit Hilfe eines deskriptiven Operators vorgenommene Einführung eines **Namenausdruckes**, welcher einen einzigen Gegenstand mit einer gegebenen Eigenschaft bezeichnet, verbunden ist, treten bei der Einführung des zusammengesetzten **Prädikates** „J_A", das durch die Definition:

$$J_A(x) \equiv A(x) \wedge \bigwedge_{A(y)} y = x$$

bestimmt wird, keinerlei Schwierigkeiten auf. Den Ausdruck „$J_A(x)$" lesen wir: x ist der einzige Gegenstand mit der Eigenschaft A.[1]

D. Hilbert führte den **Epsilonoperator** ein.[2] Wenn es Gegenstände mit der Eigenschaft A gibt, so bezeichnet der Namenausdruck „$\underset{x}{\varepsilon} A(x)$" einen bestimmten Gegenstand mit der Eigenschaft A.

Der Epsilonoperator „ε" gehört zu der gleichen syntaktischen Kategorie wie der deskriptive Operator. D. Hilbert führt den Epsilonoperator axiomatisch ein:

$$A(y) \rightarrow A(\underset{x}{\varepsilon} A(x)).$$

Unter Verwendung des Epsilonoperators definiert er den Existenzquantifikator wie folgt:

$$\bigvee_x A(x) \equiv A(\underset{x}{\varepsilon} A(x)).$$

Diese Definition kann man folgendermaßen lesen:
„Es gibt dann und nur dann Gegenstände mit der Eigenschaft A, wenn irgendein bestimmter Gegenstand mit der Eigenschaft A diese Eigenschaft besitzt."

Im Annahmesystem kann man den Epsilonoperator auf folgende Weise einführen:

Anstelle der Regel $B\bigvee$ nehmen wir eine Regel mit folgendem Schema an:

$$\frac{\bigvee_v E}{E(v/\underset{v}{\varepsilon} E)}.$$

Außerdem nehmen wir eine Regel an, die folgendes Schema hat:

$$\frac{E(v/\underset{v}{\varepsilon} E)}{\bigvee_v E}.$$

Diese beiden Regeln, die man **Regeln der Einführung und der Beseitigung des Epsilonoperators** nennen könnte, sind zu-

[1] Diese Definition geht auf T. Czeżowski zurück (*Logika*, Warszawa 1949, S. 111).

[2] D. Hilbert und P. Bernays, *Grundlagen der Mathematik*, Bd. II, Berlin 1939, § 1.

sammen mit den (auf Ausdrücke, welche den Epsilonoperator enthalten, entsprechend verallgemeinerten) übrigen Regeln des Annahmesystems ausreichend, um den um Ausdrücke mit dem Epsilonoperator bereicherten engeren Prädikatenkalkül zu entwickeln.

Die Tatsache, daß die Regel B$\bigvee$ durch die Einführungsregel des Epsilonoperators ersetzt werden kann, ist von großer theoretischer Bedeutung.

Die primären Regeln der Einführung neuer Zeilen in einem Beweis haben wir im Annahmesystem als Regeln formuliert, welche feststellen, daß aus gegebenen Ausdrücken bestimmte Ausdrücke folgen. Bei einer solchen Behandlung der Regeln der Einführung neuer Zeilen in einem Beweis ergibt sich in bezug auf die Regel B$\bigvee$ eine gewisse Schwierigkeit. Nach dieser Regel leiten wir z. B. aus dem Ausdruck „$\bigvee_x A(x)$" den Ausdruck „$A(a)$" ab. Können wir jedoch sagen, daß aus dem ersten dieser Ausdrücke der zweite folgt? Wenn dem so wäre, müßte die Implikation „$\bigvee_x A(x) \rightarrow A(a)$" eine Einsetzung in irgendein logisches Gesetz sein, der Schluß mit der Prämisse „$\bigvee_x A(x)$" und der Conclusio „$A(a)$" müßte unter ein logisches Schema fallen. Aber in den logischen Gesetzen und Schemata treten ja nur logische Konstanten und Variablen auf, während die Konstante „a", da sie ja überhaupt keine Konstante des Systems ist, auch nicht in den Theoremen des Systems auftritt. In bezug auf die Einführungsregel des Epsilonoperators treten solche Schwierigkeiten nicht auf. Der Ausdruck „$\bigvee_x A(x) \rightarrow A(\varepsilon_x A(x))$" ist ein Theorem des engeren Prädikatenkalküls mit Epsilonoperator, den wir zu den logischen Konstanten zählen; das Schema dieser Regel ist ein logisches Schema, also ein gültiges formales Schema, das ausschließlich mit Hilfe von logischen Konstanten und Variablen geschrieben ist. Wenn man die gemäß der Regel B$\bigvee$ eingeführten Ausdrücke als Abkürzung entsprechender, aufgrund der Einführungsregel des Epsilonoperators eingeführter Ausdrücke betrachtet (wenn man z. B. annimmt, daß im angegebenen Beispiel: $a = \varepsilon_x A(x)$), können wir bereits feststellen, daß die Regel B$\bigvee$ von gegebenen Ausdrücken zu Ausdrücken führt, die aus ihnen folgen.

Bei dieser Auffassung wird auch die Rolle der variablen Indizes, die gemäß dem zweiten Schema der Regel B$\bigvee$ eingeführt werden, verständlich. Aus dem Ausdruck $\bigvee_v E(v, v_1, \ldots, v_n)$ leiten wir gemäß der Regel B$\bigvee$ den Ausdruck $E(v/t_{v_1,\ldots,v_n}, v_1, \ldots, v_n)$ ab, während wir dagegen nach der Einführungsregel des Epsilonoperators aus ihm den Ausdruck: $E(v/\varepsilon E(v, v_1, \ldots, v_n), v_1, \ldots, v_n)$ ableiten. Die Namenausdrücke „$\overset{v}{t}_{v_1, \ldots, v_n}$" und „$\underset{v}{\varepsilon} E(v, v_1, \ldots, v_n)$", die wir anstelle der Variablen v einsetzen, haben die gleichen freien Variablen, was verständlich ist, wenn wir den ersten Namensaudruck von ihnen als eine Abkürzung für den zweiten betrachten.

Verständlich wird auch die Forderung, daß bei jeder Anwendung der Regel B $\vee$ eine neue Konstante einzuführen ist. Wenn E verschieden von F ist, so ist der Ausdruck $\underset{v}{\varepsilon} E$ verschieden vom Ausdruck $\underset{v}{\varepsilon} F$. Wenn wir die gemäß der Regel B $\vee$ eingeführten Konstanten (bzw. Konstanten enthaltenden Namenausdrücke) als Abkürzung für die entsprechenden Ausdrücke $\underset{v}{\varepsilon} E$ und $\underset{v}{\varepsilon} F$ betrachten, müssen wir für die verschiedenen Ausdrücke E und F verschiedene Konstanten einführen.

Wir sehen also, daß wir unter Berufung auf die Einführungsregel des Epsilonoperators eine theoretische Begründung für die Formulierung der Regel B $\vee$ finden können, welche im Annahmesystem angenommen wurde. Wenn wir andererseits die Formulierungen beider Regeln vergleichen, wird uns leicht bewußt, worin der praktische Wert der bei der Beseitigung des Existenzquantifikators gemäß der Regel B $\vee$ angewandten Methode liegt. Bei Anwendung der Einführungsregel des Epsilonoperators müssen wir manchmal lange Ausdrücke einführen, die den Bereich dieses Operators bilden.

Bei Anwendung der Regel B $\vee$ können wir wesentlich kürzere Ausdrücke verwenden und dabei den Hauptgedanken des Beweises beibehalten, der in beiden Fällen der gleiche ist, weil sowohl die bei Anwendung der Regel B $\vee$ eingeführten Namenausdrücke als auch die mit Hilfe des Epsilonoperators gebildeten Namenausdrücke, die in gemäß dieser Regeln aufgrund der gleichen Prämisse erhaltenen Conclusionen eingeführt werden, einen bestimmten Gegenstand mit einer gegebenen Eigenschaft bezeichnen.

Im engeren Prädikatenkalkül kann man auch Variablen einführen, welche namenbildende Funktoren von Namenargumenten repräsentieren. Als solche Variablen werden wir die Buchstaben: $f, g, \ldots$ verwenden, wobei der Kontext auf die Anzahl der Argumente hinweist. Ein Namenausdruck der Form: $f(x_1, \ldots, x_n)$ gehört zu der gleichen syntaktischen Kategorie, der auch die Individuenvariablen angehören. Sowohl die Individuenvariablen als auch die Namenausdrücke dieser Form werden **Terme** genannt. Der Bereich der Aussagenausdrücke des engeren Prädikatenkalküls mit Identität wird beim Übergang zu diesem Kalkül mit Termen um Ausdrücke erweitert, die man aus den bisherigen Ausdrücken erhält, wenn man die in ihnen auftretenden freien Variablen durch beliebige Terme ersetzt. Die bisherigen Regeln reichen für den Beweis aller Theoreme des erweiterten Systems aus. Die Variablen: $f, g, \ldots$ nennt man Funktionsvariablen. **Engeren Kalkül mit Identität und Funktionsvariablen** nennt man oft denjenigen Teil des erweiterten Systems, in dessen Ausdrücken keine Prädikate repräsentierenden Variablen auftreten. Die atomaren Ausdrücke eines solchen Systems, die keine Aussagenvariablen sind, werden aus den Termen mit Hilfe des Identitätszeichens gebildet. Die Regeln des Annahmesystems reichen für den Beweis aller Theoreme eines solchen Systems aus. Wir geben für solche Beweise Beispiele an.

Theorem: $\bigwedge_x \bigvee_y y = f(x)$.

Beweis.	(1)	$f(x) = f(x)$	{Gesetz d. Refl. d. Identität}
	(2)	$\bigvee_y y = f(x)$	{E $\vee$: 1}
		$\bigwedge_x \bigvee_y y = f(x)$	{E $\wedge$: 2}

Theorem: $x = y \rightarrow f(x) = f(y)$

Beweis.	(1)	$x = y$	{An.}
	(2)	$f(x) = f(x)$	{Gesetz d. Refl. d. Identität}
		$f(x) = f(y)$	{EI: 1, 2}

Für Funktionsvariablen kann man Funktoren einsetzen, die mit Argumenten, welche Eigennamen sind, wiederum Eigennamen bilden. Solche Funktoren stellen die in der Mathematik verwendeten Funktionszeichen dar; deshalb werden diese Variablen auch Funktionsvariablen genannt. Die Formeln dieses Kalküls werden aber auch in anderen Bereichen angewandt. Das letzte Theorem kann man durch folgende Beispiele veranschaulichen:

Wenn x mit y identisch ist, so ist der Vater von x mit dem Vater von y identisch.

Wenn Paris mit der Hauptstadt Frankreichs identisch ist, so ist der Bürgermeister von Paris mit dem Bürgermeister der Hauptstadt Frankreichs identisch.

5. Axiomensysteme des engeren Prädikatenkalküls

Ein Axiomensystem des engeren Prädikatenkalküls erhalten wir, wenn wir in ein Axiomensystem des Aussagenkalküls Axiome bzw. Regeln für Quantifikatoren einführen. Bekannt sind verschiedene solcher Systeme von Axiomen und Regeln.

Um alle Theoreme des engeren Prädikatenkalküls zu beweisen, genügt es, wenn wir z. B. in ein Axiomensystem des Aussagenkalküls folgende vier Regeln für Quantifikatoren, die von Theoremen wiederum zu Theoremen führen, annehmen:

1. Die Regel der vorderen Generalisierung.

2. Die Regel der hinteren Generalisierung, mit der Bedingung, daß die durch den eingeführten Allquantifikator gebundene Variable im Vorderglied dieser Implikation keine freie Variable ist.

3. Die Regel der vorderen Partikularisierung, mit der Bedingung, daß die durch diesen Quantifikator gebundene Variable im Hinterglied dieser Implikation keine freie Variable ist.

4. Die Regel der hinteren Partikularisierung sowie die Einsetzungsregel für freie Individuenvariablen.

Die primären Regeln des axiomatischen Systems des Aussagenkalküls, in das wir die genannten Regeln für Quantifikatoren einführen, werden natürlich auf beliebige Aussagenausdrücke des engeren Prädikatenkalküls angewandt. Man kann also z. B. für Aussagenvariablen beliebige Aussagenausdrücke des engeren Prädikatenkalküls einsetzen, sofern eine freie Variable des eingesetzten Ausdruckes im Ergebnis der Einsetzung nicht zu einer gebundenen Variablen wird.

Von D. Hilbert stammt ein System von Axiomen und Regeln des engeren Prädikatenkalküls, in dem den (entsprechend verallgemeinerten) Axiomen und Regeln des Aussagenkalküls die Axiome:

$$\bigwedge_{x} A(x) \rightarrow A(y)$$

$$A(y) \rightarrow \bigvee_{x} A(x)$$

sowie folgende Regeln hinzugefügt werden:

Die oben formulierten Regeln 2. und 3., die Umbenennungsregel für gebundene Variablen, die Einsetzungsregel für freie Individuenvariablen und die Einsetzungsregel für Aussagenausdrücke, die aus einer Prädikate repräsentierenden Variablen und ihren Argumenten gebildet sind.

Diese letzte Regel ist analog der Einsetzungsregel für Ausdrücke, die aus einer Funktorvariablen und ihren Argumenten bestehen; auf diese Regel sind wir im Abschnitt 7, Kapitel III, eingegangen. Da jedoch im engeren Prädikatenkalkül sowohl freie wie auch gebundene Variablen auftreten, müssen für diese Regel gewisse Einschränkungen eingeführt werden, durch die gesichert ist, daß diese Regel nicht von wahren Ausdrücken zu falschen Ausdrücken führt. In dem hier behandelten axiomatischen System des engeren Prädikatenkalküls spielt diese Regel eine wichtige Rolle.

In den Axiomen dieses Systems treten nur Ausdrücke auf, welche Prädikate von einem Argument enthalten, und dann auch nur die einfachsten Ausdrücke dieser Art. Mit Hilfe der genannten Regel kann man aus Theoremen dieser Art entsprechende zusammengesetzte Ausdrücke des engeren Prädikatenkalküls, darunter auch Ausdrücke, die Prädikate von zwei und mehreren Argumenten enthalten, ableiten. Wir geben eine einfache Formulierung dieser Regel an.[1] Die formulierte Regel reicht als primäre Regel des jetzt behandelten Axiomensystems aus. Sei E ein Theorem, in welchem die n-stellige Prädikatenvariable F vorkommt und $H(x_1, \ldots, x_n)$ ein beliebiger Ausdruck des Prädikatenkalküls, in welchem die Namenvariablen: $x_1, \ldots, x_n$ frei vorkommen. Ferner seien folgende Bedingungen erfüllt: (a) Eventuell noch in H frei vorkommende Namenvariablen kommen in E nicht gebunden vor. (b) Keine der auf F folgenden Variablen in E tritt in H als gebundene Variable auf. Wird in E die Primformel „$F(t_1, \ldots, t_n)$" an allen Stellen ihres Vorkommens durch $H(t_1, \ldots, t_n)$ ersetzt, entsteht aus E wiederum ein Theorem. Dabei ist $H(t_1, \ldots, t_n)$ der Ausdruck, den man durch Ersetzung der Variablen „x_i" durch die Variablen „t_i" aus $H(x_1, \ldots x_n)$ erhält.

Z. B. erhalten wir aus dem Axiom: $\bigwedge_x A(x) \rightarrow A(y)$ durch die Einsetzung $A(t)/A(t) \rightarrow B(t)$ das Theorem:

$$\bigwedge_x [A(x) \rightarrow B(x)] \rightarrow [A(y) \rightarrow B(y)].$$

Wir haben hier die Einsetzungen vorgenommen: $A(x)/A(x) \rightarrow B(x)$
$A(y)/A(y) \rightarrow B(y)$.

Aus ebendiesem Axiom erhalten wir durch Einsetzung:
$A(t)/R(z, t, u)$,

d. h. durch die Einsetzungen: $A(x)/R(z, x, u)$,
$A(y)/R(z, y, u)$.

das Theorem: $\bigwedge_x R(z, x, u) \rightarrow R(z, y, u)$

[1] D. Hilbert u. W. Ackermann, *Grundzüge der theoretischen Logik*, 4. Auflage, Berlin-Göttingen-Heidelberg 1959, S. 90.

Wenn wir dagegen in diesem Axiom die Einsetzung vornehmen:

$$A(t)/\bigvee_{z} tRz$$

d. h. die Einsetzungen:

$$A(x)/\bigvee_{z} xRz$$

$$A(y)/\bigvee_{z} yRz,$$

erhalten wir das Theorem: $\bigwedge_{x} \bigvee_{z} xRz \rightarrow \bigvee_{z} yRz.$

Man kann dagegen nicht im ersten Axiom gemäß dieser Regel die Einsetzung: $A(t)/tRy$ vornehmen, weil die Variable „y" hier die gemeinsame Variable des eingesetzten Ausdruckes und des Axioms, in das wir einsetzen, ist. In diesem Axiom kann man jedoch die Einsetzung: $A(t)/tRz$ vornehmen, wodurch man das folgende Theorem erhält:

(1) $\bigwedge_{x} xRz \rightarrow yRz.$

In (1) wiederum kann man für die freie Variable „z" die Variable „y" einsetzen. Auf diese Weise erhalten wir das Theorem:

(1′) $\bigwedge_{x} xRy \rightarrow yRy.$

Ebenso kann man nicht im ersten Axiom die Einsetzung: $A(t)/A(t) \rightarrow \bigvee_{y} B(y)$ vornehmen, weil die Variable „y" die gemeinsame Variable des eingesetzten Ausdruckes und des Theorems, in das wir einsetzen, ist. In diesem Axiom kann man jedoch die Einsetzung: $A(t)/A(t) \rightarrow \bigvee_{z} B(z)$ vornehmen. Wir erhalten dann das Theorem:

(2) $\bigwedge_{x} [A(x) \rightarrow \bigvee_{z} B(z)] \rightarrow [A(y) \rightarrow \bigvee_{z} B(z)].$

Wenn wir auf (2) die Umbenennungsregel für gebundene Variablen anwenden, erhalten wir das Theorem:

(2′) $\bigwedge_{x} [A(x) \rightarrow \bigvee_{y} B(y)] \rightarrow [A(y) \rightarrow \bigvee_{y} B(y)].$

Es gibt stärkere Formulierungen der Einsetzungsregel für Ausdrücke, die aus einer Prädikatenvariablen und ihren Argumenten zusammengesetzt sind, nach denen wir z. B. die Ausdrücke (1′) und (2′) direkt aus dem ersten Axiom erhalten; in ihnen treten aber in bezug auf die freien und gebundenen Variablen kompliziertere Beschränkungen auf.

Alle Ausdrücke, die man aus einem gegebenen Theorem mit Hilfe einer solchen stärkeren Einsetzungsregel für Ausdrücke, die sich aus einer Prädikatenvariablen und ihren Argumenten zusammensetzen, erhalten kann, kann man aufgrund der oben angegebenen schwächeren Formulierung dieser Regel sowie der Umbenennungsregel für gebundene Variablen und der Einsetzungsregel für freie Individuenvariablen erhalten.

Wir wollen noch bemerken, daß die Einsetzungsregel für Ausdrücke, die sich aus einer Prädikatenvariablen und ihren Argumenten zusammensetzen, im Annahmesystem eine sekundäre Regel ist. Dies resultiert daraus, daß der Beweis des aus einem gegebenen Theorem gemäß dieser Regel erhaltenen Theorems dem Beweis dieses Theorems im Annahmesystem völlig analog ist.

Sehr einfach ist das System der Axiome und Regeln des engeren Prädikatenkalküls mit dem Epsilonoperator als Grundterminus. Das einzige Axiom des Systems, welches den Axiomen des Aussagenkalküls hinzugefügt wird, ist das Axiom:

1. $A(y) \rightarrow A(\underset{x}{\varepsilon} A(x))$.

Die Quantifikatoren werden mit Hilfe von Definitionen eingeführt:

2. $\underset{x}{\bigvee} A(x) \equiv A(\underset{x}{\varepsilon} A(x))$

3. $\underset{x}{\bigwedge} A(x) \equiv A(\underset{x}{\varepsilon} \sim A(x))$.

Primäre Regeln sind neben den entsprechend verallgemeinerten Regeln des Aussagenkalküls folgende Regeln: Die Umbenennungsregel für gebundene Variablen, die Einsetzungsregel für freie Individuenvariablen und die Einsetzungsregel für die aus einer Prädikatenvariablen und ihren Argumenten bestehenden Ausdrücke.

Die Axiome und Regeln des vorher besprochenen Systems erhalten wir in diesem System auf folgende Weise:
Aus 1. und 2. erhalten wir:

4. $A(y) \rightarrow \underset{x}{\bigvee} A(x)$.

Wenn wir in 1. die Einsetzung: $A(t)/ \sim A(t)$ vornehmen, erhalten wir:

5. $\sim A(y) \rightarrow \sim A(\underset{x}{\varepsilon} \sim A(x))$.

Aus 5. erhalten wir aufgrund des Transpositionsgesetzes:

6. $A(\underset{x}{\varepsilon} \sim A(x)) \rightarrow A(y)$

und daraus erhalten wir aufgrund von 3.:

7. $\underset{x}{\bigwedge} A(x) \rightarrow A(y)$.

Die Ausdrücke 4. und 7. sind die Axiome des vorigen Systems. Die Einführungsregel des Allquantifikators in das Hinterglied beweisen wir folgendermaßen: E sei ein Aussagenausdruck, der die freie Variable „x" nicht enthält. Aus dem Ausdruck:

(1) $E \rightarrow F(x)$

erhalten wir durch Einsetzung für die freie Variable „x" den Ausdruck:

(2) $E \rightarrow F(\underset{x}{\varepsilon} \sim F(x))$

Daraus wiederum erhalten wir aufgrund von 3.:

(3) $E \rightarrow \bigwedge_{x} F(x)$

Wir beweisen noch die Einführungsregel des Existenzquantifikators in das Vorderglied:

Aus dem Ausdruck:

(1) $F(x) \rightarrow E$

leiten wir durch Einsetzung für die freie Variable „x" den Ausdruck ab:

(2) $F(\underset{x}{\varepsilon} F(x)) \rightarrow E$

Daraus erhalten wir aufgrund von 2.:

(3) $\bigvee_{x} F(x) \rightarrow E$.

Indem wir dem Axiomensystem des engeren Prädikatenkalküls zwei Axiome für die Identität hinzufügen:

$$x = x$$
$$x = y \rightarrow [A(x) \rightarrow A(y)] ,$$

erhalten wir ein Axiomensystem des engeren Prädikatenkalküls mit Identität.

6. Prädikatenkalküle n-ter Stufe

Den Prädikatenkalkül einer höheren Stufe kann man nach der Annahmemethode oder nach der axiomatischen Methode aufbauen. Bei dem einen wie dem anderen Herangehen formulieren wir für die Quantifikatoren, die Variablen einer gegebenen syntaktischen Kategorie binden, die Regeln oder die Axiome und Regeln analog wie jene, welche im engeren Prädikatenkalkül für Individuenvariablen bindende Quantifikatoren angenommen werden.

Wenn wir den Prädikatenkalkül n-ter Stufe nach der Annahmemethode aufbauen, nehmen wir für die Quantifikatoren die Regeln B$\wedge$, E$\wedge$, B$\vee$ und E$\vee$ an, die so verstanden werden sollen, daß die durch diese Quantifikatoren gebundenen Variablen Individuenvariablen oder Prädikatenvariablen niedrigerer Stufen als n, d. h. der Stufen von 1 bis $n-1$, sind. Alle Variablen dieser Art treten auch als Indizes bei den gemäß dem zweiten Schema der Regel B$\vee$ eingeführten Konstanten auf.

Wenn wir in der axiomatischen Darstellung eines solchen Systems die Einsetzungsregel für aus einer Prädikatenvariablen und ihren Argumenten bestehende Ausdrücke formulieren, müssen wir daran denken, daß eine solche Einsetzung nur an den Stellen vorgenommen werden kann, an denen die gegebene Prädikatenvariable nicht gebunden ist, und nur unter dem Vorbehalt, daß in dem Ausdruck, in den wir einsetzen, dieses Prädikat nicht in Form einer freien Variablen und ohne Argumente (d. h. als Argument irgendeines Prädikats höherer Stufe oder des Identitätszeichens) auftritt.

Im Prädikatenkalkül zweiter Stufe kann das Identitätszeichen von Individuenargumenten folgendermaßen definiert werden:

$$x = y \equiv \bigwedge_A [A(x) \equiv A(y)] .$$

Im Sinne dieser Definition ist x mit y dann und nur dann identisch, wenn jede Eigenschaft von x auch Eigenschaft von y ist und umgekehrt. Analog kann man im Prädikatenkalkül n-ter Stufe das Identitätszeichen von Argumenten, welche Prädikate der Stufen von 1 bis $n-2$ sind, definieren. Es ist dagegen nicht möglich, in einem solchen Kalkül ein Identitätszeichen von Argumenten, welche Prädikate der Stufe $n-1$ oder der Stufe n sind, auf diese Weise zu definieren, weil man in der Definition einen Quantifikator verwenden müßte, welcher eine Prädikatenvariable der Stufe n oder $n+1$ bindet, was aber schon über den Rahmen des Prädikatenkalküls n-ter Stufe hinausführt. Zum Beispiel kann man also nicht im Prädikatenkalkül der zweiten Stufe auf diese Weise ein Identitätszeichen von Argumenten, welche Prädikate der ersten Stufe sind, definieren. In diesem System kann man dieses Zeichen ähnlich einführen, wie man das Identitätszeichen im engeren Prädikatenkalkül einführt. Man muß dann das Axiom: $A = A$ und eine entsprechend formulierte Extensionalitätsregel für die Identität annehmen.

Im Prädikatenkalkül n-ter Stufe kann man auch deskriptive Operatoren und Epsilonoperatoren höherer Stufe einführen. Ein mit Hilfe eines solchen Operators gebildeter Ausdruck gehört zu der gleichen syntaktischen Kategorie, der die durch diesen Operator gebundene Variable angehört.

Im Prädikatenkalkül n-ter Stufe ($n > 1$) werden neben Regeln bzw. Axiomen und Regeln für Quantifikatoren außerdem noch das Extensionalitätsaxiom und das Definitionsaxiom angenommen.

Das Extensionalitätsaxiom für Prädikate der ersten Stufe hat die Form:

$$\bigwedge_{x}[A(x) \equiv B(x)] \rightarrow A = B$$

$$\bigwedge_{x_1,\ldots,x_n} [P(x_1, \ldots, x_n) \equiv R(x_1, \ldots, x_n)] \rightarrow P = R\,.$$

Wenn wir den Ausdruck „$A(x)$" lesen: „x hat die Eigenschaft A", so lesen wir das erste dieser Axiome als eine Aussage, welche feststellt, daß die den gleichen Gegenständen zukommenden Merkmale identisch sind. Gegen eine solche Feststellung wird manchmal der Vorwurf erhoben, daß es Merkmale gibt, welche gleichen Gegenständen zukommen, aber verschieden sind. Zum Beispiel kommen Dreieckigkeit und Dreiseitigkeit den gleichen Gegenständen zu, stellen aber verschiedene Merkmale dar. Ohne die Frage zu entscheiden, ob das so ist oder nicht, kann man feststellen, daß, wenn wir das Extensionalitätsaxiom in dieser Interpretation annehmen, wir den Wertebereich der Variablen A, B auf Merkmale einschränken, welche die durch dieses Axiom formulierte Bedingung erfüllen. Den Ausdruck „$A(x)$" kann man auch lesen: „x ist Element der Menge A". Gemäß dieser Interpretation stellt das erste der Extensionalitätsaxiome fest, daß Mengen, die aus den gleichen Elementen bestehen, identisch sind. Das so interpretierte Extensionalitätsaxiom ruft keine Einwände mehr hervor. Das zweite Extensionalitätsaxiom kann man als eine Aussage lesen, welche feststellt, daß Relationen, die zwischen gleichen Gegenständen bestehen, identisch sind. Man kann noch bemerken, daß das Extensionalitätsaxiom hauptsächlich im Hinblick auf seine Anwendung angenommen wird. Bei diesen Anwendungen wird es aber als eine Aussage interpretiert, welche die Identität von aus gleichen Elementen bestehenden Mengen feststellt. Wenn man also dieses Axiom annimmt, kann man es in dieser, keine Einwände hervorrufenden Interpretation annehmen.

Das Definitionsaxiom stellt fest, daß Theoreme des Systems alle Ausdrücke der folgenden Form sind:

$$\bigvee_{A} \bigwedge_{x}[A(x) \equiv E(x)]$$

$$\bigvee_{P} \bigwedge_{x_1,\ldots,x_n} [P(x_1, \ldots, x_n) \equiv E(x_1, \ldots, x_n)]\,,$$

in denen „$E(x)$" eine Aussageform mit einer freien Variablen „x" „$E(x_1, \ldots, x_n)$" dagegen eine Aussageform mit n freien Variablen: $x_1, \ldots, x_n$ ist.

Anstelle dieses Axioms kann man eine Regel annehmen, die es erlaubt, in das System Definitionen folgender Form einzuführen:

$$A_i(x) \equiv E(x)$$
$$P_i(x_1, \ldots, x_n) \equiv E(x_1, \ldots, x_n),$$

in denen A_i sowie P_i Prädikatenkonstanten sind. Daher stammt der Name dieses Axioms.

Wenn wir die zweite der vorhin genannten Interpretationen des Ausdruckes „$A(x)$" annehmen, kann man das erste der Definitionsaxiome als eine Aussage lesen, welche feststellt, daß es für jede Aussageform mit einer freien Variablen eine Menge gibt, die aus den und nur den Gegenständen besteht, welche diese Aussageform erfüllen. In der analogen Interpretation des zweiten Axioms sprechen wir nicht von einer Menge, sondern von einer Relation.

Die genannten Axiome werden für Prädikate höherer Stufen analog formuliert.

Man muß aber bemerken, daß man gegen die mengentheoretische Interpretation der betrachteten Axiome Einwände aufgrund folgender Tatsache erheben kann: In der heutigen axiomatischen Mengenlehre (vgl. Kap. VIII) nimmt man nicht die Voraussetzung an, daß zu jeder Eigenschaft (oder zu jeder Aussageform) die Menge oder die Klasse aller und nur der Gegenstände existiert, welche diese Eigenschaft haben (diese Aussageform erfüllen).

Der Prädikatenkalkül n-ter Stufe ist Teil eines reicheren Systems, in dem Prädikate einer beliebigen natürlichen Stufe vorkommen. In einem solchen System werden das Definitionsaxiom und das Extensionalitätsaxiom für Prädikate jeder natürlichen Stufe angenommen.

KAPITEL V

Mengen- und Relationenkalkül

1. Grundbegriffe des Mengenkalküls

1.1. Der Abstraktionsoperator. Das Extensionalitätsaxiom

Die Termini „Menge", „Element einer Menge" werden im doppelten Sinne verwandt. Einmal bezeichnet der Terminus „Menge" Gegenstände, die aus Teilen bestehen, Kollektive oder Konglomerate verschiedener Art. Unter den Elementen einer solchen Menge versteht man beliebige Teile von ihr, wobei der Terminus „Teil" hier in dem umgangssprachlichen Sinne aufgefaßt wird, in dem beispielsweise ein Tischbein ein Teil des Tisches ist. Ein Haufen gegebener Steine ist in diesem Sinne eine Menge dieser Steine. Elemente dieser Menge sind sowohl einzelne Steine als auch verschiedene Teile dieser Steine, beispielsweise die Moleküle oder Atome, aus welchen sich diese Steine zusammensetzen. Dieser Auffassung nach ist die Menge der gegebenen Steine identisch beispielsweise mit der Menge aller Atome, aus welchen diese Steine bestehen. Elemente der so verstandenen Menge aller Tische sind nicht nur einzelne Tische, sondern etwa auch die Beine dieser Tische oder andere Teile von diesen. Wenn wir den Terminus „Menge" in diesem Sinne verwenden, so sprechen wir davon, daß wir ihn im kollektiven Sinne verwenden. Die Theorie so verstandener Mengen und von der Beziehung von Teilen zur Gesamtheit ist von St. Leśniewski entwickelt worden, der sie Mereologie nannte.

In einem anderen Sinn verwenden wir die Termini „Menge", „Element einer Menge" beispielsweise dann, wenn wir bezüglich der Menge der europäischen Länder als Elemente dieser Menge einzelne europäische Länder, wie z. B. Polen, Frankreich, Italien usw. ansehen, wenn wir aber nicht verschiedene Teile dieser Länder als Element dieser Menge betrachten. In diesem Sinne sind die Tatra oder die Polnische Platte beispielsweise keine Elemente der Menge der europäischen Länder, obwohl sie Teile bestimmter europäischer Länder sind. Wir verwenden diese Termini auch in diesem Sinne, wenn wir beispielsweise bezüglich der Menge der polnischen Städte Wrocław, Warschau usw. als Elemente dieser Menge betrachten, wenn wir aber einzelne Straßen, Plätze oder andere Teile dieser Städte nicht als Elemente dieser Menge ansehen. In der Logik werden die Termini „Menge", „Element einer Menge" seit langem in diesem Sinne verwendet, wenn man bezüglich der Bereiche von Namen oder Begriffen als von gewissen Mengen von Gegenständen spricht. Im Gegensatz zum vorangegangenen Sinn kann der Terminus „Element einer Menge" in diesem Sinne nicht mit dem umgangssprachlichen Terminus „Teil" gleichgesetzt werden. Wenn wir den Terminus „Menge" im zweiten Sinn verwenden, so sprechen wir davon, daß wir diesen Terminus im mengentheoretischen Sinne verwenden. Dieser Begriff der Menge und der ihm entsprechende Begriff: Element einer Menge finden in dem in diesem Kapitel dargestellten Mengenkalkül Verwendung.

Wenn wir uns des Terminus „Menge" im mengentheoretischen Sinne bedienen, so verwenden wir das Symbol „$\{x\colon W(x)\}$" zur Bezeichnung der „Menge der x, für die gilt $W(x)$", wobei „$W(x)$" eine Aussageform mit der freien Variablen „x" ist. Anstatt von der Menge der x, für die $W(x)$ gilt, zu sprechen, sprechen wir oft auch von der Klasse der x, für die gilt $W(x)$.[1] Anstelle von „$\{x\colon W(x)\}$" schreibt man auch „$\{x/W(x)\}$" oder „$\hat{x}W(x)$" bzw. „$\underset{x}{E}W(x)$". In der letzten Schreibweise ist „E" der erste Buchstabe des französischen Ausdruckes „ensemble", der mit dem Ausdruck „Menge" gleichbedeutend ist. In diesen Ausdrücken ist der Buchstabe „E" oder das ihm entsprechende Zeichen „$\hat{}$" über der Variablen bzw. das Symbol „$\{:\}$" ein Operator, der die Variable „x" bindet. Es ist ein Operator von einem Aussagenargument, der zusammen mit der durch ihn gebundenen Variablen und mit diesem Argument den Namen einer Menge oder eine Namenfunktion von gleicher syntaktischer Kategorie wie der Name der Menge bildet. Dieser Operator wird zuweilen Abstraktionsoperator genannt.

Den Ausdruck „$y \in \{x\colon W(x)\}$" lesen wir „y ist Element der Menge der x, für die $W(x)$ gilt", oder: „y ist Element der Klasse der x, für die $W(x)$ gilt".

Der Sinn des Abstraktionsoperators und des Symbols „$\in$" wird festgelegt durch das folgende Gesetz der Elimination des Abstraktionsoperators:

(I) $$y \in \{x\colon W(x)\} \equiv W(y).$$

[1] In diesem Kapitel verwenden wir die Termini „Menge" und „Klasse" im gleichen Sinne. Es muß jedoch betont werden, daß in einem der Systeme der axiomatischen Mengenlehre, mit dem wir uns noch beschäftigen werden, diese Termini in einem anderen Sinne und mit einem anderen Umfang verwendet werden.

Nach dieser Äquivalenz ist ein Gegenstand y Element der Menge der x, welche die Eigenschaft W haben, dann und nur dann, wenn der Gegenstand y die Eigenschaft W hat.

Es ist offensichtlich, daß wir bei der Annahme einer solchen Äquivalenz vom mengentheoretischen Sinn der Termini „Menge", „Element einer Menge" ausgehen. Aufgrund dieser Äquivalenz ist ein Teil eines Gegenstandes y Element der Menge der Gegenstände mit der Eigenschaft W dann und nur dann, wenn dieser Teil die Eigenschaft W besitzt. Folglich ist beispielsweise nach dieser Äquivalenz London ein Element der Menge der Städte Englands, da London eine Stadt in England ist. Dagegen ist beispielsweise der Stadtteil Greenwich kein Element dieser Menge, da dieser Stadtteil keine Stadt in England ist, obwohl er ein Teil von London ist, das eine Stadt in England ist.

Wollten wir in der besprochenen Äquivalenz das Symbol „$\{x: W(x)\}$" als Menge im kollektiven Sinne interpretieren, und das Symbol „$\in$" als Ausdruck „ist ein Teil" (im umgangssprachlichen Sinne), so würden wir einen falschen Ausdruck erhalten. Es trifft nämlich nicht zu, daß jeder Teil einer Menge (im kollektiven Sinne) von Gegenständen mit der Eigenschaft W die Eigenschaft W besitzt. Beispielsweise trifft nicht zu, daß ein Tischbein, das ein Teil eines Tisches ist, ein Tisch ist.

In diesem Kapitel werden wir die Buchstaben: A, B, C, ... als Mengenvariable verwenden. Den Ausdruck „$x \in A$" lesen wir „x ist Element der Menge A" oder „x ist Element der Klasse A" oder „x gehört zu der Menge (Klasse) A". Wir sprechen auch manchmal davon, daß eine Menge zusammengesetzt ist (sich zusammensetzt) aus den gegebenen Gegenständen, anstatt zu sagen, daß diese und nur diese Gegenstände ihre Elemente sind.

Ausgehend von den Gesetzen und Regeln für die Identität und unter Verwendung von Mengen repräsentierenden Variablen kann das folgende Theorem bewiesen werden:

$$A = B \rightarrow \bigwedge_x (x \in A \equiv x \in B).$$

Beweis.	(1)	$A = B$	{An.}
	(2)	$x \in A \equiv x \in A$	$\{p \equiv p\}$
	(3)	$x \in A \equiv x \in B$	{EI: 1, 2}
		$\bigwedge_x (x \in A \equiv x \in B)$	{E$\bigwedge$: 3}

Nach diesem Theorem setzen sich identische Mengen aus den gleichen Elementen zusammen.

Die umgekehrte Aussage läßt sich nicht beweisen. Wir fassen sie als ein Axiom auf, das als **Extensionalitätsaxiom** bekannt ist:

$$\bigwedge_x (x \in A \equiv x \in B) \rightarrow A = B.$$

Dieses Axiom stellt fest, daß Mengen, die aus den gleichen Elementen zusammengesetzt sind, identisch sind. Aufgrund des Extensionalitätsaxioms genügt es, zum Beweis der Identität von Mengen A und B nachzuweisen, daß die Mengen A und B die gleichen Elemente haben, d. h., daß ein beliebiger Gegenstand x Element der Menge A dann und nur dann ist, wenn er Element der Menge B ist.

Aus dem oben bewiesenen Theorem und aus dem Extensionalitätsaxiom erhalten wir die Äquivalenz:

(II) $$A = B \equiv \bigwedge_x (x \in A \equiv x \in B).$$

Aus dem Gesetz der Elimination des Abstraktionsoperators (I) und aus der Äquivalenz (II) erhalten wir die Äquivalenz:

(III) $$A = \{x: W(x)\} \equiv \bigwedge_x [x \in A \equiv W(x)]$$

Beweis. (1) $A = \{x: W(x)\} \equiv \bigwedge_x [x \in A \equiv x \in \{x: W(x)\}]$ {II}

(2) $x \in \{x: W(x)\} \equiv W(x)$ {I}

(3) $A = \{x: W(x)\} \equiv \bigwedge_x [x \in A \equiv W(x)]$ {1, 2}

Wir machen uns nunmehr mit den Definitionen bestimmter Termini des Mengenkalküls vertraut, die mit Hilfe der bisher erörterten Termini dieses Kalküls sowie mit Hilfe von Wahrheitsfunktoren und Quantifikatoren formuliert werden.

1.2. Operationen mit Mengen. Allmenge. Leere Menge. Enthaltensein von Mengen

Die **Vereinigungsmenge** (oder kurz: die **Vereinigung**) der **Mengen** A **und** B[1] bezeichnen wir durch das Symbol „$A \cup B$" und definieren sie wie folgt:

$$x \in A \cup B \equiv x \in A \vee x \in B.$$

[1] [Im Original: Summe. Daraus erklären sich auch die Bezeichnungen mancher nachfolgend angegebener Gesetze.]

Auf diese Definition kann wie auf jedes Theorem die Regel der Einführung des Allquantifikators angewandt werden, wodurch wir erhalten:

$$\bigwedge_x (x \in A \cup B \equiv x \in A \vee x \in B).$$

Dieser Ausdruck ist aufgrund von (III) äquivalent dem Ausdruck: $A \cup B = \{x\colon x \in A \vee x \in B\}$, der ebenfalls als Definition der Vereinigung von Mengen aufgefaßt werden könnte.

Nach dieser Definition ist die Vereinigung zweier Mengen A und B eine Menge, die aus den und nur den Gegenständen besteht, die der Menge A oder der Menge B angehören. Anstelle von „$A \cup B$" schreibt man manchmal auch „$A + B$".

Wenn wir die Mengen A und B mit Hilfe von zwei sich überschneidenden Kreisen (die als Punktmengen aufgefaßt werden) veranschaulichen, dann ist die Vereinigung dieser Mengen veranschaulicht durch den Bereich, der aus diesen beiden Kreisen zusammengesetzt ist (der als die Menge der Punkte betrachtet wird, die dem ersten oder dem zweiten Kreis angehören):

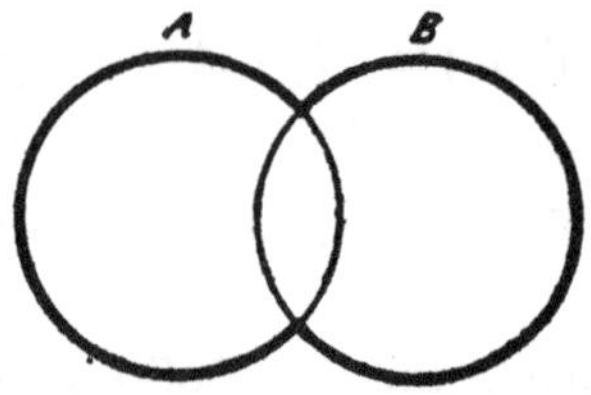

Ein solches Diagramm bezeichnet man als Venn-Diagramm.

Die Durchschnittsmenge (oder kurz den Durchschnitt) der Mengen A und B[1] bezeichnen wir durch das Symbol „$A \cap B$" und definieren sie (bzw. ihn) wie folgt:

$$x \in A \cap B \equiv x \in A \wedge x \in B$$

oder durch die Definition:

$$A \cap B = \{x\colon x \in A \wedge x \in B\}.$$

Nach dieser Definition ist der Durchschnitt zweier Mengen A und B eine Menge, die aus den und nur den Gegenständen besteht, die der Menge A und der Menge B angehören. Anstelle von „$A \cap B$" schreibt man auch „$A \cdot B$".

[1] [Im Original: Produkt. Daraus erklären sich die Bezeichnungen mancher nachfolgend angegebener Gesetze.]

Wenn die Kreise A und B die Mengen A und B veranschaulichen, so ist das Produkt dieser Mengen veranschaulicht durch den Bereich, der gemeinsamer Teil dieser Kreise ist:

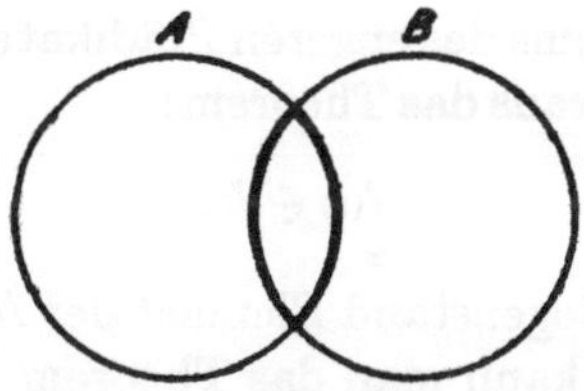

Die Vereinigung der Menge der Dichter und der Menge der Maler ist die Vereinigung derjenigen Personen, die Dichter oder Maler sind; der Durchschnitt dieser Mengen ist die Menge der Dichter und Maler, d. h. die Menge der Personen, die Dichter und Maler sind. Anstelle des Ausdrucks „$\sim x \in A$" schreiben wir oft „$x \notin A$".

Die Differenz der Mengen A und B bezeichnen wir mit Hilfe des Symbols „$A - B$" und definieren sie wie folgt:

$$x \in A - B \equiv x \in A \wedge x \notin B \, ,$$

oder durch:

$$A - B = \{x \colon \, x \in A \wedge x \notin B\} \, .$$

Die Differenz zweier Mengen A und B ist also die Menge der und nur der Elemente der Menge A, die nicht Elemente der Menge B sind.

Im Venn-Diagramm wird die Differenz $A - B$ durch den Bereich des Kreises A außerhalb des Kreises B veranschaulicht:

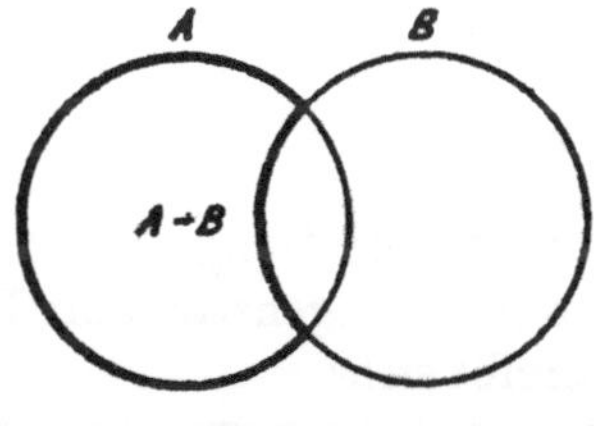

Die Differenz der Menge der Dichter und der Menge der Maler ist die Menge jener Dichter, die nicht Maler sind, während die Differenz der Menge der Maler und der Menge der Dichter die Menge jener Maler ist, die nicht Dichter sind.

Die Allmenge ist die Menge aller Gegenstände. Man verwendet für sie das Symbol „1" oder das Symbol „V" und definiert es wie folgt:

$$x \in \mathrm{V} \equiv x = x \, ,$$

oder:

$$\mathrm{V} = \{x \colon \, x = x\} .$$

Aus dieser Definition erhalten wir aufgrund der Regeln für die Quantifikatoren die Äquivalenz:

$$\bigwedge_x (x \in V) \equiv \bigwedge_x (x = x).$$

Aufgrund des Theorems des engeren Prädikatenkalküls mit Identität: $\bigwedge_x x = x$ erhalten wir daraus das Theorem:

$$\bigwedge_x x \in V ,$$

das besagt, daß jeder Gegenstand Element der Allmenge ist.

Ausgehend von (II) kann man das Theorem beweisen:

(IV) $$\bigwedge_x (x \in A) \equiv A = V$$

Beweis. (a)	(1)	$\bigwedge_x (x \in A)$	{An.}
	(1.1)	$x \in A$	{z. An.}
	(1.2)	$x \in V$	{Theorem}
	(2)	$x \in A \rightarrow x \in V$	{1.1 → 1.2}
	(2.1)	$x \in V$	{z. An.}
	(2.2)	$x \in A$	{B ∧: 1}
	(3)	$x \in V \rightarrow x \in A$	{2.1 → 2.2}
	(4)	$x \in A \equiv x \in V$	{EÄ: 2, 3}
	(5)	$\bigwedge_x (x \in A \equiv x \in V)$	{E ∧: 4}
		$A = V$	{II, 5}
Beweis. (b)	(1)	$A = V$	{An.}
	(2)	$\bigwedge_x x \in V$	{Theorem}
		$\bigwedge_x x \in A$	{EI: 1, 2}

Nach diesem Theorem ist eine Menge mit der Allmenge dann und nur dann identisch, wenn jeder Gegenstand ihr Element ist.

Aus diesem Theorem ergibt sich:

$$\bigwedge_x (x \in A) \wedge \bigwedge_x (x \in B) \rightarrow A = B .$$

Die leere Menge, für die wir das Symbol „$\emptyset$" verwenden, ist bestimmt durch die Äquivalenz:

$$x \in \emptyset \equiv x \neq x$$

oder durch die Gleichung:

$$\emptyset = \{x\colon x \neq x\}$$

Anstelle des Symbols „$\emptyset$" wird auch das Symbol „0" oder das Symbol „$\wedge$" verwendet.

Aus der Äquivalenz, die die leere Menge definiert, erhalten wir die Äquivalenz:

$$\sim \bigvee_x (x \in \emptyset) \equiv \sim \bigvee_x x \neq x.$$

Daraus und aus dem Theorem des engeren Prädikatenkalküls mit Identität: $\sim \bigvee_x x \neq x$ erhalten wir das Theorem: $\sim \bigvee_x x \in \emptyset$ oder das äquivalente Theorem: $\bigwedge_x x \notin \emptyset$, das besagt, daß kein Gegenstand Element der leeren Menge ist.

Anhand von (II) kann das Theorem bewiesen werden:

(V) $$\sim \bigvee_x (x \in A) \equiv A = \emptyset.$$

Beweis. (a)	**(1)**	$\sim \bigvee_x (x \in A)$	**{An.}**
	(2)	$\bigwedge_x x \notin A$	**{Negat. d. Existenzquant.: 1}**
	(1.1)	$x \in A$	**{z. An.}**
	(1.2)	$x \in A \vee x \in \emptyset$	**{EA: 1.1}**
	(1.3)	$x \notin A$	**{B $\wedge$: 2}**
	(1.4)	$x \in \emptyset$	**{BA: 1.2, 1.3}**
	(3)	$x \in A \rightarrow x \notin \emptyset$	**{1.1 → 1.4}**
	(2.1)	$x \in \emptyset$	**{z. An.}**
	(2.2)	$x \in \emptyset \vee x \in A$	**{EA: 2.1}**
	(2.3)	$x \notin \emptyset$	**{Theorem}**
	(2.4)	$x \in A$	**{BA: 2.2, 2.3}**
	(4)	$x \in \emptyset \rightarrow x \in A$	**{2.1 → 2.4}**
	(5)	$\bigwedge_x (x \in A \equiv x \in \emptyset)$	**{E $\wedge$, EÄ: 3, 4}**
		$A = \emptyset$	**{II, 5}**
Beweis. (b)	**(1)**	$A = \emptyset$	**{An.}**
	(2)	$\sim \bigvee_x x \in \emptyset$	**{Theorem}**
		$\sim \bigvee_x x \in A$	**{EI: 1, 2}**

Nach diesem Theorem ist eine Menge mit der leeren Menge dann und nur dann identisch, wenn kein Gegenstand ihr Element ist.

Aus diesem Theorem ergibt sich:

$$\sim \bigvee_x (x \in A) \wedge \sim \bigvee_x (x \in B) \rightarrow A = B.$$

Der Terminus „leere Menge" hätte keinen Sinn, wenn wir uns des kollektiven Mengenbegriffs bedienten. Wenn wir dagegen den mengentheoretischen Begriff der Menge gebrauchen und von der Menge der

Gegenstände mit der Eigenschaft W sprechen, so ist es möglich, daß es Gegenstände mit der Eigenschaft W gibt oder daß es keine Gegenstände mit der Eigenschaft W gibt. Im ersten Falle ist die Menge $\{x: W(x)\}$ nicht-leer, im zweiten Falle ist eine solche Menge leer. Wenn wir Schlüsse in bezug auf Mengen mit einer gegebenen Eigenschaft ziehen, ist uns oft unbekannt, ob Gegenstände mit der gegebenen Eigenschaft existieren oder nicht, d. h., ob die Menge der Gegenstände mit dieser Eigenschaft nicht-leer oder leer ist. Bei der allgemeinsten Formulierung der Prinzipien eines solchen Schlusses klammern wir also den Fall der Leerheit gewisser Mengen, auf die sich unsere Schlüsse beziehen, nicht aus. Die Einführung des Begriffes der leeren Menge ermöglicht daher die allgemeine Formulierung von Gesetzen in bezug auf Mengen im mengentheoretischen Sinne.

Zwei Mengen A und B bezeichnen wir dann und nur dann als disjunkt, wenn ihr Durchschnitt die leere Menge ist, d. h. wenn sie kein gemeinsames Element haben.

Das Komplement einer Menge A bezeichnen wir durch das Symbol „$\breve{A}$", und definieren es wie folgt:

$$x \in \breve{A} \equiv x \notin A$$

oder durch die Gleichung:

$$\breve{A} = \{x: x \notin A\}.$$

Das Komplement einer Menge A ist folglich die Menge der und nur der Gegenstände, die nicht Elemente der Menge A sind.

Anstelle von „$\breve{A}$" schreibt man auch „A'" oder „$-A$".

Aus der Definition des Komplements, dem Theorem: $x \in \mathrm{V}$ und aus der Definition der Differenz von Mengen erhalten wir die Äquivalenzen:

$$x \in \breve{A} \equiv x \in \mathrm{V} \wedge x \notin A \equiv x \in \mathrm{V} - A.$$

Wenn das Rechteck die Allmenge und der Kreis innerhalb des Rechtecks die Menge A veranschaulicht, dann ist das Komplement der Menge A veranschaulicht durch den Teil des Rechtecks außerhalb dieses Kreises:

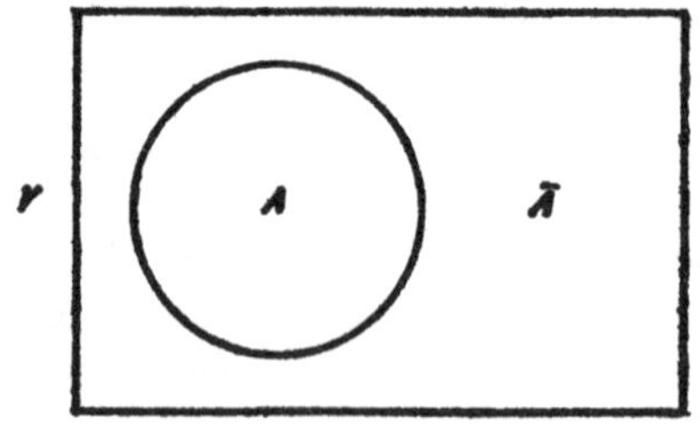

Das Enthaltensein von Mengen wird bezeichnet mit Hilfe des Symbols „$\subset$“, und festgelegt durch die Definition:

$$A \subset B \equiv \bigwedge_x (x \in A \to x \in B) .$$

Den Ausdruck „$A \subset B$“ lesen wir: „Die Menge A ist in der Menge B enthalten“ oder „die Menge A ist Untermenge der Menge B“ oder „die Klasse A ist Unterklasse der Klasse B“ bzw. „die Menge A ist Teil der Menge B“. In der letzteren Lesart wird „Teil“ in einem anderen als umgangssprachlichen Sinn benutzt.

Nach dieser Definition ist ein Menge A dann und nur dann in einer Menge B enthalten, wenn jedes Element der Menge A Element der Menge B ist. Beispielsweise ist die Menge der Hunde in der Menge der Säugetiere enthalten, denn jeder Hund ist ein Säugetier. Um also zu beweisen, daß eine Menge A in einer Menge B enthalten ist, genügt der Nachweis, daß ein beliebiges Element der Menge A auch Element der Menge B ist.

Aufgrund des Gesetzes der Ersetzung des Allquantifikators durch den Existenzquantifikator und die Negation sowie des Gesetzes der Negation der Implikation erhalten wir aus der Definition des Enthaltenseins von Mengen die Äquivalenz:

$$A \subset B \equiv \sim \bigvee_x (x \in A \wedge x \notin B) .$$

Daraus erhalten wir wiederum gemäß Definition der Differenz von Mengen und des Theorems (V) die Äquivalenzen:

$$A \subset B \equiv \sim \bigvee_x (x \notin A - B) \equiv A - B = \emptyset .$$

Eine Menge A ist also in einer Menge B dann und nur dann enthalten, wenn die Differenz der Menge A und der Menge B die leere Menge ist.

Im Venn-Diagramm stellen wir das Zutreffen des Ausdruckes „$A \subset B$“ graphisch dar, indem wir den Bereich, der die Menge $A - B$ veranschaulicht, schraffieren, wodurch wir angeben wollen, daß die Menge $A - B$ leer ist, d. h., daß die Menge A in der Menge B enthalten ist.

Aus der Äquivalenz:

$$A \subset B \equiv A - B = \emptyset$$

erhalten wir entsprechend der Regel von der Negation der Glieder einer Äquivalenz die Äquivalenz:

$$\sim (A \subset B) \equiv A - B \neq 0 .$$

Gemäß dieser Äquivalenz stellen wir im Venn-Diagramm graphisch die Falschheit des Ausdruckes „$A \subset B$“ und damit die Wahrheit seiner Negation dar, indem wir in den Bereich, der die Menge $A - B$ veranschaulicht, das Zeichen „$+$“ schreiben, wodurch wir hervorheben, daß die Menge $A - B$ nicht leer ist.

In der untenstehenden Tafel führen wir die graphischen Darstellungsweisen des logischen Wertes eines Ausdruckes der Form: $A \subset B$ an:

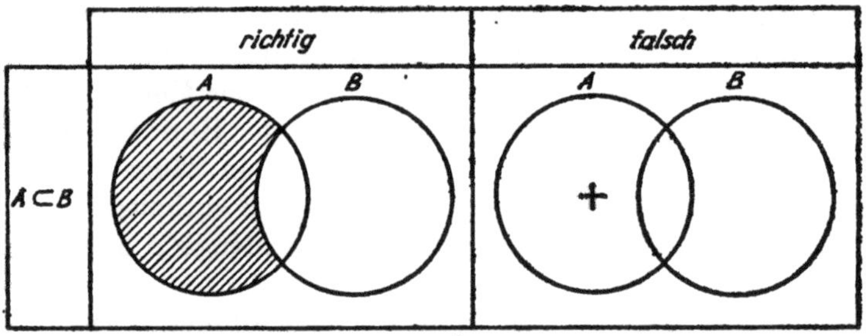

Wenn eine Menge A eine Untermenge einer Menge B ist, dann heißt die Menge B auch Obermenge der Menge A, was wir manchmal mit Hilfe des Symbols „$\supset$“ darstellen:

$$B \supset A \equiv A \subset B .$$

Den Ausdruck „$B \supset A$“ lesen wir „B enthält A“ oder „B ist eine Obermenge von A“.

Das Gesetz der Ersetzung der Identität von Mengen durch ihr gegenseitiges Enthaltensein:

$$A = B \equiv A \subset B \wedge B \subset A$$

Beweis. Aufgrund der Äquivalenz (II), des Gesetzes der Ersetzung der Äquivalenz durch eine Konjunktion von Implikationen, des Gesetzes der Verteilung des Allquantifikators auf eine Konjunktion und der Definition des Enthaltenseins von Mengen erhalten wir die Äquivalenzen:

$$A = B \equiv \bigwedge_x (x \in A \equiv x \in B) \equiv$$

$$\equiv \bigwedge_x (x \in A \rightarrow x \in B) \wedge \bigwedge_x (x \in B \rightarrow x \in A) \equiv A \subset B \wedge B \subset A ,$$

und daraus infolge der Transitivität der Äquivalenz das genannte Gesetz.

Das Gesetz der Reflexitivität des Enthaltenseins von Mengen:

$$A \subset A .$$

Beweis. (1) $x \in A \rightarrow x \in A$ $\{p \rightarrow p\}$

$\bigwedge_x (x \in A \rightarrow x \in A)$ $\{E \wedge : 1\}$

$A \subset A$ $\{Df \subset, 2\}$

Der Vermerk „Df $\subset$" auf der rechten Seite der letzten Beweiszeile zeigt, daß wir die Definition des Enthaltenseinszeichens „$\subset$" verwendet haben. Ebenso werden wir in der Beweisführung die Verwendung anderer Definitionen angeben, indem wir hinter „Df" das Symbol schreiben, welches in der Definition eingeführt wird, auf die wir uns in der jeweiligen Beweiszeile beziehen.

Dem bewiesenen Gesetz zufolge ist jede Menge ihre eigene Untermenge. Untermengen einer bestimmten Menge, die von dieser Menge verschieden sind, bezeichnen wir als **echte Untermengen** dieser Menge. Diesen Terminus führt die Definition ein:

$$A \subsetneqq B \equiv A \subset B \wedge A \neq B .$$

Den Ausdruck „$A \subsetneqq B$" lesen wir: „die Menge A ist eine echte Untermenge der Menge B" oder „die Klasse A ist eine echte Unterklasse der Klasse B" oder „die Menge (Klasse) A ist ein echter Teil der Menge (Klasse) B". Nach dieser Definition ist eine Menge A echte Untermenge einer Menge B dann und nur dann, wenn die Menge A Untermenge der Menge B ist und die Menge A von der Menge B verschieden ist.

Aufgrund des Gesetzes des Aussagenkalküls: $p \wedge \sim(p \wedge q) \equiv p \wedge \sim q$, das leicht durch die Null-Eins-Methode geprüft werden kann, erhalten wir die Äquivalenz: $A \subset B \wedge \sim(A \subset B \wedge B \subset A) \equiv A \subset B \wedge \sim(B \subset A)$, aus der wir anhand des Gesetzes der Ersetzung der Identität von Mengen durch ihr gegenseitiges Enthaltensein die Äquivalenz erhalten:

$$A \subset B \wedge A \neq B \equiv A \subset B \wedge \sim(B \subset A) .$$

Aus dieser Äquivalenz und aus der Definition der echten Untermenge erhalten wir die Äquivalenz:

$$A \subsetneqq B \equiv A \subset B \wedge \sim(B \subset A) .$$

Eine Menge A ist folglich dann und nur dann echte Untermenge einer Menge B, wenn die Menge A Untermenge der Menge B ist, die Menge B aber nicht Untermenge der Menge A ist.

Unter Verwendung der graphischen Darstellungsweise der Wahrheit und Falscheit von Ausdrücken, die das Enthaltensein von Mengen feststellen, veranschaulichen wir der letzten Äquivalenz gemäß die Wahrheit des Ausdruckes „$A \nsubseteq B$“ mit Hilfe des folgenden Diagrammes:

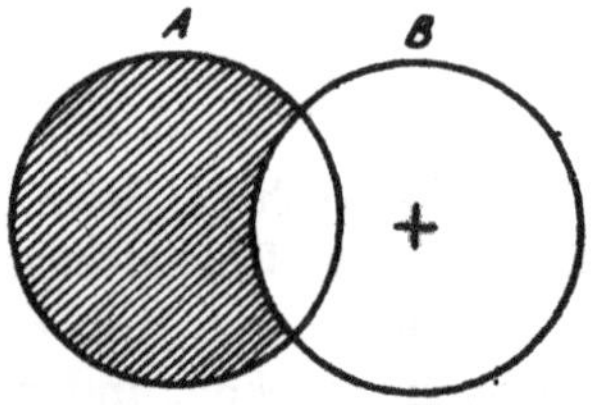

Wir machen uns nunmehr mit bestimmten Gesetzen des Mengenkalküls vertraut, die mit Hilfe der definierten Termini formuliert werden, sowie mit den Methoden des Beweises dieser Gesetze und der Prüfung von Ausdrücken des Mengenkalküls anhand von Venn-Diagrammen.

Das Gesetz der Transitivität des Enthaltenseins von Mengen:

$$A \subset B \wedge B \subset C \rightarrow A \subset C\,.$$

Beweis.	(1)	$A \subset B$	{An.}
	(2)	$B \subset C$	{An.}
	(3)	$\bigwedge_x (x \in A \rightarrow x \in B)$	{Df $\subset$, 1}
	(4)	$\bigwedge_x (x \in B \rightarrow x \in C)$	{Df $\subset$, 2}
	(5)	$x \in A \rightarrow x \in B$	{B $\wedge$: 3}
	(6)	$x \in B \rightarrow x \in C$	{B $\wedge$: 4}
	(7)	$x \in A \rightarrow x \in C$	{Syl.: 5, 6}
	(8)	$\bigwedge_x (x \in A \rightarrow x \in C)$	{E $\wedge$: 7}
		$A \subset C$	{Df $\subset$, 8}.

Das Zutreffen dieses Gesetzes kann ebenfalls anhand eines Venn-Diagrammes geprüft werden, das aus drei sich überschneidenden Kreisen besteht, die die Mengen A, B und C darstellen. Diese Prüfung führen wir wie folgt durch: Wir nehmen die Wahrheit des Vordergliedes des zu prüfenden Ausdruckes, also die Wahrheit der Konjunktion: $A \subset B \wedge B \subset C$, an. Dann sind die Ausdrücke: $A \subset B$, $B \subset C$ wahr. Das Zutreffen dieser Ausdrücke stellen wir im Diagramm dar, indem wir den gesamten Teil des Kreises A außerhalb des Kreises B und den gesamten Teil des Kreises B außerhalb des Kreises C schraffieren. Auf diese Weise erhalten wir das folgende Diagramm:

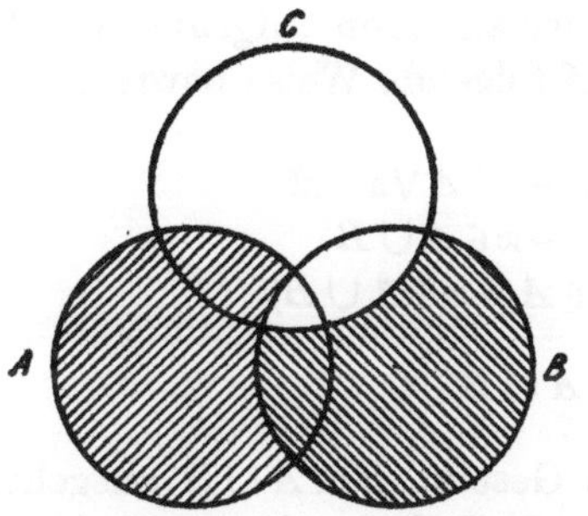

Wir sehen jedoch, daß in diesem Diagramm der gesamte Teil des Kreises A außerhalb des Kreises C bereits schraffiert wurde, d. h. also daß im betrachteten Beispiel der Ausdruck: $A \subset C$ wahr ist. Wenn daher das Vorderglied des geprüften Ausdruckes wahr ist, so ist sein Hinterglied wahr, und folglich ist der geprüfte Ausdruck wahr.

Das Gesetz der Kommutativität der Vereinigung von Mengen:

$$A \cup B = B \cup A .$$

Beweis. (1) $x \in A \vee x \in E \equiv x \in B \vee x \in A$ $\{p \vee q \equiv q \vee p\}$

(2) $x \in A \cup B \equiv x \in B \cup A$ $\{\mathrm{Df} \cup, 1\}$

(3) $\bigwedge_x (x \in A \cup B \equiv x \in B \cup A)$ $\{\mathrm{E} \wedge : 2\}$

$A \cup B = B \cup A$ $\{\mathrm{II}, 3\}$.

Das Gesetz der Kommutativität der Vereinigung von Mengen haben wir aufgrund des Gesetzes der Kommutativität der Alternative bewiesen. Analog beweisen wir anhand des Gesetzes der Assoziativität der Alternative das **Gesetz der Assoziativität der Vereinigung von Mengen:**

$$(A \cup B) \cup C = A \cup (B \cup C) .$$

Vom Zutreffen dieses Gesetzes überzeugen wir uns auch sofort anhand von Venn-Diagrammen, denn im Venn-Diagramm stellt der gleiche Bereich die Menge $A \cup B$ und die Menge $B \cup A$ dar, und ebenso stellt der gleiche Bereich die Menge $(A \cup B) \cup C$ und die Menge $A \cup (B \cup C)$ dar.

Aus dem Venn-Diagramm für die Vereinigung zweier Mengen ist auch zu ersehen, daß in der Vereinigung zweier Mengen jede dieser Mengen enthalten ist. Es gelten also die Formeln:

$$A \subset A \cup B$$
$$B \subset A \cup B .$$

Die erste dieser Formeln kann aufgrund des Gesetzes des Aussagenkalküls: $p \to p \vee q$ auf folgende Weise bewiesen werden:

Beweis.	(1)	$x \in A \to x \in A \vee x \in B$	$\{p \to p \vee q\}$
	(2)	$x \in A \to x \in A \cup B$	$\{\mathrm{Df} \cup, 1\}$
	(3)	$\bigwedge_x (x \in A \to x \in A \cup B)$	$\{\mathrm{E} \wedge : 2\}$
	(4)	$A \subset A \cup B$	$\{\mathrm{Df} \subset, 3\}$

Analog kann das Gesetz: $B \subset A \cup B$ ausgehend von dem Gesetz: $q \to p \vee q$ des Aussagenkalküls bewiesen werden.

Für diese Gesetze kann man auch Annahmebeweise führen. Beispielsweise genügt zur Beweisführung für das Gesetz: $A \subset A \cup B$ der Nachweis, daß aus der Annahme: $x \in A$ hervorgeht, daß $x \in A \cup B$. Dann ist nämlich jedes Element der Menge A Element der Menge $A \cup B$, und die Menge A ist folglich in der Menge $A \cup B$ enthalten.

Ein solcher Beweis dieses Gesetzes ist der folgende:

Beweis.	(1)	$x \in A$	{An.}
	(2)	$x \in A \vee x \in B$	{EA: 1}
		$x \in A \cup B$	$\{\mathrm{Df} \cup, 2\}$

Aufgrund des Idempotenzgesetzes für die Alternative beweisen wir das Gesetz:

$$A \cup A = A .$$

Beweis.	(1)	$x \in A \vee x \in A \equiv x \in A$	$\{p \vee p \equiv p\}$
	(2)	$x \in A \cup A \equiv x \in A$	$\{\mathrm{Df} \cup, 1\}$
	(3)	$\bigwedge_x (x \in A \cup A \equiv x \in A)$	$\{\mathrm{E} \wedge : 2\}$
		$A \cup A = A$	{II, 3}

Infolge dieses Gesetzes gibt es im Mengenkalkül keine Mehrfachheit. Das Gesetz:

$$A \cup B \subset C \equiv A \subset C \wedge B \subset C$$

sagt aus, daß die Vereinigung zweier Mengen A, B in einer gegebenen Menge dann und nur dann enthalten ist, wenn jede der Mengen A, B in dieser Menge enthalten ist.

Beweis: Aufgrund des Enthaltenseins von Mengen, der Definition der Vereinigung von Mengen, des Gesetzes der Addition der Vorderglieder und des Gesetzes der Verteilung des Allquantifikators auf eine

Konjunktion erhalten wir die Äquivalenz:

$$A \cup B \subset C \equiv \bigwedge_x (x \in A \cup B \rightarrow x \in C) \equiv \bigwedge_x (x \in A \vee x \in B \rightarrow x \in C) \equiv$$

$$\equiv \bigwedge_x [(x \in A \rightarrow x \in C) \wedge (x \in B \rightarrow x \in C)] \equiv$$

$$\equiv \bigwedge_x (x \in A \rightarrow x \in C) \wedge \bigwedge_x (x \in B \rightarrow x \in C) \equiv A \subset C \wedge B \subset C .$$

Daraus geht aufgrund der Transitivität der Äquivalenz das genannte Gesetz hervor.

Das Zutreffen dieses Gesetzes kann auch mit Hilfe des folgenden Venn-Diagrammes geprüft werden:

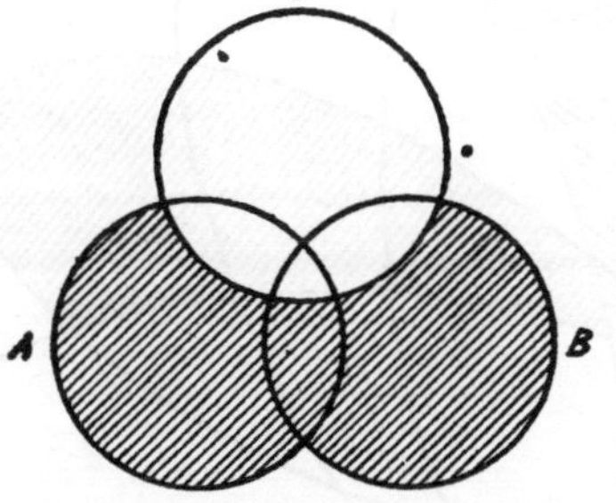

Ausdrücke, die das Enthaltensein von Mengen betreffen, heißen **Inklusionen.**

Das Gesetz der seitenweisen Addition von Inklusionen:

$$A \subset B \wedge C \subset D \rightarrow A \cup C \subset B \cup D .$$

Beweis.	(1)	$A \subset B$	{An.}
	(2)	$C \subset D$	
	(3)	$\bigwedge_x (x \in A \rightarrow x \in B)$	{Df$\subset$, 1}
	(4)	$\bigwedge_x (x \in C \rightarrow x \in D)$	{Df$\subset$, 2}
	(5)	$x \in A \rightarrow x \in B$	{B$\wedge$: 3}
	(6)	$x \in C \rightarrow x \in D$	{B$\wedge$: 4}
	(7)	$x \in A \vee x \in C \rightarrow x \in B \vee x \in D$	{Add. Impl.: 5, 6}
	(8)	$x \in A \cup C \rightarrow x \in B \cup D$	{Df$\cup$, 7}
	(9)	$\bigwedge_x (x \in A \cup C \rightarrow x \in B \cup D)$	{E$\wedge$: 8}
		$A \cup C \subset B \cup D$	{Df$\subset$, 9}.

Dieses Gesetz, das vier Variable enthält, die Namen von Mengen repräsentieren, kann mit Hilfe eines Venn-Diagrammes geprüft werden, das aus vier sich gegenseitig überschneidenden Ellipsen besteht.

Ein solches Diagramm ist korrekt gezeichnet, wenn die aus diesen vier Ellipsen gebildete Figur aus 15 verschiedenen Teilen besteht. In diesem Diagramm geben wir die Wahrheit des Vordergliedes des geprüften Ausdruckes dadurch an, daß wir den gesamten Teil der Ellipse A außerhalb der Ellipse B und den gesamten Teil der Ellipse C außerhalb der Ellipse D schraffieren. Auf diese Weise erhalten wir das Diagramm:

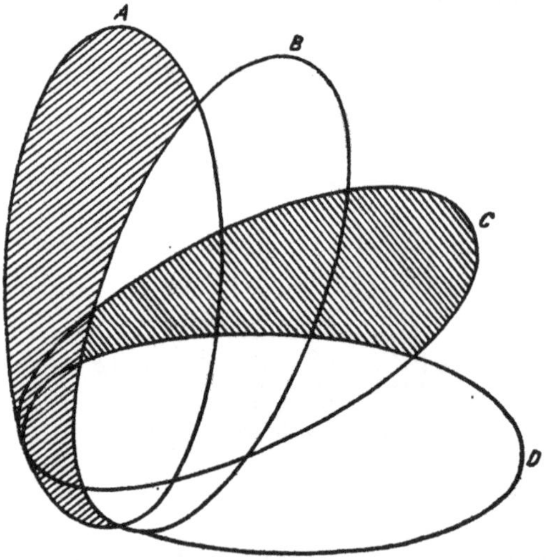

Es zeigt sich, daß in diesem Diagramm der gesamte Teil des aus den Ellipsen A und C zusammengesetzten Bereiches (der die Menge $A \cup C$ darstellt) außerhalb des aus den Ellipsen B und D zusammengesetzten Bereiches (der die Menge $B \cup D$ darstellt) bereits schraffiert worden ist, was darauf hinweist, daß in diesem Falle die Menge $A \cup C$ in der Menge $B \cup D$ enthalten ist. Folglich ist der geprüfte Ausdruck wahr.

Das Gesetz der Kommutativität des Mengendurchschnitts:

$$A \cap B = B \cap A \,.$$

Beweis. (1) $x \in A \wedge x \in B \equiv x \in B \wedge x \in A$ $\{p \wedge q \equiv q \wedge p\}$

(2) $x \in A \cap B \equiv x \in B \cap A$ $\{\mathrm{Df} \cap, 1\}$

(3) $\bigwedge\limits_{x} (x \in A \cap B \equiv x \in B \cap A)$ $\{\mathrm{E} \wedge : 2\}$

$A \cap B = B \cap A$ $\{\mathrm{II}, 3\}$.

Analog beweisen wir ausgehend vom Gesetz der Assoziativität der Konjunktion das Gesetz der Assoziativität des Mengendurchschnitts:

$$(A \cap B) \cap C = A \cap (B \cap C) \,.$$

Die Gesetze:

$$A \cap B \subset A$$
$$A \cap B \subset B$$

sagen aus, daß der Durchschnitt zweier Mengen in jeder Menge von ihm enthalten ist.

Diese Gesetze können mit der Annahmemethode oder aufgrund der Gesetze des Aussagenkalküls: $p \wedge q \to p$, $p \wedge q \to q$ bewiesen werden.

Von der Wahrheit der bisher erwähnten Gesetze des Mengenkalküls, die den Mengendurchschnitt betreffen, kann man sich auch leicht anhand des Venn-Diagramms für den Mengendurchschnitt überzeugen.

Aufgrund des Idempotenzgesetzes für die Konjunktion beweisen wir das Gesetz:

$$A \cap A = A\,.$$

Infolge dieses Gesetzes gibt es im Mengenkalkül keine Exponenten.

Das Gesetz: $C \subset A \cap B \equiv C \subset A \wedge C \subset B$ sagt aus, daß eine Menge im Durchschnitt zweier Mengen A, B dann und nur dann enthalten ist, wenn sie in jeder der Mengen A, B enthalten ist. Beweis: Aufgrund der Definition des Enthaltenseins von Mengen, der Definition des Mengendurchschnitts, des Gesetzes der Multiplikation der Hinterglieder und der Verteilung des Allquantifikators auf eine Konjunktion erhalten wir die Äquivalenzen:

$$C \subset A \cap B \equiv \bigwedge_x (x \in C \to x \in A \cap B) \equiv \bigwedge_x (x \in C \to x \in A \wedge x \in B) \equiv$$
$$\equiv \bigwedge_x [(x \in C \to x \in A) \wedge (x \in C \to x \in B)] \equiv$$
$$\equiv \bigwedge_x (x \in C \to x \in A) \wedge \bigwedge_x (x \in C \to x \in B) \equiv C \subset A \wedge C \subset B\,.$$

Daraus erhalten wir aufgrund der Transitivität der Äquivalenz das zu beweisende Theorem.

Von der Wahrheit dieses Gesetzes überzeugt ebenfalls das folgende Venn-Diagramm:

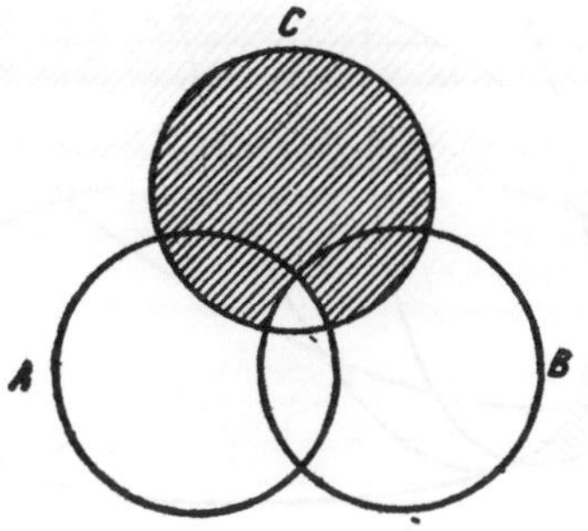

aus dem zu ersehen ist, daß die Menge C im Durchschnitt der Mengen A und B dann und nur dann enthalten ist, wenn die Menge C in der Menge A und in die Menge C in der Menge B enthalten ist.

Das Gesetz der seitenweisen Multiplikation von Inklusionen:

$$A \subset B \wedge C \subset D \rightarrow A \cap C \subset B \cap D.$$

Beweis.	(1)	$A \subset B$	{An.}
	(2)	$C \subset D$	
	(3)	$\bigwedge_x (x \in A \rightarrow x \in B)$	{Df $\subset$, 1}
	(4)	$\bigwedge_x (x \in C \rightarrow x \in D)$	{Df $\subset$, 2}
	(5)	$x \in A \rightarrow x \in B$	{B $\wedge$: 3}
	(6)	$x \in C \rightarrow x \in D$	{B $\wedge$: 4}
	(7)	$x \in A \wedge x \in C \rightarrow x \in B \wedge x \in D$	{Mult. Impl.: 5, 6}
	(8)	$x \in A \cap C \rightarrow x \in B \cap D$	{Df $\cap$, 7}
	(9)	$\bigwedge_x (x \in A \cap C \rightarrow x \in B \cap D)$	{E $\wedge$: 8}
		$A \cap C \subset B \cap D$	{II, 9}.

Die Wahrheit dieses Gesetzes weist auch das folgende Venn-Diagramm nach:

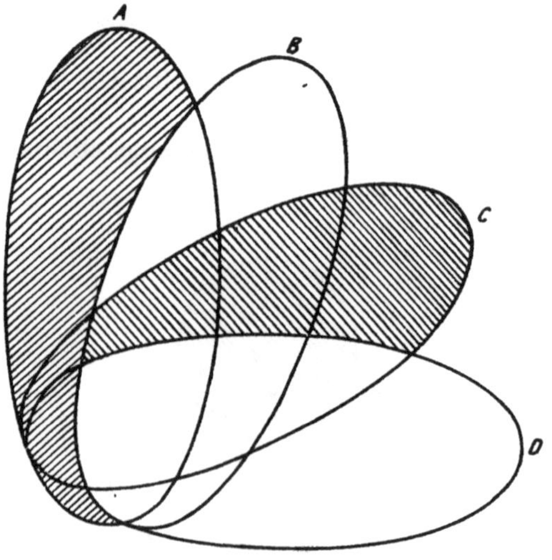

Das Gesetz der Distributivität des Durchschnitts bezüglich der Vereinigung:

$$(A \cup B) \cap C = (A \cap C) \cup (B \cap C).$$ [1]

Beweis. (1) $(x \in A \vee x \in B) \wedge x \in C \equiv$
$\equiv x \in A \wedge x \in C \vee x \in B \wedge x \in C$ $\quad \{(p \vee q) \wedge r \equiv \equiv p \wedge r \vee q \wedge r\}$

(2) $x \in (A \cup B) \cap C \equiv x \in A \cap C \cup B \cap C$ $\quad \{\mathrm{Df} \cup, \mathrm{Df} \cap, 1\}$

(3) $\bigwedge_x [x \in (A \cup B) \cap C \equiv$
$\equiv x \in A \cap C \cup B \cap C]$ $\quad \{\mathrm{E} \wedge : 2\}$

$(A \cup B) \cap C = (A \cap C) \cup (B \cap C)$ $\quad \{\mathrm{II}, 3\}$

Analog beweisen wir ausgehend vom Gesetz der Distributivität der Alternative bezüglich der Konjunktion das **Gesetz der Distributivität der Vereinigung bezüglich des Durchschnitts:**

$$(A \cap B) \cup C = (A \cup C) \cap (B \cup C).$$

Das Zutreffen dieser Gesetze weisen wir im Venn-Diagramm nach, indem wir zeigen, daß der gleiche Bereich im Diagramm die Mengen darstellt, deren Identität das jeweilige Distributivgesetz feststellt.

Das Gesetz der Multiplikation der Vereinigungen von Mengen:

$$(A \cup B) \cap (C \cup D) = (A \cap C) \cup (A \cap D) \cup (B \cap C) \cup (B \cap D).$$

Beweis. Aufgrund des Gesetzes der Distributivität des Durchschnitts bezüglich der Vereinigung erhalten wir die Gleichungen:

$$(A \cup B) \cap (C \cup D) = [A \cap (C \cup D)] \cup [B \cap (C \cup D)] =$$
$$= (A \cap C) \cup (A \cap D) \cup (B \cap C) \cup (B \cap D),$$

aus denen das genannte Gesetz folgt.

Das Gesetz der Addition von Mengendurchschnitten:

$$(A \cap B) \cup (C \cap D) = (A \cup C) \cap (A \cup D) \cap (B \cup C) \cap (B \cup D).$$

Beweis. Gemäß des Gesetzes der Distributivität der Vereinigung bezüglich des Durchschnitts erhalten wir die Gleichungen:

$$(A \cap B) \cup (C \cap D) = [A \cup (C \cap D)] \cap [B \cup (C \cap D)] =$$
$$= (A \cup C) \cap (A \cup D) \cap (B \cup C) \cap (B \cup D)$$

aus denen das genannte Gesetz folgt.

[1] [Die Klammerzeichen um die Mengendurchschnitte sind in diesem wie einigen anderen Fällen nur der besseren Lesbarkeit der betreffenden Ausdrücke wegen gesetzt. Da das Zeichen „ ∩ “ stärker als das Zeichen „ ∪ “ bindet, können sie auch weggelassen werden.]

Das Gesetz

$$\bar{\bar{A}} = A$$

besagt, daß das Komplement des Komplements von A mit der Menge A identisch ist.

Beweis: Aufgrund der Definition des Komplements einer Menge und des Gesetzes der doppelten Negation erhalten wir die Äquivalenzen:

$$x \in \bar{\bar{A}} \equiv \sim x \in \bar{A} \equiv \sim \sim x \in A \equiv x \in A\,,$$

aus denen sich die Äquivalenz: $x \in \bar{\bar{A}} \equiv x \in A$ ergibt. Wenn wir auf diese Äquivalenz die Regel der Einführung des Allquantifikators anwenden und die Äquivalenz (II) benutzen, so erhalten wir das behauptete Gesetz.

Das Gesetz

$$A \subset B \equiv \bar{B} \subset \bar{A}$$

besagt, daß die Menge A dann und nur dann in der Menge B enthalten ist, wenn das Komplement der Menge B im Komplement der Menge A enthalten ist. Beweis. Aufgrund der Definition des Enthaltenseins von Mengen, des Transpositionsgesetzes: $p \rightarrow q \equiv \sim q \rightarrow \sim p$ und der Definition des Komplements einer Menge erhalten wir die Äquivalenzen: $A \subset B \equiv \bigwedge_x (x \in A \rightarrow x \in B) \equiv \bigwedge_x (x \notin B \rightarrow x \notin A) \equiv \bigwedge_x (x \in \bar{B} \rightarrow x \in \bar{A}) \equiv$ $\equiv \bar{B} \subset \bar{A}$, aus denen aufgrund der Transitivität der Äquivalenz das zu beweisende Theorem hervorgeht.

Aus dem nachgewiesenen Gesetz sowie aus dem durch Einsetzung aus ihm gewonnenen Theorem: $B \subset A \equiv \bar{A} \subset \bar{B}$ erhalten wir mit Hilfe der Regel der Multiplikation von Äquivalenzen die Äquivalenz:

$$A \subset B \wedge B \subset A \equiv \bar{B} \subset \bar{A} \wedge \bar{A} \subset \bar{B}\,,$$

aus der wir aufgrund des Gesetzes der Kommutativität der Konjunktion und des Gesetzes der Ersetzung der Identität von Mengen durch ihr gegenseitiges Enthaltensein das folgende Gesetz erhalten:

$$A = B \equiv \bar{A} = \bar{B}\,.$$

Mengen sind also dann und nur dann identisch, wenn ihre Komplemente identisch sind.

Die Gesetze von de Morgan:

$$\overline{A \cup B} = \bar{A} \cap \bar{B}$$
$$\overline{A \cap B} = \bar{A} \cup \bar{B}\,.$$

Nach dem ersten dieser Gesetze ist das Komplement der Vereinigung zweier Mengen gleich dem Durchschnitt der Komplemente dieser Mengen. Nach dem zweiten Gesetz ist das Komplement des Durchschnitts zweier Mengen gleich der Vereinigung der Komplemente dieser Mengen.

Beweis. Aufgrund der Definition des Komplements, der Vereinigung und des Durchschnitts von Mengen sowie des Gesetzes der Negation der Alternative erhalten wir die Äquivalenzen:

$$x \in \overline{A \cup B} \equiv \sim x \in A \cup B \equiv \sim (x \in A \vee x \in B) \equiv x \notin A \wedge x \notin B \equiv$$
$$\equiv x \in \bar{A} \wedge x \in \bar{B} \equiv x \in \bar{A} \cap \bar{B},$$

aus denen die Äquivalenz: $x \in \overline{A \cup B} \equiv x \in \bar{A} \cap \bar{B}$ hervorgeht. Wenn wir auf diese Äquivalenz die Regel der Einführung des Allquantifikators anwenden und das Theorem (II) benutzen, so erhalten wir das erste der oben angegebenen Gesetze von de Morgan.

Analog erhalten wir aufgrund der Definition der im zweiten Gesetz von de Morgan auftretenden Termini sowie aufgrund des Gesetzes der Negation der Konjunktion die Äquivalenzen:

$$x \in \overline{A \cap B} \equiv \sim x \in A \cap B \equiv \sim (x \in A \wedge x \in B) \equiv x \notin A \vee x \notin B \equiv$$
$$\equiv x \in \bar{A} \vee x \in \bar{B} \equiv x \in \bar{A} \cup \bar{B},$$

aus denen die Äquivalenz: $x \in \overline{A \cap B} \equiv x \in \bar{A} \cup \bar{B}$ hervorgeht. Aus dieser Äquivalenz erhalten wir mit Hilfe der Regel der Einführung des Allquantifikators und des Theorems II das zweite Gesetz von de Morgan.

Das Gesetz der Ersetzung des Enthaltenseins von Mengen durch die Identität und den Durchschnitt

$$A \subset B \equiv A \cap B = A.$$

Beweis. Aufgrund der Definition des Enthaltenseins von Mengen und des Mengendurchschnitts sowie des Gesetzes: $p \to q \equiv (p \wedge q \equiv p)$ und des Theorems (II) erhalten wir die Äquivalenzen:

$$A \subset B \equiv \bigwedge_x (x \in A \to x \in B) \equiv \bigwedge_x (x \in A \wedge x \in B \equiv x \in A) \equiv A \cap B = A,$$

aus denen das zu beweisende Theorem hervorgeht.

Das Gesetz der Ersetzung des Enthaltenseins von Mengen durch die Identität und die Vereinigung:

$$A \subset B \equiv A \cup B = B.$$

Beim Beweis dieses Gesetzes verwenden wir – analog zum vorangegangenen – das Gesetz des Aussagenkalküls: $p \to q \equiv (p \vee q \equiv q)$.

Die Wahrheit dieser beiden Gesetze weist auch das folgende Venn-Diagramm nach:

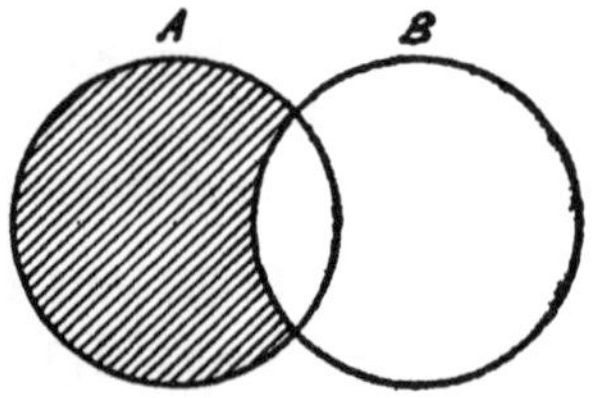

Aus diesem Diagramm ist zu ersehen, daß die Menge A in der Menge B dann und nur dann enthalten ist, wenn der Durchschnitt der Menge A und der Menge B gleich ist der Menge A, und daß die Menge A in der Menge B dann und nur dann enthalten ist, wenn die Vereinigung dieser Mengen identisch ist mit der Menge B.

Anhand des Diagramms für das Komplement einer Menge überzeugen wir uns von der Wahrheit des Gesetzes:

$$A \cup \bar{A} = \mathrm{V}\,.$$

Dieses Gesetz kann ausgehend vom Gesetz des ausgeschlosssenen Dritten wie folgt bewiesen werden:

Beweis. (1) $x \in A \vee x \notin A$ $\{p \vee \sim p\}$

(2) $x \in A \cup \bar{A}$ $\{\mathrm{Df} \cup, \mathrm{Df} -, 1\}$

(3) $\bigwedge_x (x \in A \cup \bar{A})$. $\{\mathrm{E} \wedge : 2\}$

$A \cup \bar{A} = \mathrm{V}$ $\{\mathrm{IV}, 3\}$.

Da jede Menge der Vereinigung zweier Mengen in dieser Vereinigung enthalten ist, gilt also die Formel: $A \subset A \cup \bar{A}$. Aus dieser Formel und aus dem Gesetz: $A \cup \bar{A} = \mathrm{V}$ ergibt sich das Gesetz:

$$A \subset \mathrm{V}\,.$$

Eine beliebige Menge A ist also in der Allmenge enthalten.

Aufgrund des Gesetzes der Ersetzung des Enthaltenseins von Mengen durch die Identität und den Durchschnitt erhalten wir aus dem Gesetz: $A \subset \mathrm{V}$ das Gesetz:

$$A \cap \mathrm{V} = A\,.$$

Der Durchschnitt einer beliebigen Menge A und der Allmenge ist also gleich der Menge A. Die Allmenge spielt daher bei der Durchschnittsbildung von Mengen eine analoge Rolle wie die Zahl 1 bei der Multiplikation von Zahlen, wo $a \cdot 1 = a$ gilt.

Ausgehend vom Kontradiktionsgesetz beweisen wir das Gesetz:

$$A\cap\bar{A}=\emptyset$$

Beweis. (1) $\sim(x\in A \wedge x\notin A)$ $\{\sim(p\wedge\sim p)\}$

(2) $\sim x\in A\cap\bar{A}$ $\{\mathrm{Df}-, \mathrm{Df}\cap, 1\}$

(3) $\bigwedge_{x}\sim x\in A\cap\bar{A}$ $\{\mathrm{E}\wedge: 2\}$

(4) $\sim\bigvee_{x} x\in A\cap\bar{A}$ {Negat. d. Existenzquant. 3}

$A\cap\bar{A}=\emptyset$ $\{\mathrm{V}, 4\}$

Aufgrund der Tatsache, daß der Durchschnitt von Mengen in jeder Menge von ihm enthalten ist, erhalten wir die Formel: $A\cap\bar{A}\subset A$. Aus dieser Formel und aus dem Gesetz: $A\cap\bar{A}=\emptyset$ ergibt sich das Gesetz:

$$\emptyset\subset A.$$

Die leere Menge ist also Untermenge einer beliebigen Menge.

Aus diesem Gesetz erhalten wir über das Gesetz der Ersetzung des Enthaltenseins von Mengen durch die Identität und die Vereinigung sowie das Kommutativgesetz das folgende:

$$A\cup\emptyset=A.$$

Nach diesem Gesetz ist die Vereinigung einer beliebigen Menge A und der leeren Menge gleich der Menge A. Die leere Menge spielt also bei der Vereinigung von Mengen eine analoge Rolle wie die Zahl 0 bei der Addition von Zahlen, wo $a+0=a$ gilt.

Das Gesetz:

$$\bar{\mathrm{V}}=\emptyset$$

sagt aus, daß das Komplement der Allmenge die leere Menge ist.

Beweis: Aufgrund des ersten Gesetzes von de Morgan, des Gesetzes der Kommutativität des Durchschnitts und des Gesetzes: $\bar{\bar{A}}=A$ erhalten wir die Gleichungen:

$\overline{A\cup\bar{A}}=\bar{\bar{A}}\cap\bar{A}=\bar{A}\cap A=A\cap\bar{A}$, aus denen – in Anbetracht der Gesetze: $A\cup\bar{A}=\mathrm{V}$, $A\cap\bar{A}=\emptyset$ – das genannte Gesetz folgt.

Das Gesetz:

$$A=\bar{B}\equiv B=\bar{A}$$

sagt aus, daß eine Menge A dann und nur dann gleich dem Komplement einer Menge B ist, wenn die Menge B gleich dem Komplement der Menge A ist.

Beweis. Aus dem Gesetz: $A=B\equiv\bar{A}=\bar{B}$ erhalten wir die Formel: $A=\bar{\bar{B}}\equiv\bar{A}=B$, aus der aufgrund der Formel: $\bar{\bar{B}}=B$ das genannte Gesetz folgt.

Ausgehend von diesem Gesetz ergibt sich aus dem Gesetz: $\mathrm{V}=\emptyset$ das folgende:

$$\emptyset=\mathrm{V},$$

das besagt, daß das Komplement der leeren Menge die Allmenge ist.

Aus dem Venn-Diagramm, das aus zwei sich überschneidenden Kreisen innerhalb eines Rechtecks besteht, das die Allmenge veranschaulicht, ist zu ersehen, daß die Allmenge die Vereinigung von vier Mengen ist:

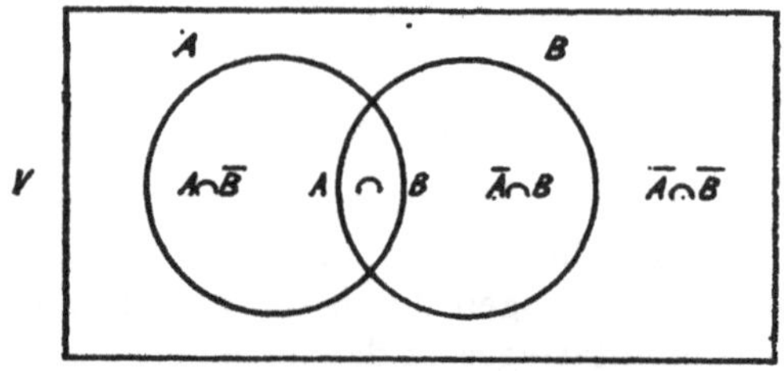

Es gilt also das Theorem:

$$A\cap B\cup A\cap\bar{B}\cup\bar{A}\cap B\cup\bar{A}\cap\bar{B}=\mathrm{V}\,.$$

Beweis: Aufgrund der Theoreme: $A\cup\bar{A}=\mathrm{V}$, $B\cup\bar{B}=\mathrm{V}$, $\mathrm{V}\cap\mathrm{V}=\mathrm{V}$ erhalten wir die Gleichung: $(A\cup\bar{A})\cap(B\cup\bar{B})=\mathrm{V}$, aus der wir aufgrund des Gesetzes der Multiplikation der Mengenvereinigungen das genannte Gesetz erhalten.

Aus diesem Gesetz und der Tatsache, daß $C\cup\bar{C}=\mathrm{V}$, erhalten wir durch Ausmultiplizieren der Vereinigungen das Gesetz, nach dem die Allmenge die Vereinigung von acht Mengen ist, die Durchschnitte sind, welche aus den Mengen A, B, C bzw. ihren Komplementen gebildet werden. Diese Mengen werden durch die Bereiche des Venn-Diagrammes veranschaulicht, welches aus drei sich überschneidenden Kreisen A, B, C gebildet wird, die sich innerhalb eines Rechtecks befinden, das die Allmenge veranschaulicht.

Das analoge Gesetz für vier Mengen A, B, C, D besagt, daß die Allmenge die Vereinigung der Durchschnitte ist, die aus den Mengen A, B, C, D bzw. ihren Komplementen gebildet werden. Diese Mengen werden durch die Bereiche des Venn-Diagrammes veranschaulicht, welches aus vier sich überschneidenden Ellipsen gebildet wird, die sich innerhalb eines Rechtecks befinden, das die Allmenge veranschaulicht. Fünfzehn von diesen Bereichen stellen Teile der sich überschneidenden Ellipsen dar, der 16. Bereich ist der Teil des Rechtecks außerhalb der Ellipsen und veranschaulicht die Menge $\bar{A} \cap \bar{B} \cap \bar{C} \cap \bar{D}$.

Die Tatsache, daß die Allmenge nicht leer ist, wird durch das Gesetz:

$$\mathrm{V} \neq \emptyset$$

festgestellt.

Beweis: Aufgrund des Theorems des engeren Prädikatenkalküls mit Identität: $\bigvee_x x = x$ und der Definition der Allmenge erhalten wir das Theorem (1) $\bigvee_x x \in \mathrm{V}$. Aufgrund des Theorems (V), der Regel der Negation der Glieder einer Äquivalenz und des Gesetzes der doppelten Negation erhalten wir das Theorem (2) $\bigvee_x x \in \mathrm{V} \equiv \mathrm{V} \neq \emptyset$. Aus (1) und (2) geht das zu beweisende Theorem hervor.

Wie aus diesem Beweis zu ersehen ist, beweisen wir die Tatsache, daß die Allmenge nicht leer ist, indem wir uns den Umstand zunutze machen, daß im engeren Prädikatenkalkül mit Identität die Existenz wenigstens eines Gegenstandes bewiesen werden kann.

1.3. Vereinigung und Durchschnitt einer Mengenfamilie

Der Begriff der Vereinigung und des Durchschnitts zweier Mengen kann auf beliebige Mengen (Klassen) von Mengen verallgemeinert werden. Mengen von Mengen, d. h. Mengen, deren Elemente sämtlich Mengen sind, bezeichnet man als Familien von Mengen. Wir werden folglich synonym die Termini „Menge von Mengen", „Klasse von Mengen", „Familie von Mengen" verwenden. Den verallgemeinerten Begriff der Vereinigung von Mengen führt die Definition ein:[1]

$$x \in \bigcup_{A \in K} h(A) \equiv \bigvee_{A \in K} x \in h(A)\,.$$

Der Buchstabe „h" ist hier eine Variable, die Funktoren repräsentiert. Diese Funktoren von einem Argument A bilden Ausdrücke der gleichen syntaktischen Kategorie wie die Variable A, die Namen von Mengen repräsentiert. Diese Mengen sind Elemente einer Mengenfamilie K.

[1] Nachfolgend nehmen wir an, daß ein Quantifikator mit begrenztem Bereich in dem unter ihm auftretenden Ausdruck der Gestalt: $x_1, \ldots, x_n \in A$ die Variablen $x_1, \ldots, x_n$ bindet und daß er in anderen Zusammenhängen die erste von links vorkommende freie Variable bindet.

Das Symbol „$\bigcup_{A \in K} h(A)$" bezeichnet die Vereinigung aller Mengen $h(A)$, mit $A \in K$. Nach der angegebenen Definition ist diese Vereinigung eine Menge, die aus den und nur den Gegenständen besteht, die wenigstens einer Menge $h(A)$ angehören, mit $A \in K$.

Wenn wir für die Variable „h" das Zeichen des Komplements einer Menge einsetzen, so erhalten wir als Spezialfall dieser Definition die Äquivalenz:

$$x \in \bigcup_{A \in K} \bar{A} \equiv \bigvee_{A \in K} x \in \bar{A} .$$

Nach dieser Äquivalenz ist die Vereinigung der Komplemente der Elemente einer Familie K eine Menge, die aus den und nur den Gegenständen besteht, die dem Komplement wenigstens eines Elementes der Familie K angehören.

Wenn wir definieren: $I(A) = A$ und in der verallgemeinerten Vereinigungsdefinition die Konstante „I" für die Variable „h" einsetzen sowie „$I(A)$" durch „A" ersetzen, erhalten wir die Äquivalenz:

$$x \in \bigcup_{A \in K} A \equiv \bigvee_{A \in K} x \in A .$$

Nach dieser Äquivalenz ist die Menge $\bigcup_{A \in K} A$ oder die Vereinigung der Elemente einer Mengenfamilie K eine Menge, die aus den und nur den Gegenständen besteht, die wenigstens einem Element der Familie K angehören. Anstelle der Vereinigung der Elemente einer Mengenfamilie K sprechen wir ganz einfach auch von der Vereinigung einer Mengenfamilie K.

Den verallgemeinerten Begriff des Mengendurchschnitts führt die Definition ein:

$$x \in \bigcap_{A \in K} h(A) \equiv \bigwedge_{A \in K} x \in h(A) .$$

Dieser Definition zufolge ist die Vereinigung aller solcher Mengen $h(A)$, mit $A \in K$, eine Menge, die aus den und nur den Gegenständen besteht, die einer jeden solchen Menge $h(A)$ angehören, mit $A \in K$.

Ebenso wie im Falle der vorangegangenen Definition erhalten wir aus der Definition des verallgemeinerten Begriffs des Mengendurchschnitts als Spezialfälle die folgenden Äquivalenzen:

$$x \in \bigcap_{A \in K} \bar{A} \equiv \bigwedge_{A \in K} x \in \bar{A}$$

$$x \in \bigcap_{A \in K} A \equiv \bigwedge_{A \in K} x \in A .$$

Nach der ersten dieser Äquivalenzen ist der Durchschnitt der Komplemente der Elemente einer Mengenfamilie K eine Menge, die aus den und nur den Gegenständen besteht, die dem Komplement eines jeden Elementes der Familie K angehören. Nach der zweiten Äquivalenz ist der Durchschnitt der Elemente einer Mengenfamilie K oder einfach der Durchschnitt einer Mengenfamilie K eine Menge, die aus den und nur den Gegenständen besteht, die jedem Element der Familie K, also jeder Menge dieser Familie angehören.

Nach den eingeführten Definitionen ist die Vereinigung der Mengen A und B die Vereinigung der Mengenfamilie, die aus den Mengen A und B gebildet wird (d. h. einer Klasse von Mengen, deren Elemente die Mengen A und B und nur diese Mengen sind). Ebenso ist der Durchschnitt der Mengen A und B der Durchschnitt der Mengenfamilie, die nur aus diesen Mengen gebildet wird.

Für die verallgemeinerten Vereinigungen und Durchschnitte von Mengen können bestimmte Gesetze bewiesen werden, welche Verallgemeinerungen entsprechender Gesetze sind, die für die Vereinigung und den Durchschnitt zweier Mengen angegeben wurden.

Die Verallgemeinerung des Gesetzes, nach dem jede Menge der Vereinigung zweier Mengen in dieser Vereinigung enthalten ist, ist das Gesetz:

$$\bigwedge_{A\in K} A \subset \bigcup_{A\in K} A,$$

das besagt, daß jede Menge der Familie K in der Vereinigung der Mengen dieser Familie enthalten ist.

Zum Nachweis dieses Gesetzes genügt es, die folgende Implikation zu beweisen:

$$A\in K \rightarrow A \subset \bigcup_{A\in K} A,$$

aus der wir dieses Gesetz mit Hilfe der Regel der Einführung des Allquantifikators mit begrenztem Bereich erhalten.

Beweis.	(1)	$A\in K$	{An.}
	(1.1)	$x\in A$	{z. An.}
	(1.2)	$\bigvee_{A\in K} x\in A$	{E $\bigvee$ m. begr. B.: 1, 2}
	(1.3)	$x\in \bigcup_{A\in K} A$	{Df. $\bigcup$, 1.2}
	(2)	$x\in A \rightarrow x\in \bigcup A$	{1.1 $\rightarrow$ 1.3}
	(3)	$\bigwedge_x (x\in A \rightarrow x\in \bigcup_{A\in K} A)$	{E $\bigwedge$: 2}
		$A\subset \bigcup_{A\in K} A$	{Df $\subset$, 3}

Das Gesetz:

$$\bigcup_{A\in K} A \subset B \equiv \bigwedge_{A\in K} A \subset B$$

besagt, daß die Vereinigung der Mengen einer Familie K in einer gegebenen Menge dann und nur dann enthalten ist, wenn jede Menge der Familie K in dieser Menge enthalten ist. Dieses Gesetz ist eine Verallgemeinerung des analogen Satzes bezüglich der Vereinigung zweier Mengen.

Beweis: Aufgrund der Definition in diesem Gesetz auftretender Termini, der Definition der Quantifikatoren mit begrenztem Bereich, des Gesetzes der Verschiebung eines Allquantifikators in das Vorderglied einer Implikation, des Gesetzes der Vertauschung der Allquantifikatoren, des Gesetzes der Prämissenverbindung sowie des Gesetzes der Verschiebung eines Allquantifikators in das Vorderglied einer Implikation erhalten wir die Äquivalenzen:

$$\bigcup_{A\in K} A\subset B \equiv \bigwedge_x \big(x\in \bigcup_{A\in K} A \to x\in B\big) \equiv \bigwedge_x \big[\bigvee_A (A\in K\wedge x\in A)\to x\in B\big]\equiv$$
$$\equiv \bigwedge_x\bigwedge_A [A\in K\wedge x\in A\to x\in B]\equiv \bigwedge_A\bigwedge_x [A\in K\to (x\in A\to x\in B)]\equiv$$
$$\equiv \bigwedge_A [A\in K\to \bigwedge_x (x\in A\to x\in B)]\equiv \bigwedge_{A\in K} A\subset B\,,$$

aus denen das zu beweisende Theorem hervorgeht.

Eine Verallgemeinerung des Gesetzes, nach dem der Durchschnitt zweier Mengen in jeder dieser Mengen enthalten ist, ist das Gesetz:

$$\bigwedge_{A\in K}\ \bigcap_{A\in K} A\subset A\,,$$

das besagt, daß der Durchschnitt der Mengen einer Familie K in jeder Menge dieser Familie enthalten ist.

Beweis.	(1)	$A\in K$	{An.}
	(1.1)	$x\in \bigcap_{A\in K} A$	{z. An.}
	(1.2)	$\bigwedge_{A\in K} x\in A$	{Df $\cap$, 1.1}
	(1.3)	$A\in K\to x\in A$	{B $\wedge$ m. begr. B.: 1.2}
	(1.4)	$x\in A$	{1.3, 1}
		$\bigcap_{A\in K} A\subset A$	{1.1 $\to$ 1.4, E $\vee$, Df $\cap$}

Das Gesetz

$$B\subset \bigcap_{A\in K} A\equiv \bigwedge_{A\in K} B\subset A$$

besagt, daß eine Menge im Durchschnitt einer gegebenen Mengenfamilie dann und nur dann enthalten ist, wenn sie in jeder Menge dieser Familie enthalten ist. Dies ist eine Verallgemeinerung des analogen Gesetzes für den Durchschnitt zweier Mengen.

Beweis: Aufgrund der Definition der in diesem Gesetz auftretenden Termini, der Definition des Allquantifikators mit begrenztem Bereich, des Gesetzes der Verschiebung eines Allquantifikators in das Hinterglied, des Gesetzes der Vertauschung von Allquantifikatoren und des Gesetzes der Prämissenverbindung erhalten wir die Äquivalenzen:

$$B \subset \bigcap_{A\in K} A \equiv \bigwedge_{x}(x\in B \rightarrow x\in \bigcap_{A\in K} A) \equiv \bigwedge_{x}[x\in B \rightarrow \bigwedge_{A}(A\in K \rightarrow x\in A)] \equiv$$
$$\equiv \bigwedge_{x}\bigwedge_{A}[x\in B \rightarrow (A\in K \rightarrow x\in A)] \equiv \bigwedge_{A}\bigwedge_{x}[A\in K \rightarrow (x\in B \rightarrow x\in A)] \equiv$$
$$\equiv \bigwedge_{A}[A\in K \rightarrow \bigwedge_{x}(x\in B \rightarrow x\in A)] \equiv \bigwedge_{A\in K} B \subset A,$$

aus denen das zu beweisende Theorem hervorgeht.

Die Gesetze von de Morgan für die Vereinigung und den Durchschnitt einer Mengenfamilie:

$$\overline{\bigcup_{A\in K} A} = \bigcap_{A\in K} \bar{A}.$$

Das Komplement der Vereinigung der Mengen der Familie K ist gleich dem Durchschnitt der Komplemente der Mengen der Familie K.

$$\overline{\bigcap_{A\in K} A} = \bigcup_{A\in K} \bar{A}.$$

Das Komplement des Durchschnitts der Mengen der Familie K ist gleich der Vereinigung der Komplemente der Mengen der Familie K.
Beweise: Aufgrund der Definition des Komplements einer Menge, der Definitionen der Vereinigung und des Durchschnitts einer Mengenfamilie sowie der Gesetze der Negation von Quantifikatoren mit begrenztem Bereich erhalten wir die Äquivalenzen:

$$x\in \overline{\bigcup_{A\in K} A} \equiv \sim x\in \bigcup_{A\in K} A \equiv \sim \bigvee_{A\in K} x\in A \equiv \bigwedge_{A\in K} x\notin A \equiv \bigwedge_{A\in K} x\in \bar{A} \equiv x\in \bigcap_{A\in K} \bar{A}$$

$$x\in \overline{\bigcap_{A\in K} A} \equiv \sim x\in \bigcap_{A\in K} A \equiv \sim \bigwedge_{A\in K} x\in A \equiv \bigvee_{A\in K} x\notin A \equiv \bigvee_{A\in K} x\in \bar{A} = x\in \bigcup_{A\in K} \bar{A}.$$

Daraus erhalten wir infolge der Transitivität der Äquivalenz die Theoreme:

$$x\in \overline{\bigcup_{A\in K} A} \equiv x\in \bigcap_{A\in K} \bar{A}$$
$$x\in \overline{\bigcap_{A\in K} A} \equiv x\in \bigcup_{A\in K} \bar{A}.$$

Wenn wir auf diese Theoreme die Regel der Beseitigung des Allquantifikators anwenden und das Theorem (II) verwenden, so erhalten wir die verallgemeinerten Gesetze von de Morgan.

Die Verallgemeinerungen der Distributivgesetze sind die folgenden Gesetze:

Das Gesetz der Distributivität des Durchschnitts bezüglich der Vereinigung einer Mengenfamilie:

$$A \cap \bigcup_{B \in K} B = \bigcup_{B \in K} (A \cap B) .$$

Das Gesetz der Distributivität der Vereinigung bezüglich des Durchschnitts einer Mengenfamilie:

$$A \cup \bigcap_{B \in K} B = \bigcap_{B \in K} (A \cup B) .$$

Das erste dieser Gesetze kann aufgrund des Gesetzes der Verschiebung des Existenzquantifikators in eines der Konjunktionsglieder bewiesen werden. Das zweite Gesetz kann man anhand des Gesetzes der Verschiebung eines Allquantifikators in eines der Glieder einer Alternative beweisen (wenn das zweite Glied der Konjunktion oder der Alternative die durch den gegebenen Quantifikator gebundene Variable nicht als freie Variable enthält).

Mit Hilfe des Begriffs der Vereinigung einer Mengenfamilie kann der Begriff der Zerlegung einer Menge wie folgt definiert werden:

$$K \in part(A) \equiv \bigwedge_{B \in K} B \neq \emptyset \wedge \bigwedge_{B, C \in K} (B \neq C \rightarrow B \cap C = \emptyset) \wedge \bigcup_{B \in K} B = A .$$

Den Ausdruck „$K \in part(A)$" lesen wir „die Mengenfamilie K ist eine Zerlegung der Menge A" (partio = (Ein)teilung). Der Ausdruck „$B, C \in K$" ist die Abkürzung der Konjunktion „$B \in K \wedge C \in K$". Analoge Abkürzungen gebraucht man oft, indem man beispielsweise schreibt: „$x_1, x_2, \ldots, x_n \in A$" statt „$x_1 \in A \wedge x_2 \in A \wedge \ldots \wedge x_n \in A$". Nach dieser Definition ist eine **Zerlegung einer Menge** A die Familie der nicht-leeren und disjunkten Mengen, deren Vereinigung gleich der Menge A ist. Die sogenannte logische Zerlegung eines Begriffs ist eine Zerlegung der Menge, die der Bereich dieses Begriffs ist.

1.4. Mengen mit einem Element und mit zwei Elementen

Einermenge oder **Menge mit einem Element** heißt eine Menge, deren einziges Element der Gegenstand x ist. Wir bezeichnen sie mit Hilfe des Symbols „$\{x\}$" und definieren wie folgt:

$$y \in \{x\} \equiv y = x .$$

Wenn wir in dieser Definition „x" für „y" einsetzen, so erhalten wir aufgrund des Theorems: $x = x$ das Theorem:

$$x \in \{x\} .$$

Das Theorem (VI): $\{x\}=\{y\}\equiv x=x$ besagt, daß Mengen mit einem Element genau dann identisch sind, wenn ihre einzigen Elemente identisch sind.

Beweis. (a)	(1)	$\{x\}=\{y\}$	{An.}
	(2)	$\bigwedge_z (z\in\{x\}\equiv z\in\{y\})$	{II, 1}
	(3)	$x\in\{x\}\equiv x\in\{y\}$	$\{B\bigwedge: 2\}$
	(4)	$x\in\{y\}$	$\{3, x\in\{x\}\}$
		$x=y$	{Df {,}, 4}
Beweis. (b)	(1)	$x=y$	{An.}
	(2)	$\{x\}=\{x\}$	$\{A=A\}$
		$\{x\}=\{y\}$	{EI: 1, 2}

Die Menge, die aus den Elementen x, y gebildet wird, d. h. die Menge, deren Elemente die Gegenstände x, y und nur diese Gegenstände sind, bezeichnen wir mit dem Symbol „$\{x, y\}$“. Wir definieren also wie folgt:

$$z\in\{x, y\}\equiv z=x\vee z=y\,.$$

Aus dieser Definition ergeben sich die folgenden Theoreme:

$$\{x, y\}=\{y, x\}$$
$$x\in\{x, y\}$$
$$y\in\{x, y\}\,.$$

Das erste dieser Theoreme erhalten wir aufgrund des Gesetzes der Kommutativität der Alternative und des Theorems (II), das zweite aufgrund des Theorems: $x=x$ und der Regel der Einführung der Alternative, das dritte aufgrund des Theorems: $y=y$ und der Regel der Einführung der Alternative.

Wenn $x\neq y$, dann ist die Menge $\{x, y\}$ eine Menge mit zwei Elementen. Wenn dagegen $x=y$, dann ist die Menge $\{x, y\}$ identisch mit der Menge $\{x\}$.

Analog kann eine Menge bestimmt werden, die aus den Elementen x, y, z, usw. gebildet wird. Bezeichnet „$\{x_1, x_2, \ldots, x_n\}$“ eine aus den Elementen $x_1, \ldots, x_n$ bestehende Menge, so können wir allgemein definieren:

$$z\in\{x_1, x_2, \ldots, x_n\}\equiv z=x_1\vee z=x_2\vee\ldots\vee z=x_n\,.$$

Wenn die Gegenstände x_1, $x_2, \ldots, x_n$ voneinander verschieden sind, dann ist die Menge $\{x_1, x_2, \ldots, x_n\}$ eine Menge mit n Elementen.

Wir geben nunmehr die Beweise für zwei Theoreme an, die sich auf die definierten Mengen beziehen, da wir diese Theoreme im folgenden Abschnitt verwenden.

(VII) $\{x, y\} = \{z, u\} \land x = z \to y = u$.

Beweis.	(1)	$\{x, y\} = \{z, u\}$	{An.}
	(2)	$\{x = z\}$	
	(3)	$y \neq u$	{A. d. i. B.}
	(4)	$y = z \lor y = u$	$\{y \in \{x, y\}$, 1, II, Df {,}}
	(5)	$y = z$	{3, 4}
	(6)	$x = y$	{2, 5}
	(7)	$u = x \lor u = y$	$\{u \in \{z, u\}$, 1, II, Df {,}}
	(8)	$u = x$	{3, 7}
	(9)	$y \neq x$	{3, 8}
		Wid.	{6, 9}

(VIII) $\{x, y\} = \{z, u\} \equiv x = z \land y = u \lor x = u \land y = z$.

Beweis. (a)	(1)	$\{x, y\} = \{z, u\}$	{An.}
	(2)	$x = z \lor x = u$	$\{x \in \{x, y\}$, II, Df {,}}
	(1.1)	$x = z$	{z. An.}
	(1.2)	$y = u$	{VII, 1, 1.1}
	(1.3)	$x = z \land y = u$	{1.1, 1.2}
	(2.1)	$x = u$	{z. An.}
	(2.2)	$y = z$	{VII, 1, 2.1}
	(2.3)	$x = u \land y = z$	{2.1, 2.2}
		$x = z \land y = u \lor x = u \land y = z$	{1.1 → 1.3, 2.1 → 2.3, 2}

Beweis. (b)	(1)	$x = z \land y = u \lor x = u \land y = z$	{An.}
	(2)	$\{x, y\} = \{x, y\}$	{A = A}
	(1.1)	$x = z \land y = u$	{z. An.}
	(1.2)	$\{x, y\} = \{z, u\}$	{1.1, 2}
	(2.1)	$x = u \land y = z$	{z. An.}
	(2.2)	$\{x, y\} = \{u, z\} = \{z, u\}$	{2.1, 2, Df {,}}
		$\{x, y\} = \{z, u\}$.	{1.1 → 1.2, 2.1 → 2.2, 1}

1.5. Das System der Booleschen Algebra

Die Menge aller Theoreme des Mengenkalküls, die ausschließlich mit Hilfe der Variablen: A, B, C, . . ., die über Mengen laufen, mit Hilfe des Zeichens der Identität, des Enthaltenseins, der Vereinigung, des Durchschnitts, des Komplements einer Menge, der Allmenge, der leeren Menge und von Wahrheitsfunktoren formuliert werden, sowie der Konstanten, die mit Hilfe der angeführten Termini definiert werden, bildet das S y s t e m d e r B o o l e s c h e n A l g e b r a. Diese Algebra kann auf verschiedene Systeme von Grundtermini und Axiomen aufgebaut werden.

Eines dieser Systeme beruht auf den folgenden Axiomen:

$$A \cup \emptyset = A \qquad A \cap V = A$$
$$A \cup \bar{A} = V \qquad A \cap \bar{A} = \emptyset$$
$$A \cup B = B \cup A \qquad A \cap B = B \cap A$$
$$A \cup (B \cap C) = (A \cup B) \cap (A \cup C) \qquad A \cap (B \cup C) = (A \cap B) \cup (A \cap C)$$
$$V \neq \emptyset .$$

Bei den Beweisen für die Theoreme dieses Systems bedienen wir uns der Einsetzungsregel und der Regel der Ersetzung der Glieder einer Identität (nach der in jedem Theorem das eine Glied einer Identität, die ein Theorem ist, durch das zweite Glied ersetzt werden kann). Wir benutzen bei den Beweisen ebenfalls die Gesetze und Regeln des Aussagenkalküls. Infolge der Gesetze der Ersetzung des Enthaltenseins von Mengen durch die Identität und den Durchschnitt oder durch die Identität und die Vereinigung kann in diesem System das Enthaltensein von Mengen definiert werden.

Jedes Axiom dieses System hat die Eigenschaft, daß wenn wir in diesem überall das Zeichen „$\cup$“ durch das Zeichen „$\cap$“, das Zeichen „$\cap$“ durch das Zeichen „$\cup$“, das Zeichen „V“ durch das Zeichen „$\emptyset$“ und das Zeichen „$\emptyset$“ durch das Zeichen „V“ ersetzen, wir wieder ein Axiom dieses Systems erhalten. Diese Eigenschaft haben ebenfalls alle Theoreme des Systems, die ausschließlich mit Hilfe der erwähnten Symbole, des Zeichens „=“ und der Variablen geschrieben werden. Zwei Theoreme des Systems, von welchen das eine durch die erwähnte Ersetzung aus dem anderen hervorgeht, werden als zueinander d u a l e Theoreme bezeichnet. Beispielsweise ist das zum Gesetz der Distributivität des Durchschnitts bezüglich der Vereinigung duale Theorem das Gesetz der Distributivität der Vereinigung bezüglich des Durchschnitts; zueinander dual sind die de Morganschen Gesetze, usw.

Einige der Grundtermini, die in dem angegebenen Axiomensystem auftreten, lassen sich mit Hilfe der übrigen Grundtermini definieren. Es ist offensichtlich, daß die Zeichen „V“ und „$\emptyset$“ mit Hilfe der Zeichen „$\cup$“, „$\cap$“ und „–“ definiert werden können. Aufgrund der Gesetze von de Morgan kann man das Zeichen „$\cap$“ mit Hilfe des Zeichens „$\cup$“ und „–“ definieren, während das Zeichen „$\cup$“ mit Hilfe der Zeichen „$\cap$“ und „–“ definiert werden kann. Folglich können als Grundtermini die Zeichen: $\cup$, =, – oder die Zeichen: $\cap$, –, = angenommen werden. Beim ersten Komplex von Grundtermini kann das System auf folgendem Axiomensystem aufgebaut werden:

$$A \cup B = B \cup A$$
$$(A \cup B) \cup C = A \cup (B \cup C)$$
$$\overline{\bar{A} \cup \bar{B}} \cup \overline{\bar{A} \cup B} = A\,.$$

Das dritte dieser Axiome ist äquivalent mit dem folgenden Theorem, das mit Hilfe des definierten Zeichens „$\cap$“ dargestellt wird:

$$(A \cap B) \cup (A \cap \bar{B}) = A\,.$$

Die zu diesen Axiomen dualen Gesetze bilden ein Axiomensystem mit den Grundtermini: $\cap$, $-$, $=$. Es existiert auch ein Axiomensystem der Booleschen Algebra, in welchem die Grundtermini die Zeichen: „$=$“ und „/“ sind. In diesen Axiomen kann der Ausdruck „A/B“ entweder als „$\bar{A} \cap \bar{B}$“ (eine Operation, die mit Hilfe des Zeichens der gemeinsamen Negation bestimmt ist) oder als „$\bar{A} \cup \bar{B}$“ (eine Operation, die mit Hilfe des Exklusionszeichens bestimmt ist) interpretiert werden.

Das System der Booleschen Algebra kann auch auf folgendem Axiomensystem aufgebaut werden, in welchem das Zeichen „$\subset$“ der Grundterminus ist:

$$A \subset A$$
$$A \subset B \wedge B \subset C \rightarrow A \subset C$$
$$A \subset B \wedge B \subset A \rightarrow A = B$$
$$A \subset A \cup B$$
$$B \subset A \cup B$$
$$A \subset C \wedge B \subset C \rightarrow A \cup B \subset C$$
$$A \cap B \subset A$$
$$A \cap B \subset B$$
$$C \subset A \wedge C \subset B \rightarrow C \subset A \cap B$$
$$A \cap (B \cup C) = (A \cap B) \cup (A \cap C)$$
$$A \cup (B \cap C) = (A \cup B) \cap (A \cup C)$$
$$\emptyset \subset A$$
$$A \subset V$$
$$A \cap \bar{A} = \emptyset$$
$$A \cup \bar{A} = V\,.$$

Das **erweiterte System der Booleschen Algebra**, in dem statt der Zeichen der Vereinigung und des Durchschnitts zweier Mengen die Zeichen der Vereinigung und des Durchschnitts einer Mengenfamilie auftreten, kann auf ein Axiomensystem gegründet werden, das sich aus einem der obengenannten Systeme durch die Ersetzung der

Axiome bezüglich der Vereinigung und des Durchschnitts zweier Mengen durch die analogen Axiome bezüglich der Vereinigung und des Durchschnitts einer Mengenfamilie ergibt.

Bekannt sind auch Formulierungen des Systems der Booleschen Algebra mit Quantifikatoren, die die Variablen dieses Systems binden.

Den Terminus „System der Booleschen Algebra" haben wir zur Bezeichnung des oben charakterisierten Axiomensystems des Mengenkalküls verwendet. Dieser Terminus wird auch zur Bezeichnung eines Axiomensystems verwendet, dessen Variablen und Konstanten auf andere Weise interpretiert werden können. Eine dieser Interpretationen ist das System des Mengenkalküls, von dem zuvor die Rede war. Eine andere logische Interpretation dieses Systems erhalten wir, wenn wir die Variablen dieses Systems als Aussagenvariablen, die Konstante „$\cup$" als Zeichen der Alternative, die Konstante „$\cap$" als Zeichen der Konjunktion, die Konstante „$-$" als Zeichen der Negation, die Konstante „$\subset$" als Zeichen der Implikation, die Konstante „$=$" als Zeichen der Äquivalenz, das Symbol „V" als wahre Aussage, beispielsweise „$p \vee \sim p$", und das Symbol „$\emptyset$" als falsche Aussage, beispielsweise „$p \wedge \sim p$", interpretieren. Alle Axiome und Theoreme des Systems gehen bei dieser Interpretation in Theoreme des Aussagenkalküls über. Es sind noch andere Interpretationen des erörterten Systems bekannt. Der Terminus „Boolesche Algebra" wird entweder zur Bezeichnung des Systems der Booleschen Algebra (im ersten oder zweiten Sinn dieses Terminus) oder zur Bezeichnung der Gegenstandsentsprechung eines solchen Systems, eines Modells dieses Systems, verwendet. Mit diesem Sinn des Terminus „Boolesche Algebra" werden wir uns im letzten Kapitel beschäftigen.

2. Definitionen geordneter Systeme und von Relationen im Mengenkalkül. Das kartesische Produkt

Mit Hilfe der Termini des Mengenkalküls kann der Begriff des **geordneten Paares** mit einem ersten Element x und einem zweiten Element y definiert werden. Ein solches Paar bezeichnen wir mit Hilfe des Symbols „$\langle x, y \rangle$", das wie folgt definiert wird:

$$\langle x, y \rangle = \{\{x\}, \{x, y\}\}.$$

Aufgrund dieser Definition kann man das folgende Theorem beweisen, das die Identitätsbedingung geordneter Paare zum Ausdruck bringt:

$$\langle x, y \rangle = \langle z, u \rangle \equiv x = z \wedge y = u .$$

Nach diesem Theorem sind geordnete Paare genau dann identisch, wenn ihre ersten Elemente miteinander identisch sind und ihre zweiten Elemente miteinander identisch sind.

Beweis. (a)	(1)	$\langle x, y\rangle = \langle z, u\rangle$	$\{$An.$\}$
	(2)	$\{\{x\}, \{x, y\}\} = \{\{z\}, \{z, u\}\}$	$\{1, \mathrm{Df}\,\langle,\rangle\}$
	(3)	$\{x\} = \{z\} \wedge \{x, y\} = \{z, u\} \vee$ $\vee \{x\} = \{z, u\} \wedge \{x, y\} = \{z\}$	$\{\mathrm{VIII}, 2\}$
	(1.1)	$\{x\} = \{z\} \wedge \{x, y\} = \{z, u\}$	$\{$z. An.$\}$
	(1.2)	$x = z$	$\{\mathrm{VI}, 1.1\}$
	(1.3)	$y = u$	$\{\mathrm{VII}, 1.1, 1.2\}$
	(2.1)	$\{x\} = \{z, u\} \wedge \{x, y\} = \{z\}$	$\{$z. An.$\}$
	(2.2)	$x = z$	$\{x \in \{x, y\}, \mathrm{II}, 2.1, \mathrm{Df}\,\{,\}\}$
	(2.3)	$y = z$	$\{y \in \{x, y\}. \mathrm{II}, 2.1, \mathrm{Df}\,\{,\}\}$
	(2.4)	$u = x$	$\{u \in \{z, u\}, \mathrm{II}, 2.1, \mathrm{Df}\,\{,\}\}$
	(2.5)	$y = u$	$\{2.3, 2.2, 2.4\}$
		$x = z \wedge y = u$	$\{1.1 \rightarrow 1.2 \wedge 1.3, 2.1 \rightarrow 2.2 \wedge 2.5, 3\}$
Beweis. (b)	(1)	$x = z \wedge y = u$	$\{$An.$\}$
	(2)	$\langle x, y\rangle = \langle x, y\rangle$	$\{A = A\}$
		$\langle x, y\rangle = \langle z, u\rangle$	$\{\mathrm{EI}: 1, 2\}$

Aufgrund der Regel der Negation der Glieder einer Äquivalenz und des Gesetzes der Negation der Konjunktion ergibt sich aus dem bewiesenen Theorem das Theorem:

$$\langle x, y\rangle \neq \langle z, u\rangle \equiv x \neq z \vee y \neq u\ ,$$

das besagt, daß zwei geordnete Paare genau dann verschieden sind, wenn sie sich im ersten Element unterscheiden (d. h., wenn ihre ersten Elemente voneinander verschieden sind) oder wenn sie sich im zweiten Element unterscheiden (d. h., wenn ihre zweiten Elemente voneinander verschieden sind).

Analog kann der Ausdruck „geordnetes Tripel mit einem ersten Element x, einem zweiten Element y und einem dritten Element z" definiert werden:

$$\langle x, y, z\rangle = \{\{x\}, \{x, y\}, \{x, y, z\}\}.$$

Mit Hilfe dieser Definition kann bewiesen werden, daß geordnete Tripel genau dann identisch sind, wenn ihre ersten Elemente miteinander identisch sind, wenn ihre zweiten Elemente miteinander identisch sind und wenn ihre dritten Elemente miteinander identisch sind.

Ebenso können die Ausdrücke „geordnete Quadrupel", „geordnete Quintrupel" usw. definiert werden. Ganz allgemein benutzt man zur Bezeichnung solcher geordneter n-Tupel das Symbol „$\langle x_1, x_2, \ldots, x_n\rangle$". Aufgrund dieser Definitionen kann man beweisen, daß solche geordnete n-Tupel genau dann identisch sind, wenn ihre einander entsprechenden Elemente identisch sind, d. h., wenn das i-te Element eines geordneten n-Tupels identisch ist mit dem i-ten Element des zweiten n-Tupels (für jedes i von 1 bis n). Solche geordneten n-Tupel sind jedoch verschieden, wenn sie sich wenigstens in einem einander entsprechenden Element unterscheiden, d. h., wenn irgendein i-tes Element eines n-Tupels verschieden ist vom i-ten Element des zweiten geordneten n-Tupels.

Mit Hilfe des Begriffes des geordneten n-Tupels kann einer der grundlegenden logischen Begriffe, nämlich der Relationsbegriff, definiert werden.

Eine **zweigliedrige Relation** ist eine Klasse bestimmter geordneter Paare. Eine **dreigliedrige Relation** ist eine Klasse bestimmter geordneter Tripel. Allgemein gilt: Eine **n-gliedrige Relation** ist eine Klasse bestimmter geordneter n-Tupel.

Als Variablen, welche Relationen repräsentieren, verwenden wir die Buchstaben: $R, S, T, \ldots$, wobei der Kontext zeigt, ob eine zweigliedrige Relation, dreigliedrige Relation usw. vorliegt.

Statt des Ausdruckes „$\langle x, y\rangle \in R$" verwenden wir ebenfalls den Ausdruck „xRy", der mit dem ersteren äquivalent ist. Wir nehmen also die folgende Äquivalenz an:

$$\text{(IX)} \quad xRy \equiv \langle x, y\rangle \in R\,.$$

Den Ausdruck „xRy" lesen wir: x steht in der Relation R zu y.

Nach dieser Äquivalenz steht x in der Relation R zu y dann und nur dann, wenn das geordnete Paar $\langle x, y\rangle$ Element der Relation R, d. h. einer bestimmten Klasse geordneter Paare ist. Wenn wir die Schreibweise „xRy" einführen, dann können wir die aussagenbildenden Funktoren von zwei Namenargumenten als Ausdrücke betrachten, die zweigliedrige Relationen bezeichnen.

Nach der Relationsdefinition ist beispielsweise die Relation, jemandes Ehemann zu sein, eine bestimmte Klasse geordneter Paare von Personen, und zwar solcher Paare, daß die erste dieser Personen der Ehemann der zweiten Person ist. Der eingeführten Äquivalenz gemäß ist der Ausdruck, der besagt, daß das geordnete Paar $\langle x, y\rangle$ Element einer solchen Klasse von Paaren ist, äquivalent mit dem Ausdruck, der besagt, daß x der Ehemann von y ist. Der letztere Ausdruck ist der umgangssprachlich übliche, um zu sagen, daß zwischen den Personen x und y diese Relation besteht.

Analog nehmen wir bei n-gliedrigen Relationen die Äquivalenz an:

$$\text{(IX a)} \quad R(x_1, x_2, \ldots, x_n) \equiv \langle x_1, x_2, \ldots, x_n \rangle \in R.$$

Den Ausdruck „$R(x_1, x_2, \ldots, x_n)$" lesen wir: „Zwischen den Gegenständen $x_1, x_2, \ldots, x_n$ besteht die Relation R". Nach dieser Äquivalenz besteht die Relation R zwischen den Gegenständen $x_1, x_2, \ldots, x_n$ dann und nur dann, wenn das geordnete Tupel $\langle x_1, x_2, \ldots, x_n \rangle$ Element der Klasse R ist, die eine bestimmte Klasse geordneter Tupel von n Elementen ist. Wenn wir die aussagenbildenden Funktoren von n Namenargumenten als Ausdrücke betrachten, die n-gliedrige Relationen bezeichnen, so sagen wir z. B., daß der Ausdruck „Berlin liegt zwischen Dresden und Rostock" feststellt, daß eine bestimmte dreigliedrige Relation zwischen diesen drei Städten besteht, d. h., er stellt fest, daß das geordnete Tripel, dessen erstes Element Berlin, dessen zweites Element Dresden und dessen drittes Element Rostock ist, Element einer bestimmten Klasse geordneter Tripel von Orten ist, derart, daß der erste dieser Orte zwischen dem zweiten und dem dritten liegt.

Der Relationenkalkül war lange Zeit hindurch als ein besonderer, vom Mengenkalkül losgelöster Teil der Logik behandelt worden. Erst die im Jahre 1914 von N. Wiener[1] vorgenommene Bestimmung des Begriffs des geordneten Paares mit Hilfe von Termini des Mengenkalküls ermöglichte die Definition des Relationsbegriffs im Mengenkalkül und bot damit die Möglichkeit, den Relationenkalkül als speziellen Teil des Mengenkalküls aufzufassen. (Die hier zugrunde gelegte Definition des geordneten Paares, die einfacher als die Wienersche Definition ist, wurde von K. Kuratowski[2] im Jahre 1921 gegeben.)

Da zweigliedrige Relationen bestimmte Mengen sind, können alle Termini des Mengenkalküls, vor allem die Termini der Booleschen Algebra, auf Relationen angewandt werden.

Aufgrund der Äquivalenz (IX) sowie der Definition der Vereinigung, des Durchschnitts und des Komplementes einer Menge erhalten wir die folgenden Äquivalenzen:

$$\text{(X) a)} \quad xR \cup Sy \equiv xRy \vee xSy$$
$$\text{b)} \quad xR \cap Sy \equiv xRy \wedge xSy$$
$$\text{c)} \quad x\bar{R}y \equiv \sim x\,Ry\,.$$

[1] [*A simplifikation of the logic of relations*, Proc. Cambridge Phil. Soc. 17, T 5, 1914, S. 387–390.]

[2] [*Sur la notion de l'ordre dans la théorie des ensembles*, Fund. Math. 2, 1921, S. 161–171.]

Nachfolgend der Beweis für die Äquivalenz a:

$$xR \cup Sy \equiv \langle x, y\rangle \in R \cup S \equiv \langle x, y\rangle \in R \vee \langle x, y\rangle \in S \equiv xRy \vee xSy.$$

Die Beweise der übrigen Theoreme sind analog.

Nach der Äquivalenz (X*a*) ist die Relation $R \cup S$ oder die **Vereinigung der Relationen** R und S eine Relation, die zwischen zwei Gegenständen dann und nur dann besteht, wenn zwischen diesen Gegenständen die Relation R oder die Relation S besteht. Beispielsweise ist die Relation „verschwistert sein mit" die Vereinigung der Relation „Bruder sein von" und der Relation „Schwester sein von", denn für jedes x sowie y gilt: x ist mit y genau dann verschwistert, wenn x der Bruder von y oder x die Schwester von y ist.

Nach der Äquivalenz (Xb) ist die Relation $R \cap S$ oder der **Durchschnitt der Relation** R und der Relation S eine Relation, die zwischen zwei Gegenständen dann und nur dann besteht, wenn zwischen diesen Gegenständen sowohl die Relation R als auch die Relation S besteht. Beispielsweise ist die Relation „verwandt sein mit und Schuldner sein von" der Durchschnitt der Relation „verwandt sein mit" und der Relation „Schuldner sein von", denn für jedes x und y gilt: x ist genau dann verwandt mit y und ein Schuldner von ihm, wenn x mit y verwandt ist und x ein Schuldner von y ist.

Nach (Xc) ist die Relation $\bar{R}$ oder das Komplement der Relation R eine Relation, die zwischen zwei Gegenständen dann und nur dann besteht, wenn die Relation R zwischen diesen Gegenständen nicht besteht. Beispielsweise ist die Relation „Nichtschuldner sein von" das Komplement der Relation „Schuldner sein von", denn für jedes x und y gilt: x ist genau dann Nichtschuldner von y, wenn x kein Schuldner von y ist.

Ausgehend von der Äquivalenz (IX) und der Definition des Enthaltenseins von Mengen erhalten wir die Äquivalenzen:

$$R \subset S \equiv \bigwedge_{\langle x,y\rangle} (\langle x, y\rangle \in R \rightarrow \langle x, y\rangle \in S) \equiv \bigwedge_{x,y} (xRy \rightarrow xSy),$$

aus denen die Äquivalenz hervorgeht:

$$\text{(XI)} \quad R \subset S \equiv \bigwedge_{x,y} (xRy \rightarrow xSy).$$

Den Ausdruck „$R \subset S$" lesen wir „die Relation R ist **in der Relation** S **enthalten**", oder: „die Relation R ist eine **Unterrelation** der Relation S". Nach dieser Äquivalenz ist die Relation R in der Relation S dann und nur dann enthalten, wenn, falls die Relation R zwischen irgendwelchen Gegenständen besteht, auch die Relation S

zwischen diesen Gegenständen besteht. Beispielsweise ist die Relation „Vater sein von" in der Relation „Elternteil sein von" enthalten, denn für jedes x und y gilt: Wenn x der Vater von y ist, dann ist x Elternteil von y.

Daß R eine zweigliedrige Relation ist, kann in folgender Form geschrieben werden:

$$\text{(a)}\quad u \in R \to \bigvee_{x,y} u = \langle x, y \rangle .$$

Aus dem Extensionalitätsaxiom für Mengen erhalten wir als einen Spezialfall das Extensionalitätsaxiom für zweigliedrige Relationen:

$$\bigwedge_{u} (u \in R \equiv u \in S) \to R = S .$$

Anhand der Annahme (a) kann die folgende Äquivalenz bewiesen werden:

$$\bigwedge_{u} (u \in R \equiv u \in S) \equiv \bigwedge_{x,y} (\langle x, y \rangle \in R \equiv \langle x, y \rangle \in S) .$$

Aufgrund dieses Theorems ist das Extensionalitätsaxiom für zweigliedrige Relationen äquivalent mit dem Theorem:

$$\bigwedge_{x,y} (\langle x, y \rangle \in R \equiv \langle x, y \rangle \in S) \to R = S .$$

Dieses Gesetz ist aber aufgrund von (IX) äquivalent mit dem Gesetz:

$$\bigwedge_{x,y} (xRy \equiv xSy) \to R = S.$$

Das umgekehrte Gesetz läßt sich natürlich aufgrund der Regel der Ersetzung der Identitätsglieder beweisen. Folglich erhalten wir als Spezialfall der Äquivalenz (II) die Äquivalenz:

$$\text{(XII)}\quad R = S \equiv \bigwedge_{x,y} (xRy \equiv xSy) .$$

Nach dieser Äquivalenz sind Relationen, die zwischen den gleichen Gegenständen bestehen, identisch, d. h., eine Relation R ist mit einer Relation S genau dann identisch, wenn die Relation R zwischen den und nur den Gegenständen besteht, zwischen welchen die Relation S besteht. Dann nämlich sind beide Relationen als Mengen derselben geordneten Paare identisch.

Die zweigliedrige Allrelation ist die Klasse aller geordneten Paare, d. h. die Klasse der Paare $\langle x, y \rangle$, mit $\langle x, y \rangle = \langle x, y \rangle$.

Die zweigliedrige leere Relation ist das Komplement der zweigliedrigen Allrelation, d. h. die Klasse der Paare $\langle x, y \rangle$, mit $\langle x, y \rangle \neq \langle x, y \rangle$.

Für die Vereinigung, den Durchschnitt, das Komplement, das Enthaltensein und die Identität von zweigliedrigen Relationen sowie für die zweigliedrige Allrelation und die leere Relation gelten alle Gesetze des Systems der Booleschen Algebra.

Ein gänzlich analoges Theorem gilt für dreigliedrige, viergliedrige Relationen usw, allgemein für n-gliedrige Relationen.

Neben den Termini des Relationenkalküls, die wie die bisher erörterten Termini Spezialfälle allgemeiner Termini des Mengenkalküls sind, wurden in der Logik viele verschiedene Termini eingeführt, die sich speziell auf Relationen beziehen. Mit den wichtigsten und den am häufigsten verwendeten Termini wollen wir uns im folgenden Abschnitt vertraut machen.

Im Mengenkalkül definiert man mit Hilfe des Terminus des geordneten Paares das kartesische Produkt zweier Mengen. Das kartesische Produkt der Mengen A und B bezeichnen wir mit Hilfe des Symbols „$A \times B$" und definieren wie folgt:

$$\langle x, y\rangle \in A \times B \equiv x \in A \wedge y \in B.$$

Das kartesische Produkt der Mengen A und B ist also die Menge der geordneten Paare, deren erste Elemente der Menge A und deren zweite Elemente der Menge B angehören.

Analog definieren wir das kartesische Produkt von n Mengen $A_1, A_2, \ldots, A_n$ als die Menge der geordneten n-Tupel $\langle x_1, x_2, \ldots, x_n\rangle$, mit $x_1 \in A_1, x_2 \in A_2, \ldots, x_n \in A_n$.

Es gelten die folgenden Gesetze der Distributivität des kartesischen Produktes bezüglich der Vereinigung, des Durchschnitts und der Differenz von Mengen:

$$(A \cup B) \times C = (A \times C) \cup (B \times C)$$
$$C \times (A \cup B) = (C \times A) \cup (C \times B)$$
$$(A \cap B) \times C = (A \times C) \cap (B \times C)$$
$$C \times (A \cap B) = (C \times A) \cap (C \times B)$$
$$(A - B) \times C = (A \times C) - (B \times C)$$
$$C \times (A - B) = (C \times A) - (C \times B).$$

Von den anderen Gesetzen für das kartesische Produkt führen wir noch die folgenden an:

$$A \cap B = \emptyset \rightarrow (A \times C) \cap (B \times C) = \emptyset$$
$$C \neq \emptyset \rightarrow (A \subset B \equiv A \times C \subset B \times C \equiv C \times A \subset C \times B)$$
$$\{a_1, \ldots, a_n\} \times A = \{a_1\} \times A \cup \ldots \cup \{a_n\} \times A.$$

Als Beispiel geben wir den Beweis für das Gesetz der Distributivität des kartesischen Produktes bezüglich der Vereinigung von Mengen an. Aufgrund der Definition des kartesischen Produktes und der Vereinigung von Mengen sowie des Gesetzes der Distributivität der Konjunktion bezüglich der Alternative erhalten wir die Äquivalenzen:

$$\langle x, y\rangle \in (A \cup B) \times C \equiv x \in A \cup B \wedge y \in C \equiv (x \in A \vee x \in B) \wedge y \in C \equiv$$
$$x \in A \wedge y \in C \vee x \in B \wedge y \in C \equiv \langle x, y\rangle \in A \times C \vee \langle x, y\rangle \in B \times C \equiv \langle x, y\rangle \in$$
$$\in (A \times C) \cup (B \times C),$$

aus denen das zu beweisende Gesetz hervorgeht.

Nach einem Theorem, das wir im folgenden Abschnitt angeben werden, ist eine zweigliedrige Relation eine Untermenge des kartesischen Produktes gewisser Mengen.

3. Wichtige Begriffe des Relationenkalküls[1]

3.1. Bereich, Gegenbereich, Feld einer Relation, beschränkte Relationen

Der Bereich einer Relation R ist die Menge aller und nur der Gegenstände, die zu irgendeinem Gegenstand in der Relation R stehen. Den Bereich einer Relation R bezeichnen wir mit dem Symbol „$D(R)$" und definieren wir folgt:

$$x \in D(R) \equiv \bigvee_{y} xRy \, .$$

Nach dieser Äquivalenz gehört x dem Bereich einer Relation R dann und nur dann an, wenn es ein y gibt derart, daß x in der Relation R zu y steht. Beispielsweise ist der Bereich der Relation „Vater sein von" die Menge der und nur der Personen, welche Väter von irgendwelchen Personen sind, d. h. die Menge aller Väter; der Bereich der Relation „Ehemann sein von" ist die Menge aller Ehemänner; der Bereich der Relation „Ehefrau sein von" ist die Menge aller Ehefrauen. Aus der Definition des Bereiches einer Relation R und aus der Äquivalenz (IX) ergibt sich die Äquivalenz:

$$x \in D(R) \equiv \bigvee_{y} \langle x, y\rangle \in R \, .$$

[1] Eine ausführliche Darstellung des Relationenkalküls wird in dem Werk *Logika Matematyczna*, Warszawa—Wrocław 1948, von A. Mostowski gegeben. [Siehe ferner: G. Asser, *Grundbegriffe der Mathematik*, Berlin 1973, Kapitel 2, Grundbegriffe der Abbildungstheorie; J. M. Bochenski, A. Menne, *Grundriß der Logistik*, 4. Auflage, Paderborn 1973, Kapitel V, Relationenkalkül; R. Carnap, *Einführung in die symbolische Logik*, 2. Auflage Wien 1960, S. 71ff. und S. 114ff.]

Der Bereich einer Relation R ist folglich die Menge der ersten Elemente der geordneten Paare, die zur Menge R gehören. Anstelle des Symbols „$D(R)$" verwendet man auch oft das Symbol „$D'R$". Anstelle des Terminus „Bereich der Relation R" wird manchmal der Terminus „linker Bereich der Relation R" und das Symbol „$D_l(R)$" verwendet.

Der Gegenbereich einer Relation R ist die Menge aller und nur der Gegenstände, zu denen irgendein Gegenstand in der Relation R steht. Den Gegenbereich einer Relation R bezeichnen wir mit dem Symbol „$\text{ᗡ}(R)$" und definieren wie folgt:

$$y \in \text{ᗡ}(R) \equiv \bigvee_x xRy .$$

Nach dieser Definition gehört y dem Gegenbereich einer Relation R dann und nur dann an, wenn es ein solches x gibt, so daß x in der Relation R zu y steht. Aus dieser Definition und aus der Äquivalenz (IX) ergibt sich die Äquivalenz:

$$y \in \text{ᗡ}(R) \equiv \bigvee_x \langle x, y \rangle \in R .$$

Gemäß dieser Äquivalenz ist der Gegenbereich einer Relation R die Menge der zweiten Elemente der geordneten Paare, die der Menge R angehören. Der Gegenbereich der Relation „Ehemann sein von" ist die Menge aller und nur der Personen, die einen Ehemann haben, d. h. die Menge aller Ehefrauen. Der Gegenbereich der Relation „Bruder sein von" ist die Menge aller und nur der Personen, die einen Bruder haben. Anstelle des Symbols „$\text{ᗡ}(R)$" verwendet man auch oft das Symbol „$\text{ᗡ}'R$". Anstelle des Terminus „Gegenbereich der Relation R" wird manchmal der Terminus „rechter Bereich der Relation R" und das Symbol „$D_r(R)$" verwendet.

Bei n-gliedrigen Relationen sprechen wir anstelle von Bereich und Gegenbereich vom ersten, zweiten, dritten, . . ., n-ten Bereich der Relation R. Wenn beispielsweise die Relation R eine dreigliedrige Relation ist, dann ist der erste Bereich der Relation R die Menge der ersten Elemente der geordneten Tripel, die der Menge R angehören, der zweite Bereich der Relation R ist die Menge der zweiten Elemente solcher Tripel, und der dritte Bereich dieser Relation ist die Menge der dritten Elemente solcher geordneten Tripel. Wenn wir beispielsweise feststellen, daß Jan Eva ein Geschenk macht, so stellen wir fest, daß eine bestimmte dreigliedrige Relation vorliegt. Es handelt sich nämlich um eine Relation, die zwischen einer Person x, einer Person y und einem Gegenstand z dann und nur dann besteht, wenn eine Person x einer Person y ein Geschenk z macht. Der erste Bereich dieser Relation ist die Menge der Personen, die jemandem irgendein Geschenk machen, der zweite Bereich dieser Relation ist die Menge der Personen, die von jemandem beschenkt werden, und der dritte Bereich dieser Relation ist die Menge der geschenkten Gegenstände.

Bei Anwendung dieser Terminologie auf zweigliedrige Relationen würden wir den Bereich einer zweigliedrigen Relation ihren ersten Bereich und den Gegenbereich einer solchen Relation als ihren zweiten Bereich bezeichnen.

Die Vereinigung des Bereiches und des Gegenbereiches einer Relation R wird das Feld der Relation R genannt und mit dem Symbol „$C(R)$" (campus = Feld) bezeichnet:

$$C(R) = D(R) \cup \mathcal{C}\!(R).$$

Das Feld einer Relation R ist also die Menge aller und nur der Gegenstände, zwischen denen diese Relation besteht.

Beispielsweise ist das Feld der Relation „Ehemann sein von" die Menge der und nur der Personen, die durch die Ehe verbunden sind; das Feld der Relation „Bruder sein von" ist eine Menge, der die und nur die Personen angehören, die jemandes Bruder sind oder die einen Bruder haben.

Anstelle des Symbole „$C(R)$" verwendet man auch oft das Symbol „$C'R$".

Aufgrund der Definition einer zweigliedrigen Relation als Klasse geordneter Paare, der Definition des Bereiches und des Gegenbereiches einer Relation sowie der Definition des kartesischen Produktes erhalten wir das folgende Theorem:

$$R \subset D(R) \times \mathcal{C}\!(R).$$

Diesem Theorem zufolge ist eine zweigliedrige Relation eine Untermenge des kartesischen Produktes des Bereiches dieser Relation und ihres Gegenbereiches. In umgekehrter Richtung braucht kein Enthaltensein vorzuliegen. Das ist nur dann der Fall, wenn die Relation R zwischen jedem Element des Bereiches von R und jedem Element des Gegenbereiches von R besteht.

Das analoge Theorem für n-gliedrige Relationen besagt, daß eine n-gliedrige Relation eine Untermenge des kartesischen Produktes der aufeinanderfolgenden Bereiche (des ersten, des zweiten, ..., des n-ten Bereiches) dieser Relation ist.

Wir geben nunmehr einige Theoreme an, in denen die oben definierten Termini des Relationenkalküls auftreten.

$$R \subset S \rightarrow D(R) \subset D(S)$$

Wenn eine Relation R in einer Relation S enthalten ist, dann ist der Bereich der Relation R im Bereich der Relation S enthalten.

Beweis:	**(1)**	$R \subset S$	**{An.}**
	(2)	$\bigwedge\limits_{x,y} (xRy \rightarrow xSy)$	**{XI, 1}**
	(3)	$\bigwedge\limits_{x} (\bigvee\limits_{y} xRy \rightarrow \bigvee\limits_{y} xSy)$	**{Reg. II d. Vert. d. Allquant. a. Impl.: 2}**
	(4)	$\bigwedge\limits_{x} (x \in D(R) \rightarrow x \in D(S))$	**{Df D, 3}**
		$D(R) \subset D(S)$	**{Df ⊂, 4}**

Da beispielsweise die Relation „Vater sein von" in der Relation „Elternteil sein von" enthalten ist folgern wir entsprechend des bewiesenen Theorems, daß der Bereich der ersten Relation, d. h. die Menge aller Väter, im Bereich der zweiten Relation, d. h. in der Menge aller Elternteile, enthalten ist und daß folglich, wenn x jemandes Vater ist, dann x jemandes Elternteil ist.

Analog beweisen wir das Theorem:

$$R \subset S \rightarrow G(R) \subset G(S) .$$

Wenn eine Relation R in einer Relation S enthalten ist, dann ist der Gegenbereich der Relation R im Gegenbereich der Relation S enthalten.

Aus diesen beiden Theoremen erhalten wir aufgrund des Gesetzes der Addition der Hinterglieder, des Gesetzes der seitenweisen Addition von Inklusionen und der Definition des Feldes einer Relation das Theorem:

$$R \subset S \rightarrow C(R) \subset C(S) .$$

Wenn eine Relation R in einer Relation S enthalten ist, dann ist das Feld der Relation R im Feld der Relation S enthalten.

Als Spezialfälle des Gesetzes: $R \subset S \rightarrow D(R) \subset D(S)$ erhalten wir die Theoreme:

$$R \cap S \subset R \rightarrow D(R \cap S) \subset D(R)$$
$$R \cap S \subset S \rightarrow D(R \cap S) \subset D(S) .$$

Aufgrund der Gesetze der Booleschen Algebra (für Relationen) sind die Vorderglieder dieser Theoreme selbst wiederum Theoreme. Anhand des Theorems der Booleschen Algebra, nach dem eine Menge, die in zwei Mengen enthalten ist, im Durchschnitt dieser Mengen enthalten ist, erhalten wir daraus das Theorem:

$$D(R \cap S) \subset D(R) \cap D(S) .$$

Der Bereich des Durchschnitts zweier Relationen ist also im Durchschnitt der Bereiche dieser Relationen enthalten.

Wenn beispielsweise x ein Verwandter und Schuldner einer bestimmten Person ist (d. h., wenn er dem Bereich des Durchschnitts der Relation „Verwandter sein von“ und der Relation „Schuldner sein von“ angehört), dann gilt, daß x ein Verwandter dieser bestimmten Person ist und daß x ein Schuldner dieser bestimmten Person ist.

Das umgekehrte Enthaltensein gilt nicht. Beispielsweise kann es zutreffen, daß x der Vater irgendeiner Person ist und daß x der Sohn irgendeiner Person ist (d. h., x gehört dem Durchschnitt der Bereiche der Relation „Vater sein von“ und der Relation „Sohn sein von“ an), es trifft aber nicht zu, daß x sowohl der Vater als auch der Sohn einer bestimmten Person ist (d. h. zum Bereich des Durchschnitts dieser Relationen gehört).

Auf ähnliche Weise beweisen wir, ausgehend von dem Gesetz: $R \subset S \rightarrow \mathfrak{a}(R) \subset \mathfrak{a}(S)$, das Theorem:

$$\mathfrak{a}(R \cap S) \subset \mathfrak{a}(R) \cap \mathfrak{a}(S).$$

Nach diesem Theorem ist der Gegenbereich des Durchschnitts zweier Relationen im Durchschnitt der Gegenbereiche dieser Relationen enthalten. Das umgekehrte Enthaltensein gilt nicht.

Analog beweisen wir das Gesetz:

$$C(R \cap S) \subset C(R) \cap C(S).$$

Das Feld des Durchschnitts zweier Relationen ist im Durchschnitt der Felder dieser Relationen enthalten.

Für die Vereinigung von Relationen gelten folgende Theoreme:

$$D(R \cup S) = D(R) \cup D(S)$$
$$\mathfrak{a}(R \cup S) = \mathfrak{a}(R) \cup \mathfrak{a}(S)$$
$$C(R \cup S) = C(R) \cup C(S).$$

Der Bereich der Vereinigung zweier Relationen ist gleich der Vereinigung der Bereiche dieser Relationen. Der Gegenbereich der Vereinigung zweier Relationen ist gleich der Vereinigung der Gegenbereiche dieser Relationen. Das Feld der Vereinigung zweier Relationen ist gleich der Vereinigung der Felder dieser Relationen.

Wir geben den Beweis für das erste dieser Gesetze an:

Aufgrund der Definition des Bereiches einer Relation, des Gesetzes (Xa) und des Gesetzes der Verteilung des Existenzquantifikators auf eine Alternative erhalten wir die Äquivalenzen:

$$x \in D(R \cup S) \equiv \bigvee_y xR \cup Sy \equiv \bigvee_y (xRy \vee xSy) \equiv \bigvee_y xRy \vee \bigvee_y xSy \equiv$$
$$\equiv x \in D(R) \vee x \in D(S) \equiv x \in D(R) \cup D(S).$$

Daraus folgt wegen der Transitivität der Äquivalenz das Theorem:

$$x \in D(R \cup S) \equiv x \in D(R) \cup D(S) .$$

Aus diesem Theorem erhalten wir mit Hilfe der Regel der Beseitigung des Allquantifikators und der Äquivalenz (II) das zu beweisende Gesetz. Analog kann das zweite Gesetz bewiesen werden. Das dritte Gesetz erhalten wir aus den zwei ersten Gesetzen aufgrund der Definition des Feldes einer Relation und der Gesetze der Kommutativität sowie der Assoziativität der Vereinigung von Mengen.

Dem ersten dieser Gesetze zufolge ist x beispielsweise Bruder oder Schwester irgendeiner Person (d. h. gehört x dem Bereich der Vereinigung der Relation „Bruder sein von" und der Relation „Schwester sein von" an) dann und nur dann, wenn x Bruder irgendeiner Person ist oder x die Schwester irgendeiner Person ist (d. h. der Vereinigung der Bereiche dieser Relationen angehört).

Eine Relation R, die in ihrem Bereich auf eine Menge A beschränkt ist, ist die Klasse der geordneten Paare der Menge R, deren erste Elemente der Menge A angehören. Zur Bezeichnung einer solchen Relation verwendet man das Symbol „$A \upharpoonleft R$" oder „$A \mid R$" und definiert es wie folgt:

$$xA \mid Ry \equiv x \in A \wedge xRy .$$

Ein Beispiel für eine solche Relation ist die Relation „Kind sein von", die in ihrem Bereich auf Personen männlichen Geschlechts beschränkt wird; diese Relation ist identisch mit der Relation „Sohn sein von", denn für jedes x und y gilt: x ist ein Sohn von $y \doteq x$ ist eine Person oder Schwester irgendeiner Person männlichen Geschlechts $\wedge$ x ist ein Kind von y.

Eine Relation R, die in ihrem Gegenbereich auf eine Menge B beschränkt wird, ist die Klasse der geordneten Paare der Menge R, deren zweite Elemente der Menge B angehören. Zur Bezeichnung einer solchen Relation verwendet man das Symbol „$R \upharpoonright B$" oder „$R \mid B$" und definiert es wie folgt:

$$xR \mid By \equiv xRy \wedge y \in B .$$

Ein Beispiel für eine solche Relation ist die Relation „Ehefrau eines Dichters sein", die zwischen x und y dann und nur dann besteht, wenn x die Ehefrau von y ist und y Dichter ist.

Eine Relation R, die in ihrem Feld auf eine Menge A beschränkt wird, ist eine Relation R, die sowohl in ihrem Bereich als auch in ihrem Gegenbereich auf eine Menge A beschränkt wird. Eine solche Relation ist die Klasse der geordneten Paare der Menge R, deren erste und zweite Elemente der Menge A angehören. Diese Relation kann mit Hilfe des Symbols „$A \mid R \mid A$" bezeichnet werden, und wir erhalten aufgrund der vorangegangenen Definitionen die Äquivalenz:

$$xA \mid R \mid Ay \equiv x \in A \wedge xRy \wedge y \in A\,.$$

Diese Äquivalenz ist ein Spezialfall der Äquivalenz:

$$xA \mid R \mid By \equiv x \in A \wedge xRy \wedge y \in B\,.$$

Die Relation $A|R|B$ ist eine Relation, die in ihrem Bereich auf eine Menge A und in ihrem Gegenbereich auf eine Menge B beschränkt wird, d. h., sie ist die Klasse der geordneten Paare der Menge R, deren erste Elemente einer Menge A und deren zweite Elemente einer Menge B angehören. Zur Bezeichnung einer Relation R, die in ihrem Feld auf eine Menge A beschränkt wird, verwendet man auch das Symbol „$R \trianglerighteq A$".

Ein Beispiel für eine Relation R, die in ihrem Feld auf eine Menge A beschränkt wird, ist die Freundschaftsbeziehung zwischen Männern, d. h. eine Beziehung, die zwischen x und y dann und nur dann besteht, wenn x ein Freund von y ist und wenn sowohl x als auch y ein Mann ist.

Die Relation „Elternteil sein von", die in ihrem Bereich auf Personen männlichen Geschlechts und in ihrem Gegenbereich auf Personen weiblichen Geschlechts beschränkt ist, ist identisch mit der Relation „Vater einer Tochter sein".

Aus den Definitionen der beschränkten Relationen und aus der Äquivalenz (XI) ergeben sich die Gesetze:

$$A|R \subset R$$
$$R|B \subset R$$
$$A|R|B \subset R\,.$$

Eine Relation R, die entweder im Bereich, oder im Gegenbereich oder in beiden auf bestimmte Mengen beschränkt wird, ist eine Untermenge der Relation R.

Auf gleiche Weise erhalten wir auch die Gesetze:

$$D(A|R) \subset A$$
$$\mathcal{C}(R|B) \subset B\,.$$

In den Anwendungen betrachten wir gewöhnlich Relationen R, die im Bereich auf eine Menge A beschränkt sind, die eine Untermenge des Bereiches der Relation R ist, und die analog im Gegenbereich auf eine Menge B beschränkt sind, die eine Untermenge des Gegenbereiches der Relation R ist. Für solche Fälle gelten die Gesetze:

$$A \subset D(R) \rightarrow D(A|R) = A$$
$$B \subset \mathcal{C}(R) \rightarrow \mathcal{C}(R|B) = B\,.$$

Die Durchführung der im allgemeinen leichten Beweise für diese wie auch für viele andere Gesetze des Relationenkalküls, die ohne Beweis angegeben wurden, überlassen wir dem Leser.

3.2. Konversion. Relatives Produkt. R-Bild einer Menge

Die **Konversion einer Relation** R oder die zur Relation R umgekehrte Relation bezeichnen wir mit Hilfe des Symbols „$\breve{R}$" und definieren wie folgt:

$$y\breve{R}x \equiv xRy .$$

Aufgrund der Äquivalenz (IX) erhalten wir daraus die Äquivalenz:

$$\langle y, x\rangle \in \breve{R} \equiv \langle x, y\rangle \in R .$$

Das geordnete Paar $\langle y, x\rangle$ gehört also zu $\breve{R}$ genau dann, wenn das geordnete Paar $\langle x, y\rangle$ zu R gehört. Wir können auch sagen, daß die Konversion einer Relation R eine Relation ist, die zwischen den gleichen Gegenständen besteht wie die Relation R, aber in umgekehrter Richtung. Anstelle des Symbols „$\breve{R}$" wird auch das Symbol „$Cnv'R$" oder das Symbol „R^{-1}" verwendet.

Beispiele: Die Konversion der Relation „Ehemann sein von" ist die Relation „Ehefrau sein von"; die Konversion der Relation „Elternteil sein von" ist die Relation „Kind sein von"; die Konversion der Relation „älter sein als" ist die Relation „jünger sein als". In einigen Fällen ist die Konversion einer Relation R mit der Relation R identisch. Beispielsweise ist die Konversion der Identitätsrelation die Identitätsrelation; die Konversion einer Verwandtschaftsbeziehung ist eine Verwandtschaftsbeziehung, denn für jedes x und y gilt: x ist verwandt mit $y \equiv y$ ist verwandt mit x.

Wir geben nunmehr einige Gesetze bezüglich der Konversion einer Relation an:

$$D(\breve{R}) = \mathit{Q}(R) .$$

Der Bereich der Konversion einer Relation R ist gleich dem Gegenbereich der Relation R. Beispielsweise ist die Menge aller Ehefrauen der Gegenbereich der Relation „Ehemann sein von" und zugleich der Bereich der Konversion dieser Relation, d. h. der Relation „Ehefrau sein von".

Beweis: Aufgrund der Definition der Konversion einer Relation sowie der Definition des Bereiches und des Gegenbereiches einer Relation erhalten wir die Äquivalenzen:

$$x \in D(\breve{R}) \equiv \bigvee_y x\breve{R}y \equiv \bigvee_y yRx \equiv x \in \mathcal{A}(R) ,$$

aus denen das zu beweisende Theorem hervorgeht.

$$\mathcal{A}(\breve{R}) = D(R) .$$

Der Gegenbereich der Konversion einer Relation R ist gleich dem Bereich der Relation R.

Aus diesen beiden Gesetzen erhalten wir aufgrund der Definition des Feldes einer Relation das Gesetz:

$$C(\breve{R}) = C(R)$$

Das zweite der hier angegebenen Gesetze bezüglich der Konversion kann aus dem ersten Gesetz unter Benutzung des Theorems:

$$\breve{\breve{R}} = R$$

abgeleitet werden.

Die Konversion der Konversion einer Relation R ist gleich der Relation R.

$$\overgroup{A|R} = \breve{R}|A$$
$$\overgroup{R|B} = B|\breve{R}$$
$$R \subset S \equiv \breve{R} \subset \breve{S}$$
$$\overgroup{R \cup S} = \breve{R} \cup \breve{S}$$
$$\overgroup{R \cap S} = \breve{R} \cap \breve{S}$$
$$\breve{\bar{R}} = \bar{\breve{R}}$$

Als Beispiel geben wir den Beweis für das letzte dieser Gesetze an: Aufgrund der Definition der Konversion einer Relation und des Komplementes einer Relation erhalten wir die Äquivalenzen: $x\breve{\bar{R}}y \equiv y\bar{R}x \equiv$ $\equiv \sim yRx \equiv \sim x\breve{R}y \equiv x\bar{\breve{R}}y$, aus denen das zu beweisende Theorem hervorgeht.

Das **relative Produkt** von Relationen R und S wird mit Hilfe des Symbols „$R|S$“ oder „$R;S$“ bezeichnet, und wie folgt definiert:

$$xR;Sy \equiv \bigvee_z (xRz \wedge zSy) .$$

Beispielsweise ist die Relation „Schwägerin sein von“ das relative Produkt der Relation „Ehefrau sein von“ und der Relation „Bruder sein von“, denn für jedes x und y gilt: x ist die Schwägerin von $y \equiv$ es gibt ein solches z, daß x die Ehefrau von z ist und z der Bruder von y ist.

Die Relation „Onkel sein von" ist das relative Produkt der Relationen „Bruder sein von" und „Elternteil sein von", denn der Onkel ist der Bruder eines Elternteils.

In einzelnen Fällen kann S gleich R sein. Wenn zum Beispiel R die Relation „Kind sein von" ist, dann ist das relative Produkt $R; R$ die Relation „Enkel oder Enkelin sein von", denn für jedes x und y gilt: x ist ein Enkel oder eine Enkelin von $y \equiv$ es gibt ein solches z, daß x ein Kind von z ist und z ein Kind von y ist.

Aus diesen Beispielen ist sofort zu ersehen, daß das relative Produkt von Relationen nicht kommutativ ist: Die Ehefrau des Bruders ist jemand anderes als der Bruder der Ehefrau; der Bruder der Mutter ist jemand anderes als die Mutter des Bruders. Dagegen gilt für das relative Produkt von Relationen das Gesetz der Assoziativität:

$$(R; S); T = R; (S; T)\,.$$

Beweis: Aufgrund der Definition des relativen Produktes, des Gesetzes der Verteilung des Existenzquantifikators auf eine Konjunktion, des Gesetzes der Vertauschung der Existenzquantifikatoren und des Assoziativgesetzes der Konjunktion erhalten wir die Äquivalenzen:

$$x(R; S); Ty \equiv \bigvee_z (xR; Sz \wedge zTy) \equiv \bigvee_z [\bigvee_u (xRu \wedge uSz) \wedge zTy] \equiv$$

$$\equiv \bigvee_z \bigvee_u [(xRu \wedge uSz) \wedge zTy] \equiv \bigvee_u \bigvee_z [xRu \wedge (uSz \wedge zTy)] \equiv$$

$$\equiv \bigvee_u [xRu \wedge \bigvee_z (uSz \wedge zTy)] \equiv \bigvee_u (xRu \wedge uS; Ty) \equiv xR; (S; T)y,$$

aus denen das zu beweisende Theorem hervorgeht.

Nach diesem Theorem ist der Onkel der Ehefrau gleich dem Bruder der Schwiegermutter des Ehemanns, denn der Onkel ist der Bruder der Mutter und die Schwiegermutter des Ehemanns ist die Mutter der Ehefrau.

Die Gesetze der Distributivität des relativen Produktes bezüglich der Vereinigung von Relationen:

$$(R \cup S); T = R; T \cup S; T$$
$$T; (R \cup S) = T; R \cup T; S\,.$$

Wir geben den Beweis für das erste dieser Gesetze an: Aufgrund der Definition des relativen Produktes und der Vereinigung von Relationen sowie aufgrund des Distributivgesetzes der Konjunktion bezüglich der Alternative und des Gesetzes der Verteilung des Existenzquantifikators auf eine Alternative erhalten wir die Äquivalenzen:

$$x(R\cup S);Ty \equiv \bigvee_z (xR\cup Sz \wedge zTy) \equiv \bigvee_z [(xRz \vee xSz) \wedge zTy] \equiv$$

$$\equiv \bigvee_z (xRz \wedge zTy \vee xSz \wedge zTy) \equiv \bigvee_z (xRz \wedge zTy) \vee \bigvee_z (xSz \wedge zTy) \equiv$$

$\equiv xR;Ty \vee xS;Ty \equiv xR;T\cup S;Ty$, aus denen das zu beweisende Theorem hervorgeht. Analog wird das zweite Gesetz bewiesen.

Nach dem ersten dieser Gesetze beispielsweise ist x der Lehrer oder Trainer eines Sohnes einer Person y genau dann, wenn x der Lehrer eines Sohnes der Person y ist oder x der Trainer eines Sohnes der Person y ist.

Nach dem zweiten Gesetz ist x der Freund eines Sohnes oder einer Tochter irgendeiner Person y genau dann, wenn x der Freund eines Sohnes der Person y ist oder x der Freund einer Tochter der Person y ist.

Die analogen Gesetze für das Produkt sind nur in Gestalt von Inklusionen gültig:

$$(R\cap S);T \subset R;T\cap S;T$$
$$T;(R\cap S) \subset T;R\cap T;S.$$

Zum Beispiel: Wenn x der Lehrer und Trainer eines Sohnes eines Person y ist, dann ist x der Lehrer eines Sohnes der Person y und x ist der Trainer eines Sohnes der Person y. Die umgekehrte Impliktiaon kann falsch sein: x kann der Lehrer eines Sohnes der Person y und der Trainer eines anderen Sohnes der Person y und nicht zugleich Lehrer und Trainer des gleichen Sohnes der Person y sein. Nach dem zweiten Gesetz gilt z. B.: Wenn x der Freund irgendeines Mitarbeiters und Verwandten einer Person y ist, dann ist x der Freund irgendeines Mitarbeiters der Person y und x ist der Freund irgendeines Verwandten der Person y. Die umgekehrte Implikation kann falsch sein: x kann der Freund einer bestimmten Person sein, die Mitarbeiter einer Person y ist, und x kann der Freund einer anderen Person sein, die ein Verwandter der Person y ist, und dabei kann x Freund keiner Person sein, die zugleich ein Mitarbeiter und Verwandter der Person y ist.

$$(P\cup Q);(R\cup S) = (P;R)\cup(P;S)\cup(Q;R)\cup(Q;S).$$

Das relative Produkt der Vereinigungen von Relationen ist gleich der Vereinigung der relativen Produkte dieser Relationen.

Beweis: Aufgrund des Gesetzes der Distributivität des relativen Produktes bezüglich der Vereinigung von Relationen erhalten wir die Gleichungen:

$(P\cup Q);(R\cup S) = (P;(R\cup S))\cup(Q;(R\cup S)) = (P;R)\cup(P;S)\cup(Q;R)\cup(Q;S)$, aus denen das zu beweisende Theorem hervorgeht.

Zum Beispiel: x ist der Bruder oder die Schwester des Vaters oder der Mutter von $y \equiv x$ ist der Bruder des Vaters von y oder x ist der Bruder der Mutter von y oder x ist die Schwester des Vaters von y oder x ist die Schwester der Mutter von y.

Für das Produkt ist das analoge Gesetz nur gültig in Gestalt von Inklusionen:

$$(P \cap Q); (R \cap S) \subset (P; R) \cap (P; S) \cap (Q; R) \cap (Q; S)$$

$$R \subset S \wedge Q \subset T \rightarrow R; Q \subset S; T.$$

Dadurch, daß die Relation „Sohn sein von" enthalten ist in der Relation „Nachkomme sein von" und die Relation „Bruder sein von" enthalten ist in der Relation „Verwandter sein von", folgern wir aufgrund dieses Gesetzes, daß für jedes x und y gilt: Wenn x Sohn eines Bruders einer Person y ist, dann ist x ein Nachkomme eines Verwandten der Person y.

Wenn wir in diesem Gesetz „T" für „Q" einsetzen und das Theorem: $T \subset T$ verwenden, so erhalten wir das Theorem:

$$R \subset S \rightarrow R; T \subset S; T.$$

Auf analoge Weise erhalten wir das Theorem:

$$R \subset S \rightarrow T; R \subset T; S.$$

Dadurch, daß der Sohn einer Person der Nachkomme dieser Person ist, kann aufgrund des ersten Theorems gefolgert werden, daß der Sohn des Bruders einer Person x der Nachkomme des Bruders der Person x ist.

Aufgrund des zweiten Theorems kann aus der gleichen Prämisse gefolgert werden, daß die Ehefrau des Sohnes einer Person x die Ehefrau des Nachkommen der Person x ist.

$$\overbrace{R; S} = \breve{S}; \breve{R}.$$

Die **Konversion des relativen Produktes** zweier Relationen ist gleich dem relativen Produkt der Konversion dieser Relationen in umgekehrter Reihenfolge. Beweis: Aufgrund der Definition der Konversion einer Relation und des relativen Produktes von Relationen sowie des Kommutativgesetzes der Konjunktion erhalten wir die Äquivalenzen:

$$x\overbrace{R; S}y \equiv yR; Sx \equiv \bigvee_z (yRz \wedge zSx) \equiv \bigvee_z (x\breve{S}z \wedge z\breve{R}y) \equiv x\breve{S}; \breve{R}y,$$

aus denen das zu beweisende Theorem hervorgeht.

Beispielsweise ist nach diesem Gesetz die Konversion des relativen Produktes der Relation „Lehrer sein von" und der Relation „Kind sein von“ das relative Produkt der Relation „Elternteil sein von“ und der Relation „Schüler sein von“, denn für jedes x und y gilt: x ist der Lehrer eines Kindes einer Person y genau dann, wenn y der Elternteil eines Schülers der Person x ist.

Für den Bereich und den Gegenbereich von Relationen des relativen Produktes gelten die folgenden Gesetze:

$$D(R;S) \subset D(R)$$
$$G(R;S) \subset G(S)$$
$$G(R) = D(S) \rightarrow D(R;S) = D(R) \wedge G(R;S) = G(S).$$

Die **relative Summe** von Relationen R und S wird mit Hilfe des Symbols „R^+, S“ bezeichnet und wie folgt definiert:

$$xR^+, Sy \equiv \bigwedge_z (xRz \vee zSy).$$

Aufgrund des Gesetzes der Ersetzung der Alternative durch Implikation und Negation erhalten wir aus dieser Definition die folgenden Äquivalenzen:

$$xR^+, Sy \equiv \bigwedge_z (\sim xRz \rightarrow zSy) \equiv \bigwedge_z (\rightarrow zSy \rightarrow xRz).$$

Beispielsweise ist die Relation „jemand vor einem Überfall schützen“ die relative Summe der Relation „jemand bekämpfen“ und der Relation „jemand nicht überfallen“, denn für jedes x und y gilt: x schützt y vor einem Überfall genau dann, wenn für jedes z, wenn z y überfällt, bekämpft x z.

Aufgrund der Definition des relativen Produktes, der relativen Summe, des Komplementes einer Relation, der Gesetze der Negation von Quantifikatoren sowie der Negation der Konjunktion und der Alternative erhalten wir die Gesetze:

$$\overline{R;S} = \overline{R}^+, \overline{S}$$
$$\overline{R^+, S} = \overline{R}; \overline{S}.$$

Das Komplement des relativen Produktes zweier Relationen ist gleich der relativen Summe der Komplemente dieser Relationen.

Das Komplement der relativen Summe zweier Relationen ist gleich dem relativen Produkt der Komplemente dieser Relationen.

Aus dem zweiten dieser Gesetze und aus dem Gesetz, nach dem das Komplement des Komplementes einer Relation gleich dieser Relation ist, erhalten wir das Theorem:

$$R^+, S = \overline{\overline{R}; \overline{S}},$$

das auch die Rolle einer Definition der relativen Summe von Relationen erfüllen kann.

Die Menge aller und nur der Gegenstände, die zu irgendeinem Element einer Menge A in einer Relation R stehen, wird R-Bild der Menge A genannt. Man bezeichnet sie mit dem Symbol „$R(A)$" oder „$R''A$" und definiert es wie folgt:

$$x \in R''A \equiv \bigvee_{y \in A} xRy.$$

Wenn beispielsweise die Menge A die Menge der Dichter und die Relation R die Relation „Ehefrau sein von" ist, dann ist die Menge $R''A$ die Menge der Ehefrauen der Dichter.

$$R''(A \cup B) = (R''A) \cup (R''B).$$

Das *R-Bild* der Vereinigung zweier Mengen ist gleich der Vereinigung der R-Bilder dieser Mengen.

Beweis: Aufgrund der Definition des R-Bildes einer Menge, der Definition der Vereinigung von Mengen, des Distributivgesetzes der Konjunktion bezüglich der Alternative und des Gesetzes der Verteilung des Existenzquantifikators auf eine Alternative erhalten wir die Äquivalenzen:

$$x \in R''(A \cup B) \equiv \bigvee_{y \in A \cup B} xRy \equiv \bigvee_y [(y \in A \vee y \in B) \wedge xRy] \equiv$$
$$\equiv \bigvee_y (y \in A \wedge xRy \vee y \in B \wedge xRy) \equiv \bigvee_y (y \in A \wedge xRy) \vee \bigvee_y (y \in B \wedge xRy) \equiv$$
$$\equiv x \in R''A \vee x \in R''B \equiv x \in (R''A) \cup (R''B).$$

Aus diesen Äquivalenzen ergibt sich das zu beweisende Theorem.

Nach diesem Theorem gilt beispielsweise: x ist die Ehefrau irgendeines Dichters oder Malers genau dann, wenn x die Ehefrau irgendeines Dichters oder wenn x die Ehefrau irgendeines Malers ist.

Auf ähnliche Weise kann das folgende Gesetz bewiesen werden:

$$(R \cup S)''A = (R''A) \cup (S''A).$$

Das Bild einer Menge A, das durch die Vereinigung zweier Relationen bestimmt ist, ist gleich der Vereinigung der Bilder dieser Menge, die durch diese Relationen bestimmt sind. Beispielsweise ist x der Bruder oder die Schwester irgendeines Musikers genau dann, wenn x der Bruder irgendeines Musikers oder x die Schwester irgendeines Musikers ist.

Aufgrund des ersten dieser Gesetze sowie des Gesetzes der Ersetzung des Enthaltenseins von Mengen durch die Vereinigung und Identität von Mengen kann das folgende Theorem bewiesen werden:

$$A \subset B \rightarrow R''A \subset R''B.$$

Das R-Bild einer Untermenge einer gegebenen Menge ist im R-Bild dieser Menge enthalten. Zum Beispiel: Da jede Tragödie ein Drama ist, ist folglich der Autor einer Tragödie der Autor eines Dramas.

Auf ähnliche Weise kann aufgrund des zweiten Gesetzes das Theorem bewiesen werden:

$$R \subset S \rightarrow R''A \subset S''A.$$

Wenn eine Relation R in einer Relation S enthalten ist, dann ist das R-Bild der Menge A im S-Bild der Menge A enthalten.

Zum Beispiel: Da die Relation „Sohn sein von" enthalten ist in der Relation „Nachkomme sein von", ist folglich jeder, der Sohn eines Musikers ist, auch der Nachkomme eines Musikers.

Ausgehend von dem Gesetz: $A \subset B \rightarrow R''A \subset R''B$ sowie der Gesetze der Booleschen Algebra für den Mengendurchschnitt kann das Gesetz bewiesen werden:

$$R''(A \cap B) \subset (R''A) \cap (R''B).$$

Das R-Bild des Durchschnitts zweier Mengen ist enthalten im Durchschitt der R-Bilder dieser Mengen.

Wenn beispielsweise x der Freund irgendeines Dichters und Malers ist, dann ist x der Freund irgendeines Dichters und x ist der Freund irgendeines Malers. Das umgekehrte Enthaltensein gilt nicht. Beispielsweise kann x der Freund irgendeines Dichters sein und x kann der Freund irgendeines Malers sein, und dabei kann x der Freund keiner Person sein, die zugleich Dichter und Maler ist.

Analog kann aufgrund des Gesetzes: $R \subset S \rightarrow R''A \subset S''A$ das folgende Gesetz bewiesen werden.

$$(R \cap S)''A = (R''A) \cap (S''A).$$

Wenn beispielsweise x der Lehrer und Trainer irgendeines Sportlers ist, dann ist x der Lehrer irgendeines Sportlers und x ist der Trainer irgendeines Sportlers. Das umgekehrte Enthaltensein gilt nicht. Beispielsweise kann x der Lehrer irgendeines Sportlers sein und x kann der Trainer irgendeines Sportlers sein, dennoch muß x nicht zugleich Lehrer und Trainer des gleichen Sportlers sein.

$$(R; S)''A = R''(S''A).$$

Beweis: Aufgrund der Definition des relativen Produktes von Relationen, der Definition des R-Bildes einer Menge, der Gesetze der Verteilung des Existenzquantifikators auf eine Konjunktion, der Vertauschung der Existenzquantifikatoren sowie der Kommutativ- und

Assoziativgesetze der Konjunktion erhalten wir die Äquivalenzen:

$$x \in (R;S)''A = \bigvee_{y \in A} xR;Sy \equiv \bigvee_{y}[y \in A \wedge \bigvee_{z}(xRz \wedge zSy)] \equiv$$
$$\equiv \bigvee_{y}\bigvee_{z}[y \in A \wedge (xRz \wedge zSy)] \equiv \bigvee_{z}\bigvee_{y}[(y \in A \wedge zSy) \wedge xRz] \equiv$$
$$\equiv \bigvee_{z}[\bigvee_{y}(y \in A \wedge zSy) \wedge xRz] \equiv \bigvee_{z}(z \in S''A \wedge xRz) \equiv x \in R''(S''A),$$

aus denen das zu beweisende Theorem hervorgeht. Nach diesem Theorem ist beispielsweise x die Schwiegertochter (= die Ehefrau des Sohnes) irgendeines Musikers genau dann, wenn x die Ehefrau eines Sohnes irgendeines Musikers ist.

Aufgrund der Definition des Bereiches einer Relation, des R-Bildes einer Menge, des Gesetzes: $\mathrm{G}(R) = D(\breve{R})$ sowie des Theorems: $xRy \equiv \equiv xRy \wedge y \in \mathrm{V}$ (das sich aus dem Theorem: $x \in \mathrm{V}$ ergibt) erhalten wir die Theoreme:

$$D(R) = R''\mathrm{V}$$
$$\mathrm{G}(R) = \breve{R}''\mathrm{V}.$$

Der Bereich einer Relation R ist gleich dem R-Bild der Allmenge. Der Gegenbereich einer Relation R ist gleich dem $\breve{R}$-Bild der Allmenge.

Unter Benutzung der leicht beweisbaren Theoreme:

$$xRy \equiv xRy \wedge y \in \mathrm{G}(R), \qquad xRy \equiv y\breve{R}x \wedge x \in D(R)$$

sowie der Definition des Bereiches, des Gegenbereiches und des Bildes einer Menge erhalten wir die Theoreme:

$$D(R) = R''\mathrm{G}(R)$$
$$\mathrm{G}(R) = \breve{R}''D(R).$$

Der Bereich einer Relation R ist gleich dem R-Bild des Gegenbereiches dieser Relation. Der Gegenbereich einer Relation ist gleich dem $\breve{R}$-Bild des Bereiches der Relation R.

Aufgrund der Definition des Bildes einer Menge, der Definition der Einermenge und des Gesetzes, das die Ersetzung einer singulären Aussage durch eine äquivalente Aussage gestattet, die mit dem Existenzquantifikator anfängt, erhalten wir die Äquivalenzen:

$$x \in R''\{y\} \equiv \bigvee_{z \in \{y\}} xRz \equiv \bigvee_{z = y} xRz \equiv xRy,$$

aus denen wir aufgrund der Regel der Einführung des Allquantifikators und der Äquivalenz (III) das folgende Theorem erhalten:

$$R''\{y\} = \{x\colon xRy\}.$$

Die Menge $R''\{y\}$ ist folglich die Menge der und nur der Gegenstände, die in der Relation R zu einem Gegenstand y stehen. Eine solche Menge heißt Menge der R-Vorgänger eines Gegenstandes y; sie wird oft mit Hilfe des Symbols „$\overrightarrow{R}'y$“ bezeichnet. Ist beispielsweise R die Relation „Sohn sein von“, dann ist die Menge $R''\{y\}$ die Menge der Söhne einer Person y; wenn R die Relation „Autor eines literarischen Werkes“ ist, dann ist die Menge $R''\{y\}$ die Menge der literarischen Werke einer Person y.

Aus dem zuletzt angegebenen Theorem sowie aus der Definition der Konversion einer Relation erhalten wir das Theorem:

$$\breve{R}''\{y\} = \{x : yRx\}.$$

Die Menge $\breve{R}''\{y\}$ ist folglich die Menge der und nur der Gegenstände, zu denen y in der Relation R steht. Eine solche Menge heißt Menge der R-Nachfolger eines Gegenstandes y; sie wird oft mit dem Symbol „$\overleftarrow{R}'y$“ bezeichnet. Wenn beispielsweise R die Relation „Vater sein von“ ist, dann ist die Menge $\breve{R}''\{y\}$ die Menge aller Kinder einer Person y.

Die Menge der R-Nachfolger eines Gegenstandes y ist folglich die Menge der $\breve{R}$-Vorgänger des Gegenstandes y.

$$R''\{y\} \subset D(R)$$
$$\breve{R}''\{y\} \subset \text{Ɑ}(R).$$

Die Menge der R-Vorgänger irgendeines Gegenstandes ist im Bereich der Relation R enthalten; die Menge der R-Nachfolger irgendeines Gegenstandes ist im Gegenbereich der Relation R enthalten.

Es muß auf eine Unterschiedlichkeit bei der Verwendung des Terminus „R-Bild einer Menge A“ aufmerksam gemacht werden. Die einen Autoren verwenden diesen Terminus zur Bezeichnung der Menge der Gegenstände, die zu irgendeinem Element einer Menge A in der Relation R stehen; andere bezeichnen damit die Menge der Gegenstände, zu denen irgendein Element einer Menge A in der Relation R steht. Diese Unterschiedlichkeit ist mit einer terminologischen Unterschiedlichkeit verbunden, die bei der Definition des Funktionsbegriffs auftritt. In diesem Buch verwenden wir das Symbol „$R''A$“ zur Bezeichnung des R-Bildes einer Menge A in der ersten Bedeutung dieses Terminus. Die Menge, um die es in der zweiten Bedeutung geht, würden wir mit Hilfe des Symbols „$\breve{R}''A$“ bezeichnen.

3.3. Eindeutige, umgekehrt eindeutige und umkehrbar eindeutige Relationen. Funktionen

Die Menge der **eindeutigen Relationen** bezeichnen wir mit Hilfe des Symbols „$1 \rightarrow Cls$" oder des Symbols „$1 - Cls$" und definieren wie folgt:

$$R \in 1 - Cls \equiv \bigwedge_{x,y,z} (xRz \wedge yRz \rightarrow x = y).$$

Eine Relation R ist genau dann eindeutig, wenn höchstens ein Gegenstand zu einem gegebenen Gegenstand in dieser Relation steht.

Aus dieser Definition erhalten wir aufgrund des Gesetzes der Ersetzung des Allquantifikators durch den Existenzquantifikator und die Negation sowie des Gesetzes der Negation der Implikation die folgende Äquivalenz:

$$R \in 1 - Cls \equiv \sim \bigvee_{x,y,z} (xRz \wedge yRz \wedge x \neq y).$$

Daraus erhalten wir wegen der Äquivalenz (IX) die Äquivalenz:

$$R \in 1 - Cls \equiv \sim \bigvee_{x,y,z} (\langle x, z \rangle \in R \wedge \langle y, z \rangle \in R \wedge x \neq y).$$

Eine Relation R ist folglich genau dann eindeutig, wenn ihr keine zwei geordneten Paare mit unterschiedlichen ersten Elementen und einem identischen zweiten Element angehören.

Da der leeren Relation keine geordneten Paare angehören – und damit auch keine zwei geordneten Paare mit der obengenannten Eigenschaft –, ist die leere Relation eine eindeutige Relation.

Aufgrund der Definition einer eindeutigen Relation, der Definition des Gegenbereiches einer Relation und der Definition des Einsquantifikators kann die folgende Äquivalenz bewiesen werden:

$$R \in 1 - Cls \equiv \bigwedge_{y \in \mathcal{C}\!\!\!\mathcal{I}(R)} \bigvee_{1 x} xRy.$$

Eine Relation R ist genau dann eindeutig, wenn zu jedem Element des Gegenbereiches der Relation R genau ein Gegenstand in der Relation R steht.

Beispielsweise ist die Relation „Vater sein von" eine eindeutige Relation, da jeder Mensch genau einen Vater hat; die Relation „Mutter sein von" ist eine eindeutige Relation, denn jeder Mensch hat genau eine Mutter; die Relation, die zwischen dem Quadrat einer bestimmten Zahl und dieser Zahl besteht, ist eine eindeutige Relation, denn für jede Zahl gibt es genau eine Zahl, die ihr Quadrat ist.

Die Menge der **umgekehrt eindeutigen Relationen** bezeichnen wir mit dem Symbol „$Cls \to 1$" oder mit dem Symbol „$Cls - 1$" und definieren wie folgt:

$$R \in Cls - 1 \equiv \bigwedge_{x,y,z} (xRy \wedge xRz \to y = z).$$

Eine Relation ist genau dann umgekehrt eindeutig, wenn ein beliebiger Gegenstand zu höchstens einem Gegenstand in dieser Relation steht.

Analog wie im Falle der eindeutigen Relationen kann man aus der Definition der umgekehrt eindeutigen Relationen die Äquivalenzen ableiten:

$$R \in Cls - 1 \equiv \sim \bigvee_{x,z,y} (xRy \wedge xRz \wedge y \neq z)$$

$$R \in Cls - 1 \equiv \sim \bigvee_{x,y,z} (\langle x, y\rangle \in R \wedge \langle x, z\rangle \in R \wedge y \neq z)$$

$$R \in Cls - 1 \equiv \bigwedge_{x \in D(R)} \bigvee_{1\,x} xRy.$$

Eine Relation R ist genau dann eine umgekehrt eindeutige Relation, wenn ihr keine zwei geordneten Paare mit dem gleichen ersten Element und unterschiedlichen zweiten Elementen angehören.

Eine Relation ist genau dann umgekehrt eindeutig, wenn jedes Element des Bereiches dieser Relation zu genau einem Gegenstand in dieser Relation steht.

Beispielsweise ist die Relation „Kind sein von", die im Gegenbereich auf die Menge der Frauen beschränkt ist, eine umgekehrt eindeutige Relation, denn jeder Mensch ist das Kind genau einer Frau; ebenso ist eine umgekehrt eindeutige Relation die Relation „Kind irgendeines Mannes sein", denn jeder Mensch ist das Kind genau eines Mannes.

Die Menge der **umkehrbar eindeutigen Relationen**, auch **eineindeutige** oder **vollkommene** Relationen genannt, bezeichnen wir mit dem Symbol „$1 \to 1$" oder „$1 - 1$" und definieren wie folgt:

$$R \in 1 - 1 \equiv R \in 1 - Cls \wedge R \in Cls - 1.$$

Eine Relation R ist genau dann umkehrbar eindeutig, wenn R eine eindeutige und umgekehrt eindeutige Relation ist.

Beispielsweise sind in einer monogamen Ehe die Relation „Ehemann sein von" sowie die Relation „Ehefrau sein von" umkehrbar eindeutige Relationen; die Relation „ist Nachfolger von" die zwischen der Zahl $n+1$ und der Zahl n besteht, ist eine umkehrbar eindeutige Relation; die Relation „Mutter eines einzigen Sohnes sein" ist ebenfalls eine umkehrbar eindeutige Relation.

Neben diesen nicht relativierten Begriffen: eindeutige Relation umgekehrt eindeutige Relation und umkehrbar eindeutige Relation, führt man manchmal auch die Begriffe eindeutige Relation, umgekehrt eindeutige Relation und umkehrbar eindeutige Relation in einer Menge A ein.

$$R \in 1 - Cls(A) \equiv \bigwedge_{y \in A} \bigvee_{x}{}_1 xRy$$

$$R \in Cls - 1(A) \equiv \bigwedge_{x \in A} \bigvee_{y}{}_1 xRy$$

$$R \in 1 - 1(A) \equiv R \in 1 - Cls(A) \wedge R \in Cls - 1(A).$$

Wir geben nunmehr einige Theoreme für eindeutige, umgekehrt eindeutige und umkehrbar eindeutige Relationen an.

$$R \in 1 - Cls \equiv \breve{R} \in Cls - 1.$$

Beweis: Aufgrund der Definition der eindeutigen und der umgekehrt eindeutigen Relation sowie der Definition der Konversion einer Relation erhalten wir die Äquivalenzen:

$$R \in 1 - Cls \equiv \bigwedge_{x,y,z} (xRz \wedge yRz \rightarrow x = y) \equiv$$

$$\equiv \bigwedge_{x,y,z} (z\breve{R}x \wedge x\breve{R}y \rightarrow x = y) = \breve{R} \in Cls - 1\,,$$

aus denen das zu beweisende Theorem hervorgeht.

Aus diesem Theorem erhalten wir aufgrund des Theorems $\breve{\breve{R}} = R$:

$$R \in Cls - 1 \equiv \breve{R} \in 1 - Cls.$$

Nach diesen Theoremen ist die Konversion einer eindeutigen Relation eine umgekehrt eindeutige Relation; die Konversion einer umgekehrt eindeutigen Relation ist eine eindeutige Relation.

Aufgrund der beiden bewiesenen Theoreme erhalten wir die Äquivalenzen:

$$R \in 1 - 1 \equiv R \in 1 - Cls \wedge R \in Cls - 1 \equiv$$

$$\equiv \breve{R} \in Cls - 1 \wedge \breve{R} \in 1 - Cls \equiv \breve{R} \in 1 - 1\,,$$

aus denen sich das Gesetz ergibt:

$$R \in 1 - 1 \equiv \breve{R} \in 1 - 1.$$

Die Konversion einer umkehrbar eindeutigen Relation ist eine umkehrbar eindeutige Relation.

$$R \in 1 - Cls \wedge S \subset R \rightarrow S \in 1 - Cls.$$

Eine Unterrelation einer eindeutigen Relation ist eine eindeutige Relation.

Beweis.	(1)	$R \in 1 - Cls$	{An.}
	(2)	$S \subset R$	
	(1.1)	$xSz \wedge ySz$	{z. An.}
	(1.2)	$xRz \wedge yRz$	{XI, 1.1, 2}
	(1.3)	$x = y$	{Df $1 - Cls$, 1, 1.2}
	(3)	$\bigwedge_{x,y,z} (xSz \wedge ySz \rightarrow x = y)$	{1.1 → 1.3, E $\wedge$}
		$S \in 1 - Cls$	

Analog beweisen wir das Theorem:

$$R \in Cls - 1 \wedge S \subset R \rightarrow S \in Cls - 1.$$

Eine Unterrelation einer umgekehrt eindeutigen Relation ist eine umgekehrt eindeutige Relation.

Aus diesen Theoremen ergibt sich das Theorem:

$$R \in 1 - 1 \wedge S \subset R \rightarrow S \in 1 - 1.$$

Eine Unterrelation einer umkehrbar eindeutigen Relation ist eine umkehrbar eindeutige Relation.

Aus diesen Theoremen und daraus, daß eine entweder im Bereich, im Gegenbereich oder im Feld auf eine Menge A beschränkte Relation R in der Relation R enthalten ist, folgt: Wenn eine Relation R eindeutig (umgekehrt eindeutig, umkehrbar eindeutig) ist, dann ist eine entweder im Bereich, im Gegenbereich oder im Feld auf eine Menge A beschränkte Relation R eine eindeutige (umgekehrt eindeutige, umkehrbar eindeutige) Relation.

$$R \in 1 - Cls \wedge S \in 1 - Cls \rightarrow R; S \in 1 - Cls.$$

Das relative Produkt zweier eindeutiger Relationen ist eine eindeutige Relation.

Beweis.	(1)	$R \in 1 - Cls$	{An.}
	(2)	$S \in 1 - Cls$	
	(1.1)	$xR; Sz \wedge yR; Sz$	{z. An.}
	(1.2)	$xRa \wedge aSz \wedge yRb \wedge bSz$	{Df $R; S$, B $\vee$}
	(1.3)	$a = b$	{Df $1 - Cls$, 2, 1.2}
	(1.4)	$x = y$	{Df $1 - Cls$, 1, 1.2, 1.3}
	(3)	$\bigwedge_{x,y,z} (xR; Sz \wedge yR; Sz \rightarrow x = y)$	{1.1, 1.4, E $\wedge$}
		$R; S \in 1 - Cls$	{Df $1 - Cls$, 3}

Analog kann das Gesetz bewiesen werden:

$$R \in Cls - 1 \wedge S \in Cls - 1 \rightarrow R; S \in Cls - 1.$$

Das relative Produkt zweier umgekehrt eindeutiger Relationen ist eine umgekehrt eindeutige Relation.

Aufgrund der Definition einer umkehrbar eindeutigen Relation folgt aus diesen beiden Theoremen:

$$R \in 1-1 \wedge S \in 1-1 \rightarrow R;S \in 1-1.$$

Das relative Produkt zweier umkehrbar eindeutiger Relationen ist eine umkehrbar eindeutige Relation.

Nach dem ersten dieser Theoreme[1] können wir beispielsweise daraus, daß die Relation „Vater sein von" und die Relation „Mutter sein von" eindeutige Beziehungen sind, folgern, daß die Relation „Vater der Mutter irgendeiner Person sein" eine eindeutige Relation ist. Das zweite dieser Theoreme liegt beispielsweise dem folgenden Schluß zugrunde:

Für jede Person x gibt es genau einen Ort S, so daß x zu einer bestimmten Zeit ständiger Bewohner des Ortes S ist.

Für jeden Ort S gibt es genau einen Staat, so daß der Ort S zu einer bestimmten Zeit auf dem Territorium des Staates L liegt.

Folglich gibt es für jede Person x genau einen Staat L, so daß die Person x zu einer bestimmten Zeit ein ständiger Bewohner eines Ortes ist, der zu dieser Zeit auf dem Territorium des Staates L liegt.

Nach dem dritten dieser Theoreme können wir beispielsweise daraus, daß die Relation, die zwischen einer Person und einem Stuhl in einem bestimmten Saal besteht, auf dem diese Person zu einem bestimmten Zeitpunkt sitzt, eine umkehrbar eindeutige Relation ist, und daraus, daß die Relation, die zwischen dem Stuhl aus dem gegebenen Saal und seiner Nummer besteht, umkehrbar eindeutig ist, schließen, daß die Relation, die zwischen der Person und der Nummer des Stuhles besteht, auf dem diese Person zu dem gegebenen Zeitpunkt sitzt, eine umkehrbar eindeutige Relation ist.

$$R \in 1-Cls \wedge S \in 1-Cls \wedge \mathit{Q}(R) \cap \mathit{Q}(S) = \emptyset \rightarrow R \cup S \in 1-Cls.$$

Die Vereinigung zweier eindeutiger Relationen mit disjunkten Gegenbereichen ist eine eindeutige Relation.

Beweis.			
(1)	$R \in 1-Cls$		
(2)	$S \in 1-Cls$		**{An.}**
(3)	$\mathit{Q}(R) \cap \mathit{Q}(S) = \emptyset$		
(1.1)	$xR \cup Sz \wedge yR \cup Sz$		**{z. An.}**

[1] **Anm. des Herausg.: D. h. nach dem Theorem: $R \in 1-Cls \wedge S \in 1-Cls \rightarrow R;S \in 1-Cls$.**

(1.2)	$(xRz \lor xSz) \land (yRz \lor ySz)$	{1.1, Xa}
(1.3)	$xRz \land yRz \lor xRz \land ySz \lor xSz \land$ $\land yRz \lor xSz \land ySz$	{Multiplik. von Alternativen, 1.2}
(1.4)	$\sim(xRz \land ySz) \land \sim(xSz \land yRz)$	{3, Dfᗡ}
(1.5)	$xRz \land yRz \lor xSz \land ySz$	{1.3, 1.4}
(1.6)	$xRz \land yRz \to x = y$	{Df $1 - Cls$, 1}
(1.7)	$xSz \land ySz \to x = y$	{Df $1 - Cls$, 2}
(1.8)	$x = y$	{Einf. konstr. Dilemma: 1.6, 1.7, 1.5}
(2)	$\bigwedge_{x,y,z} (xR \cup Sz \land yR \cup Sz \to$ $\to x = y)$	{1.1 → 1.8, E $\land$}
	$R \cup S \in 1 - Cls$	{Df $1 - Cls$, 4}

Wenn wir in dem bewiesenen Theorem „$\breve{R}$“ für „R“, „$\breve{S}$“ für „S“ einsetzen und die Gesetze: $\breve{R} \in 1 - Cls \equiv R \in Cls - 1$, $\text{ᗡ}(\breve{R}) = D(R)$, $\breve{R} \cup \breve{S} = \overset{\smile}{R \cup S}$ verwenden, dann können wir das folgende Gesetz beweisen:

$$R \in Cls - 1 \land S \in Cls - 1 \land D(R) \cap D(S) = \emptyset \to R \cup S \in Cls - 1.$$

Die Vereinigung zweier umgekehrt eindeutiger Relationen mit disjunkten Bereichen ist eine umgekehrt eindeutige Relation.

Wenn wir auf diese beiden Gesetze die Regel der Multiplikation von Implikationen anwenden, so erhalten wir aufgrund der Definition einer umkehrbar eindeutigen Relation das Theorem:

$$R \in 1 - 1 \land S \in 1 = 1 \land D(R) \cap D(S) = \emptyset \land \text{ᗡ}(R) \cap \text{ᗡ}(S) = \emptyset \to R \cup S \in 1 = 1.$$

Die Vereinigung zweier umkehrbar eindeutiger Relationen mit disjunkten Bereichen und disjunkten Gegenbereichen ist eine umkehrbare eindeutige Relation.

Wenn beispielsweise die Relation „in einem bestimmten Land Ehemann sein von“ umkehrbar eindeutig ist, und wenn die Relation „in diesem Land Ehefrau sein von“ eine umkehrbare eindeutige Relation ist, dann ist die Relation, die zwischen zwei Personen besteht, die in diesem Land durch eine Ehe miteinander verbunden sind, eine umkehrbar eindeutige Relation (da sie die Summe jener zwei Relationen ist), denn sowohl die Bereiche als auch die Gegenbereiche dieser Relationen sind disjunkt.

Wenn eine Relation R eindeutig ist, dann gibt es für jedes y, das dem Gegenbereich der Relation R angehört, genau ein x, das in der

Relation R zu y steht. In diesem Falle sprechen wir von dem einzigen x, das in der Relation R zu y steht. Auch dann, wenn eine Relation R nicht eindeutig ist, sprechen wir von dem einzigen Gegenstand, der in der Relation R zu einem bestimmten Gegenstand a steht, sofern es genau einen Gegenstand gibt, der in der Relation R zu einem Gegenstand a steht. Beispielsweise ist die Relation „Sohn sein von" nicht eindeutig; wenn jedoch eine Person N genau einen Sohn hat, so sprechen wir von dem einzigen Sohn der Person N. Den einzigen Gegenstand, der in der Relation R zu einem Gegenstand y steht, bezeichnen wir mit Hilfe des Symbols „$R'y$"; wir definieren es unter Verwendung des Deskriptionsoperators wie folgt:

$$R'y = \underset{x}{\iota} xRy\,.$$

Wenn wir „$R'y$" mit Hilfe des Deskriptionsoperators definieren, so legen wir für diesen Ausdruck die Einschränkungen zugrunde, die für Ausdrücke formuliert wurden, die mit Hilfe dieses Operators gebildet werden. Vor allem müssen wir, wenn wir in logischen Theoremen Ausdrücke dieser Art einsetzen, ihnen die Bedingung voranstellen, daß es genau einen Gegenstand gibt, der durch einen solchen Ausdruck bezeichnet wird. Folglich erhalten wir beispielsweise aus dem Theorem: $x = x$ auf diese Weise das Theorem:

(a) $$\underset{x}{\bigvee}{}_1 xRy \rightarrow R'y = R'y.$$

Aufgrund der Definition des Symbols „$R'y$" sowie des im Kap. IV, Abschnitt 4 angegebenen Theorems:

$$\underset{x}{\bigvee}{}_1 A(x) \rightarrow [y = \underset{x}{\iota} A(x) \equiv A(y)]$$

erhalten wir das Theorem:

$$\underset{x}{\bigvee}{}_1 xRy \rightarrow (x = R'y \equiv xRy).$$

Wenn wir in diesem Theorem „$R'y$" für die freie Variable „x" einsetzen und das Theorem (a) verwenden, so erhalten wir das Theorem:

$$\underset{x}{\bigvee}{}_1 xRy \rightarrow R'yRy.$$

Aufgrund der eingeführten Definition sowie der Definition der Konversion einer Relation erhalten wir die Identitäten:

$$\breve{R}'y = \underset{x}{\iota} x\breve{R}y = \underset{x}{\iota} yRx\,.$$

Gemäß dieser Identitäten ist $\breve{R}'y$ der einzige Gegenstand, zu dem der Gegenstand y in der Relation R steht.

Bei Anwendungen, in denen wir für die Variable „R" Konstanten einsetzen, verwenden wir Ausdrücke der Gestalt „$R'y$", wenn die Bedingung: $\bigvee_{1 x} xRy$ erfüllt ist, insbesondere wenn R eine eindeutige Relation ist und y dem Gegenbereich der Relation R angehört. Analog verwenden wir Ausdrücke der Gestalt „$\breve{R}'y$", wenn die Bedingung: $\bigvee_{1 x} yRx$ erfüllt ist, insbesondere wenn R eine umgekehrt eindeutige Relation ist und y dem Bereich der Relation R angehört.

In dem Relationenkalkül kann einer der grundlegenden mathematischen Begriffe, nämlich der Funktionsbegriff, definiert werden. Bei der Definition dieses Begriffes gibt es gewisse terminologische Unterschiedlichkeiten. Die einen Autoren definieren Funktionen als eindeutige Relationen. Dann ist der Gegenbereich einer solchen Relation die Menge der Argumente einer Funktion, und ihr Bereich ist die Menge der Werte der Funktion. $R'y$ ist dann der Wert der Funktion R für das Argument y. $R''A$ ist die Menge der Funktionswerte für die Argumente, die der Menge A angehören. Andere Autoren definieren Funktionen als umgekehrt eindeutige Relationen. In diesem Falle ist der Bereich einer solchen Relation die Menge der Argumente einer Funktion, und ihr Gegenbereich ist die Menge der Funktionswerte. $\breve{R}'x$ ist der Wert der Funktion R für das Argument x. $\breve{R}''A$ ist die Menge der Funktionswerte für die Argumente, die der Menge A angehören. Diese Menge wird dann als das Bild der Menge A bezeichnet, das durch die Funktion R bestimmt ist. Bei beiden Definitionen ist der Inhalt des Funktionsbegriffs der gleiche: Eine Funktion ist eine Klasse geordneter Paare, die aus Argumenten und Funktionswerten bestehen derart, daß dieser Klasse keine zwei geordneten Paare mit dem gleichen Argument und unterschiedlichen Funktionswerten angehören. Der Wert einer Funktion R für das Argument x wird auch mit dem Symbol „$R(x)$" bezeichnet.

Aus der Definition des Funktionsbegriffs ist zu ersehen, daß dieser Begriff ein Spezialfall des Begriffs der Relation ist, die als Klasse geordneter Paare aufgefaßt wird und auf Gegenstände beliebiger Art angewandt werden kann.

Der Begriff der Superposition von Funktionen ist ein Spezialfall des Begriffs des relativen Produktes von Relationen. Wenn Funktionen als eindeutige Relationen definiert werden, dann ist die Superposition der Funktionen R und S das relative Produkt $R; S$. Werden Funktionen als umgekehrt eindeutige Relationen definiert, dann ist die Superposition der Funktionen R und S das relative Produkt $S;R$.

Die Begriffe der eindeutigen Relation und der umgekehrt eindeutigen Relation können auf mehrgliedrige Relationen übertragen werden. Man kann nämlich den Begriff der eindeutigen Relation bezüglich ihres i-ten Argumentes definieren. Eindeutige zweigliedrige Relationen sind eindeutige Relationen bezüglich des ersten Argumentes; umgekehrt eindeutige Relationen sind eindeutige Relationen bezüglich des zweiten Argumentes. Beispielsweise ist eine dreigliedrige Relation genau dann eindeutig (bezüglich des ersten Argumentes), wenn:

$$\bigwedge_{x,y,z,u} [R(x,z,u) \wedge R(y,z,u) \rightarrow x=y] .$$

Eine solche Relation bezeichnen wir als **Operation** (von zwei Argumenten) oder als Funktion von zwei Variablen; mit: $\underset{x}{\iota} R(x,z,u)$ bezeichnen wir das Ergebnis der Operation R, die auf die Gegenstände z, u angewandt wird (oder als Wert der Funktion R für die Argumente z, u).

Eine Operation R ist **bestimmt** in einer Menge $A \equiv \bigwedge_{z,u \in A} \bigvee_{x}{}_1 R(x,z,u)$.

Eine Operation R ist **ausführbar** in einer Menge $A \equiv \bigwedge_{z,u \in A} \bigvee_{x \in A}{}_1 R(x,z,u)$.

Eine Operation ist folglich in einer gegebenen Menge bestimmt, wenn es für beliebige Elemente dieser Menge ein Ergebnis dieser Operation gibt. Eine Operation ist in einer Menge A ausführbar, wenn das Ergebnis dieser Operation, die auf beliebige Elemente der Menge A angewandt wird, der Menge A angehört. Analog können Operationen von drei Argumenten usw. definiert werden.

Es muß hervorgehoben werden, daß der Operationsbegriff, der ein Spezialfall des Begriffs der mehrgliedrige Relation ist, ebenso wie der Funktionsbegriff auf Gegenstände beliebiger Art angewandt werden kann.

Umkehrbar eindeutige Relationen werden auch **verschiedenwertige Funktionen** genannt. Eine Funktion ist genau dann verschiedenwertig, wenn verschiedenen Argumenten verschiedene Funktionswerte entsprechen. Daraus folgt, daß den gleichen Werten einer solchen Funktion die gleichen Argumente entsprechen. Da jedoch den gleichen Argumenten einer beliebigen Funktion die gleichen Funktionswerte von ihr entsprechen, bezeichnen folglich die Termini „verschiedenwertige Funktion" und „umkehrbar eindeutige Relation" die gleichen Relationen.

In der von B. Russell und A. N. Whitehead stammenden Symbolik sind die Symbole: $D'R$, $\mathit{C\!I}'R$, $C'R$, $Cnv'R$ usw. Spezialfälle des Symbols „$R'y$". Beispielsweise ist $D'R$ die einzige Menge, die in der Relation D (in der Relation „Bereich einer gegebenen Relation sein") zur Relation R steht; $Cnv'R$ ist die einzige Relation, die in der Relation Cnv zur Relation R steht, usw.

3.4. Reflexivität, Symmetrie, Transitivität und verwandte Eigenschaften

Die Menge der in einer Menge A reflexiven Relationen bezeichnen wir mit dem Symbol „$refl(A)$" und definieren wie folgt:

$$R \in refl(A) \equiv \bigwedge_{x \in A} xRx.$$

Eine Relation R ist genau dann in einer Menge A reflexiv, wenn jedes Element der Menge A in der Relation R zu sich selbst steht.

Beispielsweise sind die Relationen der Ähnlichkeit und der Kongruenz in der Menge der Dreiecke reflexiv, denn jedes Dreieck ist sich selbst ähnlich, und ebenso ist jedes Dreieck mit sich selbst kongruent; die Relation, die zwischen Menschen genau dann besteht, wenn sie das gleiche Alter haben, ist eine reflexive Relation in der Menge der Menschen, denn jeder Mensch ist gleichaltrig mit sich selbst.

Aus dieser Definition folgt, daß eine Relation R in einer Menge A genau dann nicht reflexiv ist, wenn es mindestens ein Element der Menge A gibt, das nicht zu sich selbst in der Relation R steht. Beispielsweise ist die Relation „x kritisiert y" in der Menge der Menschen nicht reflexiv, denn es gibt Menschen, die sich nicht selbst kritisieren.

Eine Relation R ist genau dann in einer Menge A irreflexiv, wenn kein Element der Menge A in der Relation R zu sich selbst steht. Die Menge dieser Relationen bezeichnen wir mit dem Symbol „$irr(A)$" oder „$arefl(A)$" und definieren wie folgt:

$$R \in irr(A) \equiv \bigwedge_{x \in A} \sim xRx.$$

Beispielsweise ist die Relation „Kind sein von" in der Menge der Menschen irreflexiv, denn kein Mensch ist ein Kind von sich selbst.

Neben diesen relativierten Begriffen der reflexiven, nichtreflexiven und irreflexiven Relation in einer Menge A verwendet man auch die entsprechenden nicht relativierten Begriffe einer reflexiven, nicht reflexiven und irreflexiven Relation. Die Definitionen dieser Begriffe erhalten wir aus den vorangegangenen Definitionen, indem wir annehmen, daß die Menge A das Feld der Relation R ist:

$$R \in refl \equiv \bigwedge_{x \in C(R)} xRx.$$

Eine Relation R ist genau dann reflexiv, wenn jedes Element des Feldes der Relation R zu sich selbst in der Relation R steht. Eine Relation R ist genau dann nicht reflexiv, wenn es Elemente des Feldes der Relation R gibt, die nicht zu sich selbst in der Relation R stehen.

$$R \in irr \equiv \bigwedge_{x \in C(R)} \sim xRx.$$

Eine Relation R ist genau dann irreflexiv, wenn kein Element des Feldes der Relation R zu sich selbst in der Relation R steht.

Eine reflexive Relation in der Allmenge nennt man eine total reflexive Relation; sie wird mit dem Symbol „*reflex*" bezeichnet. Aufgrund des Theorems: $x \in V$ ist der Ausdruck „ $\bigwedge_{x \in V} xRx$" äquivalent mit dem Ausdruck „$\bigwedge_{x} xRx$".
Folglich:

$$R \in reflex \equiv \bigwedge_{x} xRx.$$

Eine Relation R ist genau dann total reflexiv, wenn jeder Gegenstand in dieser Relation zu sich selbst steht.

Beispielsweise ist die Relation der Gleichzeitigkeit, deren Feld die Menge aller Ereignisse ist, eine reflexive Relation, denn jedes Ereignis erfolgt gleichzeitig mit sich selbst; die Identitätsrelation ist eine total reflexive Relation, denn jeder Gegenstand ist mit sich selbst identisch; die Relation, die zwischen zwei Ereignissen besteht, wenn eines von diesen zeitlich als das zweite erfolgt, ist eine irreflexive Relation, denn kein Ereignis geht sich selbst zeitlich voraus.

Die Menge der symmetrischen Relationen in einer Menge A bezeichnen wir mit dem Symbol „$sym(A)$" und definieren wie folgt:

$$R \in sym(A) \equiv \bigwedge_{x,y \in A} (xRy \rightarrow yRx).$$

Der Ausdruck „$x, y \in A$" ist eine Abkürzung für die Konjunktion „$x \in A \wedge y \in A$". Eine Relation R ist genau dann in einer Menge A symmetrisch, wenn sie, falls sie zwischen beliebigen Elementen der Menge A in einer Richtung besteht, zwischen ihnen auch in der umgekehrten Richtung besteht. Beispielsweise ist die Relation „verwandt sein mit" eine symmetrische Relation in der Menge der Menschen, denn für jedes x und y gilt: Wenn x verwandt ist mit y, dann ist y verwandt mit x.

Wenn wir wieder als Menge A das Feld der Relation R annehmen und die Äquivalenz: $x, y \in C(R) \wedge xRy \equiv xRy$ verwenden, erhalten wir die folgende Äquivalenz, die den nicht relativierten Begriff der symmetrischen Relation bestimmt:

$$R \in sym \equiv \bigwedge_{x,y} (xRy \rightarrow yRx).$$

Eine Relation ist genau dann **symmetrisch**, wenn sie, falls sie zwischen zwei Gegenständen in einer Richtung besteht, zwischen ihnen auch in umgekehrter Richtung besteht. Beispielsweise ist die Relation der Gleichzeitigkeit symmetrisch, denn für jedes x und y gilt: Wenn ein Ereignis x gleichzeitig mit einem Ereignis y erfolgt, dann erfolgt das Ereignis y gleichzeitig mit dem Ereignis x.

Eine Relation R ist genau dann **in einer Menge A nicht symmetrisch**, wenn es solche Elemente der Menge A gibt, zwischen denen die Relation R in einer Richtung, nicht aber in der umgekehrten Richtung besteht. Beispielsweise ist die Relation „Bruder sein von" nicht symmetrisch in der Menge der Menschen, denn es gibt solche Personen, so daß eine der Bruder einer zweiten ist, aber die zweite nicht der Bruder (sondern die Schwester) der ersteren ist.

Eine Relation R ist genau dann **nicht symmetrisch**, wenn es solche Elemente des Feldes dieser Relation gibt, zwischen denen die Relation R in einer Richtung, nicht aber in der umgekehrten Richtung besteht. Beispielsweise ist die Relation des Enthaltenseins von Mengen nicht symmetrisch, denn es gibt Mengen, von denen die erste in der zweiten enthalten ist, nicht aber die zweite in der ersteren.

Eine Relation R nennen wir genau dann **in einer Menge A asymmetrisch oder antisymmetrisch**, wenn diese Relation, falls sie zwischen zwei beliebigen Elementen der Menge A in einer Richtung besteht, zwischen ihnen nicht in der umgekehrten Richtung besteht. Die Menge der asymmetrischen Relationen in einer Menge A bezeichnen wir mit dem Symbol „$as(A)$", und definieren wie folgt:

$$R \in as(A) \equiv \bigwedge_{x,y \in A} (xRy \rightarrow \sim yRx).$$

Beispielsweise ist die Relation „Vater sein von" in der Menge der Menschen asymmetrisch, denn wenn eine Person der Vater einer zweiten ist, dann ist die zweite nicht Vater der ersten.

Wenn wir als Menge A das Feld der Relation R annehmen und die Äquivalenz: $x, y \in C(R) \wedge xRy \equiv xRy$ verwenden, so kommen wir zu folgender Definition einer asymmetrischen Relation:

$$R \in as \equiv \bigwedge_{x,y} (xRy \rightarrow \sim yRx).$$

Eine Relation ist genau dann asymmetrisch, wenn sie, falls sie zwischen zwei beliebigen Gegenständen in einer Richtung besteht, zwischen ihnen nicht in der umgekehrten Richtung besteht.

Beispielsweise ist die Relation „echte Untermenge irgendeiner Menge sein" eine asymmetrische Relation, denn: $\bigwedge_{A,B} (A \subsetneqq B \rightarrow \sim B \subsetneqq A)$.

Eine Relation nennen wir **schwach asymmetrisch** oder **halb antisymmetrisch** in einer Menge A genau dann, wenn diese Relation, falls sie zwischen zwei beliebigen **unterschiedlichen** Elementen der Menge A in einer Richtung besteht, zwischen ihnen nicht in der umgekehrten Richtung besteht. Die Menge dieser Relationen bezeichnen wir mit dem Symbol „$as^*(A)$", und definieren es wie folgt:

$$R \in as^*(A) \equiv \bigwedge_{x,y \in A} (xRy \wedge x \neq y \rightarrow \sim yRx).$$

Beispielsweise ist in einer beliebigen Menge von Zahlen die Relation $\leqq$ schwach asymmetrisch, denn für alle Zahlen x und y einer solchen Menge gilt: $x \leqq y \wedge x \neq y \rightarrow \sim y \leqq x$.

Eine Relation ist genau dann schwach asymmetrisch, wenn sie, falls sie zwischen zwei beliebigen **unterschiedlichen** Gegenständen in einer Richtung besteht, zwischen ihnen nicht in der umgekehrten Richtung besteht:

$$R \in as^* \equiv \bigwedge_{x,y} (xRy \wedge x \neq y \rightarrow \sim yRx).$$

Beispielsweise ist die Relation des Enthaltenseins von Mengen schwach asymmetrisch, denn:

$$\bigwedge_{A,B} (A \subset B \wedge A \neq B \rightarrow \sim B \subset A).$$

Die Menge der **transitiven Relationen** in einer Menge A bezeichnen wir mit dem Symbol „$trans\,(A)$" und definieren wie folgt:

$$R \in trans(A) \equiv \bigwedge_{x,y,z \in A} (xRy \wedge yRz \rightarrow xRz).$$

Wenn wir wieder zum Feld einer Relation R übergehen, so erhalten wir aus dieser Definition folgende, eine transitive Relation definierende Äquivalenz:

$$R \in trans \equiv \bigwedge_{x,y,z} (xRy \wedge yRz \rightarrow xRz).$$

Eine Relation ist folglich genau dann transitiv, wenn sie, falls sie zwischen einem Gegenstand und einem zweiten Gegenstand sowie zwischen diesem zweiten und einem dritten Gegenstand besteht, auch zwischen dem ersten und dem dritten Gegenstand besteht. Beispielsweise ist die Relation $>$ in einer beliebigen Menge von Zahlen transitiv, denn für die beliebigen Zahlen x, y, z gilt: $x>y \wedge y>z \rightarrow x>z$. Ebenso ist die Relation $\geqq$ in einer beliebigen Menge von Zahlen transitiv; Die Relation des Enthaltenseins von Mengen ist transitiv, denn:

$$\bigwedge_{A,B,C} (A \subset B \wedge B \subset C \rightarrow A \subset C).$$

die Identitätsrelation ist ebenfalls eine transitive Relation.

Aus diesen Definitionen folgt, daß eine Relation R genau dann **nicht transitiv** (in einer Menge A) ist, wenn es solche Gegenstände x, y, z (die Elemente der Menge A sind) gibt, daß: $xRy \wedge yRz \wedge \sim xRz$. Beispielsweise ist die Relation „Bruder sein von" in der Menge der Menschen eine nicht transitive Relation, denn es gibt solche Personen x, y, z, so daß x ein Bruder von y, y ein Bruder von z, aber x kein Bruder von z ist (da $x=z$).

Die Menge der **schwach transitiven oder aliotransitiven Relationen in einer Menge** A wird mit dem Symbol „$altrans(A)$" bezeichnet, und wie folgt definiert:

$$R \in altrans(A) \equiv \bigwedge_{x,y,z \in A} (xRy \wedge yRz \rightarrow x=z \vee xRz).$$

Wenn wir als Menge A das Feld der Relation R annehmen, so erhalten wir die folgende Definition einer **schwach transitiven oder aliotransitiven** Relation:

$$R \in altrans \equiv \bigwedge_{x,y,z} (xRy \wedge yRz \rightarrow x=z \vee xRz).$$

Aufgrund der Gesetze des Aussagenkalküls erhalten wir daraus die Äquivalenz:

$$R \in altrans \equiv \bigwedge_{x,y,z} (xRy \wedge yRz \wedge x \neq z \rightarrow xRz).$$

Eine Relation ist folglich genau dann aliotransitiv oder schwach transitiv, wenn sie, falls sie zwischen einem Gegenstand und einem zweiten Gegenstand sowie zwischen diesem zweiten und einem dritten Gegenstand besteht, auch zwischen dem ersten und dem dritten Gegenstand besteht, sofern der erste Gegenstand vom dritten Gegenstand verschieden ist. Beispielsweise ist die Relation „Bruder sein von" eine schwach transitive Relation in der Menge der Menschen, denn für jedes x, y, z gilt: Wenn eine Person x der Bruder einer Person y ist und die Person y der Bruder einer Person z ist, dann ist die Person x identisch mit der Person z oder sie ist der Bruder der Person z.

Relationen, welche die Eigenschaft haben, daß, wenn sie zwischen einem Gegenstand und einem weiteren Gegenstand und zwischen dem letzteren sowie einem dritten Gegenstand bestehen, nicht zwischen dem ersten Gegenstand und dem dritten Gegenstand bestehen, nennen wir gegentransitive oder intransitive Relationen. Man bezeichnet sie mit dem Symbol „*intr*" und definiert folgendermaßen:

$$R \in intr \equiv \bigwedge_{x,y,z} (xRy \wedge yRz \rightarrow \sim xRz)$$

$$R \in intr(A) \equiv \bigwedge_{x,y,z \in A} (xRy \wedge yRz \rightarrow \sim xRz).$$

Beispielsweise ist die Relation „Vater sein von" in der Menge der Menschen intransitiv, denn wenn x der Vater von y und y der Vater von z ist, dann ist x nicht der Vater von z.

Wir geben jetzt einige Theoreme an, die mit Hilfe der definierten Termini formuliert werden, wobei wir uns auf die nicht relativierten Begriffe beschränken.

$$R \in refl \wedge S \in refl \rightarrow R \cup S \in refl$$
$$R \in refl \wedge S \in refl \rightarrow R \cap S \in refl.$$

Die Vereinigung und der Durchschnitt zweier reflexiver Relationen sind wieder reflexive Relationen.

$$R \in refl \equiv \bar{R} \in irr.$$

Eine Relation ist dann und nur dann reflexiv, wenn ihr Komplement irreflexiv ist.

$$R \in sym \equiv R \subset \breve{R} \equiv R = \breve{R}.$$

Eine Relation R ist dann und nur dann symmetrisch, wenn die Konversion der Relation R mit der Relation R identisch ist.

$$R \in sym \wedge S \in sym \rightarrow R \cup S \in sym$$
$$R \in sym \wedge S \in sym \rightarrow R \cap S \in sym$$
$$R \in sym \equiv \bar{R} \in sym.$$

Wenn zwei Relationen symmetrisch sind, dann ist sowohl ihre Vereinigung wie ihr Durchschnitt eine symmetrische Relation. Das Komplement einer Relation R ist genau dann eine symmetrische Relation, wenn die Relation R symmetrisch ist.

$$R \in as \equiv R \subset \breve{\bar{R}}$$
$$R \in as \equiv \breve{R} \in as.$$

Das letztere Theorem besagt, daß eine Relation asymmetrisch genau dann ist, wenn ihr Konversion asymmetrisch ist.

$$R \in \mathit{trans} \wedge S \in \mathit{trans} \rightarrow R \cap S \in \mathit{trans}.$$

Das Produkt von zwei transitiven Relationen ist eine transitive Relation.

$$R \in \mathit{trans} \equiv R; R \subset R$$
$$R \in \mathit{trans} \equiv \breve{R} \in \mathit{trans}.$$

Die Konversion einer transitiven Relation ist eine transitive Relation.

$$R \in \mathit{intr} \equiv R; R \subset \bar{R}$$
$$R \in \mathit{intr} \equiv \breve{R} \in \mathit{intr}.$$

Eine Relation R ist intransitiv genau dann, wenn ihre Konversion intransitiv ist.

$$R \in \mathit{sym} \wedge R \in \mathit{trans} \rightarrow R \in \mathit{refl}.$$

Eine Relation R, die symmetrisch und transitiv ist, ist auch reflexiv. Es ist zu beachten, daß die analoge Aussage bei Verwendung von Begriffen, die auf eine Menge A relativiert sind, nicht wahr ist. Wahr ist nur die folgende Entsprechung des Theorems:

$$A \subset D(R) \rightarrow (R \in \mathit{sym}(A) \wedge R \in \mathit{trans}(A) \rightarrow R \in \mathit{refl}(A)).$$

Eine symmetrische und transitive Relation in einer Menge A ist reflexiv in der Menge A, wenn die Menge A im Bereich dieser Relation enthalten ist.

Wir werden das Symbol „I" zur Bezeichnung der Relation der Identität benutzen, also: $xIy \equiv x = y$.

Aus der Definition einer aliotransitiven Relation erhalten wir die Äquivalenzen:

$$R \in \mathit{altrans} \equiv R; R \subset R \cup I$$
$$R \in \mathit{altrans} \equiv (R; R) \cap \bar{I} \subset R.$$

Die erste dieser Äquivalenzen benutzen wir bei dem Beweis des Gesetzes:

$$R \in \mathit{altrans} \rightarrow R \cup I \in \mathit{trans}.$$

Die Vereinigung einer aliotransitiven Relation und der Identitätsrelation ist eine transitive Relation.

Beweis: Aus dem Theorem über das relative Produkt der Relationsvereinigungen und aus den leicht beweisbaren Theoremen: $(R; I) = (I; R) = R$ sowie $I; I = I$ erhalten wir die Identität (1): $(R \cup I)$;

$(R \cup I) = (R; R) \cup R \cup I$. Aus der Annahme, daß $R \in altrans$ ist, erhalten wir gemäß der ersten der oben genannten Äquivalenzen (2): $R; R \subset R \cup I$. Daraus folgt aufgrund der Gesetze der Booleschen Algebra (3): $(R; R) \cup R \cup I \subset R \cup I$.

Aus (1) und (3) ergibt sich (4): $(R \cup I);(R \cup I) \subset R \cup I$, das dem Hinterglied des zu beweisenden Gesetzes äquivalent ist.

Die Relation „Vetter sein von" ist eine aliotransitive Relation. Wenn nämlich x ein Vetter von y und y ein Vetter von z ist, dann ist x ein Vetter von z oder x ist mit z identisch. Aufgrund des bewiesenen Theorems folgt daraus, daß die Relation: x ist ein Vetter von y oder x ist mit y identisch, eine transitive Relation ist.

3.5. Äquivalenzrelationen. Abstraktionsprinzip. Definition durch Abstraktion

Relationen, welche reflexiv, symmetrisch und transitiv (in einer Menge A) sind, nennt man Äquivalenzrelationen (in der Menge A) und bezeichnet sie mit dem Symbol „*aeq*" („*aeq*(A)").

$$R \in aeq \equiv R \in refl \wedge R \in sym \wedge R \in trans$$

$$R \in aeq(A) \equiv R \in refl(A) \wedge R \in sym(A) \wedge R \in trans(A).$$

Beispiele solcher Relationen sind die Identitätsrelation, die Äquivalenz von Ausdrücken, die Kongruenz von Dreiecken, die Ähnlichkeit von Dreiecken, die Gleichfarbigkeit von Gegenständen, die Parallelität von Geraden (die so verstanden wird, daß Geraden dann und nur dann parallel sind, wenn sie identisch sind oder in derselben Ebene liegen und keinen Punkt gemeinsam haben) usw.

Gegenstände, zwischen denen eine der angegebenen Äquivalenzrelationen besteht, haben eine gewisse gemeinsame Eigenschaft, die zwar ihnen, aber nicht den Gegenständen zukommt, welche nicht zu ihnen in dieser Relation stehen. Z. B. haben alle und nur die Dreiecke, welche sich ähnlich sind, dieselbe Form. Die Form eines gegebenen Dreiecks ist also die gemeinsame Eigenschaft aller und nur der Dreiecke, die diesem Dreieck ähnlich sind. Alle und nur die Strecken, die zueinander kongruent sind, haben dieselbe Länge. Die Länge einer gegebenen Strecke ist also die gemeinsame Eigenschaft aller und nur der Strecken, die zu ihr kongruent sind. Parallele Geraden haben dieselbe Richtung. Die Richtung einer gegebenen Geraden ist die gemeinsame Eigenschaft aller und nur der Geraden, die zu ihr parallel sind.

Gemäß der Äquivalenz (I)[1], die wir Eliminationsgesetz des Abstraktionsoperators genannt haben, ist eine Aussage, die feststellt, daß ein gegebener Gegenstand eine bestimmte Eigenschaft besitzt, äquivalent der Aussage, die feststellt, daß der gegebene Gegenstand Element der Klasse der Gegenstände ist, welche diese Eigenschaft besitzen. Also ist z. B. die Aussage, die feststellt, daß ein gegebenes Dreieck eine bestimmte Form besitzt, der Aussage äquivalent, die feststellt, daß dieses Dreieck zu der Klasse von Dreiecken gehört, zu der alle und nur die Dreiecke gehören, die ihm ähnlich sind. Wir können demnach die Form eines gegebenen Dreiecks die Klasse aller und nur der Dreiecke nennen, die ihm ähnlich sind. Die Richtung einer Geraden ist die Klasse aller und nur der Geraden, die zu ihr parallel sind. Die Länge einer Strecke ist die Klasse aller und nur der Strecken, die zu ihr kongruent sind.

Aus den angegebenen Beispielen ergibt sich, daß man mit Hilfe des Begriffs der Ähnlichkeit von Dreiecken den Begriff der Form eines Dreiecks, mit Hilfe des Begriffs der Kongruenz von Strecken den Begriff der Länge einer Strecke und mit Hilfe des Begriffs der Parallelität von Geraden den Begriff der Richtung einer Geraden definieren kann. Eine Definition dieser Art nennt man eine **Definition durch Abstraktion.**

Wir führen nun einige Bezeichnungen ein und beweisen Theoreme, die mit der Formulierung einer Definition durch Abstraktion verbunden sind.

Die Definition:

$$y \in [x]_{R,A} \equiv y, x \in A \wedge yRx$$

besagt, daß y Element in einer mit „$[x]_{R,A}$" bezeichneten Menge genau dann ist, wenn y Element der Menge A ist und in der Relation R zu dem Element x aus A steht.

Gemäß der Definition

$$B \in Abs(R, A) \equiv \bigvee_{x \in A} B = [x]_{R,A}$$

ist eine Menge B dann und nur dann ein Element aus der Familie der **Abstraktionsklassen einer Relation** R **in einer Menge** A, wenn B die Menge aller und nur der Elemente der Menge A ist, welche in der Relation R zu einem bestimmten Element x der Menge A stehen.

[1] [D. h. der Äquivalenz: $y \in \{x: W(x)\} \equiv W(y)$; vgl. S. 201 dieses Kapitels.]

Die in diesen Definitionen eingeführten Termini sind für beliebige Relationen R bestimmt. Wir werden sie aber nur in dem Falle benutzen, wenn R eine Äquivalenzrelation ist.

Wir beweisen eines der grundlegenden Theoreme bezüglich der Abstraktionsklassen, nämlich jenes Theorem, das besagt, daß die Familie der Abstraktionsklassen einer Äquivalenzrelation in einer Menge A eine Zerlegung der Menge A ist.

Bei der Beweisführung benutzen wir einige Hilfstheoreme, die wir zunächst formulieren und beweisen.

L1. $R \in refl(A) \rightarrow \bigwedge_{x \in A} x \in [x]_{R,A}$.

Beweis.
(1) $R \in refl(A)$ {An.}
(2) $x \in A$ {An.}
(3) xRx {1, 2; Def. $refl(A)$}
$x \in [x]_{R,A}$ {2, 3; Def. $[x]_{R,A}$}

Die Menge $[x]_{R,A}$ können wir die Abstraktionsklasse der Relation R in einer Menge A nennen, die durch das Element x gekennzeichnet ist. L1 stellt fest, daß die Abstraktionsklasse einer Relation R in einer Menge A, die durch das gegebene Element x gekennzeichnet ist, x als Element enthält, wenn R eine reflexive Relation in der Menge A ist.

L2. $R \in refl(A) \rightarrow \bigwedge_{x,y \in A} ([x]_{R,A} = [y]_{R,A} \rightarrow xRy)$.

Beweis.
(1) $R \in refl(A)$ {An.}
(2) $x, y \in A$ {An.}
(3) $[x]_{R,A} = [y]_{R,A}$ {An.}
(4) $x \in [x]_{R,A}$ {L1, 1, 2}
(5) $x \in [y]_{R,A}$ {3, 4}
xRy {5, Df $[y]_{R,A}$}

L3. $R \in trans(A) \rightarrow \bigwedge_{x,y \in A} (xRy \rightarrow [x]_{R,A} \subset [y]_{R,A})$.

Beweis.
(1) $R \in trans(A)$ {An.}
(2) $x, y \in A$ {An.}
(3) xRy {An.}
(1.1) $z \in [x]_{R,A}$ {z. An.}
(1.2) $z \in A \wedge zRx$ {1.1, Df $[x]_{R,A}$}
(1.3) zRy {Df $trans(A)$, 1, 2, 3, 1.2}
(1.4) $z \in [y]_{R,A}$ {Df $[y]_{R,A}$, 2, 1.2, 1.3}
$[x]_{R,A} \subset [y]_{R,A}$ {1.1 → 1.4, E $\wedge$, Df $\subset$}

L4. $R \in sym(A) \wedge R \in trans(A) \rightarrow \bigwedge_{x,y \in A} (xRy \rightarrow [x]_{R,A} = [y]_{R,A})$.

Beweis.	(1)	$R \in sym(A)$	{An.}
	(2)	$R \in trans(A)$	
	(3)	$x, y \in A$	
	(4)	xRy	
	(5)	$[x]_{R,A} \subset [y]_{R,A}$	{L3, 2, 3, 4}
	(6)	yRx	{Df $sym(A)$, 3, 4}
	(7)	$[y]_{R,A} \subset [x]_{R,A}$	{L3, 2, 3, 6}
		$[x]_{R,A} = [y]_{R,A}$	{5, 7}

Wenn wir auf L2 und L4 die Regel der Multiplikation der Implikationen anwenden und die Definition einer Äquivalenzrelation in einer Menge A benutzen sowie das Gesetz der Verteilung des Allquantifikators auf eine Konjunktion und das Gesetz der Ersetzung der Äquivalenz durch die Konjunktion zweier Implikationen, erhalten wir:

L5. $R \in aeq(A) \rightarrow \bigwedge_{x,y \in A} ([x]_{R,A} = [y]_{R,A} \equiv xRy)$.

L5 stellt fest, daß die Abstraktionsklassen einer Äquivalenzrelation R in einer Menge A, die durch die Elemente x und y der Menge A gekennzeichnet sind, genau dann identisch sind, wenn x in der Relation R zu y steht.

L6. $R \in aeq(A) \rightarrow (B \in Abs(R, A) \rightarrow B \neq \emptyset)$.

Die Elemente der Familie der Abstraktionsklassen einer Äquivalenzrelation R in einer Menge A sind nicht-leere Mengen.

Beweis.	(1)	$R \in aeq(A)$	{An.}
	(2)	$B \in Abs(R, A)$	
	(3)	$B = [a]_{R,A} \wedge a \in A$	{Df $Abs(R, A)$, B $\vee$}
	(4)	$a \in [a]_{R,A}$	{Df $aeq(A)$, L1, 1, 3}
		$B \neq \emptyset$	{3, 4}

L7. $R \in aeq(A) \rightarrow (B, C \in Abs(R, A) \wedge B \neq C \rightarrow B \cap C = \emptyset)$.

Zwei beliebige, aber verschiedene Elemente der Familie der Abstraktionsklassen einer Äquivalenzrelation R in einer Menge A sind disjunkt.

Beweis.	(1)	$R \in aeq(A)$	{An.}
	(2)	$B, C \in Abs(R, A)$	
	(3)	$B \neq C$	
	(4)	$B \cap C \neq \emptyset$	{A. d. i. B.}

(5)	$B=[a]_{R,A} \wedge a\in A$	{Df $Abs(R, A)$, 2, B$\vee$}
(6)	$C=[b]_{R,A} \wedge b\in A$	
(7)	$c\in[a]_{R,A} \wedge c\in[b]_{R,A}$	{4, 5, 6, B$\vee$}
(8)	$c\in A \wedge cRa \wedge cRb$	{Df $[x]_{R,A}$, 7}
(9)	aRb	{Df $aeq(A)$, 1, 5, 6, 8}
(10)	$[a]_{R,A}=[b]_{R,A}$	{L5, 1, 5, 6, 9}
	Wid.	{3, 5, 6, 10}

L8. $R\in aeq(A) \rightarrow \bigcup_{B\in Abs(R,A)} B=A.$

Die Vereinigung der Elemente der Familie der Abstraktionsklassen einer Äquivalenzrelation R in einer Menge A ist gleich der Menge A.

Beweis. (1)	$R\in aeq(A)$	{An.}
(1.1)	$x\in \bigcup_{B\in Abs(R,A)} B$	{z. An.}
(1.2)	$x\in B_1 \wedge B_1\in Abs(R, A)$	{Df. $\cup$, B$\vee$}
(1.3)	$a\in A \wedge x\in[a]_{R,A}$	{Df. $Abs(R, A)$, B$\vee$, 1.2}
(1.4)	$x\in A$	{Df. $[a]_{R,A}$, 1.3}
(2.1)	$x\in A$	{z. An.}
(2.2)	$x\in[x]_{R,A}$	{Df. $aeq(A)$, L1, 1, 2.1}
(2.3)	$\bigvee_{B\in Abs(R,A)} x\in B$	{Df. $Abs(R, A)$, 2.2}
(2.4)	$x\in \bigcup_{B\in Abs(R,A)} B$	{Df. $\cup$, 2.3}
(2)	$\bigwedge_x (x\in \bigcup_{B\in Abs(R,A)} B \equiv x\in A)$	{1.1 $\rightarrow$ 1.4; 2.1 $\rightarrow$ 2.4; EÄ, E$\wedge$}
	$\bigcup_{B\in Abs(R,A)} B=A$	{II, 2}

Aus L6, L7 und L8 erhalten wir aufgrund der Definition der Zerlegung einer Menge das Theorem:

$$R\in aeq(A) \rightarrow Abs(R, A)\in part(A).$$

Die Familie der Abstraktionsklassen einer Äquivalenzrelation R in einer Menge A ist eine Zerlegung der Menge A, also eine Familie nicht-leerer und disjunkter Mengen, deren Vereinigung gleich der Menge A ist.

Man kann auch das folgende Theorem beweisen:

$$K\in part(A) \wedge \bigwedge_{x,y\in A} (xRy \equiv \bigvee_{B\in K} x, y\in B) \rightarrow R\in aeq(A).$$

Eine Relation, die zwischen zwei Elementen einer Menge A genau dann besteht, wenn diese Elemente derselben Klasse einer Zerlegung der Menge A angehören, ist eine Äquivalenzrelation in der Menge A. Jede

Zerlegung einer Menge A kennzeichnet also eine bestimmte Äquivalenzrelation in der Menge A, die genau zwischen den zu derselben Menge dieser Zerlegung gehörenden Elementen besteht.

Aus der Definition der Menge $Abs(R, A)$ und aus L5 folgt das Theorem:

$$R \in aeq(A) \rightarrow \bigwedge_{x,y \in A} (xRy \equiv \bigvee_{B \in Abs(R,A)} x, y \in B).$$

Eine Äquivalenzrelation R besteht dann und nur dann zwischen den Elementen x und y einer Menge A, wenn x und y jeweils Elemente derselben Abstraktionsklasse der Relation R in der Menge A sind.

Die letzten drei Theoreme faßt man manchmal unter dem Begriff „Abstraktionsprinzip" zusammen. Dieser Begriff ist aber nicht eindeutig. Besonders in der englischen Literatur zur Logik wird mit „Abstraktionsprinzip" auch das Definitionsaxiom für Mengen bezeichnet. Davon wird im achten Kapitel dieses Buches die Rede sein.

Wenn wir den nicht relativierten Begriff der Äquivalenzrelation gebrauchen, d. h., wenn wir für die Menge A das Feld der Relation R annehmen, erhalten wir die folgenden Definitionen:

$$y \in [x]_R \equiv yRx$$

(da: $y, x \in C(R) \wedge yRx \equiv yRx$)

$$B \in Abs(R) \equiv \bigvee_{x \in C(R)} B = [x]_R.$$

Die Menge $[x]_R$ ist mit der Menge $R''\{x\}$ identisch, also mit der Menge der und nur der Gegenstände, die in der Relation R zu x stehen. Diese Menge ist die Abstraktionsklasse der Relation R, die durch das Element x gekennzeichnet ist. Wenn wir „$C(R)$" für die Variable „A" einsetzen, erhalten wir zu den oben bewiesenen Theoremen analoge Theoreme, die mit Hilfe der nicht relativierten Begriffe einer reflexiven, symmetrischen und transitiven (Äquivalenz-)Relation formuliert sind.

Insbesondere erhalten wir auf diese Weise die Theoreme:

$$R \in aeq \rightarrow Abs(R) \in part(C(R)).$$

Die Familie der Abstraktionsklassen einer Äquivalenzrelation ist eine Zerlegung des Feldes dieser Relation.

$$R \in aeq \rightarrow \bigwedge_{x,y \in C(R)} (xRy \equiv \bigvee_{B \in Abs(R)} x, y \in B).$$

Eine Äquivalenzrelation besteht genau dann zwischen den Elementen ihres Feldes, wenn diese jeweils derselben Abstraktionsklasse dieser Relation angehören.

Definitionen durch Abstraktion sind Definitionen von Begriffen als Abstraktionsklassen einer Äquivalenzrelation (in einer Menge A).

Auf diese Weise definieren wir z. B. die Formen geometrischer Figuren als Abstraktionsklassen der Ähnlichkeitsrelation in der Menge der geometrischen Figuren. Die Form einer gegebenen geometrischen Figur ist die Abstraktionsklasse der Ähnlichkeitsrelation, zu welcher diese Figur gehört, also die Menge genau der Gegenstände, die dieser Figur ähnlich sind. Die Eigenschaft, welche die Elemente dieser und nur dieser Menge charakterisiert, ist die gemeinsame Eigenschaft der Gegenstände, welche der gegebenen Figur ähnlich sind. Die Längen von Strecken bestimmen wir als Abstraktionsklassen der Kongruenzrelation von Strecken. Die Richtungen von Geraden bestimmen wir als Abstraktionsklassen der Parallelität von Geraden. Die Zeitmomente (in einem gegebenen Bezugssystem) kann man als Abstraktionsklassen der Gleichzeitigkeit von Ereignissen (im gegebenen Bezugssystem) bestimmen. Die Blutgruppen der Menschen kann man definieren als Abstraktionsklassen einer Äquivalenzrelation, nämlich der Relation, welche genau dann zwischen Menschen x und y besteht, wenn das Serum von x die Blutkörperchen von y nicht aglutiniert und das Serum von y die Blutkörperchen von x nicht aglutiniert.[1] Wenn in einer Sprache in welcher mehrdeutige Ausdrücke nicht vorkommen, in einem beliebigen sinnvollen Ausdruck für einen Ausdruck ein anderer eingesetzt wird, dann ist die zwischen dem ersetzten und dem eingesetzten Ausdruck bestehende Relation eine Äquivalenzrelation genau dann, wenn bei der Ersetzung aus dem sinnvollen Ausdruck wieder ein solcher entsteht. Die Abstraktionsklassen dieser Äquivalenzrelation sind die syntaktischen Kategorien der Ausdrücke der gegebenen Sprache. Die syntaktische Kategorie eines gegebenen Ausdrucks dieser Sprache ist die Abstraktionsklasse der Relation, die durch diesen Ausdruck bestimmt ist, also die Menge aller und nur der Ausdrücke dieser Sprache, die, wenn sie statt dieses Ausdrucks in einen beliebigen sinnvollen Ausdruck eingesetzt werden, wieder einen sinnvollen Ausdruck dieser Sprache ergeben.

Das Abstraktionsprinzip und das Verfahren der Definition durch Abstraktion kann man auch auf solche Relationen erweitern, die symmetrisch und aliotransitiv (in einer gegebenen Menge), jedoch keine Äquivalenzrelationen (in dieser Menge) sind. Eine solche Erweiterung können wir auf zweifache Weise vornehmen. Die erste besteht darin, daß wir statt einer symmetrischen und aliotransitiven Relation R die

[1] Vgl. dazu M. Kokoszyńska, T. Kubiński, J. Słupecki, *The Application of Logistic Concepts to the Explication of Some Concepts in Natural Sciences*, Studia Logica, 4, 1956, S. 155–205.

Relation $R \cup I$ in Betracht ziehen, die – gemäß eines von uns bewiesenen Theorems – eine Äquivalenzrelation ist.

Z. B. ist die Relation „x ist Bruder von y oder x ist Schwester von y" eine symmetrische und aliotransitive Relation. Die Vereinigung dieser Relation und der Identitätsrelation ist eine Äquivalenzrelation. Die Geschwister der Person x können wir als die Abstraktionsklasse der Relationsvereinigung, welche durch die Person x gekennzeichnet ist, bestimmen. Die Geschwister der Person x bilden also die Menge der und nur der Personen, die Schwester oder Brüder der Person x bzw. mit der Person x identisch sind. In bezug auf die Relation, die zwischen zwei physikalischen Körpern besteht, die auf einer zuverlässigen Waage das gleiche Gewicht haben, kann experimentell festgestellt werden, daß sie eine symmetrische und aliotransitive Relation ist. Jedoch kann man experimentell nicht feststellen, ob diese Relation reflexiv ist, da man unmöglich zur gleichen Zeit denselben Körper auf zwei verschiedene Waagschalen legen kann. Zur Bestimmung des Gewichts eines Körpers ziehen wir die Vereinigung von zwei Relationen in Betracht: die des Gleichgewichts von Körpern auf einer zuverlässigen Waage und der Identitätsrelation; diese Vereinigung ist eine Äquivalenzrelation in der Menge der physikalischen Körper. Das Gewicht eines gegebenen Körpers können wir als die durch diesen Körper gekennzeichnete Abstraktionsklasse der Relationsvereinigung bestimmen, also als die Menge der Körper, die (bezüglich einer zuverlässigen Waage) das gleiche Gewicht wie er besitzen oder mit ihm identisch sind.

Die andere mögliche Art der Erweiterung beruht darauf, daß folgende Definition angenommen wird:

$$y \in [x]_{R,A} \equiv y, x \in A \wedge (yRx \vee y = x).$$

Bei einer solchen Definition kann anstelle von L1 sogar: $x \in [x]_{R,A}$ bewiesen werden, und die übrigen Theoreme kann man für die symmetrischen und aliotransitiven Relationen in einer Menge A beweisen. So sagt z. B. das so formulierte verallgemeinerte Abstraktionsprinzip aus, daß die Familie der Abstraktionsklassen einer symmetrischen und aliotransitiven Relation in einer Menge A eine Einteilung der Menge A ist. Von einer solchen Definition ausgehend, kann man beweisen, wenn R eine reflexive Relation in einer Menge A ist, so gilt:

$$y \in [x]_{R,A} \equiv y, x \in A \wedge yRx.$$

Relationen, welche zugleich symmetrisch, aliotransitiv und reflexiv (in einer Menge A) sind, sind Äquivalenzrelationen (in der Menge A). Für solche Relationen gelten also alle zuvor bewiesenen Theoreme.

3.6. Gleichmächtigkeit von Mengen. Kardinalzahlen

Der wichtige Begriff der **Kardinalzahl**, der Anzahl der Elemente einer Menge, läßt sich definieren mittels einer Definition durch Abstraktion. Dazu benutzen wir den Begriff der **Gleichmächtigkeit von Mengen**. Als Zeichen für die Gleichmächtigkeit von Mengen verwenden wir das Symbol „$\sim$". Den Ausdruck „$A \sim B$" lesen wir: Die Menge A ist gleichmächtig der Menge B. Statt des Symbols „$\sim$" benutzt man auch die Symbole „*sm*" (*similis*) bzw. „$\simeq$".

Die Relation der Gleichmächtigkeit von Mengen definieren wir folgendermaßen:

$$A \sim B \equiv \bigvee_{R \in 1-1} (D(R) = A \wedge \mathrm{Cl}(R) = B).$$

Mengen A und B sind dann und nur dann **gleichmächtig**, wenn eine umkehrbar eindeutige Relation R existiert, deren Bereich die Menge A und deren Gegenbereich die Menge B ist. Mengen A und B sind also nur dann gleichmächtig, wenn eine gewisse Relation R jedem Element der Menge A genau ein Element der Menge B und umgekehrt jedem Element der Menge B genau ein Element der Menge A zuordnet.

Z. B. ist die Menge der sich in einem Raum befindlichen Personen mit der Menge der im gleichen Raum befindlichen Stühle genau dann gleichmächtig, wenn eine umkehrbar eindeutige Relation existiert, deren Bereich die erste und deren Gegenbereich die zweite dieser Mengen ist. Eine solche Relation kann z. B. die zwischen der Person und dem Stuhl, auf welchem sie sitzt, bestehende sein. Beide Mengen sind gleichmächtig, wenn jede Person, die sich in dem gegebenen Raum befindet, auf nur einem Stuhl sitzt und umgekehrt, auf jedem in diesem Raum befindlichen Stuhl genau eine Person sitzt. Ähnlich sind die Mengen der Männer und der Frauen, die sich in einem bestimmten Tanzsaal befinden, nur dann gleichmächtig, wenn man diese Personen so in Tanzpaare einteilen kann, daß jeder Mann eine Partnerin und jede Frau einen Partner hat. Die gegebenen Beispiele zeigen, daß man die Gleichmächtigkeit zweier Mengen feststellen kann, ohne die Anzahl der Elemente dieser Mengen zu kennen. Die Formulierung der Definition der Gleichmächtigkeit erfolgte ausschließlich mit Hilfe logischer Variablen und Konstanten (der Konstanten des Aussagenkalküls, der Quantifikatoren und Symbole des Mengen- und Relationenkalküls). Arithmetische Termini wurden in dieser Definition nicht verwendet. Wenn in der verbalen Formulierung der Definition von genau einem Gegenstand gesprochen wird, der einem gegebenen Gegenstand zugeordnet ist, wird eine verbale Umschreibung des Einsquantifikators gegeben (der mit Hilfe der Funktoren des Aussagenkalküls, der Quantifikatoren und des Identitätszeichens definiert wurde); wir verwenden also auch keine undefinierten arithmetischen Termini.

Aufgrund der gegebenen Definition der Gleichmächtigkeit von Mengen kann folgende Äquivalenz bewiesen werden:

$$A \sim B \equiv \bigvee_{R \in 1-1} A = R''B.$$

Zwei Mengen A und B sind dann und nur dann gleichmächtig, wenn eine solche umkehrbar eindeutige Relation R existiert, daß die Menge A das R-Bild der Menge B ist.

Mitunter gebraucht man auch den Ausdruck: $A \sim_R B$ oder: $A \underset{R}{\sim} B$. Den Ausdruck „$A \sim_R B$" lesen wir so: Die Relation R legt die Gleichmächtigkeit der Mengen A und B fest. Also:

$$A \sim_R B \equiv R \in 1-1 \wedge D(R) = A \wedge \Pi(R) = B.$$

Es gilt die Äquivalenz:

$$A \sim B \equiv \bigvee_R A \sim_R B.$$

Zwei Mengen sind dann und nur dann gleichmächtig, wenn eine Relation R existiert, welche ihre Gleichmächtigkeit festlegt (d. h. eine umkehrbar eindeutige Relation existiert, deren Bereich eine dieser Mengen und deren Gegenbereich die andere Menge ist).

Für beliebige Mengen A, B und C gelten folgende Gesetze:

$$A \sim A$$
$$A \sim B \rightarrow B \sim A$$
$$A \sim B \wedge B \sim C \rightarrow A \sim C.$$

Wir skizzieren die Beweisführung nur ihrem Grundgedanken nach.

Die in ihrem Feld auf eine Menge A beschränkte Identitätsrelation ist eine umkehrbar eindeutige Relation, deren Bereich und deren Gegenbereich die Menge A ist. Diese Relation legt die Gleichmächtigkeit der Menge A mit der Menge A fest. Jede Menge ist also mit sich selbst gleichmächtig. Die Relation der Gleichmächtigkeit zweier Mengen ist somit eine reflexive Relation.

Wenn zwei Mengen A und B gleichmächtig sind, dann legt eine gewisse Relation R die Gleichmächtigkeit dieser Mengen fest. Die Relation R ist eine umkehrbar eindeutige Relation, deren Bereich die Menge A und deren Gegenbereich die Menge B ist. Die Konversion der

Relation R ist auch eine umkehrbar eindeutige Relation mit der Menge B als Bereich und der Menge A als Gegenbereich. Die Konversion der Relation R legt also die Gleichmächtigkeit der Menge B mit der Menge A fest. Wenn die Menge A mit der Menge B gleichmächtig ist, dann ist auch die Menge B mit der Menge A gleichmächtig. Die Relation der Gleichmächtigkeit ist somit eine symmetrische Relation.

Nehmen wir an, daß eine Menge A gleichmächtig mit einer Menge B und die Menge B gleichmächtig mit einer Menge C ist. Dann legt eine Relation R die Gleichmächtigkeit der Menge A mit der Menge B und eine Relation S die Gleichmächtigkeit der Menge B mit der Menge C fest. Die Relationen R und S sind umkehrbar eindeutig, also ist auch ihr relatives Produkt $R;S$ eine umkehrbar eindeutige Relation. Der Gegenbereich der Relation R ist die Menge B, welche zugleich der Bereich der Relation S ist. Daraus ergibt sich – aufgrund eines der von uns angegebenen Theoreme –, daß der Bereich der Relation $R;S$ die Menge A und ihr Gegenbereich die Menge C ist. Die Relation $R;S$ legt die Gleichmächtigkeit der Menge A und der Menge C fest. Die Gleichmächtigkeit von Mengen ist somit eine transitive Relation.

Diesen drei Theoremen zufolge ist die Relation der Gleichmächtigkeit von Mengen eine Äquivalenzrelation. **Die Kardinalzahlen sind Abstraktionsklassen der Relation der Gleichmächtigkeit von Mengen.** Die Klasse der Kardinalzahlen bezeichnen wir mit dem Symbol „Nc" (*numerus cardinalis*): $Nc = Abs(\sim)$. Die Kardinalzahl einer gegebenen Menge ist die durch diese Menge bestimmte Abstraktionsklasse der Gleichmächtigkeitsrelation, d. h. ist die Menge aller und nur der Mengen, welche mit der gegebenen Menge gleichmächtig sind. Die Kardinalzahl einer Menge A bezeichnen wir mit Hilfe des Symbols „$Nc'A$". Also ist $Nc'A = [A]_{\sim}$. Daraus erhalten wir aufgrund von L5 die Äquivalenz:

$$Nc'A = Nc'B \equiv A \sim B.$$

Die Kardinalzahlen zweier Mengen A und B sind dann und nur dann identisch, wenn die Mengen A und B gleichmächtig sind. Somit haben alle und nur die Mengen, die mit einer gegebenen Menge gleichmächtig sind, dieselbe Anzahl der Elemente, dieselbe Kardinalzahl, weil sie zu derselben Abstraktionsklasse der Gleichmächtigkeitsrelation, welche diese Kardinalzahl ist, gehören.

Der von Frege mit Hilfe logischer Begriffe definierte Begriff der Kardinalzahl als Anzahl der Elemente gleichmächtiger Mengen ist einer der wichtigsten Ergebnisse der formalen Logik. Dieser Begriff war im Laufe der Jahrhunderte Gegenstand vieler philosophischer

Analysen hervorragender Denker. Erst Frege ist es gelungen, die eigentliche Lösung des Problems einer Definition des Zahlbegriffs zu finden.

3.7. Ordnungsrelationen und Halbordnungsrelationen

Wie die Äquivalenzrelationen so bilden auch die Ordnungsrelationen eine wichtige Klasse von Relationen. Zur Definition einer Ordnungsrelation benutzen wir u. a. den Begriff der konnexen Relation in einer Menge A. Die Menge der konnexen Relationen in einer Menge A bezeichnet man mit dem Symbol „$con(A)$“ (oder mit dem Symbol „$connex(A)$“) und definiert wie folgt:

$$R \in con(A) \equiv \bigwedge_{x,y \in A} ((x \neq y) \rightarrow xRy \vee yRx).$$

Eine konnexe Relation R in einer Menge A ist eine Relation, die zwischen beliebigen verschiedenen Elementen der Menge A in der einen oder der anderen Richtung besteht.

Z. B. ist die Relation „$<$“ konnex in einer beliebigen nicht-leeren Menge von reellen Zahlen, da für jede reelle Zahl x und y gilt: Wenn $x \neq y$, so $x < y$ oder $y < x$.

Die zwischen zwei Schattierungen der Farbe Rot bestehende Relation derart, daß die eine Schattierung heller ist als die andere, ist eine konnexe Relation in der Menge der Schattierungen der Farbe Rot. Denn von zwei verschiedenen Schattierungen S_1, S_2 dieser Farbe ist entweder S_1 heller als S_2 oder S_2 heller als S_1.

Aus dieser und der Definition der Konversion einer Relation R ergibt sich folgendes Theorem:

$$R \in con(A) \equiv \breve{R} \in con(A).$$

Eine Relation R ist eine konnexe Relation in einer Menge A genau dann, wenn die Konversion der Relation R konnex in der Menge A ist.

Den Terminus „Ordnungsrelation in einer Menge A“ benutzt man in zwei Versionen. Erstens sagt man: Eine Relation R ordnet eine Menge A dann und nur dann, wenn R eine asymmetrische, transitive und konnexe Relation in der Menge A ist. Eine Ordnungsrelation in diesem Sinne ist die Relation „$<$“ oder auch die Relation „$>$“ in einer beliebigen, nicht-leeren Menge reeller Zahlen. Gleichfalls ist die zwischen zwei Schattierungen derselben Farbe bestehende Relation derart, daß die eine Schattierung heller als die andere ist, eine Ordnungsrelation in der Menge der Schattierungen der gegebenen Farbe, da sie in dieser Menge asymmetrisch, transitiv und konnex ist.

In der zweiten Version des Terminus „Ordnungsrelation in einer Menge A" sagt man: Eine Relation R ordnet eine Menge A dann und nur dann, wenn R eine reflexive, schwach asymmetrische, transitive und konnexe Relation in der Menge A ist. Beispielsweise sind die Relationen „$\leqq$" oder auch „$\geqq$" in einer beliebigen nicht-leeren Menge reeller Zahlen Ordnungsrelationen in diesem Sinne.

Bei jeder dieser beiden Auffassungen kann man beweisen, daß die Konversion einer Ordnungsrelation in einer Menge A wiederum eine Ordnungsrelation in der Menge A ist.

Ordnungsrelationen in einer Menge A bezeichnet man mit dem Symbol „*ord*(A)". Neben dem Begriff der Ordnungsrelation in einer gegebenen Menge A benutzt man auch den Begriff der Halbordnungsrelation in einer gegebenen Menge.

Auch dieser Terminus wird in zwei Versionen gebraucht. Wir erhalten sie aus den Definitionen einer Ordnungsrelation in einer gegebenen Menge, indem wir von der Bedingung der Konnexität absehen.

Halbordnungsrelationen in einer Menge A – in der ersten Version dieses Terminus – sind asymmetrische und transitive Relationen in einer Menge A. Jede Ordnungsrelation in einer Menge A in der ersten Version des Wortes ist auch eine Halbordnungsrelation in der Menge A in der ersten Version dieses Wortes. Es gibt aber Relationen, die Halbordnungsrelationen in einer Menge A, aber keine Ordnungsrelationen in dieser Menge A sind. Z.B. ist die Relation zwischen zwei Personen derart, daß die eine jünger als die andere ist, eine Halbordnungsrelation in der Menge der gegenwärtig lebenden Menschen. Sie ist aber keine Ordnungsrelation in dieser Menge, weil sie in dieser Menge nicht konnex ist. Für zwei verschiedene Menschen muß nicht unbedingt gelten, daß die eine jünger als die andere ist; sie können ja gleichaltrig sein. Die Relation „Nachkomme sein von" ist im genannten Sinne ebenfalls eine Halbordnungsrelation in der Menge der Angehörigen einer gegebenen Familie. Die Relation „$\subsetneqq$" ist eine Halbordnungsrelation in einer beliebigen Mengenfamilie.

In der zweiten Version sind Halbordnungsrelationen in einer Menge A reflexive, schwach asymmetrische und transitive Relationen in einer Menge A.

Jede Ordnungsrelation in einer Menge A in der zweiten Version des Wortes ist auch eine Halbordnungsrelation in der zweiten Version des Wortes, aber nicht umgekehrt. Die Relation „x ist mit y identisch oder x ist ein Nachkomme von y" ist z. B. eine solche Halbordnungsrelation in der Menge der Angehörigen einer gegebenen Familie, desgleichen die Relation „$\subset$" in einer beliebigen Mengenfamilie.

3.8. Isomorphismus. Homomorphismus

Ein wichtiger, in den verschiedendsten Bereichen angewandter Begriff des Relationenkalküls ist der des Isomorphismus einer Relation R mit einer Relation S (symbolisiert durch „$R\ ism\ S$"):

$$R\ ism\ S \equiv \bigvee_{T\in 1-1} [D(T) = C(R) \wedge \mathit{Q}(T) = C(S) \wedge \bigwedge_{x,y} (T'x\ RT'y \equiv xSy)].$$

Dieser Definition gemäß sind zwei Relationen R und S isomorph genau dann, wenn es eine umkehrbar eindeutige Relation T gibt, welche die Elemente des Feldes der Relation R denjenigen des Feldes der Relation S so zuordnet, daß die Relation R genau dann zwischen beliebigen Elementen besteht, wenn die Relation S zwischen den Entsprechungen dieser Elemente besteht. Wir sagen, daß eine solche Relation T einen Isomorphismus einer Relation R mit einer Relation S festlegt (symbolisiert durch „$R\ ism_T\ S$").

Aus der obigen Definition ergibt sich: Wenn zwei Relationen isomorph sind, sind ihre Felder gleichmächtig, und die Relation, welche den Isomorphismus festlegt, legt zugleich die Gleichmächtigkeit der Felder dieser Relationen fest. Wir erhalten demnach die Äquivalenzen:

$$R\ ism_T S \equiv C(R) \sim_T C(S) \wedge \bigwedge_{x,y} (T'xRT'y \equiv xSy)$$

$$R\ ism\ S \equiv \bigvee_T R\ ism_T S.$$

Aus der ersten Äquivalenz erhalten wir aufgrund des Theorems:

$$A \sim_T B \equiv T \in 1-1 \wedge A = T''B$$

die Äquivalenz:

$$R\ ism_T S \equiv T \in 1-1 \wedge C(R) = T''C(S) \wedge \bigwedge_{x,y} (T'xRT'y \equiv xSy).$$

Wenn T eine umkehrbar eindeutige Relation ist und $A = T''B$, dann sagen wir, daß die Relation T die Menge B auf die Menge A abbildet (die Menge A ist das durch die Relation T bestimmte Bild der Menge B).

Statt, eine Relation T legt einen Isomorphismus einer Relation R mit einer Relation S fest, sagen wir also auch, eine Relation T bildet eine Relation S auf eine Relation R isomorph ab.

Mitunter schreibt man statt „$R\ ism\ S$" – „$R\ smor\ S$" (*similis ordine*), und isomorphe Relationen nennt man auch ähnliche Relationen.

Von Isomorphismen von Relationen mit Relationen machen wir z. B. Gebrauch, wenn wir mit Karten, Plänen, Diagrammen verschiedener Art usw. umgehen. Zeichnen wir beispielsweise eine Karte eines bestimmten Geländes, ordnen wir umkehrbar eindeutig bestimmten Gebieten dieses Geländes Punkte auf der Karte so zu, daß durch diese Zuordnung gewisse, zwischen den Gebieten des Geländes bestehende Relationen auf gewisse, zwischen den entsprechenden Punkten auf der Karte bestehenden Relationen isomorph abgebildet werden. So liegt etwa der Ort A westlich von dem Ort B genau dann, wenn auf der Karte der dem Ort A zugeordnete Punkt links von jenem Punkt liegt, welcher dem Ort B zugeordnet ist. Die Zuordnung der Punkte der Karte zu den Gebieten eines Geländes bildet die Relation „westlich von einem Gebiet des Geländes liegen" auf die Relation „links von dem gegebenen Punkt der Karte liegen" ab. Analog ist die Relation „unter einem Punkt der Karte liegen" isomorph mit der Relation „südlich von einem Gebiet des Geländes liegen"; die zwischen zwei Punkten auf einer Karte bestehende Relation derart, daß der erste dieser Punkte mit einer dunkleren grünen Farbe als der zweite bedeckt ist, ist isomorph mit der Relation, die zwischen zwei Gebieten eines Geländes besteht, wenn das erste von ihnen bezogen auf die Meeresoberfläche niedriger liegt als das zweite, usw.

Im Falle einer Geländekarte haben wir es mit einem ganzen Komplex von Isomorphismen entsprechender Relationen zu tun. In der Notenschrift benutzt man auch Isomorphismen von Relationen mit Relationen. So ist z. B. die zwischen zwei Noten bestehende Relation derart, daß die erste unterhalb der zweiten liegt, isomorph der Relation, daß der erste Ton niedriger als der zweite ist. Die zwischen Punkten auf einer Photographie eines gegebenen Gegenstandes bestehenden Relationen sind mit gewissen Relationen isomorph, die zwischen Teilen dieses Gegenstandes bestehen, usw.

Man kann folgende Theoreme, den Isomorphismus einer Relation mit einer Relation betreffend, beweisen:

$$R \text{ ism } R$$
$$R \text{ ism } S \rightarrow S \text{ ism } R$$
$$R \text{ ism } S \wedge S \text{ ism } T \rightarrow R \text{ ism } T.$$

Beim Beweis des ersten Theorems gehen wir davon aus, daß die Identitätsrelation, welche auf das Feld einer Relation R beschränkt ist, einen Isomorphismus der Relation R mit der Relation R festlegt. Beim Beweis des zweiten Theorems nutzen wir die Tatsache: Wenn eine Relation T einen Isomorphismus einer Relation R mit einer Relation S festlegt, dann legt die Konverse der Relation T einen Isomorphismus der Relation S mit der Relation R fest. Beim Beweis des dritten Theorems schließlich gehen wir davon aus, wenn eine Relation P einen Isomorphismus einer Relation R mit einer Relation S festlegt, und eine Relation Q einen Isomorphismus der Relation S mit einer Relation T festlegt, das relative Produkt der Relationen P und Q dann einen Isomorphismus der Relation R mit der Relation T festlegt.

Die Isomorphie von Relationen ist diesen Theoremen gemäß eine Äquivalenzrelation. Formale Eigenschaften (Klassen) von Relationen nennt man solche Eigenschaften (Klassen) von Relationen, die sich allein mit Hilfe der Variablen, Wahrheitsfunktoren, Quantifikatoren, des Identitäts- und des Elementzeichens definieren lassen. Alle Eigenschaften von Relationen, von denen in diesem Kapitel die Rede war, wie z. B. die Reflexivität, die Symmetrie, die Eindeutigkeit usw., sind formale Eigenschaften von Relationen.

Man kann folgendes Isomorphietheorem beweisen, welches feststellt, daß, wenn zwei Relationen isomorph sind, sie dieselben formalen Eigenschaften besitzen.

Z. B.:
$$R \; ism \; S \wedge S \in sym \rightarrow R \in sym$$
$$R \; ism \; S \wedge S \in 1 - Cls \rightarrow R \in 1 - Cls$$
$$R \; ism \; S \wedge S \in aeq \rightarrow R \in aeq.$$

Wir geben hier keinen Beweis des Isomorphietheorems, sondern beschränken uns darauf, zu zeigen, wie man Beweise einzelner Beispiele dieses Theorems durchführen kann. Betrachten wir das erste der angegebenen Beispiele. Aus den Annahmen

(1) $R \; ism \; S$

(2) $S \in sym$

leiten wir aufgrund der Definitionen der entsprechenden Termini ab:

(3) $\bigwedge_{x,y} (xSy \rightarrow ySx)$

(4) $R \; ism_T S$

(5) $T \in 1 - 1$

(6) $\bigwedge_{x,y} (T'xTR'y \equiv xSy)$

(7) $\bigwedge_{y,x} (T'yRT'x \equiv ySx)$

Mit Hilfe der Extensionalitätsregel des Quantifikatorenkalküls erhalten wir aus (3), (6) und (7):

(8) $\bigwedge_{x,y} (T'xRT'y \rightarrow T'yRT'x)$.

Wenn wir auf (8) die Regel der Beseitigung des Allquantifikators mit den Einsetzungen: $x/\breve{T}'x$, $y/\breve{T}'y$ anwenden, das Gesetz: $T \in 1 - Cls \rightarrow T'\breve{T}'x = x$ sowie (5) benutzen, erhalten wir:

(9) $xRy \rightarrow yRx$.

Aus (9) wiederum erhalten wir aufgrund der Regel der Einführung des Allquantifikators und der Definition einer symmetrischen Relation:

$$R \in sym.$$

Aus den Annahmen im zweiten Beispiel:

(1) $R\ ism\ S$

(2) $S \in 1 - Cls$

erhalten wir ebenso:

(3) $\bigwedge_{x,y,z} (xSz \wedge ySz \rightarrow x = y)$

(4) $R\ ism_T S$

(5) $T \in 1 - 1$

(6) $\bigwedge_{x,z} (T'xRT'z \equiv xSz)$

(7) $\bigwedge_{y,z} (T'yRT'z \equiv ySz)$.

Wie im vorhergehenden Beispiel erhalten wir auf dieselbe Weise aus (3), (6) und (7):

(8) $\bigwedge_{x,y,z} (T'xRT'z \wedge T'yRT'z \rightarrow x = y)$.

Wenn wir auf (8) die Regel der Beseitigung des Allquantifikators mit den Einsetzungen: $x/\breve{T}'x$, $y/\breve{T}'y$, $z/\breve{T}'z$ anwenden und die Gesetze: $T \in 1 - Cls \rightarrow T'\breve{T}'x = x$, $T \in 1 - 1 \rightarrow (\breve{T}'x = \breve{T}'y \equiv x = y)$ sowie (5) benutzen, erhalten wir:

(9) $xRz \wedge yRz \rightarrow x = y$,

und daraus aufgrund der Regel der Einführung des Allquantifikators und der Definition einer eindeutigen Relation:

$$R \in 1 - Cls.$$

In analoger Weise kann man jeden Spezialfall des Isomorphietheorems beweisen.

Der Begriff des Isomorphismus von Relationen kann auf beliebige n-gliedrige Relationen erweitert werden:

$$R \; ism \; S \equiv \bigvee_{T \in 1-1} [D(T) = C(R) \wedge \mathrm{Q}(T) =$$
$$= C(S) \wedge \bigwedge_{x_1, \ldots, x_n} (R(T'x_1, T'x_2, \ldots, T'x_n) \equiv S(x_1, \ldots, x_n))] \, .$$

Das Feld einer n-gliedrigen Relation ist die Vereinigung aller Bereiche dieser Relation, d. h. $C(R) = D_1(R) \cup D_2(R) \cup \ldots \cup D_n(R)$.

Vor allem spricht man oft vom Isomorphismus von Operationen, d. h. von n-gliedrigen eindeutigen Relationen (bezüglich des ersten Arguments).

Isomorphismen n-gliedriger Relationen mit n-gliedrigen Relationen sind auch Äquivalenzrelationen. Gleichfalls trifft das Isomorphietheorem auch auf n-gliedrige Relationen zu. Wenn also zwei Operationen isomorph sind, und eine von ihnen kommutativ ist, so ist auch die andere kommutativ; wenn eine von zwei isomorphen Operationen assoziativ ist, so ist auch die zweite assoziativ, usw.

Neben dem Begriff des Isomorphismus von Relationen benutzt man oft auch den Begriff des Isomorphismus von geordneten Relationssystemen der Form $\langle A, R_1, R_2, \ldots, R_n \rangle$, wobei A irgendeine Menge ist und die Felder der Relationen $R_1, \ldots, R_n$ in der Menge A enthalten sind. Solche geordneten Relationssysteme sind z. B. Algebren (die Relationen $R_1, \ldots, R_n$ sind in ihnen Funktionen), logische Matrizen oder Modelle von Theorien. Wenn man eine entsprechende Reihenfolge der Relationen in solchen geordneten Relationssystemen annimmt, kann man einen Isomorphismus solcher Relationssysteme folgendermaßen definieren:

$$\langle A, R_1, R_2, \ldots, R_n \rangle \; ism_T \; \langle B, S_1, S_2, \ldots, S_n \rangle \equiv$$
$$\equiv A \sim_T B \wedge R_1 \; ism_T \; S_1 \wedge R_2 \; ism_T \; S_2 \wedge \cdots \wedge R_n \; ism_T \; S_n$$

bzw.

$$\langle A, R_1, \ldots, R_n \rangle \; ism \; \langle B, S_1, \ldots, S_n \rangle \equiv$$
$$\equiv \bigvee_T \langle A, R_1, \ldots, R_n \rangle \; ism_T \; \langle B, S_1, \ldots, S_n \rangle .$$

Zwei geordnete Relationssysteme betrachteter Art sind dann und nur dann isomorph, wenn eine Relation existiert, welche einen Isomorphismus zwischen ihnen festlegt, d. h., wenn eine Relation existiert, welche die Gleichmächtigkeit der Mengen festlegt, die ihre ersten Elemente sind (also von A und B) und welche den Isomorphismus der entsprechenden Relationen festlegt (also den Isomorphismus der i-ten Relation des ersten Systems mit der i-ten Relation des zweiten Systems, mit $1 \leqq i \leqq n$).

Den in der Methodologie der Wissenschaften wichtigen Begriff der **Messung** definiert man mit Hilfe des Begriffes des Isomorphismus und des Begriffes der Ordnungsrelation. Man unterscheidet die echte Messung und die Skalierung.

Eine echte Messung beruht auf einer umkehrbar eindeutigen Zuordnung von Zahlen zu Größen gewisser Art derart, daß 1. Ordnungsrelationen zwischen den Größen auf gewisse Ordnungsrelationen, die zwischen den diesen Größen zugeordneten Zahlen bestehen, isomorph abgebildet werden, und daß 2. Operationen mit den Größen isomorph auf Operationen mit den zugeordneten Zahlen abgebildet werden.

Bei einer Skalierung haben wir es nur zu tun mit einer isomorphen Abbildung von Ordnungsrelationen zwischen den Größen auf gewisse Ordnungsrelationen zwischen den diesen Größen zugeordneten Zahlen. Die Messung der Länge von Strecken ist z. B. eine echte Messung. Die Größerrelation, die zwischen Streckenlängen besteht, wird auf die Größerrelation, die zwischen den diesen Längen zugeordneten Zahlen besteht, isomorph abgebildet. D. h., eine Länge ist größer als eine andere dann und nur dann, wenn die der ersten Länge zugeordnete Zahl größer ist als die Zahl, welche der zweiten Länge zugeordnet ist. Die Operation der Addition von Streckenlängen wird auf die Operation der Addition der ihnen zugeordneten Zahlen isomorph abgebildet. Das heißt, eine Länge ist dann und nur dann die Summe zweier Längen, wenn die Zahl, welche der ersten Länge zugeordnet ist, die Summe der Zahlen ist, welche den beiden anderen Längen zugeordnet sind. Dagegen haben wir es bei der Messung der Temperatur nur mit einer Skalierung zu tun. Das trifft auch auf die Messung gewisser psychischer Eigenschaften zu, wie z. B. der Kapazität des Gedächtnisses, der Beständigkeit des Gedächtnisses, des Konzentrationsvermögens usw., da hier nur Ordnungsrelationen (größere oder kleinere Kapazität des Gedächtnisses, größere oder kleinere Beständigkeit des Gedächtnisses, stärkeres oder schwächeres Konzentrationsvermögen) festgelegt sind und im allgemeinen keine Operationen. Messungen (im Sinne einer Skalierung) kann man überall dort vornehmen, wo entsprechende Ordnungsrelationen festgelegt sind, und das ist in vielen Gebieten der Fall.

Vom Isomorphismus von Relationen ist der **Homomorphismus** von Relationen zu unterscheiden (symbolisiert durch „$R\,hom_T\,S$"):

$$R\,hom_T S \equiv T \in 1-Cls \wedge D(T) = C(R) \wedge \text{Ɑ}(T) = C(S) \wedge \bigwedge_{x,y} (T'xRT'y \equiv xSy)$$

$$R\,hom\,S \equiv \bigvee_T R\,hom_T S\,.$$

Eine Relation, welche eine Relation S auf eine Relation R homomorph abbildet, ist eine eindeutige Relation, die keine umkehrbar eindeutige Relation sein muß. Z. B. ist die Relation, welche Strecken Zahlen zuordnet, die Maße der Längen dieser Strecken sind, eine eindeutige, aber keine umkehrbar eindeutige Relation, weil zwei verschiedenen Strecken, welche die gleiche Länge haben (zwei kongruente Strecken), dieselbe Zahl zugeordnet wird. Diese Relation bildet homomorph die zwischen zwei Strecken bestehende Relation derart, daß die erste länger als die zweite ist, auf die Größerrelation zwischen den diesen Strecken zugeordneten Zahlen ab. Die Relation, welche (geschriebenen) Wörtern die Zahl der Buchstaben, aus denen sie bestehen, zuordnet, bildet die zwischen zwei Wörtern bestehende Relation derart, daß das erste Wort länger als das zweite Wort ist, auf die Größerrelation zwischen den Zahlen, welche diesen Wörtern zugeordnet werden, homomorph ab. Auch diese Abbildung ist keine isomorphe, weil zwei verschiedenen Wörtern, die aus der gleichen Anzahl von Buchstaben bestehen, dieselbe Zahl zugeordnet wird.

Wie den Begriff des Isomorphismus, so kann man auch den Begriff des Homomorphismus auf geordnete Relationssysteme, die aus irgendeiner Menge und gewissen Relationen bestehen, deren Felder in der jeweiligen Menge enthalten sind, ausdehnen. Diese Definition ist analog der Definition des Isomorphismus solcher Relationssysteme.

3.9. Vorgängerrelationen. Kleinste abgeschlossene Menge bezüglich einer Relation

Wir sagen, daß eine Menge A in bezug auf eine Relation R dann und nur dann abgeschlossen ist, wenn alle Gegenstände, die in der Relation R zu den Elementen der Menge A stehen, auch Elemente der Menge A sind. D. h., A ist abgeschlossen in bezug auf $R \equiv \bigwedge_{x,y}(y \in A \wedge xRy \rightarrow x \in A)$.

Aufgrund der Definitionen des Enthaltenseins von Mengen, des R-Bildes einer Menge, des Existenzquantifikators mit beschränktem Bereich und des Gesetzes der Verschiebung des Allquantifikators in das Vorderglied einer Implikation erhalten wir folgende Äquivalenzen:

$$R''A \subset A \equiv \bigwedge_x (x \in R''A \rightarrow x \in A) \equiv \bigwedge_x (\bigvee_{y \in A} xRy \rightarrow x \in A) \equiv$$
$$\equiv \bigwedge_x [\bigvee_y (y \in A \wedge xRy) \rightarrow x \in A] \equiv \bigwedge_x \bigwedge_y (y \in A \wedge xRy \rightarrow x \in A) .$$

Aus diesen Äquivalenzen und aus der Definition einer abgeschlossenen Menge in bezug auf eine Relation R ergibt sich folgende Äquivalenz:

A ist abgeschlossen in bezug auf $R \equiv R''A \subset A$.

Den Ausdruck „$R''A \subset A$" können wir folglich als den Ausdruck lesen, welcher besagt, daß die Menge A in bezug auf die Relation R abgeschlossen ist. Wir sagen, daß eine Eigenschaft W **erblich bezüglich einer Relation** R dann und nur dann ist, wenn diese Eigenschaft allen Gegenständen zukommt, die zu den Gegenständen, welche die Eigenschaft W haben, in der Relation R stehen:

W ist erblich in bezug auf $R \equiv \bigwedge_{x,y} (W(y) \wedge xRy \rightarrow W(x))$.

Aufgrund der Äquivalenz (I)[1] erhalten wir die Äquivalenz:

$$\bigwedge_{x,y} (W(y) \wedge xRy \rightarrow W(x)) \equiv \bigwedge_{x,y} (y \in \{z\colon W(z)\} \wedge xRy \rightarrow x \in \{z\colon W(z)\}) .$$

Eine Eigenschaft W ist also erblich in bezug auf eine Relation R genau dann, wenn die Menge der Gegenstände mit der Eigenschaft W in bezug auf die Relation R abgeschlossen ist.

Ebenso ist eine Menge A dann und nur dann in bezug auf eine Relation R abgeschlossen, wenn die diese Menge A charakterisierende Eigenschaft (die allen und nur den Gegenständen zukommt, die zu der Menge A gehören) bezüglich der Relation R erblich ist.

Den Ausdruck „$R''A \subset A$" können wir also als einen Ausdruck lesen, der besagt, daß die Eigenschaft A (genauer: die die Menge A charakterisierende Eigenschaft) in bezug auf die Relation R erblich ist.

In der Menge der Personen z. B., die im Laufe ihres Lebens ihren Namen nicht ändern, hat jeder Sohn der Person mit dem Namen N den Namen N. Wir können also sagen, daß der Besitz des Namens N in dieser Menge von Personen eine erbliche Eigenschaft in bezug auf die Relation „Sohn sein von" ist. Wir können auch sagen, daß eine solche Menge von Personen mit dem Namen N eine abgeschlossene Menge in bezug auf die Relation „Sohn sein von" ist. Die Menge der Menschen ist abgeschlossen (die Eigenschaft „Mensch sein" ist erblich) in bezug auf die Relation „Kind sein von", da jedes Kind eines Menschen wieder ein Mensch ist.

Den Begriff der abgeschlossenen Menge (der erblichen Eigenschaft) in bezug auf eine Relation R verwendet man in der Definition des

[1] [D. h. der Äquivalenz: $y \in \{x\colon W(x)\} \equiv W(y)$; vgl. S. 201 dieses Kapitels.]

wichtigen Begriffes der **Vorgängerrelation**[1]:

$$xR_*y \equiv \bigwedge_A (y \in A \wedge R''A \subset A \rightarrow x \in A) \,.$$

Gemäß dieser Definition steht x in der Relation R_* zu y genau dann, wenn x jede Eigenschaft besitzt, die y besitzt und die erblich in bezug auf eine Relation R ist (x gehört zu jeder Klasse, zu der y gehört und die in bezug auf eine Relation R abgeschlossen ist).

Die Relation R_* nennt man **Vorgänger-** oder auch **Nachfolgerrelation** der Relation R. Den Ausdruck „xR_*y" liest man manchmal auch so: x ist R-Nachfolger von y. Wir erklären zunächst den intuitiven Sinn des definierten Begriffes. Wenn xRy gilt, dann sagen wir, daß sich x aus y in einem R-Schritt gewinnen läßt; wenn $xR; Ry$ gilt, dann sagen wir, daß sich x aus y in zwei R-Schritten gewinnen läßt; wenn $x(R; R); Ry$ gilt, sagen wir, daß sich x in drei R-Schritten aus y gewinnen läßt; wenn $x = y$ gilt, so sagen wir, daß sich x aus y in null R-Schritt gewinnen läßt. Wenn wir den arithmetischen Begriff der endlichen Zahl als natürlicher Zahl (0, 1, 2, ...) benutzen, können wir davon sprechen, daß sich x aus y in einer endlichen Anzahl von R-Schritten (zu denen wir auch die Identität als Null-Schritt zählen) gewinnen läßt.

Den intuitiven Sinn des definierten Begriffes der Vorgängerrelation erhellt folgende Äquivalenz:
x besitzt jede Eigenschaft von y, die bezüglich einer Relation R erblich ist (kurz: x besitzt jede R-erbliche Eigenschaft von y) $\equiv x$ läßt sich aus y in einer endlichen Anzahl von R-Schritten gewinnen (einschließlich der Identität als Null-Schritt).

Wir beweisen diese Äquivalenz folgendermaßen:
Nehmen wir an, daß x **jede** R-erbliche Eigenschaft, die y hat, besitzt. Wir betrachten die Eigenschaft W, die folgendermaßen definiert ist: $W(z) \equiv z$ läßt sich aus dem Gegenstand y in einer endlichen Anzahl von R-Schritten gewinnen (einschließlich der Identität als Null-Schritt). Wir stellen 1. fest, y besitzt die Eigenschaft W, da $y = y$. Also läßt sich y aus y in null R-Schritten gewinnen. Die Eigenschaft W ist 2. bezüglich der Relation R erblich. Wenn sich irgendein Gegenstand z aus dem Gegenstand y in einer endlichen Anzahl n von R-Schritten gewinnen läßt und wenn uRz, dann läßt sich auch u aus y in einer

[1] W. V. Quine widmet diesen Relationen in seinem Buch *Mathematical Logic* (Cambridge, Mass. 1940, Revidierte Ausgabe New York 1962) einen besonderen Abschnitt. [Vgl. dazu auch: R. Carnap, *Einführung in die symbolische Logik*, 2. erweiterte Auflage Wien 1960, S. 147ff.]

endlichen Anzahl von R-Schritten gewinnen, nämlich in $n+1$ R-Schritten. Wenn x jede R-erbliche Eigenschaft besitzt, die y besitzt, dann besitzt x auch die Eigenschaft W, die, wie wir gezeigt haben, y besitzt und die R-erblich ist. Also läßt sich x aus y in einer endlichen Anzahl von R-Schritten (einschließlich der Identität als Null-Schritt) gewinnen.

Nehmen wir jetzt an, daß sich x aus y in einer endlichen Anzahl von R-Schritten (einschließlich der Identität als Null-Schritt) gewinnen läßt, also $x=y$ oder es gibt Gegenstände $z_1, z_2 \ldots, z_n$ derart, daß $xRz_n \wedge z_nRz_{n-1} \wedge \cdots \wedge z_1Ry$. Wenn $x=y$ ist, dann hat x jede Eigenschaft, die y besitzt, und damit auch jede R-erbliche Eigenschaft des Gegenstandes y. Gilt die zweite Möglichkeit und ist W eine R-erbliche Eigenschaft, die dem Gegenstand y zukommt, kommt die Eigenschaft W – da sie sich von dem gegebenen Gegenstand auf den Gegenstand überträgt, der zu ihm in der Relation R steht – den Gegenständen $z_1, z_2, \ldots, z_n$, x zu. Also hat x auch in diesem Falle jede R-erbliche Eigenschaft, die y besitzt.

Statt des Begriffes der endlichen Anzahl von R-Schritten, könnte man auch den Begriff der endlichen Folge benutzen. Eine **endliche Folge** von n Ausdrücken ist eine eindeutige Relation R, deren Gegenbereich die Menge der natürlichen Zahlen $1, \ldots, n$ ist. Die Elemente des Bereiches einer solchen Relation R nennen wir die Glieder der Folge. Die Relation R ordnet jede der natürlichen Zahlen von 1 bis n genau einem Glied der Folge R zu.

Es gilt folgende Äquivalenz:

x besitzt jede R-erbliche Eigenschaft, die y besitzt $\equiv x=y$ oder es existiert eine endliche Folge von Gegenständen $y, z_1, z_2, \ldots, z_n, x$ derart, daß jedes folgende Glied dieser Folge zu dem vorangegangenen Glied dieser Folge in der Relation R steht.

Der Beweis dieser Äquivalenz ist ganz analog dem Beweis der vorhergehenden Äquivalenz. (Eine genaue Ausführung macht die Anwendung der Methode der mathematischen Induktion erforderlich, von der im nächsten Abschnitt die Rede sein wird.)

Beide Äquivalenzen erhellen den intuitiven Sinn des Begriffes der Vorgängerrelation, der mit Hilfe des auf der linken Seite dieser Äquivalenzen auftretenden Ausdrucks definiert wurde. Da diese Äquivalenzen wahr sind, könnte man den Begriff der Vorgängerrelation sogar mit Hilfe der auf der rechten Seite dieser Äquivalenzen auftretenden Ausdrücke formulieren, insbesondere mit Hilfe des Ausdruckes, der die rechte Seite der zweiten Äquivalenz ist. In einer solchen Definition müßte man aber den Begriff der natürlichen Zahl benutzen. G. Frege, von dem die Definition der Vorgängerrelation stammt, benutzte diesen Terminus zur Definition des Begriffes der natürlichen Zahl. Um jedoch einen Zirkel in der Definition zu vermeiden, kann man den Begriff der Vorgängerrelation mit Hilfe des Begriffes der natürlichen Zahl nicht definieren. Die von Frege vorgenommene Bestimmung des Begriffes der Vorgängerrelation ohne Verwendung des Begriffes der natürlichen Zahl zeugt von seinem außerordentlichen Erfindungssinn und ist eine der wichtigsten logischen Entdeckungen. Sie ermöglicht die Definition des Begriffs der natürlichen Zahl nur mit Hilfe logischer Begriffe.

Neben diesem Begriff der Vorgängerrelation verwendet man auch den der echten Vorgängerrelation, für welche das Symbol „R_{po}" verwendet wird, das durch die folgende Definition bestimmt ist:

$$xR_{po}y \equiv \bigwedge_A [\bigwedge_z (zRy \rightarrow z \in A) \wedge R''A \subset A \rightarrow x \in A] .$$

Dieser Definition gemäß steht x in der Relation R_{po} zu y dann und nur dann, wenn x jede R-erbliche Eigenschaft besitzt, die jedem R-Vorgänger von y zukommt, d. h. jedem Gegenstand, der in der Relation R zu y steht (x ist Element jeder abgeschlossenen Menge in bezug auf R, zu deren Elementen jeder R-Vorgänger von y gehört).

Dn Ausdruck „$xR_{po}y$" liest man mitunter auch so: x ist ein echter R-Naechfolger des Gegenstandes y.

Wenn R die Relation „Kind sein von" ist, gilt:

$xR_{po}y \equiv x$ ist ein Nachfolger der Person $y \equiv x$ gehört zu jeder Menge, zu der die Kinder der Person y gehören und zu der zusammen mit den gegebenen Personen die Kinder dieser Personen gehören.

Wenn R die Relation „Elternteil sein von" ist, gilt:

$xR_{po}y \equiv x$ ist ein Vorfahr der Person $y \equiv x$ gehört zu jeder Menge, zu der die Eltern der Person y gehören und zu der zusammen mit den gegebenen Personen die Eltern dieser Personen gehören.

Benutzen wir also die echte Vorgängerrelation, können wir mit Hilfe der Relation „Kind sein von" die Relation „Nachfolger sein von" definieren und mit Hilfe der Relation „Elternteil sein von" die Relation „Vorfahr sein von". Daraus erklärt sich der Terminus „Nachfolgerrelation" bzw. „Vorgängerrelation".

Wenn R die Relation „Kind sein von" ist, gilt:

$xR_{*}y \equiv x$ ist identisch mit y oder x ist ein Nachfolger der Person $y \equiv x$ gehört zu jeder Menge, zu der y gehört und zu der zusammen mit den gegebenen Personen die Kinder dieser Personen gehören.

Folgende Theoreme, welche die Vorgängerrelation R_* und die echte Vorgängerrelation R_{po} betreffen, gelten:

$$R_{po} = R; R_* = R_*; R$$
$$R_* = I \cup R_{po} .$$

Die Relation R_{po} kann man also als das relative Produkt der Relation R_* und der Relation R definieren.

Die Relation R_* kann man als die Vereinigung der Relation R_{po} und der Identitätsrelation definieren.

Aus dem zweiten dieser Gesetze ergibt sich folgendes Gesetz:

$$R_{po} \subset R_*$$
$$R_{po}; R = R; R_{po} .$$

Gemäß dieses Gesetzes gilt: x ist ein Nachfahr eines Kindes der Person y dann und nur dann, wenn x ein Kind eines Nachfahren der Person y ist.

$$R_* \in \mathit{trans}$$
$$R_{po} \in \mathit{trans} .$$

Z. B. ist ein Nachfahr eines Nachfahrens der Person x ein Nachfahr der Person x; ein Vorfahr eines Vorfahren der Person x ist ein Vorfahr der Person x.

$$R \in \mathit{trans} \rightarrow R_* = I \cup R .$$

Im nächsten Abschnitt benutzen wir einige, die Vorgängerrelationen betreffende Theoreme.

$$xR_*x .$$

Beweis. (1) $\bigwedge_A (x \in A \wedge R''A \subset A \rightarrow x \in A)$ $\{p \wedge q \rightarrow p, \mathrm{E} \wedge\}$

xR_*x $\{1, \mathrm{Df}\ R_*\}$

Aus diesem Theorem ergibt sich: $xR_*x \wedge x \in \{x\}$.

Daraus erhalten wir aufgrund der Definition des R-Bildes einer Menge:

(XIII) $x \in R_*''\{x\}$.

Wegen der Äquivalenz: $x \in A \equiv \{x\} \subset A$, erhalten wir aus diesem Gesetz:

$$\{x\} \subset R_*''\{x\} .$$

Dieses Gesetz ist ein Spezialfall des Gesetzes:

$$A \subset R_*''A .$$

Beweis. (1) $x \in A$ {An.}

(2) $xR_* x$ {Theorem}

(3) $\bigvee_{y \in A} xR_* y$ {1, 2}

$x \in R''_* A$ {2, Df R''}

$$R; R_* \subset R_* .$$

Beweis. (1) $xR; R_* y$ {An.}

(2) $\bigvee_z (xRz \wedge zR_* y)$ {Df. $R; S$, 1}

(3) $xRa_y \wedge a_y R_* y$ {B$\vee$, 2}

(4) $\bigwedge_B (y \in B \wedge R''B \subset B \to a_y \in B)$ {Df. R_*, 3}

(1.1) $y \in B \wedge R''B \subset B$ {z. An.}

(1.2) $a_y \in B$ {4, 1.1}

(1.3) $x \in R''B$ {3, 1.2, Df. R''}

(1.4) $x \in B$ {1.1, 1.3, Df$\subset$}

(5) $\bigwedge_B (y \in B \wedge R''B \subset B \to x \in B)$ {1.1 $\to$ 1.4, E$\wedge$}

$xR_* y$ {5, Df. R_*}

Aufgrund der Gesetze: $R \subset S \to R''A \subset S''A$ und $R; S''A = R''S''A$ erhalten wir aus dem zuletzt bewiesenen Theorem:

$$R''; R''_* A \subset R''_* A .$$

Die Menge $R''_* A$ ist also eine abgeschlossene Menge bezüglich der Relation R.

Wenn wir in diesem Gesetz „$\{y\}$" für „A" einsetzen und die Definition des R-Bildes einer Menge sowie das Gesetz der Verschiebung des Allquantifikators in das Vorderglied einer Implikation anwenden, erhalten wir das Theorem:

(XIV) $xRz \wedge z \in R''_* \{y\} \to x \in R''_* y$

(XV) $A \subset C \wedge R''C \subset C \to R''_* A \subset C .$

Die Menge $R''_* A$ ist in jeder Menge enthalten, die die Menge A enthält und die in bezug auf die Relation R abgeschlossen ist.

Beweis. (1) $A \subset C$ {An.}

(2) $R''C \subset C$ {An.}

(3) $x \in R''_* A$ {An.}

(4) $a \in A \wedge xR_* a$ {3, Df R''}

(5) $\bigwedge_B (a \in B \wedge R''B \subset B \to x \in B)$ {4, Df R_*}

(6) $a \in C$ {4, 1, Df$\subset$}

(7) $a \in C \wedge R''C \subset C \to x \in C$ {B$\wedge$, 5}

$x \in C$ {7, 6, 2}

Wenn wir in diesem Gesetz „$\{y\}$" für „C" einsetzen und die Äquivalenz: $\{y\} \subset C \equiv y \in C$, $R''C \subset C \equiv \bigwedge_{z,u} (uRz \wedge z \in C \rightarrow u \in C)$ verwenden, erhalten wir das Theorem:

(XVa) $y \in C \wedge \bigwedge_{z,u} (uRz \wedge z \in C \rightarrow u \in C) \rightarrow R_*''\{y\} \subset C$.

Nach den oben bewiesenen Gesetzen: $A \subset R_*''A$, $R''R_*''A \subset R_*''A$, $A \subset C \wedge R''C \subset C \rightarrow R_*''A \subset C$ können wir feststellen, daß die Menge $R_*''A$ die folgenden Eigenschaften hat:

1. sie enthält die Menge A
2. sie ist in bezug auf eine Relation R abgeschlossen
3. sie ist in jeder Menge enthalten, die die Eigenschaften 1. und 2. hat.

Eine Menge, die diese drei Eigenschaften besitzt, bezeichnen wir als die kleinste Menge, die die Menge A enthält und die in bezug auf eine Relation R abgeschlossen ist. Eine solche Menge ist der Durchschnitt aller Mengen, die die Menge A enthalten und die in bezug auf die Relation R abgeschlossen sind. Es gilt das Theorem:

$$R_*''A = \bigcap_{A \subset B \wedge R''B \subset B} B,$$

das – aufgrund der Definition des Durchschnitts einer Mengenfamilie – äquivalent ist dem Theorem:

$$x \in R_*''A \equiv \bigwedge_B (A \subset B \wedge R''B \subset B \rightarrow x \in B)$$

Beweis. (a)	(1)	$x \in R_*''A$	{An.}
	(2)	$a \in A \wedge xR_*a$	{1, Df R''}
	(3)	$\bigwedge_B (a \in B \wedge R''B \subset B \rightarrow x \in B)$	{2, Df R_*}
	(1.1)	$A \subset B \wedge R''B \subset B$	{z. An.}
	(1.2)	$a \in B$	{2, 1.1, Df $\subset$}
	(1.3)	$x \in B$	{3, 1.2, 1.1}
		$\bigwedge_B (A \subset B \wedge R''B \subset B \rightarrow x \in B)$	{1.1 → 1.3, E $\wedge$}
(b)	(1)	$\bigwedge_B (A \subset B \wedge R''B \subset B \rightarrow x \in B)$	{An.}
	(2)	$A \subset R_*''A \wedge R''R_*''A \subset R_*''A \rightarrow$ $\rightarrow x \in R_*''A$	{B $\wedge$, 1}
	(3)	$A \subset R_*''A \wedge R''R_*''A \subset R_*''A$	{Theorem}
		$x \in R_*''A$	

Gemäß diesem Theorem sowie der Äquivalenz, die den intuitiven Sinn des Ausdruckes „xR_*y" erklärt, stellen wir fest, daß x zur kleinsten

Menge gehört, die die Menge A enthält und die in bezug auf eine Relation R abgeschlossen ist $\equiv x$ steht zu einem gewissen Element der Menge A in der Relation $R \equiv x$ ist identisch mit einem gewissen Element der Menge A, oder es existiert eine endliche Folge von Gegenständen derart, daß: 1. ihr erstes Glied ein gewisses Element der Menge A und ihr letztes Glied der Gegenstand x ist. 2. daß jedes folgende Glied dieser Folge zum vorangegangenen Glied dieser Folge in der Relation R steht. Die Menge $R_*''\{y\}$ ist folglich die kleinste Menge, zu der ein Gegenstand y gehört und die in bezug auf die Relation R abgeschlossen ist.

Wenn beispielsweise $y =$ Władysław Jagiełło und die Relation R die Relation „Kind sein von" ist, dann ist die Menge $R_*''\{y\}$ das Geschlecht der Jagiellonen, die kleinste Menge, zu der Władysław Jagiełło und alle seine Nachfahren gehören. Władysław Jagiełło und alle seine Nachfahren gehören zu vielen verschiedenen Mengen, beispielsweise zur Menge der nach dem Jahre 1300 geborenen Menschen, zur Menge der nach dem Jahre 1200 geborenen Menschen, zur Menge der Menschen der weißen Rasse, zur Menge aller Menschen usw. Zu diesen Mengen gehören jedoch auch Menschen, die nicht Angehörige des Jagiellonengeschlechts sind. Das Jagiellonengeschlecht ist der gemeinsame Teil aller dieser Mengen, es ist der Durchschnitt der Mengen, zu denen Władysław Jagiełło und alle seine Nachfahren gehören, es ist der Durchschnitt der Mengen, zu denen Władysław Jagiełło gehört und die in bezug auf die Relation „Kind sein von" abgeschlossen sind, d. h., zu denen zusammen mit den gegebenen Personen die Kinder dieser Personen gehören.

Aus den obenstehenden Theoremen folgen die Identitäten:

$$R_{po}''\{y\} = R_*; \; R''\{y\} = R_*'' R''\{y\} \,.$$

Die Menge $R_{po}''\{y\}$ ist also die kleinste Menge, die die Menge $R''\{y\}$ enthält (d. h., die Menge der Gegenstände, die zum Gegenstand y in der Relation R stehen) und die in bezug auf die Relation „Kind sein von" abgeschlossen ist.

Wenn beispielsweise $y =$ Władysław Jagiełło und die Relation R die Relation „Kind sein von" ist, dann ist die Menge $R_{po}''\{y\}$ die kleinste Menge, zu der die Kinder von Władysław Jagiełło gehören und die in bezug auf die Relation „Kind sein von" abgeschlossen ist. Folglich ist sie die Menge aller Nachfahren von Władysław Jagiełło.

Wir nehmen an, daß $E(x)$ eine Aussageform mit der freien Variablen „x" ist, daß in dieser Aussageform die freien Variablen: y, z, u nicht auftreten, und daß die Ausdrücke: $E(y)$, $E(z)$, $E(u)$ durch die entsprechende

Einsetzung der Variablen: y, z, u für die Variable „x" aus dem Ausdruck $E(x)$ entstehen. Wenn wir im Theorem (XVa) annehmen, daß $C = \{x: E(x)\}$, und die Äquivalenz (I) sowie die Definition des Enthaltenseins von Mengen und die Definition des R-Bildes einer Menge verwenden, so erhalten wir das Theorem:

$$\text{(XVIa)} \quad E(y) \wedge \bigwedge_{z,u} (E(z) \wedge uRz \rightarrow E(u)) \rightarrow \bigwedge_{x} (x \in R''_{*}\{y\} \rightarrow E(x)) .$$

Diesem Theorem entspricht das logische Schlußschema:

$$\frac{\begin{array}{c} E(y) \\ \bigwedge_{z,u} (E(z) \wedge uRz \rightarrow E(u)) \end{array}}{\bigwedge_{x} (x \in R''_{*}\{y\} \rightarrow E(x))} .$$

Folgender Schluß ist ein Beispiel nach diesem Schema:

Władysław Jagiełło wurde nach dem Jahre 1300 geboren
Die Kinder der nach dem Jahre 1300 geborenen Personen wurden nach dem Jahre 1300 geboren

---

Jeder Angehörige des Geschlechts der Jagiellonen wurde nach dem Jahre 1300 geboren

Aus dem Theorem (XV) erhalten wir auf gleiche Weise das Theorem:

$$\text{(XVI)} \quad \bigwedge_{y \in A} E(y) \wedge \bigwedge_{z,u} (E(z) \wedge uRz \rightarrow E(u)) \rightarrow \bigwedge_{x} (x \in R''_{*}A \rightarrow E(x)) .$$

Diesem Theorem entspricht das logische Schlußschema:

$$\frac{\begin{array}{c} \bigwedge_{y \in A} (Ey) \\ \bigwedge_{z,u} (E(z) \wedge uRz \rightarrow E(u)) \end{array}}{\bigwedge_{x} (x \in R''_{*}A \rightarrow E(x))} .$$

Das Theorem (XVI) und (XVIa) kann man als **Prinzip der Induktion für die kleinste Menge** bezeichnen, die eine Menge A oder ein Element y enthält und in bezug auf eine Relation R abgeschlossen ist. Wenn irgendein Ausdruck – nach dem Schema, das dem Theorem (XVI) entspricht – 1. für jedes Element einer Menge A wahr ist, und 2. sofern er für irgendeinen Gegenstand wahr ist, er ebenfalls für jeden Gegenstand wahr ist, der zu ihm in einer Relation R steht, dann ist dieser Ausdruck für jedes Element der kleinsten Menge wahr, die die Menge A enthält und in bezug auf die Relation R abgeschlossen ist.

Aufgrund des dem Theorem (XVIa) entsprechenden Schema kann das folgende Theorem bewiesen werden:

(XVIb) $$E(y) \wedge \bigwedge_{z,u} (zR_*y \wedge E(z) \wedge uRz \rightarrow E(u)) \rightarrow \bigwedge_{x \in R_*''\{y\}} E(x).$$

Beweis.	(1)	$E(y)$	{An.}
	(2)	$\bigwedge_{z,u} (zR_*y \wedge E(z) \wedge uRz \rightarrow E(u))$	{An.}
	(3)	$x \in R_*''\{y\}$	{An.}
	(4)	$yR_*y \wedge E(y)$	$\{1, yR_*y\}$
	(1.1)	$zR_*y \wedge E(z) \wedge uRz$	{z. An.}
	(1.2)	$E(u)$	{2, 1.1}
	(1.3)	uR_*y	$\{1.1, R; R_* \subset R_*\}$
	(5)	$\bigwedge_{z,u} (zR_*y \wedge E(z) \wedge uRz \rightarrow$ $\rightarrow uR_*y \wedge E(u))$	$\{1.1 \rightarrow 1.3 \wedge 1.2; \mathrm{E} \wedge\}$
	(6)	$\bigwedge_{x \in R_*''\{y\}} (xR_*y \wedge E(x))$	{Schem.XVIa, 4, 5}
		$E(x)$	{6, 3, BK}

Als wir in diesem Beweis zur Ableitung der Zeile 6 das dem Theorem (XVIa) entsprechende Schema, das als Schema XVIa bezeichnet wird, anwandten, nahmen wir in diesem Schema die entsprechenden Einsetzungen des Ausdruckes $vR_*y \wedge E(v)$ für die entsprechenden Einsetzungen des Ausdruckes $E(v)$, also $yR_*y \wedge E(y)$ für $E(y)$, $zR_*y \wedge E(z)$ für $E(z)$ usw., an.

Wenn wir im Theorem (XVIb) die entsprechenden Einsetzungen des Ausdruckes $v \in A$ für die entsprechenden Einsetzungen des Ausdruckes $E(v)$ annehmen und die Äquivalenz: $z \in R_*''\{y\} \equiv zR_*y$ verwenden, so erhalten wir das Theorem:

(XVIc) $$y \in A \wedge \bigwedge_{z \in R_*''\{y\}} (z \in A \wedge uRz \rightarrow u \in A) \rightarrow \bigwedge_{x \in R_*''\{y\}} x \in A\,.$$

Der Begriff der in bezug auf eine gegebene Relation abgeschlossenen Menge kann auf mehrgliedrige Relationen übertragen werden. Wir werden bei der Definition dieses Begriffes das Symbol „B^n" verwenden, das folgendermaßen bestimmt ist:

$$\langle x_1, x_2, \ldots, x_n \rangle \in B^n \equiv x_1, x_2, \ldots, x_n \in B\,.$$

Die Menge B^n ist das n-stellige kartesische Produkt der Menge B mit sich selbst, d. h. die Menge der aus n Elementen bestehenden geordneten Tupel, deren Elemente alle zur Menge B gehören.

Eine Menge B ist abgeschlossen in bezug auf eine $n+1$-gliedrige Relation $R \equiv R''B^n \subset B \equiv \bigwedge_{x_1,\ldots,x_n \in B} (R(y, x_1, \ldots, x_n) \rightarrow y \in B)$.

Besonders häufig verwendet man diesen Begriff in bezug auf solche mehrgliedrige Relationen, die Operationen sind. Dann gilt die Äquivalenz:

Eine Menge B ist in bezug auf eine Operation R abgeschlossen $\equiv$ die Operation R ist in der Menge B ausführbar.

Die kleinste Menge, die eine Menge A enthält und in bezug auf eine $(n+1)$-gliedrige Relation abgeschlossen ist, bezeichnen wir mit dem Symbol „$Z_R(A)$". Folglich:

$$Z_R(A) = \bigcap_{A \in B \wedge R''B^n \subset B} B$$

$$x \in Z_R(A) \equiv \bigwedge_B (A \subset B \wedge R''B^n \subset B \rightarrow x \in B).$$

Beispielsweise können wir die Menge der Ausdrücke des Aussagenkalküls nur mit Implikation als die kleinste Menge definieren, die die Menge der Aussagenvariablen enthält und die in bezug auf die Operation der Bildung der Implikation aus zwei Ausdrücken abgeschlossen ist. Wir sprechen hier von einer Operation, da eine Relation, die zwischen drei Ausdrücken besteht, von denen der erste eine Implikation, der zweite ihr Vorderglied und der dritte ihr Hinterglied ist, eine eindeutige Relation (in bezug auf das erste Element) ist. Sie ordnet nämlich zwei Ausdrücken genau eine Implikation zu, deren Vorderglied der erste dieser Ausdrücke und deren Hinterglied der zweite von ihnen ist.

Wenn wir den Begriff der kleinsten Menge verallgemeinern, ziehen wir auch Mengen in Betracht, die nicht mehr in bezug auf eine Relation, sondern in bezug auf eine Klasse von Relationen abgeschlossen sind, und zwar in bezug auf eine solche Klasse, deren Elemente verschiedengliedrige Relationen sein können. Beispielsweise ist die Menge der Ausdrücke des Aussagenkalküls nur mit Implikation und Negation die kleinste Menge, die die Menge der Aussagenvariablen enthält und in bezug auf die Operationen der Bildung der Negation und Implikation abgeschlossen ist. Die erste dieser Operationen ist eine zweigliedrige, die zweite eine dreigliedrige Relation.

Unter Verwendung des Symbols „Nn", das die Menge der natürlichen Zahlen bezeichnet, und des Symbols „rel^n", das die Klasse von n-gliedrigen Relationen bezeichnet, führen wir die Definition ein:

$$Cl(B, K) \equiv \bigwedge_{n \in Nn} \bigwedge_{R \in K \cap rel^{n+1}} R''B^n \subset B.$$

Den Ausdruck „$Cl(B, K)$" lesen wir: Die Menge B ist abgeschlossen in bezug auf die Relationen der Klasse K. Er sagt aus, daß bei einem beliebigen natürlichen n die Menge B in bezug auf jede $n+1$-gliedrige Relation, die zur Klasse K gehört, abgeschlossen ist.

Die kleinste Menge, die eine Menge A enthält und in bezug auf die Relationen einer Klasse K abgeschlossen ist, bezeichnen wir mit Hilfe des Symbols „$Z_K(A)$", dessen Bedeutung durch folgende Definition festgelegt wird:

$$x \in Z_K(A) \equiv \bigwedge_B (A \subset B \wedge Cl(B, K) \rightarrow x \in B) .$$

Nach dieser Definition gehört x dann und nur dann der kleinsten Menge an, die eine Menge A enthält und in bezug auf die Relationen einer Klasse K abgeschlossen ist, wenn x zu jeder Menge gehört, die die Menge A und die in bezug auf jede Relation, die zur Klasse K gehört, abgeschlossen ist. Eine solche Menge ist also der Durchschnitt aller Mengen, die die Menge A enthalten und in bezug auf die Relationen der Klasse K abgeschlossen sind.

Dieser Begriff hat zahlreiche Anwendungen in der Methodologie der deduktiven Wissenschaften gefunden. Beispielsweise ist die Menge der Aussagenausdrücke des Aussagenkalküls, dem das Kap. III gewidmet ist, die kleinste Menge, die die Menge der Aussagenvariablen enthält und die in bezug auf die Operation der Bildung der Negation, Konjunktion, Alternative, Implikation und Äquivalenz abgeschlossen ist. Die Menge der Aussagenausdrücke des engeren Prädikatenkalküls ist die kleinste Menge, die die Menge der atomaren Ausdrücke dieses Kalküls enthält und die in bezug auf die Operation der Bildung zusammengesetzter Ausdrücke mit Hilfe der Funktoren des Aussagenkalküls und der Quantifikatoren, die die Individuenvariablen binden, abgeschlossen ist. Die Menge der Theoreme eines axiomatischen Systems wird als die kleinste Menge definiert, die die Axiome dieses Systems enthält und die in bezug auf die Relationen, die durch die Grundregeln dieses Systems bestimmt sind, abgeschlossen ist. Die Menge der Theoreme des Aussagenkalküls nur mit Implikation und Negation beispielsweise ist die kleinste Menge, die die drei Axiome von Łukasiewicz enthält und die in bezug auf die durch die Einsetzungs- und Abtrennungsregel bestimmten Relationen abgeschlossen ist. Die Menge der Konsequenzen aus einer gegebenen Menge von Aussagen ist ebenfalls – wie wir im letzten Kapitel sehen werden – als eine gewisse kleinste Menge von Ausdrücken bestimmt. In den bisher betrachteten Deduktionssystemen bedient man sich auch bestimmter Theoreme über kleinste

Mengen, die in bezug auf gewisse Relationen abgeschlossen sind. Wir wollen uns nunmehr mit dem Beweis einiger dieser Theoreme beschäftigen.

(XVII) $A \subset Z_K(A)$.

Beweis.	(1)	$x \in A$	{An.}
	(1.1)	$A \subset B \wedge Cl(B, K)$	{z. An.}
	(1.2)	$x \in B$	{1, 1.1, Df $\subset$}
	(2)	$\bigwedge_B (A \subset B \wedge Cl(B, K) \rightarrow x \in B)$	{1.1 $\rightarrow$ 1.2, E $\wedge$}
		$x \in Z_K(A)$	{2, Df $Z_K(A)$}

(XVIII) $A \subset B \rightarrow Z_K(A) \subset Z_K(B)$.

Beweis.	(1)	$A \subset B$	{An.}
	(2)	$x \in Z_K(A)$	
	(3)	$\bigwedge_C (A \subset C \wedge Cl(C, K) \rightarrow x \in C)$	{2, Df $Z_K(A)$}
	(1.1)	$B \subset C \wedge Cl(C, K)$	{z. An.}
	(1.2)	$A \subset C$	{1, 1.1, Trans $\subset$}
	(1.3)	$x \in C$	{3, 1.2, 1.1}
	(4)	$\bigwedge_C (B \subset C \wedge Cl(C, K) \rightarrow x \in C)$	{1.1 $\rightarrow$ 1.3, E $\wedge$}
		$x \in Z_K(B)$	{4, Df $Z_K(B)$}

(XIX) $Cl(Z_K(A), K)$.

Beweis.	(1)	$R \in K$	{An.}
	(2)	$x \in R''(Z_K(A))^n$	
	(3)	$a_1, \ldots, a_n \in Z_K(A) \wedge$	
		$\wedge R(x, a_1, \ldots, a_n)$	{2, Df R'', Df B^n}
	(4)	$\bigwedge_B (A \subset B \wedge Cl(B, K) \rightarrow$	
		$\rightarrow a_1, \ldots, a_n \in B)$	{3, Df $Z_K(A)$}
	(1.1)	$A \subset B \wedge Cl(B, K)$	{z. An.}
	(1.2)	$a_1, \ldots, a_n \in B$	{4, 1.1}
	(1.3)	$x \in R''B^n$	{3, 1.2, Df R'', Df B^n}
	(1.4)	$R''B^n \subset B$	{1.1, 1}
	(1.5)	$x \in B$	{1.3, 1.4, Df $\subset$, Df $Cl(B, K)$}
	(5)	$\bigwedge_B (A \subset B \wedge Cl(B, K) \rightarrow x \in B)$	{1.1 $\rightarrow$ 1.5, B $\wedge$}
		$x \in Z_K(A)$	{5, Df $Z_K(A)$}

(XX) $Z_K(Z_K(A)) \subset Z_K(A)$.

Beweis. (1)	$x \in Z_K(Z_K(A))$	{An.}
(2)	$\bigwedge_B (Z_K(A) \subset B \wedge Cl(B, K) \rightarrow x \in B)$	{1, Df $Z_K A$)}
(3)	$Z_K(A) \subset Z_K(A) \wedge Cl(Z_K(A), K) \rightarrow$ $\rightarrow x \in Z_K(A)$	{B $\wedge$, 2}
	$x \in Z_K(A)$	{3, XIX, $C \subset C$}

(XXI) $A \subset C \wedge Cl(C, K) \rightarrow \dot{Z}_K(A) \subset C$.

Beweis. (1)	$A \subset C$	{An.}
(2)	$Cl(C, K)$	{An.}
(3)	$x \in Z_K(A)$	{An.}
(4)	$\bigwedge_B (A \subset B \wedge Cl(B, K) \rightarrow x \in B)$	{3, Df $Z_K(A)$}
(5)	$A \subset C \wedge Cl(C, K) \rightarrow x \in C$	{B $\wedge$, 4}
	$x \in C$	{5, 1, 2}

Gemäß der Theoreme (XVII), (XIX), (XXI) hat die Menge $Z_K(A)$ die folgenden Eigenschaften: 1. sie enthält die Menge A, 2. sie ist in bezug auf jede Relation, die zur Klasse K gehört, abgeschlossen, 3. sie ist in jeder Menge mit den Eigenschaften 1. und 2. enthalten.

Aus den Theoremen (XVII) und (XX) folgt das Theorem:

$$Z_K(Z_K(A)) = Z_K(A) .$$

Wir führen ein Beispiel für einen auf dem Theorem (XVIII) beruhenden Schluß an: Die Menge der Aussagenausdrücke des Aussagenkalküls ist die kleinste Menge, die die Menge der Aussagenvariablen enthält und die in bezug auf die Operation der Bildung von Ausdrücken mit Hilfe der Funktoren des Aussagenkalküls abgeschlossen ist. Die Menge der Aussagenausdrücke des engeren Prädikatenkalküls, in denen keine Operatoren auftreten, ist die kleinste Menge, die die Menge der atomaren Ausdrücke des engeren Prädikatenkalküls enthält und die in bezug auf die Operation der Bildung von Ausdrücken mit Hilfe der Funktoren des Aussagenkalküls abgeschlossen ist. Die Menge der Aussagenvariablen ist eine Untermenge der Menge der atomaren Ausdrücke des engeren Prädikatenkalküls. Daraus können wir aufgrund von (XVIII) schließen: Die Menge der Aussagenausdrücke des Aussagenkalküls ist eine Untermenge der Menge der Aussagenausdrücke des engeren Prädikatenkalküls, in denen keine Operatoren auftreten.

Ein zum Theorem (XVIII) analoges Theorem ist das folgende:

(XXII) $K \subset M \rightarrow Z_K(A) \subset Z_M(A)$.

Beim Beweis verwenden wir das folgende Lemma:

Lem. $K \subset M \wedge Cl(B, M) \rightarrow Cl(B, K)$,

das sich aufgrund der Definition von $Cl(B, K)$ leicht beweisen läßt.

Beweis.	(1)	$K \subset M$	{An.}
	(2)	$x \in Z_K(A)$	
	(3)	$\bigwedge_B (A \subset B \wedge Cl(B, K) \rightarrow x \in B)$	{2, Df $Z_K(A)$}
	(1.1)	$A \subset B \wedge Cl(B, M)$	{z. An.}
	(1.2)	$Cl(B, K)$	{Lem., 1, 1.1}
	(1.3)	$x \in B$	{3, 1.1, 1.2}
	(4)	$\bigwedge_B (A \subset B \wedge Cl(B, M) \rightarrow x \in B)$	{1.1 → 1.3, E $\wedge$}
		$x \in Z_M(A)$	

Die Menge der Aussagenausdrücke des Aussagenkalküls nur mit Implikation ist die kleinste Menge, die die Menge der Aussagenvariablen enthält und die in bezug auf die Operation der Bildung der Implikation abgeschlossen ist. Die Menge der Aussagenausdrücke des Aussagenkalküls nur mit Implikation und Negation ist die kleinste Menge, die die Menge der Aussagenvariablen enthält und die in bezug auf die Operation der Bildung der Implikation und Negation von Ausdrücken abgeschlossen ist. Aufgrund des Theorems (XXII) schließen wir daraus, daß die erste Menge eine Untermenge der zweiten ist.

Aus den Theoremen (XVIII) und (XXII) folgt das Theorem:

$$A \subset B \wedge K \subset M \rightarrow Z_K(A) \subset Z_M(B) .$$

Wenn wir zu den Axiomen eines gegebenen Systems neue Axiome und zu seinen Grundregeln neue Regeln hinzufügen, dann ist die Menge der Theoreme des gegebenen Systems eine Teilmenge der Menge der Theoreme des erweiterten Systems.

Wir nehmen an, daß $E(x)$ eine Aussageform mit einer freien Variablen „x" ist, die nicht die freien Variablen: $x_1, \ldots, x_n, y$ enthält, ferner, daß die Ausdrücke $E(x_1), \ldots, E(x_n)$, $E(y)$ aus dem Ausdruck $E(x)$ dadurch entstehen, daß für die Variable „x" entsprechend die Variablen: $x_1, \ldots, x_n, y$ eingesetzt werden. Wenn wir annehmen, daß $C = \{x : E(x)\}$, und wenn wir die Äquivalenz (1) sowie die Definitionen der Symbole: R'', B^n, $\subset$ verwenden, so erhalten wir aus dem Theorem (XXI) das folgende Theorem:

$$\text{(XXII)} \quad \bigwedge_{x \in A} E(x) \wedge \bigwedge_{n \in Nn} \; \bigwedge_{R \in K \cap rel^{n+1}} \; \bigwedge_{x_1, \ldots, x_n, y} [E(x_1) \wedge \cdots \wedge E(x_n) \wedge \wedge R(y, x_1, \ldots, x_n) \rightarrow E(y)] \rightarrow \bigwedge_{x \in Z_K(A)} E(x) .$$

Das Theorem (XXIII) ist eine Verallgemeinerung des Theorems (XVI). Er stellt die allgemeine Formulierung des **Induktionsprinzips** für **die kleinste Menge** dar, die eine Menge A enthält und die in bezug auf die Relationen, die zu einer Klasse K gehören, abgeschlossen ist.

Diesem Theorem entspricht das folgende Schlußschema:

$$\frac{\bigwedge_{x \in A} E(x) \qquad \bigwedge_{n \in Nn} \ \bigwedge_{R \in K \cap rel^{n+1}} \ \bigwedge_{x_1, \ldots, x_n, y} [E(x_1) \wedge \cdots \wedge E(x_n) \wedge R(y, x_1, \ldots, x_n) \rightarrow E(y)]}{\bigwedge_{x \in Z_K(A)} E(x)}.$$

Wenn also irgendein Ausdruck 1. für jedes Element einer Menge A gültig ist, und, 2. sofern er für irgendwelche Gegenstände gültig ist, er ebenfalls für diejenigen Gegenstände gültig ist, die zu ihnen in einer beliebigen Relation R stehen, die zu einer Klasse K gehört, dann ist dieser Ausdruck für jedes Element der kleinsten Menge gültig, die die Menge A enthält und die in bezug auf die Relationen, die zur Klasse K gehören, abgeschlossen ist. Nachstehend werden Beispiele für Beweise angeführt, die nach dem obigen Schema ausgeführt werden:

Jede Aussagenvariable besteht aus einer endlichen Anzahl von Symbolen. Wenn der Ausdruck F aus einer endlichen Anzahl von Symbolen besteht, dann besteht der Ausdruck $\sim F$ aus einer endlichen Anzahl von Symbolen.

Wenn die Ausdrücke F und G aus einer endlichen Anzahl von Symbolen bestehen, so bestehen die Ausdrücke $F \wedge G$, $F \vee G$, $F \rightarrow G$, $F \equiv G$ aus einer endlichen Anzahl von Symbolen.

Jeder Aussagenausdruck des Aussagenkalküls besteht aus einer endlichen Anzahl von Symbolen.

Jedes der drei Axiome des Aussagenkalküls nur mit Implikation und Negation von J. Łukasiewicz ist ein wahrer Ausdruck (wird mit der Null-Eins-Methode geprüft).

Jeder Ausdruck, der durch eine Einsetzung in einen wahren Ausdruck entsteht, ist ein wahrer Ausdruck.

Jeder Ausdruck, der mit Hilfe der Abtrennungsoperation aus wahren Ausdrücken gewonnen wird, ist ein wahrer Ausdruck.

Jedes Theorem des Aussagenkalküls nur mit Implikation und Negation ist ein wahrer Ausdruck.

Oft macht die zweite Prämisse eines Induktionsbeweises der erörterten Art einen längeren Beweis erforderlich. Der Beweis für einen Ausdruck, der ein nach diesem Schema gewonnener Ausdruck ist, wird dann auf eine von zwei Arten durchgeführt, die wir jetzt charakterisieren.

Die erste Methode kann dann angewandt werden, wenn die Menge K eine endliche Menge ist, wenn also beispielsweise

$$K = \{R_1, \ldots, R_k\} \wedge n_1, \ldots, n_k \in Nn \wedge R_1 \in rel^{n_1+1} \wedge \cdots \wedge R_k \in rel^{n_k+1}.$$

Der Beweis kann dann wie folgt durchgeführt werden:

1°. Wir beweisen, daß: $\bigwedge_{x \in A} E(x)$.

2°. Wir nehmen als aufeinanderfolgende Induktionsvoraussetzungen die Ausdrücke an:

$$(2)\quad \begin{array}{l} E(x_1) \wedge \cdots \wedge E(x_{n_1}) \wedge R_1(y, x_1, \ldots, x_{n_1}) \\ E(x_1) \wedge \cdots \wedge E(x_{n_2}) \wedge R_2(y, x_1, \ldots, x_{n_2}) \\ \cdots\cdots\cdots\cdots\cdots\cdots\cdots\cdots \\ E(x_1) \wedge \cdots \wedge E(x_{n_k}) \wedge R_k(y, x_1, \ldots, x_{n_k}). \end{array}$$

Aus jeder der unter (2) angegebenen Voraussetzungen leiten wir aufgrund der bisherigen Theoreme und Regeln den Ausdruck $E(y)$ ab. Wenn wir dies erreichen, ist der Induktionsbeweis des Ausdruckes: $\bigwedge_{x \in Z_K(A)} E(x)$ abgeschlossen.

Wir haben nämlich auf diese Weise jede der folgenden Implikationen bewiesen:

$$(3)\quad \begin{array}{l} E(x_1) \wedge \cdots \wedge E(x_{n_1}) \wedge R_1(y, x_1, \ldots, x_{n_1}) \to E(y) \\ E(x_1) \wedge \cdots \wedge E(x_{n_2}) \wedge R_2(y, x_1, \ldots, x_{n_2}) \to E(y) \\ \cdots\cdots\cdots\cdots\cdots\cdots\cdots\cdots \\ E(x_1) \wedge \cdots \wedge E(x_{n_k}) \wedge R_k(y, x_1, \ldots, x_{n_k}) \to E(y). \end{array}$$

Aus (2) erhalten wir:

$$(4)\quad n \in Nn \wedge R \in K \cap rel^{n+1} \to n = n_1 \wedge R = R_1 \vee n = n_2 \wedge R = R_2 \vee \cdots \vee n = n_k \wedge R = R_k.$$

Aus (3) erhalten wir mit Hilfe der Regel EI:

$$(5)\quad \begin{array}{l} n = n_1 \wedge R = R_1 \to [E(x_1) \wedge \cdots \wedge E(x_n) \wedge R(y, x_1, \ldots, x_n) \to E(y)] \\ n = n_2 \wedge R = R_2 \to [E(x_1) \wedge \cdots \wedge E(x_n) \wedge R(y, x_1, \ldots, x_n) \to E(y)] \\ \cdots\cdots\cdots\cdots\cdots\cdots\cdots\cdots \\ n = n_k \wedge R = R_k \to [E(x_1) \wedge \cdots \wedge E(x_n) \wedge R(y, x_1, \ldots, x_n) \to E(y)]. \end{array}$$

Aus (4) sowie aus der Implikation, die aus (5) mit Hilfe der Regel der Addition der Vorderglieder gewonnen wurde, erhalten wir aufgrund der Regel des bedingten Syllogismus:

$$(6)\ n \in Nn \wedge R \in K \cap rel^{n+1} \rightarrow [E(x_1) \wedge \cdots \wedge E(x_n) \wedge \\ \wedge R(y, x_1, \ldots, x_n) \rightarrow E(y)].$$

Wenn wir auf (6) die Regel der hinteren Generalisierung und auf den auf diese Weise gewonnenen Ausdruck die Regel der Einführung des Allquantifikators mit begrenztem Bereich anwenden, so erhalten wir:

$$(7)\ \bigwedge_{n \in Nn}\ \bigwedge_{R \in K \cap rel^{n+1}}\ \bigwedge_{x_1, \ldots, x_n, y} [E(x_1) \wedge \cdots \wedge E(x_n) \wedge \\ \wedge R(y, x_1, \ldots, x_n) \rightarrow E(y)].$$

Aus 1° und (7) folgt aufgrund des dem Theorem (XXIII) entsprechenden Schlußschemas: $\bigwedge_{x \in Z_K(A)} E(x)$.

Als Beispiel für einen solchen Beweis führen wir denjenigen für die folgende Formulierung der Extensionalitätsregel im Aussagenkalkül an. Für jeden Aussagenausdruck H des Aussagenkalküls gilt: Aus dem Ausdruck $F \equiv G$ folgt der Ausdruck $H \equiv H(F//G)$.

Aufgrund der Theoreme und Regeln des Aussagenkalküls ist diese Formulierung äquivalent der im Kapitel III angegebenen Formulierung der Extensionalitätsregel. Die Rolle der Variablen „x" erfüllt in diesem Beweis die Variable H, dagegen ist der Ausdruck $E(x)$ der Ausdruck: Aus dem Ausdruck $F \equiv G$ folgt der Ausdruck $H \equiv H(F//G)$. Für diesen Ausdruck führen wir die Abkürzung: $W(H)$ ein.

Im ersten Teil des Induktionsbeweises beweisen wir den Ausdruck $W(H)$ für den Fall, daß H eine Aussagenvariable ist. Im zweiten Teil des Beweises setzen wir induktiv den Ausdruck $W(H)$ voraus und leiten auf dieser Grundlage $W(\sim H)$ ab. Anschließend setzen wir die Ausdrücke $W(H)$ und $W(H_1)$ voraus und leiten anhand dieser Induktionsvoraussetzungen die Ausdrücke $W(H \wedge H_1)$, $W(H \vee H_1)$, $W(H \rightarrow H_1)$, $W(H \equiv H_1)$ ab.

Die Rolle der Voraussetzungen: $R_1(y, x_1, \ldots, x_n), \ldots, R_k(y, x_1, \ldots, x_n)$ erfüllen hier die implizite angenommenen Prämissen: Der Ausdruck $\sim H$ ist die Negation des Ausdruckes H, der Ausdruck $H \wedge H_1$ ist die Konjunktion der Ausdrücke H und H_1, usw. Die Relation R_1 ist die Relation, die zwischen der Negation eines Ausdruckes und diesem Ausdruck besteht. Die Relation R_2 ist die Relation, die zwischen einer Konjunktion und ihren Gliedern besteht. Entsprechend bestehen die Relationen R_3, R_4, R_5 zwischen einer Alternative und ihren Gliedern, zwischen einer Implikation und ihren Gliedern, zwischen einer Äquivalenz und ihren Gliedern. Alle diese Relationen sind Operationen, und die Ergebnisse dieser Operationen werden mit Hilfe der Symbole: $\sim H$, $H \wedge H_1$, $H \vee H_1$, $H \rightarrow H_1$, $H \equiv H_1$ bezeichnet.

Wir führen im einzelnen einen Teil dieses Beweises an:

1°. Wir setzen voraus, daß H eine Aussagenvariable ist. Dann ist entweder $H = F$ oder $H \neq F$. Im ersten Fall ist $H(F//G) = G$ und der Ausdruck $W(H)$ ist wahr, denn er sagt aus, daß aus dem Ausdruck $F \equiv G$ der Ausdruck $F \equiv G$ folgt. Im zweiten Fall ist $H(F//G) = H$. Der Ausdruck $W(H)$ hat dann die Form: Aus dem Ausdruck $F \equiv G$ folgt der Ausdruck $H \equiv H$. $W(H)$ ist wahr, da der Ausdruck $H \equiv H$ aus einem beliebigen Ausdruck folgt.

2°. (a)

(1) Aus dem Ausdruck $F \equiv G$ folgt der Ausdruck $H \equiv H(F//G)$	{Induktionsvoraussetzung}
(2) Aus $H \equiv H(F//G)$ folgt $\sim H \equiv \sim H(F//G)$	{Regel d. Neg. der Äquivalenzgl.}
(3) $\sim H(F//G) = (\sim H)(F//G)$	{Df//}
(4) Aus $F \equiv G$ folgt $\sim H \equiv (\sim H)(F//G)$	{1, 2, 3 Transitivität der Folgerung}

(b)

(1) Aus $F \equiv G$ folgt $H \equiv H(F//G)$	{Induktionsvoraussetzungen}
(2) Aus $F \equiv G$ folgt $H_1 \equiv H_1(F//G)$	
(3) Aus $F \equiv G$ folgt $H \wedge H_1 \equiv H(F//G) \wedge H_1(F//G)$	{2, Multipl. v. Äquiv.}
(4) $(H(F//G) \wedge H_1(F//G)) = (H \wedge H_1)(F//G)$	{Df//}
(5) Aus $F \equiv G$ folgt $H \wedge H_1 \equiv (H \wedge H_1)(F//G)$	{3, 4}

Analog werden die weiteren Teile des Beweises ausgeführt. Im Teil (c) verwenden wir die Regel der Addition von Äquivalenzen, in den Teilen (d) und (e) verwenden wir Regeln mit den Schemata:

$$\frac{\begin{matrix} p \equiv q \\ r \equiv s \end{matrix}}{p \rightarrow r \equiv q \rightarrow s} \qquad \frac{\begin{matrix} p \equiv q \\ r \equiv s \end{matrix}}{(p \equiv r) \equiv (q \equiv s)}.$$

Die zweite Methode der Ausführung von Induktionsbeweisen von Aussagen über die Elemente der kleinsten Menge, die eine Menge A enthält und die in bezug auf die Relationen, die zu einer Klasse K gehören, abgeschlossen ist, kann sowohl dann angewandt werden, wenn die Klasse K endlich ist, als auch dann, wenn sie nicht endlich ist.

Wenn wir diese Methode anwenden, dann führen wir die besprochenen Induktionsbeweise folgendermaßen aus:

1°. Wir beweisen, daß: $\bigwedge_{x \in A} E(x)$

2°. Wir nehmen als Induktionsvoraussetzungen die Ausdrücke an:

(1) $n \in Nn \wedge R \in K \cap rel^{n+1}$

(2) $E(x_1) \wedge \cdots \wedge E(x_n)$

(3) $R(y, x_1, \ldots, x_n)$

Aus diesen Voraussetzungen leiten wir entsprechend der bisherigen Theoreme und Regeln den Ausdruck $E(y)$ ab. Wenn wir zu diesem Ausdruck gelangen, ist der Beweis des Ausdruckes: $\bigwedge_{x \in Z_K(A)} E(x)$ beendet.

Wenn wir nämlich den Ausdruck $E(y)$ aufgrund der Voraussetzungen (1), (2), (3) erhalten, so haben wir die folgende Implikation bewiesen:

$$n \in Nn \wedge R \in K \cap rel^{n+1} \rightarrow [E(x_1) \wedge \cdots \wedge E(x_n) \wedge R(y, x_1, \ldots, x_n) \rightarrow E(y)].$$

Wenn wir auf dieses Theorem die Regel der hinteren Generalisierung und dann die Regel der Einführung des Allquantifikators mit begrenztem Bereich anwenden, so erhalten wir das Theorem:

$$\bigwedge_{n \in Nn} \; \bigwedge_{R \in K \cap rel^{n+1}} \; \bigwedge_{y, x_1, \ldots, x_n} [E(x_1) \wedge \cdots \wedge E(x_n) \wedge R(y, x_1, \ldots, x_n) \rightarrow E(y)].$$

Aus diesem Ausdruck sowie aus 1° erhalten wir aufgrund des Schlußschemas, das dem Theorem (XXIII) entspricht, den Ausdruck:

$$\bigwedge_{x \in Z_K(A)} E(x).$$

Es muß hervorgehoben werden, daß in den Induktionsbeweisen der besprochenen Art in bezug auf die Induktionsvoraussetzungen die gleichen Einschränkungen gelten, wie in bezug auf die Voraussetzungen eines Annahmebeweises. Vor allem darf auf die freien Variablen, die in den Induktionsvoraussetzungen vorkommen, weder die Einsetzungsregel noch die Regel der Einführung des Allquantifikators angewandt werden. Aus der oben durchgeführten Analyse dieser Beweise ist nämlich zu ersehen, daß es sich dabei um Annahmebeweise einer speziellen Art handelt.

Die zweite Methode der Ausführung eines Induktionsbeweises wenden wir beim Beweis des folgenden Theorems an:

$$\text{(XXIV)} \quad Z_K(A) = \bigcup_{C \subset A \wedge Nc'C \in Nn} Z_K(C).$$

Das Symbol „Nn" verwenden wir zur Bezeichnung der Menge der natürlichen Zahlen. Der Ausdruck „$Nc'C \in Nn$" besagt, daß die

Kardinalzahl der Menge C eine natürliche Zahl ist, d. h., daß die Menge C eine endliche Menge ist, eine Menge mit einer endlichen Anzahl von Elementen.

Das Theorem (XXIV) besagt, daß die kleinste Menge, die eine Menge A enthält und die in bezug auf die Relationen, die zu einer Klasse K gehören, abgeschlossen ist, gleich der Vereinigung der kleinsten Mengen ist, die endliche Untermengen der Menge A enthalten und die in bezug auf die Relationen, die zur Klasse K gehören, abgeschlossen sind.

Der intuitive Sinn dieses Theorems wird besser verständlich, wenn man es in der folgenden äquivalenten Form schreibt:

$$x \in Z_K(A) \equiv \bigvee_{C \subset A \wedge Nc'C \in Nn} x \in Z_K(C).$$

Nach dieser Äquivalenz gehört ein Gegenstand x zur kleinsten Menge, die eine Menge A enthält und in bezug auf die Relationen, die zur Klasse K gehören, abgeschlossen ist, genau dann, wenn x zur kleinsten Menge gehört, die eine gewisse endliche Untermenge der Menge A enthält und die in bezug auf die Relationen, die zur Klasse K gehören, abgeschlossen ist.

Beispielsweise ist ein Ausdruck E ein Ausdruck des Aussagenkalküls genau dann, wenn E aus einer endlichen Anzahl von Aussagenvariablen mit Hilfe der Operation der Erzeugung zusammengesetzter Ausdrücke des Aussagenkalküls gebildet wird.

Wir beweisen das Theorem (XXIV) in Gestalt dieser Äquivalenz. Beim Beweis verwenden wir die folgenden zwei Theoreme:

Th. 1 $Nc'\{x\} \in Nn$

Th. 2 $Nc'C_1 \in Nn \wedge Nc'C_2 \in Nn \wedge \cdots \wedge Nc'C_n \in Nn \rightarrow Nc'(C_1 \cup C_2 \cup \cdots \cup C_n) \in Nn.$

Das Theorem 1 besagt, daß die Kardinalzahl der Menge $\{x\}$ eine natürliche Zahl ist. Diese Zahl ist nämlich die Zahl 1. Das Theorem 2 besagt, daß die Summe von n endlichen Mengen (n ist hier eine natürliche Zahl) eine endliche Menge ist.

Der Beweis der Implikation, die der zu beweisenden Äquivalenz entspricht, d. h. der Implikation (a) $x \in Z_K(A) \rightarrow \bigvee_{C \subset A \wedge Nc'C \in Nn} x \in Z_K(C)$, ist ein Induktionsbeweis. Der Ausdruck $E(x)$ ist hier das Hinterglied dieser Implikation.

1°. $x \in A \rightarrow \bigvee_{C \subset A \wedge Nc'C \in Nn} x \in Z_K(C).$

Beweis. (1) $x \in A$ {An.}

(2) $\{x\} \subset A \wedge Nc'\{x\} \in Nn$ {1, Th. 1}

(3) $x \in Z_K\{x\}$ {XVII, $\{x\} \subset C \equiv x \in C$}

$$\bigvee_{C \subset A \wedge Nc'C \in Nn} x \in Z_K(C)$$ {2, 3}

2°. (1) $n \in Nn \wedge R \in K \cap rel^{n+1}$

(2) $\bigvee_{C \subset A \wedge Nc'C \in Nn} x_1 \in Z_K(C)$

. . . .

$\bigvee_{C \subset A \wedge Nc'C \in Nn} x_n \in Z_K(C)$

(3) $R(y, x_1, \ldots, x_n)$

{Induktions-voraus-setzungen}

(4) $C_1 \subset A \wedge Nc'C_1 \in Nn \wedge x_1 \in Z_K(C_1)$

. . . .

$C_n \subset A \wedge Nn'C_n \in Nn \wedge x_n \in Z_K(C_n)$ {B $\vee$, 2}

(5) $C_1 \cup \cdots \cup C_n \subset A \wedge$
$\wedge Nc'(C_1 \cup \cdots \cup C_n) \in Nn$ {4, Th. 2}

(6) $x_1, \ldots, x_n \in Z_K(C_1 \cup \cdots \cup C_n)$ {XVIII, 4}

(7) $\bigwedge_B (C_1 \cup \cdots \cup C_n \subset B \wedge$
$\wedge Cl(B, K) \to x_1, \ldots, x_n \in B)$ {6, Df $Z_K(A)$}

(1.1) $C_1 \cup \cdots \cup C_n \subset B \wedge Cl(B, K)$ {z. An.}

(1.2) $x_1, \ldots, x_n \in B$ {7, 1.1}

(1.3) $y \in R''B^n$ {3, 1.2}

(1.4) $R''B^n \subset B$ {1.1, 1}

(1.5) $y \in B$ {1.3, 1.4}

(8) $\bigwedge_B (C_1 \cup \cdots \cup C_n \subset B \wedge$
$\wedge Cl(B, K) \to y \in B)$ {1.1 → 1.4, E $\wedge$}

(9) $y \in Z_K(C_1 \cup \cdots \cup C_n)$ {8, Df $Z_K(A)$}

$$\bigvee_{C \subset A \wedge Nc'C \in Nn} y \in Z_K(C)$$ {5, 9}

Der Induktionsbeweis der Implikation (a) ist also beendet.

Wir geben jetzt den Beweis der umgekehrten Implikation an:

(b) $$\bigvee_{C \subset A \wedge Nc'C \in Nn} x \in Z_K(C) \to x \in Z_K(A)$$

Beweis. (1) $\bigvee_{C \subset A \wedge Nc'C \in Nn} x \in Z_K(C)$ {An.}

(2) $C_1 \subset A \wedge Nc'C_1 \in Nn \wedge x \in Z_K(C_1)$ {B $\vee$, 1}

$x \in Z_K(A)$ {XVIII, 2}

In diesem sowie in den weiteren Beweisen verwenden wir das Symbol

„B ∨" auch zur Bezeichnung der Regel der Beseitigung des Existenzquantifikators mit begrenztem Bereich.

(XXV) $x \in Z_K(A) \equiv$ Es existiert eine endliche Folge von Gegenständen, deren letztes Glied der Gegenstand x ist und in der jedes Glied entweder zur Menge A gehört oder zu irgendwelchen früheren Gliedern der Folge in irgendeiner Relation R steht, die zur Klasse K gehört.

Nach diesem Theorem ist beispielsweise x ein Theorem eines Axiomensystems mit der Menge A von Axiomen und den Schlußregeln, die die Relationen bestimmen, die zur Klasse K gehören $\equiv x$ gehört zur kleinsten Menge, welche die Menge A der Axiome enthält und die in bezug auf die Relationen, die zur Klasse K gehören, abgeschlossen ist $\equiv$ es existiert eine endliche Folge von Ausdrücken, deren letzter Ausdruck der Ausdruck x ist und in der jeder Ausdruck entweder zur Menge A der Axiome x gehört oder zu irgendwelchen früheren Ausdrücken der Folge in irgendeiner Relation (die durch die entsprechende Schlußregel bestimmt wird) steht, die zur Klasse K gehört.

Eine solche endliche Folge von Ausdrücken bezeichnet man als Beweis des Ausdruckes x in einem System mit der Menge A von Axiomen und den Schlußregeln, die die Relationen bestimmen, die zu der Klasse K gehören.

Wenn wir den Beweis dieses Theorems schreiben, verwenden wir die Abkürzung:

$W(C, x) \equiv C$ ist eine endliche Folge von Gegenständen, deren letztes Glied x ist und in der jedes Glied entweder zu der Menge A gehört oder zu irgendwelchen früheren Gliedern der Folge in irgendeiner Relation R steht, die zur Klasse K gehört.

Der Beweis der Implikation, die der zu beweisenden Behauptung entspricht, d. h. der Implikation (a) $x \in Z_K(A) \to \bigvee_C W(C, x)$, ist ein Induktionsbeweis.

1°. $x \in A \to \bigvee_C W(C, x)$.

Beweis: Wenn x Element der Menge A ist, so erfüllt eine aus einem Glied bestehende Folge, deren erster Ausdruck x $(a_1 = x)$ ist, die Bedingung $W(C, x)$. Die Implikation: $x \in A \to \bigvee_C W(C, x)$ ist also wahr.

2°. (1) $n \in Nn \wedge R \in Kn \cap rel^{n+1}$

(2) $\left.\begin{array}{l} \bigvee_C W(C, x_1) \\ \bigvee_C W(C, x_2) \\ \cdots\cdots\cdots \\ \bigvee_C W(C, x_n) \end{array}\right\}$ {Induktionsvoraussetzungen}

$$
\begin{array}{lll}
(3) & R(x, x_1, \ldots, x_n) & \{\text{Induktionsvoraussetzungen}\} \\
(4) & \left.\begin{array}{l} W(C_1, x_1) \\ W(C_2, x_2) \\ \cdots\cdots \\ W(C_n, x_n) \end{array}\right\} & \{B \vee, 2\}
\end{array}
$$

(5) Die Folge C beschreiben wir als Folge, die aus den Gliedern der Folgen $C_1, C_2, \ldots, C_n$ und x gebildet wird, und zwar so, daß zuerst alle Glieder der Folge C_1 hintereinander in der Folge C auftreten, dann alle Glieder der Folge C_2 hintereinander in der Folge $C, \ldots$ schließlich alle Glieder der Folge C_n hintereinander in der Folge C und nach ihnen x als letztes Glied der Folge C.

Aus (4) und (5) geht hervor, daß jedes Glied der Folge C, das ein Glied (irgend-)einer der Folgen $C_1, C_2, \ldots, C_n$ ist, entweder zur Menge A gehört oder zu irgendwelchen früheren Gliedern der Folge C in irgendeiner Relation R steht, die zur Klasse K gehört. Aus (1), (3) und (5) folgt, daß x zu gewissen früheren Gliedern der Folge C in einer Relation R steht, die zur Klasse K gehört. Folglich:

(6) $W(C, x)$.

Aus (6) erhalten wir nach Anwendung der Regel der Einführung des Existenzquantifikators: $\bigvee_{C} W(C, x)$.

Der Induktionsbeweis der Implikation (a) ist damit beendet.

Die genaue Formulierung des Beweises der umgekehrten Implikation erfordert die Anwendung einer bestimmten Form des Induktionsprinzips für die natürlichen Zahlen. Dieses Prinzip werden wir im nächsten Abschnitt formulieren und dort auch den Beweis dieser Implikation angeben.

4. Die Zurückführung der Arithmetik natürlicher Zahlen auf die Logik

Die Entwicklung der Mathematik führte im Laufe der Jahrhunderte zu einer allmählichen Erweiterung des Zahlenbegriffs. Neben den natürlichen Zahlen wurden die ganzen Zahlen (positive, negative), die rationalen Zahlen (Brüche), die reellen Zahlen und die komplexen Zahlen eingeführt. In der zweiten Hälfte des 19. Jahrhunderts wurde die Arithmetik dieser neuen Zahlenarten auf der Arithmetik der natürlichen Zahlen begründet. Die ganzen Zahlen können als Abstraktionsklassen einer gewissen Äquivalenzrelation definiert werden, die zwischen geordneten Paaren natürlicher Zahlen besteht. Beispielsweise ist die ganze Zahl +2 die Klasse geordneter Paare natürlicher Zahlen, deren erstes Element um zwei größer ist als das zweite, d. h. solcher Paare wie z. B. $\langle 3, 1\rangle$, $\langle 7, 5\rangle$, $\langle 8, 6\rangle$. Die ganze Zahl −2 ist die Klasse geordneter Paare natürlicher Zahlen, deren zweites Element um zwei größer ist als das erste, d. h. solcher Paare wir z. B. $\langle 1, 3\rangle$, $\langle 5, 7\rangle$, $\langle 6, 8\rangle$. Die ganze Zahl 0 ist die Klasse geordneter Paare natürlicher Zahlen, deren beide Elemente gleich sind. Für die so bestimmten ganzen Zahlen definieren wir Operationen (Addition, Multiplikation usw.) mit Hilfe der entsprechenden Operationen für die natürlichen Zahlen. Anhand dieser Definitionen sowie anhand der Theoreme der Arithmetik der natürlichen Zahlen können alle Theoreme der Arithmetik der ganzen Zahlen bewiesen werden. Ebenso kann man die rationalen Zahlen als Abstraktionsklassen einer gewissen Äquivalenzrelation definieren, die zwischen geordneten Paaren ganzer Zahlen besteht, deren zweites Element von Null verschieden ist. Aus den Definitionen der Operationen mit den so bestimmten rationalen Zahlen sowie aus den Theoremen der Arithmetik der ganzen Zahlen können alle Theoreme der Arithmetik der rationalen Zahlen abgeleitet werden. Die reellen Zahlen können als gewisse Klassen rationaler Zahlen (oder Klassen gewisser Folgen rationaler Zahlen) definiert werden, und analog kann man die Arithmetik der reellen Zahlen auf der Arithmetik der rationalen Zahlen aufbauen. Die Arithmetik der komplexen Zahlen kann man auf der Arithmetik der reellen Zahlen aufbauen, indem man die komplexen Zahlen als geordnete Paare reeller Zahlen definiert. Folglich kann man unter Verwendung der Termini des Mengenkalküls – auf der Grundlage der Arithmetik der natürlichen Zahlen – die Arithmetik der ganzen, rationalen, reellen und komplexen Zahlen aufbauen.

Gegen Ende des 19. Jahrhunderts wurde die Arithmetik der natürlichen Zahlen in Form eines axiomatischen Systems aufgebaut. Das erste und bekannteste Axiomensystem der Arithmetik der natürlichen Zahlen stammt von dem italienischen Logiker und Mathematiker G. Peano. In den Axiomen dieses Systems treten drei Grundtermini auf, von denen der erste die Zahl Null, der zweite den Nachfolger einer natürlichen Zahl und der dritte die Menge aller natürlichen Zahlen bezeichnet. Wir verwenden für sie die Symbole: 0, *Seq*, *Nn*, *Seq'k*, d. h., der Nachfolger einer natürlichen Zahl *k* ist eine Zahl, die um 1 größer ist als die Zahl *k*.[1] Die Axiome dieses Systems sind:

P1. $0 \in Nn$.

[1] [In der deutschsprachigen Literatur statt „*Seq'k*" auch $\sigma(k)$ bzw. k'.]

Null ist eine natürliche Zahl.

P2. $\bigwedge_{k \in Nn} Seq'k \in Nn$.

Der Nachfolger einer natürlichen Zahl ist eine natürliche Zahl.

P3. $\bigwedge_{k \in Nn} Seq'k \neq 0$.

Null ist Nachfolger keiner natürlichen Zahl.

P4. $\bigwedge_{k,m \in Nn} (Seq'k = Seq'm \rightarrow k = m)$.

Wenn die Nachfolger der natürlichen Zahlen k und m gleich sind, so sind die Zahlen k und m gleich (oder in der äquivalenten Formulierung aufgrund des Transpositionsgesetzes: zwei verschiedene natürliche Zahlen haben verschiedene Nachfolger).

P5. $0 \in A \wedge \bigwedge_{k \in Nn} (k \in A \rightarrow Seq'k \in A) \rightarrow \bigwedge_{k \in Nn} k \in A$.

Wenn die Zahl 0 zu einer Menge A gehört und wenn die Menge A den Nachfolger einer beliebigen natürlichen Zahl k als Element enthält, die zur Menge A gehört, so gehört jede natürliche Zahl zur Menge A. Dieses Axiom trägt die Bezeichnung Induktionsprinzip.

Addition und Multiplikation werden mit Hilfe der folgenden induktiven Definitionen bestimmt:

Definition der Addition:

$$k + 0 = k$$
$$k + Seq'm = Seq'(k + m)$$

Definition der Multiplikation:

$$k \cdot 0 = 0$$
$$k \cdot (m + 1) = k \cdot m + k.$$

Das Axiomensystem P1–P5 ist mit dem folgenden Axiomensystem äquivalent:

1. $0 \in Nn$

2a. $\bigwedge_{k,m,n \in Nn} (k\, Seq\, n \wedge m\, Seq\, n \rightarrow k = m)$

2b. $\bigwedge_{k \in Nn} \bigvee_{m} m\, Seq\, k$

2c. $\bigwedge_{k \in Nn} (m\, Seq\, k \rightarrow m \in Nn)$.

Das Axiom 2a besagt, daß die Relation Seq eine eindeutige Relation ist ($Seq \in 1 - Cls$). Das Axiom 2b besagt, daß für jede natürliche Zahl k

ein m existiert, welches der Nachfolger von k ist, und dem Axiom 2c zufolge ist ein solches m eine natürliche Zahl.

Folglich existiert nach den Axiomen 2a, b, c für jede natürliche Zahl k genau eine natürliche Zahl, die der Nachfolger der Zahl k ist. Wir können also $Seq'k$ als $\underset{m}{\imath}\, m\ Seq\ k$ definieren.

3. $\bigwedge_{k \in Nn} \sim 0\ Seq\ k$

4. $\bigwedge_{k,m,n \in Nn} (n\ Seq\ k \wedge n\ Seq\ m \rightarrow k = m)$

5. $0 \in A \wedge \bigwedge_{k,m \in Nn} (k \in A \wedge m\ Seq\ k \rightarrow m \in A) \rightarrow \bigwedge_{k \in Nn} k \in A.$

Das Axiom 4 besagt, daß die Relation *Seq* eine umgekehrt eindeutige Relation ist ($Seq \in Cls - 1$). Die einzelnen natürlichen Zahlen können folgendermaßen definiert werden:

$$1 = Seq'0, \qquad 2 = Seq'1, \qquad 3 = Seq'2, \quad \text{usw.}$$

Aufgrund der Axiome des Systems der Arithmetik der natürlichen Zahlen in einer der obenstehenden Fassungen (oder in einer äquivalenten Fassung) sowie aufgrund der Definitionen anderer Termini der Arithmetik mit Hilfe der Grundtermini des Systems können alle Theoreme der Arithmetik der natürlichen Zahlen bewiesen werden. Die Axiomatisierung der Arithmetik der natürlichen Zahlen stellte infolgedessen eine wichtige Etappe in der Entwicklung dieser Wissenschaft dar.

Doch hat selbst die Axiomatisierung der Arithmetik der natürlichen Zahlen bestimmte Probleme noch nicht gelöst, die seit langem das menschliche Denken beschäftigten. Dies betrifft solche Probleme wie: Was sind natürliche Zahlen? Auf welche Art und Weise werden arithmetische Theoreme begründet, die als Behauptungen verstanden werden und sich auf wirkliche Gegenstände beziehen? Was das erste Problem anbelangt, so muß bemerkt werden, daß die Axiome der Arithmetik der natürlichen Zahlen nicht eindeutig den Sinn der in ihnen auftretenden Grundtermini bestimmen. Diesen Termini kann man viele verschiedene Sinnversionen geben, bei denen alle Axiome wahr sind. Wir erhalten auf diese Weise unterschiedliche Interpretationen dieses Systems. Wenn wir beispielsweise „0" durch „1" und „*Nn*" durch „die Menge der natürlichen Zahlen, die größer oder gleich 1 sind" ersetzen, so sind alle Axiome wahr. Nur nimmt dann – ebenso wie bei anderen Interpretationen, in denen wir „0" in einem anderen Sinne als üblich verstehen – in der Definition des Symboles „+" die erste Identität die Form: $k + 1 = Seq'k$ an. Alle Axiome bleiben wahr, wenn wir annehmen, daß der Begriff „0" eine beliebige bestimmte natürliche Zahl k und der Terminus „Nn" die Menge der natürlichen Zahlen, die größer oder gleich k sind, bezeichnet. Eine andere Interpretation erhalten wir, wenn wir „0" durch „2", „Nn" durch „die Menge der geraden natürlichen Zahlen, die größer oder gleich 2 sind" und „$Seq'k$" durch „$k+2$" ersetzen. Ebenso können wir „0" als Bezeichnung der Zahl 4, „Nn" als Bezeichnung der Menge der natürlichen Zahlen, die durch 4 teilbar sind, und „$Seq'k$" als „$k+4$" interpretieren. Daraus ist zu ersehen, daß für die Axiome der Arithmetik der natürlichen Zahlen eine unendliche Zahl verschiedener Interpretationen angegeben werden kann, die mit Hilfe arithmetischer Termini formuliert werden. Es existieren auch Interpretationen des erörterten Axiomensystems, die mit Hilfe anderer Termini formuliert werden. Beispielsweise können wir „0" als „$\emptyset$" interpretieren, „$Seq'k$" als „$\{k\}$" und „Nn" als die kleinste Menge, zu der die leere Menge gehört und die in bezug auf die Operation der Bildung der Einermenge mit einem gegebenen Element abgeschlossen ist. Dann gilt: $Seq'\emptyset=\{\emptyset\}$, $Seq'\{\emptyset\} = \{\{\emptyset\}\}$ usw. Oder wir können „0" als „$\emptyset$" interpretieren, „$Seq'k$" als „$k \cup \{k\}$" und „Nn" als die kleinste Menge, zu der die leere Menge gehört und die in bezug auf die so definierte Operation Seq abgeschlossen ist. Elemente dieser Menge sind beispielsweise: $\emptyset$, $\{\emptyset\}$, $\{\emptyset, \{\emptyset\}\}$, $\{\emptyset, \{\emptyset\}, \{\emptyset, \{\emptyset\}\}\}$ usw. Wie wir im nächsten Kapitel sehen werden, spielt die letztere Interpretation in der axiomatischen Mengentheorie eine wichtige Rolle. Noch eine andere Interpretation erhalten wir, wenn wir annehmen, daß „0" beispielsweise die Aussagenvariable „p" bezeichnet, $Seq'k = \sim k$, und die Menge Nn die kleinste Menge ist, zu der die Aussagenvariable „p" gehört und die in bezug auf die Operation der Bildung der Negation eines Ausdruckes abgeschlossen ist. Elemente dieser Menge sind beispielsweise die Ausdrücke: p, $\sim p$, $\sim\sim p$, usw.

Es erhebt sich die Frage, wie unter diesen vielen Interpretationen der Grundtermini der Arithmetik die „eigentliche" Interpretation dieser Termini zu unterscheiden ist. Gerade um diese Interpretation geht es uns, wenn wir uns mit der Arithmetik der natürlichen Zahlen beschäftigen und wenn wir arithmetische Termini und Aussagen auf Gegenstände verschiedener Art anwenden. Wenn ich z. B. feststelle, daß sich in diesem Zimmer zwei Lampen befinden, verwende ich den Terminus „zwei" in seinem üblichen Sinn. Wenn wir feststellen, daß wir, nachdem wir zu zwei Äpfeln noch zwei Äpfel hinzugefügt haben, vier Äpfel erhalten, verwenden wir die Termini „zwei" und „vier" in ihrem üblichen, eigentlichen Sinn.

Neben dem ontologischen Problem, was natürliche Zahlen sind, hat in den philosophischen Betrachtungen das zur Erkenntnistheorie gehörende Problem, auf welche Art und Weise die Theoreme der Mathematik, vor allem die Theoreme der Arithmetik, begründet werden können, eine wichtige Rolle gespielt.

Die Entstehung bestimmter wichtiger philosophischer Konzeptionen im Laufe der Geschichte des menschlichen Denkens, wie z. B. der Konzeption von Platon oder von Kant, war mit der Suche nach einer Antwort auf die obenstehenden Fragen aus dem Bereich der Ontologie und der Erkenntnistheorie verbunden, und die Lösung dieser Probleme war eines der Hauptanliegen dieser Konzeptionen. Doch haben wir erst dem genialen Logiker Frege, von dem auch die Definition der Kardinalzahl stammt, die eigentliche Lösung dieser Probleme zu verdanken.

Bei der Betrachtung, auf welche Art und Weise die Theoreme der Arithmetik begründet werden, unterstreicht Frege, daß diese Theoreme auf Gegenstände verschiedenster Art angewandt werden. Bei ihrer Begründung beziehen wir uns also nicht auf Aussagen über Gegenstände irgendeiner bestimmten, speziellen Art. Diese Tatsache deutet auf die Richtigkeit der Auffassung hin, nach der sich die Theoreme der Arithmetik anhand der Gesetze der Logik und der Definitionen der in diesen Theoremen auftretenden Termini beweisen lassen. Die Anwendbarkeit arithmetischer Termini auf Gegenstände verschiedenster Arten spricht für die Möglichkeit, diese Termini mit Hilfe der Logik zu definieren. Frege stellte sich also die Aufgabe, die Arithmetik der natürlichen Zahlen (auf die, wie erwähnt wurde, bereits andere Teile der Arithmetik reduziert wurden) auf die Logik zurückzuführen. Nach der Axiomatisierung der Arithmetik der natürlichen Zahlen besteht die obengenannte Aufgabe:

1. in der Bestimmung der Grundtermini der Arithmetik der natürlichen Zahlen ausschließlich mit Hilfe logischer Termini.

2. im Beweis der Axiome der Arithmetik der natürlichen Zahlen anhand der Definitionen der in ihnen auftretenden Termini und der Gesetze der Logik. Zu den Termini und Gesetzen der Logik zählt G. Frege neben den Termini und Gesetzen des Aussagenkalküls und des Prädikatenkalküls mit Identität auch die Termini und Gesetze des Mengen- und Relationenkalküls.[1]

[1] Wenn die Mengenlehre als gesonderte Wissenschaft aufgefaßt wird, die kein Teil der Logik ist, so muß davon gesprochen werden, daß die Arithmetik der natürlichen Zahlen nicht auf die Logik, sondern auf die Mengenlehre zurückgeführt wird.

Die drei Grundtermini des oben besprochenen Systems der Arithmetik der natürlichen Zahlen können mit Hilfe logischer Termini wie folgt definiert werden:

$$0 = Nc'\emptyset .$$

Die Zahl Null ist die Kardinalzahl der leeren Menge.

$$m \; Seq \; k \equiv \bigvee_{A,x} (k = Nc'A \wedge x \notin A \wedge m = Nc'(A \cup \{x\}))$$

m ist der Nachfolger von k genau dann, wenn k die Kardinalzahl einer gewissen Menge A ist; m ist die Kardinalzahl der Menge, die aus der Menge A dadurch entsteht, daß zu ihr als Element ein bestimmter Gegenstand hinzugefügt wird, der nicht zur Menge A gehört.

Folglich ist m der Nachfolger von k genau dann, wenn m die Kardinalzahl einer Menge ist, die ein Element mehr als die Menge enthält, deren Kardinalzahl k ist.

$$Nn = Seq_*''\{0\} .$$

Die Menge der natürlichen Zahlen ist die kleinste Menge, zu der die Zahl 0 gehört und die in bezug auf die Relation *Seq* abgeschlossen ist. Bei der Definition der Menge der natürlichen Zahlen bedienen wir uns also der Vorgängerrelation.

Es muß hervorgehoben werden, daß die hier angegebenen Formulierungen bei Frege nicht genau den gleichen Wortlaut haben. Frege spricht nicht von der Gleichmächtigkeit von Mengen, sondern von der Gleichmächtigkeit von Begriffen (im logischen Sinne). Zwei Begriffe sind genau dann gleichmächtig, wenn eine umkehrbar eindeutige Relation besteht, die die Gegenstände, die unter den ersten Begriff fallen, den Gegenständen, die unter den zweiten Begriff fallen, zuordnet. Die Anzahl, die dem Begriff F zukommt, definiert Frege als den Umfang (Bereich) des Begriffes, „gleichmächtig dem Begriff F". 0 definiert Frege als Anzahl, die dem Begriff „nicht mit sich selbst identisch" zukommt, d. h. einem Begriff, unter den kein Gegenstand fällt. Die Nachfolgerdefinition hat bei Frege die folgende Gestalt, die der hier angegebenen Formulierung äquivalent ist:

$$m \; Seq \; k \equiv \bigvee_{A,x} (m = Nc'A \wedge x \in A \wedge k = Nc'(A - \{x\})) .$$

Bei der Definition der Vorgängerrelation verwendet Frege den Terminus „erbliche Eigenschaft", während Russell den Terminus „erbliche Klasse (in bezug auf eine Relation R)" benutzt. Russell und Whitehead sprechen von der Gleichmächtigkeit von Mengen und definieren die Kardinalzahl einer Menge als die Klasse der Mengen, die mit ihr gleichmächtig sind. Noch früher sprach Cantor von der Äquivalenz von Mengen in dem gleichen Sinn, in der man von der Gleichmächtigkeit von Mengen spricht. Die Grundkonzeptionen der hier angegebenen Definitionen stammen jedoch von Frege.

Aufgrund dieser Definitionen werden die Axiome der Arithmetik der natürlichen Zahlen bewiesen.

Das Axiom 1. erhalten wir aufgrund des Theorems (XIII), indem wir „0" für „x" und „Seq" für „R" einsetzen und die Definition der Menge der natürlichen Zahlen verwenden.

Das Axiom 2c. erhalten wir aufgrund des Theorems (XIV) und der Definition der Menge der natürlichen Zahlen.

Das Axiom 5. erhalten wir, wenn wir eine entsprechende Einsetzung in das Theorem (XVIc) vornehmen und die Definition der Menge der natürlichen Zahlen benutzen.

Das Axiom 2a. folgt aus dem allgemeineren Theorem:

$$k \; Seq \; n \wedge m \; Seq \; n \rightarrow k = m,$$

dessen Beweis wir skizzieren:

Aus den Voraussetzungen:

(1) $k \; Seq \; n$

(2) $m \; Seq \; n$

erhalten wir aufgrund der Definition des Nachfolgers und der Regel der Beseitigung des Allquantifikators:

(3) $n = Nc'A_1 \wedge a \notin A_1 \wedge k = Nc'(A_1 \cup \{a\})$

(4) $n = Nc'B_1 \wedge b \notin B_1 \wedge m = Nc'(B_1 \cup \{b\})$.

Wenn wir das Theorem, daß Mengen genau dann gleichmächtig sind, wenn ihre Kardinalzahlen identisch sind, sowie die Definition der Gleichmächtigkeit von Mengen verwenden, erhalten wir aus (3) und (4):

(5) $A_1 \sim_{R_1} B_1 \wedge R_1 \in 1-1$.

Wir führen die Definition ein:

(6) $x S_1 y \equiv x = a \wedge y = b$.

Die Relation S_1 ist also eine Klasse, deren einziges Element das geordnete Paar $\langle a, b \rangle$ ist.

Aus (3), (4), (5) und (6) folgt, daß:

(7) $S_1 \in 1-1$

(8) $D(R_1) \cap D(S_1) = \emptyset \wedge G(R_1) \cap G(S_1) = \emptyset$.

Aufgrund des Theorems, nach dem die Vereinigung zweier umkehrbar eindeutiger Relationen mit disjunkten Bereichen und disjunkten Gegenbereichen eine umkehrbar eindeutige Relation ist, sowie unter Benutzung von (5) und (6) erhalten wir daraus:

(9) $R_1 \cup S_1 \in 1-1 \wedge D(R_1 \cup S_1) = A_1 \cup \{a\} \wedge \mathcal{C}(R_1 \cup S_1) = B_1 \cup \{b\}$.

Aus (9) erhalten wir aufgrund der Definition der Gleichmächtigkeit von Mengen:

(10) $A_1 \cup \{a\} \sim B_1 \cup \{b\}$.

Daraus erhalten wir wegen (3) und (4) die Identität:

$$k = m .$$

Seq ist also eine eindeutige Relation.

Das Axiom 4. folgt aus dem allgemeineren Satz:

$$n \, Seq \, k \wedge n \, Seq \, m \rightarrow k = m .$$

Aus den Voraussetzungen:

(1) $n \, Seq \, k$

(2) $n \, Seq \, m$

erhalten wir analog wie im vorangegangenen Beweis:

(3) $k = Nc' A_1 \wedge a \notin A_1 \wedge n = Nc'(A_1 \cup \{a\})$

(4) $m = Nc' B_1 \wedge a \notin B_1 \wedge n = Nc'(B_1 \cup \{b\})$

(5) $A_1 \cup \{a\} \sim_{R_1} B_1 \cup \{b\} \wedge R_1 \in 1-1$.

Wir führen die Definition ein:

(6) $xS_1y \equiv aR_1b \wedge xR_1y \wedge x \neq a \wedge y \neq b \vee \sim aR_1b \wedge (xR_1y \wedge x \neq$
$\neq R_1'b \wedge y \neq \breve{R}_1'a \vee x = R_1'b \wedge y = \breve{R}_1'a)$.

Wenn nach dieser Definition das Paar $\langle a, b \rangle$ zu R_1 gehört, so entsteht S_1 aus R_1 durch die Beseitigung dieses Paares; wenn aber dieses Paar nicht zu R_1 gehört, so erhalten wir S_1 aus R_1, indem wir aus dem letzteren die Paare $\langle a, \breve{R}_1'a \rangle$, $\langle R_1'b, b \rangle$ entfernen und an ihrer Stelle das Paar $\langle R_1'b, \breve{R}_1'a \rangle$ einbeziehen.

Aus (6) und (5) folgt, daß:

(7) $D(S_1) = A_1 \wedge \mathcal{C}(S_1) = B_1 \wedge S_1 \in 1-1$.

Daraus erhalten wir:

(8) $A_1 \sim B_1$.

Aus (8), (3) und (4) erhalten wir die Identität:

$$k = m.$$

Seq ist also eine umgekehrt eindeutige Relation.

Das Axiom 3. folgt aus dem allgemeineren Theorem:

$$\sim 0 \; Seq \; k.$$

Beweis.	(1)	$0 \; Seq \; k$	{A. d. i. B.}
	(2)	$k = Nc'A_1 \wedge a \notin A_1 \wedge 0 = $ $= Nc'(A_1 \cup \{a\})$	{1, Df *Seq*, B $\vee$}
	(3)	$Nc'(A_1 \cup \{a\}) = Nc'\emptyset$	{2, Df 0}
	(4)	$A_1 \cup \{a\} \sim_{R_1} \emptyset$	{3, $Nc'A =$ $= Nc'B \equiv A \sim B$}
	(5)	$\bigvee_y (y \in \emptyset \wedge aR_1y)$	{4, Df $\sim_R$}
	(6)	$\sim \bigvee_y y \in \emptyset$	{Theorem (V)}
		Wid.	{5, 6}

Das Axiom 2b. ist infolge der Definition des Nachfolgers äquivalent mit dem Ausdruck:

$$\bigwedge_{k \in Nn} \bigvee_m \bigvee_{A,x} (k = Nc'A \wedge x \notin A \wedge m = Nc'(A \cup \{x\}).$$

Nach den eingeführten Definitionen sind die natürlichen Zahlen gewisse Kardinalzahlen; beispielsweise ist die Zahl 1 die Kardinalzahl von Einermengen, die Zahl 2 ist die Kardinalzahl von Mengen mit zwei Elementen usw. Zum Beweis des Axioms 2b. muß also nachgewiesen werden, daß für jede natürliche Zahl k eine Menge A existiert, die k Elemente hat, sowie ein Gegenstand x, der nicht zu dieser Menge gehört. Die Menge $A \cup \{x\}$ hat dann $k+1$ Elemente. Aus dem Axiom 2b. folgt – aufgrund der eingeführten Definitionen –, daß eine Allmenge nicht endlich ist, d. h., daß ihre Kardinalzahl keine natürliche Zahl ist. Wenn nämlich die Allmenge V endlich wäre und wenn folglich eine gewisse natürliche Zahl k die Kardinalzahl der Menge V wäre, so könnte kein Gegenstand x existieren, der nicht zur Menge V gehört (da jeder Gegenstand zur Allmenge gehört), und es würde folglich keine Menge mit $k+1$ Elementen existieren, was im Widerspruch zu dem oben angegebenen Ausdruck steht, der mit dem Axiom 2b. äquivalent ist.

Von G. Frege stammen die folgenden Gedanken zum Beweis des Axioms 2b. Die Menge der natürlichen Zahlen, die kleiner sind als die natürliche Zahl k, enthält als Elemente die Zahlen $0, 1, \ldots, k-1$;

sie ist folglich eine Menge mit k Elementen. Beispielsweise ist die Menge der natürlichen Zahlen, die kleiner sind als die Zahl 0, eine leere Menge (denn 0 ist die kleinste natürliche Zahl), sie hat also 0 Elemente. Die Menge der natürlichen Zahlen, die kleiner sind als die Zahl 1, enthält als Element nur die Zahl 0; sie ist also eine Menge mit einem Element. Die Menge der natürlichen Zahlen, die kleiner sind als 2, besteht aus zwei Elementen: 0, 1, usw. Dagegen hat die Menge der natürlichen Zahlen, die kleiner oder gleich der natürlichen Zahl k sind, $k+1$ Elemente, welche die natürlichen Zahlen: $0, 1, \ldots, k-1, k$ sind. Die Relationen „$<$" und „$\leqq$" können wie folgt definiert werden:

$$k < m \equiv m \; Seq_* k \wedge m \neq k$$
$$k \leqq m \equiv m \; Seq_* k \, .$$

Folglich: $\{m: m<k\} = \{m: k \; Seq_* m \wedge k \neq m\}$
$\{m: m \leqq k\} = \{m: k \; Seq_* m\}$.

Für den Beweis des Axioms 2b. genügt es, zu zeigen, daß für jede natürliche Zahl k gilt:

$$Nc'\{m: m<k\} = k \wedge k \notin \{m: m<k\} \wedge Nc'\{m: m \leqq k\} = Seq'k \, .$$

Den Beweis des Theorems: $\bigwedge_{k \in Nn} Nc'\{m: m<k\} = k$, das besagt, daß die Menge der natürlichen Zahlen, die kleiner als die natürliche Zahl k sind, k Elemente hat, führte Frege induktiv. Das Schlußschema eines solchen Induktionsbeweises erhalten wir aus Axiom 5. oder Axiom P5, indem wir als Menge A die Menge $\{n: E(n)\}$ annehmen und die Äquivalenz (I) benutzen.

Das auf diese Weise gewonnene Schema des Induktionsbeweises hat die Form:

$$\frac{\begin{array}{l} E(0) \\ \bigwedge_{k \in Nn} (E(k) \wedge m \; Seq \; k \rightarrow E(m)) \end{array}}{\bigwedge_{m \in Nn} E(m)}$$

oder die Form:

$$\frac{\begin{array}{l} E(0) \\ \bigwedge_{k \in Nn} (E(k) \rightarrow E(Seq(k))) \end{array}}{\bigwedge_{m \in Nn} E(m)} \, .$$

Um die Wahrheit einer Aussage, die etwas bezüglich beliebiger natürlicher Zahlen behauptet, mit Hilfe der Methode der (mathematischen) Induktion zu beweisen, genügt es, 1. zu beweisen, daß diese Aussage für die Zahl 0 gilt, und 2. zu beweisen, daß aus der Voraussetzung der Wahrheit dieser Aussage für die natürliche Zahl k ihre Wahrheit für den Nachfolger der Zahl k, d. h. für die Zahl $k+1$, folgt.

Der Induktionsbeweis von Frege, den wir hier nicht im einzelnen darstellen werden, beruht also auf dem Nachweis, daß

1. die Menge der natürlichen Zahlen, die kleiner als 0 sind, 0 Elemente hat;

2. aus der Annahme, daß k natürliche Zahlen existieren, die kleiner sind als die natürliche Zahl k, folgt, daß $k+1$ natürliche Zahlen existieren, die kleiner sind als die Zahl $k+1$.

Wenn wir die Grundtermini der Arithmetik der natürlichen Zahlen mit der Methode von Frege definieren und anhand dieser Definitionen die Axiome dieses Systems beweisen, so erhalten wir eine bestimmte Interpretation der Axiome dieses Systems. Diese Interpretation zeichnet sich unter anderen möglichen Interpretationen dieses Systems dadurch aus, daß die arithmetischen Termini in ihr eben den Sinn haben, um den es uns geht, wenn wir über Gegenstände unterschiedlicher Art Theoreme formulieren, die arithmetische Termini enthalten. Gemäß der Definition der Zahl 0, der Definition des Nachfolgers sowie gemäß der Definition $1 = Seq'0, 2 = Seq'1$ usw. ist – wie wir bereits erwähnten – die Zahl 1 die Kardinalzahl von Einermengen (einer Menge $\{x\}$, wobei x irgendein Gegenstand ist), die Zahl 2 ist die Kardinalzahl von Zweiermengen (einer Menge $\{x, y\}$, wobei $x \neq y$), usw. Wenn wir z. B. feststellen, daß die Erde einen Mond hat, daß die Erde zwei Pole hat, usw., so verwenden wir die Termini „eins", „zwei" usw. eben in dieser Bedeutung. Freges Formulierung erlaubt also die Erfassung des „eigentlichen" Sinnes der arithmetischen Termini, die, wie wir zuvor sahen, durch die axiomatische Methode dem Sinn nach nicht eindeutig charakterisiert sind.

Theoreme, die sich ausschließlich mit Hilfe der Gesetze der Logik und der Definitionen der in ihnen auftretenden Termini beweisen lassen, nennt Frege analytische Sätze. Das Ergebnis, zu welchem Frege gelangte, kann auf folgende Art und Weise formuliert werden: Die Theoreme der Arithmetik der natürlichen Zahlen sind analytische Sätze. Denn dieses Ergebnis beruht auf dem von Frege geführten Nachweis, daß sich die Theoreme der Arithmetik der natürlichen Zahlen beweisen lassen aufgrund der logischen Gesetze und der Definitionen der Grundtermini der Arithmetik mit Hilfe der logischen Termini.

Dieses Ergebnis gibt uns eine Antwort auf eine der grundlegenden Fragen der Erkenntnistheorie, nämlich auf die Frage, wie die Theoreme der Arithmetik begründet werden können.

Doch hat die Entdeckung der logischen Antinomien, mit denen wir uns im achten Kapitel beschäftigen werden, die Grundlagen des Systems der Logik erschüttert. Bestimmte Methoden der Beseitigung von Antinomien führen zu Schwierigkeiten bei der Rekonstruktion von Freges Ergebnis einer Zurückführbarkeit der Arithmetik auf die Logik, vor allem beim Beweis des Theorems, nach dem zu jeder natürlichen Zahl k eine Menge mit k Elementen existiert. Diesem Problem wenden wir uns noch einmal im Kapitel über die logischen Antinomien zu.

Neben den Induktionsbeweisen, die nach dem zuvor angegebenen Schlußschema geführt werden, werden oft Induktionsbeweise von Aussagen bezüglich der natürlichen Zahlen angewandt, die unter ein etwas anderes Schema fallen. Aufgrund der Axiome der Arithmetik der natürlichen Zahlen kann nämlich das Theorem bewiesen werden:

$$\bigwedge_{m \in Nn} [\bigwedge_{k \in Nn} (k < m \rightarrow k \in A) \rightarrow m \in A] \rightarrow \bigwedge_{m \in Nn} m \in A .$$

Wenn wir wieder als Menge A die Menge $\{n: E(n)\}$ annehmen und die Äquivalenz (I) verwenden, so erhalten wir aufgrund dieses Theorems das folgende Induktionsschema:

$$\frac{\bigwedge_{m \in Nn} [\bigwedge_{k \in Nn} (k < m \rightarrow E(k)) \rightarrow E(m)]}{\bigwedge_{m \in Nn} E(m)} .$$

Wenn nach diesem Schema irgendein Ausdruck für eine beliebige natürliche Zahl m gilt, so gilt dieser Ausdruck, sofern er nur für alle natürlichen Zahlen gilt, die kleiner als m sind, für jede natürliche Zahl.

Wenn wir dieses Schlußschema benutzen, so können wir Induktionsbeweise von Theoremen über die natürlichen Zahlen folgendermaßen durchführen:

Wir nehmen als Induktionsvoraussetzung den Ausdruck an:

(1) $m \in Nn \wedge \bigwedge_{k \in Nn} (k < m \rightarrow E(k))$.

Wir nehmen also als Induktionsvoraussetzung an, daß der Ausdruck $E(k)$ für alle natürlichen Zahlen gilt, die kleiner als die natürliche Zahl m sind. Aus dieser Voraussetzung leiten wir aufgrund der bisherigen Theoreme weitere ab, bis wir den folgenden Ausdruck erhalten:

(2) $E(m)$.

Damit ist der Induktionsbeweis des Ausdruckes: $\bigwedge_{m \in Nn} E(m)$ beendet. Mit der Ableitung von (2) aus (1) haben wir nämlich die Implikation bewiesen:

$$m \in Nn \wedge \bigwedge_{k \in Nn} (k < m \rightarrow E(k)) \rightarrow E(m).$$

Aus dieser Implikation erhalten wir aufgrund des Gesetzes der Prämissenverbindung und der Regel der Einführung des Allquantifikators mit begrenztem Bereich die Prämisse des zuletzt angegebenen Induktionsschemas und aus diesem – als Conclusio, die mit Hilfe dieses Schemas gewonnen wurde – das zu beweisende Theorem.

Eine analoge Beweismethode wendet man ebenfalls bei Aussagen an, die sich nicht auf alle natürlichen Zahlen beziehen, sondern auf natürliche Zahlen, die zu einer bestimmten und eventuell sogar endlichen Menge gehören. Wenn aus der Wahrheit irgendeines Ausdruckes für alle natürlichen Zahlen einer gegebenen Menge, die kleiner sind als die beliebige natürliche Zahl m, die zu dieser Menge gehört, die Wahrheit dieses Ausdruckes für die Zahl m folgt, so ist der gegebene Ausdruck für jede Zahl dieser Menge wahr. Vor allem genügt es für den Nachweis, daß alle Glieder einer gewissen endlichen Folge von Gegenständen eine gewisse Eigenschaft haben, zu beweisen, daß aus der Annahme, daß alle Glieder dieser Folge, die früher als ein beliebiges Glied x_m dieser Folge auftreten, diese Eigenschaft haben, folgt, daß das Glied x_m ebenfalls diese Eigenschaft hat. Als Beispiel eines solchen Beweises geben wir hier den Beweis der umgekehrten Implikation an, die dem Theorem (XXV) aus dem vorangegangenen Abschnitt entspricht.

Als Voraussetzung des Theorems nehmen wir die rechte Seite der Äquivalenz (XXV) an:

(1) Es existiert eine endliche Folge von Gegenständen, deren letztes Glied der Gegenstand x ist und in der jedes Glied entweder zu der Menge A gehört oder zu irgendwelchen früheren Gliedern der Folge in irgendeiner Relation R steht, die zu der Klasse K gehört.

Aus (1) ziehen wir aufgrund der Regel der Beseitigung des Existenzquantifikators den Schluß, daß

(2) die Folge C_1 mit den Gliedern $x_1, \ldots, x_n$ eine Folge ist, die die in (1) formulierte Bedingung erfüllt.

Wir haben zu beweisen, daß der Gegenstand x, der mit x_n identisch ist, zur Menge $Z_K(A)$ gehört. Wir werden dabei nachweisen, daß jedes Glied der Folge C_1 zu dieser Menge gehört.

Wir nehmen als Induktionsvoraussetzung an:

(3) $$1 \leq m \leq n \wedge \bigwedge_{k \in Nn} (k < m \rightarrow x_k \in Z_K(A)).$$

Als Induktionsvoraussetzung nehmen wir also die Aussage an, nach der x_m ein beliebiges Glied der Folge C_1 ist und nach der alle Glieder dieser Folge, die früher als x_m auftreten, zur Menge $Z_K(A)$ gehören.

Aus (1) und (2) folgt, daß

(4) a) $x_m \in A \vee$ b) Glieder der Folge C_1 existieren, die früher als x_m auftreten derart, daß x_m zu ihnen in irgendeiner $j+1$-gliedrigen Relation R steht, die zur Klasse K gehört.

Im Falle (4a) gilt aufgrund des Theorems (XVII): $x_m \in Z_K(A)$. Im Falle (4b) erhalten wir aufgrund der Regel der Beseitigung des Existenzquantifikators, daß:

(5) $k_1, \ldots, k_j < m \wedge j \in Nn \wedge R_1 \in K \cap rel^{j+1} \wedge R_1(x_m, x_{k_1}, \ldots, x_{k_j})$.

Aus (3) und (5) ergibt sich, daß:

(6) $x_{k_1}, \ldots, x_{k_j} \in Z_K(A)$.

Als zusätzliche Voraussetzung des Beweises nehmen wir an, daß:

(1.1) $A \subset B \wedge Cl(B, K)$.

Aufgrund der Definition der Menge $Z_K(A)$ folgt aus (1.1) und (6), daß:

(1.2) $x_{k_1}, \ldots, x_{k_j} \in B$.

Aufgrund der Definition $Cl(B, K)$ folgt aus (1.2), (5), (1.1), daß:

(1.3) $x_m \in B$.

Im Falle (4b) ergibt sich also, daß:

(7) $\bigwedge_B (A \subset B \wedge Cl(B, K) \rightarrow x_m \in B)$. $\{1.1 \rightarrow 1.3, \mathrm{E} \wedge\}$

Aus (7) erhalten wir aufgrund der Definition der Menge $Z_K(A)$:

(8) $x_m \in Z_K(A)$.

Aus der Induktionsvoraussetzung (3), die besagt, daß alle Glieder der Folge C_1, die früher als das Glied x_m auftreten, zur Menge $Z_K(A)$ gehören, ziehen wir also die Schlußfolgerung, daß x_m zu dieser Menge gehört. Der Gegenstand x_m ist nach der Voraussetzung (3) ein beliebiges Glied der Folge C_1. Wir sind also zum Schluß berechtigt, daß jedes Glied dieser Folge zur Menge $Z_K(A)$ gehört und daß daher auch der Gegenstand x, der mit dem n-ten Glied dieser Folge identisch ist, zur Menge $Z_K(A)$ gehört. Wir haben somit induktiv die umgekehrte Implikation bewiesen, die dem Theorem (XXV) entspricht.

5. Exkurs über die Mengenlehre[1]

Im Rahmen der von ihm entwickelten Mengenlehre beschäftigte sich G. Cantor mit der Erforschung der Eigenschaften unendlicher Mengen. Wie bereits erwähnt wurde, ist eine endliche Menge eine Menge, deren Kardinalzahl irgendeine natürliche Zahl ist, während eine unendliche Menge eine Menge ist, deren Kardinalzahl keine natürliche Zahl ist. Ein Beispiel für eine unendliche Menge ist die Menge aller natürlichen Zahlen. Die Annahme, daß diese Menge eine endliche Menge ist, führt nämlich zu einem Widerspruch. Wenn die Menge aller natürlichen Zahlen eine endliche Menge wäre, so würde eine größte natürliche Zahl k existieren (denn in jeder endlichen Menge natürlicher Zahlen existiert eine größte Zahl). Der Nachfolger einer natürlichen Zahl k ist jedoch ebenfalls eine natürliche Zahl, und zwar eine Zahl, die größer als die Zahl k ist. Folglich führt die Annahme, daß die Menge aller natürlichen Zahlen endlich ist, zur Schlußfolgerung, daß eine natürliche Zahl k existiert, die die größte natürliche Zahl ist und die zugleich nicht die größte natürliche Zahl ist. Ebenso kann nachgewiesen werden, daß die Menge aller geraden Zahlen eine unendliche Menge ist, daß die Menge aller ungeraden Zahlen eine unendliche Menge ist usw.

Am Beispiel gewisser unendlicher Mengen kann man eine seltsame Eigenschaft solcher Mengen feststellen, die keiner endlichen Menge zukommt. Sowohl die Menge der positiven natürlichen Zahlen (d. h. die Menge der natürlichen Zahlen ohne die Zahl 0) als auch die Menge der positiven geraden Zahlen (zu der beispielsweise die Zahlen 2, 4, 6, ... usw. gehören) sind unendliche Mengen. Die zweite dieser Mengen ist eine echte Untermenge der ersten Menge, da jede positive gerade Zahl eine positive natürliche Zahl ist, nicht aber umgekehrt. Die Relation, die einer positiven natürlichen Zahl n die Zahl $2n$ zuordnet, ist eine umkehrbar eindeutige Relation, die die Gleichmächtigkeit der ersten Menge mit der zweiten Menge festlegt. Es existieren also unendliche Mengen, die gleichmächtig sind mit gewissen echten Unter-

[1] Wir beschränken uns hier auf einige Bemerkungen zur Mengenlehre, deren Kenntnis bei der weiteren Lektüre dieses Buches erforderlich ist. Über die Grundlagen der Mengenlehre informieren u. a. folgende Bücher: [F. Hausdorff, *Mengenlehre*, Berlin-Leipzig 1935; E. Kamke, *Mengenlehre*, Berlin 1962; P. S. Alexandroff, *Einführung in die Mengenlehre und die Theorie der reellen Funktionen*, Berlin 1967; D. Klaua, *Allgemeine Mengenlehre*, Berlin 1968; J. Słupecki, L. Borkowski, *Elements of Mathematical Logik and Set Theory*, Warszawa 1967].

mengen von ihnen. Mit der Methode der mathematischen Induktion kann dagegen bewiesen werden, daß keine endliche Menge diese Eigenschaft besitzt, d. h., daß keine endliche Menge gleichmächtig ist mit einer echten Untermenge von ihr. Das Theorem, mit Hilfe der zuvor erklärten Symbolik geschrieben, hat die Gestalt:

$$Nc'A \in Nn \rightarrow \sim \bigvee_{B \subsetneqq A} A \sim B .$$

Nach dem Transpositionsgesetz folgt daraus das Theorem:

$$\bigvee_{B \subsetneqq A} A \sim B \rightarrow Nc'A \notin Nn$$

Wenn eine Menge mit einer gewissen echten Untermenge von ihr gleichmächtig ist, dann ist sie keine endliche Menge.

Das umgekehrte Theorem:

$$Nc'A \notin Nn \rightarrow \bigvee_{B \subsetneqq A} A \sim B$$

und das ihm aufgrund des Transpositionsgesetzes äquivalente Theorem:

$$\sim \bigvee_{B \subsetneqq A} A \sim B \rightarrow Nc'A \in Nn .$$

kann man mit Hilfe des **Auswahlaxioms** beweisen:

$$K \neq \emptyset \wedge \bigwedge_{A \in K} A \neq \emptyset \wedge \bigwedge_{A,B \in K} (A \neq B \rightarrow A \cap B = \emptyset) \rightarrow \bigvee_{C} \bigwedge_{A \in B} \bigvee_{x}{}_{1} x \in C \cap A .$$

Das Auswahlaxiom besagt also, daß für jede nicht-leere Familie von nicht-leeren und gegenseitig disjunkten Mengen eine Menge existiert, die genau ein Element mit jeder Menge dieser Familie gemeinsam hat.

Wenn wir das Auswahlaxiom annehmen, so erhalten wir die Äquivalenzen:

Eine Menge ist genau dann endlich, wenn sie mit keiner echten Untermenge von ihr gleichmächtig ist.

Eine Menge ist genau dann unendlich, wenn sie mit einer gewissen echten Untermenge von ihr gleichmächtig ist.

Die Kardinalzahl einer Menge A nannte Cantor die **Mächtigkeit der Menge** A und bezeichnete sie mit dem Symbol $\overline{\overline{A}}$.

Die Kardinalzahlen unendlicher Mengen werden als unendliche oder transfinite Kardinalzahlen bezeichnet.

Mengen, die mit der Menge der natürlichen Zahlen gleichmächtig sind, heißen abzählbare Mengen; ihre Kardinalzahl wird mit dem Symbol: $\aleph_0$ (Aleph-Null) bezeichnet. Die Zahl $\aleph_0$ ist also ein Beispiel für eine unendliche Kardinalzahl.

Eine **unendliche Folge** ist eine eindeutige Relation, deren Gegenbereich die Menge aller natürlichen Zahlen ist. Die Elemente des Bereiches einer solchen Relation werden Glieder der Folge genannt.

Man kann beweisen, daß:
eine Menge A abzählbar ist genau dann, wenn eine unendliche Folge von sich nicht wiederholenden Gliedern existiert derart, daß die Menge der Glieder dieser Folge mit der Menge A identisch ist.

Für Kardinalzahlen definiert man die Operationen der Addition, der Multiplikation und der Potenzierung.

$$k = m + n \equiv \bigvee_{A,B} (m = Nc'A \wedge n = Nc'B \wedge A \cap B = \emptyset \wedge k = Nc'(A \cup B)) .$$

Diese Definition kann in der folgenden Kurzform geschrieben werden:

$$A \cap B = \emptyset \rightarrow Nc'A + Nc'B = Nc'(A \cup B) .$$

Die Mächtigkeit der Vereinigung zweier disjunkter Mengen ist gleich der Mächtigkeit der Summe dieser Mengen.

Diese Definition umfaßt als Spezialfall die Addition der natürlichen Zahlen, die die Kardinalzahlen endlicher Mengen sind. Um beispielsweise nachzuweisen, daß $3 + 4 = 7$ ist, genügt es, zwei disjunkte Mengen zu wählen, von denen die erste drei und die zweite vier Elemente hat, und festzustellen, daß die Summe dieser Mengen eine Menge mit sieben Elementen ist. Zur Berechnung der Summe $\aleph_0 + \aleph_0$ wählen wir als Menge A die Menge der positiven geraden Zahlen und als Menge B die Menge der positiven ungeraden Zahlen. Die Mengen A und B sind disjunkt, und die Mächtigkeit jeder dieser Mengen ist die Zahl $\aleph_0$. Die Summe dieser Mengen ist die Menge der positiven natürlichen Zahlen, deren Mächtigkeit ebenfalls die Zahl $\aleph_0$ ist. Auf diese Weise erhalten wir aufgrund der Definition der Addition die Identität: $\aleph_0 + \aleph_0 = \aleph_0$.

Zur Berechnung einer Summe $n + \aleph_0$, in der n eine beliebige natürliche Zahl ist, wählen wir als Menge A die Menge der natürlichen Zahlen von 1 bis n und als Menge B die Menge der natürlichen Zahlen, die größer sind als n. Die Mächtigkeit der ersten Menge ist die Zahl n, die Mächtigkeit der zweiten Menge ist die Zahl $\aleph_0$; die Mengen A und B sind disjunkt doch ist ihre Summe die Menge der positiven natürlichen Zahlen, deren Mächtigkeit die Zahl $\aleph_0$ ist. Folglich:

Wenn n eine natürliche Zahl ist, so ist $n + \aleph_0 = \aleph_0$.

Aufgrund der Definition der Addition und der Identitäten: $A \cup \emptyset = A$, $0 = Nc'\emptyset$ erhalten wir: $k + 0 = k$, für jede beliebige Kardinalzahl.

Die Definition der Multiplikation von Kardinalzahlen hat die Form:

$$k = m \cdot n \equiv \bigvee_{A,B} (m = Nc'A \wedge n = Nc'B \wedge k = Nc'(A \times B))$$

oder die Kurzform:

$$(Nc'A) \cdot (Nc'B) = Nc'(A \times B) .$$

Das Produkt der Mächtigkeit zweier Mengen ist gleich der Mächtigkeit des kartesischen Produktes dieser Mengen.

Diese Definition umfaßt als Spezialfall die Multiplikation der natürlichen Zahlen.

Für den Nachweis der Formel: $\aleph_0 \cdot \aleph_0 = \aleph_0$ aufgrund dieser Definition wählen wir als Menge A und als Menge B die Menge der positiven natürlichen Zahlen. Die Elemente des kartesischen Produktes dieser Mengen, d. h. die geordneten Paare positiver natürlicher Zahlen, kann man in einer unendlichen Folge von sich nicht wiederholenden Gliedern anordnen:

$$\langle 1, 1\rangle, \langle 1, 2\rangle, \langle 2, 1\rangle, \langle 1, 3\rangle, \langle 2, 2\rangle, \langle 3, 1\rangle, \langle 1, 4\rangle, \langle 2, 3\rangle, \ldots$$

Die Mächtigkeit des kartesischen Produktes der Mengen A und B ist also $\aleph_0$.

Auf analoge Weise kann man beweisen, daß die Menge der rationalen Zahlen abzählbar ist. Dagegen ist die Menge der reellen Zahlen nicht abzählbar.

In der Definition der Potenzierung von Kardinalzahlen verwenden wir das Symbol „A^B“, das die Menge der Abbildungen einer Menge B in eine Menge A bezeichnet:

$$R \in A^B \equiv R \in 1 - Cls \wedge D(R) = B \wedge \mathrm{Q}(R) \subset A .$$

Eine Abbildung einer Menge B in eine Menge A ist eine eindeutige Relation, die jedem Element der Menge B irgendein Element der Menge A zuordnet.

Die Kurzform der Definition der Potenzierung von Kardinalzahlen ist:

$$Nc'A^{Nc'B} = Nc'(A^B) .$$

Die Mächtigkeit einer Menge A in die Potenz der Mächtigkeit einer Menge B erhoben ist gleich der Mächtigkeit der Menge aller Abbildungen der Menge B in die Menge A. Man kann zeigen, daß diese Definition als Spezialfall die Potenzierung von natürlichen Zahlen (bei natürlichen Exponenten) umfaßt. Zur Berechnung der Zahl $2^{\aleph_0}$ aufgrund dieser Definition wählen wir als A die Menge $\{0, 1\}$ und als B die Menge der positiven natürlichen Zahlen. Die Zahl $2^{\aleph_0}$ ist nach der angegebenen Definition die Mächtigkeit der Menge aller Abbildungen der Menge B in die Menge A. Jede dieser Abbildungen ist eine unendliche Folge, deren Glieder 0 oder 1 sind. Jede reelle Zahl kann mit Hilfe einer solchen Folge im Dualsystem dargestellt werden. Die

Menge dieser Abbildungen ist also gleichmächtig mit der Menge der reellen Zahlen. Die Mächtigkeit der Menge der reellen Zahlen wird mit dem Symbol „$\mathfrak{c}$" bezeichnet. (Mengen mit der Mächtigkeit $\mathfrak{c}$ nennt man Mengen mit Kontinuumsmächtigkeit.) Folglich gilt: $2^{\aleph_0} = \mathfrak{c}$.

Aufgrund dieser Definitionen beweist man die grundlegenden Gesetze bezüglich der Operationen mit Kardinalzahlen, wie z. B. die Kommutativität und Assoziativität der Addition und Multiplikation, die Distributivität der Multiplikation in bezug auf die Addition, usw.

Die Kleiner-Gleich-Relation zwischen Kardinalzahlen wird wie folgt definiert:

$$Nc'A \leqq Nc'B \equiv \bigvee_{C \subset B} A \sim C .$$

Die Mächtigkeit einer Menge A ist kleiner oder gleich der Mächtigkeit einer Menge B genau dann, wenn die Menge A mit einer gewissen Untermenge der Menge B gleichmächtig ist.

$$Nc'A < Nc'B \equiv Nc'A \leqq Nc'B \wedge Nc'A \neq Nc'B .$$

Aufgrund der letzten Definition kann bewiesen werden, daß die Mächtigkeit einer Menge A kleiner ist als die Mächtigkeit einer Menge B genau dann, wenn die Menge A mit einer gewissen Untermenge der Menge B gleichmächtig ist, aber die Menge B mit keiner Untermenge der Menge A gleichmächtig ist. Nach dieser Definition genügt zur Feststellung, daß die Mächtigkeit der Menge A kleiner ist als die Mächtigkeit der Menge B, die Feststellung, daß die Menge A gleichmächtig ist mit einer gewissen Untermenge der Menge B und daß die Mengen A und B nicht gleichmächtig sind.

Die zuletzt definierte Kleiner-Relation umfaßt als Spezialfall die Kleiner-Relation zwischen natürlichen Zahlen. Beispielsweise ist die Zahl 2 kleiner als die Zahl 5, da eine Zweiermenge mit einer gewissen Untermenge einer Fünfermenge gleichmächtig ist, aber beide Mengen sind nicht gleichmächtig.

Für den Nachweis des Theorems:

Wenn n eine natürliche Zahl ist, so ist $n < \aleph_0$, genügt es, zu zeigen, daß eine endliche Menge mit n Elementen gleichmächtig ist mit einer gewissen Untermenge der Menge aller natürlichen Zahlen (beispielsweise mit der Untermenge dieser Menge, die aus den natürlichen Zahlen von 1 bis n gebildet ist), daß sie aber nicht gleichmächtig ist mit der Menge aller natürlichen Zahlen.

Aufgrund des Auswahlaxioms kann man das Gesetz der Trichotomie für alle Kardinalzahlen beweisen:

$$\bigwedge_{m,n \in Nc} (m < n \vee m = n \vee n < m) .$$

Andererseits kann man aufgrund des Trichotomiegesetzes das Auswahlaxiom beweisen. Folglich sind aufgrund der übrigen Theoreme der Mengenlehre das Auswahlaxiom und das Trichotomiegesetz äquivalent. Ohne das Auswahlaxiom können wir nicht die vierte Möglichkeit ausschließen, daß nämlich eine Menge A mit keiner Untermenge einer Menge B gleichmächtig und daß zugleich die Menge B mit keiner Untermenge der Menge A gleichmächtig ist.

Die Menge aller Untermengen einer Menge A bezeichnet man mit dem Symbol „2^A" oder mit dem Symbol „$Cl'A$" und definiert sie wie folgt:

$$B \in Cl'A \equiv B \subset A .$$

Die charakteristische Funktion einer Menge ist die Funktion (eindeutige Relation), die den Elementen dieser Menge die Zahl 1 und den Gegenständen, die nicht zu dieser Menge gehören, die Zahl 0 zuordnet. Es gilt das folgende Theorem:

$$\{0, 1\}^A \sim Cl'A .$$

Die Menge der Abbildungen einer Menge A in die Menge $\{0, 1\}$ ist gleichmächtig mit der Menge aller Untermengen der Menge A. Die Gleichmächtigkeit dieser Mengen wird nämlich durch eine Relation festgelegt, die einer Untermenge der Menge A die Abbildung der Menge A in die Menge $\{0, 1\}$ zuordnet, die die charakteristische Funktion dieser Untermenge ist.

Aufgrund der Definition der Potenzierung erhalten wir:

$$Nc'(\{0, 1\}^A) = 2^{Nc'A} .$$

Aus dieser Identität sowie aus dem vorangegangenen Theorem folgt das Theorem:

$$Nc'(Cl'A) = 2^{Nc'A} .$$

Dieses Theorem kann auch wie folgt formuliert werden: Eine Menge, deren Kardinalzahl die Zahl k ist, hat 2^k Untermengen.

Als „Satz von Cantor" bezeichnet man das folgende Theorem:

$$\bigwedge_{k \in Nc} k < 2^k .$$

Die Kardinalzahl k ist stets kleiner als die Kardinalzahl 2^k.

Aufgrund des Theorems über die Mächtigkeit der Menge aller Untermengen einer Menge A kann man dem Satz von Cantor auch die folgende äquivalente Form geben:

$$Nc'A < Nc'(Cl'A) .$$

Die Mächtigkeit einer Menge A ist kleiner als die Mächtigkeit der Menge aller Untermengen der Menge A.

Für den Nachweis dieses Theorems gemäß der Definition der Kleiner-Relation genügt es, zu zeigen, daß (1) die Menge A gleichmächtig ist mit einer gewissen Untermenge der Menge $Cl'A$, und daß (2) die Menge A nicht gleichmächtig ist mit der Menge $Cl'A$.

Für den Nachweis des Theorems 1. genügt es, darauf hinzuweisen, daß die Menge A gleichmächtig ist mit der Menge der Einer-Untermenge der Menge A und daß die Menge der Einer-Untermengen der Menge A eine Untermenge der Menge aller Untermengen der Menge A ist. Dabei wird die Gleichmächtigkeit der Menge A und der Menge der Einer-Untermengen der Menge A durch eine Relation festgelegt, die jedem Element x der Menge A die Menge $\{x\}$ zuordnet, die eine Einer-Untermenge der Menge A ist.

Für das Theorem (2) geben wir einen indirekten Beweis an.

Theorem: $\sim(Cl'A \sim A)$.

Beweis.	(1)	$Cl'A \sim A$	{A. d. i. B.}
	(2)	$R_1 \in 1-1$	{1, Df $\sim$, B $\vee$}
	(3)	$D(R_1) = Cl'A$	{1, Df $\sim$, B $\vee$}
	(4)	$\text{Ɑ}(R_1) = A$	{1, Df $\sim$, B $\vee$}
	(5)	$\bigwedge_x (x \in A_1 \equiv x \in A \wedge x \notin R_1'x)$	{Df}

Gemäß der Definition (5) besteht die Menge A_1 aus den Elementen der Menge A, die nicht zu den Untermengen der Menge A gehören, die ihnen durch die Relation R_1 zugeordnet werden.

(6)	$A_1 \in Cl'A$	{5, Df $\subset$, Df $Cl'A$}
(7)	$A_1 R_1 a$	{6, 3, Df $\text{Ɑ}(R)$, B $\vee$}
(8)	$A_1 = R_1'a$	{7, 2}
(9)	$a \in A$	{7, 4, Df $\text{Ɑ}(R)$}
(10)	$a \in A_1 \equiv a \in A \wedge a \notin R_1'a$	{B $\wedge$, 5}
(1.1)	$a \in A_1$	{z. An.}
(1.2)	$a \notin R_1'a$	{10, 1.1}
(1.3)	$a \notin A_1$	{1. 2, 8}
(2.1)	$a \notin A_1$	{z. An.}
(2.2)	$a \notin R_1'a$	{2.1, 8}
(2.3)	$a \in A_1$	{10, 9, 2.2}
	Wid.	{1.1 $\rightarrow$ Widerspruch (1.1, 1.3); 2.1 $\rightarrow$ Widerspruch (2.1, 2.3)}

Der vorangegangene Beweis ist ein verzweigter indirekter Beweis. Den Widerspruch erhielten wir in ihm aufgrund jeder der zusätzlichen Annahmen (1.1), (2.1), deren Alternative eine Einsetzung in das Gesetz vom ausgeschlossenen Dritten ist.

Aus dem Satz von Cantor folgt, daß für jede unendliche Kardinalzahl eine Kardinalzahl existiert, die größer als sie ist. Es gibt also unendlich viele verschiedene unendliche Kardinalzahlen. Die unendliche Folge C definieren wir nämlich wie folgt: Das erste Glied der Folge C ist die Zahl $\aleph_0$; wenn eine Kardinalzahl k das n-te Glied der Folge C ist, so sei die Kardinalzahl 2^k das $n+1$-te Glied der Folge C. Nach dem Satz von Cantor ist in einer so definierten Folge C jedes folgende Glied der Folge eine unendliche Kardinalzahl, die größer ist als die Kardinalzahl, die das vorhergehende Glied dieser Folge ist.

Aus dem Satz von Cantor und aus der Identität: $2^{\aleph_0} = \mathfrak{c}$ folgt, daß $\aleph_0 < \mathfrak{c}$.

Aus der Definition der Relation „$\leqq$" folgt, daß: $A \subset B \to Nc'A \leqq Nc'B$.

Den Begriff der Summe von Kardinalzahlen kann man auf eine beliebige Klasse K von Kardinalzahlen ausdehnen. Wir ordnen zu diesem Zweck jeder Kardinalzahl einer Klasse K eine Menge zu, deren Mächtigkeit diese Kardinalzahl ist – unter dem Vorbehalt, daß Mengen, die unterschiedlichen Elementen der Klasse K zugeordnet werden, gegenseitig disjunkt sind. Die Summe der Kardinalzahlen der Klasse K definieren wir als die Mächtigkeit der Summe aller solcher Mengen.

Wenn wir vom verallgemeinerten Begriff der Summe von Kardinalzahlen Gebrauch machen, können wir aufgrund des Satzes von Cantor beweisen:

Für jede Menge von Kardinalzahlen existiert eine Kardinalzahl, die größer ist als jede Zahl dieser Menge.

Eine solche Zahl ist die Zahl 2^s, wobei s die Summe der Kardinalzahlen der Klasse K ist. Für jede Kardinalzahl k, die zur Klasse K gehört, gilt nämlich, daß $k \leqq s$ (da die Menge, die der Zahl k zugeordnet wird, als Summand in der Summe aller Mengen enthalten ist, die den Zahlen der Klasse K zugeordnet wird). Daraus und aus der Ungleichung: $s < 2^s$ folgt die Ungleichung $k < 2^s$.

Wir weisen noch darauf hin, daß aufgrund der Definition der Kleiner-Gleich-Relation zwischen Kardinalzahlen bewiesen werden kann, daß sich die Relationen „$\leqq$" und „$>$" gegenseitig ausschließen, d. h., daß:

$$\bigwedge_{k,m \in Nc} \sim (k \leqq m \wedge m < k).$$

Neben der Kardinalzahltheorie, die endliche und unendliche Kardinalzahlen umfaßt, entwickelte Cantor auch die Theorie der Ordinalzahlen. Diese Theorie wird in dem Teil der Mengenlehre dargestellt, der den geordneten Mengen gewidmet ist.

Wir verwenden hier den Ausdruck „eine Relation R ordnet eine Menge A" im ersten des im Abschnitt 3.7 angegebenen Sinne. Wir führen noch einige Definitionen ein.

x **ist – in bezug auf eine Relation** R **– erstes Element einer Menge** B (die durch die Relation R geordnet wird) $\equiv$

$$\equiv x \in B \wedge \bigwedge_{y \in B} (x \neq y \rightarrow xRy) .$$

Ein erstes Element einer Menge B, die durch eine Relation R geordnet wird, ist ein Element der Menge B, das zu allen anderen (von ihm verschiedenen) Elementen der Menge B in der Relation R steht.

Eine Relation R **ist eine Wohlordnung in einer Menge** $A \equiv$ die Relation R ordnet die Menge A, und jede nicht-leere Untermenge der Menge A besitzt ein erstes Element in bezug auf die Relation R. Beispielsweise wird die Menge der natürlichen Zahlen durch die Kleiner-Relation wohlgeordnet, da diese Relation diese Menge ordnet, d. h., sie ist in ihr asymmetrisch, transitiv und konnex, und jede nicht-leere Untermenge der Menge der natürlichen Zahlen besitzt ein erstes Element in bezug auf die Kleiner-Relation. Dieses Element ist die kleinste natürliche Zahl, die zu einer solchen Untermenge gehört.

Dagegen ordnet zwar die Größer-Relation die Menge der natürlichen Zahlen, sie ist aber keine Wohlordnung in dieser Menge. Das in bezug auf die Größer-Relation erste Element irgendeiner Menge von natürlichen Zahlen ist nämlich die größte natürliche Zahl, die zu dieser Menge gehört. Es gilt jedoch nicht, daß es in jeder nicht-leeren Untermenge der natürlichen Zahlen eine größte Zahl unter den Zahlen gibt, die zu dieser Menge gehören. Vor allem gilt dies nicht für die Menge aller natürlichen Zahlen.

Als **geordnete Menge** bezeichnet man ein geordnetes Paar $\langle A, R\rangle$ dergestalt, daß die Relation R die Menge A ordnet.

Eine **wohlgeordnete Menge** ist eine geordnete Menge $\langle A, R\rangle$ dergestalt, daß die Relation R eine Wohlordnung in der Menge A ist.

Zwei geordnete Mengen nennen wir **ähnlich** genau dann, wenn sie isomorph sind. Zur Bezeichnung der Ähnlichkeit geordneter Mengen verwendet man das Symbol „$\simeq$". Wenn also $\langle A, R\rangle$ und $\langle B, S\rangle$ geordnete Mengen sind, so gilt: $\langle A, R\rangle \simeq \langle B, S\rangle \equiv \langle A, R\rangle \; ism \; \langle B, S\rangle$.

Die Ähnlichkeitsrelation geordneter Mengen ist eine Äquivalenzrelation. Die Abstraktionsklassen dieser Relation heißen **Ordnungs-**

typen. Der Ordnungstyp einer gegebenen Menge ist also die Klasse der zu dieser Menge ähnlichen geordneten Mengen.

Die Ordinalzahlen sind die Ordnungstypen wohlgeordneter Mengen.

Eine geordnete Menge $\langle A, R\rangle$ bezeichnen wir als endlich oder unendlich, je nachdem, ob die Menge A eine endliche oder eine unendliche Menge ist.

Die unendlichen (transfiniten) Ordinalzahlen sind die Ordnungstypen wohlgeordneter unendlicher Mengen.

Ein Beispiel für eine unendliche Ordinalzahl ist der Ordnungstyp der Menge der natürlichen Zahlen, die durch die Kleiner-Relation geordnet wird, d. h. der Ordnungstyp der Menge $\langle Nn, <\rangle$. Diese Zahl bezeichnen wir mit dem Symbol ω. Dagegen bezeichnen wir den Ordnungstyp der Menge der negativen ganzen Zahlen, die durch die Kleiner-Relation geordnet wird, mit dem Symbol ω^*; dieser Ordnungstyp ist keine Ordinalzahl, da die Kleiner-Relation die Menge der negativen ganzen Zahlen nicht wohlordnet.

Für die Ordnungstypen werden Operationen der Addition und der Multiplikation definiert, die als Spezialfälle die Addition und Multiplikation von Ordinalzahlen umfassen. Für Ordinalzahlen definiert man darüber hinaus die Operation der Potenzierung.

Endliche Ordinalzahlen werden mit den gleichen Symbolen bezeichnet, die man zur Bezeichnung der Mächtigkeit endlicher Mengen verwendet. Beispielsweise ist die Ordinalzahl 5 der Ordnungstyp der Menge der natürlichen Zahlen von 1 bis 5, die z. B. durch die Kleiner-Relation geordnet wird (oder durch irgendeine andere Relation, die diese Menge ordnet). Die Operationen mit endlichen Ordinalzahlen sind nämlich isomorph zu den entsprechenden Operationen mit den Mächtigkeiten endlicher Mengen. Wir wollen hier nur kurz die Addition der Ordnungstypen besprechen.

Wenn t_1 der Ordnungstyp einer geordneten Menge $\langle A, R\rangle$ und t_2 der Ordnungstyp einer geordneten Menge $\langle B, S\rangle$ ist und wenn die Mengen A und B disjunkt sind, so ist die Summe $t_1 + t_2$ der Ordnungstyp der Menge $\langle A \cup B, R \cup S \cup A \times B\rangle$. Zur Erklärung des intuitiven Sinnes dieser Definition sei darauf hingewiesen, daß wenn die Relation R irgendeine Menge ordnet und x in der Relation R zu y steht, wir davon sprechen, daß x ein Element ist, das früher als y in dieser geordneten Menge auftritt. Die Summe der Ordnungstypen t_1 und t_2 ist der Ordnungstyp der Menge $A \cup B$, die so geordnet ist, daß alle Elemente der Menge A früher auftreten als alle Elemente der Menge B und daß die Elemente der Menge A durch die Relation R und die Elemente der Menge B durch die Relation S geordnet werden. Da das kartesische Produkt nicht kommutativ ist, ist auch die Summe der Ordnungstypen nicht kommutativ. Z. B.: $1+\omega \neq \omega+1$. Die Ordinalzahl $1+\omega$ ist der Ordnungstyp einer Menge, in der zuerst das Element einer Einermenge, deren Typ die Zahl 1 ist, und dann die Elemente einer Menge vom Typ ω auftreten. Wie man leicht feststellt, ist $1+\omega=\omega$. Dagegen ist die Zahl $\omega+1$ der Ordnungstyp einer Menge, in der zuerst alle Elemente einer Menge vom Typ ω in ihrer Reihenfolge auftreten und nach ihnen das Element einer Einermenge auftritt. Die Zahl $\omega+1$ ist der Ordnungstyp der Menge der Kardinalzahlen, die kleiner oder gleich der Zahl $\aleph_0$ sind, die durch die Kleiner-Relation geordnet wird, d. h. der Menge mit den Elementen: $0, 1, 2, 3, \ldots, \aleph_0$.

Wenn die Menge $\langle A, R\rangle$ eine wohlgeordnete Menge ist und wenn $x \in A$, so nennen wir die geordnete Menge $\langle\{y: yRx\}, R\rangle$ den Abschnitt der Menge $\langle A, R\rangle$, der durch das Element x bestimmt wird. Der Abschnitt einer wohlgeordneten Menge, der durch ein Element x bestimmt wird, ist also die Menge aller Elemente dieser Menge, die früher als das Element x auftreten und so geordnet sind, wie sie in der gesamten Menge geordnet sind.

Man kann beweisen, daß keine wohlgeordnete Menge einem Abschnitt von ihr ähnlich ist. Man kann ebenfalls beweisen, daß zwei wohlgeordnete Mengen einander ähnlich sind oder daß eine von ihnen einem gewissen Abschnitt der zweiten Menge ähnlich ist. Die Kleiner-Relation zwischen Ordinalzahlen wird folgendermaßen definiert:

Die Ordinalzahl l_1 ist kleiner als die Ordinalzahl l_2 genau dann, wenn eine wohlgeordnete Menge, deren Typ l_1 ist, einem gewissen Abschnitt einer wohlgeordneten Menge ähnlich ist, deren Typ l_2 ist.

Aufgrund dieser Definition sowie der Theoreme über wohlgeordnete Mengen kann man das Gesetz der Trichotomie für Ordinalzahlen beweisen.

Man kann auch beweisen, daß jede Menge von Ordinalzahlen durch die Kleiner-Relation zwischen Ordinalzahlen wohlgeordnet wird. In der Menge der Ordinalzahlen, die durch die Kleiner-Relation geordnet wird, gibt es für jede Ordinalzahl l eine ihr unmittelbar folgende Zahl $l+1$. Dagegen gibt es nicht für jede Ordinalzahl eine Zahl, die ihr in bezug auf die Kleiner-Relation unmittelbar vorangeht. Die Ordinalzahl ω ist ein Beispiel für eine Ordinalzahl, für die es keine Zahl gibt, die ihr in bezug auf die Kleiner-Relation unmittelbar vorangeht.

Die Menge aller Ordinalzahlen, die kleiner sind als die Ordinalzahl l und die durch die Kleiner-Relation geordnet ist, ist eine Menge vom

Typ l. Beispielsweise ist die Menge der Ordinalzahlen, die kleiner sind als die Zahl ω und die durch die Kleiner-Relation geordnet ist, eine Menge vom Typ ω. Die Menge der Ordinalzahlen, die kleiner sind als die Zahl $\omega+1$ und die durch die Kleiner-Relation geordnet ist, ist eine Menge vom Typ $\omega+1$, usw.

Der Begriff der Folge kann folgendermaßen verallgemeinert werden:

Eine Folge vom Typ l ist eine eindeutige Relation, deren Gegenbereich die Menge der Ordinalzahlen ist, die kleiner sind als die Ordinalzahl l. Wenn l eine endliche Ordinalzahl ist, so ist eine Folge vom Typ l eine endliche l-Gliederfolge. Wenn l eine unendliche Ordinalzahl ist, so sprechen wir von einer **transfiniten Folge**. Eine unendliche Folge ist eine Folge vom Typ ω. Eine transfinite Folge vom Typ $\omega+1$ ist eine Folge, deren Gegenbereich (Indexmenge der Folge) aus den endlichen Ordinalzahlen und aus der Zahl ω besteht. Die Indizes der Glieder einer Folge vom Typ $\omega+2$ sind die Ordinalzahlen: $0, 1, 2, \ldots, \omega, \omega+1$.

Für jede wohlgeordnete Menge $\langle A, R\rangle$ gilt das nachstehende **Induktionsprinzip**:

$$\bigwedge_{x\in A}\Big[\bigwedge_{y\in A}(yRx \to y\in B) \to x\in B\Big] \to \bigwedge_{x\in A} x\in B\,.$$

Wenn wir für B die Menge $\{z\colon E(z)\}$ annehmen und von der Äquivalenz (I) Gebrauch machen, erhalten wir das folgende Induktionsschema für wohlgeordnete Mengen:

$$\frac{\bigwedge_{x\in A}\Big[\bigwedge_{y\in A}(yRx \to E(y)) \to E(x)\Big]}{\bigwedge_{x\in A} E(x)}.$$

Wenn aus der Wahrheit irgendeines Ausdruckes für alle Elemente einer gegebenen wohlgeordneten Menge, die früher auftreten als ein beliebiges Element x dieser Menge, die Wahrheit dieses Ausdruckes für das Element x folgt, so ist dieser Ausdruck für alle Elemente der gegebenen wohlgeordneten Menge wahr.

Die im vorangegangenen Abschnitt formulierte zweite Form des Induktionsprinzips für die natürlichen Zahlen ist ein Spezialfall des jetzt angegebenen Induktionsprinzips, den wir erhalten, wenn wir für die Menge $\langle A, R\rangle$ die wohlgeordnete Menge $\langle Nn, >\rangle$ annehmen.

Mit Hilfe des Auswahlaxioms wird das folgende Theorem, das als der „**Satz von Zermelo**" bezeichnet wird, bewiesen:

Für jede Menge existiert eine Relation, die diese Menge wohlordnet.

Andererseits kann aufgrund des Satzes von Zermelo das Auswahlaxiom bewiesen werden. Aufgrund der übrigen Theoreme der Mengenlehre sind also das Auswahlaxiom und der Satz von Zermelo äquivalent.

Die von Cantor entwickelte Mengenlehre heißt klassische Mengenlehre. Die Entdeckung von Antinomien erschütterte die Grundlagen dieser Theorie, und die Bemühungen, die auf eine Beseitigung dieser Antinomien abzielten, führten zur Entwicklung von Systemen einer axiomatischen Mengenlehre. Diesen Problemen werden wir uns in dem Kapitel zuwenden, das den logischen Antinomien und den Methoden ihrer Beseitigung gewidmet ist.

KAPITEL VI

Nichtklassische logische Kalküle

1. Mehrwertige Aussagenkalküle

Mehrwertige Aussagenkalküle entwickelten unabhängig voneinander der polnische Logiker Jan Łukasiewicz und der amerikanische Logiker Emil Post. Łukasiewicz entwickelte zunächst den dreiwertigen Aussagenkalkül und verallgemeinerte dann dieses Ergebnis, indem er mehrwertige Aussagenkalküle konstruierte. Die dreiwertige Logik wird zum ersten Mal in einer Vorlesung von Łukasiewicz aus dem Jahre 1918 erwähnt. Die erste Darstellung dieses Systems wird im Autorreferat einer Vorlesung von Łukasiewicz aus dem Jahre 1920 mit dem Titel *O logice trójwartościowej*[1] gegeben. Die grundsätzlichen Intuitionen, die ihn zur Entwicklung der dreiwertigen Logik veranlaßten, stellt Łukasiewicz ausführlicher in dem Artikel *Philosophische Bemerkungen zu mehrwertigen Systemen des Aussagenkalküls*[2] aus dem Jahre 1930 und später genauer in dem Artikel *O determinizmie* dar, der im Jahre 1946 abgefaßt wurde und eine Umarbeitung seiner Antrittsrede als Rektor aus dem Jahre 1922 war.[3] Die bisher am besten präzisierte Version dieser Intuitionen von Łukasiewicz enthält der Artikel von J. Słupecki *Próba intuicynej interpretacji logiki trójwartościowej* aus dem Jahre 1964.[4] Die erste Darstellung der von Łukasiewicz

[1] J. Łukasiewicz, *On Three – Valued Logic*, in: *J. Łukasiewicz. Selected Works*, Amsterdam-Warszawa 1970, S. 87ff.

[2] [In: Comptes rendus de la Société des Sciences et des Lettres des Varsovie (Warszawa), Cl. III, 23 (1930), S. 51–77; teilweiser Nachdruck in: K. Berka, L. Kreiser, *Logik – Texte. Kommentierte Auswahl zur Geschichte der modernen Logik*, 2. Auflage Berlin 1973, S. 125–141.]

[3] *On Determinism*, in: *J. Łukasiewicz. Selected Works*, ebenda, S. 110ff.

[4] Übersetzt als Bestandteil in: J. Słupecki, G. Bryll, T. Prucnal, *Some remarks on three-valued logic of J. Łukasiewicz*, Studia Logica, 21, Warszawa 1967, S. 45ff. [Eine die Ergebnisse von J. Łukasiewicz und anderer Logiker zur mehrwertigen Logik zusammenfassende Darstellung findet der Leser in: A. A. Sinowjew, *Über mehrwertige Logik. Ein Abriß*, Berlin-Braunschweig-Basel 1968.]

entwickelten mehrwertigen Systeme des Aussagenkalküls ist im Autorreferrat seiner Vorlesung aus dem Jahre 1922 mit dem Titel *Interpretacja liczbowa teorii zdań* [1] enthalten. Emil Post stellte die von ihm entwickelten mehrwertigen Aussagenkalküle in dem Artikel *Introduction to a General Theory of Elementary Propositions* aus dem Jahre 1921 dar.[2]

Die Entstehung der dreiwertigen Logik von Łukasiewicz ist mit seiner Kritik an den Argumenten der deterministischen Position verbunden. Unter Determinismus versteht Łukasiewicz nicht, wie dies zuweilen geschieht, die Auffassung, die von dem Kausalitätsprinzip ausgeht, nach dem jedes Ereignis eine Ursache hat. Unter Determinismus versteht Łukasiewicz die Auffassung, nach dem jeder zukünftige Zustand der Welt notwendigerweise durch die vergangenen Zustände der Welt bestimmt ist, so daß die Zukunft gänzlich, bis in die kleinsten Einzelheiten determiniert ist. In dem Artikel *O determinizmie* zeigt Łukasiewicz, daß eine solche Auffassung von Determinismus nicht aus dem Kausalitätsprinzip hervorgeht, und daß wenn man vom Kausalitätsprinzip ausgeht, man die indeterministische Ansicht befürworten kann, nach der gewisse zukünftige Ereignisse nicht notwendigerweise durch den gegenwärtigen Zustand der Welt bestimmt werden. Gewisse zukünftige Ereignisse können nämlich Ursachen haben, die nicht in der Gegenwart liegen. Aussagen über zukünftige Ereignisse können einen von drei logischen Werten haben: 1, $^1/_2$, 0. Wenn es in der Gegenwart Ursachen für irgendein zukünftiges Ereignis gibt, dann hat die Aussage, daß dieses Ereignis eintritt, den Wert 1. Wenn es in der Gegenwart Ursachen gibt, die das Eintreten irgendeines zukünftigen Ereignisses ausschließen, dann hat die Aussage, daß dieses Ereignis eintritt, den Wert 0. Wenn es in der Gegenwart weder Ursachen für das Eintreten irgendeines zukünftigen Ereignisses noch Ursachen gibt, die sein Eintreten ausschließen, dann hat die Aussage, daß dieses Ereignis eintritt, den Wert $^1/_2$.

Die Funktoren der Negation, der Konjunktion, der Alternative und der Implikation der dreiwertigen Logik, für die Łukasiewicz entsprechend die Symbole: N, K, A, C verwendet, werden durch die folgenden Tabellen charakterisiert:

[1] [In: *J. Łukasiewicz. Selected Works*, Amsterdam-Warszawa 1970, S. 129–130, unter dem Titel: *A Numerical Interpretation of the Theory of Propositions*.]

[2] Dieser Artikel erschien im American Journal of Mathematics, v. XLIII, 1921, S. 163–185. [Auszugsweiser Nachdruck in: K. Berka, L. Kreiser, *Logik – Texte. Kommentierte Auswahl zur Geschichte der modernen Logik.* 2. Auflage Berlin 1973, S. 123f.]

p	*Np*
0	1
1/2	1/2
1	0

K	0	1/2	1
0	0	0	0
1/2	0	1/2	1/2
1	0	1/2	1

A	0	1/2	1
0	0	1/2	1
1/2	1/2	1/2	1
1	1	1	1

C	0	1/2	1
0	1	1	1
1/2	1/2	1	1
1	0	1/2	1

In den so dargestellten Tabellen der Funktoren von zwei Argumenten werden in der linken Spalte die Werte des ersten Argumentes, in der oberen Zeile die Werte des zweiten Argumentes und im Schnittpunkt einer gegebenen Zeile und Spalte die Werte des zusammengesetzten Ausdruckes angegeben, der mit Hilfe des gegebenen Funktors gebildet wird, dessen erstes Argument den Wert hat, der in der gegebenen Zeile in der linken Spalte angegeben wird, und dessen zweites Argument den Wert hat, der in der gegebenen Spalte in der oberen Zeile angegeben wird. Die auf diese Weise dargestellten Tabellen der Funktoren von zwei Argumenten haben in der zweiwertigen Logik die folgende Form:

$\wedge$	0	1
0	0	0
1	0	1

$\vee$	0	1
0	0	1
1	1	1

$\rightarrow$	0	1
0	1	1
1	0	1

Diese Art der Darstellung von Tabellen für die Funktoren der mehrwertigen Logik macht ihre verkürzte Darstellung möglich. Beispielsweise hätte die Tabelle für die Implikation der dreiwertigen Logik, wenn sie in der im Kap. III, Abschnitt 4 angegebenen Weise dargestellt wird, die folgende Form:

p	*q*	*Cpq*
0	0	1
0	1/2	1
0	1	1
1/2	0	1/2
1/2	1/2	1
1/2	1	1
1	0	0
1	1/2	1/2
1	1	1

Die in den Tabellen für die dreiwertigen Funktoren der Negation, der Konjunktion und der Alternative angegebenen Beziehungen können anhand von sehr intuitiven Annahmen bezüglich des Sinnes der logischen Werte dieses Systems begründet werden. Bei einer derartigen Begründung bestimmter Beziehungen, die in der Tabelle für die dreiwertige Implikation angegeben werden, treten jedoch Schwierigkeiten auf.

Es muß hervorgehoben werden, daß die Beziehungen, die in diesen Tabellen aufgezeigt werden und die die Werte 1 und 0 betreffen, sich bei den gegebenen Funktoren mit den Beziehungen decken, die in den Tabellen für die entsprechenden Funktoren der zweiwertigen Logik dargestellt werden. Wenn wir beispielsweise in der Tabelle der dreiwertigen Negation die Zeile streichen, in der der Wert $^1/_2$ auftritt, erhalten wir die Tabelle der zweiwertigen Negation. Wenn wir in der Tabelle der dreiwertigen Implikation die Zeile und die Spalte streichen, in der der Wert $^1/_2$ auftritt, erhalten wir die Tabelle der zweiwertigen Implikation usw.

Im dreiwertigen Aussagenkalkül können modale aussagenbildende Funktoren von einem Aussagenargument ausgedrückt werden: Der Funktor der Möglichkeit „*M*" und der Funktor der Notwendigkeit „*L*". Den Ausdruck „*Mp*" lesen wir: Es ist möglich, daß *p*. Den Ausdruck „*Lp*" lesen wir: Es ist notwendig, daß *p*. Diese Funktoren werden durch die folgenden Tabellen charakterisiert:

p	Mp
0	0
$^1/_2$	1
1	1

p	Lp
0	0
$^1/_2$	0
1	1

Wenn wir Aussagen über zukünftige Ereignisse in Betracht ziehen, dann hat nach diesen Tabellen die Aussage „*Mp*" den Wert 1 dann und nur dann, wenn es gegenwärtig keine Ursachen gibt, die den Eintritt des durch die Aussage *p* beschriebenen Ereignisses ausschließen. Dagegen hat die Aussage „*Lp*" dann und nur dann den Wert 1, wenn es gegenwärtig Ursachen des Eintritts des durch die Aussage *p* beschriebenen Ereignisses gibt.

Der obengenannte Funktor der Möglichkeit kann mit Hilfe der dreiwertigen Funktoren der Implikation und Negation folgendermaßen definiert werden:

M	p	$\underset{df}{=}$	C	N	p	p
0	0		0	1	0	0
1	$^1/_2$		1	$^1/_2$	$^1/_2$	$^1/_2$
1	1		1	0	1	1

Wenn „*p*" den Wert $^1/_2$ hat, dann haben – nach den angegebenen Tafeln – sowohl „*Mp*" als auch „*MNp*" den Wert 1. Wenn es beispielsweise heute weder Ursachen meines Aufenthaltes in Warschau in einem Jahr noch Ursachen gibt, die diesen Aufenthalt ausschließen, dann ist sowohl die Aussage „Es ist möglich, daß ich heute in einem Jahr in Warschau sein werde" als auch die Aussage „Es ist möglich, daß ich heute in einem Jahr nicht in Warschau sein werde" wahr. Derartige Aussagen mit einer beiderseitigen Möglichkeit werden oft verwendet. Solche Aussagen kann man unter Verwendung der Funktoren des dreiwertigen Aussagenkalküls von Łukasiewicz formulieren.

In einer besonderen Analyse weist J. Łukasiewicz nach, daß die erörterten modalen Funktoren im zweiwertigen Aussagenkalkül nicht ausgedrückt werden können.

Folglich baut J. Łukasiewicz den dreiwertigen Aussagenkalkül als System auf, das die Einführung modaler Aussagen, von Aussagen über die Möglichkeit, Unmöglichkeit und Notwendigkeit bestimmter Ereignisse, ermöglicht.

Das System des dreiwertigen Aussagenkalküls entwickelte J. Łukasiewicz vor allem mit der Matrizenmethode. Theoreme dieses Systems sind alle und nur die Ausdrücke, die aus den Aussagenvariablen mit Hilfe der Funktoren dieses Systems gebildet werden und bei jeder Zuordnung von Werten für die Variablen den Wert 1 annehmen.

Die Entsprechungen vieler Gesetze des zweiwertigen Aussagenkalküls sind ebenfalls Theoreme des dreiwertigen Aussagenkalküls. Es gibt jedoch auch Gesetze des zweiwertigen Aussagenkalküls, deren Entsprechungen keine Theoreme des dreiwertigen Aussagenkalküls sind. Beispielsweise haben im dreiwertigen Aussagenkalkül die Ausdrücke „*ApNp*", „*NKpNp*" den Wert $^1/_2$,wenn der Variablen der Wert $^1/_2$ zugeordnet wird. Folglich sind die Entsprechungen des Gesetzes vom ausgeschlossenen Dritten und des Kontradiktionsgesetzes keine Theoreme des dreiwertigen Aussagenkalküls.

Es muß jedoch hervorgehoben werden, daß im dreiwertigen Aussagenkalkül solche Funktoren der Implikation, der Negation, der Konjunktion und der Alternative definiert werden können, für die alle Gesetze des zweiwertigen Aussagenkalküls gelten.

Wie wir bereits oben erwähnten, entwickelte Łukasiewicz kurz nach der Bildung des dreiwertigen Aussagenkalküls mehrwertige Systeme des Aussagenkalküls.[1] Unter diesen kann man die endlichen mehr-

[1] [J. Łukasiewicz, *Interpretacja liczbowa teorii zdań*, Ruch Filozoficzny VII, 1922/23, S. 92f., Englisch: *A Numerical Interpretation of the Theory of Propositions*, in: *J. Łukasiewicz, Selected Works*, ebenda S. 129ff.]

wertigen Systeme und das unendlich-mehrwertige System unterscheiden. In einem n-wertigen System des Aussagenkalküls (n ist hier eine natürliche Zahl $\geqq 2$) sind die Werte Brüche der Gestalt $\frac{k}{n-1}$, wobei $0 \leqq k \leqq n-1$. Die Menge der logischen Werte des unendlich-mehrwertigen Systems ist die Menge der Brüche $\frac{k}{n}$, mit: $0 \leqq \frac{k}{n} \leqq 1$. Die Werte der Negation und der Implikation mehrwertiger Systeme des Aussagenkalküls (sowohl der endlichen mehrwertigen Systeme als auch des unendlich-mehrwertigen Systems) bestimmen die Formeln:

$$Np = 1 - p$$

$$\text{Wenn } p \leqq q, \text{ so } Cpq = 1$$

$$\text{Wenn } p > q, \text{ so } Cpq = 1 - p + q.$$

Diese Formeln schließen als Spezialfälle die Formeln für die Negation und die Implikation der zweiwertigen Logik und der dreiwertigen Logik ein.

Die Funktoren der Alternative und der Konjunktion lassen sich in mehrwertigen Systemen des Aussagenkalküls mit Hilfe der Funktoren der Implikation und der Negation wie folgt definieren:

$$Apq \underset{\text{df}}{=} CCpqq$$

$$Kpq \underset{\text{df}}{=} NANpNq.$$

Diesen Definitionen zufolge ist der Wert der Alternative gleich dem größten unter den Werten ihrer Argumente, während der Wert der Konjunktion gleich dem kleinsten unter den Werten ihrer Argumente ist.

In den von E. Post entwickelten mehrwertigen Aussagenkalkülen sind die Grundtermini der Funktor der mehrwertigen Alternative, die den größten unter den Werten ihrer Argumente annimmt, sowie der Funktor der zyklischen Negation, die durch die folgende Tabelle charakterisiert ist:

p	$\sim_m p$
t_1	t_2
t_2	t_3
$\vdots$	$\vdots$
t_{m-1}	t_m
t_m	t_1

Die logischen Werte $t_1, t_2, \ldots, t_m$ dieser m-wertigen Logik sind hier vom größten bis zum kleinsten Wert geordnet (größere Werte haben kleinere Indizes). Diese beiden Funktoren reichen zur Definition aller Funktoren eines m-wertigen Aussagenkalküls aus. Wenn $m=2$ ist, erhalten wir die Tabellen der zweiwertigen Alternative und Negation.

Eine intuitive Interpretation der von ihm eingeführten Funktoren des mehrwertigen Aussagenkalküls gibt Post nicht. Er verweist dagegen auf die Möglichkeit der Interpretation der Variablen eines m-wertigen Aussagenkalküls als solche, die geordnete Tupel mit $m-1$ Elementen von Aussagen der zweiwertigen Logik repräsentieren, welche die Eigenschaft haben, daß wenn irgendein Element eines solchen Tupels eine wahre Aussage ist, dann alle ihm folgenden Elemente dieses Tupels ebenfalls wahr sind. Bei dieser Interpretation hat ein solches Tupel den Wert t_1, wenn alle seine Elemente wahre Aussagen sind, es hat den Wert t_2, wenn alle seine Elemente mit Ausnahme des ersten Elements wahre Aussagen sind, usw. Mit anderen Worten: Ein solches Tupel hat den Wert t_i, wenn es genau $i-1$ Elemente hat, die falsche Aussagen sind. Die mehrwertige Alternative und die zyklische Negation erhalten dann die folgende Interpretation:

Wenn $P=\langle p_1, p_2, \ldots, p_{m-1}\rangle$, und wenn $Q=\langle q_1, q_2, \ldots, q_{m-1}\rangle$, so

$$P \vee_m Q = \langle p_1 \vee q_1, p_2 \vee q_2, \ldots, p_{m-1} \vee q_{m-1}\rangle$$

$$\sim_m P = \langle \sim(p_1 \vee p_2 \vee \cdots \vee p_{m-1}), \sim(p_1 \vee p_2 \vee \cdots \vee p_{m-1}) \vee$$
$$\vee p_1 \wedge p_2, \ldots, \sim(p_1 \vee p_2 \vee \cdots \vee p_{m-1}) \vee p_{m-2} \wedge p_{m-1}\rangle.$$

Łukasiewicz gründete zwischen den beiden Weltkriegen in Warschau das Zentrum zur Erforschung der mehrwertigen Logik. Vor allem beschäftigte man sich mit der Axiomatisierung mehrwertiger Aussagenkalküle, die zuvor mit der Matrizenmethode von Łukasiewicz entwickelt worden waren, d. h. mit der Entwicklung axiomatischer Systeme des Aussagenkalküls, deren Theoreme alle und nur die Ausdrücke des Aussagenkalküls sind, die nach den gegebenen mehrwertigen Tabellen zutreffen. Bei diesen Untersuchungen gelangten J. Łukasiewicz und seine Schüler zu vielen interessanten Ergebnissen.[1] Einige von diesen wollen wir hier anführen.

[1] Einige der früheren Ergebnisse werden in dem Artikel von J. Łukasiewicz und A. Tarski, *Untersuchungen über den Aussagenkalkül*, behandelt, erschienen in: Comptes Rendus des Séances de la Société des Sciences et des Lettres de Varsovie (Warszawa), Cl III, 23, S. 30–50.

Im Jahre 1929 axiomatisierte M. Wajsberg[1] den dreiwertigen Aussagenkalkül nur mit Implikation und Negation von Łukasiewicz. Die Axiome dieses Systems, das als Regeln die der Einsetzung und der Abtrennung benutzt, sind folgende Ausdrücke:

$$CCpqCCqrCpr$$
$$CpCqp$$
$$CCNpNqCqp$$
$$CCCpNppp.$$

Mit Hilfe der dreiwertigen Implikation und Negation können jedoch nicht alle Funktoren des dreiwertigen Aussagenkalküls definiert werden.

Im Jahre 1936 entwickelte J. Słupecki ein Axiomensystem des dreiwertigen Aussagenkalküls dessen Grundtermini zur Definition aller Funktoren des dreiwertigen Aussagenkalküls ausreichen.[2] Der dritte Grundterminus dieses Systems ist neben den Funktoren der Implikation und Negation der Funktor T. Der Ausdruck „Tp" nimmt bei jedem Wert des Arguments den Wert $1/2$ an. Dieses System erhält man, wenn man zu den obenstehenden Axiomen von Wajsberg die zwei folgenden Axiome hinzufügt:

$$CTpNTp$$
$$CNTpTp.$$

Das wichtigste grundlegende Ergebnis bezüglich der Axiomatisierbarkeit endlicher mehrwertiger Systeme des Aussagenkalküls enthält die Arbeit von J. Słupecki *Dowód aksjomatyzowalności pełnych systemów wielowartościowych rachunku zdań*[3] aus dem Jahre 1939. In dieser Arbeit werden n-wertige Systeme des Aussagenkalküls mit k ausgezeichneten Werten untersucht, wobei n eine natürliche Zahl $\geqq 2$ und k eine natürliche Zahl dergestalt ist, daß $1 \leqq k < n$. Die untersuchten

[1] [*Ein Axiomensystem des dreiwertigen Aussagenkalküls*, in: Comptes Rendus des Séances de la Société des Sciences et des Lettres de Varsovie (Warszawa), Cl. III, 24, 1931, S. 146–148; mit Ausnahme einer Fußnote nachgedruckt in: K. Berka, L. Kreiser, *Logik – Texte. Kommentierte Auswahl zur Geschichte der modernen Logik*, 2. Auflage Berlin 1973, S. 141–143.]

[2] J. Słupecki, *Der volle dreiwertige Aussagenkalkül* [Mit Ausnahme einiger Fußnoten nachgedruckt in: K. Berka, L. Kreiser, *Logik – Texte. Kommentierte Auswahl zur Geschichte der modernen Logik*, 2. Auflage Berlin 1973, S. 143f.]

[3] Englisch in: Studia Logica, 29, 1971, S. 155ff., unter dem Titel: *Proof of axiomatizability of full many-valued systems of calculus of propositions.*

Systeme können also mehr als einen ausgezeichneten Wert haben. Die Werte sind natürliche Zahlen, die die Glieder der Folge $1, 2, \ldots, n$ sind, wobei die k ersten Glieder dieser Folge zu den ausgezeichneten Werten gezählt werden. Dieses System beruht auf drei Grundtermini, von denen zwei Funktoren von einem Argument sind und der dritte der Funktor einer bestimmten Implikation ist, die sich jedoch von der mehrwertigen Implikation von Łukasiewicz unterscheidet. Dieser dritte Funktor C wird durch die folgenden Formeln bestimmt:

$$\text{Wenn } 1 \leqq p \leqq k, \quad \text{so } Cpq = q$$
$$\text{Wenn } k+1 \leqq p \leqq n, \text{ so } Cpq = 1.$$

Wenn also das Vorderglied der Implikation einen ausgezeichneten Wert hat, so ist der Wert der Implikation gleich dem Wert ihres Nachgliedes. Wenn dagegen das Vorderglied der Implikation einen nichtausgezeichneten Wert hat, so ist der Wert der Implikation gleich 1, d. h., er ist gleich dem ersten unter den ausgezeichneten Werten.

Die Theoreme dieses Systems sind alle und nur die Ausdrücke, die bei jeder Anordnung von Werten für die Variablen irgendeinen ausgezeichneten Wert des Systems annehmen.

Wir führen hier nicht alle Axiome dieses Systems an, doch sei darauf hingewiesen, daß eines dieser Axiome der Ausdruck ist, der das einzige Axiom des zweiwertigen Aussagenkalküls nur mit Implikation ist. Folglich sind alle Implikationstheoreme des zweiwertigen Aussagenkalküls Theoreme dieses Systems.

Der Funktor der Implikation, der ein Grundterminus dieses Systems ist, hat die Eigenschaft, daß wenn sowohl diese Implikation als auch ihr Vorderglied einen ausgezeichneten Wert hat, auch ihr Nachglied einen ausgezeichneten Wert hat. Diese Eigenschaft weist der Funktor der mehrwertigen Implikation von Łukasiewicz nicht auf, falls wir Systeme mit mehr als einem ausgezeichneten Wert in Betracht ziehen. Beispielsweise hat im dreiwertigen Aussagenkalkül von Łukasiewicz die Implikation $C{}^1/_2\,0$ den Wert $^1/_2$. Folglich existieren im dreiwertigen Aussagenkalkül, in dem die Werte 1 und $^1/_2$ ausgezeichnete Werte sind, Implikationen mit einem ausgezeichneten Wert, deren Vorderglied einen ausgezeichneten Wert und deren Nachglied einen nichtausgezeichneten Wert hat.

Wahrscheinlich war diese Eigenschaft des Funktors der mehrwertigen Implikation von J. Łukasiewicz auch der Grund dafür, weshalb eine Axiomatisierung mehrwertiger Systeme des Aussagenkalküls mit einer beliebigen Menge ausgezeichneter Werte, in denen dieser Funktor als Grundterminus auftritt, erst unlängst durchgeführt wurde.

Diese Axiomatisierung enthält die Arbeit von W. Sadowski: *Dowód aksjomatyzowalności pewnych n-wartościowych rachunków zdań*[1] [*Strenge axiomatische Beweise im n-wertigen Aussagenkalkül*].

In dem oben zitierten Artikel aus dem Jahre 1930, *Untersuchungen über den Aussagenkalkül*, äußert J. Łukasiewicz die Vermutung, daß das Axiomensystem des unendlich-mehrwertigen Aussagenkalküls nur mit Implikation und Negation und mit nur einem ausgezeichneten Wert auf die folgenden Axiome gegründet werden könne:

CpCqp
CCpqCCqrCpr
CCCpqqCCqpp
CCCpqCqpCqp
CCNpNqCqp.

Diese Behauptung wurde später von M. Wajsberg bewiesen.[2] C. A. Meredith konnte nachweisen, daß sich das vierte Axiom anhand der übrigen Axiome beweisen läßt.[3]

Die gegenwärtig von verschiedenen Autoren fortgeführten intensiven Untersuchungen der mehrwertigen Logik beschränken sich nicht auf Axiomatisierbarkeitsprobleme. Man beschäftigt sich mit den Problemen der Definierbarkeit der Funktoren mehrwertiger Aussagenkalküle und bildet und untersucht Prädikatenkalküle, die auf mehrwertigen Aussagenkalkülen beruhen; es wurden mehrwertige Aussagenkalküle mit der Annahmemethode gebildet und mehrwertige Aussagenkalküle nach Łukasiewicz mit Variablen entwickelt, die aussagenbildende Funktoren von Aussagenargumenten repräsentieren, usw.[4]

1 [Studia Logica, 15, 1964, S. 25–33].

2 Der Beweis von M. Wajsberg ist nicht veröffentlicht worden. Der Beweis für diese Behauptung wird angegeben in dem Artikel von A. Rose und J. B. Rosser, *Fragments of Many-Valued Statement Calculi*, Transactions of the American Mathematical Society, 87, 1958, S. 1–53.

3 C. A. Meredith, *The Dependence of an Axiom of Łukasiewicz*, Transactions of the American Mathematical Society, 87, 1958.

4 Vgl. beispielsweise: J. B. Rosser, A. R. Turquette, *Many-Valued Logics*, Amsterdam 1952; V. G. Kirin, *Gentzen's Method for Many-Valued Propositional Calculi*, Zeitschrift für mathematische Logik und Grundlagen der Mathematik, 12, 1966, S. 317–332; A. Rose, *A Formalisation of the $\aleph_0$-Valued Łukasiewicz Propositional Calculus with Variable Functors*, ebenda, 13, 1967, S. 289–292; A. Rose, *A Formalisation of the $\aleph_0$-Valued Łukasiewicz Implicational Propositional Calculus with Variable Functors*, ebenda, 13, 1967, S. 293–294. [G. Asser, *Die endlich-*

Die Entdeckung der mehrwertigen Logik gehört zu den bedeutsamsten logischen Entdeckungen unseres Jahrhunderts. Sie hatte auch einen großen Einfluß auf Richtung und Entwicklung der logischen Forschung. Die Tatsache, daß auf mehrwertige Systeme des Aussagenkalküls aufmerksam gemacht worden war, begünstigte die Formulierung des allgemeinen Begriffs der logischen Matrix (die Definition dieses Begriffs wird im Abschnitt 1 des letzten Kapitels gegeben) und der mit ihm verbundenen Begriffe sowie die Herausbildung eines Teiles der Logik, der die Theorie der logischen Matrizen umfaßt. Die mehrwertigen logischen Matrizen finden bei den Unabhängigkeitsbeweisen für Ausdrücke des Aussagenkalküls Verwendung. In der letzten Zeit wurde auf die Möglichkeiten der Verwendung mehrwertiger Aussagenkalküle bei der Anwendung der Logik auf Rechenautomaten aufmerksam gemacht. Bei der Betrachtung der Beziehung des zweiwertigen Aussagenkalküls zu den mehrwertigen Aussagenkalkülen, in denen die Menge der logischen Werte größer als 2 ist, muß hervorgehoben werden (wir haben dies bereits unterstrichen), daß der zweiwertige Aussagenkalkül als Teil bestimmter derartiger Systeme aufgefaßt werden kann. Dies gilt nicht nur für solche mehrwertigen Systeme, deren Grundtermini zur Definition aller Funktoren eines gegebenen mehrwertigen Aussagenkalküls ausreichen, sondern auch für die mehrwertigen Systeme nur mit Implikation und Negation von Łukasiewicz. Die Bildung mehrwertiger Systeme des Aussagenkalküls hat also zur Bildung von Systemen des Aussagenkalküls geführt, die reicher sind als das klassische System, zu Systemen, die Funktoren enthalten, die sich im klassischen Aussagenkalkül nicht ausdrücken lassen. Zu solchen Funktoren, die in der Umgangssprache einen intuitiven Sinn haben, gehören die modalen Funktoren der Möglichkeit und Notwendigkeit sowie der Funktor einer Implikation, die sich von der materialen Implikation unterscheidet. Adäquate Matrizen (die Definition dieses Begriffs wird im 1. Abschnitt des letzten Kapitels

wertigen Łukasiewiczschen Aussagenkalküle, in: Bericht über die Mathematiker-Tagung in Berlin vom 14. 1.–18. 1. 1953, Berlin 1953, S. 15–18; K. Schröter, *Methoden zur Axiomatisierung beliebiger Aussagen- und Prädikatenkalküle*, in: Zeitschrift für mathematische Logik und Grundlagen der Mathematik, 1, 1955, S. 241–251; H. Thiele, *Theorie der endlichwertigen Łukasiewiczschen Prädikatenkalküle 1. Stufe*, ebenda, 4, 1958, S. 108–142; A. Wilhelmy, *Bemerkungen zur Semantik quantifizierter mehrwertiger logischer Systeme*, in: *Logik und Logikkalküle*, Freiburg-München 1962, S. 179–188.]

gegeben) solcher Systeme sind die mehrwertigen Matrizen, in denen die Wertmenge größer als 2 ist. Mit bestimmten derartigen Systemen wollen wir uns im folgenden Abschnitt kurz vertraut machen.

2. Systeme der strikten Implikation und verwandte Systeme

Die unangemessene Lesart der materialen Implikation „$p \rightarrow q$" als eines Ausdruckes, der besagt, daß q folgt aus p, eine Lesart, die zu paradoxen, nicht mit der Intuition übereinstimmenden Konsequenzen führt (von ihr war im Abschnitt 4 von Kap. III die Rede), ist der Anlaß zur Bildung eines Systems des Aussagenkalküls gewesen, in dem solche Konsequenzen umgangen werden. Ein solches System mit der Bezeichnung: System der strikten Implikation entwickelte der amerikanische Logiker C. I. Lewis. Er stellte es zuerst in seinem Buch *A Survey of Symbolic Logic*[1] im Jahre 1918 dar; eine detailliertere Darstellung gab das von C. I. Lewis und C. H. Langford im Jahre 1932 herausgegebene Buch *Symbolic Logic*[2]. Eine ausführliche Darstellung strenger Implikationssysteme unter Berücksichtigung neuerer Ergebnisse bezüglich dieser Systeme gibt R. Feys in seinem Buch *Modal Logics*[3] aus dem Jahre 1965.

Die Grundtermini des Systems von Lewis sind die Funktoren der Konjunktion sowie der Negation und der Funktor der Möglichkeit „$\Diamond$". Den Ausdruck „$\Diamond p$" lesen wir: Es ist möglich, daß p. Den Funktor der strikten Implikation, für den wir mit Feys aus typographischen Erwägungen das Zeichen „$\Rightarrow$" verwenden werden (Lewis benutzt als Zeichen der strikten Implikation das Symbol „$\prec$"), definiert Lewis mit Hilfe der Funktoren der Konjunktion, der Negation und der Möglichkeit. Diese Definition kann wie folgt geschrieben werden:

$$p \Rightarrow q \underset{\mathrm{df}}{=} \sim \Diamond (p \wedge \sim q) .$$

Die folgenden Definitionen bestimmen den Funktor der strikten Äquivalenz „$\Leftrightarrow$" und den Funktor der Notwendigkeit „$\Box$":

$$p \Leftrightarrow q \underset{\mathrm{df}}{=} (p \Rightarrow q) \wedge (q \Rightarrow p)$$

$$\Box p \underset{\mathrm{df}}{=} \sim \Diamond \sim p .$$

[1] [Berkeley 1918; Neudruck: New York 1960].
[2] [New York 1932; Neudruck: New York 1959].
[3] [Louvian 1965].

Mit Hilfe der Zeichen der Konjunktion und der Negation werden schließlich auf bekannte Weise die Zeichen der Alternative, der materialen Implikation und der materialen Äquivalenz definiert.

Es muß angemerkt werden, daß Lewis Definitionen mit Hilfe des Zeichens der strikten Äquivalenz (für die er das Symbol „=" verwendet) gibt. In einer solchen Fassung muß dieses Zeichen zu den Grundtermini dieses Systems gezählt werden.

Die folgenden Regeln sind die Grundregeln dieses Systems: Die Einsetzungsregel, die Abtrennungsregel für die strikte Implikation, die Regel der Einführung der Konjunktion, die Regel der Ersetzung der Glieder der strikten Äquivalenz sowie – bei der hier eingeführten Darstellung der Definition – die Regel der Definitionsersetzung. Die Abtrennungsregel für die strikte Implikation besagt, wenn die Ausdrücke $E \Rightarrow F$ und E Theoreme des Systems sind, dann ist auch der Ausdruck F ein Theorem des Systems. Die Regel der Einführung der Konjunktion besagt, wenn die Ausdrücke E und F Theoreme des Systems sind, dann ist auch der Ausdruck $E \wedge F$ ein Theorem des Systems. Die Regel der Ersetzung der Glieder der strikten Äquivalenz besagt, daß anhand des Theorems $E \Leftrightarrow F$ in einem beliebigen Theorem der Ausdruck E durch den Ausdruck F und umgekehrt der Ausdruck F durch den Ausdruck E ersetzt werden kann. Wenn man, wie dies bei Lewis der Fall ist, die Definitionen als Theoreme des Systems in Gestalt einer strikten Äquivalenz formuliert, dann benötigt man natürlich keine spezielle Regel für die Ersetzung einer Seite (oder ihrer Einsetzungen) der Definition durch die andere Seite (oder ihrer entsprechenden Einsetzungen) der Definition.

C. I. Lewis unterscheidet fünf Systeme der strikten Implikation, die mit S1, S2, ..., S5 bezeichnet werden. Dabei ist jedes folgende System eine Erweiterung des vorangegangenen. Die Axiome des schwächsten dieser Systeme, d. h. des Systems S1, sind die Ausdrücke:

$$p \wedge q \Rightarrow q \wedge p$$
$$p \wedge q \Rightarrow p$$
$$p \Rightarrow p \wedge p$$
$$(p \wedge q) \wedge r \Rightarrow p \wedge (q \wedge r)$$
$$(p \Rightarrow q) \wedge (q \Rightarrow r) \Rightarrow (p \Rightarrow r)$$
$$p \wedge (p \Rightarrow q) \Rightarrow q \,.$$

Anstelle des letzten Axioms kann auch das Axiom:

$$p \Rightarrow \Diamond p$$

zugrunde gelegt werden.

(Neben diesen Axiomen benutzte C. I. Lewis noch den Ausdruck: $p \Rightarrow \sim \sim p$ als Axiom, doch wies J. C. C. McKinsey nach, daß dieses Theorem anhand der übrigen Axiome und der Regeln des Systems S1 bewiesen werden kann.)

Das System S2 erhält man dadurch, daß man zu den Axiomen des Systems S1 das folgende Axiom hinzufügt:

$$\Diamond(p \wedge q) \Rightarrow \Diamond p.$$

Das System S3 erhält man, wenn man zu den Axiomen des Systems S1 das Axiom:

$$(p \Rightarrow q) \Rightarrow (\Diamond p \Rightarrow \Diamond q)$$

hinzufügt.

Das System S4 erhält man, wenn man zu den Axiomen des Systems S1 das Axiom:

$$\Box p \Rightarrow \Box \Box p$$

(oder das Axiom: $\Diamond \Diamond p \Rightarrow \Diamond p$) hinzufügt.

Das System S5 erhält man dadurch, daß man zu den Axiomen des Systems S1 das Axiom:

$$\Diamond p \Rightarrow \Box \Diamond p$$

hinzufügt (oder dadurch, daß man die Axiome des Systems S4 durch das Axiom:

$$p \Rightarrow \Box \Diamond p$$

ergänzt).

Lewis betrachtet auch Systeme der strikten Implikation mit Quantifikatoren, die Aussagenvariable binden. Außer den üblichen Regeln für solche Quantifikatoren nimmt Lewis in den so erweiterten Systemen der strikten Implikation ein weiteres Axiom an, das als Existenzpostulat bezeichnet wird:

$$\bigvee_{p,q} [\sim (p \Rightarrow q) \wedge \sim (p \Rightarrow \sim q)] .$$

Zur Erklärung der Rolle dieses Axioms sei darauf hingewiesen, daß für die materiale Implikation das Theorem gilt:

$$(p \rightarrow q) \vee (p \rightarrow \sim q) ,$$

das leicht mit der Null-Eins-Prüfung überprüft werden kann. Folglich ist im System der materialen Implikation mit Quantifikatoren, die Aussagenvariable binden, ein Theorem der Ausdruck:

$$\bigwedge_{p,q} [(p \rightarrow q) \vee (p \rightarrow \sim q)] .$$

Das Existenzpostulat des Systems von Lewis ist äquivalent mit dem Theorem:

$$\sim \bigwedge_{p,q} [(p \Rightarrow q) \vee (p \Rightarrow \sim q)] .$$

Es ist daher äquivalent mit der Negation der Entsprechung des erwähnten Theorems des Systems der materialen Implikation mit Quantifikatoren, die Aussagenvariable binden.

Aufgrund des Existenzpostulats werden beispielsweise die folgenden interessanten Theoreme bewiesen:

$$\bigvee_{p,q,r} [\Diamond p \wedge \Diamond q \wedge \Diamond r \wedge \sim (p \Leftrightarrow q) \wedge \sim (p \Leftrightarrow r) \wedge \sim (q \Leftrightarrow r)]$$

$$\bigvee_{p,q,r} [\Diamond \sim p \wedge \Diamond \sim q \wedge \Diamond \sim r \wedge \sim (p \Leftrightarrow q) \wedge \sim (p \Leftrightarrow r) \wedge \sim (q \Leftrightarrow r)]$$

$$\bigvee_{p,q,r,s} [\sim (p \Leftrightarrow q) \wedge \sim (p \Leftrightarrow r) \wedge \sim (p \Leftrightarrow s) \wedge \sim (q \Leftrightarrow r) \wedge \sim (q \Leftrightarrow s) \wedge \sim (r \Leftrightarrow s)] .$$

Unter Verwendung der Definitionen:

$$p \rightarrow q \underset{\mathrm{df}}{=} \sim (p \wedge \sim q)$$

$$p \equiv q \underset{\mathrm{df}}{=} (p \rightarrow q) \wedge (q \rightarrow p)$$

$$p \vee q \underset{\mathrm{df}}{=} \sim (\sim p \wedge \sim q)$$

erhält Lewis bereits im System S1 die Axiome und Regeln des auf der Alternative und der Negation beruhenden klassischen Aussagenkalküls von B. Russell und A. N. Whitehead. Das System der materialen Implikation ist also ein Teil des Systems der strikten Implikation, das um die Definitionen der Grundtermini des Systems der materialen Implikation bereichert wird.

Diese Tatsache weist auf die Möglichkeit einer Axiomatisierung von strikten Implikationssystemen hin, bei der zu den Axiomen und Regeln des klassischen Aussagenkalküls zusätzlich Axiome und Regeln für modale Termini hinzukommen. Ein solches Axiomensystem gab im Jahre 1933 K. Gödel[1] für die Systeme S4 und S5 und im Jahre 1957 E. J. Lemmon[2] für die Systeme S1–S4 an. Die so dargestellten strikten Implikationssysteme bauen auf dem klassischen Aussagenkalkül nur

[1] [*Eine Interpretation des intuitionistischen Aussagenkalküls*, in: Ergebnisse eines mathematischen Kolloquiums, 4, 1933, S. 39–40; Nachdruck in: K. Berka, L. Kreiser, *Logik-Texte. Kommentierte Auswahl zur Geschichte der modernen Logik*, 2. Auflage Berlin 1973, S. 187, kommentiert S. 149].

[2] [*New Foundations of Lewis Modal Systems*, Journal of Symbolic Logic, 22, 1957, S. 176–186].

mit Implikation und Negation auf. Als neuer Grundterminus wird der Funktor der Notwendigkeit eingeführt, und die strikte Implikation wird wie folgt definiert:

$$p \Rightarrow q \underset{\text{df}}{=} \Box(p \to q).$$

Der Funktor der Möglichkeit wird folgendermaßen definiert:

$$\Diamond p \underset{\text{df}}{=} \sim \Box \sim p.$$

Aufgrund dieser Definitionen erhalten wir die Äquivalenz:

$$(p \Rightarrow q) \Leftrightarrow \sim \Diamond (p \wedge \sim q),$$

die der Definition des Funktors der strikten Implikation bei Lewis entspricht.

Neben den Axiomen und Regeln des auf der Implikation und der Negation beruhenden klassischen Aussagenkalküls werden in den Systemen S1–S5 zusätzlich Axiome und Regeln bezüglich des Funktors der Notwendigkeit angenommen.

So werden im System S1 die Axiome:

$$\Box p \to p$$
$$\Box(p \to q) \wedge \Box(q \to r) \to \Box(p \to r)$$

und die Regel der Ersetzung der Glieder der strikten Äquivalenz sowie die Regel (R) angenommen: Wenn E ein Theorem des klassischen Aussagenkalküls oder E ein Axiom des Systems S1 ist, so ist auch der Ausdruck $\Box E$ ein Theorem.

Im System S2 werden zusätzlich die modalen Axiome:

$$\Box p \to p$$
$$\Box(p \to q) \to (\Box p \to \Box q),$$

die Regel (R) und die Regel: Wenn der Ausdruck $\Box(E \to F)$ ein Theorem ist, so ist auch der Ausdruck $\Box(\Box E \to \Box F)$ ein Theorem, angenommen.

Im System S3 werden zusätzlich die modalen Axiome:

$$\Box p \to p$$
$$\Box(p \to q) \to \Box(\Box p \to \Box q),$$

sowie die Regel (R) angenommen.

Für das System S4 nimmt K. Gödel die zusätzlichen modalen Axiome:

$$\Box p \to p$$
$$\Box(p \to q) \to (\Box p \to \Box q)$$
$$\Box p \to \Box \Box p$$

sowie die Regel an: Wenn E ein Theorem ist, so ist auch $\Box E$ ein Theorem. Lemmon vereinfachte dieses Axiomensystem, indem er das zweite und dritte Axiom von K. Gödel durch das folgende Axiom ersetzte:

$$\Box(p \to q) \to \Box(\Box p \to \Box q).$$

Für das System S5 nimmt K. Gödel die zusätzlichen modalen Axiome:

$$\Box p \to p$$
$$\Box(p \to q) \to (\Box p \to \Box q)$$
$$\sim \Box p \to \Box \sim \Box p$$

sowie die Regel an: Wenn E ein Theorem ist, so ist auch $\Box E$ ein Theorem.

Wenn man in Gödels Axiomensystem von S4 das dritte Axiom streicht, erhält man das von Feys stammende und als System T bezeichnete System. Dieses System ist äquivalent mit dem System S1, das durch die folgende Regel ergänzt wird: Wenn E ein Theorem ist, so ist auch $\Box E$ ein Theorem. Dieses System ist im S4 enthalten; es enthält das System S2, aber es deckt sich nicht mit dem System S3.

Das System T, ergänzt durch die Definition des Möglichkeitsfunktors, ist äquivalent mit dem System M von von Wright, das in dem Buch *An Essay in Modal Logic*[1] dargestellt wird. Das System M beruht auf dem klassischen Aussagenkalkül. Der modale Grundterminus dieses Systems ist der Möglichkeitsfunktor „$\Diamond$" (von Wright verwendet hier das Symbol „M"), mit dessen Hilfe man den Notwendigkeitsfunktor „$\Box$" definiert:

$$\Box p \underset{\text{df}}{=} \sim \Diamond \sim p.$$

Im System M werden die zusätzlichen modalen Axiome:

$$p \to \Diamond p$$
$$\Diamond(p \vee q) \equiv \Diamond p \vee \Diamond q$$

sowie die Regeln angenommen:

Wenn E ein Theorem ist, so ist auch $\Box E$ ein Theorem.

Wenn $E \equiv F$ ein Theorem ist, so ist auch $\Diamond E \equiv \Diamond F$ ein Theorem.

Nimmt man zu den Axiomen des Systems M das Axiom:

$$\Diamond \Diamond p \to \Diamond p$$

hinzu, so erhält man ein mit dem System S4 äquivalentes System.

[1] [Amsterdam 1951, Appendix II, S. 84ff.]

Wird dagegen zu den Axiomen des Systems M das Axiom:

$$\Diamond\sim\Diamond p \rightarrow \sim\Diamond p$$

hinzugefügt, so erhält man ein mit dem System S5 äquivalentes System.

Es gibt viele gleichwertige Darstellungen strikter Implikationssysteme, die auf verschiedenen Grundtermini, Axiomen und Regeln beruhen.[1] Eine der interessantesten ist die von E. J. Lemmon für die Systeme S3–S5 gegebenen Darstellung. In dieser Fassung sind die Grundtermini die Funktoren der Negation, der Konjunktion und der strikten Implikation. Die Funktoren der Notwendigkeit und der Möglichkeit werden folgendermaßen definiert:

$$\Box p \underset{\text{df}}{\equiv} \sim p \Rightarrow p$$
$$\Diamond p \underset{\text{df}}{\equiv} \sim\Box\sim p$$

(oder wie folgt: $\Diamond p \underset{\text{df}}{\equiv} \sim(p \Rightarrow \sim p)$).

Die Einsetzungsregel und die Abtrennungsregel für die strikte Implikation sind die Grundregeln dieser Systeme. Dies ermöglicht einen besseren Vergleich eines strikten Implikationssystems mit einem materialen Implikationssystem, das ebenfalls auf der Einsetzungsregel und der Abtrennungsregel als den Grundregeln beruht. In der ursprünglichen Fassung von C. I. Lewis treten neben diesen Grundregeln noch andere auf, vor allem die sehr starke Regel der Ersetzung der Glieder einer strikten Äquivalenz. In anderen Darstellungen, über die wir vorher gesprochen haben, treten ebenfalls zusätzlich Grundregeln für modale Termini auf.

Als Implikationsaxiome, die neben dem Zeichen der strikten Implikation keine anderen Funktoren enthalten, legt Lemmon für das System S3 die folgenden Axiome zugrunde:

$$(p \Rightarrow q) \Rightarrow [(q \Rightarrow r) \Rightarrow (p \Rightarrow r)]$$
$$Q \Rightarrow (p \Rightarrow p)$$
$$[p \Rightarrow (p \Rightarrow q)] \Rightarrow (p \Rightarrow q)\,.$$

Der Buchstabe „*Q*" im zweiten Axiom repräsentiert eine beliebige

[1] Angaben über eine große Anzahl solcher Systeme sind beispielsweise in dem Buch von R. Feys, *Modal Logics*, Louvain 1965, im Anhang des Buches von A. N. Prior, *Formal Logic*, 2. Auflage Oxford 1962, oder bei H. Arnold Schmidt, *Mathematische Gesetze der Logik*, I. *Vorlesungen über Aussagenlogik*, Berlin-Göttingen-Heidelberg 1960, 11. Abschnitt, zu finden.

strikte Implikation. Dieses Axiom kann auch wie folgt formuliert werden:

$$(q \Rightarrow r) \Rightarrow (p \Rightarrow p).$$

Die Implikationsaxiome des Systems S4 sind die Axiome:

$$(p \Rightarrow q) \Rightarrow [(q \Rightarrow r) \Rightarrow (p \Rightarrow r)]$$
$$q \Rightarrow (p \Rightarrow p)$$
$$[p \Rightarrow (p \Rightarrow q)] \Rightarrow (p \Rightarrow q).$$

Im System S5 werden die folgenden Implikationsaxiome zugrunde gelegt:

$$(p \Rightarrow q) \Rightarrow [(q \Rightarrow r) \Rightarrow (p \Rightarrow r)]$$
$$q \Rightarrow (p \Rightarrow p)$$
$$[(P \Rightarrow q) \Rightarrow P] \Rightarrow P.$$

Das dritte Axiom ist das sogenannte schwache Gesetz von Peirce. Dieses Axiom kann man mit Hilfe der üblichen Aussagenvariablen schreiben, indem man überall den Buchstaben „P“, der eine strikte Implikation darstellt, beispielsweise durch den Ausdruck „$p \Rightarrow r$“ ersetzt.

Diesen Implikationsaxiomen werden in jedem System von S3 bis S5 die folgenden Axiome hinzugefügt, in denen die Funktoren der Negation und der Konjunktion auftreten:

$$p \wedge q \Rightarrow p$$
$$p \wedge q \Rightarrow q$$
$$(p \Rightarrow q) \Rightarrow [(p \Rightarrow r) \Rightarrow (p \Rightarrow q \wedge r)]$$
$$(p \Rightarrow q) \Rightarrow (\sim q \Rightarrow \sim p)$$
$$p \Rightarrow \sim \sim p$$
$$\sim \sim p \Rightarrow p$$
$$p \wedge \sim (p \wedge \sim q) \Rightarrow q.$$

Es wurde auch das reine Implikationssystem S5 axiomatisiert, das als System C5 bezeichnet wird und das alle und nur die Ausdrücke enthält, die Theoreme des Systems S5 sind, welche ausschließlich mit Hilfe von Aussagenvariablen und des Zeichens der strikten Implikation gebildet sind. Die Funktoren der Notwendigkeit und der Möglichkeit werden in diesem System wie folgt definiert:

$$\Box p \underset{\text{df}}{\equiv} (p \Rightarrow p) \Rightarrow p$$
$$\Diamond p \underset{\text{df}}{\equiv} (p \Rightarrow \Box p) \Rightarrow p,$$

oder:

$$\Diamond p \underset{\mathrm{df}}{=} (p \Rightarrow \Box p) \Rightarrow \Box p \, .$$

Die Einsetzungsregel und die Abtrennungsregel für die strikte Implikation sind die Grundregeln des Systems C5. Von C. A. Meredith, E. J. Lemmon sowie A. N. Prior[1] stammen verschiedene Axiomensysteme des Systems C5, darunter auch aus nur einem Axiom bestehende Systeme. Unter diesen Axiomensystemen für das System C5 gibt es solche, die sich nur durch ein Axiom von einem Axiomensystem für den auf der Implikation beruhenden klassischen Aussagenkalkül unterscheiden. Das System C5 kann beispielsweise auf die Axiome:

$$\{[(p \Rightarrow q) \Rightarrow r] \Rightarrow q\} \Rightarrow [(q \Rightarrow s) \Rightarrow (q \Rightarrow s)]$$
$$q \Rightarrow (p \Rightarrow p)$$

gegründet werden, während der auf der Implikation beruhende klassische Aussagenkalkül auf den Axiomen:

$$\{[(p \to q) \to r] \to q\} \to [(q \to s) \to (p \to s)]$$
$$p \to (q \to p)$$

aufgebaut werden kann.

C. A. Meredith hat das System S5 mit Variablen axiomatisiert, die aussagenbildende Funktoren von Aussagenargumenten repräsentieren. In diesem System sind die Grundtermini die Konstanten: $\to$, $\Box$, 0.

Einige Systeme der strikten Implikation wurden auch mit der Annahmemethode gebildet. Wir wollen uns nunmehr mit einer dieser Fassungen für die Systeme S4 und S5 vertraut machen.[2] Sie erlaubt eine leichte Ausführung von Beweisen bestimmter Theoreme dieser Systeme. Als Grundregeln der Einführung neuer Beweiszeilen nimmt man in dieser Fassung die folgenden Regeln an: Die Abtrennungsregel für die strikte Implikation, die Regeln der Einführung und Beseitigung der Konjunktion, die Regeln der Einführung und Beseitigung der strikten Äquivalenz sowie die Regeln der Einführung und Besei-

[1] [Vgl. z. B. C. A. Meredith, A. N. Prior, *Investigations into implicational S5*, Zeitschrift für mathematische Logik und Grundlagen der Mathematik, 10, 1964, S. 203–220].

[2] Die hier dargestellten Regeln formulierte ich in dem Artikel: L. Borkowski, J. Słupecki, *A logical System based on rules and its application in teaching mathematical logic*, Studia Logica, 7, Warszawa 1958, S. 71–105.

tigung des Möglichkeitsfunktors mit den Schemata:

$$\frac{\sim(p \Rightarrow \sim p)}{\Diamond p} \qquad \frac{\Diamond p}{\sim(p \Rightarrow \sim p)}.$$

Die Regel der Bildung des indirekten Annahmebeweises, die es gestattet, einen Ausdruck der Form:

$$W_1 \Rightarrow \{W_2 \Rightarrow \cdots \Rightarrow (W_{n-1} \Rightarrow W_n) \cdots\}$$

zu den Theoremen des Systems zu zählen, unterscheidet sich von der analogen Regel des klassischen Aussagenkalküls nur dadurch, daß in ihr gefordert wird, daß die Annahmen $W_1, \ldots, W_{n-2}$ und folglich alle Annahmen des Theorems mit Ausnahme der letzten Ausdrücke einer bestimmten Form sind. Im System S4 können nämlich diese Annahmen Ausdrücke der Form: $\sim\Diamond E$, $E \Rightarrow F$, $E \Leftrightarrow F$ oder Konjunktionen von Ausdrücken dieser Form sein. Im System S5 kommen neben solchen Ausdrücken noch Ausdrücke der Form $\Diamond E$ in Betracht.

Eine solche Fassung erlaubt auch die Aussonderung der Teile der Systeme S4 und S5, deren Theoreme ausschließlich mit Hilfe des Zeichens der Negation und der strikten Implikation sowie mit Hilfe von Aussagenvariablen gebildet werden. In diesen Systemen legen wir die Abtrennungsregel für die strikte Implikation als die einzige Grundregel der Einführung neuer Beweiszeilen zugrunde, und in der Formulierung der Regel der Bildung des indirekten Annahmebeweises nehmen wir an, daß im System S4 jede Annahme mit Ausnahme der letzten ein Ausdruck der Form $E = F$ und im System S5 ein Ausdruck der Form $E \Rightarrow F$ oder der Form $\sim(E \Rightarrow F)$ ist.

Es ist bewiesen worden, daß es für die Systeme S1–S5 keine endlichen adäquaten logischen Matrizen gibt.[1] Für das System S5 existiert eine unendliche adäquate logische Matrix. Ihre Elemente sind unendliche periodische Null-Eins-Folgen. Der ausgezeichnete Wert dieser Matrix ist eine Folge, bei der jedes Glied gleich 1 ist. Die strikte Implikation hat den Wert 0 (d. h. die Folge, bei der jedes Glied gleich 0 ist), wenn ein bestimmtes n-tes Glied einer Folge, das ihrem Vorderglied zugeordnet wird, gleich 1 ist, während das n-tes Glied einer Folge, das ihrem Nachglied zugeordnet wird, gleich 0 ist. Die Werte der Negation und der Konjunktion berechnen wir dadurch, daß wir für jedes Glied einer Folge seinen Wert nach einer Tabelle mit zwei Werten festlegen. Mit Hilfe dieser Matrix weisen wir beispielsweise nach, daß das Gesetz der Prämissenverbindung kein Theorem des Systems S5 ist. Wenn wir nämlich den Variablen p, q, r entsprechend die peri-

[1] J. Dugundji, *Note on a property of matrices for Lewis and Langford's calculi of propositions*, Journal of Symbolic Logic, 5, 1940, S. 150–151.

odischen Folgen $\dot{1}0$, $\dot{0}1$, $\dot{1}0$ zuordnen, erhalten wir:

$$\begin{array}{l} p \wedge q \Rightarrow r \Rightarrow [p \Rightarrow (q \Rightarrow r)] \\ 1\ 0\,0\ \ 1\ \ \ 1\ \ \ 0\ \ 1 \\ \quad\ \ 1\ \ \ 0\ \ \ 0\ \ \ 0 \\ 0\ 0\,1\ \ 0\ \ \ 0\ \ \ 1\ \ 0 \end{array}$$

Bei den angegebenen Werten der Variablen hat also der geprüfte Ausdruck den Wert 0. Da jedes der Systeme S1–S4 im System S5 enthalten ist, sind folglich Ausdrücke, die keine Theoreme des Systems S5 sind, auch keine Theoreme eines der Systeme S1–S4. Der geprüfte Ausdruck ist also kein Theorem eines Systems der strikten Implikation. Die nachstehenden Prüfungen zeigen, daß kein Theorem der Systeme der strikten Implikation eine Entsprechung der sogenannten Paradoxien der materialen Implikation ist, d. h. der Theoreme: $p \rightarrow (\sim p \rightarrow q)$, $p \rightarrow (q \rightarrow p)$, ist.

$$\begin{array}{l} p \Rightarrow (\sim p \Rightarrow q) \\ 0\quad\ 1\ 0\ \ 0 \\ \quad\ 0\quad\ 0 \\ 1\quad\ 0\,1\ \ 1 \end{array}$$

$$\begin{array}{l} p \Rightarrow (q \Rightarrow p) \\ 0\quad 1\quad 0 \\ \quad 0\quad 0 \\ 1\quad 1\quad 1 \end{array}$$

Bei der Bildung des Systems der strikten Implikation machte C. I. Lewis hauptsächlich auf die Interpretation des Ausdruckes „$p \Rightarrow q$" aufmerksam, nach der dieser besagt, daß aus p logisch q folgt. Die spätere Entwicklung der Logik, die Unterscheidung von Logik und Metalogik und die Formulierung der metalogischen Definition der logischen Folgerung haben diese Interpretation der strikten Implikation unaktuell gemacht. Den Begriff der logischen Folgerung kann man metalogisch bestimmen, wobei man zu diesem Zweck keine andere Implikation als die materiale Implikation einführt.

Wenn wir nun auch nicht den Ausdruck „$p \Rightarrow q$" so interpretieren können, daß er besagt, aus p folgt logisch q, so stoßen wir jedoch auch bei der Anwendung der materialen Implikation, vor allem in den empirischen Wissenschaften, auf bestimmte Schwierigkeiten intuitiver Art. Wenn wir beispielsweise die vollkommen intuitive Definition zugrunde legen:

x ist in Wasser löslich $\equiv$ wenn x ins Wasser gelegt wird, so löst sich x im Wasser auf, gelangen wir nach der Ersetzung der Wendung „wenn ... so" auf der rechten Seite dieser Äquivalenz durch das Zeichen der materialen Implikation zu paradoxen Folgerungen. Wenn wir eine solche Ersetzung vornehmen und für die Variable „x" die Bezeichnung „a" eines Gegenstandes einsetzen, der weder ins Wasser gelegt wurde noch ins Wasser gelegt wird (z. B. die Bezeichnung „Mond"), so gelangen wir zu dem Schluß, daß der Gegenstand a in Wasser löslich ist.

Eine wichtige Aufgabe, insbesondere in bezug auf die Anwendung der Logik in den empirischen Wissenschaften, ist die Bildung eines logischen Systems, das die folgenden zwei Bedingungen erfüllt:

1. in diesem System tritt ein Funktor der Implikation auf, der nicht zu den obengenannten Schwierigkeiten führt;

2. in diesem System werden die am häufigsten von uns in der Praxis angewandten Gesetze und Schemata des deduktiven Schließens beachtet.

Das System der strikten Implikation von Lewis stellt eine gewisse Lösung dieser Aufgabe dar. Es erfüllt die erste Bedingung, denn – wie wir oben sahen – unter den Theoremen dieses Systems kommen nicht die Entsprechungen der Paradoxien der materialen Implikation vor, mit denen die oben besprochene Schwierigkeit verbunden ist. Das System von Lewis erfüllt auch in hohem Maße die zweite Bedingung. Wenn wir in den im Abschnitt 2 und 3 des Kapitels III angegebenen Theoremen und Schlußschemata das Zeichen der materialen Implikation durch das Zeichen der strikten Implikation und das Zeichen der materialen Äquivalenz durch das Zeichen der strikten Äquivalenz ersetzen, so erhalten wir auf diese Weise mit wenigen Ausnahmen die Theoreme und Regeln des Systems S2 der strikten Implikation. Im System S2 der strikten Implikation sind nämlich die auf diese Weise erhaltenen Entsprechungen der im Abschnitt 2 des Kapitels III angegebenen Grundregeln der Einführung neuer Beweiszeilen gültig. Unter den im Abschnitt 3 des Kapitels III angegebenen Gesetzen sind im System der strikten Implikation nicht gültig die Entsprechungen des Gesetzes der Prämissenverbindung, des Kommutativgesetzes, der Gesetze der Negation der Implikation und der Äquivalenz, der Gesetze der Ersetzung der Implikation durch die Konjunktion und die Negation sowie durch die Alternative und die Negation. Es fällt auch die Entsprechung der Regel der Umkehrungen der Implikationen weg. Dagegen gehören die Entsprechungen aller übrigen dort angegebenen Gesetze und Regeln zum System S2 der strikten Implikation. Es muß darauf hingewiesen werden, daß Lewis das System S2 als das am besten geeignete System der strikten Implikation betrachtete, wobei er zweifellos die Tatsache in Rechnung stellte, daß dieses System in befriedigender Weise die Bedingungen 1. und 2. erfüllt.

Das System der strikten Implikation von C. I. Lewis blieb jedoch nicht die einzige Errungenschaft der modernen Logik bei der Bestimmung einer exakteren Bedeutung des Implikationsfunktors. Es stellte sich nämlich heraus, daß unter den Theoremen des Systems S2 der strikten Implikation als Paradoxien der strikten Implikation bezeichnete Theoreme auftreten. Es handelt sich dabei um folgende Theoreme:

$$\sim\Diamond p \Rightarrow (p \Rightarrow q)$$
$$\Box p \Rightarrow (q \Rightarrow p)\,.$$

Infolge der Äquivalenz:

$$(p \Rightarrow q) \Leftrightarrow \sim\Diamond (p \wedge \sim q)$$

sind diese Theoreme äquivalent mit den Theoremen:

$$\sim\Diamond p \Rightarrow \sim\Diamond (p \wedge \sim q)$$
$$\sim\Diamond \sim q \Rightarrow \sim\Diamond (p \wedge \sim q)\,,$$

die Folgerungen aus dem Axiom:

$$\Diamond (p \wedge q) \Rightarrow \Diamond p$$

sind.

In dem Bestreben, eine Implikation zu definieren, bei der weder die Paradoxien der materialen Implikation noch die Paradoxien der strikten Implikation auftreten, entwickelte W. Ackermann im Jahre 1956 ein System der strengen Implikation.[1] Wir stellen hier das System von Ackermann in der von A. R. Anderson und N. D. Belnap[2] stammenden vereinfachten Form dar. Dabei werden wir das Zeichen „$\rightarrow$" als das Zeichen der strengen Implikation verwenden. Die Axiome dieses Systems sind die folgenden Ausdrücke:

$$p \rightarrow p$$
$$(p \rightarrow q) \rightarrow [(q \rightarrow r) \rightarrow (p \rightarrow r)]$$
$$(q \rightarrow r) \rightarrow [(p \rightarrow q) \rightarrow (p \rightarrow r)]$$
$$[p \rightarrow (p \rightarrow q)] \rightarrow (p \rightarrow q)$$

[1] W. Ackermann, *Begründung einer strengen Implikation*, Journal of Symbolic Logic, 21, 1956, S. 113–128. [Vgl. ferner A. R. Anderson, Completeness theorems . . .].

[2] A. R. Anderson und N. D. Belnap, *Modalities in Ackermann's „rigorous implication"*, Journal of Symbolic Logic, 24, 1959, S. 107–111.

$$p \wedge q \rightarrow p$$
$$p \wedge q \rightarrow q$$
$$(p \rightarrow q) \wedge (p \rightarrow r) \rightarrow (p \rightarrow q \wedge r)$$
$$p \rightarrow p \vee q$$
$$q \rightarrow p \vee q$$
$$(p \rightarrow r) \wedge (q \rightarrow r) \rightarrow (p \vee q \rightarrow r)$$
$$p \wedge (q \vee r) \rightarrow q \vee p \wedge r$$
$$(p \rightarrow q) \rightarrow (\sim q \rightarrow \sim p)$$
$$p \wedge \sim q \rightarrow \sim (p \rightarrow q)$$
$$p \rightarrow \sim \sim p$$
$$\sim \sim p \rightarrow p .$$

Neben der Einsetzungsregel, die bei einer metatheoretischen Formulierung der Axiome eliminiert werden kann, sind die Grundregeln dieses Systems die folgenden Regeln:

(a) die Abtrennungsregel,

(b) die Regel der Einführung der Konjunktion (von Theoremen),

(c) die Regel der Beseitigung der Alternative, die es gestattet, aus zwei Theoremen der Form E, $\sim E \vee F$ das Theorem F abzuleiten,

(d) die Regel, die es gestattet, aus zwei Theoremen der Form F, $E \rightarrow (F \rightarrow G)$ das Theorem $E \rightarrow G$ abzuleiten.

Der Funktor der Notwendigkeit kann in diesem System – analog wie im System C5 – wie folgt definiert werden:

$$\Box p \underset{\mathrm{df}}{\equiv} (p \rightarrow p) \rightarrow p .$$

Der Funktor der Möglichkeit wird auf bekannte Weise definiert:

$$\Diamond p \underset{\mathrm{df}}{\equiv} \sim \Box \sim p .$$

Die Ausdrücke: $p \rightarrow (q \rightarrow p)$, $p \rightarrow (\sim p \rightarrow q)$ oder – im Gegensatz zum System der strikten Implikation – die Ausdrücke:

$$\Box p \rightarrow (q \rightarrow p) , \sim \Diamond p \rightarrow (p \rightarrow q)$$

sowie die Ausdrücke: $q \rightarrow (p \rightarrow p)$, $p \wedge \sim p \rightarrow q$ sind keine Theoreme dieses Systems. Allgemein ist bewiesen worden, daß kein Ausdruck der Form $E \rightarrow F$ ein Theorem des Systems der strengen Implikation ist, wenn die Ausdrücke E und F keine gemeinsame Variable haben.

Der Ausdruck $E \wedge (\sim E \vee F) \rightarrow F$, der der Regel (c) entspricht, ist kein Theorem dieses Systems. Ebenso ist der Ausdruck

$$[E \rightarrow (F \rightarrow G)] \wedge F \rightarrow (E \rightarrow G) ,$$

der der Regel (d) entspricht, kein Theorem des Systems der strengen Implikation. Anderson und Belnap, die sich zur Aufgabe stellten, solche

Grundregeln des Systems zu eliminieren, deren entsprechenden Ausdrücke keine Theoreme desselben sind, modifizierten das System W. Ackermanns und entwickelten ein „Folgerungs"system (*entailment*).[1] Eine Axiomatisierung erhalten wir, wenn wir das erste Axiom des Systems von Ackermann durch das Axiom:

$$[(p \to p) \land (q \to q) \to r] \to r$$

ersetzen und als Grundregeln neben der Einsetzungsregel nur die Regeln (a) und (b) zulassen. Dann läßt sich die Regel (d) beweisen. Dieses System enthält jedoch nicht die Regel (c) der Beseitigung der Alternative. Diese Regel gehört aber zu den häufig verwendeten Regeln des deduktiven Schließens. Wenn man die Brauchbarkeit eines bestimmten Systems der Logik für die Formalisierung am häufigsten verwendeter deduktiver Schlüsse in Betracht zieht, kann man zu der Überzeugung gelangen, daß das System der strengen Implikation von W. Ackermann in dieser Hinsicht dem System von A. R. Anderson und N. D. Belnap überlegen ist.

Die beiden zuletzt besprochenen Systeme wurden auch mit der Annahmemethode gebildet, doch sind die Annahmeregeln für sie ziemlich kompliziert.

Es wurden ferner modale Prädikatenkalküle aufgebaut, die sich auf die in diesem Abschnitt behandelten modalen Systeme des Aussagenkalküls stützen.[2]

Die Entwicklung der in diesem Abschnitt erörterten Systeme der strikten Implikation, der strengen Implikation und des Systems von A. R. Anderson und N. D. Belnap ist ein Beweis dafür, daß es mit den Methoden der modernen Logik gelungen ist, bestimmte Bedeutungen des Funktors der Implikation zu erfassen, bei denen zwischen dem

[1] A. R. Anderson und N. D. Belnap, *A modification of Ackermann's ‚rigorous implication'*, Journal of Symbolic Logic, 23, 1958.

[2] Der auf dem System der strikten Implikation beruhende Prädikatenkalkül wird in den folgenden Arbeiten dargestellt: R. C. Barcan, *A functional calculus of first order based on strict implication*, Journal of Symbolic Logic, 11, 1946, S. 1–16; R. C. Barcan, *The identity of individuals in a strict functional calculus of second order*, Journal of Symbolic Logic, 12, 1947, S. 12–15. Vgl. auch: R. Feys, *Modal Logics*, Louvain 1965. Der auf dem System von Anderson und Belnap beruhende Prädikatenkalkül wird dargestellt in dem Artikel: A. R. Anderson, *Completeness theorems for the system E of entailment and EQ of entailment with quantification*, Zeitschrift für mathematische Logik und Grundlagen der Mathematik, Bd. 6, 1960, S. 201–216.

Vorderglied und dem Nachglied eine engere Beziehung besteht als die Beziehung zwischen den logischen Werten der Glieder einer Implikation, die den logischen Wert der materialen Implikation bestimmt.

3. Der intuitionistische logische Kalkül

Auf der Grundlage des klassischen logischen Kalküls können Beweise von Aussagen über die Existenz von Gegenständen einer bestimmten Art, d. h. von Aussagen der Form $\bigvee_{x} E(x)$, auf zweierlei Weise geführt werden. Die erste Methode besteht darin, daß man ein Beispiel für einen Gegenstand der bestimmten Art angibt. Wenn wir diese Methode anhand des Theorems $E(a)$ anwenden, in dem die Konstante „a" die Bezeichnung eines bestimmten Gegenstandes ist, so erhalten wir mit Hilfe der Regel der Einführung des Existenzquantifikators das Theorem $\bigvee_{x} E(x)$. Nachdem wir beispielsweise festgestellt haben, daß die Zahl 2 eine gerade Zahl und eine Primzahl ist, beweisen wir auf diese Weise die Aussage über die Existenz gerader Primzahlen. Bei einer Anwendung der zweiten Methode können wir das Theorem des Prädikatenkalküls:

$$\sim \bigwedge_{x} \sim E(x) \rightarrow \bigvee_{x} E(x)$$

benutzen. Aufgrund dieses Theorems genügt es, zum Beweis des Ausdruckes $\bigvee_{x} E(x)$ den Ausdruck $\sim \bigwedge_{x} \sim E(x)$ zu beweisen. Der letzte Ausdruck kann bewiesen werden, indem man beispielsweise nachweist, daß der Ausdruck $\bigwedge_{x} \sim E(x)$ zu einem Widerspruch führt.

Beweise von Existenzaussagen, d. h. von Aussagen über die Existenz von Gegenständen einer bestimmten Art, bezeichnen wir als effektive Beweise solcher Aussagen, wenn wir, nachdem wir solche Aussagen bewiesen haben, zugleich ein Beispiel für einen Gegenstand der betreffenden Art angeben können. Nach der ersten Methode geführte Beweise von Existenzaussagen sind effektive Beweise der Existenz von Gegenständen einer bestimmten Art. Wenn wir Beweise von Existenzaussagen nach der zweiten erwähnten Methode führen, können wir Aussagen über die Existenz von Gegenständen einer bestimmten Art beweisen, obwohl wir nicht imstande sind, ein Beispiel für einen Gegenstand der betreffenden Art anzuführen. Beweise von Aussagen über die Existenz von Gegenständen, für die wir kein Beispiel angeben können, sind nichteffektive Beweise von Existenzaussagen. In der Mengenlehre z. B. wird anhand des Auswahlaxioms das Theorem bewiesen, daß sich jede Menge wohlordnen läßt. Folglich ist auch die Menge aller reellen Zahlen wohlgeordnet. Bisher ist jedoch kein Beispiel für eine Relation angegeben worden, die die Menge aller reellen Zahlen wohlordnet. Der Beweis des Theorems über die Existenz einer Wohlordnung der Menge aller reellen Zahlen ist folglich ein Beispiel für einen nichteffektiven Beweis einer Existenzaussage.

Der berühmte holländische Mathematiker L. E. J. Brouwer schuf im Bereich der Grundlagen der Mathematik eine Richtung, die als Intuitionismus bezeichnet wird. Eine der Grundforderungen dieser Richtung ist die Forderung nach der Effektivität der Existenzbeweise mathematischer Theoreme. Die Vertreter des Intuitionismus sind der Meinung, daß wir nur dann eine mathematische Aussage über die Existenz bestimmter Gegenstände als bewiesen betrachten können, wenn wir Beispiele für solche Gegenstände angeben können, wenn wir solche Gegenstände „konstruieren" können. (Diese Richtung wird deshalb auch als „Konstruktivismus" bezeichnet.) Zum Zwecke der Aussonderung der nichteffektiven Beweise von Existenzaussagen nehmen die Intuitionisten eine Umgestaltung des klassischen logischen Kalküls vor, indem sie versuchen, aus diesem die Theoreme zu eliminieren, welche die Grundlage für die Ausführung nichteffektiver Beweise von Existenzaussagen sind.

Einen logischen Kalkül, der den intuitionistischen Forderungen entspricht, entwickelte A. Heyting in der Arbeit *Die formalen Regeln der intuitionistischen Logik* aus dem Jahre 1930.[1] Wir geben hier die Axiome des intuitionistischen Aussagenkalküls in der von Łukasiewicz stammenden äquivalenten Fassung an.[2] Bei ihrer Formulierung verwenden wir die Symbole: $\rightarrow$, $\wedge$, $\vee$, $\sim$ als die intuitionistischen Funktoren der Implikation, der Konjunktion, der Alternative und der Negation. Dieses System beruht auf der Einsetzungsregel und der Abtrennungsregel, die die Grundregeln sind, sowie auf den folgenden Axiomen:

[1] Diese Arbeit erschien in: *Sitzungsberichte der Preußischen Akademie der Wissenschaften*, Phys.-Mathemat. Klasse, Berlin 1930 II, S. 42–56. [Auszugsweiser Nachdruck in: K. Berka, L. Kreiser, *Logik-Texte. Kommentierte Auswahl zur Geschichte der modernen Logik*, 2. Auflage Berlin 1973, S. 173–178].

[2] J. Łukasiewicz: *On the Intuitionistic Theory of Deduction*, in: *J. Łukasiewicz. Selected Works*, Amsterdam-Warszawa 1970, S. 325ff.

$$p \to (q \to p)$$
$$[p \to (q \to r)] \to [(p \to q) \to (p \to r)]$$
$$p \wedge q \to p$$
$$p \wedge q \to q$$
$$p \to (q \to p \wedge q)$$
$$p \to p \vee q$$
$$q \to p \vee q$$
$$(p \to r) \to [(q \to r) \to (p \vee q \to r)]$$
$$(p \to \sim q) \to (q \to \sim p)$$
$$p \to (\sim p \to q) .$$

Im Unterschied zum klassischen Aussagenkalkül läßt sich kein Grundterminus des intuitionistischen Aussagenkalküls mit Hilfe der übrigen Termini dieses Systems definieren.

Wenn wir zum intuitionistischen Aussagenkalkül die gleichen Axiome und Regeln (oder nur die Regeln) für die Quantifikatoren hinzufügen, die dem klassischen Prädikatenkalkül zugrunde gelegt werden, erhalten wir den intuitionistischen Prädikatenkalkül.

Bereits St. Jaśkowski und G. Gentzen, die Schöpfer der logischen Annahmesysteme, haben Systeme von Annahmeregeln für den intuitionistischen Aussagenkalkül angegeben. Wir geben hier ein bestimmtes System von Annahmeregeln für diesen Kalkül an.

Als Grundregeln der Einführung neuer Beweiszeilen legen wir die folgenden Regeln zugrunde: die Abtrennungsregel, die Regel der Einführung und Beseitigung der Konjunktion, die Regel der Einführung der Alternative, die Regel des einfachen konstruktiven Dilemmas und die Regel von Duns Scotus.

Als Grundregel der Bildung von Beweisen legen wir die Regel der Bildung direkter Annahmebeweise sowie die Regel der Bildung indirekter Annahmebeweise zugrunde. Letztere besagt, daß der Ausdruck

$$W_1 \to \{\cdots \to (W_{n-1} \to \sim W_n) \cdots\}$$

ein Theorem des Systems ist, wenn wir aufgrund der Annahmen $W_1, \ldots, W_{n-1}$ des Theorems sowie der Annahme des indirekten Beweises W_n einen Widerspruch erhalten. Die Annahme eines indirekten Beweises schreiben wir also in diesem System so, daß wir ein Zeichen der Negation im Nachglied des zu beweisenden Theorems weglassen. (Ebenso wie im klassischen System können wir bei Annahmebeweisen natürlich vorher bewiesene Theoreme benutzen.)

Keine Theoreme des intuitionistischen Aussagenkalküls sind beispielsweise die folgenden Ausdrücke, die mit Hilfe der Funktoren dieses Systems geschrieben werden:

$$p \vee \sim p$$
$$\sim \sim p \to p$$
$$(\sim p \to p) \to p$$
$$(\sim q \to \sim p) \to (p \to q) .$$

Kein Theorem des intuitionistischen Prädikatenkalküls ist der Ausdruck: $\sim \bigwedge_x \sim E(x) \to \bigvee_x E(x)$, von dem am Anfang dieses Abschnitts die Rede war.

Folglich sind in diesem System für intuitionistische Funktoren die Thoreme nicht gültig, die im klassischen logischen Kalkül Grundlage für die nichteffektiven Beweise von Existenzaussagen sind.

Der intuitionistische logische Kalkül war Gegenstand zahlreicher Untersuchungen. Wir wollen hier lediglich zwei Ergebnisse bezüglich des intuitionistischen Aussagenkalküls erwähnen.

K. Gödel hat bewiesen, daß für den intuitionistischen Aussagenkalkül keine endliche adäquate logische Matrix existiert. 1936 gab St. Jaśkowski eine unendliche adäquate logische Matrix für dieses System an.[1]

J. Łukasiewicz hat in dem bereits erwähnten Artikel *On the Intuitionistic Theory of Deduction* nachgewiesen, daß in diesem Kalkül solche Funktoren definiert werden können, für die alle Theoreme des nur auf der Implikation und der Negation beruhenden klassischen Aussagenkalküls richtig sind. Der klassische Aussagenkalkül ist also ein Teil des intuitionistischen Aussagenkalküls, der durch die entsprechenden Definitionen ergänzt wird. Freilich interessieren die Vertreter des Intuitionismus nicht diese klassischen Funktoren, die im intuitionistischen Aussagenkalkül definierbar sind, da die mit ihrer Hilfe formulierten Theoreme die Grundlage für die nichteffektiven Beweise von Existenzaussagen sind.

[1] St. Jaśkowski, *Recherches sur le système de la logique intuitioniste.* Actes du Congrès International de Philosophie Scientifique, Vol. VI., Paris 1936, S. 58–61.

KAPITEL VII

Der Namenkalkül

In den Ausdrücken des Namenkalküls treten neben logischen Konstanten Namenvariablen auf. In diesem Kapitel besprechen wir nacheinander den traditionellen Namenkalkül, also die Aristotelische Syllogistik, sowie den modernen Namenkalkül, der von seinem Schöpfer, St. Leśniewski, „Ontologie" genannt wurde.

1. Die Aristotelische Syllogistik

Das erste logische System in der Geschichte des europäischen Denkens ist der von Aristoteles entwickelte Namenkalkül, in dem gewisse Beziehungen zwischen kategorischen Aussagen formuliert werden. Dieses System wurde in den folgenden Jahrhunderten weiterentwickelt und erweitert. Wenn wir hier wechselweise die Termini „traditioneller Namenkalkül" und „Aristotelische Syllogistik" verwenden, so haben wir nicht nur das logische System von Aristoteles im Auge, sondern auch seine späteren Erweiterungen.

1.1. Kategorische Aussagen, ihre Arten und ihre Interpretation

Zu den kategorischen Aussagen zählt man Aussagen der folgenden Gestalt:

1. allgemein bejahende Aussagen der Form: Jedes S ist P.
2. partikulär bejahende Aussagen der Form: Einige S sind P.
3. allgemein verneinende Aussagen der Form: Kein S ist P.
4. partikulär verneinende Aussagen der Form: Einige S sind nicht P.

Die Variablen „S", „P" sind Namenvariable. Der Ausdruck „einige" wird hier im Sinne von „wenigstens einige" und nicht im Sinne von „nur einige" verstanden.

Der Terminus, d. h. der Name, der in kategorischen Aussagen der angegebenen Form anstelle von „S" auftritt, heißt das **Subjekt** dieser Aussagen, der Terminus, der in ihnen anstelle von „P" auftritt, heißt ihr Prädikat.

Die Einteilung kategorischer Aussagen in bejahende und verneinende nennt man die Einteilung dieser Aussagen in bezug auf die Qualität. Zwei kategorische Aussagen bezeichnet man als Aussagen der gleichen Qualität dann und nur dann, wenn entweder beide bejahende Aussagen sind, oder wenn beide verneinende Aussagen sind. Zwei kategorische Aussagen haben eine entgegengesetzte Qualität, wenn eine von ihnen bejahend und die andere verneinend ist.

Die Einteilung kategorischer Aussagen in allgemeine und partikuläre nennt man die Einteilung dieser Aussagen in bezug auf die Quantität. Zwei kategorische Aussagen bezeichnet man als Aussagen der gleichen Quantität dann und nur dann, wenn beide entweder allgemeine oder wenn beide partikuläre Aussagen sind. Zwei kategorische Aussagen heißen Aussagen mit einer entgegengesetzten Quantität, wenn eine von ihnen allgemein und die andere partikulär ist.

Kategorische Aussagen werden gewöhnlich wie folgt interpretiert:
Jedes S ist $P \equiv$ Es existieren keine S, die nicht P sind.
Einige S sind $P \equiv$ Es existieren S, die P sind.
Kein S ist $P \equiv$ Es existieren keine S, die P sind.
Einige S sind nicht $P \equiv$ Es existieren S, die nicht P sind.
Z. B.: Jeder Hund ist ein Säugetier $\equiv$ Es gibt keinen Hund, der kein Säugetier ist. Einige Studenten sind schwarzhaarig $\equiv$ Es gibt Studenten, die schwarzhaarig sind. Kein Hund ist eine Katze $\equiv$ Es gibt keinen Hund, der eine Katze ist. Einige Studenten sind keine Schwarzhaarigen $\equiv$ Es gibt Studenten, die keine Schwarzhaarigen sind.

Die eben angeführte Interpretation allgemeiner Aussagen heißt die schwache Interpretation dieser Aussagen. Sie ist von der starken Interpretation allgemeiner Aussagen zu unterscheiden, die durch die Äquivalenzen definiert ist:

Jedes S ist $P \equiv$ Es existieren keine S, die nicht P sind, und es existieren S.

Kein S ist $P \equiv$ Es existieren keine S, die P sind, und es existieren S.

Die schwache Interpretation kategorischer Aussagen könnte man im Mengenkalkül folgendermaßen ausdrücken:

Jedes S ist $P \equiv \bigwedge_x (x \in S \rightarrow x \in P) \equiv \sim \bigvee_x (x \in S \wedge x \notin P)$.

Einige S sind $P \equiv \bigvee_x (x \in S \wedge x \in P)$.

Kein S ist $P \equiv \bigwedge_x (x \in S \rightarrow x \notin P) \equiv \sim \bigvee_x (x \in S \wedge x \in P)$.

Einige S sind nicht $P \equiv \bigvee_x (x \in S \wedge x \notin P)$.

Eine analoge Interpretation kann man im engeren einstelligen Prädikatenkalkül ausdrücken, indem man entsprechend anstelle der Ausdrücke „$x \in S$", „$x \in P$" die Ausdrücke „$S(x)$", „$P(x)$" verwendet. Solche Formulierungen gehen jedoch über den traditionellen Namenkalkül hinaus, in dem weder Quantifikatoren noch die Konstante „$\in$" noch Ausdrücke der Form „$S(x)$" auftreten.

Im traditionellen Namenkalkül wird die folgende Ausdrucksweise für kategorische Aussagen angenommen:

$$S\, a\, P \equiv \text{Jedes } S \text{ ist } P$$
$$S\, i\, P \equiv \text{Einige } S \text{ sind } P$$
$$S\, e\, P \equiv \text{Kein } S \text{ ist } P$$
$$S\, o\, P \equiv \text{Einige } S \text{ sind nicht } P\,.$$

Die Konstanten „a", „i", „e", „o" sind aussagenbildende Funktoren von zwei Namenargumenten. Die Buchstaben „a", „i" sind die beiden ersten Vokale, die im Ausdruck „affirmo", „ich bejahe", auftreten, die Buchstaben „e", „o" sind die zwei Vokale, die im Ausdruck „nego", „ich verneine", auftreten.

Die oben angenommene Interpretation kategorischer Aussagen gestattet die Anwendung von Venn-Diagrammen zur Prüfung von Ausdrücken des traditionellen Namenkalküls. Im Diagramm:

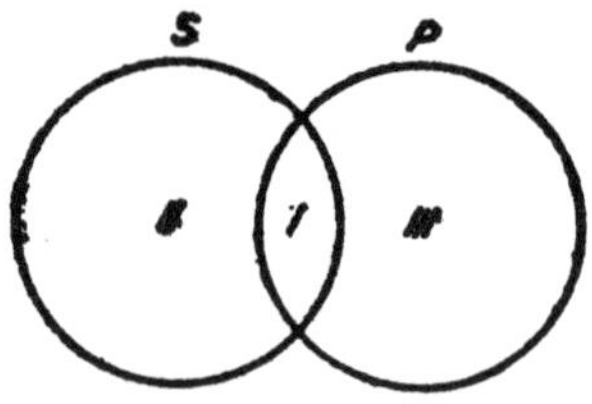

veranschaulicht der Kreis S den Umfang des Namens S, der Kreis P veranschaulicht den Umfang des Namens P, der Bereich I veranschaulicht S, die P sind, der Bereich II veranschaulicht S, die nicht P sind, der Bereich III veranschaulicht P, die nicht S sind. Die Tatsache, daß Gegenstände einer gegebenen Art existieren, kennzeichnen wir im Diagramm dadurch, daß wir den Bereich, der die Gegenstände dieser Art veranschaulicht, mit dem Zeichen „+" versehen, und die Tatsache, daß Gegenstände einer bestimmten Art nicht existieren, kennzeichnen wir im Diagramm dadurch, daß wir den Bereich, der die Gegenstände dieser Art veranschaulicht, schraffieren.

Gemäß diesen Erklärungen erhalten wir die folgende Tabelle von Diagrammen, die die Wahrheit und Falschheit kategorischer Aussagen bei der schwachen Interpretation allgemeiner Aussagen darstellen:

Tabelle 1

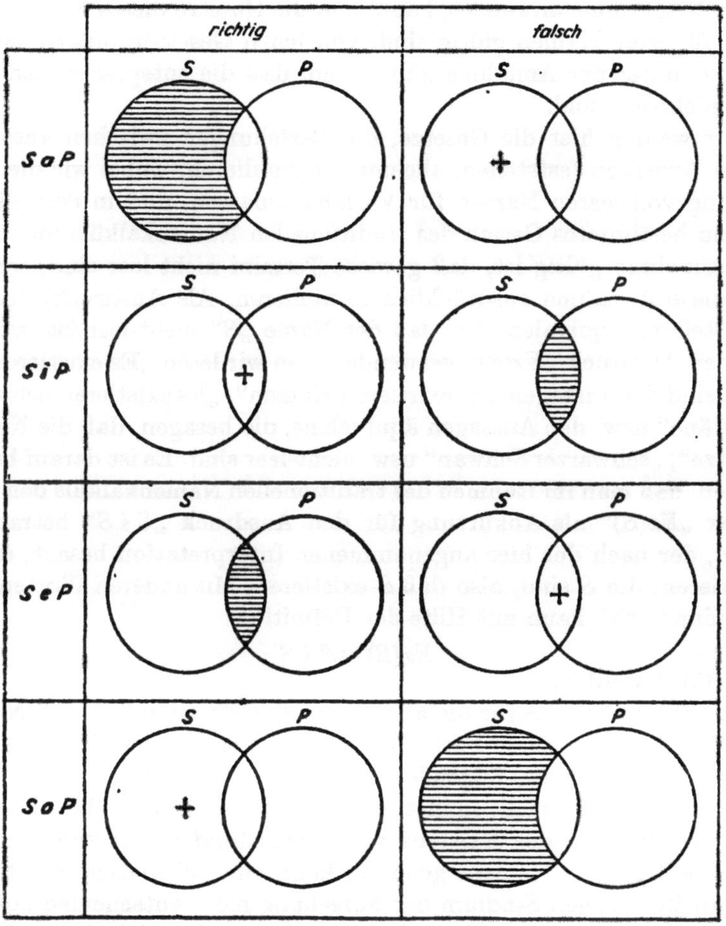

Diese Diagramme werden wir bei der Prüfung von Gesetzen und Schemata verwenden, die Beziehungen zwischen kategorischen Aussagen formulieren.

Im traditionellen Namenkalkül wird angenommen, daß man für Variable in den Gesetzen dieses Kalküls nur nicht-leere Namen einsetzen kann. Wenn wir die Einsetzung leerer Namen für Variable zulassen, dann sind bestimmte Gesetze dieses Kalküls bei der oben angenommenen Interpretation kategorischer Aussagen weiterhin wahr, während andere jedoch nur unter der Annahme wahr sind, daß die entsprechenden Termini nicht-leer sind. Wenn man die Methode der Prüfung von Ausdrücken des traditionellen Namenkalküls mit Hilfe der Venn-Diagramme anwendet, kann man die Gesetze dieses Kalküls, die auch für leere Namen gültig sind, von jenen Gesetzen unterscheiden, die nur unter der Annahme gültig sind, daß die entsprechenden Termini nicht-leer sind.

Wir werden hier die Gesetze, die Beziehungen zwischen kategorischen Aussagen feststellen, allgemein formulieren, wobei wir die Einsetzung von leeren Namen für Variable zulassen, und in den Fällen, wo ein bestimmtes Gesetz des traditionellen Namenkalküls nur unter der Annahme gültig ist, daß gewisse Termini nicht-leer sind, werden wir diese Annahme ausdrücklich formulieren. Als Ausdruck, der der Feststellung äquivalent ist, daß der Name „S" nicht-leer ist, werden wir den Ausdruck „$Ex(S)$" verwenden, den wir lesen „Es existieren S". Z. B. sind die Aussagen „Es existieren Katzen", „Es existieren schwarze Schwäne" usw. den Aussagen äquivalent, die besagen, daß die Namen „Katze", „schwarzer Schwan" usw. nicht-leer sind. Es ist darauf hinzuweisen, daß man im Rahmen des traditionellen Namenkalküls den Ausdruck „$Ex(S)$" als Abkürzung für den Ausdruck „$S\ i\ S$" betrachten kann, der nach der hier angenommenen Interpretation besagt, daß S existieren, die S sind, also daß S existieren. Mit anderen Worten, der Terminus „Ex" kann mit Hilfe der Definition:

$$Ex(S) \equiv S\ i\ S$$

eingeführt werden.

Als Argument, das für die allgemeine, die Einsetzung leerer Namen für Variable zulassende Formulierung der Gesetze des Namenkalküls spricht, kann man folgendes anführen. Wir können bei einem beliebigen Namen nicht immer entscheiden, ob er leer oder nicht-leer ist. Das Problem der Existenz von Gegenständen, die zum Umfang eines bestimmten Namens gehören, kann eine schwierige Frage sein, die wir im jetzigen Stadium der Forschung nicht entscheiden können. Wenn die Gesetze des Namenkalküls als nur für nicht-leere Namen gültige Gesetze formuliert werden, so wissen wir nicht, ob wir diese Gesetze benutzen können, wenn wir in ihnen für die Variablen einen bestimmten Namen einsetzen, falls wir nicht wissen, ob dieser Name nicht-leer ist. Diese Schwierigkeit entfällt, wenn die Gesetze des Namenkalküls so formuliert sind, daß für die Variablen beliebige, also auch leere Namen eingesetzt werden können.

Zu den Gesetzen und Schemata des traditionellen Namenkalküls zählt man:

1. die Gesetze des logischen Quadrates,
2. die Gesetze der Konversion,

3. die Gesetze der Äquipollens, Kontraposition, Opposition,
4. die syllogistischen Modi.

In den Abschnitten 1.2 und 1.4 machen wir uns mit diesen Gesetzen vertraut, die so formuliert sind, daß sie bei der schwachen Interpretation allgemeiner Aussagen und bei der Zulassung der Einsetzung leerer Namen für Variable wahr sind.

1.2. Die Gesetze des logischen Quadrates

In den Gesetzen des logischen Quadrates formuliert man Beziehungen, die zwischen verschiedenen kategorischen Aussagen mit den gleichen Subjekten und Prädikaten bestehen. Sie werden als die Gesetze des logischen Quadrates bezeichnet, da die zwischen diesen Aussagen bestehenden Beziehungen mit Hilfe der folgenden Zeichnung dargestellt werden können:[1]

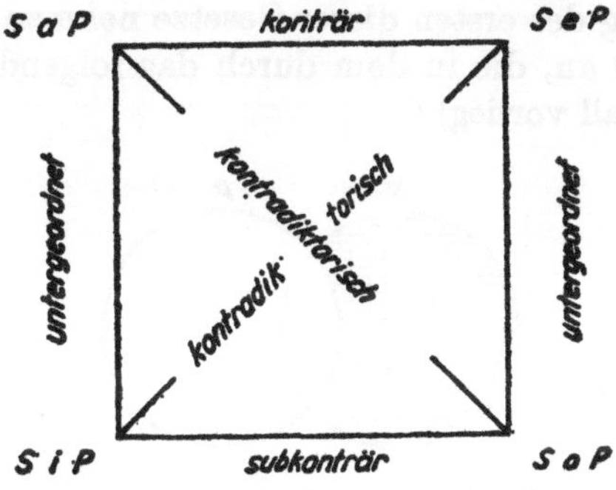

Aufgrund der Tabelle 1 stellen wir fest, daß folgende Ausdrücke Gesetze des Namenkalküls sind:

$$\sim S\,a\,P \equiv S\,o\,P$$
$$\sim S\,e\,P \equiv S\,i\,P$$
$$\sim S\,o\,P \equiv S\,a\,P$$
$$\sim S\,i\,P \equiv S\,e\,P$$

Aufgrund der Gesetze des Aussagenkalküls ist das dritte dieser Gesetze äquivalent dem ersten und das vierte äquivalent dem zweiten. Aus der Tabelle 1 ist nämlich zu ersehen, daß der Ausdruck „$S\,o\,P$“

[1] [In der einschlägigen Literatur wird auch gesagt, daß untergeordnete Aussagen im Verhältnis der Subalternation stehen.]

dann und nur dann wahr ist, wenn „$S\ a\ P$" falsch ist, also wenn „$\sim S\ a\ P$" wahr ist. Ebenso stellen wir fest, daß „$S\ i\ P$" dann und nur dann wahr ist, wenn „$S\ e\ P$" falsch ist, also wenn „$\sim S\ e\ P$" wahr ist. Kontradiktorisch sind zwei Ausdrücke, bei denen der eine äquivalent der Negation des zweiten ist. Daher widerspricht der Ausdruck „$S\ o P$" dem Ausdruck „$S\ a P$", während der Ausdruck „$S\ i\ P$" dem Ausdruck „$S\ e\ P$" widerspricht.

Zum Beispiel: Die Aussage „Einige Wale sind keine Säugetiere" widerspricht der Aussage „Jeder Wal ist ein Säugetier". Die Aussage „Einige Wale sind Fische" widerspricht der Aussage „Kein Wal ist ein Fisch".

Die beiden Ausdrücke der Gestalt „$S\ a\ P$" und „$S\ e\ P$" sind konträre Ausdrücke. Für konträre Aussagen gelten folgende Gesetze:

$$S\ a\ P \wedge Ex(S) \rightarrow \sim S\ e\ P$$

$$S\ e\ P \wedge Ex(S) \rightarrow \sim S\ a\ P$$

Aufgrund des Gesetzes der zusammengesetzten Transposition sind diese Gesetze äquivalent.

Bei der Prüfung des ersten dieser Gesetze nehmen wir die Wahrheit des Vordergliedes an, die in dem durch das folgende Diagramm veranschaulichten Fall vorliegt:

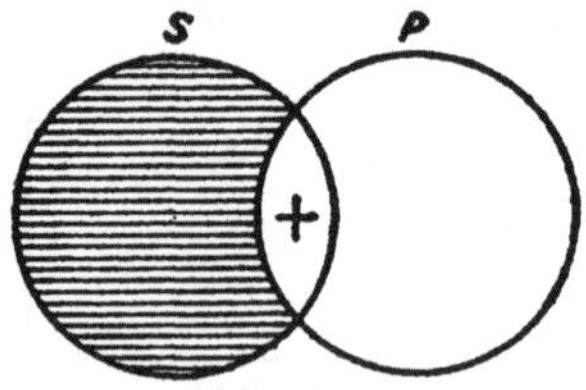

In diesem Falle ist das Nachglied auch wahr.

Das Vorderglied des zweiten dieser Gesetze ist in dem durch das folgende Diagramm veranschaulichten Fall wahr und damit, wie das Diagramm zeigt, ist auch das Nachglied wahr:

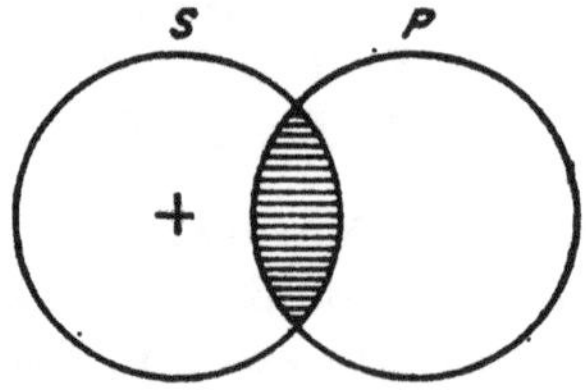

Die in diesen Gesetzen formulierten Beziehungen können auch metalogisch wie folgt formuliert werden: Aus einer allgemeinen Aussage und aus der Annahme, daß ihr Subjekt nicht-leer ist, folgt die Negation der zu ihr konträren Aussage.

Wir sagen, daß zwei Aussagen **sich ausschließen** dann und nur dann, wenn aus einer von ihnen die Negation der anderen folgt. Die Gesetze bezüglich konträrer Aussagen können metalogisch kurz wie folgt formuliert werden: Unter der Annahme, daß das Subjekt nicht leer ist, schließen sich konträre Aussagen aus. Bei einem nicht-leeren Subjekt können zwei konträre Aussagen nicht zusammen wahr sein. Zum Beispiel: Die Aussage „Jede Tragödie ist ein Drama" ist eine wahre Aussage mit einem nicht-leeren Subjekt; also ist die Aussage „Keine Tragödie ist ein Drama" falsch. Die Aussage „Kein Wal ist ein Fisch" ist eine wahre Aussage mit einem nicht-leeren Subjekt; also ist die Aussage: „Jeder Wal ist ein Fisch" falsch.

Das Diagramm:

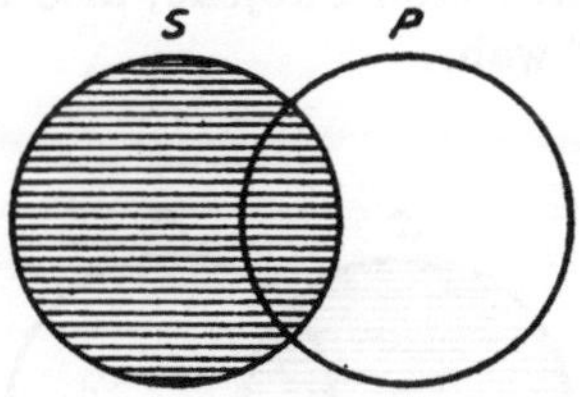

zeigt, daß zwei konträre Aussagen wahr sein können, wenn ihr Subjekt ein leerer Name ist.

Das Diagramm:

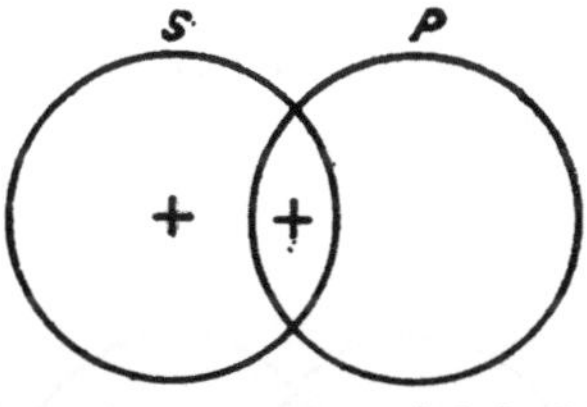

zeigt, daß zwei konträre Aussagen zugleich falsch sein können. Beispielsweise sind die beiden konträren Aussagen: „Jeder Student ist ein Schwarzhaariger", „Kein Student ist ein Schwarzhaariger" falsch.

Die beiden Ausdrücke der Gestalt „$S\,i\,P$" und „$S\,o\,P$" heißen **subkonträre** Ausdrücke. Für subkonträre Aussagen gelten folgende Gesetze:

1. $\sim S\,i\,P \wedge Ex(S) \rightarrow S\,o\,P$
2. $\sim S\,o\,P \wedge Ex(S) \rightarrow S\,i\,P$.

Diese Gesetze sind aufgrund des Gesetzes der zusammengesetzten Transposition äquivalent. Die Wahrheit dieser Gesetze weisen entsprechend die folgenden Diagramme nach:

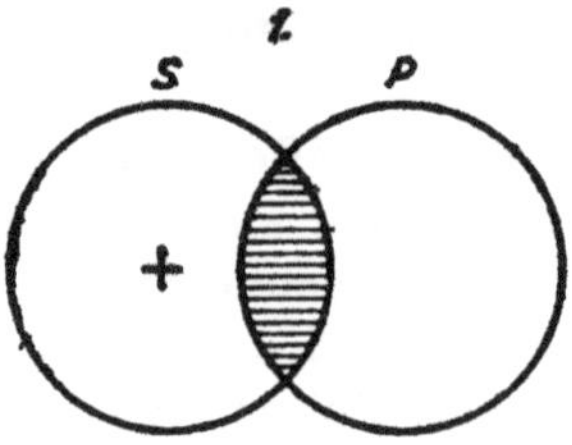

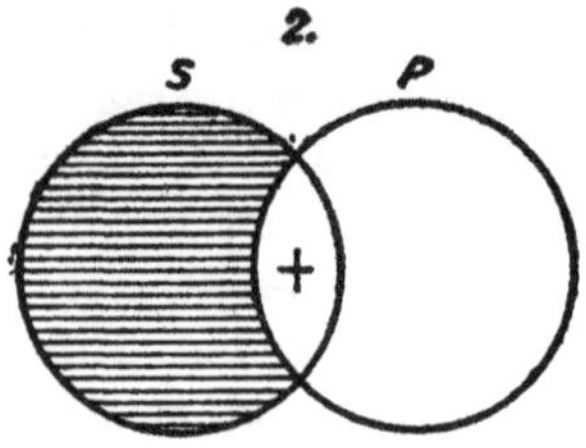

Die Gesetze bezüglich subkonträrer Aussagen können metalogisch folgendermaßen formuliert werden: Aus der Negation einer von zwei subkonträren Aussagen und aus der Annahme, daß ihr Subjekt nichtleer ist, folgt die zweite subkonträre Aussage. Bei nicht-leeren Subjekten können zwei subkonträre Aussagen nicht zugleich falsch sein.

Zum Beispiel ist die Aussage „Einige Wale sind Fische" eine falsche Aussage mit einem nicht-leeren Subjekt; also ist die Aussage „Einige Wale sind keine Fische" wahr.

Das Diagramm:

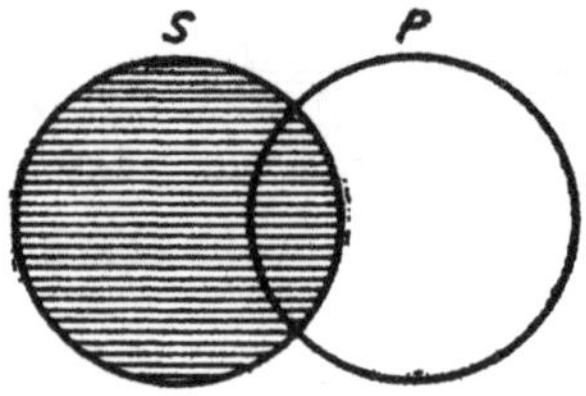

zeigt, daß zwei subkonträre Aussagen zugleich falsch sein können, wenn ihr Subjekt ein leerer Name ist.

Das Diagramm:

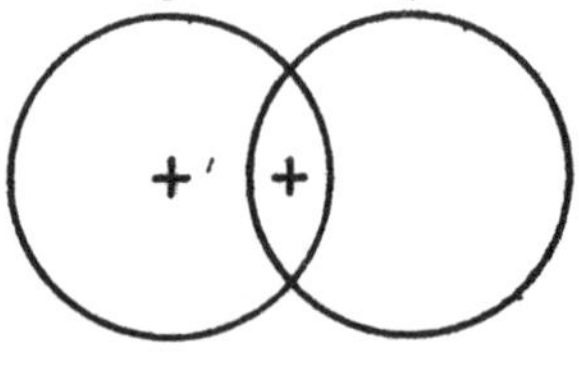

zeigt, daß subkonträre Aussagen zugleich wahr sein können.

Für zwei Aussagen des logischen Quadrates mit der gleichen Qualität gelten die folgenden Gesetze:

1. $S\ a\ P \wedge Ex(S) \rightarrow S\ i\ P$
2. $S\ e\ P \wedge Ex(S) \rightarrow S\ o\ P$.

Die Wahrheit dieser Gesetze weisen entsprechend die folgenden Diagramme nach:

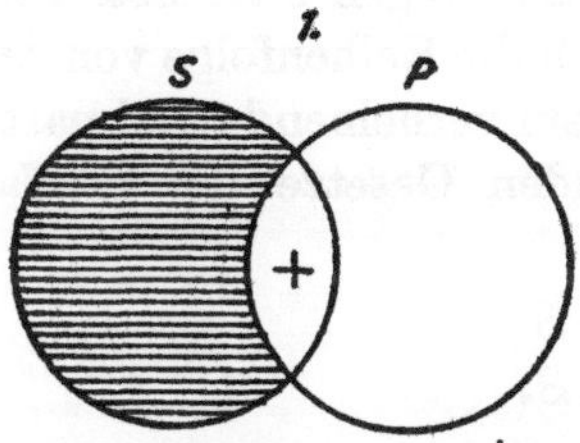

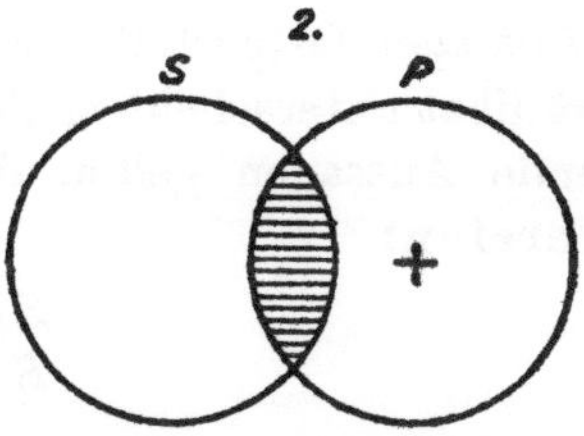

Die einer allgemeinen Aussage **untergeordnete** Aussage heißt die partikuläre Aussage mit der gleichen Qualität, dem gleichen Subjekt und dem gleichen Prädikat. Wenn man diesen Terminus verwendet, kann man die oben angeführten Gesetze metalogisch folgendermaßen formulieren: Aus einer allgemeinen Aussage und aus der Annahme, daß ihr Subjekt nicht-leer ist, folgt die ihr untergeordnete Aussage. Wenn eine allgemeine Aussage mit einem nicht-leeren Subjekt wahr ist, so ist die ihr untergeordnete Aussage wahr.
Zum Beispiel: Die Aussage „Jeder Wal ist ein Säugetier" ist eine wahre allgemeine Aussage mit einem nicht-leeren Subjekt; folglich ist auch die Aussage „Einige Wale sind Säugetiere" wahr. Die Aussage „Kein Wal ist ein Fisch" ist eine wahre allgemeine Aussage mit einem nicht-leeren Subjekt; folglich ist auch die Aussage „Einige Wale sind keine Fische" wahr.

Das Diagramm:

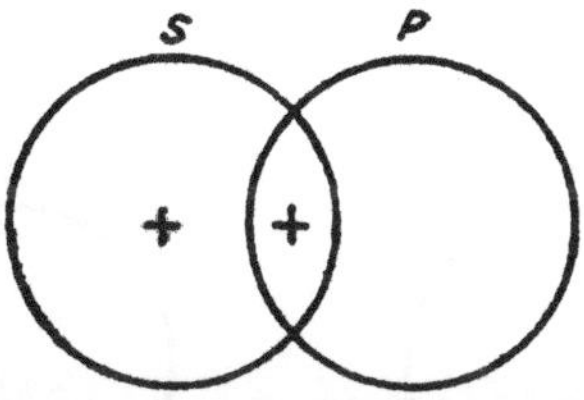

zeigt, daß eine partikuläre Aussage wahr und daß die allgemeine Aussage mit der gleichen Qualität und mit dem gleichen Subjekt sowie gleichen Prädikat falsch sein kann. Aus einer partikulären Aussage folgt also keine allgemeine Aussage mit der gleichen Qualität und mit dem gleichen Subjekt und Prädikat.

1.3. Die Konversionsgesetze

In den Konversionsgesetzen werden Beziehungen zwischen kategorischen Aussagen festgestellt, die sich durch die Reihenfolge von Subjekt und Prädikat unterscheiden. Für allgemein verneinende und partikulär bejahende Aussagen gelten die folgenden Gesetze der **einfachen Konversion:**

$$S\,e\,P \equiv P\,e\,S$$
$$S\,i\,P \equiv P\,i\,S.$$

Die einfache Konversion einer kategorischen Aussage entsteht dadurch, daß Subjekt und Prädikat in der letzteren vertauscht werden. Nach den angegebenen Gesetzen sind allgemein verneinende und partikulär bejahende Aussagen ihren Konversionen äquivalent.

Es ist offensichtlich, daß das gleiche Venn-Diagramm Fälle veranschaulicht, in denen solche Aussagen und ihre Konversionen wahr sind.

Entsprechend diesen Gesetzen ist beispielsweise die Aussage „Kein Wal ist ein Fisch" äquivalent der Aussage „Kein Fisch ist ein Wal", und die Aussage „Einige Studenten sind schwarzhaarig" ist äquivalent der Aussage „Einige Schwarzhaarige sind Studenten".

Für allgemeine Aussagen gelten die folgenden Gesetze der **eingeschränkten Konversion:**

1. $S\,a\,P \wedge Ex(S) \rightarrow P\,i\,S$
2. $S\,e\,P \wedge Ex(P) \rightarrow P\,o\,S.$

Die Wahrheit dieser Gesetze weisen entsprechend die folgenden Diagramme nach:

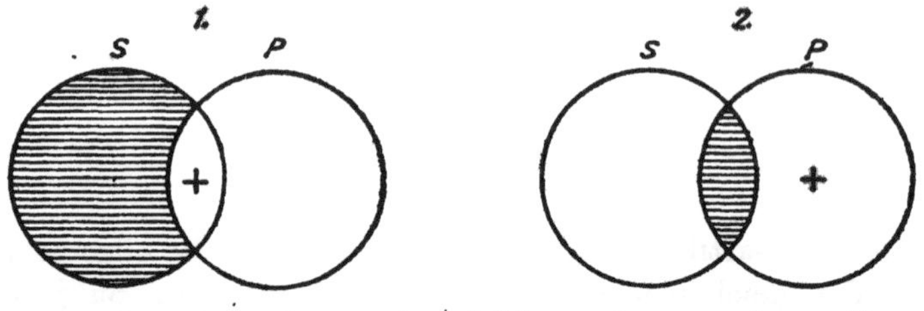

Die eingeschränkte Konversion bilden wir aus einer allgemeinen Aussage, indem wir ihr Subjekt mit dem Prädikat vertauschen und die Quantität der Aussage ohne Beeinträchtigung ihrer Qualität verändern, d. h., indem wir „*a*" durch „*i*" bzw. „*e*" durch „*o*" ersetzen.

Aus einer allgemein bejahenden Aussage und aus der Annahme, daß ihr Subjekt nicht-leer ist, folgt also die eingeschränkte Konversion dieser Aussage. Wenn daher eine allgemein bejahende Aussage mit einem nicht-leeren Subjekt wahr ist, dann ist die eingeschränkte Konversion dieser Aussage wahr.

Beispielsweise ist die Aussage „Jeder Wal ist ein Säugetier" wahr, und ihr Subjekt ist ein nicht-leerer Name, folglich ist auch die Aussage „Einige Säugetiere sind Wale" wahr.

Eine wesentliche Rolle spielt hier die Annahme, daß das Subjekt nicht leer ist. Wenn „*S*" ein leerer Name ist, dann ist die Aussage „*S a P*" wahr und die Aussage „*P i S*" falsch.

Aus einer allgemein verneinenden Aussage und aus der Annahme, daß ihr Prädikat nicht leer ist, folgt die eingeschränkte Konversion dieser Aussage. Wenn daher eine allgemein verneinende Aussage mit einem nicht-leeren Prädikat wahr ist, dann ist die eingeschränkte Konversion dieser Aussage wahr.

Beispielsweise ist die Aussage „Kein Wal ist ein Fisch" wahr, und ihr Prädikat ist ein nicht-leerer Name, folglich ist die Aussage „Einige Fische sind keine Wale" wahr.

Auch in diesem Falle spielt die Annahme, daß das Prädikat nicht leer ist, eine wesentliche Rolle. Wenn „*P*" ein leerer Name ist, dann ist die Aussage „*S e P*" wahr und die Aussage „*P o S*" falsch.

Für eine partikulär verneinende Aussage gilt kein Konversionsgesetz. Die Diagramme:

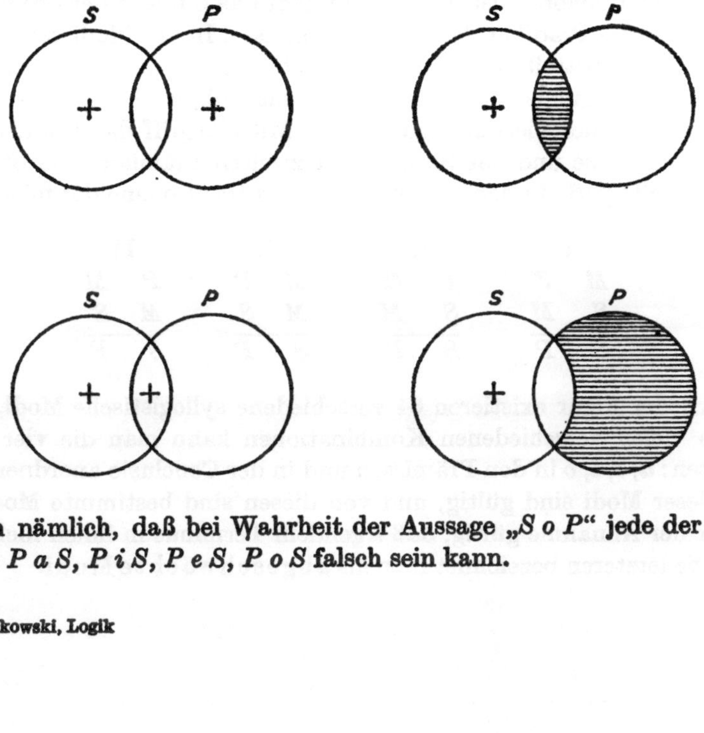

zeigen nämlich, daß bei Wahrheit der Aussage „*S o P*" jede der Aussagen *P a S*, *P i S*, *P e S*, *P o S* falsch sein kann.

1.4. Die syllogistischen Modi

Eine Aussageform, die aus einer der Konstanten „*a*", „*e*", „*i*", „*o*" und aus zwei verschiedenen Namenvariablen gebildet wird, bezeichnen wir als **Form einer kategorischen Aussage.**

Als **syllogistischen Modus** bezeichnen wir ein formales Schlußschema, das die folgenden Bedingungen erfüllt:

1. Es treten in ihm zwei Prämissen auf, die Formen kategorischer Aussagen sind, und möglicherweise die Prämisse, daß irgendeiner ihrer Termini nicht-leer ist; der Schlußsatz, die Conclusio, ist ebenfalls die Form einer kategorischen Aussage.

2. Es treten in ihm drei Termini auf, wobei das Subjekt der Conclusio in der einen Prämisse und das Prädikat der Conclusio in der zweiten Prämisse auftritt. Der Terminus, der in diesen beiden Prämissen und nicht in der Conclusio auftritt, heißt **Mittelbegriff** (terminus medius).

Wenn wir die Prämissen eines syllogistischen Modus, die ja Formen kategorischer Aussagen sind, so ordnen, daß die erste Prämisse das Prädikat der Conclusio und die zweite Prämisse das Subjekt der Conclusio enthält, dann können wir bezüglich der Stellung des Mittelbegriffs vier Arten von syllogistischen Modi unterscheiden, die als **syllogistische Figuren** bezeichnet werden. In den Modi, die zur ersten Figur gehören, ist der Mittelbegriff das Subjekt der ersten Prämisse und das Prädikat der zweiten Prämisse. In den Modi der zweiten Figur ist der Mittelbegriff das Prädikat beider Prämissen. In den Modi der dritten Figur ist der Mittelbegriff das Subjekt beider Prämissen. In den Modi der vierten Figur ist der Mittelbegriff das Prädikat der ersten Prämisse und das Subjekt der zweiten Prämisse. Die Stellung des Mittelbegriffs in den einzelnen Figuren ist also eine der folgenden:

$$\begin{array}{cccc} \text{I} & \text{II} & \text{III} & \text{IV} \\ M\ P & P\ M & M\ P & P\ M \\ \underline{S\ M} & \underline{S\ M} & \underline{M\ S} & \underline{M\ S} \\ S\ P & S\ P & S\ P & S\ P \end{array}.$$

Zu jeder Figur existieren 64 verschiedene syllogistische Modi, denn in so vielen verschiedenen Kombinationen kann man die vier Konstanten: *a*, *e*, *i*, *o* in den Prämissen und in der Conclusio anordnen. Nur 24 dieser Modi sind gültig, und von diesen sind bestimmte Modi nur unter der Annahme gültig, daß irgendein Terminus in ihnen nicht-leer ist. Die letzteren bezeichnet man als **abgeschwächte Modi.**

Bei jedem syllogistischen Modus kann man über seine Gültigkeit oder Ungültigkeit mit Hilfe eines Venn-Diagrammes entscheiden, das aus drei sich überschneidenden Kreisen gebildet wird, die die Umfänge der drei im zu prüfenden Modus auftretenden Termini veranschaulichen, d. h. mit Hilfe des Diagrammes:

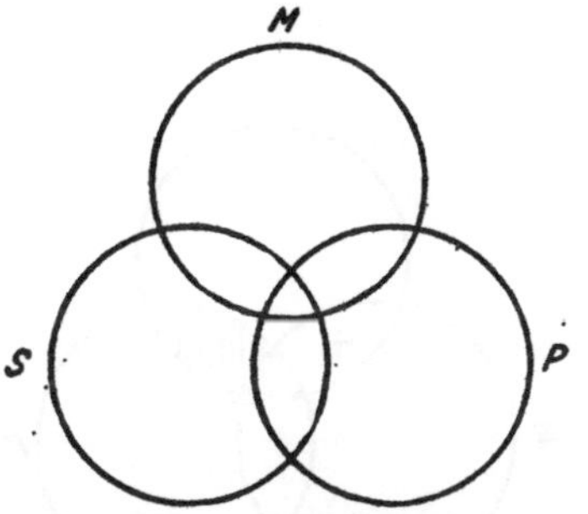

Diese Prüfung führen wir so durch, daß wir im Diagramm die Wahrheit der Prämissen des gegebenen Modus ausdrücken. Wenn es sich erweist, daß dann auch die Conclusio wahr ist, so ist der Modus gültig. Wenn bei Annahme der Wahrheit der Prämissen die Conclusio falsch sein kann, so ist der geprüfte Modus ungültig.

Wir geben einige Beispiele für eine solche Prüfung an. Bei der Prüfung des syllogistischen Modus:

$$\begin{array}{c} M\,e\,P \\ S\,a\,M \\ \hline S\,e\,P \end{array}$$

drücken wir im Diagramm die Wahrheit der beiden Prämissen aus:

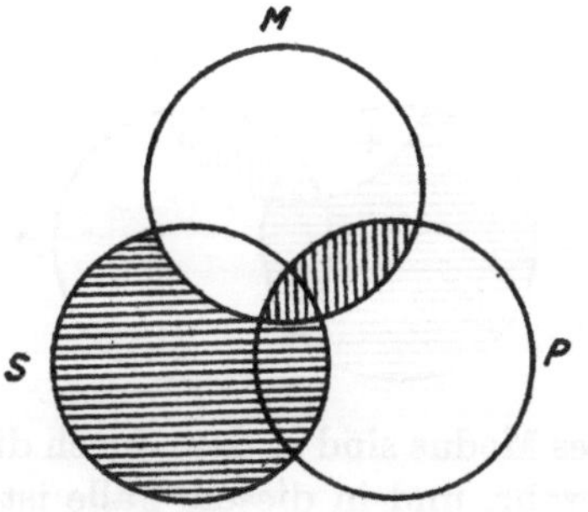

In dem durch dieses Diagramm veranschaulichten Fall ist die Conclusio dieses Modus ebenfalls wahr, folglich ist der geprüfte Modus gültig.

Die Prämissen des syllogistischen Modus:

$$\frac{\begin{matrix} P\,e\,M \\ S\,i\,M \end{matrix}}{S\,o\,P}$$

sind in dem durch das folgende Diagramm veranschaulichten Fall wahr:

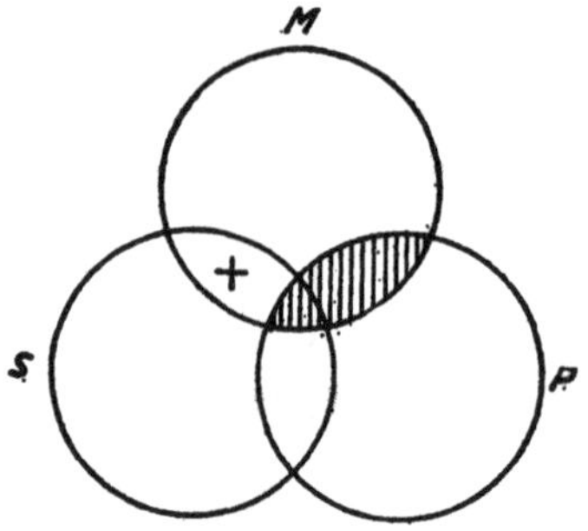

Die Conclusio ist dann auch wahr, folglich ist dieser Modus gültig.

Die Gültigkeit des syllogistischen Modus:

$$\frac{\begin{matrix} P\,e\,M \\ S\,a\,M \\ Ex(S) \end{matrix}}{S\,o\,P}$$

weist das folgende Diagramm nach:

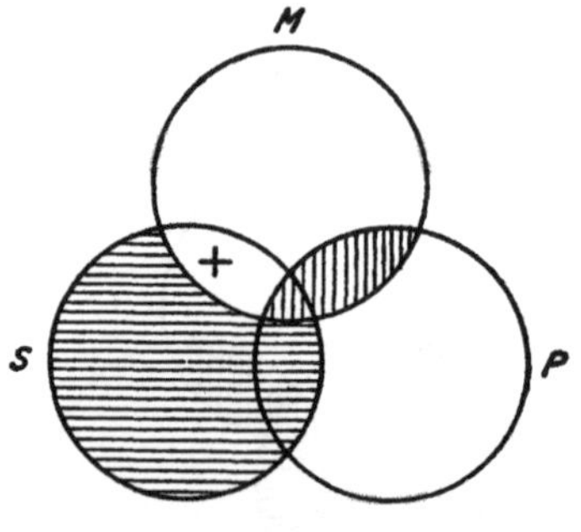

Die Prämissen dieses Modus sind in dem durch dieses Diagramm veranschaulichten Fall wahr, und in diesem Falle ist auch die Conclusio dieses Modus wahr. Dieser Modus gehört zu den abgeschwächten Modi. Wenn wir die dritte Prämisse streichen würden, so wäre er nicht gültig, was im folgenden Diagramm nachgewiesen wird:

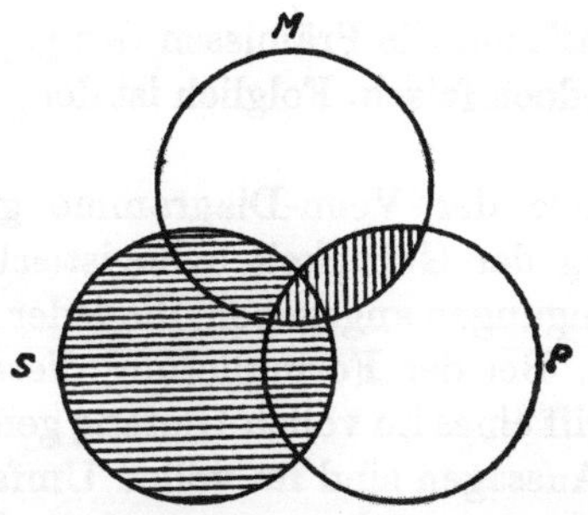

In dem durch dieses Diagramm veranschaulichten Fall sind die zwei ersten Prämissen dieses Modus wahr, aber die Conclusio ist falsch.

Bei der Prüfung des syllogistischen Modus:

$$\frac{\begin{array}{c} P\,e\,M \\ M\,e\,S \end{array}}{S\,e\,P}$$

drücken wir im Diagramm die Wahrheit der beiden Prämissen aus:

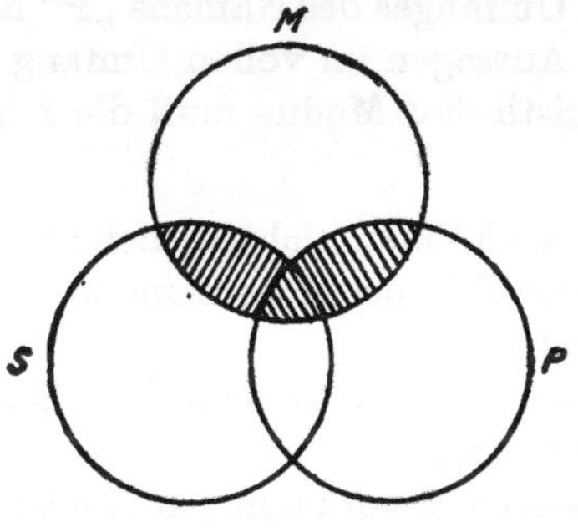

Es ist offensichtlich, daß die Conclusio dann nicht wahr sein muß; in dem durch das Diagramm:

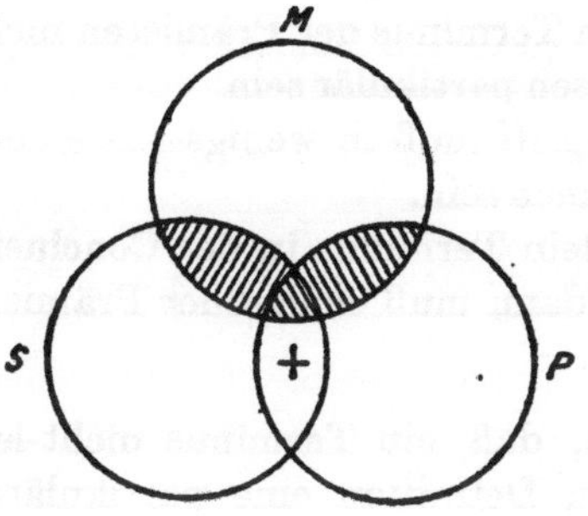

veranschaulichten Fall sind die Prämissen des geprüften Modus wahr, seine Conclusio ist jedoch falsch. Folglich ist der geprüfte syllogistische Modus ungültig.

Neben der Methode der Venn-Diagramme gibt es eine weitere Methode zur Prüfung der Gültigkeit syllogistischer Modi. Bei dieser werden gewisse Bedingungen angegeben, die jeder gültige syllogistische Modus erfüllen muß. Bei der Formulierung dieser Bedingungen verwenden wir den Begriff eines im vollen Umfang genommenen Terminus.

In kategorischen Aussagen sind im vollen Umfang genommene Termini die Subjekte allgemeiner Aussagen und die Prädikate verneinender Aussagen. Die folgenden Anmerkungen erklären den intuitiven Sinn dieses Begriffs. In den allgemeinen Aussagen „Jedes S ist P", „Kein S ist P" sagen wir etwas über den ganzen Umfang des Namens „S" aus, nämlich daß er im Umfang des Namens „P" enthalten bzw. nicht enthalten ist, folglich werden die Subjekte dieser Aussagen im vollen Umfang genommen. Ebenso sagen wir in den verneinenden Aussagen „Kein S ist P", „Einige S sind nicht P" etwas über den vollen Umfang des Namens „P" aus, nämlich daß alle oder aber einige S außerhalb des vollen Umfanges des Namens „P" liegen, folglich werden die Prädikate dieser Aussagen im vollen Umfang genommen.

Ein gültiger syllogistischer Modus muß die folgenden Bedingungen erfüllen:

I. 1. Beide Prämissen können nicht verneinend sein.
 2a. Wenn eine der Prämissen verneinend ist, dann muß die Conclusio verneinend sein.
 2b. Wenn die Conclusio verneinend ist, dann muß eine der Prämissen verneinend sein.

II. 1. Beide Prämissen können nicht partikulär sein.
 2a. Wenn eine der Prämissen partikulär ist, dann muß die Conclusio partikulär sein.
 2b. Wenn die Conclusio partikulär ist und nicht die Annahme auftritt, daß ein Terminus der Prämissen nicht-leer ist, dann muß eine der Prämissen partikulär sein.

III. 1. Der Mittelbegriff muß in wenigstens einer Prämisse im vollen Umfang genommen sein.
 2. Wenn irgendein Terminus in der Conclusio im vollen Umfang genommen ist, dann muß er in einer Prämisse im vollen Umfang genommen sein.

Da die Annahme, daß ein Terminus nicht-leer ist, aufgrund der oben angenommenen Definition eine partikuläre Aussage ist, kann man II. 2b kürzer folgendermaßen formulieren: Wenn die Conclusio partikulär ist, dann muß eine der Prämissen partikulär sein.

Ein syllogistischer Modus ist gültig, wenn alle obenerwähnten Bedingungen erfüllt sind. Er ist ungültig, wenn wenigstens eine dieser Bedingungen nicht erfüllt ist. In einigen Fällen ist es einfacher, die Ungültigkeit syllogistischer Modi mit dieser Methode zu prüfen. Wenn wir beispielsweise bemerken, daß beide Prämissen verneinend oder daß beide Prämissen partikulär sind, so wissen wir bereits, daß der betreffende syllogistische Modus nicht gültig ist usw.

Wenn wir in einem syllogistischen Modus für die in ihm auftretenden Namenvariablen Namenkonstanten einsetzen, so erhalten wir einen als Syllogismus bezeichneten Schluß. Ein Syllogismus ist dann und nur dann formal richtig, wenn seine Conclusio aus seinen Prämissen folgt. Dies ist dann und nur dann der Fall, wenn der syllogistische Modus gültig ist, unter den der betreffende Syllogismus fällt, d. h. aus dem man diesen Syllogismus durch die Einsetzung von Namenkonstanten für die Variablen erhält. Wenn wir also in gültigen syllogistischen Modi Namenkonstanten für Variable einsetzen, so erhalten wir formal richtige Syllogismen. Wenn wir andererseits die formale Richtigkeit eines bestimmten Syllogismus prüfen müssen, so suchen wir den syllogistischen Modus, unter den dieser Syllogismus fällt (wobei wir in diesem Syllogismus die Namenkonstanten durch Variable ersetzen, und zwar gleiche Konstanten durch gleiche Variable und unterschiedliche Konstanten durch unterschiedliche Variable), und prüfen, ob dieser Modus gültig ist.

Beispielsweise fällt der Syllogismus:

Jeder Wal ist ein Säugetier
Kein Fisch ist ein Wal
―――――――――――
Kein Fisch ist ein Säugetier

unter den syllogistischen Modus:

$$\frac{\begin{array}{c} M\,a\,P \\ S\,e\,M \end{array}}{S\,e\,P}\,.$$

Das Diagramm (s. S. 394) zeigt, daß dieser syllogistische Modus ungültig ist. Folglich ist der geprüfte Syllogismus formal nicht richtig. Die Ungültigkeit dieses syllogistischen Modus kann man auch dadurch nachweisen, daß man feststellt, daß er die Bedingung III. 2 nicht er-

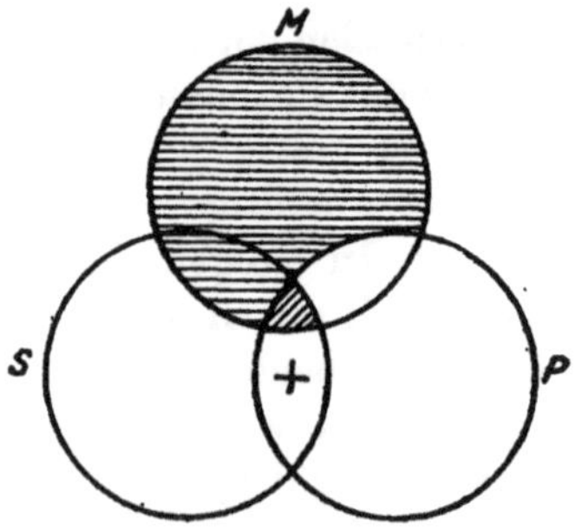

füllt. Der Terminus „*P*" ist nämlich in der Conclusio, aber nicht in der Prämisse im vollen Umfang genommen.

Es kann auch festgestellt werden, daß die oben angegebenen Bedingungen der Gültigkeit syllogistischer Modi zugleich die Bedingungen der Richtigkeit von Syllogismen sind. Der oben angeführte Syllogismus ist formal nicht richtig, da der Terminus „Säugetier" in der Conclusio, aber nicht in einer Prämisse im vollen Umfang genommen ist.

Wir geben nachstehend eine Aufstellung gültiger syllogistischer Modi (in der Reihenfolge der Figuren I–IV), wobei wir es dem Leser überlassen, ihre Gültigkeit mit Hilfe der besprochenen Methoden nachzuweisen und Beispiele für Syllogismen zu suchen, die unter diese Modi fallen.

I

$\begin{array}{c} M\,a\,P \\ S\,a\,M \\ \hline S\,a\,P \end{array}$	$\begin{array}{c} M\,a\,P \\ S\,a\,M \\ \hline Ex(S) \\ \hline S\,i\,P \end{array}$	$\begin{array}{c} M\,e\,P \\ S\,a\,M \\ \hline S\,e\,P \end{array}$	$\begin{array}{c} M\,e\,P \\ S\,a\,M \\ \hline Ex(S) \\ \hline S\,o\,P \end{array}$	$\begin{array}{c} M\,a\,P \\ S\,i\,M \\ \hline S\,i\,P \end{array}$	$\begin{array}{c} M\,e\,P \\ S\,i\,M \\ \hline S\,o\,P \end{array}$

II

$\begin{array}{c} P\,e\,M \\ S\,a\,M \\ \hline S\,e\,P \end{array}$	$\begin{array}{c} P\,e\,M \\ S\,a\,M \\ \hline Ex(S) \\ \hline S\,o\,P \end{array}$	$\begin{array}{c} P\,a\,M \\ S\,e\,M \\ \hline S\,e\,P \end{array}$	$\begin{array}{c} P\,a\,M \\ S\,e\,M \\ \hline Ex(S) \\ \hline S\,o\,P \end{array}$	$\begin{array}{c} P\,e\,M \\ S\,i\,M \\ \hline S\,o\,P \end{array}$	$\begin{array}{c} P\,a\,M \\ S\,o\,M \\ \hline S\,o\,P \end{array}$

III

$\begin{array}{c} M\,a\,P \\ M\,a\,S \\ \hline Ex(M) \\ \hline S\,i\,P \end{array}$	$\begin{array}{c} M\,i\,P \\ M\,a\,S \\ \hline S\,i\,P \end{array}$	$\begin{array}{c} M\,a\,P \\ M\,i\,S \\ \hline S\,i\,P \end{array}$	$\begin{array}{c} M\,e\,P \\ M\,a\,S \\ \hline Ex(M) \\ \hline S\,o\,P \end{array}$	$\begin{array}{c} M\,o\,P \\ M\,a\,S \\ \hline S\,o\,P \end{array}$	$\begin{array}{c} M\,e\,P \\ M\,i\,S \\ \hline S\,o\,P \end{array}$

IV

$$\begin{array}{l} P\,a\,M \\ M\,a\,S \\ Ex(P) \\ \hline S\,i\,P \end{array} \qquad \begin{array}{l} P\,a\,M \\ M\,e\,S \\ \hline S\,e\,P \end{array} \qquad \begin{array}{l} P\,a\,M \\ M\,e\,S \\ Ex(S) \\ \hline S\,o\,P \end{array} \qquad \begin{array}{l} P\,i\,M \\ M\,a\,S \\ \hline S\,i\,P \end{array} \qquad \begin{array}{l} P\,e\,M \\ M\,a\,S \\ Ex(M) \\ \hline S\,o\,P \end{array} \qquad \begin{array}{l} P\,e\,M \\ M\,i\,S \\ \hline S\,o\,P \end{array} .$$

1.5. Die Gesetze der Äquipollenz[1], Kontraposition und Opposition[2]

In den Äquipollenz-, Kontrapositions- und Oppositionsgesetzen tritt der Funktor der namenbildenden Negation auf, der ein namenbildender Funktor von einem Namenargument ist. Die Negation des Namens „S" werden wir mit dem Ausdruck „$\bar{S}$" kennzeichnen, den wir lesen: nicht S.

Bei der Prüfung der erwähnten Gesetze des Namenkalküls verwenden wir das folgende Diagramm:

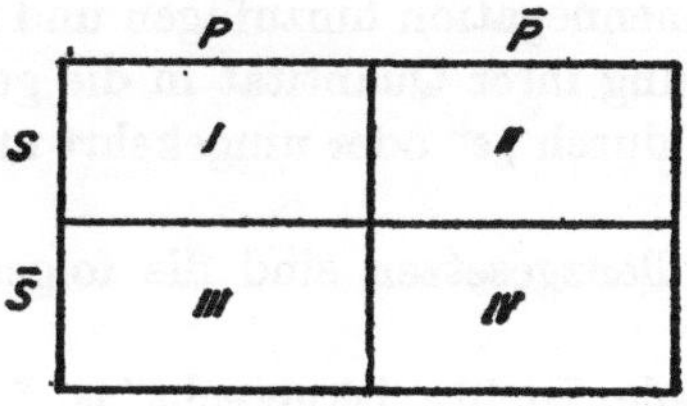

In diesem Diagramm veranschaulicht der Bereich I S, die P sind; der Bereich II veranschaulicht S, die nicht-P sind; der Bereich III veranschaulicht nicht-S, die P sind; der Bereich IV veranschaulicht nicht-S, die nicht-P sind.

Die Äquipollenzgesetze:

1. $S\,a\,P \equiv S\,e\,\bar{P}$
2. $S\,i\,P \equiv S\,o\,\bar{P}$
3. $S\,e\,P \equiv S\,a\,\bar{P}$
4. $S\,o\,P \equiv S\,i\,\bar{P}$.

prüfen wir mit Hilfe der folgenden Diagramme auf S. 396.
Diese Diagramme zeigen, daß in dem gleichen durch das jeweilige Diagramm veranschaulichten Fall beide Seiten des entsprechenden Äquipollenzgesetzes wahr sind.

[1] [Im Original: Obversion. Unter dieser Bezeichnung auch in: K. Ajdukiewicz, *Abriß der Logik*, Berlin 1958, S. 121 f.]

[2] [Im Original: Inversion.]

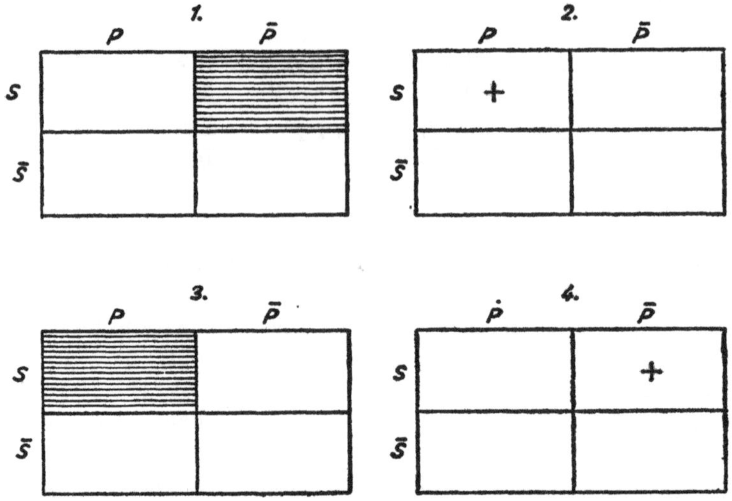

Die **Äquipollenz** einer Aussage bilden wir, indem wir zum Prädikat das Zeichen der Namennegation hinzufügen und die Qualität der Aussage ohne Veränderung ihrer Quantität in die gegenteilige verkehren, d. h., indem wir „*a*“ durch „*e*“ oder umgekehrt und „*i*“ durch „*o*“ oder umgekehrt ersetzen.

Nach den Äquipollenzgesetzen sind die folgenden Aussagen äquivalent:

1. Die Aussage „Jeder Richter ist gerecht“ ist äquivalent der Aussage „Kein Richter ist ungerecht“.

2. Die Aussage „Einige Richter sind gerecht“ ist äquivalent der Aussage „Einige Richter sind nicht ungerecht“.

3. Die Aussage „Kein Richter ist gerecht“ ist äquivalent der Aussage „Jeder Richter ist ungerecht“.

4. Die Aussage „Einige Richter sind nicht gerecht“ ist äquivalent der Aussage „Einige Richter sind ungerecht“.

Wenn wir die Äquipollenzgesetze auf die Nachglieder (auf die rechten Seiten) der Konversionsgesetze anwenden, so erhalten wir die folgenden Gesetze der **Äquipollenz der Konversion**:

$$S\ a\ P \equiv P\ a\ \bar{S}$$
$$S\ i\ P \equiv P\ o\ \bar{S}$$
$$S\ a\ P \wedge Ex(S) \rightarrow P\ o\ \bar{S}$$
$$S\ e\ P \wedge Ex(P) \rightarrow P\ i\ \bar{S}\,.$$

Bei den **Kontrapositionsgesetzen** unterscheidet man zwischen den Gesetzen der partiellen Kontraposition und den Gesetzen der vollständigen Kontraposition.

Das Diagramm:

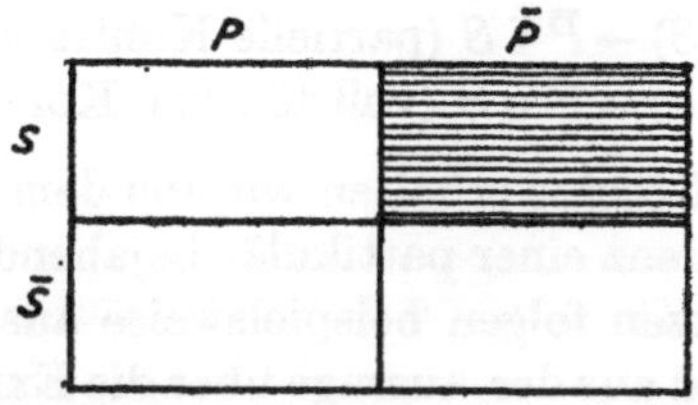

zeigt, daß die folgenden Ausdrücke Gesetze des Namenkalküls sind:

$S\ a\ P \equiv \bar{P}\ e\ S$ (partielle Kontraposition).

$S\ a\ P \equiv \bar{P}\ a\ \bar{S}$ (vollständige Kontraposition).

Das zweite dieser Gesetze kann aus dem ersten aufgrund des Gesetzes der Äquipollenz einer allgemein verneinenden Aussage gewonnen werden.

Nach diesen Gesetzen ist beispielsweise die Aussage „Jede Katze ist ein Säugetier" äquivalent den Aussagen „Kein Nicht-Säugetier ist eine Katze", „Jedes Nicht-Säugetier ist eine Nicht-Katze".

Das Diagramm:

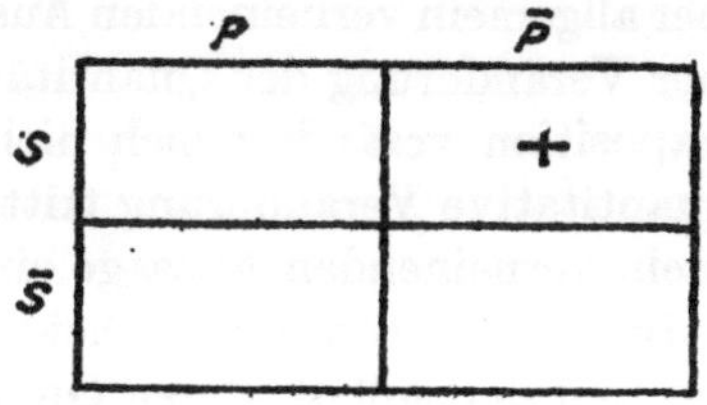

zeigt, daß folgende Ausdrücke Gesetze des Namenkalküls sind:

$S\ o\ P \equiv \bar{P}\ i\ S$ (partielle Kontraposition)

$S\ o\ P \equiv \bar{P}\ o\ \bar{S}$ (vollständige Kontraposition).

Das zweite dieser Gesetze erhalten wir aus dem ersten aufgrund des Gesetzes der Äquipollenz einer partikulär bejahenden Aussage.

Nach diesen Gesetzen ist beispielsweise die Aussage „Einige Studenten sind keine Schwarzhaarigen" äquivalent den Aussagen „Einige Nicht-Schwarzhaarige sind Studenten", „Einige Nicht-Schwarzhaarige sind keine Nicht-Studenten".

Das Diagramm:

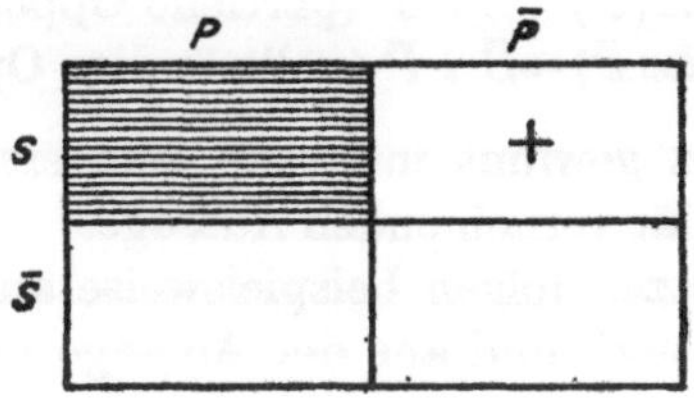

zeigt, daß folgende Ausdrücke Gesetze des Namenkalküls sind:

$$S\ e\ P \wedge Ex(S) \rightarrow \bar{P}\ i\ S \text{ (partielle Kontraposition)}$$
$$S\ e\ P \wedge Ex(S) \rightarrow \bar{P}\ o\ \bar{S} \text{ (vollständige Kontraposition).}$$

Das zweite dieser Gesetze erhalten wir aus dem ersten aufgrund des Gesetzes der Äquipollenz einer partikulär bejahenden Aussage.

Nach diesen Gesetzen folgen beispielsweise aus der Aussage „Kein Wal ist ein Fisch" und aus der Aussage über die Existenz von Walen die Aussagen: „Einige Nicht-Fische sind Wale", „Einige Nicht-Fische sind keine Nicht-Wale".

Bei der Bildung der Kontraposition einer kategorischen Aussage vertauschen wir ihr Subjekt und Prädikat, und in der auf diese Weise gewonnenen Aussage fügen wir im Falle der partiellen Kontraposition das Zeichen der Namennegation zum Subjekt hinzu, während wir im Falle der vollständigen Kontraposition dieses Zeichen zum Subjekt und zum Prädikat hinzufügen. Bei der partiellen Kontraposition verändert sich im Falle allgemein bejahender und partikulär bejahender Aussagen die Qualität einer Aussage ohne Veränderung ihrer Quantität, während im Falle einer allgemein verneinenden Aussage diese Qualitätsveränderung mit einer Veränderung der Quantität einhergeht. Bei der vollständigen Kontraposition verändert sich nicht die Qualität einer Aussage, und eine quantitative Veränderung tritt nur bei der Kontraposition einer allgemein verneinenden Aussage ein.

Bei den Oppositionsgesetzen unterscheidet man ebenfalls die Gesetze der partiellen und der vollständigen Opposition.

Das Diagramm:

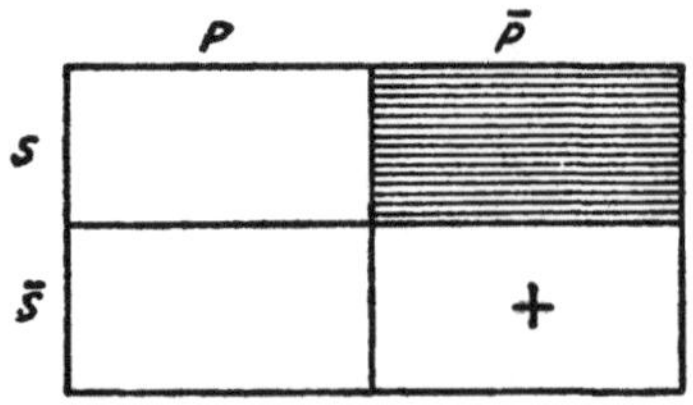

zeigt, daß folgende Ausdrücke Gesetze des Namenkalküls sind:

$$S\ a\ P \wedge Ex(\bar{P}) \rightarrow \bar{S}\ o\ P \text{ (partielle Opposition)}$$
$$S\ a\ P \wedge Ex(\bar{P}) \rightarrow \bar{S}\ i\ \bar{P} \text{ (vollständige Opposition).}$$

Das zweite Gesetz gewinnt man aus dem ersten durch die Äquipollenz einer partikulär verneinenden Aussage.

Nach diesen Gesetzen folgen beispielsweise aus der Aussage „Jede Katze ist ein Säugetier" und aus der Aussage über die Existenz von

Nicht-Säugetieren die Aussagen „Einige Nicht-Katzen sind keine Säugetiere“, „Einige Nicht-Katzen sind Nicht-Säugetiere“.

Das Diagramm:

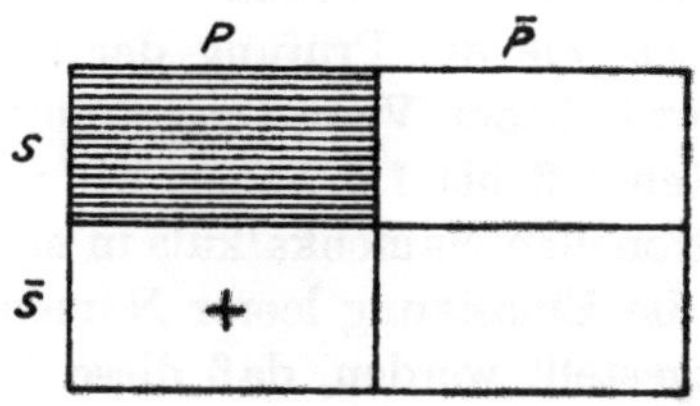

zeigt, daß folgende Ausdrücke Gesetze des Namenkalküls sind:

$$S\ e\ P \wedge Ex(P) \rightarrow \bar{S}\ i\ P \quad \text{(partielle Opposition)}$$
$$S\ e\ P \wedge Ex(P) \rightarrow \bar{S}\ o\ \bar{P} \quad \text{(vollständige Opposition).}$$

Nach diesen Gesetzen folgen beispielsweise aus der Aussage „Kein Wal ist ein Fisch“ und aus der Aussage über die Existenz von Fischen die Aussagen „Einige Nicht-Wale sind Fische“, „Einige Nicht-Wale sind keine Nicht-Fische“.

Bei der Bildung der partiellen Opposition einer kategorischen Aussage fügen wir das Zeichen der Namennegation zu ihrem Subjekt hinzu, während wir bei der Bildung der vollständigen Opposition einer kategorischen Aussage das gleiche Zeichen zu ihrem Subjekt und Prädikat hinzufügen. Die partielle Opposition einer Aussage unterscheidet sich durch die Qualität von dieser Aussage, die vollständige Opposition einer Aussage unterscheidet sich nicht durch die Qualität von dieser Aussage. Dagegen erfolgt sowohl bei der partiellen als auch bei der vollständigen Opposition eine Veränderung der Quantität (die Opposition einer allgemeinen Aussage ist eine partikuläre Aussage).

In den Gesetzen der Opposition einer allgemein bejahenden Aussage wird angenommen, daß der Name „$\bar{P}$“ nicht-leer ist. Die Aussage, nach der der Name „$\bar{P}$“ ein nicht-leerer Name ist, ist äquivalent der Aussage, der zufolge der Name „P“ kein Allname ist. Ein **Allname** ist ein Name, zu dessen Umfang jeder Gegenstand gehört. Wenn man sich der Terminologie des Mengenkalküls bedient, so kann man sagen, daß der Umfang eines Allnamens die Allklasse ist. Ein Beispiel für einen Allnamen ist der Name „Gegenstand“. Wenn „P“ ein Allname ist, dann ist „$\bar{P}$“ ein leerer Name. Mit der Einführung des Zeichens der Namennegation wird also im traditionellen Namenkalkül der Vorbehalt angenommen, daß für Variable nur nicht-leere Namen und Nicht-Allnamen eingesetzt werden können.

Die hier angegebenen Gesetze des Namenkalküls, die das Zeichen der Namennegation enthalten, gehören, vielleicht mit Ausnahme der Äquipollenzgesetze, zu den selten angewandten Gesetzen dieses Kalküls. Ihre Prüfung mit Hilfe des angegebenen viereckigen Diagramms ist jedoch ebenso einfach wie die Prüfung der anderen Gesetze dieses Kalküls mit Hilfe der üblichen Venn-Diagramme.

In den Abschnitten 1.2 bis 1.5 haben wir uns mit Gesetzen und Schemata des traditionellen Namenkalküls in einer Formulierung vertraut gemacht, die die Einsetzung leerer Namen für Variable zuläßt. Es muß jedoch festgestellt werden, daß diese Gesetze und Schemata gewöhnlich in einer Formulierung angegeben werden, die nur die Einsetzung nicht-leerer Namen zuläßt. Diese Formulierungen unterscheiden sich von den in den Abschnitten 1.2 bis 1.5 angegebenen Formulierungen dadurch, daß die Annahmen, daß Termini nicht-leer sind, also Annahmen der Gestalt „$Ex(S)$", wegfallen.

1.6. Axiomatische Systeme der Aristotelischen Syllogistik

In seiner Monographie über die Syllogistik von Aristoteles zeigt Łukasiewicz[1], daß das von Aristoteles entwickelte System des Namenkalküls das erste axiomatische System in der Geschichte des europäischen Denkens ist. Aristoteles nimmt bestimmte Gesetze ohne Beweis als Axiome an und beweist auf ihrer Grundlage die übrigen Gesetze des Systems. In Anlehnung an Aristoteles entwickelte Łukasiewicz ein axiomatisches System des Namenkalküls, das er als Aristotelische Syllogistik bezeichnete.[2]

Die atomaren Ausdrücke dieses Systems werden aus den Variablen des Systems sowie aus den Funktoren: *a*, *e*, *i*, *o* gebildet. Die Menge der Aussagenausdrücke dieses Systems ist die kleinste Menge, die die Menge der atomaren Ausdrücke dieses Systems enthält und in bezug auf die Operation der Bildung zusammengesetzter Aussagenausdrücke mit Hilfe der Funktoren des Aussagenkalküls abgeschlossen ist.

Dieses System beruht auf dem Aussagenkalkül, der auch als Metasystem aufgefaßt werden kann. Als Grundtermini dieses Systems nimmt Łukasiewicz die Konstanten „*a*" und „*i*" an. Die übrigen Kon-

[1] J. Łukasiewicz, *Aristotle's syllogistic from the standpoint of modern formal logic*, Oxford 1951, 2. Auflage Oxford 1957.

[2] Dieses System wird dargestellt in dem Buch von J. Łukasiewicz, *Elements of Mathematical Logic*, New York 1963.

stanten der Syllogistik werden wie folgt definiert:

$$S\,e\,P \equiv \sim S\,i\,P$$
$$S\,o\,P \equiv \sim S\,a\,P.$$

Zu den Grundregeln des Aussagenkalküls wird die Regel der Einsetzung für Namenvariable hinzugefügt. Sie gestattet es, beliebige Namenvariable des Systems für die in den Theoremen des Systems auftretenden Namenvariablen einzusetzen.

Wenn man, wie J. Łukasiewicz, die Definitionen mit Hilfe des Zeichens der Definitionsgleichheit schreibt, so muß man noch die Regel der Definitionsersetzung als Grundregel dieses Systems annehmen.

Die Axiome des Systems von Łukasiewicz sind die folgenden Ausdrücke:

1. $S\,a\,S$
2. $S\,i\,S$
3. $M\,a\,P \wedge S\,a\,M \rightarrow S\,a\,P$
4. $M\,a\,P \wedge M\,i\,S \rightarrow S\,i\,P$.

Die Theoreme, die hier als die beiden ersten Axiome angenommen werden, treten bei Aristoteles nicht auf. Sie wurden jedoch bereits von einigen seiner Nachfolger gefunden.

Dieses Axiomensystem ist unabhängig, d. h., keines der Axiome läßt sich im System anhand der übrigen Axiome des Systems beweisen.

Anhand dieser Axiome beweist J. Łukasiewicz die Gesetze des logischen Quadrats, die Konversionsgesetze und alle gültigen syllogistischen Modi in der für nicht-leere Namen angenommenen Formulierung. Es muß jedoch betont werden, daß diese Gesetze keineswegs die Menge aller Theoreme des Systems erschöpfen, unter denen auch Theoreme komplizierterer Form als der von Theoremen auftreten, auf die man sich in der sogenannten traditionellen Logik beschränkte.

Nach der im Abschnitt 1.1 angegebenen Interpretation einer partikulär bejahenden Aussage ist das Axiom 2 bei Zulassung der Einsetzung von leeren Namen nicht wahr. Wenn man also die Gesetze des von Łukasiewicz entwickelten axiomatischen Systems der Syllogistik anwendet, kann man bei dieser Interpretation für die in den Theoremen dieses Systems auftretenden Namenvariablen keine leeren Namen einsetzen.

Die übrigen Axiome und Definitionen sind bei der schwachen Interpretation allgemeiner Aussagen auch bei Zulassung der Einsetzung von leeren Namen für die Variablen wahr.

Es ist darauf hinzuweisen, daß wenn man nur die Axiome 1, 3, 4, die Definitionen der Konstanten „*e*", „*o*" sowie die Definition: $Ex(S) \equiv S\,i\,S$ annimmt, man alle Gesetze und Schemata des traditionellen Namenkalküls, die das Zeichen der Namennegation nicht enthalten, in der in den Abschnitten 1.2 bis 1.4 angegebenen Formulierung beweisen kann, die die Einsetzung von leeren Namen für Variable zuläßt.

Das axiomatische System der Syllogistik ergänzte Łukasiewicz dann durch die Einführung der axiomatischen Methode der Verwerfung falscher Ausdrücke des Namenkalküls. Er nimmt nämlich die zwei Verwerfungsregeln an, von denen im Abschnitt 7, Kapitel III, die Rede war, und verwirft axiomatisch die zwei folgenden ungültigen syllogistischen Modi:

5. $P\,a\,M \wedge S\,a\,M \rightarrow S\,i\,P$
6. $P\,e\,M \wedge S\,e\,M \rightarrow S\,i\,P.$

In dem so erweiterten System gehören alle ungültigen syllogistischen Modi zu den verworfenen Ausdrücken.

Es zeigte sich jedoch, daß Aussagenausdrücke des Systems existieren, die weder Theoreme des Systems sind noch zu den verworfenen Ausdrücken gehören.

J. Słupecki, der das von Łukasiewicz formulierte Problem löste, erweiterte dessen System dadurch, daß er die folgende Verwerfungsregel hinzufügte:

Wenn die Ausdrücke $E \rightarrow G$ und $H \rightarrow G$ verworfen werden, dann wird der Ausdruck $E \wedge H \rightarrow G$ verworfen, sofern die folgenden Bedingungen erfüllt sind:

1. Die Ausdrücke E und H sind Ausdrücke der Gestalt „$S\,e\,P$" oder „$S\,o\,P$".
2. G ist ein atomarer Ausdruck oder eine Implikation, deren Nachglied ein atomarer Ausdruck und deren Vorderglied ein atomarer Ausdruck oder eine Konjunktion atomarer Ausdrücke ist.

Der intuitive Sinn dieser Regel steht im Zusammenhang mit der im Abschnitt 1.4 angegebenen Regel, nach der kein syllogistischer Modus mit beiden verneinenden Prämissen richtig ist. Wenn nach der Regel von Słupecki der Ausdruck G aus keinem von zwei verworfenen Ausdrücken folgt, so folgt er auch nicht aus ihrer Konjunktion.

Nach Hinzufügung dieser Regel genügt es, nur den Ausdruck 5 als einen axiomatisch verworfenen Ausdruck anzunehmen.

J. Słupecki bewies, daß jeder Aussagenausdruck der Syllogistik ein Theorem des so erweiterten Systems der Syllogistik ist oder aber zu seinen verworfenen Ausdrücken gehört. Er wies auch nach, daß man ein System mit dieser Eigenschaft nicht erhalten kann, wenn man anstelle der obenstehenden Verwerfungsregel eine beliebige endliche Anzahl untereinander verschiedener falscher Ausdrücke der Syllogistik axiomatisch verwirft.[1]

J. Słupecki entwickelte ein weiteres axiomatisches System der Aristotelischen Syllogistik mit der folgenden unabhängigen Axiomenmenge:

1. $S\,a\,P \rightarrow S\,i\,P$
2. $S\,i\,P \rightarrow P\,i\,S$
3. $M\,a\,P \wedge S\,a\,M \rightarrow S\,a\,P$
4. $M\,a\,P \wedge S\,i\,M \rightarrow S\,i\,P$.

Bei Anwendung der Theoreme dieses Systems kann man für die Variablen leere Namen einsetzen. Die Axiome dieses Systems sind bei der starken Interpretation einer allgemein bejahenden Aussage wahr. Weder der Ausdruck „$S\,a\,S$" noch der Ausdruck „$S\,i\,S$" ist ein Theorem dieses Systems.[2]

Die beiden genannten Systeme der Aristotelischen Syllogistik enthalten nicht die Theoreme des traditionellen Namenkalküls, in denen das Zeichen der Namennegation auftritt. Wir führen noch zwei moderne Axiomensysteme der Aristotelischen Syllogistik mit Namennegation an. Mit Hilfe der Konstanten „a" und des Zeichens der Namennegation kann man die Konstante „e" wie folgt definieren:

$$S\,e\,P \equiv S\,a\,\bar{P}$$

Das Axiomensystem A. Wedbergs aus dem Jahre 1948 für dieses System ist das folgende:

1. $S\,a\,\bar{\bar{S}}$
2. $\bar{\bar{S}}\,a\,S$
3. $S\,a\,P \rightarrow \bar{P}\,a\,\bar{S}$
4. $S\,a\,M \wedge M\,a\,P \rightarrow S\,a\,P$
5. $S\,a\,P \rightarrow \sim S\,a\,\bar{P}$.

[1] J. Słupecki, *On the Aristotelian Syllogistic*, Studia Philosophica, IV. (Kraków-Poznań) 1951, S. 275–300.
J. Łukasiewicz, *Aristotle's syllogistic from the standpoint of modern formal logic*, Oxford 1951, 2. Auflage Oxford 1957. [Zur Verwerfung in der Syllogistik, vgl. z. B. auch I. M. Bochenski, A. Menne, *Grundriß der Logistik*, 4. Auflage Paderborn 1973, S. 139f.]

[2] J. Słupecki, *Uwagi o sylogistyce Arystotelesa*, Annales Universitatis Mariae Curie-Skłodowska, Vol. I, Nr. 3, Sectio F. Lublin 1946, S. 187 bis 191.

Bei der Anwendung der Theoreme dieses Systems gilt eine ähnliche Einschränkung wie bei der Anwendung der Theoreme des Systems von J. Łukasiewicz. Für die Namenvariablen können nämlich keine leeren Namen oder Allnamen eingesetzt werden (die Negation eines Allnamens ist ein leerer Name).

J. C. Shepherdson wies nach, daß man das fünfte Axiom von Wedberg durch das Axiom: $\sim S\,a\,\bar{S}$ ersetzen kann, und daß man nach der Ersetzung des fünften Axioms von Wedberg durch den Ausdruck: $S\,a\,\bar{S} \rightarrow S\,a\,P$ ein System erhält, in dessen Theoremen man für die Variablen leere Namen einsetzen kann.

B. Iwanuś gab die folgende Vereinfachung des Axiomensystems von Wedberg an:

1. $S\,a\,\bar{\bar{S}}$
2. $\sim S\,a\,\bar{S}$
3. $\bar{S}\,a\,\bar{P} \rightarrow P\,a\,S$
4. $S\,a\,M \wedge M\,a\,P \rightarrow S\,a\,P.$

B. Iwanuś bewies auch, daß ein Axiom und die von J. Słupecki angegebene Verwerfungsregel für das System von Łukasiewicz genügen, um jeden Ausdruck, der kein Theorem des oben dargestellten Systems ist, zu verwerfen.[1]

Wenn man nur die zuletzt angegebenen Axiome 1, 3, 4, die Definitionen der übrigen Konstanten der Syllogistik und die Definition: $Ex(S) \equiv S\,i\,S$ annimmt, kann man alle Gesetze des traditionellen Namenkalküls in der in den Abschnitten 1.2 bis 1.5 angegebenen Formulierung beweisen, die die Einsetzung leerer Namen für Variable zuläßt.

Dem System von Wedberg ist das System von Meredith aus dem Jahre 1957 äquivalent, in dem die Konstante „*e*" und das Zeichen der Namennegation die Grundtermini sind.
Mit ihrer Hilfe werden die Konstanten „*a*" und „*i*" wie folgt definiert:

$$S\,a\,P \equiv S\,e\,\bar{P}.$$
$$S\,i\,P \equiv \sim S\,e\,P.$$

[1] A. Wedberg, *The Aristotelian Theory of Classes*, Ajatus, 15, Helsinki 1948, S. 299–314. I. Thomas, *An Extension of CS*. Dominican Studies, 2, 1949, S. 145–160. [Deutsch in: *Logisch-Philosophische Studien*. Herausg. von A. Menne, Freiburg 1959] J. C. Shepherdson, *On the Interpretation of Aristotelian Syllogistic*, Journal of Symbolic Logic, 21, 1956, S. 137–147. B. Iwanuś, *Proof of Decidability of the Traditional Calculus of Names*, Studia Logica, 32, 1973, S. 131–147.

Dieses System beruht auf den folgenden Axiomen:

1. $S e \bar{S}$
2. $\sim S e S$
3. $P e \bar{M} \wedge M e S \rightarrow S e P$.

E. J. Lemmon entwickelte ein System der Syllogistik, in dem die Grundtermini die folgenden Konstanten sind: Die Konstante „*i*", das Zeichen der Namennegation sowie das Zeichen des Namenprodukts.[1] Den Ausdruck „$S\, i\, M \cap P$" lesen wir: Einige *S* sind *M* und *P*. Das System von Lemmon beruht auf den folgenden Axiomen:

1. $\sim S i \bar{S}$
2. $S i P \rightarrow P i S$
3. $S i P \rightarrow S i S$
4. $S i P \rightarrow S i M \vee S i \bar{M}$
5. $S i \bar{\bar{P}} \rightarrow S i P$
6. $S i P \rightarrow \bar{\bar{S}} i P$
7. $S i M \cap P \rightarrow S i M \wedge S i P$
8. $S i M \cap P \rightarrow P i S \cap M$.

Die Konstante „*a*" wird mit Hilfe der Konstanten „*i*" sowie des Zeichens der Namennegation wie folgt definiert:

$$S a P \equiv P i S \wedge \sim S i \bar{P}.$$

Den Ausdruck „*S i P*" interpretieren wir hier als einen Ausdruck, der besagt, daß *S* existieren, die *P* sind. Der Ausdruck „*S i S*" besagt nach dieser Interpretation, daß *S* existieren. Nach der angeführten Definition besagt der Ausdruck „*S a P*", daß *S* existieren und daß keine *S* existieren, die nicht-*P* sind.

Die Ausdrücke „*S a S*", „*S i S*" sind keine Theoreme dieses Systems. Ebenso wie im System von Słupecki kann man in diesem System für Variable leere Namen einsetzen.

Die Syllogistik[2], von der bisher die Rede war, wird als **assertorische** Syllogistik bezeichnet und von der **modalen** Syllogistik unterschieden. In der letzteren berücksichtigt man auch modale

[1] E. J. Lemmon, *Quantifiers and Modal Operators*, Proceedings of the Aristotelian Society, LVIII, 1958.

[2] [Vgl. zur Syllogistik z. B. noch: D. Hilbert, W. Ackermann, *Grundzüge der theoretischen Logik*, 4. Auflage Berlin-Göttingen-Heidelberg 1959, S. 57–63; K. Ajdukiewicz, *Abriß der Logik*, Berlin 1958, S. 107–145; G. Patzig, *Die Aristotelische Syllogistik*, 2. Auflage Göttingen 1963; G. Klaus, *Moderne Logik*, 7. Auflage Berlin 1973, S. 227–235.]

kategorische Aussagen, wie z. B. Aussagen der Gestalt „Jedes *S* muß *P* sein“, „Jedes *S* kann *P* sein“ usw. Die in solchen Aussagen auftretenden modalen Funktoren kann man mit Hilfe der modalen Funktoren des Aussagenkalküls und der Konstanten der assertorischen Syllogistik definieren. Ein Beispiel für eine solche Definition ist die folgende: Jedes *S* muß *P* sein ≡ es ist notwendig, daß jedes *S P* ist.

Wenn wir solche Definitionen einführen und uns auf verschiedene Systeme des modalen Aussagenkalküls stützen, erhalten wir verschiedene Systeme der modalen Syllogistik.

2. Die Ontologie von St. Leśniewski

St. Leśniewski entwickelte ein System des Namenkalküls, das unvergleichlich reicher ist als die Syllogistik, und bezeichnete es als Ontologie. Die Ontologie kann als ein System aufgefaßt werden, das auf dem Prädikatenkalkül aufbaut, der metatheoretisch formuliert wird. (St. Leśniewski gründete die Ontologie auf die Protothetik, die den klassischen Aussagenkalkül sowie die Gesetze und Regeln für die Quantifikatoren enthält.)[1]

In der Ontologie tritt – wie auch in der Aristotelischen Syllogistik – nur eine syntaktische Namenkategorie auf. Als Namenvariablen dieses Systems werden wir die Buchstaben: A, B, C, D, S, M, P, ... verwenden. Der Grundterminus der Ontologie ist die Konstante „ε“, die ein aussagenbildender Funktor von zwei Namenargumenten ist, die der gleichen syntaktischen Kategorie angehören. Die Ausdrücke der Form: $A \varepsilon B$ sind atomare Aussagenausdrücke des Systems, die ausschließlich mit Hilfe des Grundterminus des Systems und der Namenvariablen geschrieben werden. Aus solchen Ausdrücken werden mit Hilfe der Funktoren des Aussagenkalküls und der Quantifikatoren, die die Namenvariablen binden, zusammengesetzte Ausdrücke gebildet. Zu den Aussagenausdrücken dieses Systems zählen wir ebenfalls Ausdrücke, die definierte Termini enthalten. Aufgrund der entsprechenden Definitionen sind solche Ausdrücke gewissen Aussagenausdrücken des Systems äquivalent, welche die definierten Termini nicht enthalten.

[1] J. Słupecki, *S. Leśniewski's Calculus of Names*, Studia Logica, 3, 1955, S. 7–73; T. Kotarbiński, *Elementy teorii poznania, logiki formalnej i metodologii nauk*, [Elemente der Wissenschaftstheorie, der formalen Logik und Methodologie der Wissenschaften], Lwow 1929; E. C. Luschei, *The Logical Systems of Leśniewski*, Amsterdam 1962.

Den Ausdruck „$A \varepsilon B$" lesen wir: A ist B. Folglich entspricht das Wörtchen „ist" in einer bestimmten Bedeutung der Konstanten „ε". Diese Bedeutung wird durch das folgende, einzige Axiom der Ontologie festgelegt:

$$(Ax)\ A \varepsilon B \equiv \bigvee_{C} C \varepsilon A \wedge \bigwedge_{C,D} (C \varepsilon A \wedge D \varepsilon A \rightarrow C \varepsilon D) \wedge \bigwedge_{C} (C \varepsilon A \rightarrow C \varepsilon B).$$

Zur Erklärung des intuitiven Sinns dieses Axioms führen wir gewisse definierte Termini ein und schreiben dieses Axiom in äquivalenter Form mit Hilfe dieser Termini.

Df. 1. $ex(A) \equiv \bigvee_{B} B \varepsilon A.$

Den Ausdruck „$ex(A)$" lesen wir: Es existieren A oder „Es existiert wenigstens ein A". Nach dieser Definition ist die Aussage „Es existieren Polyglotten, die fünfzig Sprachen sprechen" äquivalent der Aussage „jemand ist ein Polyglott, der fünfzig Sprachen spricht".

Df. 2. $A = B \equiv A \varepsilon B \wedge B \varepsilon A.$

Den Ausdruck „$A = B$" lesen wir: A ist identisch mit B. Nach dieser Definition ist die Aussage „Der Autor von ‚Die Wahlverwandtschaften' ist identisch mit dem Autor des ‚Egmont'" äquivalent der Aussage „Der Autor von ‚Die Wahlverwandtschaften' ist der Autor des ‚Egmont', und der Autor des ‚Egmont' ist der Autor von ‚Die Wahlverwandtschaften'".

Aufgrund der Definition 2 kann die folgende Äquivalenz bewiesen werden:

$$\text{(I).}\ \bigwedge_{C,D} (C \varepsilon A \wedge D \varepsilon A \rightarrow C \varepsilon D) \equiv \bigwedge_{C,D} (C \varepsilon A \wedge D \varepsilon A \rightarrow C = D).$$

Wir geben den Beweis der dieser Äquivalenz entsprechenden Implikation an:

(1)	$\bigwedge_{C,D} (C \varepsilon A \wedge D \varepsilon A \rightarrow C \varepsilon D)$	{An.}
(1.1)	$C \varepsilon A \wedge D \varepsilon A$	{z. An.}
(1.2)	$C \varepsilon D$	{1., 1. 1, B $\wedge$, Abtrennungsregel}
(1.3)	$D \varepsilon A \wedge C \varepsilon A \rightarrow D \varepsilon C$	{B $\wedge$: 1}
(1.4)	$D \varepsilon C$	{1.3, 1.1, Abtrennungsregel}
(1.5)	$C = D$	{Df. 2, 1.2, 1.4}
	$\bigwedge_{C,D} (C \varepsilon A \wedge D \varepsilon A \rightarrow C = D)$	{1.1 $\rightarrow$ 1.5, E $\wedge$}

Aufgrund der Df. 2 erhalten wir leicht die umgekehrte Implikation.

Df. 3. $sol(A) \equiv \bigwedge_{B,C} (B \varepsilon A \wedge C \varepsilon A \rightarrow B \varepsilon C)$.

Wegen (I) erhalten wir aus dieser Definition die Äquivalenz:

$$sol(A) \equiv \bigwedge_{B,C} (B \varepsilon A \wedge C \varepsilon A \rightarrow B = C).$$

Gemäß dieser Äquivalenz kann der Ausdruck „$sol(A)$" wie folgt gelesen werden: Es existiert höchstens ein A.

Df. 4. $ex_1(A) \equiv ex(A) \wedge sol(A)$.

In bezug auf die eingeführten Definitionen lesen wir den Ausdruck „$ex_1(A)$" folgendermaßen: Es existiert genau ein A.

Df. 5. $A\ a\ B \equiv \bigwedge_{C} (C \varepsilon A \rightarrow C \varepsilon B)$.

Den Ausdruck „$A\ a\ B$" lesen wir: Jedes A ist B.

Aufgrund dieser Definitionen ist das Axiom der Ontologie den folgenden Theoremen äquivalent:

(II) $A \varepsilon B \equiv ex(A) \wedge sol(A) \wedge A\ a\ B$.
(III) $A \varepsilon B \equiv ex_1(A) \wedge A\ a\ \underset{\sim}{B}$.

Das Theorem (III) und damit auch das Axiom der Ontologie kann man auf folgende Weise lesen:
A ist $B \equiv$ es existiert genau ein $A \wedge$ jedes A ist B.

Daher ist beispielsweise die Aussage „Die jetzige Hauptstadt Brasiliens ist eine Stadt, die im Inneren des Landes liegt" der Aussage äquivalent „Es existiert genau eine jetzige Hauptstadt von Brasilien, und jede jetzige Hauptstadt von Brasilien ist eine Stadt, die im Inneren des Landes liegt".

Eine Aussage der Form „$A \varepsilon B$" wird folglich aufgrund der Ontologie als singuläre Aussage in dem Sinne verstanden, daß unerläßliche Bedingung der Wahrheit einer solchen Aussage ist, daß als ihr Subjekt ein individueller Name (Eigenname) auftritt, der genau einen Gegenstand bezeichnet. Wenn in einer Aussage der Form „$A \varepsilon B$" das Subjekt ein leerer Name oder ein allgemeiner Name ist, der mehr als einen Gegenstand bezeichnet, so ist eine solche Aussage falsch. Wenn das Wörtchen „ist" als „ε" verstanden wird, so ist die Aussage „Der natürliche Satellit der Erde ist kleiner als die Erde" eine wahre Aussage. Dagegen ist die Aussage „Der künstliche Satellit der Erde ist kleiner als die Erde" nach dieser Auffassung des Wörtchens „ist" eine falsche Aussage, da viele künstliche Erdsatelliten existieren. Die letzte Aussage muß von der Aussage „Jeder künstliche Erdsatellit ist kleiner als die Erde“ unterschieden werden, die eine wahre Aussage der Form $A\ a\ B$ ist. Man muß sich der Tatsache bewußt sein, daß in der Umgangssprache das Wörtchen „ist“ nicht nur als Entsprechung der Konstanten „ε“, sondern auch als Entsprechung der Konstanten „a“ verwendet wird. Beispielsweise verstehen wir die Aussage „Der Walfisch ist ein Säugetier“ als Aussage, die mit der Aussage „Jeder Walfisch ist ein Säugetier“ sinngleich ist. Aufgrund der Df. 5 sowie der Gesetze und Regeln des Aussagen- und Prädikatenkalküls erhalten wir das Theorem:

(IV) $A\ a\ A$.

Wenn wir im Theorem (III) die Variable A für die Variable B einsetzen und das Theorem (IV) verwenden, erhalten wir das Theorem:

(V) $A\ \varepsilon\ A \equiv ex_1(A)$.

Aufgrund von (III) und (V) erhalten wir das Theorem:

(VI) $A\ \varepsilon\ B \rightarrow A\ \varepsilon\ A$.

Aufgrund von (VI) sowie der Regeln des Prädikatenkalküls erhalten wir das Theorem:

(VII) $A\ \varepsilon\ A \equiv \bigvee_B A\ \varepsilon\ B$.

Unter Verwendung des Axioms der Ontologie beweisen wir das Gesetz der Transitivität für die Konstante „ε“:

(VIII) $A\ \varepsilon\ B \wedge B\ \varepsilon\ C \rightarrow A\ \varepsilon\ C$.

Beweis.	(1)	$A\ \varepsilon\ B$	{An.}
	(2)	$B\ \varepsilon\ C$	{An.}
	(3)	$\bigwedge_A (A\ \varepsilon\ B \rightarrow A\ \varepsilon\ C)$	{Ax, 2}
		$A\ \varepsilon\ C$	{1, 3}

Unter Bezugnahme auf die Df. 2 erhalten wir das Gesetz der Symmetrie der Identität:

(IX) $A = B \rightarrow B = A$.

Aufgrund der Df. 2 und des Theorems (VIII) beweisen wir das Gesetz der Transitivität der Identität:

(X) $A = B \wedge B = C \rightarrow A = C$.

Man kann auch das Extensionalitätsgesetz für die Identität beweisen, das besagt, daß ein Theorem des Systems jeder Ausdruck der Form:

(XI) $A = B \wedge E \rightarrow E(A//B)$.

ist.

Namenkonstanten können in der Ontologie in Definitionen der Form:

$$A \varepsilon B_0 \equiv A \varepsilon A \wedge E(A)$$

eingeführt werden, wobei B_0 eine definierte Konstante und $E(A)$ eine Aussageform mit der einen freien Variablen A ist. In Spezialfällen, wenn der Ausdruck $A \varepsilon A \wedge E(A) \equiv E(A)$ ein Theorem des Systems ist, kann man auf der rechten Seite einer solchen Definition „$A \varepsilon A$" weglassen. Beispielsweise kann die Definition des Allnamens „V", der jeden Gegenstand bezeichnet, in der folgenden Gestalt formuliert werden:

Df. 6. $A \varepsilon \mathrm{V} \equiv \bigvee_{B} A \varepsilon B$.

Aufgrund des Theorems (VII) erhalten wir nämlich die Äquivalenz:

$$A \varepsilon A \wedge \bigvee_{B} A \varepsilon B \equiv \bigvee_{B} A \varepsilon B\,,$$

die uns erlaubt, die rechte Seite der Df. 6 in kürzerer Form zu schreiben.

Den in dieser Definition eingeführten Ausdruck „$A \varepsilon \mathrm{V}$" lesen wir: A ist ein Gegenstand. Zur Erklärung des intuitiven Sinns dieser Definition des Gegenstandsbegriffes könnte man sich auf das im Mittelalter formulierte Prinzip berufen: *Non entis nulla sunt praedicata,* nach dem man über das, was nicht existiert, – wahrheitsgemäß – nichts aussagen kann. Folglich ist A dann und nur dann ein Gegenstand, wenn bei einem gewissen B zutrifft, A ist B, d. h. wenn man über A wahrheitsgemäß etwas aussagen kann.

Aufgrund des Theorems (VII) sowie der Df. 6 und der Df. 2 erhalten wir das Gesetz der Reflexivität der Identität:

(XII) $A \varepsilon \mathrm{V} \rightarrow A = A$.

Es besagt, daß jeder Gegenstand mit sich selbst identisch ist.

Dagegen ist der Ausdruck „$A = A$" kein Theorem der Ontologie. Das unterscheidet dieses System vom engeren Prädikatenkalkül mit Identität, in dem der Ausdruck „$x = x$" ein Theorem ist. Dieser Unterschied ist mit der folgenden Eigenschaft der Theoreme der Ontologie verbunden: Wenn wir in den Theoremen der Ontologie für die Namenvariablen beliebige Namen, individuelle, allgemeine oder leere, einsetzen, so erhalten wir als Ergebnis der Einsetzung wahre Aussagen. Anders verhält es sich im engeren Prädikatenkalkül mit Identität. Im Abschnitt 4 des Kap. IV haben wir hervorgehoben, daß für die Namenvariablen dieses Systems keine leeren Namen eingesetzt werden dürfen, da eine solche Einsetzung zu falschen Aussagen führen würde.

Die obenerwähnte Eigenschaft der Theoreme der Ontologie ist zweifellos ein Vorzug dieses Systems. Die Entscheidung darüber, ob ein gegebener Name leer ist, kann, wie bereits bemerkt, zuweilen sehr schwierig sein. Wenn wir in den Gesetzen eines gegebenen logischen Systems keine leeren Namen für Namenvariablen einsetzen dürfen, und wir wissen nicht, ob der gegebene Name leer ist, dann wissen wir auch nicht, ob wir in diesem Falle die Gesetze dieses Systems verwenden können. Auf diese Schwierigkeit stoßen wir beispielsweise bei der Anwendung der Theoreme des engeren Prädikatenkalküls mit Identität. Dagegen tritt sie bei einer Anwendung der Theoreme der Ontologie nicht auf.

Aufgrund der Df. 6 und von (VII) erhalten wir die Äquivalenz:

(XIII) $A \varepsilon \mathrm{V} \equiv A \varepsilon A$.

Aus dem Theorem (VI) erhalten wir die Äquivalenz:

(XIV) $A \varepsilon B \equiv A \varepsilon A \wedge A \varepsilon B$.

Die Definition des namenbildenden Funktoren von n Namenargumenten ($n \geqq 1$) ist ein Ausdruck der Form:

$$\text{(a)}\quad A \varepsilon f_0(B_1, \ldots, B_n) \equiv A \varepsilon A \wedge E(A, B_1, \ldots, B_n)\,,$$

wobei f_0 ein definierter Funktor und $E(A, B_1, \ldots, B_n)$ ein Ausdruck ist, dessen freie Variablen die Variablen $A, B_1, \ldots, B_n$ sind.
Im Spezialfall, in dem die Äquivalenz $A \varepsilon A \wedge E(A, B_1, \ldots, B_n) \equiv \equiv E(A, B_1, \ldots, B_n)$ ein Theorem des Systems ist, kann die rechte Seite einer solchen Definition die Gestalt: $E(A, B_1, \ldots, B_n)$ annehmen.

Definitionen dieser Gestalt sind die nachfolgenden des Zeichens der Namennegation, des Zeichens des Namendurchschnitts und des Zeichens der Namenvereinigung.

Df. 7. $A \varepsilon \bar{B} \equiv A \varepsilon A \wedge \sim A \varepsilon B$.

Den Ausdruck „$A \varepsilon \bar{B}$" lesen wir: A ist nicht -B.

Df. 8. $A \varepsilon B \cap C \equiv A \varepsilon B \wedge A \varepsilon C$.

Aufgrund des Theorems (XIV) haben wir der rechten Seite dieser Definition eine einfachere Form gegeben. Den Ausdruck „$A \varepsilon B \cap C$" lesen wir: A ist B und C.

Df. 9. $A \varepsilon B \cup C \equiv A \varepsilon B \vee A \varepsilon C$.

Die rechte Seite der letzten Definition ist in einfacherer Form geschrieben, denn aufgrund des Distributivgesetzes der Konjunktion bezüglich der Alternative sowie des Theorems (XIV) kann die Äquivalenz bewiesen werden:

$$A \varepsilon A \wedge (A \varepsilon B \vee A \varepsilon C) \equiv A \varepsilon B \vee A \varepsilon C.$$

Den Ausdruck „$A \varepsilon B \cup C$“ lesen wir: A ist B oder C.

Das Zeichen der Bereichsgleichheit „$\underset{z}{=}$“ wird durch die Definition eingeführt:

Df. 10 $\quad A \underset{z}{=} B \equiv \bigwedge_{C} (C \varepsilon A \equiv C \varepsilon B).$

Aufgrund der Df. 10 und der Df. 5 erhalten wir die Äquivalenz:

(XV) $\quad A \underset{z}{=} B \equiv A\, a\, B \wedge B\, a\, A.$

Die folgenden Gesetze bezüglich der Bereichsgleichheit von Namen können leicht bewiesen werden:

(XVI) $\quad A \underset{z}{=} A$

(XVII) $\quad A \underset{z}{=} B \rightarrow B \underset{z}{=} A$

(XVIII) $\quad A \underset{z}{=} B \wedge B \underset{z}{=} C \rightarrow A \underset{z}{=} C.$

Man kann auch das Extensionalitätsgesetz für die Bereichsgleichheit beweisen, das besagt, daß ein Theorem des Systems jeder Ausdruck der Form:

(XIX) $\quad A \underset{z}{=} B \wedge E \rightarrow E(A/B)$

ist.

Aufgrund der Ontologie muß die Bereichsgleichheit von der Identität unterschieden werden. Eine Aussage der Form $A = B$ ist nur dann wahr, wenn die Namen A und B individuelle Namen, also Eigennamen sind. Eine Aussage der Form $A \underset{z}{=} B$ kann wahr sein, wenn die Namen A und B beliebige Namen, individuelle, allgemeine oder leere, sind. Beziehungen zwischen der Bereichsgleichheit und der Identität werden durch die folgenden Theoreme ausgedrückt:

(XX) $\quad A = B \rightarrow A \underset{z}{=} B$

(XXI) $\quad A \varepsilon \mathrm{V} \rightarrow (A = B \equiv A \underset{z}{=} B)$

(XXII) $\quad A = B \equiv A \varepsilon \mathrm{V} \wedge A \underset{z}{=} B.$

Df. 11 $\quad A \varepsilon \Lambda \equiv A \varepsilon A \wedge \sim A \varepsilon A.$

Den Ausdruck „$A \varepsilon \Lambda$“ lesen wir: A ist ein Nicht-Gegenstand.

(XXIII) $A \varepsilon \mathrm{V} \rightarrow A \varepsilon B \cup \bar{B}.$

Beweis.	(1)	$A \varepsilon \mathrm{V}$	{An.}
	(2)	$A \varepsilon A$	{XIII, 1}
	(1.1)	$A \varepsilon B$	{z. An.}
	(1.2)	$A \varepsilon B \cup \bar{B}$	{1.1, EA, Def. 9}
	(2.1)	$\sim A \varepsilon B$	{z. An.}
	(2.2)	$A \varepsilon \bar{B}$	{Df. 7, 2, 2.1}
	(2.3)	$A \varepsilon B \cup \bar{B}$	{2.2. EA, Df. 9}
		$A \varepsilon B \cup \bar{B}$	{1.1 → 1.2, 2.1 → 2.3}

Das Theorem (XXIII) stellt eine gewisse Formulierung des ontologischen Gesetzes vom ausgeschlossenen Dritten des Namenkalküls dar. Eine Formulierung des ontologischen Widerspruchsgesetzes gibt das Theorem an:

(XXIV) $A \varepsilon \mathrm{V} \rightarrow A \varepsilon \overline{B \cap \bar{B}}$.

Es muß hervorgehoben werden, daß die Nachglieder dieser Theoreme allein keine Theoreme sind. Wenn wir beispielsweise im Ausdruck: „$A \varepsilon B \cup \bar{B}$" für die Variable A den leeren Namen „Λ" einsetzen, so erhalten wir einen falschen Ausdruck, der kein Theorem der Ontologie ist.

St. Leśniewski hat sein System des Namenkalküls als Ontologie bezeichnet, da in diesem System allgemeine Theoreme über Gegenstände formuliert werden, d. h., weil in ihm ontologische Aussagen formuliert werden. Wenn wir in den Axiomen des Systems der Booleschen Algebra mit Ausnahme des Axioms $\mathrm{V} \neq \emptyset$ die Konstanten $\subset$, $=$, $\emptyset$ entsprechend durch die Konstanten: a, $\underset{\varepsilon}{=}$, Λ ersetzen, dann sind die so gewonnenen Ausdrücke Theoreme der Ontologie.

Der Ausdruck: $\sim \mathrm{V} \underset{\varepsilon}{=} \Lambda$, der dem Ausdruck: $\bigvee_{A} A \varepsilon \mathrm{V}$ äquivalent ist, ist kein Theorem der Ontologie. Wir formulieren nämlich in diesem System allgemeine Theoreme über alle Gegenstände und verwenden dabei nicht die Annahme über die Existenz irgendwelcher Gegenstände. In der erwähnten Interpretation sind Theoreme der Ontologie alle Theoreme des Systems der Booleschen Algebra, deren Beweis nicht der Annahme bedarf, daß die Allmenge nicht-leer ist. Das System der Booleschen Algebra (unter Auslassung des Axioms: $\mathrm{V} \neq \emptyset$) ist also ein Teil der Ontologie.

Teile der Ontologie sind ebenfalls gewisse Systeme der Syllogistik. In dem im vorangegangenen Abschnitt zitierten Artikel zeigt J. Słupecki, daß die Axiome seines Systems der Syllogistik in Theoreme der Ontologie übergehen, wenn die in ihnen auftretenden Konstanten „a" und „i“ folgendermaßen definiert werden:

$$S\,a\,P \equiv \bigvee_{A} A\,\varepsilon\,S \wedge \bigwedge_{A}(A\,\varepsilon\,S \rightarrow A\,\varepsilon\,P),$$

$$S\,i\,P \equiv \bigvee_{A}(A\,\varepsilon\,S \wedge A\,\varepsilon\,P).$$

Die Konstanten „*e*“ und „*o*“ werden mit Hilfe der folgenden Definitionen eingeführt:

$$S\,e\,P \equiv \sim S\,i\,P$$
$$S\,o\,P \equiv \sim S\,a\,P.$$

Das ist, wie man sieht, die starke Interpretation der allgemein bejahenden Aussage, während die der Definition 5 zugrunde gelegte Interpretation die schwache Interpretation einer solchen Aussage ist.

Die Axiome des Systems von A. Wedberg und J. C. Shepherdson gehen bei der schwachen Interpretation allgemein bejahender Aussagen in Theoreme der Ontologie über.

Die Axiome des Systems von E. J. Lemmon gehen bei der oben angegebenen üblichen Interpretation von partikulär bejahenden Aussagen in Theoreme der Ontologie über.

Bei der schwachen Interpretation allgemein bejahender Aussagen und bei der üblichen Interpretation partikulär bejahender Aussagen gehen alle Axiome des Systems von J. Łukasiewicz mit Ausnahme des Axioms 2 in Theoreme der Ontologie über. Dem Axiom 2 entspricht das Theorem der Ontologie: $ex(S) \rightarrow S\,i\,S$.

Bei dieser Interpretation besteht zwischen den Theoremen der Syllogistik von J. Łukasiewicz, die ausschließlich mit Hilfe der Grundtermini dieses Systems dargestellt werden, und den Theoremen der Ontologie folgende Beziehung:
Wenn E ein Theorem des Systems von J. Łukasiewicz ist, in dem die Konstante „*i*“ nicht auftritt, dann ist E ein Theorem der Ontologie. Wenn E ein Theorem des Systems von Łukasiewicz ist, in dem die Konstante „*i*“ auftritt und die Variablen $S_1, \ldots, S_n$ alle Namenvariablen sind, die im Ausdruck E als Argumente der Konstanten „*i*“ auftreten, dann ist der Ausdruck: $ex(S_1) \wedge \cdots \wedge ex(S_n) \rightarrow E$ ein Theorem der Ontologie.

Analoges gilt für die anderen Systeme der Aristotelischen Syllogistik, in denen die Einsetzung leerer Namen ausgeschlossen wird, z. B. für das System von A. Wedberg oder von C. A. Meredith. Bestimmten Theoremen dieser Systeme (jenen, die bei Einsetzung von leeren Namen für die Variablen nicht wahr sind), entsprechen in der Ontologie Implikationen, deren Vorderglied eine Konjunktion von Ausdrücken der Gestalt: $ex(S)$ ist.

Neben dem Axiom (Ax), das zu Beginn dieses Abschnitts angegeben wurde, existieren auch noch andere Theoreme der Ontologie, die als einziges Axiom genügen würden. Eines jener sehr einfachen Theoreme ist das Theorem:

(XXV) $A \varepsilon B \equiv \bigvee_{C} (A \varepsilon C \wedge C \varepsilon B)$.

Dieses Theorem kann leicht anhand der Theoreme (VI) und (VIII) bewiesen werden. Dagegen ist der Beweis des Theorems (Ax) anhand dieses Theorems schwieriger. Bei diesem Beweis bedient man sich im wesentlichen einer gewissen Definition sowie der Extensionalitätsregel für die Bereichsgleichheit.

Wenn man das Theorem (XXV) als das Axiom der Ontologie annimmt, führt man die Definition der namenbildenden Funktoren von n Namenargumenten ($n \geqq 1$) in Ausdrücken der Gestalt:

b) $A \varepsilon f_0(B_1, \ldots, B_n) \equiv A \varepsilon C \wedge E(A, B_1, \ldots, B_n)$

ein, wobei f_0 ein definierter Funktor und $E(A, B_1, \ldots, B_n)$ ein Aussagenausdruck ist, dessen freie Variablen die Variablen $A, B_1, \ldots, B_n$ sind, und ferner „C" eine der Variablen $A, B_1, \ldots, B_n$ ist. Ausdrücke der Form (a) sind Ausdrücke der Form (b). In einem auf dem Axiom (Ax) beruhenden System sind die Formen (a) und (b) äquivalent.

Wenn wir uns auf die Definition der Form (a) beschränken, können wir als Axiom der Ontologie das Theorem annehmen:

(XXVI) $A \varepsilon B \equiv A \varepsilon A \wedge \bigvee_{C} (A \varepsilon C \wedge C \varepsilon B)$.

St. Leśniewski formulierte präzise Regeln, die festlegen, welche Form die seinem System hinzugefügten Definitionen haben können. In diesem System sind die Definitionen insofern schöpferisch, als anhand der Definitionen gewisse Theoreme des Systems bewiesen werden, die ohne die definierten Termini notiert sind und ohne die Definitionen in diesem System nicht beweisbar sind. Die bisher angeführten Theoreme und Definitionen gehören zu einem gewissen Teil der Ontologie, der als elementare Ontologie bezeichnet wird. In den nichtelementaren Ausdrücken der Ontologie treten neben den Namenvariablen Variable höherer syntaktischer Kategorien auf, z. B. Variable, die aussagenbildende Funktoren oder namenbildende Funktoren von Namenargumenten repräsentieren, usw. Beispiel für eine Definition, die zur nichtelementaren Ontologie gehört, ist die folgende Definition der Gleichmächtigkeit:

$$A \sim B \equiv \bigvee_{R} \Big(\bigwedge_{C \varepsilon A} \bigvee_{1\, D \varepsilon B} CRD \wedge \bigwedge_{D \varepsilon B} \bigvee_{1\, C \varepsilon A} CRD \Big).$$

Die Variable „R“ repräsentiert hier aussagenbildende Funktoren von zwei Namenargumenten.

Der Ausdruck „$A \sim B$“ kann wie folgt gelesen werden: Es existieren ebensoviele A wie B. Zum Beispiel: Es existieren ebensoviele Staaten der Erde wie Hauptstädte der Staaten der Erde.

Neben der Regel der Einführung von Definitionen für Konstanten höherer syntaktischer Kategorien werden in der nichtelementaren Ontologie noch Extensionalitätsregeln für Ausdrücke verschiedener syntaktischer Kategorien angenommen, die den Extensionalitätsregeln im Prädikatenkalkül analog sind. Das System der nichtelementaren Ontologie ist reicher als das System des Prädikatenkalküls.

In der nichtelementaren Ontologie erhalten wir die Entsprechungen der Termini des Relationenkalküls sowie bestimmter Termini der Mengenlehre. Wir erhalten auch die Entsprechungen bestimmter Theoreme der Mengenlehre, deren Beweis keine Existenzannahmen erforderlich macht.

Im System der Ontologie, erweitert um ein Axiom, das die Existenz unendlich vieler Gegenstände feststellt, kann man anhand geeigneter Definitionen die Peano-Axiome der Arithmetik der natürlichen Zahlen beweisen.[1]

[1] J. T. Canty, *The numerical epsilon*, Notre Dame Journal of Formal Logic, 10, Nr. 1, 1969, S. 47–63.

KAPITEL VIII

Logische Antinomien und Methoden ihrer Beseitigung[1]

1. Logische Antinomien

Eine **Antinomie** ist der Beweis zweier sich widersprechender Ausdrücke. Wie bereits im Kapitel III festgestellt wurde, folgt nach der Regel von Duns Scotus aus zwei sich widersprechenden Ausdrücken eine beliebige Aussage. Aus dem Beweis dieser Regel ist zu ersehen, daß wenn wir in irgendeinem System zwei widersprüchliche Ausdrücke beweisen können und die Regeln der Einführung und Beseitigung der Alternative (primäre oder sekundäre) Regeln dieses Systems sind, in diesem System ein beliebiger, sowohl wahrer als auch falscher Aussagenausdruck bewiesen werden kann.

Logische Antinomien nennt man Antinomien, die mit Hilfe der Termini des Prädikatenkalküls oder des Mengenkalküls (der Mengenlehre) formuliert werden.

Man unterscheidet sie von den **semantischen Antinomien**, bei deren Formulierung semantische Termini auftreten. Den semantischen Antinomien und der Methode ihrer Beseitigung werden wir uns im letzten Kapitel zuwenden.

Wir stellen nunmehr die bekanntesten logischen Antinomien vor.

Die Russellsche Antinomie

Wir definieren N_1 als die Menge aller und nur der Mengen, die nicht Element von sich selbst sind:

$$A \in N_1 \equiv A \notin A.$$

[1] [Weitere Literatur zu diesem Thema findet der Leser in: K. Berka, L. Kreiser, *Logik-Texte. Kommentierte Auswahl zur Geschichte der modernen Logik*, 2. Auflage Berlin 1973, S. 326 bis 339. Es wird dort auch ein Nachdruck der die Antinomien betreffenden Passagen aus der Einleitung in die *Principia Mathematica* von B. Russell und A. N. Whitehead gegeben sowie eine Textstelle, welche die Formulierung der Grelling-Nelsonschen Paradoxie enthält.]

Wenn wir in dieser Definition die Konstante „N_1“ für die Variable „A“ einsetzen, erhalten wir die Äquivalenz:

(a) $N_1 \in N_1 \equiv N_1 \notin N_1$.

Aufgrund der Äquivalenz (a) beweisen wir die zwei sich widersprechenden Ausdrücke:

$$N_1 \in N_1, \quad N_1 \notin N_1$$

Beweis des Ausdruckes: $N_1 \in N_1$

(1)	$N_1 \notin N_1$	{A. d. i. B.}
(2)	$N_1 \in N_1$	{ARÄ: (a), 1}
	Wid.	{1, 2}

Beweis des Ausdruckes: $N_1 \notin N_1$

(1)	$N_1 \in N_1$	{A. d. i. B.}
(2)	$N_1 \notin N_1$	{ARÄ: (a), 1}
	Wid.	{1, 2}

Ebenso wie wir aufgrund des Ausdruckes (a) die zwei sich widersprechenden Ausdrücke, die Glieder der Äquivalenz (a) sind, bewiesen haben, können wir aufgrund der Äquivalenz $E \equiv \sim E$ die zwei sich widersprechenden Ausdrücke E, $\sim E$ beweisen.

Eine analoge Antinomie erhalten wir im Prädikatenkalkül aufgrund der Definition:

$$N_1(A) \equiv \sim A(A).$$

Diese Definition kann folgendermaßen gelesen werden: Das Merkmal A besitzt die Eigenschaft N_1 dann und nur dann, wenn das Merkmal A nicht sich selbst zukommt. Die Eigenschaft N_1 ist also die Eigenschaft, nicht auf sich selbst zuzutreffen, nicht über sich selbst auszusagen.

Wenn wir in dieser Definition die Konstante „N_1“ für die Variable „A“ einsetzen, erhalten wir die Äquivalenz:

$$N_1(N_1) \equiv \sim N_1(N_1),$$

anhand welcher wir die zwei sich widersprechenden Ausdrücke:

$$N_1(N_1), \quad \sim N_1(N_1)$$

beweisen können.

Eine ähnliche Konstruktion kann auch auf Prädikate von n Argumenten angewandt werden. Beispielsweise erhalten wir für Prädikate von zwei Argumenten aufgrund der Definition:

$$Q_1(R, S) \equiv \sim R(R, S)$$

durch Einsetzung von „Q_1" für die Variable „R" die zu einem Widerspruch führende Äquivalenz:

$$Q_1(Q_1, S) \equiv \sim Q_1(Q_1, S).$$

Die Antinomie der Allmenge

Daraus, daß jede Menge in der Allmenge enthalten ist, folgt, daß die Menge $Cl'V$ der Untermengen der Allmenge V in V enthalten ist. Daraus folgt wiederum, daß $Nc'(Cl'V) \leqq Nc'V$. Aus dem Satz von Cantor folgt, daß $Nc'(Cl'V) > Nc'V$. Dies widerspricht jedoch der Behauptung der Mengenlehre, nach der sich die Relation $\leqq$ und die Relation $>$ gegenseitig ausschließen.

Diese Antinomie bezeichnet man auch als die Antinomie der größten Kardinalzahl und formuliert sie wie folgt:

Die Kardinalzahl der Allmenge ist die größte Kardinalzahl (in dem Sinne, daß eine größere Kardinalzahl als sie nicht existiert). Dies folgt daraus, daß jede Menge in der Allmenge enthalten ist, und folglich gilt für eine beliebige Menge A: $Nc'A \leqq Nc'V$. Andererseits folgt aus dem Satz von Cantor, wenn k die Kardinalzahl der Menge V ist, dann ist die Zahl 2^k größer als die Zahl k, also ist die Kardinalzahl der Allmenge nicht die größte Kardinalzahl.

Die Antinomie der Menge aller Mengen

Diese Antinomie ist analog der Antinomie der Allmenge. Wenn Z die Menge aller Mengen ist, so ist jede Untermenge dieser Menge auch eine Menge, also $Cl'Z \subset Z$. Ebenso wie bei der Antinomie der Allmenge erhalten wir $Nc'(Cl'Z) \leqq Nc'Z$ und $Nc'(Cl'Z) > Nc'Z$, was im Widerspruch mit dem gegenseitigen Ausschließen der Relationen $\leqq$, $>$ steht.

Die Antinomie der Menge aller Kardinalzahlen

Aus dem Theorem, nach welchem zu jeder Menge von Kardinalzahlen eine Kardinalzahl existiert, die größer ist als jede Zahl dieser Menge, folgt, daß für die Menge Nc aller Kardinalzahlen eine Kardinalzahl k existiert, die größer ist als jede Zahl der Menge Nc. Doch ist $k \in Nc$, da die Menge Nc die Menge aller Kardinalzahlen ist, und k ist eine Kardinalzahl. Daraus folgt, daß $k < k$. Dies steht jedoch im Widerspruch zu dem Theorem: $\sim k < k$, das aus der Definition der Relation $<$ folgt.

Die Antinomie der Menge aller Ordinalzahlen (Antinomie von Burali-Forti)

Da jede Menge von Ordinalzahlen durch die Kleiner-Relation (zwischen Ordinalzahlen) wohlgeordnet wird, wird auch die Menge aller

Ordinalzahlen durch die Kleiner-Relation wohlgeordnet. Diese Menge bezeichnen wir mit dem Symbol: *No*. Der Ordnungstyp der Menge *No* ist folglich eine gewisse Ordinalzahl *l*. Die Menge *No* ist die Menge aller Ordinalzahlen, also $l \in No$. Aufgrund eines im letzten Abschnitt des Kapitels V angegebenen Theorems stellen wir fest, daß die Ordinalzahlen *l* der Ordnungstyp der Menge aller Ordinalzahlen ist, die kleiner als *l* sind und durch die Kleiner-Relation geordnet werden. Daraus folgt, daß die Menge *No* aller Ordinalzahlen, die durch die Kleiner-Relation geordnet wird, dem Abschnitt dieser Menge ähnlich ist, der durch ihr Element *l* bestimmt ist. Dies steht jedoch im Widerspruch zu dem Theorem, nach dem keine wohlgeordnete Menge einem Abschnitt von sich selbst ähnlich ist.

Die Antinomie der Menge aller Mengen, die mit einer gegebenen Menge gleichmächtig sind

Wir stellen hier einen Spezialfall dieser Antinomie vor, nämlich die Antinomie der Menge aller Mengen, die mit einer gewissen Einermenge gleichmächtig sind. Wir werden zeigen, daß die Vereinigung aller Mengen, die mit einer gewissen Einermenge gleichmächtig sind, gleich der Allmenge ist. Aufgrund der Äquivalenz (I)[1] erhalten wir die Identität:

$$\bigcup_{A \in \{A : A \sim \{z\}\}} A = \bigcup_{A \sim \{z\}} A .$$

Die Menge $\bigcup_{A \sim \{z\}} A$ ist also die Vereinigung der Familie aller Mengen, die mit der Einermenge $\{z\}$ gleichmächtig sind. Aufgrund der Definition der Vereinigung einer Mengenfamilie erhalten wir die Äquivalenz:

(1) $x \in \bigcup_{A \sim \{z\}} A \equiv \bigvee_{A \sim \{z\}} x \in A .$

Wenn wir auf (1) die Regel $E \wedge$ und die Regel der Verteilung des Allquantifikators auf die Glieder einer Äquivalenz anwenden, so erhalten wir:

(2) $\bigwedge_x x \in \bigcup_{A \sim \{z\}} A \equiv \bigwedge_x \bigvee_{A \sim \{z\}} x \in A .$

Gemäß der Definition der Gleichmächtigkeit sowie der Definition der Einermenge erhalten wir:

(3) $\{x\} \sim \{z\} \wedge x \in \{x\}.$

Aus (3) erhalten wir aufgrund der Regel $E \vee$:

(4) $\bigvee_{A \sim \{z\}} x \in A.$

[1] [Gemeint ist die Äquivalenz I auf S. 201.]

Daraus erhalten wir aufgrund der Regel $E \bigwedge$:

(5) $\bigwedge_{x} \bigvee_{A \sim \{z\}} x \in A.$

Aus (2) und (5) folgt gemäß der Abtrennungsregel für die Äquivalenz:

(6) $\bigwedge_{x} x \in \bigcup_{A \sim \{z\}} A.$

Aus (6) erhalten wir aufgrund der Äquivalenz (IV):

(7) $\bigcup_{A \sim \{z\}} A = V.$

Der Begriff der Allmenge führt aber zu einer Antinomie. Gemäß der Definition der Kardinalzahlen ist $Nc'\{z\} = \{A: A \sim \{z\}\}$. Der Begriff der Kardinalzahl der Menge $\{z\}$, die definiert ist als die Menge der Mengen, die mit der Menge $\{z\}$ gleichmächtig sind, führt daher zu einem Widerspruch.

Von den vorgestellten Antinomien wurde zuerst die Antinomie der Menge aller Ordinalzahlen von dem italienischen Logiker und Mathematiker Burali-Forti im Jahre 1897 veröffentlicht. G. Cantor war sie schon früher bekannt, nämlich im Jahre 1895. Die Antinomie der Menge aller Mengen war Cantor ebenfalls bekannt (1899). Obwohl sie nicht veröffentlicht worden war, gelangte sie im Jahre 1901 zu B. Russell. Bei der Analyse dieser Antinomie entdeckte Russell im Jahre 1902 die Antinomie der Menge der Mengen, die nicht Element von sich selbst sind, die sogenannte Russellsche Antinomie. Russell teilte sie in einem Brief Frege mit. Im Nachwort zum zweiten Band seines berühmten Hauptwerkes *Grundgesetze der Arithmetik, begriffsschriftlich abgeleitet*, der im Jahre 1903 erschien, schreibt G. Frege: „Einem wissenschaftlichen Schriftsteller kann kaum etwas Unerwünschteres begegnen, als daß ihm nach Vollendung einer Arbeit eine der Grundlagen seines Baues erschüttert wird. In diese Lage wurde ich durch einen Brief des Herrn Bertrand Russell versetzt, als der Druck dieses Bandes sich seinem Ende näherte ... *Solatium miseris, socios habuisse malorum.* [Es ist Trost im Unglück, wenn man Leidensgefährten hat.] Dieser Trost, wenn es einer ist, steht auch mir zur Seite, denn Alle, die von Begriffsumfängen, Klassen, Mengen in ihren Beweisen Gebrauch gemacht haben, sind in derselben Lage."

Es ist ohne weiteres zu verstehen, warum die Formulierung der Russellschen Antinomie zu einer solchen Erschütterung geführt hat. Im Gegensatz zu den oben dargestellten übrigen Antinomien der Mengenlehre benutzt man beim Beweis des Widerspruchs, der mit dem Begriff der Menge aller Mengen verbunden ist, die nicht Element von sich selbst sind, keine anderen Theoreme der Mengenlehre, sondern nur die Definition dieser Menge. Nach der Formulierung dieser Antinomie konnte es keinem Zweifel mehr unterliegen, daß der Widerspruch, auf den man gestoßen war, in den Grundlagen der Mengenlehre selbst liegt, derer man sich damals bediente, und nicht mit dem Beweis irgendwelcher spezieller Theoreme dieser Theorie verbunden ist. Zu seiner Beseitigung können folglich keine Versuche der Veränderung dieser oder jener Behauptungen der Mengenlehre ausreichen, sondern es macht sich ein Umbau ihrer Grundlagen erforderlich. Daher sahen sich Logiker und Mathematiker aufgrund der Formulierung der Russellschen Antinomie, obgleich sie nicht die zuerst bekannte und veröffentlichte Antinomie der Mengenlehre war, gezwungen, nach Möglichkeiten der Beseitigung der Antinomien in der Logik und Mengenlehre zu suchen.

Eine Quelle der Antinomien ist das folgende Mengenbildungsaxiom:

$$\bigvee_{y} \bigwedge_{x} (x \in y \equiv E(x)).$$

Dieses Axiom besagt, daß zu jeder Aussageform $E(x)$ mit einer freien Variablen „x" eine Menge y existiert, deren Elemente die und nur die Gegenstände sind, welche die Aussageform $E(x)$ erfüllen.

Wenn wir für $E(x)$ den Ausdruck „$x \notin x$" annehmen, so erhalten wir als Spezialfall des Mengenbildungsaxioms das Theorem:

$$\bigvee_{y} \bigwedge_{x} (x \in y \equiv x \notin x).$$

Wenn wir auf dieses Theorem die Regel B $\vee$ und dann die Regel B $\wedge$ anwenden, so erhalten wir nacheinander die Ausdrücke:

$$\bigwedge_{x} (x \in y_1 \equiv x \notin x),$$

$$y_1 \in y_1 \equiv y_1 \notin y_1.$$

Aufgrund des letzten Ausdruckes kann man, wie wir zuvor gesehen haben, zwei sich widersprechende Ausdrücke beweisen.

Die Tatsache, daß das untersuchte Axiom auch als Definitionsaxiom bezeichnet wird, deutet darauf hin, daß dieses Axiom eine Grundlage für die Einführung einer entsprechenden Definition ist. In der englischsprachigen Logikliteratur verwendet man die Termini „*axiom (principle) of abstraction*" oder häufiger „*axiom of comprehension*".

Nachdem wir in das System den Abstraktionsoperator eingeführt haben, können wir mit Hilfe des Symbols: $\{x: E(x)\}$ eine Menge bezeichnen, deren Existenz das Mengenbildungsaxiom feststellt, wobei wir aufgrund des Mengenbildungsaxioms die Äquivalenz (I) erhalten.[1] Andererseits erhalten wir aus der Äquivalenz (I) mit Hilfe der Regel E $\wedge$ und der Regel E $\vee$ das Mengenbildungsaxiom.

Das Mengenbildungsaxiom ist hier für Aussageformen mit einer freien Variablen „x" formuliert worden. Eine allgemeinere Formulierung dieses Axioms für Aussageformen mit n freien Variablen: $x_1, \ldots, x_n$ hat die Form:

$$\bigvee_y \bigwedge_{x_1,\ldots,x_n} (\langle x_1, \ldots, x_n \rangle \in y \equiv E(x_1, \ldots, x_n)).$$

Wenn wir $n = 1$ annehmen, so erhalten wir die vorherige Formulierung dieses Axioms.

Das Mengenbildungsaxiom in dieser allgemeineren Formulierung besagt, daß zu jeder Aussageform $E(x_1, \ldots, x_n)$ mit n freien Variablen $x_1, \ldots, x_n$ eine n-gliedrige Relation existiert, die zwischen den und nur den Gegenständen besteht, die diese Aussageform erfüllen. Vor der Definition einer Relation mit Hilfe von Begriffen des Mengenkalküls hatte das Mengenbildungsaxiom für Relationen die Form:

$$\bigvee_y \bigwedge_{x_1,\ldots,x_n} (y(x_1, \ldots, x_n) \equiv E(x_1, \ldots, x_n)).$$

In einem System, in dem n-gliedrige Relationen als Klassen geordneter n-Tupel definiert werden, sind beide Formulierungen des Mengenbildungsaxioms gemäß der Äquivalenz (IXa) äquivalent.

Aufgrund des Mengenbildungsaxioms stellt man, wenn man in diesem entsprechende Ausdrücke für $E(x_1, \ldots, x_n)$ annimmt, auch die Existenz anderer Mengen fest, deren Annahme zu einer Antinomie führt, wie z. B. die Existenz der Allmenge, der Menge aller Mengen, der Menge aller Kardinalzahlen, der Menge aller Ordinalzahlen, der Menge der mit einer gegebenen Menge gleichmächtigen Mengen. Wenn wir beispielsweise für $E(x)$ den Ausdruck „$x = x$" annehmen, so erhalten wir eine Aussage, die die Existenz der Allmenge feststellt, usw.

Analog zum Mengenbildungsaxiom für Mengen und Relationen ist das Definitionsaxiom im Prädikatenkalkül (angegeben im Abschnitt 6, Kapitel IV). Dieses Axiom, das ohne jegliche Einschränkungen formuliert wird, führt zu einer Variante der Russellschen Antinomie, die mit Hilfe der Termini des Prädikatenkalküls formuliert wird sowie dem Begriff der Eigenschaft eines Merkmals, sich nicht selbst zuzukommen.

Schon G. Frege wies in dem Nachwort, aus dem wir oben zitiert

[1] [D. h. die Äquivalenz: $y \in \{x: W(x)\} \equiv W(y)$; vgl. Kap. V, S. 201].

haben, treffend darauf hin, daß die Annahme, zu jedem Begriff existiere eine Menge, die sein Bereich sei, eine Quelle logischer Antinomien ist. Er zog verschiedene Möglichkeiten der Einschränkung dieser Annahme in Erwägung, u. a., daß nicht für jeden Begriff sein Bereich existiere. Er konnte jedoch keine befriedigende Lösung der durch die Entdeckung der Antinomien ausgelösten Schwierigkeiten erzielen.

Erst B. Russell und E. Zermelo formulierten die ersten erfolgreichen Methoden der Beseitigung logischer Antinomien und leiteten damit eine neue Epoche in der Entwicklung der Logik und der Mengenlehre ein. Die von ihnen eingeführten Theorien erfuhren in der Folgezeit gewisse Veränderungen. Später wurden auch andere Methoden der Beseitigung von Antinomien formuliert. Es gibt heute eine große Zahl verschiedener Lösungen dieses Problems. Die Tatsache, daß verschiedene derartige Lösungen existieren, wird verständlich, wenn man folgenden Umstand beachtet. Sowohl der Begriff der Menge als auch der Begriff der Zugehörigkeit zu einer Menge, der zur Zeit G. Cantors und G. Freges verwendet wurde, erwiesen sich als antinomieerzeugender Begriff, als Begriff, der zu logischen Antinomien führt. Um diese Antinomien auszuschließen, nahm man eine gewisse Präzisierung dieser Begriffe vor. Dabei zeigte sich, daß man den Sinn der Termini „Menge“ und „Element einer Menge“ auf verschiedene Weise präzisieren kann und bei jeder dieser Möglichkeiten die bekannten Antinomien vermeidet. Als Ergebnis erhalten wir verschiedene Systeme der Mengenlehre. Diese Systeme haben ein gewisses gemeinsames Reservoir von Begriffen und Theoremen, doch sie decken sich nicht gänzlich, sondern unterscheiden sich in bestimmten Begriffen und Theoremen, die in dem einen, nicht aber in dem anderen System auftreten. Zu diesen unterschiedlichen Methoden der Präzisierung des Sinns der Termini „Menge“ und „Element einer Menge“ gelangen wir, wenn wir auf unterschiedliche Weise das Mengenbildungsaxiom einschränken, dessen Annahme in der nicht eingeschränkten Formulierung – wie dies zuvor dargestellt wurde – zu einer Antinomie führt.

Die verschiedenen Methoden der Einschränkung des Mengenbildungsaxioms, durch die die logischen Antinomien eliminiert werden sollen, können in zwei Arten eingeteilt werden. Die erste Art der Einschränkungen besteht darin, daß man zwar die bisherige allgemeine Formulierung des Mengenbildungsaxioms annimmt, aber den Bereich der sinnvollen Aussageformen so einschränkt, daß bestimmte, zuvor zu den sinnvollen Ausdrücken gezählte Ausdrücke, nun als solche betrachtet werden, die nach den Regeln der Bildung sinnvoller Ausdrücke, wie sie für die gegebene Methode der Beseitigung von Antinomien formuliert werden, sinnlos sind. Vor allem werden zu den sinnlosen Ausdrücken bestimmte Ausdrücke gezählt, die in der Formulierung der Fälle des Mengenbildungsaxioms auftreten, deren Annahme zu einer Antinomie führt. Einschränkungen dieser Art werden in der von B. Russell stammenden logischen Typentheorie eingeführt.

In den Einschränkungen zweiter Art wird nicht der umfassende Begriff des sinnvollen Ausdruckes eingeengt, den man vor der Entdeckung der logischen Antinomien verwendete und den man zu ihrer Formulierung heranzieht. Dagegen nimmt man nicht die allgemeine Formulierung des Mengenbildungsaxioms an, die besagt, daß für jede Aussageform eine Menge der Gegenstände existiert, welche diese Aussageform erfüllen. Statt dessen wird ein Axiom bzw. eine Gruppe von Axiomen angenommen, das besagt, bzw. die besagen, daß für Aussageformen einer bestimmten speziellen Art Mengen von Gegenständen existieren, welche diese Aussageformen erfüllen. Einschränkungen dieser Art werden in der axiomatischen Mengenlehre, deren erstes System von E. Zermelo entwickelt wurde, sowie in bestimmten logischen Systemen, die nicht auf der Theorie der logischen Typen beruhen, eingeführt.

Bei Einschränkungen der ersten wie auch der zweiten Art kann anhand des in diesen Systemen formulierten Mengenbildungsaxioms nicht die Existenz von Mengen bewiesen werden, deren Annahme zu den bekannten logischen Antinomien führt.

Wir werden hier nicht alle bisher formulierten Methoden der Beseitigung logischer Antinomien besprechen.[1] Doch werden wir uns mit den bekanntesten Methoden in den nächsten Abschnitten vertraut machen.

2. Die einfache Theorie der logischen Typen

Im Jahre 1908 veröffentlichte B. Russell eine Theorie logischer Typen, deren Aufgabe es war, alle damals bekannten Antinomien, d. h. sowohl die logischen als auch die semantischen Antinomien, zu besei-

[1] Angaben über verschiedene Methoden der Beseitigung logischer Antinomien sowie über verschiedene Fassungen der Mengenlehre findet der Leser in den Büchern: A. A. Fraenkel and Y. Bar-Hillel, *Foundations of Set Theory*, Amsterdam 1958 (2. Auflage 1967; russisch: Moskva 1966); W. V. Quine, *Set Theory and Its Logic*, Cambridge, Mass. 1963, Rev. Auflage 1968. [D. Klaua, *Allgemeine Mengenlehre*, 2. Auflage, Berlin 1968; Fr. v. Kutschera, *Die Antinomien der Logik*, Freiburg-München 1964].

tigen. Diese Theorie nennt man die verzweigte logische Typentheorie (oder verzweigte Theorie der logischen Typen). Auf dieser Theorie beruht das Logiksystem, das in dem monumentalen Werk *Principia Mathematica* von A. N. Whitehead und B. Russell dargestellt wird. Dieses Werk erschien in (aufeinanderfolgenden) Bänden 1910, 1912 und 1913. Durch die verzweigte logische Typentheorie wurden gewisse Einschränkungen eingeführt, die die Rekonstruktion bestimmter grundlegender mathematischer Begriffe im Rahmen des auf dieser Theorie beruhenden Logiksystems erheblich erschwerten.

Im Jahre 1921 wies der polnische Logiker L. Chwistek in dem Artikel *Antynomie logiki formalnej*[1] darauf hin, daß die heute als semantisch bezeichneten Antinomien im System der formalen Logik nicht auftreten und daß zur Beseitigung der logischen Antinomien eine Typentheorie genügt, die liberalere Einschränkungen einführt als sie in der verzweigten Typentheorie angenommen werden. Diese Theorie wird jetzt als die einfache logische Typentheorie (bzw. einfache Theorie der logischen Typen) bezeichnet. Dieser Artikel von Chwistek sowie seine folgenden Arbeiten zu diesem Thema[2] fanden damals nicht den gebührenden Widerhall. Heute wird anerkannt, daß der erwähnte Artikel die erste Formulierung der einfachen logischen Typentheorie enthält.[3] Im Jahre 1926 erschien eine Arbeit von F .P. Ramsey[4], in der die gleiche Konzeption entwickelt wird, die darauf beruht, daß aus der verzweigten Typentheorie bestimmte Einschränkungen ausgeschlossen werden, die auf eine Beseitigung der (von Ramsey als epistemologisch bezeichneten) semantischen Antinomien abzielen, und daß nur diejenigen Unterscheidungen beibehalten werden, die zur Beseitigung der logischen Antinomien genügen. Seither nimmt die einfache logische Typentheorie in der Logik den Platz der verzweigten logischen Typentheorie ein.

[1] Dieser Artikel erschien in Przeglądzie Filozoficznym, Nr. 24, 1921, S. 164–171.

[2] L. Chwistek, *Über die Antinomien der Prinzipien der Mathematik*, in: Mathematische Zeitschrift, 14/1922, S. 236–243; L. Chwistek, *Zasady czystej teorii typów*, Przegląd Filozoficzny, Nr. 25, 1922, S. 359–391; L. Chwistek, *The Theory of Constructive Types*, Roczniki Polskiego Towarzystwa Matematycznego, 2, 1924, S. 9–48; 3, 1925, S. 92–141.

[3] Vgl. z. B.: A. Church, *Introduction to Mathematical Logic*, Princeton, 2. Auflage 1956, S. 355; I. M. Bocheński, *Formale Logik*, Freiburg 1956, S. 449.

[4] [*The foundations of mathematics*, Proc. London Math. Soc., Ser. 2, 52, 1926, S. 338–384].

Diese Theorie kann in zwei Versionen formuliert werden, je nachdem, ob der Relationsbegriff als ursprünglicher Begriff angenommen wird oder ob Relationen mit Hilfe des Mengenkalküls als Klassen geordneter n-Tupel definiert werden. Wir stellen nunmehr die Grundkonzeption der einfachen logischen Typentheorie dar.

Nach dieser Konzeption unterscheidet man verschiedene logische Typen von Gegenständen. Vom niedrigsten Typ sind Individuen, Gegenstände, die keine Mengen sind. Wir können sie als Gegenstände des Nulltyps bezeichnen. Gegenstände des ersten Typs sind Mengen von Individuen. Gegenstände des zweiten Typs sind Mengen von Individuenmengen usw. Die Elemente einer Menge des $(n+1)$-ten Typs sind Gegenstände des n-ten Typs. Alle Elemente einer gegebenen Menge sind Gegenstände des gleichen Typs. Wir können nicht einfach von der leeren Menge oder der Allmenge sprechen, sondern nur von einer leeren Menge eines bestimmten n-ten Typs sowie von einer Allmenge eines bestimmten n-ten Typs. In dem System der einfachen Typentheorie, in welchem der Relationsbegriff ein ursprünglicher Begriff ist, kann man sowohl von homogenen Relationen sprechen, die zwischen Gegenständen des gleichen logischen Typs bestehen, als auch von nicht-homogenen Relationen, die zwischen Gegenständen bestehen, die unterschiedlichen logischen Typen angehören. Der Relationstyp ist jedoch immer höher als der Typ der Gegenstände, zwischen welchen eine gegebene Relation besteht. Dagegen kann man im System der einfachen Typentheorie, in welchem die Relationen als Klassen geordneter n-Tupel definiert werden, nur von homogenen Relationen sprechen, weil alle Elemente einer solchen Klasse dem gleichen Typ angehören müssen.

Dieser ontologischen Hierarchie der logischen Typen von Gegenständen entspricht die syntaktische Hierarchie der Typen der Ausdrücke, die sich auf diese Gegenstände beziehen. Sowohl die Variablen als auch die Konstanten, die im System der einfachen Typentheorie auftreten, werden in Typen eingeteilt. Für jeden logischen Typ von Gegenständen benutzt man eine besondere Art von Variablen. So können wir beispielsweise die Variablen: x, y, z, x_1, y_1, z_1, ... mit dem oberen Index „0“ als Variable einführen, die die Gegenstände des Nulltyps, d. h. die Individuen, repräsentieren. Die erwähnten Variablen mit dem oberen Index „1“ sind Variable, die Gegenstände des ersten Typs, d. h. Mengen von Individuen, repräsentieren, usw. Allgemein gesagt, repräsentieren die Variablen x, y, z usw. mit dem oberen Index „n“ Gegenstände des n-ten Typs. In diesem System gibt es keine Konstante „V“, dagegen treten die Konstanten V^1, V^2, V^3 usw. auf, die die Allmenge des ersten Typs, d. h. die Menge aller Individuen, die Allmenge des zweiten Typs, d. h. die Menge aller Individuenmengen, usw. bezeichnen. Allgemein gesagt, bezeichnet die Konstante „V^n“ die Allmenge des n-ten Typs, deren Elemente alle Gegenstände des $(n-1)$-ten Typs sind. Ebenso bezeichnet die Konstante „$\emptyset^n$“ die leere Menge des n-ten Typs, die das Komplement der Allmenge des n-ten Typs ist. In diesem Falle sprechen wir von einer „Mehrdeutigkeit“ der Konstanten V, Ø „in bezug auf den Typ“. Mehrdeutig in bezug auf den Typ sind auch alle anderen Konstanten; sie müssen mit den entsprechenden Indizes versehen werden. So werden wir beispielsweise die Konstante „$=$“ mit dem unterem Index „n“ in Ausdrücken verwenden, die die Identität von Gegenständen des n-ten Typs feststellen; die Konstante „$\in_n$“ verwenden wir in Ausdrücken, die feststellen, daß irgendein Gegenstand des $(n-1)$-ten Typs Element eines Gegenstandes des n-ten Typs ist; die Konstante „$\subset_n$“ benutzen wir in Ausdrücken, die das Enthaltensein von Mengen des n-ten Typs feststellen, usw. Mehrdeutig in bezug auf den Typ sind ebenfalls arithmetische Konstanten, die mit Hilfe logischer Konstanten definiert werden. Wir können z. B. nicht einfach von der Zahl 1, 2 usw. sprechen, sondern nur von der Zahl 1 eines bestimmten Typs, die die Menge aller Einermengen eines bestimmten Typs ist, von der Zahl 2 eines bestimmten Typs, die die Menge aller Zweiermengen eines bestimmten Typs ist, usw. Die Konstanten „1“, „2“ usw. müssen also ebenfalls mit den Indizes ihrer Typen versehen werden.

Die Definition der Identitätsrelation zwischen Gegenständen des n-ten Typs hat in dem dargestellten System die Form:

$$x^n =_n y^n \equiv \bigwedge_{z^{n+1}} (x^n \in_{n+1} z^{n+1} \equiv y^n \in_{n+1} z^{n+1}).$$

Genauer gesagt, gehören diesem System alle Definitionen an, die wir aus diesem Schema durch die Einsetzung bestimmter Indizes der Typen: 0, 1, 2, usw. für „n“ erhalten.

Neben den Axiomen bzw. Regeln des Aussagenkalküls und des Prädikatenkalküls (die für Quantifikatoren formuliert sind, die Variable des n-ten Typs binden, $n = 1, 2, \ldots$) werden in dem System der einfachen Typentheorie, in dem die Relationen mit Hilfe der Begriffe des Mengenkalküls definiert werden, als Axiome alle Ausdrücke der folgenden Form angenommen:

Das Mengenbildungsaxiom:

$$\bigvee_{y^{n+1}} \bigwedge_{x^n} (x^n \in_{n+1} y^{n+1} \equiv E(x^n)).$$

Das Extensionalitätsaxiom:

$$\bigwedge_{x^n}(x^n \in_{n+1} y^{n+1} \equiv x^n \in_{n+1} z^{n+1}) \rightarrow y^{n+1} =_{n+1} z^{n+1}.$$

Folglich sind Axiome alle Ausdrücke, die aus diesen Schemata durch die Einsetzung beliebiger Indizes aus der Indexfolge: 0, 1, 2, ... für „n" entstehen.

Der im Schema des Mengenbildungsaxioms auftretende Ausdruck $E(x^n)$ ist eine Aussageform mit einer freien Variablen „x^n", und zwar eine in Übereinstimmung mit dem Prinzip der Typentheorie gebildete Aussageform. Wir sagen, daß ein atomarer Aussagenausdruck, der aus dem Funktor „$\in_{n+1}$" und aus seinen zwei Argumenten besteht, genau dann in Übereinstimmung mit dem Prinzip der Typentheorie gebildet ist, wenn auf der linken Seite dieses Funktors eine Variable oder Konstante vom Typ n (mit dem Index n) und auf der rechten Seite des Funktors eine Variable oder Konstante vom Typ $n+1$ (mit dem Index $n+1$) auftritt. Ein zusammengesetzter Aussagenausdruck, der keine definierten Termini enthält, ist dann und nur dann in Übereinstimmung mit dem Prinzip der Typentheorie gebildet, wenn jeder atomare Aussagenausdruck, der sein Teil ist, in Übereinstimmung mit dem Prinzip der Typentheorie gebildet ist. Ein Aussagenausdruck, der definierte Termini enthält, ist dann und nur dann in Übereinstimmung mit der Typentheorie gebildet, wenn der Ausdruck, den wir aus ihm durch Elimination der aufgrund von Definitionen eingeführten Termini erhalten, in Übereinstimmung mit der Typentheorie gebildet ist. Aufgrund dieser Bestimmung können die besonderen Bedingungen festgelegt werden, die Ausdrücke, die gegebene definierte Termini enthalten, erfüllen müssen, um in Übereinstimmung mit der Typentheorie gebildet zu sein. Beispielsweise ist der aus dem Funktor „$\subset_n$" und seinen zwei Argumenten gebildete Ausdruck dann und nur dann in Übereinstimmung mit der Typentheorie gebildet, wenn auf beiden Seiten dieses Funktors eine Konstante oder eine Variable vom Typ n (mit dem Index n) auftritt.

In moderner Fassung wird die einfache logische Typentheorie zunächst als eine bestimmte Einteilung gewisser Ausdrücke in logische Typen von Ausdrücken formuliert. Erst wenn wir Gegenstände betrachten, auf die sich diese Ausdrücke beziehen, kommen wir von der syntaktischen Hierarchie der logischen Typen der Ausdrücke zur ontologischen Hierarchie der logischen Typen von Gegenständen, die durch die entsprechenden Ausdrücke denotiert werden.

In der einfachsten und am weitesten verbreiteten Fassung wird angenommen, daß die und nur die Aussagenausdrücke des Systems der einfachen logischen Typentheorie sinnvoll sind, die in Übereinstimmung mit der Typentheorie gebildet sind. Ausdrücke, die nicht in Übereinstimmung mit dieser Theorie gebildet sind, werden als sinnlose Ausdrücke angesehen. Es wird also angenommen, daß Ausdrücke, die verschiedenen logischen Typen angehören, Ausdrücke sind, die auch verschiedenen syntaktischen Kategorien angehören, d. h., wenn wir in einem sinnvollen Ausdruck einen Ausdruck eines logischen Typs durch einen Ausdruck ersetzen, der einem anderen logischen Typ angehört, erhalten wir einen sinnlosen Ausdruck. Es sei jedoch darauf hingewiesen, daß es zur Beseitigung der logischen Antinomien im System der einfachen logischen Typentheorie nicht erforderlich ist, nicht in Übereinstimmung mit der Typentheorie gebildete Ausdrücke als sinnlos zu betrachten. Wir untersuchen nunmehr, weshalb die bekannten logischen Antinomien in diesem System nicht rekonstruiert werden können.

Betrachten wir diese Frage zunächst in bezug auf die Fassung des Systems, in der nicht in Übereinstimmung mit der Typentheorie gebildete Ausdrücke als sinnlos angesehen werden. Die Russellsche Antinomie entsteht hier nicht, da im Mengenbildungsaxiom für $E(x^n)$ weder der Ausdruck „$x \in x$“ noch der Ausdruck „$x^n \notin_n x^n$“ eingesetzt werden kann. Der erste dieser Ausdrücke gehört im allgemeinen nicht zu diesem System (da jede in den Ausdrücken dieses Systems auftretende Variable mit einem Index des Typs versehen sein muß), und der zweite ist ein sinnloser Ausdruck.

Was die Antinomie der Allmenge anbelangt, so ist darauf hinzuweisen, daß es in diesem System keinen Terminus gibt, der die Allmenge aller Gegenstände bezeichnet. Es treten nur Konstanten auf, die die Allmenge des n-ten Typs denotieren. Man kann zwar beweisen, daß die Menge aller Untermengen der Menge V^n eine größere Mächtigkeit als die Menge V^n besitzt, doch ist der Ausdruck, der besagt, daß die Menge der Untermengen der Menge V^n in der Menge V^n enthalten ist, ein sinnloser Ausdruck. Die Menge der Untermengen der Menge V^n ist eine Menge des $(n+1)$-ten Typs, nämlich die Menge V^{n+1}; der Ausdruck „$V^{n+1} \subset_n V^n$“ ist sinnlos.

Analog beseitigt man die Antinomie der Menge aller Mengen.

In bezug auf die Antinomie der Menge aller Kardinalzahlen ist festzustellen, daß es in diesem System keinen Terminus gibt, der die Menge aller Kardinalzahlen denotiert, sondern daß es nur Konstanten gibt, die die Menge aller Kardinalzahlen eines bestimmten n-ten Typs denotieren. Ebenso wie in der besprochenen Antinomie kann man in diesem System beweisen, daß für die Menge aller Kardinalzahlen des n-ten Typs eine Kardinalzahl existiert, die größer als jede Zahl dieser

Menge ist; diese Zahl ist jedoch eine Kardinalzahl des höheren Typs, und der Ausdruck, der besagt, daß sie der Menge der Kardinalzahlen des n-ten Typs angehört, ist sinnlos.

Analog beseitigt man in diesem System die Antinomie der Menge aller Ordinalzahlen.

In dem dargestellten System gibt es keinen Terminus, der die Menge aller Mengen denotiert, die mit einer gegebenen Menge gleichmächtig sind; es treten hier lediglich Termini auf, die die Menge aller gleichmächtigen Mengen des gleichen Typs denotieren, beispielsweise die Menge aller Einermengen des n-ten Typs. Die Vereinigung einer solchen Mengenfamilie ist die Allmenge des n-ten Typs; dieser Begriff führt aber nicht zu einer Antinomie. Folglich läßt sich auch nicht die Antinomie der Menge aller Mengen, die mit einer gegebenen Menge gleichmächtig sind, in diesem System rekonstruieren.

Wie wir bereits erwähnten, ist zur Beseitigung der logischen Antinomien im System der einfachen Typentheorie nicht die Annahme erforderlich, daß nicht in Übereinstimmung mit der Typentheorie gebildete Ausdrücke sinnlos sind. Um dieses Ziel zu erreichen, genügt es, das Mengenbildungsaxiom auf die in Übereinstimmung mit der Typentheorie gebildeten Ausdrücke zu beschränken und die Einsetzungsregel so einzuschränken, daß man bei Anwendung dieser Regel für eine gegebene Variable nur Ausdrücke des gleichen logischen Typs einsetzen kann, dem diese Variable angehört. Eine analoge Einschränkung muß natürlich auch für die Regel der Beseitigung des Allquantifikators dann eingeführt werden, wenn bei der Beseitigung dieses Quantifikators für die durch ihn gebundene Variable irgendein Ausdruck eingesetzt wird. Eine solche Einschränkung kann man dadurch einführen, daß man in diesem System eine korrekte Einsetzung als Einsetzung eines Ausdruckes für eine Variable definiert, der denselben logischen Typ wie diese Variable hat. Wenn der Prädikatenkalkül mit der Annahmemethode aufgebaut wird, so muß in allen Grundregeln die Einsetzung als eine so definierte korrekte Einsetzung aufgefaßt werden.

Bei dem auf diese Weise eingeschränkten Mengenbildungsaxiom können wir nicht die Existenz der Menge aller Mengen, die sich nicht selbst als Element enthalten, beweisen. Für $E(x^n)$ können wir nämlich nicht den Ausdruck „$x^n \notin_n x^n$“ annehmen, weil er nicht in Übereinstimmung mit der Typentheorie gebildet ist. Die Russellsche Antinomie kann hier also nicht rekonstruiert werden.

Was die Beseitigung der Antinomie der Allmenge anbelangt, so verhält es sich hier ebenso wie bei der zuvor besprochenen Fassung, nur mit dem Unterschied, daß der Ausdruck „$V^{n+1} \subset_n V^n$“ zwar sinnvoll ist, sich aber in Anbetracht der Einschränkung bei der Einsetzung nicht beweisen läßt. Analog verhält es sich bei der Antinomie der Menge aller Mengen, bei der Antinomie der Menge aller Kardinalzahlen und bei der Antinomie der Menge aller Ordinalzahlen. Die Methode der Beseitigung der Antinomie der Menge aller Mengen, die mit einer gegebenen Menge gleichmächtig sind, unterscheidet sich hier nicht von der Methode, die wir bei der vorigen Fassung des Systems der einfachen logischen Typentheorie dargestellt haben.

Wie W. V. Quine bemerkte, genügt die Einschränkung in bezug auf die Einsetzung zur Beseitigung der Russellschen Antinomie. Daraus folgt, daß man in dem System der einfachen Typentheorie, in dem alle Variablen und Konstanten mit den Indizes der Typen versehen sind, das Mengenbildungsaxiom ohne jegliche Einschränkung annehmen kann, d. h. auch dann, wenn $E(x^n)$ nicht in Übereinstimmung mit der Typentheorie gebildet ist. Die oben dargestellte Einschränkung in bezug auf die Einsetzung genügt zur Beseitigung aller bekannten logischen Antinomien. Von den übrigen Antinomien war bereits zuvor die Rede. Wir zeigen nunmehr, weshalb in Anbetracht dieser Einschränkung die Russellsche Antinomie in diesem System nicht rekonstruiert werden kann. Wenn wir für $E(x^n)$ den Ausdruck „$x^n \in_{n+1} x^n$“ einsetzen, so erhalten wir aufgrund der Formulierung des Mengenbildungsaxioms, die dem Ausdruck $E(x^n)$ keinerlei Bedingungen auferlegt, das folgende Theorem:

$$\bigvee_{y^{n+1}} \bigwedge_{x^n} (x^n \in_{n+1} y^{n+1} \equiv x^n \notin_{n+1} x^n).$$

Aus diesem Theorem erhalten wir aufgrund der Regel B$\bigvee$ das Theorem:

$$\bigwedge_{x^n} (x^n \in_{n+1} a^{n+1} \equiv x^n \notin_{n+1} x^n).$$

Wenn wir in diesem Theorem den die Variable „x^n“ bindenden Allquantifikator beseitigen, so können wir für diese Variable nicht die Konstante „a^{n+1}“ einsetzen, da nach der Einschränkung der Einsetzungsregel für die Variable „x^n“ nur Variablen oder Konstanten des n-ten Typs eingesetzt werden können.

Diese Fassung des Systems der einfachen Typentheorie, die nicht in Übereinstimmung mit der Typentheorie gebildete Ausdrücke als sinnvoll zuläßt, erweist sich bei einem Vergleich des hier besprochenen Systems mit einem System der Typentheorie, dem wir uns im nächsten Abschnitt zuwenden werden, als nützlich.

Die Autoren der *Principia Mathematica*, die sich die Aufgabe stellten, die Mengenlehre und die Arithmetik (der natürlichen, ganzen, rationalen, reellen, komplexen Zahlen) in dem auf der Typentheorie beruhenden System der Logik aufzubauen, standen vor folgender Schwierigkeit. Wenn die Menge $V^n k$ Elemente hat, so hat die Menge V^{n+1} (die Menge aller Untermengen der Menge V^n) nach dem Satz von Cantor 2^k Elemente. Wenn die Allmenge des ersten Typs, d. h. die Menge aller Individuen, endlich wäre, so wäre aufgrund der vorangegangenen Bemerkung eine beliebige Allmenge des n-ten Typs ebenfalls eine endliche Menge. Man könnte dann in diesem System die Theoreme der Mengenlehre in bezug auf unendliche Mengen nicht rekonstruieren, und man könnte nicht einmal mit der Methode von Frege die Arithmetik der natürlichen Zahlen im System der Logik aufbauen. Im Abschnitt 4 des Kapitels V haben wir gesehen, daß bei den dort eingeführten Definitionen der Grundtermini der Arithmetik der natürlichen Zahlen aus dem Theorem über die Existenz des Nachfolgers einer beliebigen natürlichen Zahl folgt, daß die Allmenge unendlich ist. Der gemäß der Methode von Frege geführte Beweis des Axioms 2b aus Kap. V, Abschnitt 4, läßt sich im System der Typentheorie nicht rekonstruieren. Die Kardinalzahl der Menge aller natürlichen Zahlen, die kleiner sind als die natürliche Zahl k, ist eine Zahl höheren Typs als desjenigen der Zahlen dieser Menge. Folglich kann diese Zahl nicht gleich der Zahl k sein. Ein Ausdruck, der eine solche Identität feststellt, ist sinnlos oder kann zumindest nicht bewiesen werden.

Diese Schwierigkeit beseitigen die Autoren der *Principia Mathematica* dadurch, daß sie ein Unendlichkeitsaxiom annehmen, welches besagt, daß die Allmenge des ersten Typs unendlich ist und daß folglich unendlich viele verschiedene Individuen existieren. Es gibt verschiedene Formulierungen dieses Axioms, die aufgrund des betrachteten Systems äquivalent sind. Wir führen hier eine der einfachsten Formulierungen des Unendlichkeitsaxioms an:

$$\bigvee_{x^2} \bigvee_{x^1 \in_2 x^2} \bigwedge_{y^1 \in_2 x^2} \bigvee_{z^1 \in_2 x^2} y^1 \subsetneqq z^1 .$$

Dieses Axiom stellt die Existenz einer nichtleeren Familie von Individuenmengen fest, derart, daß für jede Individuenmenge, die dieser Familie angehört, eine echte Obermenge dieser Menge existiert. Daraus folgt, daß die Menge V^1 aller Individuen nicht endlich sein kann.

Das Unendlichkeitsaxiom, das ja eine Behauptung über die Existenz einer unendlichen Anzahl von Individuen darstellt, löste ernste Bedenken aus, deren sich bereits Russell bewußt war. Es ist nicht bekannt, ob dieses Axiom wahr ist. Es fällt schwer, damit einverstanden zu sein, daß eine Aussage, welche die Existenz einer unendlichen Anzahl von Individuen feststellt, Theorem eines Systems der Logik sein soll und obendrein sogar ein ohne Beweis angenommenes Theorem. Die Feststellung der Tatsache, daß die Gesetze der Arithmetik in jedem Bereich wahr sind, veranlaßte G. Frege zu dem Versuch, die Arithmetik auf die Logik zurückzuführen. Indes gelangen wir, wenn wir die Arithmetik der natürlichen Zahlen in einem auf der Typentheorie beruhenden System der Logik mit dem Unendlichkeitsaxiom aufbauen, zu dem seltsamen Schluß, daß, wenn nur eine endliche Anzahl von Individuen existierte, bestimmte Theoreme der Arithmetik nicht wahr wären.

Eine zweite Unzulässigkeit der logischen Fundierung der Arithmetik der natürlichen Zahlen in einem auf der logischen Typentheorie beruhenden System ist die Mehrdeutigkeit der arithmetischen Konstanten in bezug auf den Typ. G. Frege wies darauf hin, daß der gleiche arithmetische Begriff, wie z. B. der Zahlbegriff 2, auf die verschiedenartigsten Gegenstände angewandt wird. Jedoch können wir im System der Typentheorie nicht von einer Zahl 2 sprechen, sondern nur von der Zahl 2, die einem bestimmten Typ angehört. Anstelle einer einzigen arithmetischen Konstanten, welche die Zahl 2 denotiert, haben wir im System der Typentheorie eine unendliche Anzahl von Konstanten, von welchen jede eine Zahl 2, die einem bestimmten Typ angehört, denotiert. Ebenso verhält es sich bei jeder anderen arithmetischen Konstanten im System der Typentheorie.

Das System der einfachen logischen Typentheorie kann durch Einführung von Variablen transfiniter Typen, wie beispielsweise der Variablen vom Typ ω, $\omega+1$ usw., erweitert werden. In einem so erweiterten System kann man bestimmte Schwierigkeiten des Systems der Typentheorie vermeiden, und zwar solche, die durch die Notwendigkeit der Annahme des Unendlichkeitsaxioms verursacht werden. Im System der Typentheorie mit Variablen transfiniten Typs und mit syntaktischen Variablen, die die Symbole der Typen repräsentieren, kann man im ersten transfiniten Typ die Existenz einer unendlichen Menge beweisen, wobei man lediglich voraussetzt, daß die Individuenmenge nicht leer ist.[1]

Eine andere Erweiterung des Systems der einfachen Typentheorie, in der bestimmte Schwierigkeiten dieses Systems vermieden werden,

[1] P. B. Andrews, *A Transfinite Type Theory with Type Variables*, Amsterdam 1965.

erhalten wir, indem wir Ausdrücke der Form $n\underset{v}{E}(v)$ einführen, die besagen, daß genau n solcher v existieren, für die $E(v)$ gilt. Beispielsweise führen wir den Ausdruck, der die Zahl 2 denotiert, als Ausdruck der Gestalt $2\underset{v}{E}(v)$ ein. Wenn wir annehmen, daß die syntaktische Kategorie des Quantifikators unabhängig ist von der syntaktischen Kategorie der durch diesen Quantifikator gebundenen Variablen, vermeiden wir die systematische Mehrdeutigkeit der arithmetischen Konstanten. Die bekannten logischen Antinomien werden in einem solchen System mit Hilfe der üblichen Einschränkungen der logischen Typentheorie beseitigt. Bei der zusätzlichen Einführung 1. von Variablen, die die Quantifikatoren repräsentieren, 2. von aussagenbildenden Funktoren von Argumenten, die der syntaktischen Kategorie der Quantifikatoren angehören, 3. einer bestimmten Konstanten, die zusammen mit einem Argument, das der unter 2. erwähnten syntaktischen Kategorie angehört, einen zusammengesetzten Ausdruck bildet, der der syntaktischen Kategorie der Quantifikatoren angehört, können wir in dem so erweiterten System der Typentheorie[1] die Behauptung formulieren und beweisen, daß genau k natürliche Zahlen existieren, die kleiner sind als die natürliche Zahl k. Auf diese Weise erhalten wir in dem so erweiterten System der logischen Typentheorie mit der Methode von Frege die Arithmetik der natürlichen Zahlen ohne Annahme des Axioms von der Existenz einer unendlichen Anzahl von Individuen.

3. Die Standardtheorie der logischen Typen

Im Jahre 1951 wies A. Schmidt nach, daß eine Theorie mit verschiedenen Arten von Gegenständen, für die man verschiedene Arten von Variablen verwendet, in einem System formuliert werden kann, in dem man nur eine Art von Variablen sowie Prädikate verwendet, die der Feststellung dienen, daß irgendein Gegenstand einer bestimmten Art von Gegenständen angehört. Eine solche Theorie kann also im Rahmen des engeren Prädikatenkalküls ausgedrückt werden.[2]

[1] L. Borkowski, *Reduction of Arithmetic to Logic Based on the Theory of Types without the Axiom of Infinity and the Typical Ambiguity of Arithmetical Constants*, Studia Logica, 8, 1958, S. 283–295.

[2] A. Schmidt, *Die Zulässigkeit der Behandlung mehrsortiger Theorien mittels der üblichen einsortigen Prädikatenlogik*, Mathematische Annalen, 123, 1951, S. 187–200; Hao Wang, *Logic of Many-Sorted Theories*, Journal of Symbolic Logic, 17, 1952, S. 105–116.

Theorien, die sich im Rahmen eines Systems ausdrücken lassen, das Prädikatenkonstanten und nur eine Art von Variablen enthält, deren Argumente der gleichen syntaktischen Kategorie angehören, wie diese Variablen, bezeichnet man als Standardtheorien. Folglich kann auch ein auf der logischen Typentheorie beruhendes System in Form einer Standardtheorie formuliert werden, d. h. in Form eines Systems, das nur eine Art von Variablen $x, y, z, \ldots$, die Konstante „$\in$" sowie die Prädikate $T_0, T_1, \ldots$ enthält. Den Ausdruck „$T_n(x)$" lesen wir „x ist vom n-ten Typ". Ein solches System bezeichnet Quine als System der Standardtheorie der Typen oder als System der Typentheorie mit allgemeinen Variablen.[1] W. V. Quine zeigte, daß die Prädikate $T_0, T_1, \ldots$ mit Hilfe der Variablen dieses Systems sowie der Konstanten „$\in$" definiert werden können. Wir führen nämlich die Hilfsdefinition ein:

$$wPTx \equiv \bigvee_y (w \in y \wedge \bigvee_z (x, y \in z)) .$$

Den Ausdruck „$wPTx$" lesen wir „w geht im Typ x voran". Zur Erklärung des intuitiven Sinnes dieser Definition sei darauf hingewiesen, daß nach der logischen Typentheorie der Ausdruck „$\bigvee_z (x, y \in z)$" dann und nur dann wahr ist, wenn x und y dem gleichen logischen Typ angehören. Folglich: w geht im Typ x voran dann und nur dann, wenn w Element eines bestimmten y ist, das vom gleichen logischen Typ wie x ist. Mit Hilfe des so definierten Prädikates „PT" definieren wir Prädikate, die der Feststellung dienen, daß ein gegebener Gegenstand einem bestimmten Typ angehört, auf folgende Weise:

$$T_0(x) \equiv \bigwedge_w \sim wPTx$$

$$T_{n+1}(x) \equiv \bigwedge_{T_n(w)} wPTx .$$

Ausdrücke des Systems der einfachen Typentheorie übertragen wir in Ausdrücke des besprochenen Systems wie folgt:

Den Ausdruck $\bigwedge_{x^n} E(x^n)$ ersetzen wir durch den Ausdruck $\bigwedge_{T_n(x)} E(x)$,
den Ausdruck $\bigvee_{x^n} E(x^n)$ ersetzen wir durch den Ausdruck $\bigvee_{T_n(x)} E(x)$.

[1] W. V. Quine, *Unification of Universes in Set Theory*, Journal of Symbolic Logic, 21, 1956, S. 267–279; W. V. Quine, *Set Theory and Its Logic*, Cambridge, Mass., 1963, Rev. Auflage 1968.

In der Standardtheorie der logischen Typen nehmen das Mengenbildungsaxiom, die Identitätsdefinition und das Extensionalitätsaxiom die Form an:

$$\bigvee_{T_{n+1}(y)} \bigwedge_{T_n(x)} (x \in y \equiv E(x))$$

$$\bigwedge_{T_n(x)} \bigwedge_{T_n(z)} (x = y \equiv \bigwedge_{T_{n+1}(z)} (x \in z \equiv y \in z))$$

$$\bigwedge_{T_{n+1}(y)} \bigwedge_{T_{n+1}(z)} [\bigwedge_{T_n(x)} (x \in y \equiv x \in z) \rightarrow y = z] .$$

Die Annahme der Typentheorie, daß die Elemente einer Menge des $(n+1)$-ten Typs Gegenstände des n-ten Typs sind, formulieren wir im besprochenen System mit Hilfe des Axioms:

$$x \in y \rightarrow (T_n(x) \equiv T_{n+1}(y)) .$$

Um die Entsprechungen der Theoreme des Prädikatenkalküls aus dem System der einfachen Typentheorie zu erhalten, nehmen wir folgendes Axiom an:

$$\bigvee_x T_0(x) .$$

Aufgrund dieses Axioms sowie des Mengenbildungsaxioms kann man im besprochenen System für jedes n den Ausdruck beweisen:

$$\bigvee_x T_n(x) .$$

Infolge dieser Theoreme kann man aus dem Ausdruck: $\bigwedge_{T_n(x)} E(x)$ den Ausdruck: $\bigvee_{T_n(x)} E(x)$ ableiten und daher hier die Entsprechungen der Theoreme des Systems der einfachen Typentheorie: $\bigwedge_{x^n} E(x^n) \rightarrow \bigvee_{x^n} E(x^n)$, beweisen.

Im besprochenen System sind die Entsprechungen der Ausdrücke des Systems der einfachen Typentheorie, die zu einer Antinomie führen, nicht sinnlos, doch lassen sie sich nicht anhand der Axiome dieses Systems beweisen. Dies entspricht also der zweiten Fassung des Systems der einfachen Typentheorie, wie sie im vorangegangenen Abschnitt vorgetragen wurde.

Um die Entsprechungen der Theoreme des Systems der einfachen Typentheorie mit dem Unendlichkeitsaxiom zu erhalten, muß man natürlich zur Standardtheorie der Typen die Übertragung dieses Axioms hinzufügen.

In dem hier besprochenen System kann man die Entsprechungen aller Theoreme des Systems der einfachen Typentheorie beweisen. Das System der Standardtheorie der Typen kann man jedoch durch Hinzufügung neuer Axiome erweitern, die keine Entsprechungen von Theoremen des Systems der einfachen Typentheorie sind. W. V. Quine untersuchte verschiedene solcher interessanten Erweiterungen und Modifikationen des Systems der Standardtheorie der Typen. Dabei erhalten wir u. a. Systeme, die dem von E. Zermelo entwickelten System der axiomatischen Mengenlehre sehr ähnlich sind. Dadurch kommt es, wie Fraenkel und Bar-Hillel in einem Buch über die Grundlagen der Mengenlehre feststellen[1], 50 Jahre nach der Formulierung von grundverschiedenen Fassungen der Mengenlehre durch Russell und Zermelo, die als entgegengesetzt betrachtet wurden, zu einer Annäherung dieser Theorien und sogar zur Möglichkeit ihrer völligen Angleichung. Dabei entfernen wir uns natürlich von der ursprünglichen Formulierung der einfachen Typentheorie, insbesondere von der Auffassung, nach der nicht in Übereinstimmung mit der Typentheorie gebildete Ausdrücke sinnlos sind.

4. Systeme der axiomatischen Mengenlehre

Im Jahre 1908, also gleichzeitig mit der logischen Typentheorie von B. Russell, erschien das erste, von E. Zermelo entwickelte System der axiomatischen Mengenlehre.[2] Das System von E. Zermelo wurde später vervollkommnet und modifiziert. Eine der einfachsten Fassungen dieses Systems heißt System von Zermelo-Fraenkel-Skolem (oder System von Zermelo-Fraenkel) und wird als System ZFS (oder System ZF) bezeichnet. Im System ZFS wird angenommen, daß alle Gegenstände, von welchen in diesem System die Rede ist, Mengen sind. Dagegen können im System von E. Zermelo die Gegenstände, von welchen in diesem System die Rede ist, sowohl Mengen als auch Individuen, also Gegenstände, die keine Mengen sind, sein. Im System von E. Zermelo sowie im System ZFS werden anstelle der allgemeinen Formulierung des Mengenbildungsaxioms, die zu einer Antinomie führt, nur gewisse Spezialfälle dieses Axioms als Axiome angenommen, die die Existenz bestimmter Mengen gewährleisten. Diese Axiome

[1] [*Foundations of Set Theory*, 2. Auflage Amsterdam 1967; russisch: Mockba 1966].

[2] [*Untersuchungen über die Grundlagen der Mengenlehre*, Math. Ann. 65, 1908, S. 261–281].

genügen für den Beweis der grundlegenden Theoreme der klassischen Mengenlehre, andererseits sind sie aber so gewählt, daß sie nicht die Existenz von Mengen feststellen, deren Annahme zu einer Antinomie führt. Umfassender als diese Systeme ist das System von v. Neumann-Bernays-Gödel (oder kurz das System von Bernays), das als das System NBG bezeichnet wird. In diesem System unterscheidet man den Mengenbegriff und den Klassenbegriff. Wir wollen uns nunmehr kurz mit der Grundkonzeption dieser Systeme der axiomatischen Mengenlehre vertraut machen. Zunächst stellen wir das System ZFS[1] vor.

Sowohl im System ZFS als auch im System von Zermelo wird nur eine Sorte von Variablen eingeführt, für die man gewöhnlich die Buchstaben: x, y, z, w, u, t, x_1, y_1, ... usw. verwendet. Diese Variablen repräsentieren im System ZFS die Namen beliebiger Mengen und im System von Zermelo die Namen beliebiger Mengen oder Individuen. Der gleichen syntaktischen Kategorie wie diese Variablen gehören also die Konstanten an, die bestimmte Mengen denotieren, wie z. B. die Konstante „$\emptyset$", die die leere Menge denotiert.

Der Grundterminus dieses Systems ist die Konstante „$\in$". Diese Konstante ist ein aussagenbildender Funktor von zwei Argumenten, die der gleichen syntaktischen Kategorie angehören, nämlich der Kategorie, der die Variablen dieses Systems angehören. Den Ausdruck „$x \in y$" lesen wir so: x ist Element von y (beziehungsweise: „x ist Element der Menge y", „x gehört der Menge y an"). Zu den Symbolen dieses Systems gehören auch Wahrheitsfunktoren und Quantifikatoren. Die atomaren Ausdrücke dieses Systems werden aus dem Funktor „$\in$" und seinen zwei Argumenten gebildet, die der gleichen syntaktischen Kategorie wie die Variablen dieses Systems angehören. Die Menge der (sinnvollen) Aussagenausdrücke dieses Systems ist die kleinste Menge, die die Menge der atomaren Ausdrücke des Systems enthält und die in bezug auf die Operationen der Bildung zusammengesetzter Aussagenausdrücke mit Hilfe der Wahrheitsfunktoren und Quantifikatoren, die die Variablen des Systems binden, abgeschlossen ist. Nach diesen Bestimmungen gehören die Ausdrücke „$x \in x$", „$x \notin x$" zu den (sinnvollen) Aussagenausdrücken des Systems.

Das System beruht auf dem metalogisch formulierten engeren Prädikatenkalkül, d. h., wir führen in das System weder Aussagenvariable

[1] Das Axiomensystem ZFS wird hier nach dem bereits erwähnten Buch von A. A. Fraenkel und Y. Bar-Hillel, *Foundations of Set Theory*, angegeben.

noch Variable ein, die Prädikate 1. Stufe repräsentieren. Die metalogisch formulierten Gesetze des Aussagenkalküls besagen, daß alle Einsetzungen in Gesetze des Aussagenkalküls, die sinnvolle Ausdrücke des Systems sind, Theoreme sind. Beispielsweise ist nach dem Gesetz vom ausgeschlossenen Dritten jeder Ausdruck des Systems der Gestalt $E \vee \sim E$ ein Theorem dieses Systems. Analog werden die Gesetze des Prädikatenkalküls formuliert, wie wir sie übrigens mehrmals im Kapitel IV angegeben haben.

Das Identitätszeichen wird meist wie folgt definiert:

$$x = y \equiv \bigwedge_z (x \in z \equiv y \in z) .$$

Wenn wir diese Definition der Identität annehmen, so nehmen wir im System ZFS das Extensionalitätsaxiom in Form des Theorems an:

$$\bigwedge_z (z \in x \equiv z \in y) \rightarrow x = y .$$

Das Extensionalitätsaxiom kann im System ZFS in dieser Form angenommen werden, da wir voraussetzen, daß die Variablen dieses Systems nur Namen von Mengen repräsentieren. Dagegen würde in einem System der Mengenlehre, in dem man – wie im System von Zermelo – zuläßt, daß x und y Individuen sind, für die gilt: $\sim \bigvee_z z \in x$, $\sim \bigvee_z z \in y$, ein so formuliertes Extensionalitätsaxiom dazu führen, daß $x = y$, d. h., daß beliebige Individuen identisch sind. Um dies zu vermeiden, formuliert man in einem System der Mengenlehre, das die Existenz von Individuen zuläßt, das Extensionalitätsaxiom in der Form:

$$Z(x) \wedge Z(y) \wedge \bigwedge_z (z \in x \equiv z \in y) \rightarrow x = y .$$

Den Ausdruck „$Z(x)$" lesen wir so: x ist eine Menge. Das Prädikat „Z" kann in dem System der Mengenlehre, dessen Grundtermini die Konstanten „$\in$" und „$\emptyset$" sind, wie folgt definiert werden:

$$Z(x) \equiv x = \emptyset \vee \bigvee_y y \in x .$$

Analoge Bemerkungen gelten für die Definition des Enthaltenseins von Mengen. Im System ZFS kann diese Definition in folgender Form vorgenommen werden:

$$x \subset y \equiv \bigwedge_z (z \in x \rightarrow z \in y) .$$

Dagegen wird in dem System, in dem die Variablen auch die Namen von Individuen repräsentieren können, die Definition des Enthaltenseins von Mengen in folgender Form eingeführt:

$$x \subset y \equiv Z(x) \wedge Z(y) \wedge \bigwedge_z (z \in x \rightarrow z \in y) .$$

Es gibt noch eine andere Möglichkeit einer Formulierung der Definition des Identitätszeichens und des Extensionalitätsaxioms im System ZFS. Die Identität kann nämlich folgendermaßen eingeführt werden:

$$x = y \equiv \bigwedge_z (z \in x \equiv z \in y) .$$

Das Extensionalitätsaxiom nehmen wir dann wie folgt an:

$$x = y \rightarrow \bigwedge_z (x \in z \equiv y \in z) .$$

Diese beiden Fassungen der Definition der Identität und des Extensionalitätsaxioms sind äquivalent.

Wie wir bereits zuvor erwähnten, werden anstelle der allgemeinen Formulierung des Mengenbildungsaxioms im System der axiomatischen Mengenlehre einige Axiome angenommen, die entweder die Existenz bestimmter Mengen feststellen, derart, daß wenn gewisse Mengen existieren, dann auch bestimmte andere Mengen existieren. Diese Axiome stellen gewisse Spezialfälle des allgemeinen Mengenbildungsaxioms dar, dessen man sich vor der Entdeckung der Antinomien bediente. Wir geben nunmehr die Formulierungen dieser Axiome im System ZFS an.

Das Paarmengenaxiom:

$$\bigvee_z \bigwedge_u (u \in z \equiv u = x \vee u = y) .$$

Dieses Axiom besagt, daß für beliebige Mengen x und y eine Menge genau mit den Elementen x und y existiert. Auf Grund des Extensionalitätsaxioms kann man beweisen, daß nur eine solche Menge existiert. Diese Menge ist ein nicht geordnetes Paar mit den Elementen x und y, für das wir das Symbol: $\{x, y\}$ verwenden. Im System ZFS genügt es übrigens, dieses Axiom in einer schwächeren Formulierung anzunehmen, mit $x \neq y$. Wenn $x = y$, so läßt sich die Existenz dieser Menge anhand der übrigen Axiome beweisen.

Das Summenaxiom:

$$\bigvee_z \bigwedge_y (y \in z \equiv \bigvee_{u \in x} y \in u) .$$

Dieses Axiom besagt, daß für eine beliebige Menge x die Vereinigung dieser Menge existiert, deren Elemente die Elemente der Elemente der

Menge x sind. Dieses Axiom kann schwächer formuliert werden, falls die Menge x eine nichtleere Menge ist, d. h. falls: $\bigvee_u u \in x$.

Das Axiom der Potenzmenge:

$$\bigvee_z \bigwedge_y (y \in z \equiv y \subset x) .$$

Dieses Axiom stellt die Existenz der Menge aller Untermengen einer Menge x fest. Sie wird auch als die Potenzmenge der Menge x bezeichnet.

Das Aussonderungsaxiom (Untermengenaxiom):
Axiom des Systems ist jeder Ausdruck der Form:

$$\bigvee_y \bigwedge_x (x \in y \equiv x \in z \wedge E(x)) ,$$

wobei $E(x)$ eine Aussageform mit einer freien Variablen „x" ist (beziehungsweise in einer stärkeren Formulierung: $E(x)$ ist eine Aussageform, in der die freie Variable „x" sowie eventuell noch andere freie Variablen, die jedoch von der freien Variablen „y" verschieden sind, auftreten).

Nach diesem Axiom existiert für jede Menge z und für jeden Aussagenausdruck $E(x)$ eine Untermenge der Menge z, die aus den und nur den Gegenständen x besteht, für die $E(x)$ gilt (die den Ausdruck $E(x)$ erfüllen). Die hier angenommene Formulierung des Aussonderungsaxioms, in welchem man von Aussagenausdrücken spricht, stammt von T. Skolem.

Das Aussonderungsaxiom genügt nicht, um bestimmte Theoreme der Mengenlehre zu beweisen, beispielsweise das Theorem, daß für jede Menge von Kardinalzahlen eine Kardinalzahl existiert, die größer als jede Zahl dieser Menge ist. Für den Beweis solcher Theoreme nimmt man anstelle des Aussonderungsaxioms das von A. A. Fraenkel stammende Ersetzungsaxiom an, anhand dessen das Aussonderungsaxiom bewiesen werden kann.

Das Ersetzungsaxiom:
Axiom des Systems ist jeder Ausdruck der Form:

$$\bigwedge_{x \in z} \bigwedge_{y_1, y_2} [E(y_1, x) \wedge E(y_2, x) \rightarrow y_1 = y_2] \rightarrow \bigvee_u \bigwedge_y [y \in u \equiv \bigvee_{x \in z} E(y, x)] ,$$

wobei $E(y, x)$ eine Aussageform mit den freien Variablen „y" und „x" sowie eventuell noch anderen freien Variablen, die von der freien Variablen „u" verschieden sind, ist.

Die Menge u, deren Existenz dieses Axiom feststellt, nennt man das Bild der Menge z, das durch die Aussageform $E(y, x)$ bestimmt ist und bezeichnet es mit Hilfe des Symbols: $E''z$.

Sowohl das Aussonderungsaxiom als auch das Ersetzungsaxiom führt in das System eine unendliche Anzahl von Axiomen einer bestimmten Form ein.

Wenn man im Aussonderungsaxiom für $E(x)$ irgendeinen kontradiktorischen Ausdruck, wie z. B. den Ausdruck „$x \neq x$", annimmt und das Extensionalitätsaxiom sowie die Gesetze des Prädikatenkalküls benutzt, so kann man die Existenz genau einer Menge y beweisen derart, daß: $\sim \bigvee_{x} x \in y$, d. h. die Existenz der leeren Menge, für die man das Symbol „$\emptyset$" verwendet.

Das Unendlichkeitsaxiom:

$$\bigvee_{z} (\emptyset \in z \wedge \bigwedge_{x \in z} (x \cup \{x\} \in z)\,.$$

Dieses Axiom stellt die Existenz einer Menge fest, zu deren Elementen die leere Menge gehört und die zusammen mit jedem Element x als Element die Menge $x \cup \{x\}$ enthält. Elemente einer solchen Menge sind die Mengen:

$$\emptyset, \{\emptyset\}, \{\emptyset, \{\emptyset\}\}, \{\emptyset, \{\emptyset\}, \{\emptyset, \{\emptyset\}\}\}, \ldots{}^{*})$$

Jede folgende Menge unterscheidet sich von der vorangegangenen. Das so formulierte Unendlichkeitsaxiom stellt die Existenz einer unendlichen Menge fest. Dieses Axiom läßt sich mit der Behauptung vereinbaren, daß die Menge der Individuen endlich oder sogar leer ist. Der Inhalt dieses Axioms unterscheidet sich also vom Inhalt des im System der einfachen Typentheorie angenommenen Unendlichkeitsaxiomes, das die Existenz einer unendlichen Anzahl von Individuen feststellt.

Diese Formulierung des Unendlichkeitsaxioms stammt von v. Neumann und ist mit seiner Methode der Einführung der Ordinalzahlen verbunden.

Das von E. Zermelo formulierte Unendlichkeitsaxiom hatte die Form:

$$\bigvee_{z} (\emptyset \in z \wedge \bigwedge_{x \in z} \{x\} \in z)\,.$$

Außerdem nimmt man das Auswahlaxiom an, dessen Formulierung sich nicht wesentlich von der im Abschnitt 5, Kapitel V, angegebenen Formulierung unterscheidet. In dem System der axiomatischen

Mengenlehre, in dem die Variablen sowohl die Namen von Mengen als auch die Namen von Individuen repräsentieren, machen einige der hier angegebenen Axiome eine entsprechende Umformulierung erforderlich, wie sie beispielsweise analog der Formulierung des Extensionalitätsaxioms oder bei der Definition des Enthaltenseins von Mengen vorgenommen wurde. Das System der axiomatischen Mengenlehre, dessen Variablen nur Namen von Mengen repräsentieren, genügt, um die Mengenlehre als grundlegende mathematische Disziplin aufzubauen und sie in verschiedenen Bereichen der Mathematik anzuwenden. Für andere Anwendungen der Mengenlehre kann man sich des Systems bedienen, dessen Variablen sowohl Namen von Mengen als auch Namen von Individuen repräsentieren.

Wir überlegen uns nunmehr, wie man die bekannten Antinomien in dem dargestellten System vermeidet.

Wenn wir im Aussonderungsaxiom für $E(x)$ den zur Antinomie von B. Russell führenden Ausdruck „$x \notin x$“ einsetzen, erhalten wir das Theorem:

$$\bigvee_y \bigwedge_x (x \in y \equiv x \in z \wedge x \notin x) .$$

Aus diesem Theorem erhalten wir aufgrund der Regel B$\vee$ und der Regel B$\wedge$ nacheinander die Theoreme:

$$\bigwedge_x (x \in a_z \equiv x \in z \wedge x \notin x)$$

$$a_z \in a_z \equiv a_z \in z \wedge a_z \notin a_z .$$

Aufgrund der letzten Äquivalenz kann bewiesen werden, daß $a_z \notin a_z$ und daß $a_z \notin z$. Wir erhalten aus ihr jedoch nicht den Ausdruck $a_z \in a_z$, also nicht die Russellsche Antinomie. Was die übrigen Antinomien anbelangt, so kann bemerkt werden, daß aufgrund der Axiome des Systems, die die Existenz bestimmter Mengen gewährleisten, nicht die Existenz der Allmenge, der Menge aller Mengen, der Menge aller Kardinalzahlen, der Menge aller Ordinalzahlen oder der Menge aller mit einer gegebenen Menge gleichmächtigen Mengen festgestellt wird. Im besprochenen System sind die entsprechenden Antinomien Beweise der Theoreme über die Nichtexistenz dieser Mengen.

Infolge der Antinomie der Menge aller mit einer gegebenen Menge gleichmächtigen Mengen kann man in diesem System im Gegensatz zum System der Typentheorie nicht die Kardinalzahlen als Abstraktionsklassen der Relation der Gleichmächtigkeit von Mengen bestimmen. Der Begriff der Kardinalzahl kann mit Hilfe eines Axioms eingeführt werden, welches besagt, daß zu jeder Menge ihre Kardinalzahl existiert, daß die Kardinalzahlen zweier Mengen dann und nur dann gleich sind, wenn diese Mengen gleichmächtig sind, und daß die Zahl 0 die Kardinalzahl der leeren Menge ist. Von v. Neumann stammt eine Methode der Einführung der Ordinal- und Kardinalzahlen, die keine zusätzlichen Axiome erfordert. Ordinalzahlen sind bestimmte Mengen, die durch die Relation „$\in$“ wohlgeordnet werden, nämlich solche, bei denen jedes Element zugleich eine Teilmenge ist. Beispiele solcher Mengen sind die in *) genannten Elemente der Menge, deren Existenz das Unendlichkeitsaxiom in der von v. Neumann stammenden Version feststellt. Diese Mengen sind endliche Ordinalzahlen. Nach dieser Methode sind die Kardinalzahlen bestimmte Ordinalzahlen. Die natürlichen Zahlen sind die endlichen Ordinalzahlen. Die Zahl 0 ist z. B. die Menge $\emptyset$, die Zahl 1 ist die Menge $\{\emptyset\}$, die Zahl 2 ist die Menge $\{\emptyset, \{\emptyset\}\}$, die natürliche Zahl n ist die entsprechende Menge mit n Elementen, die zu der kleinsten Mengenfamilie gehört, zu der $\emptyset$ gehört, und die mit jedem Element x auch $x \cup \{x\}$ enthält. Wie wir im Abschnitt 4, Kapitel V, bemerkt haben, kann man, wenn man für die Menge der natürlichen Zahlen Nn diese Mengenfamilie, für 0 die Menge $\emptyset$ und für $Seq'x$ die Menge $x \cup \{x\}$ annimmt, die Axiome der Arithmetik der natürlichen Zahlen beweisen. Allgemein ist die Kardinalzahl einer gegebenen Menge eine bestimmte mit ihr gleichmächtige Menge, deren Existenz aufgrund der Axiome der Mengenlehre festgestellt wird. Ebenso ist die Ordinalzahl einer gegebenen wohlgeordneten Menge eine bestimmte, durch die Relation „$\in$“ wohlgeordnete Menge, die dieser Menge ähnlich ist. Die Kardinalzahlen von Mengen sind dann und nur dann gleich, wenn diese Mengen gleichmächtig sind, während die Ordinalzahlen von wohlgeordneten Mengen dann und nur dann gleich sind, wenn diese Mengen ähnlich sind. Gemäß dieser Fassung beruht das Zählen der Elemente einer gegebenen Menge, d. h. die Bestimmung der Anzahl der Elemente dieser Menge, also ihrer Kardinalzahl, darauf, daß den Elementen dieser Menge die Elemente einer bestimmten, mit ihr gleichmächtigen Menge zugeordnet werden, deren Existenz die Axiome der Mengenlehre gewährleisten. Diese Feststellung erhellt den intuitiven Sinn dieser Methode der Bestimmung des Begriffs der Kardinalzahl einer Menge. Die Ordinalzahl ω ist die kleinste Mengenfamilie, der die Menge $\emptyset$ und der zusammen mit dem Element x das Element $x \cup \{x\}$ angehört. Diese Mengenfamilie wird durch die Relation „$\in$“ wohlgeordnet, und jedes ihrer Elemente ist eine Teilmenge von ihr. Die Ordinalzahlen $\omega + 1$, $\omega + 2$ usw. erhalten wir, indem wir auf die Zahl ω die Operation anwenden, die einer Menge x die Menge $x \cup \{x\}$ zuordnet.

Wir wollen uns nunmehr mit der Grundkonzeption des Systems v. Neumann-Bernays-Gödel vertraut machen. Im System v. Neumann ist der Grundbegriff der Funktionsbegriff und nicht der Begriff der Zugehörigkeit eines Gegenstandes zu einer Menge. Das System v. Neumann wurde von R. M. Robinson vereinfacht und später von P. Bernays und K. Gödel erheblich verändert und (nochmals) vereinfacht, wobei der Grundterminus in den späteren Fassungen dieses Systems ebenso wie im System ZFS die Konstante „$\in$" ist. In allen vorangegangenen Systemen wurden die Termini „Menge" und „Klasse" im Wechsel verwendet. Im System NBG werden diese beiden Begriffe unterschieden. In der einfachsten Fassung dieses Systems kann dieser Unterschied wie folgt formuliert werden: Jede Menge ist eine Klasse, aber nicht umgekehrt. Mengen sind die Klassen, die Elemente irgendwelcher Klassen sind. Es existieren jedoch Klassen, die Elemente keiner Klasse sind und die folglich keine Mengen sind. Um die Entstehung dieser Unterscheidung zu verstehen, möchten wir auf die folgende Veränderung des Mengenbildungsaxioms hinweisen:

$$\bigvee_y \bigwedge_x (x \in y \equiv \bigvee_z (x \in z) \wedge E(x)),$$

wobei $E(x)$ eine Aussageform der axiomatischen Mengenlehre mit der freien Variablen „x" ist, in der nicht die freie Variable „y" vorkommt. Wenn wir in diesem Axiom für $E(x)$ den Ausdruck „$x \notin x$" annehmen, erhalten wir aus ihm den Ausdruck:

$$\bigvee_y \bigwedge_x (x \in y \equiv \bigvee_z (x \in z) \wedge x \notin x).$$

Aus diesem Ausdruck erhalten wir aufgrund der Regel B$\bigvee$ und der Regel B$\bigwedge$ die Ausdrücke:

$$\bigwedge_x (x \in a \equiv \bigvee_z (x \in z) \wedge x \notin x)$$

$$a \in a \equiv \bigvee_z (a \in z) \wedge a \notin a.$$

Diese Äquivalenz führt nicht zum Widerspruch, sondern nur zu dem Schluß, daß: $\sim \bigvee_z a \in z$. Die Annahme: $\bigvee_z a \in z$ hingegen würde zum Widerspruch führen. Aus der obenstehenden Veränderung des Mengenbildungsaxioms erhalten wir also nicht die Russellsche Antinomie. Wir gelangen lediglich zu dem Schluß, daß die Klasse der Mengen, die keine Elemente von sich selbst, sondern Elemente einer Klasse sind, kein Element einer Klasse ist.

Im System NBG kann man von der Allklasse, von der Klasse aller Mengen, von der Klasse aller Kardinalzahlen, von der Klasse aller

Ordinalzahlen sprechen. Die Einführung dieser Begriffe führt zu keinem Widerspruch. Zu einem Widerspruch würde nur die Annahme führen, daß diese Klassen Mengen sind, d. h., daß sie Elemente irgendeiner Klasse sind. Im System NBG sind die Antinomien Beweise der Theoreme, nach denen die Klassen, von denen in diesen Antinomien die Rede ist, keine Mengen sind.

Wir zeigen nun, daß die oben untersuchte Formulierung des Mengenbildungsaxioms:

$$(C_1) \quad \bigvee_y \bigwedge_x (x \in y \equiv \bigvee_z (x \in z) \wedge E(x))$$

äquivalent ist mit der folgenden Formulierung:

$$(C_2) \quad \bigvee_y \bigwedge_x [\bigvee_z (x \in z) \rightarrow (x \in y \equiv E(x))] .$$

Zum Beweis benutzen wir die beiden folgenden Theoreme des Aussagenkalküls:

$$(p \rightarrow q) \rightarrow \{[q \rightarrow (p \equiv r)] \rightarrow [p \equiv q \wedge r]\}$$

$$[p \equiv q \wedge r] \rightarrow [q \rightarrow (p \equiv r)] .$$

Sie können leicht mit der verkürzten Null-Eins-Prüfung nachgeprüft oder mit der Annahmemethode bewiesen werden.

In diesen Theoremen nehmen wir folgende Einsetzung vor:

$$p/x \in y, \quad q/\bigvee_z x \in z, \quad r/E(x) .$$

Auf diese Weise erhalten wir die Theoreme:

$$1. \quad (x \in y \rightarrow \bigvee_z (x \in z)) \rightarrow \{[\bigvee_z (x \in z) \rightarrow (x \in y \equiv E(x))] \rightarrow$$
$$\rightarrow [x \in y \equiv \bigvee_z (x \in z) \wedge E(x)]\}$$

$$2. \quad [x \in y \equiv \bigvee_z (x \in z) \wedge E(x)] \rightarrow [\bigvee_z (x \in z) \rightarrow (x \in y \equiv E(x))] .$$

Aus (1) und aus dem mit Hilfe der Regel E $\bigvee$ gewonnenen Theorem: $x \in y \rightarrow \bigvee_z (x \in z)$ erhalten wir das Theorem:

$$3. \quad [\bigvee_z (x \in z) \rightarrow (x \in y \equiv E(x))] \rightarrow [x \in y \equiv \bigvee_z (x \in z) \wedge E(x)] .$$

Aus (2) und (3) erhalten wir aufgrund der Regel EÄ und der Regel E $\wedge$ das Theorem:

$$4. \quad \bigwedge_{x,y} \{[x \in y \equiv \bigvee_z (x \in z) \wedge E(x)] \equiv [\bigvee_z (x \in z) \rightarrow (x \in y \equiv E(x))]\} .$$

Aus (4) erhalten wir aufgrund der Extensionalitätsregel des engeren Prädikatenkalküls das Theorem:

$$\bigvee_y \bigwedge_x [x \in y \equiv \bigvee_z (x \in z) \wedge E(x)] \equiv \bigvee_y \bigwedge_x [\bigvee_z (x \in z) \rightarrow (x \in y \equiv E(x))] .$$

Die Formulierungen (C_1) und (C_2) des Mengenbildungsaxioms sind also äquivalent.

Die Behauptung der Existenz von Klassen, die als Ausdruck der Gestalt (C_1) oder (C_2) formuliert wird, braucht im System NBG nicht als Axiom angenommen zu werden. Sie kann anhand einiger Axiome bewiesen werden, die die Existenz bestimmter Klassen feststellen.

Das System NBG kann ebenso wie das System ZFS als ein auf dem engeren Prädikatenkalkül beruhendes System mit einer syntaktischen Kategorie von Variablen formuliert werden. Man nimmt ebenso wie im System ZFS an, daß die Variablen dieses Systems Namen von Klassen (also insbesondere von Mengen), nicht aber Namen von Individuen repräsentieren. Wir geben hier eine der einfachsten Fassungen dieses Systems an.[1]

Mit den Buchstaben: $X, Y, Z, X_1, Y_1, Z_1, \ldots$ bezeichnen wir die Variablen des Systems, die Namen beliebiger Klassen repräsentieren.

Zum Zwecke einer kürzeren und übersichtlicheren Schreibweise der Axiome und Definitionen dieses Systems führen wir die Definition ein:

$$S(X) \equiv \bigvee_Y X \in Y$$

und nehmen an, daß:

der Ausdruck $\bigwedge_x E(x)$ die Abkürzung des Ausdruckes $\bigwedge_{S(X)} E(X)$ ist,

der Ausdruck $\bigwedge_y E(y)$ die Abkürzung des Ausdruckes $\bigwedge_{S(Y)} E(y)$ ist,

der Ausdruck $\bigvee_x E(x)$ die Abkürzung des Ausdruckes $\bigvee_{S(X)} E(X)$ ist usw.

Die Variablen: $x, y, z, x_1, y_1, z_1, \ldots$ repräsentieren also die Namen beliebiger Mengen, doch ist nach der eingeführten Definition die Klasse X dann und nur dann eine Menge, wenn X Element irgendeiner Klasse Y ist.

Es muß jedoch betont werden, daß die Variablen: $X, Y, \ldots$ wie auch die Variablen: $x, y, \ldots$ der gleichen syntaktischen Kategorie angehören. Wenn $\sim S(X)$, d. h., wenn die Klasse X keine Menge ist, so ist

[1] E. Mendelson, *Introduction to Mathematical Logic*, New Jersey-New York-Toronto-London 1964 [russisch, Mockba 1971]; P. Bernays, *Axiomatic Set Theory*, Amsterdam 1958.

der Ausdruck $X \in Y$ ein sinnvoller Ausdruck dieses Systems, obwohl kein solcher Ausdruck ein Theorem des Systems ist. Alle Theoreme des Systems kann man natürlich schreiben, ohne auf obige Art und Weise Variablen einführen zu müssen, die Namen von Mengen repräsentieren. Die Einführung dieser Variablen verleiht ihnen allerdings eine übersichtlichere Form.

Die Definition der Identität und das Extensionalitätsaxiom formulieren wir allgemein für Klassen wie folgt:

$$X = Y \equiv \bigwedge_{Z} (Z \in X \equiv Z \in Y)$$

$$X = Y \rightarrow (X \in Z \equiv Y \in Z).$$

Ebenso wie im System ZFS nehmen wir für Mengen das Paarmengenaxiom, das Summenaxiom, das Axiom der Potenzmenge, das Unendlichkeitsaxiom und außerdem das Axiom über die Existenz der Nullmenge an.

In diesem System bezeichnet das Symbol „$\{X, Y\}$" ein nicht geordnetes Paar mit den Elementen X, Y, wenn X und Y Mengen sind. Wenn dagegen X oder Y keine Menge ist, so ist $\{X, Y\} = \emptyset$. Das geordnete Paar $\langle x, y\rangle$ definieren wir in der im Kapitel V angegebenen Weise.

Die folgenden Axiome des Systems stellen die Existenz von Klassen fest, die bestimmte Bedingungen erfüllen:

1. $\bigvee_{X} \bigwedge_{y,z} (\langle y, z\rangle \in X \equiv y \in z)$
2. $\bigwedge_{X,Y} \bigvee_{Z} \bigwedge_{u} (u \in Z \equiv u \in X \wedge u \in Y)$
3. $\bigwedge_{X} \bigvee_{Z} \bigwedge_{u} (u \in Z \equiv u \notin X)$
4. $\bigwedge_{X} \bigvee_{Z} \bigwedge_{u} (u \in Z \equiv \bigvee_{y} \langle u, y\rangle \in X)$
5. $\bigwedge_{X} \bigvee_{Z} \bigwedge_{u,y} (\langle u, y\rangle \in Z \equiv u \in X)$
6. $\bigwedge_{X} \bigvee_{Z} \bigwedge_{u,y,w} (\langle u, y, w\rangle \in Z \equiv \langle y, w, u\rangle \in X)$
7. $\bigwedge_{X} \bigvee_{Z} \bigwedge_{u,y,w} (\langle u, y, w\rangle \in Z \equiv \langle u, w, y\rangle \in X)$.

Das erste Axiom stellt die Existenz der Relation $\in$ fest, d. h. die Existenz der Klasse solcher und nur solcher geordneter Paare, deren erstes Glied Element des zweiten Gliedes dieses Paares ist. Das zweite Axiom stellt die Existenz des Durchschnitts zweier Klassen fest. Das dritte Axiom stellt die Existenz des Komplements einer beliebigen Klasse fest. Das vierte Axiom besagt, daß zu jeder zweistelligen

Relation, d. h. zu jeder Klasse geordneter Paare, ihr Bereich, also die Klasse der ersten Elemente dieser Paare, existiert. Das fünfte Axiom besagt, daß zu jeder Klasse eine zweistellige Relation existiert, deren Bereich diese Klasse ist. Die Axiome sechs und sieben besagen, daß zu jeder dreistelligen Relation, d. h. zu jeder Klasse geordneter Tripel, zwei entsprechende umgekehrte dreistellige Relationen existieren.

Aufgrund dieser Axiome kann man das folgende allgemeine Theorem über die Existenz von Klassen beweisen:

Theorem des Systems ist jeder Ausdruck der Form:

$$\bigvee_{Z} \bigwedge_{x_1,\ldots,x_n} (\langle x_1, \ldots, x_n \rangle \in Z \equiv E(x_1, \ldots, x_n)),$$

in dem $E(x_1, \ldots, x_n)$ ein sinnvoller Ausdruck des Systems ist, der die freien Variablen: $x_1, \ldots, x_n$ (und eventuell noch andere freie Variablen, die von der Variablen „Z" verschieden sind) enthält und in dem die gebundenen Variablen nur Variablen sind, die Namen von Mengen repräsentieren.

Ausdrücke, die die letzte Bedingung erfüllen, nennt man prädikative Ausdrücke des Systems. Das obenstehende Theorem besagt also, daß zu jeder sinnvollen prädikativen Aussageform des Systems, in der n freie Variablen vorkommen, die Namen von Mengen repräsentieren, eine n-stellige Relation existiert, die zwischen den und nur den Gegenständen besteht, die diese Aussageform erfüllen. Für $n = 1$ stellt die obenstehende Aussage die Existenz einer Klasse fest, deren Elemente die und nur die Mengen sind, die die gegebene prädikative Aussageform erfüllen. Dieses Theorem ist ein solches der zuvor betrachteten Form (C_2).

Der Beweis des allgemeinen Theorems über die Existenz von Klassen, die prädikativen Aussageformen entsprechen, ist ein metalogischer Beweis, der induktiv über die Anzahl der Funktoren des Aussagenkalküls und der Quantifikatoren, die in den die gegebenen Klassen bestimmenden Ausdrücken vorkommen, geführt wird. Daher kann im System NBG sowohl das Aussonderungsaxiom als auch das stärkere Ersetzungsaxiom in Form eines einzigen Axioms des Systems eingeführt werden, wohingegen sie im System ZFS nur in metalogischer Form angenommen werden können, durch die eine unendliche Anzahl von Axiomen eingeführt wird.

Das Aussonderungsaxiom hat im System NBG die Form des Theorems:

$$\bigwedge_{x} \bigwedge_{Y} \bigvee_{z} \bigwedge_{u} (u \in z \equiv u \in x \wedge u \in Y).$$

Nach diesem Theorem existiert zu jeder Menge x und zu jeder Klasse Y eine Menge, der die und nur die Elemente der Menge x angehören, die Elemente der Klasse Y sind.

Zur Formulierung des Ersetzungsaxioms führen wir die Definition einer eindeutigen Relation ein:

$$1-Cls(X) \equiv \bigwedge_{x,y,z} (\langle x, z\rangle \in X \wedge \langle y, z\rangle \in X \rightarrow x = y).$$

Das Ersetzungsaxiom, das mit Hilfe des auf diese Weise definierten Prädikates „$1-Cls$“ geschrieben wird, hat die Form:

$$\bigwedge_{x}[1-Cls(X) \rightarrow \bigvee_{y}\bigwedge_{u}(u \in y \equiv \bigvee_{w}\langle u, w\rangle \in X \wedge w \in x)].$$

Dieses Axiom besagt, daß der Bereich einer eindeutigen Relation deren Gegenbereich eine Menge ist, ebenfalls eine Menge ist. Das System NBG beruht folglich auf einer endlichen Anzahl von Axiomen. Dagegen wurde bewiesen, daß das System ZFS nicht auf einer endlichen Anzahl von Axiomen beruhen kann.

Das System NBG stellt in gewisser Weise eine Erweiterung des Systems ZFS dar. Dem System NBG gehören nämlich alle und nur die sich auf Mengen beziehenden Theoreme an, die dem System ZFS angehören. Darüberhinaus gehören jedoch dem System NBG Begriffe und Theoreme in bezug auf Klassen an, die nicht im System ZFS auftreten. Es wurde auch bewiesen, daß wenn das System ZFS widerspruchsfrei ist, dann auch das System NBG widerspruchsfrei ist.

Im System NBG erhalten wir alle Begriffe und Theoreme der Booleschen Algebra für Klassen. Dies ist nicht der Fall im System ZFS, in dem beispielsweise für die leere Menge nicht ihr Komplement existiert. Im System NBG kann ebenso wie im System ZFS die Existenz der leeren Menge bewiesen werden.

In der hier angegebenen Fassung ist jede Menge eine Klasse. Das Komplement der leeren Klasse ist die Allklasse. Die Antinomie der Allmenge ist der Beweis des Theorems, daß die Allklasse keine Menge ist. Im System NBG kann für Klassen nicht die Entsprechung des Satzes von Cantor für Mengen bewiesen werden, nach dem die Mächtigkeit der Menge aller Untermengen einer gegebenen Menge größer als die Mächtigkeit dieser Menge ist. Wie wir bereits zuvor erwähnten, sind die bekannten Antinomien in diesem System Beweise der Theoreme, daß die Klassen, von welchen in diesen Antinomien die Rede ist, keine Mengen sind. Im System NBG kann man von der Klasse aller Relationen, von der Klasse aller Funktionen, von der Klasse aller mit einer gegebenen Menge gleichmächtigen Mengen, von der Klasse aller

Kardinalzahlen oder von der Klasse aller Ordinalzahlen sprechen, sofern man die Ordinal- und Kardinalzahlen nach der Methode von v. Neumann als bestimmte Mengen einführt. Das System NBG, das (unter der Annahme der Widerspruchsfreiheit des Systems ZFS) eine widerspruchsfreie Erweiterung des Systems ZFS ist, weist also bedeutende Vorzüge gegenüber dem System ZFS auf, die darin bestehen, daß in diesem verschiedene Begriffe ausgedrückt werden können, derer man sich in der klassischen Mengenlehre vor der Entdeckung der Antinomien bediente.

Im System ZFS mit dem Ersetzungsaxiom kann die Widerspruchsfreiheit des Systems der einfachen Typentheorie mit dem Unendlichkeitsaxiom sowie die Widerspruchsfreiheit der Erweiterung dieses Systems mit Variablen transfiniter Typen, von welchem im Abschnitt 2 dieses Kapitel die Rede war, bewiesen werden. Aufgrund eines Theorems, mit dem wir uns im letzten Kapitel beschäftigen werden, folgt daraus, daß das System ZFS stärker als das System der einfachen Typentheorie und dessen erwähnter Erweiterung ist. Diese Tatsache sowie die Notwendigkeit, im System der Typentheorie umständliche Einschränkungen bezüglich der Typen der Ausdrücke und Gegenstände einführen zu müssen, haben dazu geführt, daß die Mengenlehre heute nicht mehr auf der Grundlage der Typentheorie entwickelt wird. Dieser Aufbau der Mengenlehre hat heute nur noch historische Bedeutung. Die einzige aktuelle Alternative für die Systeme der axiomatischen Mengenlehre sind also nur noch Logiksysteme, die nicht auf der Typentheorie beruhen. Unter den verschiedenen, nicht auf der Typentheorie beruhenden logischen Systemen gehören zwei von W. V. Quine entwickelte Systeme zu den bekanntesten. Im folgenden Abschnitt wollen wir sie kurz besprechen.

5. Nicht auf der Typentheorie beruhende Systeme von W. V. Quine

W. V. Quine entwickelte zwei Systeme der Logik, die sich nicht auf die Typentheorie stützen. Das erste dieser Systeme wurde in dem Artikel *New Foundations for Mathematical Logic*[1] aus dem Jahre 1937 dargestellt und wird in der Literatur als System NF bezeichnet. J. B. Rosser entwickelte in dem Buch *Logic for Mathematicians*[2] im

[1] Erschienen in: *American Mathematical Monthly*, 44, 1937, S. 70–80.
[2] New York-Toronto-London 1953.

System NF die Arithmetik der Kardinal- und Ordinalzahlen. Das zweite System stellte W. V. Quine im Jahre 1940 in dem Buch *Mathematical Logic*[1] dar. Es erwies sich jedoch, daß sich in diesem System die Antinomie von Burali-Forti rekonstruieren läßt. Hao Wang gab einem der Axiome des Systems eine solche Formulierung, bei der die erwähnte Antinomie nicht mehr rekonstruiert werden kann. Das so modifizierte System wird in der zweiten Auflage des Buches von W. V. Quine aus dem Jahre 1951 dargestellt. In der Literatur wird dieses System als System ML bezeichnet.

Ebenso wie die im vorhergehenden Abschnitt besprochenen Systeme der axiomatischen Mengenlehre beruhen beide Systeme von Quine auf dem (metalogisch aufgefaßten) engeren Prädikatenkalkül. In jedem dieser Systeme tritt nur eine syntaktische Kategorie von Variablen auf. Ebenso wie in den Systemen der axiomatischen Mengenlehre ist hier die Konstante „ϵ" ein aussagenbildender Funktor von zwei Argumenten, die der gleichen syntaktischen Kategorie wie die Variablen des Systems angehören. Der Vorrat der sinnvollen Ausdrücke eines jeden Systems von W. V. Quine deckt sich also mit dem Vorrat der sinnvollen Ausdrücke der zuvor betrachteten Systeme der axiomatischen Mengenlehre. Bei der Formulierung der Axiome seiner Systeme bedient sich W. V. Quine des Begriffs des geschichteten Aussagenausdrucks. Ein Aussagenausdruck des Systems, der ausschließlich mit Hilfe der Variablen und Grundtermini des Systems (d. h. mit Hilfe der Variablen, Wahrheitsfunktoren, Quantifikatoren und der Konstanten „ϵ" geschrieben wird), heißt dann und nur dann geschichtet, wenn den in diesem Ausdruck auftretenden Variablen ganze Zahlen so zugeordnet werden können, daß der gleichen Variablen die gleiche Zahl zugeordnet wird und daß in jedem Teil dieses Ausdruckes, der aus dem Funktor „ϵ" und seinen zwei Argumenten gebildet wird, dem linken Argument des Funktors „ϵ" eine um 1 kleinere Zahl als dem rechten Argument zugeordnet wird. Nach dieser Definition können zusammengesetzte Ausdrücke, die aus zwei geschichteten Ausdrücken gebildet werden, ungeschichtete Ausdrücke sein. Beispielsweise sind die Ausdrücke „$x \epsilon y$", „$y \epsilon x$" geschichtete Ausdrücke, ihre Konjunktion hingegen ist ein ungeschichteter Ausdruck. Sinnvolle Aussagenausdrücke der Quineschen Systeme sind sowohl geschichtete Ausdrücke als auch ungeschichtete Ausdrücke, wie beispielsweise „$x \epsilon x$", „$x \notin x$" usw.

Im System NF wird das Mengenbildungsaxiom auf geschichtete Ausdrücke beschränkt, d. h., es wird angenommen, daß ein Axiom des

[1] New York 1940, 3. Auflage Cambridge 1951.

Systems NF jeder Ausdruck der Gestalt:

$$\bigvee_y \bigwedge_x (x \in y \equiv E(x))$$

ist, in dem $E(x)$ eine geschichtete Aussageform mit der freien Variablen „x" ist und die Variable „y" nicht frei vorkommt. Neben den Axiomen des Aussagen- und Prädikatenkalküls wird im System NF natürlich noch das Extensionalitätsaxiom eingeführt.

Die Schichtung einer gegebenen Aussageform ist eine hinreichende Bedingung dafür, um anhand des Mengenbildungsaxioms des Systems NF die Existenz der Menge der und nur der Gegenstände zu beweisen, die diese Aussageform erfüllen. Doch ist die Schichtung einer Aussageform keine notwendige Bedingung der Existenz einer Menge, die dieser Aussageform entspricht. Im System NF kann man zwar nicht mehr anhand des Mengenbildungsaxioms, wohl aber anhand anderer Axiome auch die Existenz bestimmter Mengen beweisen, denen ungeschichtete Aussageformen entsprechen.

Zur Begründung der Arithmetik der natürlichen Zahlen nimmt J. B. Rosser im System NF als Unendlichkeitsaxiom ein Theorem an, das besagt, daß zwei natürliche Zahlen gleich sind, wenn ihre Nachfolger gleich sind, also eines der Axiome von Peano. (Aufgrund dieses Axioms sowie der Theoreme und Definitionen dieses Systems kann man beweisen, daß die Allmenge unendlich ist.)

Im System NF kann man mit der Methode von Frege die Kardinalzahlen als Abstraktionsklassen der Relation der Gleichmächtigkeit einführen. In diesem System wird die Existenz der Allmenge bewiesen, doch läßt sich der Satz von Cantor nicht für alle Mengen beweisen. Das System NF weist gewisse Besonderheiten auf, die eher als Mängel betrachtet werden müssen. Es zeigte sich auch, daß es nicht mit dem Auswahlaxiom vereinbar ist, obwohl bestimmte Spezialfälle dieses Axioms in das System NF eingeführt werden können.

Im System ML besagt das Mengenbildungsaxiom, daß ein Axiom des Systems jeder Ausdruck der Gestalt:

$$\bigvee_y \bigwedge_x (x \in y \equiv x \in \mathrm{V} \wedge E(x))$$

ist, in dem $E(x)$ eine Aussageform des Systems mit der freien Variablen „x" ist und die Variable „y" nicht frei vorkommt.

Ein Theorem des Systems ML ist die Äquivalenz:

$$x \in \mathrm{V} \equiv \bigvee_y x \in y$$

Die Menge V ist also die Menge aller E l e m e n t e, d. h. aller Gegenstände, die Element irgendeiner Menge sind.

Aufgrund dieser Äquivalenz nimmt das Mengenbildungsaxiom des Systems ML die Form an:

$$\bigvee_y \bigwedge_x (x \in y \equiv \bigvee_z (x \in z) \wedge E(x)).$$

Dies ist der Ausdruck (C_1) aus dem vorangegangenen Abschnitt. Den Begriff des geschichteten Ausdruckes verwendet man im System ML bei der Formulierung eines Axioms, das eine hinreichende Bedingung dafür angibt, daß eine Menge ein Element ist, d. h., daß sie der Klasse V angehört. Gemäß dieser Formulierung ist ein Axiom des Systems ML jeder Ausdruck der Form:

$$y_1, \ldots, y_n \in \mathrm{V} \to \{x: E(x, y_1, \ldots, y_n)\} \in \mathrm{V},$$

in dem der Ausdruck $E(x, y_1, \ldots, y_n)$ ein geschichteter Ausdruck ist, dessen freien Variablen die Variable: $x, y_1, \ldots, y_n$ sind, und in dem alle gebundenen Variablen auf die Elemente der Menge V beschränkt sind.

Der in der Formulierung dieses Axioms verwendete Abstraktionsoperator wird im System ML – in Übereinstimmung mit dem Mengenbildungsaxiom dieses Systems – wie folgt definiert:

$$y \in \{x: E(x)\} \equiv \bigvee_z (y \in z \wedge \bigwedge_{x \in z} E(x)).$$

Ein Theorem des Systems ML ist der Ausdruck:

$$y \in \{x: E(x)\} \equiv y \in \mathrm{V} \wedge E(y).$$

Die Menge $\{x: E(x)\}$ ist also die Menge der und nur der Gegenstände, die Elemente irgendeiner Menge sind, und die die Aussageform $E(x)$ erfüllen.

Neben diesen beiden Axiomen sowie den Axiomen des Aussagen- und des Prädikatenkalküls wird im System ML noch das Extensionalitätsaxiom angenommen.

W. V. Quine weist auf die Möglichkeit der folgenden Interpretation des Ausdruckes „$x \in y$" im System ML hin: „x ist Element von y oder x ist identisch mit y, wenn y keine Klasse ist". Die Identität wird hier folgendermaßen definiert:

$$x = y \equiv \bigwedge_z (z \in x \equiv z \in y).$$

Die Tatsache, daß y ein Individuum ist, könnte man als dem Au s druck: $\bigwedge_x (x \in y \equiv x = y)$ äquivalent betrachten. Individuen kann man also als Klassen ansehen, die die Eigenschaft haben, daß sie ihr einziges eigenes Element sind. Im System ML wird nicht beurteilt, ob so verstandene Individuen existieren. Aufgrund dieser Interpretation können jedoch die Variablen dieses Systems als Variable betrachtet werden, die Namen beliebiger Gegenstände, Individuen und Mengen repräsentieren, ohne daß in den Axiomen und Definitionen jene Vorbehalte eingeführt werden müssen, von denen im vorangegangenen Abschnitt im Zusammenhang mit dem System der axiomatischen Mengenlehre die Rede war, dessen Variablen auch Namen von Individuen repräsentieren können.

Im System ML braucht nicht das Unendlichkeitsaxiom angenommen zu werden. In diesem System wird bewiesen, daß zu jeder natürlichen Zahl n eine Menge existiert, die n Elemente hat, und daß die Menge V eine unendliche Menge ist.

Ohne Einführung zusätzlicher Axiome wird im System ML mit der Methode von Frege die Arithmetik der natürlichen Zahlen aufgebaut. In seinem Buch gibt W. V. Quine auch Definitionen der rationalen und reellen Zahlen sowie der Grundtermini der Analysis. Die bekannten Antinomien lassen sich weder im System NF noch im System ML rekonstruieren. Das System ML weist verschiedene Vorzüge auf, über die das System NF nicht verfügt. Es zeigte sich allerdings, daß wenn das System NF widerspruchsfrei ist, auch das System ML widerspruchsfrei ist. Das System ML stellt eine der bedeutsamsten modernen Errungenschaften dar, die auf den Aufbau eines nicht auf der logischen Typentheorie beruhenden Systems der Logik abzielen.

6. Die Methode der Vermeidung von Antinomien in der Ontologie von St. Leśniewski

Die Definition der Namenkonstanten B_0 hat in der Ontologie – wie bereits im Abschnitt 2 des Kapitels VII angegeben wurde – die Form der Äquivalenz:

$$A \varepsilon B_0 \equiv A \varepsilon A \wedge E(A).$$

Aufgrund der Theoreme (VII) und (XIII) im Kapitel VII, Abschnitt 2, kann man dieser Definition eine der folgenden Formen geben:

$$A \varepsilon B_0 \equiv \bigvee_B A \varepsilon B \wedge E(A).$$

$$A \varepsilon B_0 \equiv A \varepsilon \mathrm{V} \wedge E(A).$$

Ähnlich kann man in der Definition des namenbildenden Funktors von Namenargumenten, die ein Ausdruck der Form (a) aus dem Kapitel VII, Abschnitt 2, ist, den Ausdruck „$A \varepsilon A$" durch einen der äquivalenten Ausdrücke: $\bigvee_B A\varepsilon B$ oder: $A\varepsilon B$ ersetzen. Entsprechend der Bedeutung eines Ausdruckes der Form: $A\varepsilon B$ in der Ontologie hat die Einführung eines der äquivalenten Ausdrücke: $A\varepsilon A$, $\bigvee_B A\varepsilon B$ oder $A\varepsilon B$ auf der rechten Seite der Definition des Namenausdruckes den folgenden intuitiven Sinn: Die Wahrheit eines Ausdruckes der Form: $A\varepsilon B$, der auf der linken Seite der Definition des Namenausdruckes auftritt, setzt in der Ontologie voraus, daß A ein Gegenstand ist; wir führen deshalb den Ausdruck, der besagt, daß A ein Gegenstand ist, auch auf der rechten Seite dieser Definition ein. Durch eine solche Formulierung der Definition wird in der elementaren Ontologie die Möglichkeit der Rekonstruktion der Russellschen Antinomie vermieden, die wir erhalten würden, wenn wir für $E(A)$ den Ausdruck „$\sim A\varepsilon A$" annähmen, falls auf der rechten Seite der Definition nur der Ausdruck $E(A)$ aufträte.

Anstelle der Regel der Einführung der Definitionen von Namenausdrücken (von Namenkonstanten oder Namenausdrücken, die namenbildende Funktoren von Namenargumenten enthalten) in das System kann in der elementaren Ontologie das Definitionsaxiom der Gestalt:

(c) $\bigvee_B \bigwedge_A (A\varepsilon B \equiv \bigvee_C A\varepsilon C \wedge E(A))$

angenommen werden, wobei $E(A)$ eine Aussageform mit der freien Variablen „A" ist. Im Ausdruck $E(A)$ können auch andere freie Variablen auftreten, die von der Variablen „B" verschieden sind.

Der Ausdruck (c) unterscheidet sich vom Ausdruck (C_1) aus dem 4. Abschnitt dieses Kapitels nur dadurch, daß anstelle der Konstanten „$\in$" die Konstante „ε" in ihm auftritt (sowie durch die Form der Variablen).

Daraus ersieht man – und darauf weist E. C. Luschei in dem Buch *The Logical Systems of Leśniewski*[1] hin –, daß die Methode der Einschränkung des Mengenbildungsaxioms im System NBG oder im System ML formal die gleiche ist wie die Methode der Einführung von Definitionen oder des Definitionsaxioms in der elementaren Ontologie. Wie jedoch der genannte Autor hervorhebt, begründet St. Leśniewski die in seinem System eingeführten Einschränkungen, während sie im System NBG oder ML ausschließlich zur Vermeidung der Antinomien eingeführt werden. Es muß allerdings hinzugefügt werden, daß die Formulierung von St. Leśniewski bedeutend früher entstanden ist

[1] Amsterdam 1962.

als völlig analoge Formulierungen, die in den erwähnten Systemen der Mengenlehre auftreten.

In der nicht-elementaren Ontologie kann die Entsprechung des Satzes von Cantor bewiesen werden. Wir erhalten hier jedoch nicht die Entsprechung der Antinomie der Allmenge. Bei dieser Antinomie verwendet man nämlich das Theorem der Mengenlehre, nach dem jede Untermenge der Allmenge Element der Allmenge ist. In der Ontologie kann das Theorem: $A\alpha V$ bewiesen werden, das die Entsprechung des Theorems ist, demzufolge jede Menge in der Allmenge enthalten ist. Es kann hier jedoch nicht der Ausdruck: $A\alpha V \rightarrow A\varepsilon V$ bewiesen werden, der die Entsprechung jenes Ausdruckes der Mengenlehre ist, nach dem jede Untermenge der Allmenge Element dieser Menge ist. In der Ontologie kann nämlich weder der Ausdruck: $\Lambda\varepsilon V$ noch ein Ausdruck der Form: $A\varepsilon B$ bewiesen werden, in dem anstelle eines Subjekts ein allgemeiner Name auftritt. Die in der Ontologie vorgenommene Einführung der Konstanten „V", die eine Entsprechung des Symbols der Allmenge ist, bildet daher keine Ausnahme bei der Entsprechung des Satzes von Cantor. In der Ontologie vermeidet man also eine Entsprechung der betrachteten Antinomie aufgrund völlig intuitiver Voraussetzungen, ohne sich auf ad hoc eingeführte Einschränkungen berufen zu müssen.[1]

Die sinnvollen Ausdrücke der nicht-elementaren Ontologie werden entsprechend der Theorie der syntaktischen Kategorien gebildet. In der Ontologie erhält man daher aus dem Prädikatenkalkül nicht die Russellsche Antinomie, bei deren Formulierung das Prädikat und sein Argument der gleichen syntaktischen Kategorie angehören.

7. Die Theorie der syntaktischen Kategorien und die logische Typentheorie

Die Theorie der logischen Typen, von der im Abschnitt 2 dieses Kapitels die Rede war, muß entgegen der oft fälschlichen Praxis von der Theorie der syntaktischen Kategorien unterschieden werden, die im Kapitel I dargestellt wurde. Wir wenden uns nunmehr den zwischen diesen Theorien bestehenden Unterschieden zu.

[1] E. C. Luschei, *The Logical Systems of Leśniewski*, Amsterdam 1962, S. 148.

Beim Vergleich beider Theorien müssen wir die Typentheorie in Betracht ziehen, die nicht als eine ontologische Theorie aufgefaßt wird, welche verschiedene logische Typen von Gegenständen auszeichnet, sondern als syntaktische Theorie einer bestimmten Einteilung von Ausdrücken in logische Typen.

Vor allem läßt sich, wie bereits in den Abschnitten 2 und 3 dieses Kapitels bemerkt wurde, feststellen, daß die Theorie der logischen Typen von Ausdrücken so formuliert werden kann, daß Ausdrücke, die verschiedenen logischen Typen angehören, nicht zu verschiedenen syntaktischen Kategorien gezählt werden müssen, und in der nicht der Typentheorie gemäß gebildete Ausdrücke sinnvolle Ausdrücke sein können.

Es muß jedoch eingeräumt werden, daß in der üblichen Version der einfachen Typentheorie Ausdrücke, die verschiedenen logischen Typen angehören, als Ausdrücke betrachtet werden, die verschiedenen syntaktischen Kategorien angehören, und daß nicht der Typentheorie gemäß gebildete Ausdrücke als sinnlose Ausdrücke angesehen werden.

Die so verstandene logische Typentheorie ist eine Theorie der Einteilung von Ausdrücken eines bestimmten logischen Spezialsystems, in dem die Konstante „$\in$" ein aus zwei Argumenten bestehender aussagenbildender Funktor ist, dessen Argumente verschiedenen syntaktischen Kategorien angehören. Wenn wir jedoch annehmen, daß die Argumente des Funktors „$\in$", der als Zeichen der Zugehörigkeit eines Gegenstandes zu einer Menge aufgefaßt wird, verschiedenen syntaktischen Kategorien angehören, können wir uns nicht auf die Theorie der syntaktischen Kategorien berufen. Wie wir in den vorangegangenen Abschnitten gesehen haben, existieren Systeme der Mengenlehre und Logik, in denen beide Argumente des Funktors „$\in$", der als Zeichen der Zugehörigkeit eines Gegenstandes zu einer Menge aufgefaßt wird, der gleichen syntaktischen Kategorie angehören. Ebenso gehören im Namenkalkül von St. Leśniewski beide Argumente des Funktors „ε" der gleichen syntaktischen Kategorie an. In diesen Systemen genügt die Berufung auf die Theorie der syntaktischen Kategorien nicht, um die logischen Antinomien zu beseitigen.

Eine Berufung auf die Theorie der syntaktischen Kategorien reicht nur aus, um die im Abschnitt 1 dieses Kapitels angegebene Russellsche Antinomie im Prädikatenkalkül zu beseitigen, da die rechte Seite der dort eingeführten Definition, nämlich der Ausdruck „$\sim A(A)$", kein sinnvoller Ausdruck ist, wenn die Variable „A" der syntaktischen Kategorie mit dem Index $\frac{s}{n}$ angehört.

Im Gegensatz zur logischen Typentheorie als einer Theorie der Einteilung von Ausdrücken eines bestimmten logischen Spezialsystems, ist die Theorie der syntaktischen Kategorien eine allgemeine Theorie, die sich auf verschiedene Systeme und Sprachen bezieht. Sowohl die Systeme der axiomatischen Mengenlehre als auch die nicht auf der Typentheorie beruhenden logischen Systeme, von welchen in den vorangegangenen Abschnitten die Rede war, werden nach den Prinzipien der Theorie der syntaktischen Kategorien gebildet. In diesen Systemen treten Ausdrücke auf, die verschiedenen syntaktischen Kategorien angehören. Wenn wir in den Ausdrücken dieser Systeme die einer syntaktischen Kategorie angehörenden Ausdrücke durch die einer anderen syntaktischen Kategorie angehörenden Ausdrücke ersetzen, so erhalten wir aus sinnvollen Ausdrücken sinnlose Ausdrücke. In den Systemen der axiomatischen Mengenlehre und in den nicht auf der Typentheorie beruhenden logischen Systemen kommen Ausdrücke der folgenden syntaktischen Kategorien vor: 1. Aussagenausdrücke, 2. die Variablen des Systems, die eine besondere syntaktische Kategorie bilden, der auch bestimmte definierte Konstanten angehören, 3. die Konstante „$\in$", die ein aussagenbildender Funktor von zwei Argumenten ist, welche der syntaktischen Kategorie der Variablen des Systems angehören, 4. aussagenbildende Funktoren von einem oder zwei Aussagenargumenten, 5. Quantifikatoren. Der Umfang der syntaktischen Kategorien von Ausdrücken dieser Systeme kann durch Einführung definierter Symbole in das System erweitert werden. Wenn wir beispielsweise die in den Kontexten: $\{x, y\}$ bzw.: $x \cap y$ auftretenden definierten Symbole einführen, so führen wir Funktoren von zwei Argumenten ein, die mit den der syntaktischen Kategorie der Variablen des Systems angehörenden Argumenten Ausdrücke bilden, die der gleichen syntaktischen Kategorie angehören, usw. Zweifellos kann man im Rahmen der Theorie der syntaktischen Kategorien eine bestimmte Prädikatenhierarchie auszeichnen, die der Hierarchie der logischen Typen entspricht, wenn wir dem Ausdruck „$p^{n+1}(P^n)$" den Ausdruck „$x^n \in_{n+1} x^{n+1}$" zuordnen. Die einseitige Beachtung dieser Tatsache scheint der Ansicht zugrunde zu liegen, die die beiden Theorien identifiziert. Dann übersieht man aber, daß die Theorie der syntaktischen Kategorien gewisse allgemeine Prinzipien bezüglich unterschiedlichster Systeme und Sprachen enthält. Die Tatsache, daß die nicht auf der logischen Typentheorie beruhenden logischen Systeme nach den Prinzipien der Theorie der syntaktischen Kategorien gebildet werden, beweist wohl zur Genüge, daß zwischen der logischen Typentheorie und der Theorie der syntaktischen Kategorien, die als allgemeine Theorie in bezug auf verschiedene Sprachen und Systeme begriffen wird, unterschieden werden muß.

Solche allgemeinen Prinzipien der Einteilung von Ausdrücken einer beliebigen Sprache oder eines beliebigen Systems in syntaktische Kategorien hatte wohl St. Leśniewski, der Schöpfer der Theorie der syntaktischen Kategorien, im Sinn, als er behauptete, daß diese Theorie unabhängig vom Problem der logischen Antinomien sich entwickeln würde. Diesen allgemeinen Aspekt der Theorie der syntaktischen Kategorien betont K. Ajdukiewicz in allen seinen dieser Theorie gewidmeten Artikeln.

KAPITEL IX

Einführung in die Metalogik

In diesem Kapitel werden wir die Grundbegriffe der Theorie der deduktiven Systeme, d. h. der logischen und mathematischen Systeme, kennenlernen. Diese Begriffe verwendet man in der Metalogik, unter der wir die Theorie der logischen Systeme verstehen.

Unter den in der Theorie der deduktiven Systeme auftretenden Begriffen unterscheidet man zwei Arten: 1. syntaktische Begriffe, die Ausdrücke der untersuchten Systeme, Klassen solcher Ausdrücke und zwischen den Ausdrücken bestehende Relationen betreffen; 2. semantische Begriffe (einschließlich den nur mit ihrer Hilfe definierten Begriffen), welche die Beziehungen zwischen den Ausdrücken und den Gegenständen, auf die sich diese Ausdrücke beziehen betreffen.

Die Abschnitte 1–4 dieses Kapitels geben eine Einführung in die syntaktische Theorie der deduktiven Systeme, in den Abschnitten 5–7 werden die semantischen Grundbegriffe behandelt.[1]

1. Syntaktische Grundbegriffe

Einer der syntaktischen Grundbegriffe ist der Begriff des **sinnvollen Aussagenausdruckes** (oder kurz: des sinnvollen Ausdruckes) eines gegebenen deduktiven Systems. Die Aussagenausdrücke eines deduk-

[1] [Weitere Ausführungen zur Theorie deduktiver Systeme findet der Leser u. a. in den Werken: G. Asser, *Einführung in die mathematische Logik*, Teil I, 4. Auflage Leipzig 1973, Teil II Leipzig 1972; H. Hermes, *Einführung in die mathematische Logik. Klassische Prädikatenlogik*, 3. Auflage Stuttgart 1972; S. C. Kleene, *Mathematical Logic*, New York-London-Sydney 1967, russisch: Mockba 1973; K. Schröter, *Theorie des logischen Schließens*, Zeitschrift für Mathematische Logik und Grundlagen der Mathematik, Teil I, 1, 1955, S. 37–86, Teil II, 4, 1958, S. 10 bis 65; W. Stegmüller, *Unvollständigkeit und Unentscheidbarkeit*, Wien-New York 1970; E. D. Smirnowa, P. W. Tawanjez, *Logische Semantik*, in: *Quantoren, Modalitäten, Paradoxien*, Berlin 1972].

tiven Systems sind bestimmte endliche Folgen von Symbolen dieses Systems. Es wird gewöhnlich angenommen, daß die Menge der Symbole eines deduktiven Systems eine abzählbare Menge ist. Jedes Symbol des Systems gehört einer bestimmten syntaktischen Kategorie an. Der Begriff der syntaktischen Kategorie ist ebenfalls ein syntaktischer Begriff. Aussagenausdrücke des Systems sind solche endlichen Folgen von Symbolen des Systems, welche entsprechend dem Prinzip der syntaktischen Kategorien gebildet sind und zu der syntaktischen Kategorie der Aussagenausdrücke gehören. Unter den Aussagenausdrücken eines Systems kann man atomare Aussagenausdrücke und zusammengesetzte Aussagenausdrücke unterscheiden. Die atomaren Aussagenausdrücke bestehen aus einem Prädikat von n Argumenten und seinen n Argumenten, welche Konstanten oder Variablen, die entsprechenden syntaktischen Kategorien angehören, sein können. Die zusammengesetzten Aussagenausdrücke werden aus atomaren Aussagenausdrücken mit Hilfe von aussagenbildenden Funktoren von Aussagenargumenten und den Quantifikatoren gebildet. Die Menge der (sinnvollen) Aussagenausdrücke eines Systems ist die kleinste Menge, welche die Menge der atomaren Aussagenausdrücke des Systems enthält und in bezug auf die Operation der Bildung zusammengesetzter Aussagenausdrücke mit Hilfe der Funktoren des Aussagenkalküls und der Quantifikatoren abgeschlossen ist. In einigen, ausschließlich auf dem Aussagenkalkül beruhenden Systemen, werden die zusammengesetzten Aussagenausdrücke nur mit Hilfe von Funktoren des Aussagenkalküls gebildet. Es kann auch Systeme geben, in denen alle Aussagenausdrücke atomare Ausdrücke sind, z. B. Ausdrücke von der Form einer Identität. Bei der Bildung von Aussagenausdrücken eines Systems, und zwar sowohl von atomaren Ausdrücken aus Symbolen des Systems als auch von zusammengesetzten Aussagenausdrücken mit Hilfe der Funktoren des Aussagenkalküls und der Quantifikatoren, verfahren wir gemäß der Theorie syntaktischer Kategorien, d. h. die syntaktische Kategorien der Argumente des gegebenen Funktors oder auch Operators müssen der syntaktischen Kategorie des Funktors bzw. Operators angepaßt ist.

Meistens können wir in jedem einzelnen Fall entscheiden, ob eine gegebene Zusammenstellung von Symbolen des Systems ein sinnvoller Ausdruck dieses Systems ist. Wenn dies der Fall ist, sagen wir, daß die Menge der (sinnvollen) Aussagenausdrücke des Systems eine entscheidbare Menge darstellt.

Diesen Begriff der Entscheidbarkeit hat man wie folgt präzisiert. Wir bestimmen zunächst den Begriff einer berechenbaren Funktion.

Das ist eine Funktion, deren Argumente und Funktionswerte natürliche Zahlen sind, und die die Eigenschaft hat, daß man für jeden Wert des Arguments den Wert der Funktion effektiv berechnen kann. Die Menge der berechenbaren Funktionen bestimmen wir als die kleinste Menge, welche bestimmte Ausgangsfunktionen enthält und in bezug auf bestimmte Operationen der Bildung neuer Funktionen aus gegebenen Funktionen abgeschlossen ist. Als Ausgangsfunktionen kann man folgende Funktionen wählen:

1. Eine konstante Funktion, welche jedem Argument den Wert 0 zuordnet, d. h. eine solche Funktion C, bei der für jedes n gilt: $C(n) = 0$;

2. Die Funktion Seq, welche der natürlichen Zahl n die Zahl $n+1$ zuordnet;

3. Identitätsfunktionen (oder Argumentauswahlfunktionen) I_j^n mit n Argumenten (wobei $1 \leqq j \leqq n$), die den Wert der Funktion mit dem j-ten Argument der Funktion identifizieren, d. h. welche die Bedingung: $I_j^n(k_1, \ldots, k_n) = k_j$ für alle $k_1, \ldots, k_n$ erfüllen.

Als Funktionserzeugungsprinzipien kann man folgende Operationen wählen:

I. Die Erzeugung einer Funktion f aus den Funktionen $g, h_1, \ldots, h_m$ durch Einsetzung:

$$f(k_1, \ldots, k_n) = g(h_1(k_1, \ldots, k_n), \ldots, h_m(k_1, \ldots, k_n)).$$

II. Die Erzeugung einer Funktion f aus den Funktionen g und h mit Hilfe des Schemas der (primitiven) Rekursion (Induktionsschema):

$$f(k_1, \ldots, k_n, 0) = g(k_1, \ldots, k_n)$$
$$f(k_1, \ldots, k_n, Seq'm) = h(k_1, \ldots, k_n, m, f(k_1, \ldots, k_n, m)).$$

Dieses Schema umfaßt als Spezialfall – nämlich für $n = 0$ – folgendes Schema:

$$f(0) = k$$
$$f(m+1) = h(m, f(m)),$$

wobei k eine bestimmte natürliche Zahl ist.

In diesem Schema schreiben wir $m+1$ statt $Seq'm$.

Nach diesem Schema bestimmen wir z. B. die Rechenoperation der Addition natürlicher Zahlen folgendermaßen:

$$k + 0 = k$$
$$k + Seq'm = Seq'(k+m).$$

Die Rechenoperation der Multiplikation natürlicher Zahlen definieren wir mit Hilfe dieses Schemas wie folgt:

$$k \cdot 0 = 0$$
$$k \cdot (m+1) = k \cdot m + k.$$

Die Addition definieren wir hier mit Hilfe der Nachfolgerfunktion, während wir dagegen die Multiplikation mit Hilfe der Addition definieren.

III. Die Erzeugung einer Funktion f aus einer Funktion g mit Hilfe der effektiven Minimumbildung.[1] Wenn nämlich die Bedingung: $\bigwedge_{k_1,\ldots,k_n} \bigvee_m g(k_1, \ldots, k_n, m) = 0$ erfüllt ist, so verstehen wir unter $\mu_m(g(k_1, \ldots, k_n, m) = 0)$ die kleinste natürliche Zahl m derart, daß $g(k_1, \ldots, k_n, m) = 0$.

Eine Funktion f erhält man aus einer Funktion g mit Hilfe der effektiven Minimumbildung (Normalfall), wenn $f(k_1, \ldots, k_n) = \mu_m(g(k_1, \ldots, k_n, m) = 0)$, unter der Annahme, daß $\bigwedge_{k_1,\ldots,k_n} \bigvee_m g(k_1, \ldots, k_n, m) = 0$.

Die Menge der berechenbaren Funktionen (oder der rekursiven Funktionen) ist die kleinste Menge, zu der die Ausgangsfunktionen 1.–3. gehören und die in bezug auf die Operationen I.–III. abgeschlossen ist.

Aufgrund des Theorems (XXV) aus Abschnitt 3 des Kapitels V erhalten wir aus der Definition der Menge der berechenbaren Funktionen die Äquivalenz:

Eine Funktion f ist dann und nur dann berechenbar, wenn es eine endliche Folge von Funktionen gibt derart, daß ihr letztes Glied die Funktion f ist und jedes Glied dieser Folge entweder eine der Ausgangsfunktionen 1.–3. oder aus früheren Gliedern dieser Folge mit Hilfe irgendeiner der Operationen I.–III. gebildet ist.

Es erhebt sich die Frage, ob der so bestimmte Begriff der berechenbaren Funktion dem intuitiven Funktionsbegriff entspricht, demzufolge eine Funktion die Eigenschaft hat, daß man für jedes ihrer Argumente „den Wert dieser Funktion effektiv berechnen kann". Es läßt sich leicht feststellen, daß diese intuitiv verstandene, jedoch nicht präzis bestimmte Eigenschaft allen Ausgangsfunktionen zukommt und von gegebenen berechenbaren Funktionen auf Funktionen, die aus ihnen mit Hilfe irgendeiner der Operationen I.–III. erhalten wurden, übertragen wird, also jeder berechenbaren Funktion zukommt. Für die Wahrheit der umgekehrten Behauptung spricht folgende Tatsache. Es wurden einige Definitionen des intuitiven Begriffs der berechen-

[1] Man spricht in diesem Fall auch von einer Anwendung des μ-Operators im Normalfall. Vgl. dazu z. B. H. Hermes, *Aufzählbarkeit, Entscheidbarkeit, Berechenbarkeit*, Berlin-Göttingen-Heidelberg 1961, S. 90.

baren Funktionen angegeben und alle diese Definitionen erwiesen sich mit der obigen Definition äquivalent.[1]

Eine Menge natürlicher Zahlen ist dann und nur dann entscheidbar, wenn die charakteristische Funktion dieser Menge eine berechenbare Funktion ist.

Im Sinne dieser Bestimmung ist eine Menge von Zahlen dann und nur dann entscheidbar, wenn wir bezüglich jeder Zahl entscheiden können, ob sie zu dieser Menge gehört oder nicht.

Den Ausdrücken eines gegebenen Systems kann man natürliche Zahlen eineindeutig zuordnen, die wir die Nummern dieser Ausdrücke (bei einer gegebenen Zuordnung) nennen werden. Eine solche Zuordnung kann man z. B. so festlegen, daß den Symbolen des Systems eineindeutig natürliche Zahlen zugeordnet werden, welche ihre Nummern sind. Die Menge der Symbole ist eine abzählbare Menge, also gibt es eine Relation, die den Symbolen des Systems natürliche Zahlen eineindeutig zuordnet. Die Aussagenausdrücke des Systems sind bestimmte endliche Folgen von Symbolen. Jedem Aussagenausdruck kann man also eineindeutig eine endliche Folge von Zahlen zuordnen, welche die Nummern der Symbole sind, aus denen dieser Ausdruck gebildet ist. Man kann jeder endlichen Folge von natürlichen Zahlen $k_1, k_2, \ldots, k_n$ eineindeutig eine natürliche Zahl $p_1^{k_1} \cdot p_2^{k_2} \cdot \ldots \cdot p_n^{k_n}$ zuordnen, wobei die Zahlen $p_1, p_2, \ldots, p_n$ aufeinanderfolgende Primzahlen in der mit der Zahl 2 beginnenden Primzahlfolge sind. Auf diese Weise entspricht jedem Aussagenausdruck des gegebenen Systems eineindeutig eine natürliche Zahl, welche die Nummer (Gödelnummer) dieses Ausdrucks genannt wird.

Mit Hilfe dieser Zuordnung können wir den Begriff der Entscheidbarkeit einer Menge von Ausdrücken folgendermaßen bestimmen:

Eine Menge von Ausdrücken ist dann und nur dann entscheidbar, wenn die Menge der Nummern dieser Ausdrücke entscheidbar ist.

Diese Bestimmung hat folgenden intuitiven Sinn:

Eine Menge von Ausdrücken ist dann und nur dann entscheidbar, wenn wir von jedem Ausdruck feststellen können, ob er zu dieser Menge gehört oder nicht.

Die obige Bestimmung des Begriffes der Entscheidbarkeit bezieht sich auch auf Relationen zwischen Ausdrücken, die bestimmte Mengen

[1] [Eine ausführliche Darstellung der Theorie berechenbarer Funktionen findet der Leser z. B. in dem Buch *Rekursive Funktionen* von R. Péter, 2. Auflage Berlin 1952, bzw. in dem bereits erwähnten Buch von H. Hermes: *Aufzählbarkeit, Entscheidbarkeit, Berechenbarkeit.*]

geordneter Ausdrücke sind. Im Sinne dieser Bestimmung ist eine zwischen Ausdrücken eines Systems bestehende Relation dann und nur dann entscheidbar, wenn wir in jedem Fall entscheiden können, ob diese Relation zwischen gegebenen Ausdrücken des Systems besteht oder nicht.

Den Begriff der Entscheidbarkeit benutzt man in den Definitionen einiger wichtiger Termini aus der Theorie der deduktiven Systeme.

Wie wir bereits erwähnten, wird der Begriff des (sinnvollen) Ausdruckes eines deduktiven Systems meistens so bestimmt, daß die Menge der sinnvollen Ausdrücke eine entscheidbare Menge ist. Dies ist aber nicht immer der Fall. Wenn wir z. B. den deskriptiven Operator in das System einführen und annehmen, daß der Namenausdruck $\underset{v}{\iota}\, E(v)$ dann und nur dann sinnvoll ist, wenn der Ausdruck $\underset{v}{\bigvee}_1 E(v)$ ein Theorem des Systems ist, und es keine allgemeine Methode für die Entscheidung darüber gibt, ob der gegebene Ausdruck ein Theorem des Systems ist, so haben wir auch keine Methode für die Entscheidung, ob die den deskriptiven Operator enthaltenden Zusammenstellungen von Symbolen des Systems sinnvolle Aussagenausdrücke des Systems sind; also ist die Menge der Aussagenausdrücke des Systems keine entscheidbare Menge. Darin liegt die Hauptschwierigkeit bei der Einführung des deskriptiven Operators und ihm ähnlicher Ausdrücke. Es gibt übrigens bestimmte Möglichkeiten, diese Schwierigkeiten zu beseitigen. Bernays z. B. führt einen deskriptiven Operator von zwei Argumenten: $\underset{v}{\iota}(E(v), a)$ ein, den man folgendermaßen bestimmen kann:

$$u = \underset{v}{\iota}(E(v), a) \equiv \underset{v}{\bigvee}_1 E(v) \wedge E(u) \vee \sim \underset{v}{\bigvee}_1 E(v) \wedge u = a,$$

wobei „a" eine bestimmte Konstante des Systems ist.

Mit Hilfe dieses Operators kann man den üblichen deskriptiven Operator bestimmen. Wenn wir z. B. in der Arithmetik der natürlichen Zahlen für „a" die Konstante „0" annehmen, können wir in diesem System den deskriptiven Operator folgendermaßen bestimmen:

$$\underset{v}{\iota} E(v) = \underset{v}{\iota}(E(v), 0).$$

Der Ausdruck $\underset{v}{\iota} E(v)$ bezeichnet dann die einzige natürliche Zahl, welche die Aussageform $E(v)$ erfüllt, wenn $\underset{v}{\bigvee}_1 E(v)$ oder er bezeichnet die Zahl 0, wenn $\sim \underset{v}{\bigvee}_1 E(v)$.

Ähnlich kann man in der Mengenlehre den deskriptiven Operator bestimmen, indem man für „a" die Konstante „$\emptyset$" annimmt:

$$\underset{v}{\iota} E(v) = \underset{v}{\iota}(E(v), \emptyset).$$

Ein syntaktischer Begriff ist der Begriff des A x i o m e n s y s t e m s mit den Axiomen A und durch die primären Schlußregeln bestimmten Relationen R. Ein solches System kann man als ein geordnetes Paar $\langle A, R\rangle$ bestimmen.

Es wird angenommen, daß die Menge der Axiome eines Axiomensystems eine entscheidbare Menge ist. Wir können also immer entscheiden, ob ein gegebener Ausdruck ein Axiom des Systems ist oder nicht. Die Menge der Axiome kann eine endliche oder eine unendliche (abzählbare) Menge sein. Im ersten Fall werden wir alle Axiome des Systems angeben. Im zweiten Fall beschreiben wir, wie die Axiome des Systems aufgebaut sind und geben dazu das meistens im Metasystem geschriebene Schema derjenigen Ausdrücke an, welche Axiome des Systems erzeugen. Beispielen einer solchen Formulierung der Axiome eines Systems begegneten wir schon in den vorangegangenen Kapiteln.

Es wird weiterhin angenommen, daß die durch die primären Schlußregeln des axiomatischen Systems bestimmten Relationen entscheidbar sind. Wir können also immer entscheiden, ob zwischen gegebenen Ausdrücken die durch eine gegebene primäre Schlußregel bestimmte Relation besteht.

Natürlich sind die Axiome des Systems bestimmte Aussagenausdrücke des Systems und die durch die Schlußregeln des Systems bestimmten Relationen – bestimmte Relationen zwischen entsprechenden Aussagenausdrücken des Systems.

Wenn wir axiomatische Systeme als Systeme aufbauen, in denen wir die Aussagen über die Objekte eines bestimmten Gebietes formulieren, bemühen wir uns, die Axiome des Systems so auszuwählen, daß sie wahre Aussagen über diese Objekte sind. Die primären Regeln wählen wir dann so aus, daß sie stets von wahren Aussagen wieder zu wahren Aussagen führen, d. h., daß die durch diese Regeln bestimmten Relationen Unterrelationen der logischen Folgerungsrelation sind. Diese, die Axiome und primären Regeln betreffenden Bedingungen sind jedoch schon semantische Bedingungen,weil sowohl der Begriff der Wahrheit als auch der der logischen Folgerung ein semantischer Begriff ist, Begriffe, auf die wir im letzten Abschnitt dieses Kapitels ausführlicher eingehen wollen.

Die M e n g e d e r T h e o r e m e e i n e s A x i o m e n s y s t e m s mit den Axiomen A und den durch die primären Regeln des Systems bestimmten Relationen R ist die kleinste Menge, welche die Menge der Axiome A enthält und die in bezug auf die Relationen R abgeschlossen ist.

Daraus folgt aufgrund des Theorems (XVII) aus Abschnitt 3.9 des Kapitels V, daß jedes Axiom des Systems ein Theorem des Systems ist.

Der Begriff des Theorems eines Systems umfaßt also sowohl die Axiome des Systems als auch die aufgrund der Axiome gemäß der Regeln des Systems bewiesenen Aussagen.

Aus dieser Definition der Menge der Theoreme eines Axiomensystems erhalten wir aufgrund des Theorems (XXV) aus Abschnitt 3.9 des Kapitels V folgende Äquivalenz:

Ein Aussagenausdruck E ist ein Theorem eines Axiomensystems mit den Axiomen A und den durch die primären Regeln des Systems bestimmten Relationen R dann und nur dann, wenn es eine endliche Folge von Ausdrücken gibt, deren letztes Glied der Ausdruck E ist und in der jedes Glied entweder eines der Axiome A ist oder zu irgendwelchen früheren Gliedern der Folge in irgendeiner durch die primären Regeln des Systems bestimmten Relation R steht.

Eine solche endliche Folge von Ausdrücken nennt man einen *Beweis* des Ausdruckes E bezüglich der Axiome A und der die Relationen R bestimmenden primären Regeln.

Wenn eine Menge von Axiomen entscheidbar ist und die durch die primären Regeln des Systems bestimmten Relationen entscheidbar sind, können wir immer entscheiden, ob eine gegebene endliche Folge von Aussagenausdrücken ein Beweis desjenigen Ausdruckes ist, welcher das letzte Glied dieser Folge bildet. Die Menge der Beweise ist also ebenfalls eine entscheidbare Menge.

Unter Benutzung des Begriffes eines Beweises erhalten wir aus der obigen Äquivalenz die folgende:

Ein Aussagenausdruck E ist dann und nur dann ein Theorem des Systems mit den Axiomen A und den durch die primären Regeln des Systems bestimmten Relationen R, wenn es einen Beweis des Ausdruckes E aufgrund der Axiome A und der die Relationen R bestimmenden primären Regeln des Systems gibt.

Obwohl sowohl die Menge von Axiomen A eine entscheidbare Menge sein kann, als auch die durch die primären Regeln des Systems bestimmten Relationen R entscheidbar sein können, braucht die Menge der Theoreme des Systems mit den Axiomen A und den die Relationen R bestimmenden primären Regeln keine entscheidbare Menge zu sein.

Eine Menge A nennen wir *rekursiv aufzählbar* dann und nur dann, wenn es eine solche entscheidbare Relation gibt, so daß: $\bigwedge_x (x \in A \equiv \bigvee_y yRx)$.

Die Menge der Theoreme eines axiomatischen Systems ist eine aufzählbare Menge, wenn die Menge der Beweise entscheidbar ist.

Die obenangeführte Bestimmung eines Beweises ist diejenige eines üblichen direkten Beweises (im axiomatischen System). Den Begriff des Annahmebeweises bezüglich gegebener Regeln kann man mit Hilfe einer induktiven Definition bestimmen. Wir wollen zunächst den Begriff des Annahmebeweises für die Systeme ohne Axiome bestimmen. Beispiele für solche Systeme sind der Aussagenkalkül und der engere Prädikatenkalkül, wie sie nach der in den Kapiteln **III** und **IV** dargestellten Annahmemethode aufgebaut sind.

Definition des direkten Annahmebeweises

Eine endliche Folge (C) von Ausdrücken $G_1, \ldots, G_k$ ist in bezug auf die Regeln R ein direkter Annahmebeweis 1. Stufe des Ausdruckes $E_1 \rightarrow \{\cdots \rightarrow (E_{n-1} \rightarrow E_n) \ldots\}$ genau dann, wenn:

1. Die Ausdrücke $G_1, \ldots, G_{n-1}$ sind entsprechend gleich den Ausdrücken $E_1, \ldots, E_{n-1}$
2. $G_k = E_n$
3. Jedes Glied der Folge (C) ist entweder einer der Ausdrücke $E_1, \ldots, E_{n-1}$ oder wird aus irgendwelchen früheren Gliedern der Folge (C) mit Hilfe irgendeiner der Regeln R erhalten.

Eine endliche Folge (C) von Ausdrücken $G_1, \ldots, G_k$ ist in bezug auf die Regeln R ein direkter Annahmebeweis m-ter Stufe des Ausdruckes $E_1 \rightarrow \{\cdots \rightarrow (E_{n-1} \rightarrow E_n) \cdots\}$ genau dann, wenn:

1. Die Ausdrücke $G_1, \ldots, G_{n-1}$ sind entsprechend gleich den Ausdrücken $E_1, \ldots, E_{n-1}$
2. $G_k = E_n$
3. Jedes Glied der Folge (C) ist entweder einer der Ausdrücke $E_1, \ldots, E_{n-1}$ oder wird aus irgendwelchen früheren Gliedern der Folge (C) mit Hilfe irgendeiner der Regeln R erhalten oder ist ein Ausdruck, für den es in bezug auf die Regeln R einen direkten Annahmebeweis niedrigerer Stufe als m gibt.

Definition des indirekten Annahmebeweises

Eine endliche Folge (C) von Ausdrücken $G_1, \ldots, G_k$ ist in bezug auf die Regeln R ein indirekter Annahmebeweis 1. Stufe des Ausdruckes $E_1 \rightarrow \{\cdots \rightarrow (E_{n-1} \rightarrow E_n) \cdots\}$ genau dann, wenn:

1. Die Ausdrücke $G_1, \ldots, G_{n-1}$ sind entsprechend gleich den Ausdrücken $E_1, \ldots, E_{n-1}$
2. $G_n = \sim E_n$
3. Jedes Glied der Folge (C) ist entweder einer der Ausdrücke $E_1, \ldots, E_{n-1}, \sim E_n$ oder wird aus irgendwelchen früheren Gliedern der Folge (C) mit Hilfe irgendeiner der Regeln R erhalten

4. Unter den Gliedern der Folge (C) gibt es zwei sich widersprechende Ausdrücke.

Eine endliche Folge (C) von Ausdrücken $G_1, \ldots, G_k$ ist in bezug auf die Regeln R ein indirekter Annahmebeweis m-ter Stufe des Ausdruckes $E_1 \to \{\cdots \to (E_{n-1} \to E_n) \cdots\}$ genau dann, wenn:

1. Die Ausdrücke $G_1, \ldots, G_{n-1}$ sind entsprechend gleich den Ausdrücken $E_1, \ldots, E_{n-1}$

2. $G_n = \sim E_n$

3. Jedes Glied der Folge (C) ist entweder einer der Ausdrücke $E_1, \ldots, E_{n-1}, \sim E_n$ oder wird aus irgendwelchen früheren Gliedern der Folge (C) mit Hilfe irgendeiner der Regeln R erhalten oder ist ein Ausdruck, für den es in bezug auf die Regeln R einen indirekten Annahmebeweis niedrigerer Stufe als m gibt

4. Unter den Gliedern der Folge (C) gibt es zwei sich widersprechende Ausdrücke.

Unter Berücksichtigung der Ausdrücke des Aussagenkalküls und bei der Annahme, daß als die Regeln R die Regeln AR, EK, BK, EA, BA, EÄ und BÄ auftreten, erhalten wir die Bestimmung des direkten und des indirekten Annahmebeweises für den klassischen Aussagenkalkül in der im Kapitel III behandelten Annahme-Fassung.

Unter Berücksichtigung der Aussagenausdrücke des engeren Prädikatenkalküls und unter der Voraussetzung, daß als die Regeln R die obengenannten Regeln des Aussagenkalküls sowie die Regeln E $\wedge$, B $\wedge$, E $\vee$ und B $\vee$ auftreten, erhalten wir die Definition des direkten und des indirekten Annahmebeweises für den klassischen engeren Prädikatenkalkül.

Bezüglich des intuitionistischen Aussagenkalküls muß die 2. Bedingung des indirekten Annahmebeweises entsprechend modifiziert werden.

Wenn wir annehmen, daß $n = 1$ ist, erhalten wir die Definitionen des direkten üblichen Beweises und des indirekten üblichen Beweises.

Den Begriff des Annahmebeweises kann man ebenso auf Systeme anwenden, in denen bestimmte Axiome angenommen werden. In diesen Fällen müssen wir die angegebenen Bestimmungen erweitern und davon sprechen, daß eine gegebene Folge von Ausdrücken einen (direkten oder indirekten) Annahmebeweis in bezug auf die Regeln R und die Menge der Ausdrücke A darstellt. Die rechten Seiten der angegebenen Definitionen muß man dann ergänzen, wobei in der 3. Bedingung zu berücksichtigen ist, daß die Glieder der Folge (C) Elemente der Menge A sein können. Wenn wir in einer solchen allgemeinen Bestimmung annehmen, daß $A = \emptyset$, erhalten wir aus ihr –

als Spezialfall – die vorher angegebene Definition. Ein Beispiel für ein nach der Annahmemethode aufgebautes logisches System, in dem auch bestimmte Axiome angenommen werden, ist der engere Prädikatenkalkül mit Identität in der im Kapitel IV angegebenen Darstellung. Auch die auf einem logischen Annahmekalkül basierenden deduktiven logischen oder mathematischen Axiomensysteme sind Beispiele für Systeme, auf die der Begriff des Annahmebeweises in bezug auf die logischen Regeln dieses Annahmekalküls und die Axiome solcher Axiomensysteme angewandt wird. In den in solchen Systemen durchgeführten Annahmebeweisen benutzt man u. a. die Axiome dieser Systeme.

Den Begriff eines Theorems eines Annahmesystems mit den Regeln R definieren wir folgendermaßen: Ein Ausdruck E ist ein Theorem n-ter Stufe eines Annahmesystems mit den Regeln $R \equiv$ es gibt einen indirekten Annahmebeweis n-ter Stufe des Ausdruckes E in bezug auf die Regeln R. Ein Ausdruck E ist ein Theorem eines Annahmesystems mit den Regeln $R \equiv$ es gibt eine solche natürliche Zahl n, daß E ein Theorem n-ter Stufe des Annahmesystems mit den Regeln R ist.

Wenn wir als die Regeln R die Regeln AR, EK, BK, EA, BA, EÄ und BÄ annehmen, erhalten wir die Definition eines Theorems des Annahmesystems des klassischen Aussagenkalküls. Unter Benutzung dieses Begriffes beweisen wir die Aussage I aus Abschnitt 4, Kap. III[1], welche aussagt, daß jedes Theorem eines Annahmesystems des klassischen Aussagenkalküls ein wahrer Ausdruck ist. Der Beweis dieser Aussage ist ein induktiver Beweis, der nach dem zweiten induktiven Schema (siehe Abschnitt 4, Kap. V) durchgeführt wird.
Nehmen wir an, daß

(1) der Ausdruck E von der Form $E_1 \rightarrow \{\cdots \rightarrow (E_{n-1} \rightarrow E_n) \cdots\}$ ein Theorem m-ter Stufe des Annahmesystems des klassischen Aussagenkalküls ist, wobei m eine beliebige natürliche Zahl $\geqq 1$ ist, und

(2) alle Theoreme dieses Systems einer niedrigeren Stufe als m wahr sind (Induktionsvoraussetzung).

Aus (1) folgt, daß es einen indirekten Annahmebeweis des Ausdruckes E gibt. Aus den Theoremen $T_1, \ldots, T_k$ niedrigerer Stufen als m sowie aus den Ausdrücken $E_1, \ldots, E_{n-1}, \sim E_n$ erhält man also nach den Regeln AR, EK, BK, EA, BA, EÄ und BÄ zwei sich widersprechende Ausdrücke. Die Theoreme $T_1, \ldots, T_k$ sind – entsprechend der Annahme (2) – wahre Ausdrücke. Die genannten Regeln führen stets

[1] S. 108.

von wahren Ausdrücken zu wahren Ausdrücken. Zwei sich widersprechende Ausdrücke sind nicht zugleich wahr. Daraus folgt, daß die Ausdrücke $E_1, \ldots, E_{n-1}, \sim E_n$ nicht zugleich wahr sind. Wenn also die Ausdrücke $E_1, \ldots, E_{n-1}$ wahr sind, dann ist der Ausdruck $\sim E_n$ falsch, und damit ist E_n wahr. Wenn jedoch aus der Annahme der Wahrheit der Ausdrücke $E_1, \ldots, E_{n-1}$ die Wahrheit des Ausdruckes E_n folgt, so ist der Ausdruck $E_1 \rightarrow \{\ldots \rightarrow (E_{n-1} \rightarrow E_n) \cdots\}$, d. h. der Ausdruck E, ein wahrer Ausdruck. Dieses Resultat schließt den induktiven Beweis des Aussage I ab.

Vom Begriff des Axiomensystems ist der Begriff des deduktiven Systems (Deduktionssystems) zu unterscheiden. Eine Menge von Ausdrücken bestimmter Art nennen wir eine **Deduktionsmenge** oder ein **deduktives System**, wenn sie bezüglich einer bestimmten Relation oder bestimmter Relationen, die sämtlich Unterrelationen der Folgerungsrelation sind, abgeschlossen ist.

Z. B. nennen wir eine Menge von Ausdrücken bestimmter Art eine Deduktionsmenge bezüglich der Abtrennungsregel, wenn sie in bezug auf die durch die Abtrennungsregel bestimmte Relation abgeschlossen ist, also eine solche Menge von Ausdrücken bestimmter Art ist, daß wenn eine Implikation und ihr Vorderglied zu dieser Menge gehören, dann auch das Hinterglied dieser Implikation zu dieser Menge gehört.

Eine Menge von Ausdrücken bestimmter Art, die in bezug auf die durch die Einsetzungs- und Abtrennungsregel bestimmten Relationen abgeschlossen ist, nennen wir ein Deduktionssystem bezüglich Einsetzung und Abtrennung, usw.

Im Sinne dieser Bestimmung ist die Menge der Theoreme eines Axiomensystems ein deduktives System, weil sie eine Menge von Ausdrücken einer bestimmten Art darstellt, die in bezug auf die durch die primären Regeln dieses Systems bestimmten Relationen abgeschlossen ist.

Ausdrücke, die zu einem gegebenen Deduktionssystem gehören, nennen wir **Theoreme** dieses deduktiven Systems.

Ein deduktives System nennen wir **axiomatisierbar** dann und nur dann, wenn es mit der Menge der Theoreme eines bestimmten Axiomensystems identisch ist.

Zum Beispiel ist die Menge der (immer) wahren Ausdrücke des Aussagenkalküls nur mit Implikation und Negation axiomatisierbar, weil es Axiomensysteme des Aussagenkalküls nur mit Implikation und Negation gibt, in denen alle und nur die wahren Ausdrücke dieses Kalküls Theoreme sind.

Wie wir am Ende dieses Kapitels erfahren werden, gibt es auch nichtaxiomatisierbare deduktive Systeme, die sich also in kein Axiomensystem bringen lassen.

Unter den axiomatisierbaren deduktiven Systemen gibt es Systeme, welche endlich axiomatisierbar sind, d. h. Systeme, die man auf einer endlichen Anzahl von Axiomen aufbauen kann, und Systeme, die sich nicht auf einer endlichen Anzahl von Axiomen aufbauen lassen. Beispiele für endlich axiomatisierbare Systeme sind verschiedene Systeme des Aussagenkalküls. Das NBG-System der Mengenlehre, das wir im Kapitel VIII erwähnten, ist ein endlich axiomatisierbares System, während sich dagegen das ZFS-System der Mengenlehre nicht auf einer endlichen Anzahl von Axiomen aufbauen läßt.

Da die Menge der Theoreme eines axiomatischen Systems eine Deduktionsmenge ist, lassen sich bestimmte Begriffsbestimmungen, die wir für deduktive Systeme formulieren werden, auch auf Axiomensysteme beziehen.

Eine der wichtigsten Forderungen, die an deduktive Systeme gestellt werden, ist die nach ihrer Widerspruchsfreiheit. Der Begriff der Widerspruchsfreiheit eines Systems – und korrelativ, der Begriff der Widersprüchlichkeit eines Systems – kann durch eine der beiden folgenden Definitionen wie folgt bestimmt werden.

Nach der ersten Definition heißt ein deduktives System widerspruchsfrei dann und nur dann, wenn nicht jeder Aussagenausdruck dieses Systems ein Theorem dieses Systems ist (d. h. wenn es Aussagenausdrücke dieses Systems gibt, die keine Theoreme dieses Systems sind). Ein deduktives System ist widersprüchlich dann und nur dann, wenn jeder sinnvolle Aussagenausdruck dieses Systems ein Theorem dieses Systems ist.

Nach der zweiten Definition heißt ein deduktives System widerspruchsfrei dann und nur dann, wenn es keine zwei sich widersprechende Aussagenausdrücke des Systems gibt, die Theoreme dieses Systems sind (d. h. in jedem Paar von sich widersprechenden Aussagenausdrücken dieses Systems mindestens einer dieser Ausdrücke kein Theorem des Systems ist).

Ein deduktives System ist widersprüchlich dann und nur dann, wenn ein Aussagenausdruck dieses Systems und seine Negation Theoreme dieses Systems sind (d. h. wenn zu den Theoremen des Systems zwei sich widersprechende Ausdrücke gehören).

Die zweite Definition läßt sich nur auf Systeme anwenden, in denen das Negationszeichen vorkommt, weil sich widersprechende Ausdrücke zwei Aussagenausdrücke sind, von denen der eine die Negation des anderen bildet. Die erste Definition ist dagegen allgemeiner und kann auch auf Systeme angewandt werden, in deren Ausdrücken das Negationszeichen nicht vorkommt. Im Sinne der ersten Definition kann man z. B. von der Widerspruchsfreiheit des Aussagenkalküls mit Implikation oder Äquivalenz sprechen.

Beide Definitionen sind äquivalent für Systeme, in denen das Negationszeichen vorkommt und in denen das Gesetz oder die Regel des Duns Scotus gilt (oder auch in denen die Einführungs- und die Beseitigungsregel der Alternative gelten, mit deren Hilfe die Regel des Duns Scotus bewiesen wird).

Bekannt sind zwei Beweismethoden für die Widerspruchsfreiheit von Axiomensystemen: 1. die Methode der Deduktionserblichkeit, 2. die Methode der Interpretation.

Aus der Definition der Menge der Theoreme eines Axiomensystems als der kleinsten Menge, die die Axiome des Systems enthält und in bezug auf die durch die primären Regeln des Systems bestimmten Relationen abgeschlossen ist, folgt aufgrund des Theorems (XXI) aus Abschnitt 3.9 des Kap. V sowie der Bestimmung der erblichen Eigenschaft in bezug auf eine gegebene Relation folgendes Theorem:

Wenn die Eigenschaft *W* allen Axiomen des Systems zukommt und durch jeder der durch die primären Regeln des Systems bestimmten Relationen vererbt wird, dann kommt die Eigenschaft *W* jedem Theorem des Systems zu.

Aus diesem Theorem wiederum folgt:

Wenn die Eigenschaft *W* allen Axiomen des Systems zukommt und durch jede der durch die primären Regeln des Systems bestimmten Relationen vererbt wird, und dem Ausdruck *E* nicht zukommt, dann ist der Ausdruck *E* kein Theorem dieses Systems.

Dieses Theorem ist die Grundlage für die Beweise der Widerspruchsfreiheit von Axiomensystemen gemäß der Methode der Deduktionserblichkeit. Ein solcher Beweis besteht im Nachweis dessen, daß eine bestimmte Eigenschaft allen Axiomen des Systems zukommt und durch jede der durch die primären Regeln des Systems bestimmten Relationen vererbt wird, während sie einem bestimmten Ausdruck des Systems nicht zukommt (oder auch: keinen zwei sich widersprechenden Aussagenausdrücken des Systems zugleich zukommt). Dann ist nämlich im Sinne des obigen Theorems ein gegebenes Axiomensystem widerspruchsfrei, weil es Aussagenausdrücke dieses Systems gibt, die keine Theoreme sind (oder auch: weil keine zwei sich widersprechenden Aussagenausdrücke des Systems Theoreme dieses Systems sind).

Gemäß der Methode der Deduktionserblichkeit beweisen wir z. B. die Widerspruchsfreiheit der in Abschnitt 6 des Kapitels III angegebenen axiomatischen Systeme des Aussagenkalküls, wobei wir als Eigenschaft W die Eigenschaft wählen, daß ein gegebener Ausdruck durch die Null-Eins-Prüfung als wahrer Ausdruck geprüft werden kann. Diese Eigenschaft kommt den Axiomen dieser Systeme zu und wird durch jene Relationen vererbt, die durch die Einsetzungs- und die Abtrennungsregel, die die primären Regeln dieser Systeme sind, bestimmt werden, während sie dagegen zwei sich widersprechenden Ausdrücken des Aussagenkalküls nicht zugleich zukommt. Unter Bezugnahme auf diese Eigenschaft kann man auch die Widerspruchsfreiheit des in Abschnitt 6 des Kapitels III angegebenen Systems des Aussagenkalküls nur mit Implikation und Äquivalenz beweisen, weil diese Eigenschaft den Axiomen dieser Systeme zukommt und durch die, ihrer primären Regeln (d. h. der Einsetzungs- und der Abtrennungsregel) wegen, bestimmten Relationen vererbt wird, während sie bestimmten Aussagenausdrücken dieser Systeme nicht zukommt (z. B. der Variablen „p" nicht). Man kann die Widerspruchsfreiheit eines Systems des Aussagenkalküls nur mit Äquivalenz auch gemäß der Methode der Deduktionserblichkeit beweisen, indem man für W diejenige Eigenschaft eines Ausdruckes wählt, die darin besteht, daß jede Variable dieses Ausdruckes in ihm geradzahlig oft vorkommt. Diese Eigenschaft kommt dem einzigen Axiom dieses Systems zu und wird auch durch die infolge seiner primären Regeln (d. h. die Einsetzungsregel und die Abtrennungsregel der Äquivalenz) bestimmten Relationen vererbt, während sie dagegen bestimmten Aussagenausdrücken dieses Systems, z. B. der Variablen „p", dem Ausdruck: $p \equiv q$ usw., nicht zukommt.

Wir sagen, ein axiomatisches System S_1 habe eine **Interpretation** in einem System S_2 dann und nur dann, wenn nach Ersetzung der Termini (Konstanten) des Systems S_1 durch Termini (Konstanten) des Systems S_2 die Axiome des Systems S_1 in Theoreme des Systems S_2 und die primären Regeln des Systems S_1 in (primäre oder sekundäre) Regeln des Systems S_2 übergehen.

Aufgrund dieser Definition kann man folgendes Theorem beweisen: Wenn ein System S_1 eine Interpretation in einem System S_2 hat und das System S_2 widerspruchsfrei ist, so ist auch das System S_1 widerspruchsfrei.

Wenn nämlich bei Annahme der Voraussetzungen dieses Theorems das System S_1 widersprüchlich wäre, d. h. wenn aufgrund der Axiome A und der primären Regeln P im System S_1 zwei sich widersprechende

Ausdrücke (oder auch ein beliebiger Ausdruck) beweisbar wären, so wären auch im System S_2 aufgrund der Entsprechungen der Axiome A und der Regeln P – welche nach der gegebenen Interpretation erhalten wurden – zwei sich widersprechende Ausdrücke (oder ein beliebiger Ausdruck) beweisbar.

Das obige Theorem ist die Grundlage für die Beweise der Widerspruchsfreiheit von Axiomensystemen gemäß der Methode der Interpretation. Einen solchen Beweis führen wir durch, indem wir für das System S_1 in irgendeinem widerspruchsfreien System S_2 eine Interpretation finden. Aus der Aussage, das System S_1 habe eine Interpretation im System S_2 sowie aus der Aussage über die Widerspruchsfreiheit des Systems S_2 folgt die Aussage über die Widerspruchsfreiheit des Systems S_1.

Wenn die Systeme S_1 und S_2 auf den gleichen Regeln aufgebaut sind, so genügt es für den Nachweis, daß das Axiomensystem S_1 eine Interpretation im System S_2 hat, wenn nachgewiesen wird, daß nach Ersetzung der Konstanten des Systems S_1 durch Konstanten des Systems S_2 die Axiome des Systems S_1 in Theoreme des Systems S_2 übergehen.

Als Beispiel für einen Beweis der Widerspruchsfreiheit gemäß der Methode der Interpretation wollen wir den Beweis der Widerspruchsfreiheit durch Interpretation im Aussagenkalkül für das von Łukasiewicz angegebene Axiomensystem der Aristotelischen Syllogistik anführen. Dieses syllogistische System beruht auf folgenden Axiomen[1]:

$$SaS$$
$$SiS$$
$$QaP \wedge SaQ \rightarrow SaP$$
$$QaP \wedge QiS \rightarrow SiP.$$

Die Variablen S, P und Q sind hier Namenvariable und die Konstanten „a" sowie „i" sind kategorische Allaussagen und Existenzaussagen bildende Funktoren. Regeln dieses Systems sind die Einsetzungs- und die Abtrennungsregel. Wenn wir diese Axiome im Aussagenkalkül interpretieren, ersetzen wir die Konstanten „a" und „i" durch das Äquivalenzzeichen „$\equiv$" und behandeln die Variablen: S, P und Q wie Aussagenvariable. Auf diese Weise erhalten wir folgende Theoreme des Aussagenkalküls (in denen wir der Schreibweise im Aussagenkalkül angepaßt, die Variablen: S, P und Q durch die Variablen: s, p

[1] Vgl. Kap. VII, Abschnitt 1.

und q ersetzt haben):

$$s \equiv s$$
$$s \equiv s$$
$$(q \equiv p) \wedge (s \equiv q) \rightarrow (s \equiv p)$$
$$(q \equiv p) \wedge (q \equiv s) \rightarrow (s \equiv q) \, .$$

Daraus, daß dieses syllogistische System eine Interpretation im Aussagenkalkül hat, sowie aus dem Theorem von der Widerspruchsfreiheit des Systems des Aussagenkalküls folgt das Theorem über die Widerspruchsfreiheit dieses Systems der Syllogistik. Die Beweise der Widerspruchsfreiheit gemäß der Methode der Interpretation nennt nan relative Beweise der Widerspruchsfreiheit, weil in ihnen die Behauptung von der Widerspruchsfreiheit eines Systems anhand einer Prämisse begründet wird, welche die Widerspruchsfreiheit eines anderen Systems feststellt. Die Beweise der Widerspruchsfreiheit gemäß der Methode der Deduktionserblichkeit nennt man dagegen absolute Beweise der Widerspruchsfreiheit, weil in ihnen die Behauptung von der Widerspruchsfreiheit eines gegebenen Systems nicht anhand einer Prämisse begründet wird, welche die Widerspruchsfreiheit eines anderen Systems feststellt.

K. Gödel bewies folgende Theoreme:

Wenn ein Axiomensystem S widerspruchsfrei ist, so kann das Theorem von der Widerspruchsfreiheit des Systems S nicht ein Theorem des Systems S selber sein. Mit anderen Worten: Wenn ein gegebenes Axiomensystem widerspruchsfrei ist, so kann man die Widerspruchsfreiheit dieses Systems nicht in diesem System beweisen.

Die Widerspruchsfreiheit eines Systems S_1 kann man in einem System S_2 nur dann beweisen, wenn das System S_2 stärker als das System S_1 ist, d. h. wenn es alle Theoreme des Systems S_1 und darüberhinaus noch Theoreme enthält, die nicht zum System S_1 gehören.

Die Menge der Konsequenzen aus einer Menge B von Ausdrücken in bezug auf die Ausdrücke einer Menge A und Relationen R bestimmende Regeln ist die kleinste Menge, welche die Menge $A \cup B$ enthält und in bezug auf die Relationen R abgeschlossen ist. Die Menge der Konsequenzen aus einer Menge B von Ausdrücken auf der Grundlage eines Systems mit den Axiomen A und den primären Regeln P ist also die Menge derjenigen und nur derjenigen Ausdrücke, welche man aus den Ausdrücken der Menge B und den Axiomen A gemäß den primären Regeln P ableiten kann.

Diesen letzten Begriff benutzen wir in der Definition des Begriffes der Unabhängigkeit von Axiomen.

Wir sagen, ein gegebenes Axiom sei dann und nur dann **unabhängig von den übrigen Axiomen** des Systems, wenn es nicht zu der Menge der Konsequenzen aus den übrigen Axiomen in bezug auf die primären Regeln des Systems gehört (d. h. wenn man es nicht aufgrund der übrigen Axiome des Systems mit Hilfe der primären Regeln des Systems beweisen kann).

Die Menge der Axiome eines gegebenen Systems ist dann und nur dann **unabhängig**, wenn jedes Axiom dieses Systems von den übrigen Axiomen des Systems unabhängig ist (d. h. wenn sich kein Axiom des Systems aufgrund der übrigen Axiome des Systems mit Hilfe der primären Regeln des Systems beweisen läßt).

Die Unabhängigkeit der Axiome eines Systems wird – ähnlich wie ihre Widerspruchsfreiheit – gemäß der Methode der Deduktionserblichkeit oder gemäß der Methode der Interpretation bewiesen, wobei als Beweisgrundlage analoge Theoreme dienen, wie diejenigen, welche die Grundlage der oben behandelten Beweismethoden für die Widerspruchsfreiheit sind.

Gemäß der Methode der Deduktionserblichkeit beweisen wir die Unabhängigkeit eines gegebenen Axioms des Systems von den übrigen Axiomen dieses Systems, indem wir nachweisen, daß es eine Eigenschaft gibt, welche den übrigen Axiomen des Systems zukommt und durch die primären Regeln des Systems vererbt wird, dem gegebenen Axiom des Systems dagegen nicht zukommt. Dann gehört nämlich dieses Axiom nicht zu der Menge der Konsequenzen aus den übrigen Axiomen des Systems in bezug auf dessen primären Regeln, ist also von den übrigen Axiomen des Systems unabhängig.

In Beweisen der Unabhängigkeit der Axiome verschiedener Systeme des Aussagenkalküls gemäß der Methode der Deduktionserblichkeit benutzt man oft mehrwertige Tabellen.

Z. B. wird die Unabhängigkeit des Axioms: $(p \to q) \to [(q \to r) \to (p \to r)]$ von den Axiomen: $(\sim p \to p) \to p$, $p \to (\sim p \to q)$ des im Abschnitt 6 des Kapitels III angegebenen Systems des Aussagenkalküls nur mit Implikation und Negation mit Hilfe folgender dreiwertiger Tabelle bewiesen:

$\to$	0	1	2	$\sim$
0	1	1	1	1
1	0	1	0	0
2	1	1	0	2

Der ausgezeichnete Wert dieser Tabelle ist der Wert 1.

Beide übrigen Axiome des Systems haben die Eigenschaft, daß sie den ausgezeichneten Wert bei jeder Zuordnung von Werten zu den in ihnen vorkommenden Variablen annehmen, wenn wir die Werte der zusammengesetzten Ausdrücke nach dieser Tabelle berechnen. Diese Eigenschaft ist ebenfalls erblich in bezug auf die durch die primären Regeln des Systems, die Einsetzungs- und die Abtrennungsregel, bestimmten Relationen. Dagegen hat das erste Axiom dieses Systems, d. h. das Gesetz des bedingten Syllogismus, diese Eigenschaft nicht, weil es für $p=2$, $q=0$ und $r=2$ nach dieser Tabelle den Wert 0 annimmt, also nicht für jede Zuordnung von Werten zu den Variablen den ausgezeichneten Wert 1 annimmt.

Gemäß der Methode der Interpretation beweisen wir die Unabhängigkeit eines Axioms E von den übrigen Axiomen A des Systems S_1 mit den primären Regeln P, indem wir eine solche Interpretation des Systems mit den Axiomen A und den primären Regeln P in einem System S_2 finden, bei der das Axiom E in einen Ausdruck übergeht, welcher kein Theorem des Systems S_2 ist. Daraus folgt, daß es sich nicht aufgrund der Axiome A mit Hilfe der Regeln P beweisen läßt. Wäre dies der Fall, so ließe sich aufgrund der Interpretation der dem Axiom E zugeordnete Ausdruck mit Hilfe der Axiome und Regeln des Systems S_2 beweisen.

Daraus ersieht man, daß ein solcher Beweis der Unabhängigkeit relativ in dem Sinne ist, daß die Behauptung von der Unabhängigkeit eines gegebenen Axioms von den übrigen Axiomen des untersuchten Systems in diesem Beweis anhand einer Prämisse begründet wird, welche feststellt, daß ein bestimmter Ausdruck kein Theorem eines anderen Systems ist, daß er also von der Menge der Theoreme eines anderen Systems in bezug auf dessen Regeln unabhängig ist.

Zwischen der Widerspruchsfreiheit und der Unabhängigkeit einer Menge von Axiomen bestehen bestimmte Beziehungen. Es gilt folgendes Theorem:

Wenn ein System mit den Axiomen A und dem Axiom H sowie den primären Regeln P widerspruchsfrei ist und der Ausdruck $\sim E$ zur Menge der Konsequenzen aus der Axiomenmenge A und dem Axiom H in bezug auf die Regeln P gehört, so ist das Axiom E von den Axiomen A in bezug auf die Regeln P unabhängig. Angenommen nämlich, das Axiom E wäre nicht von den Axiomen A in bezug auf die Regeln P unabhängig, d. h. es würde zu der Menge der Konsequenzen aus der Menge A von Ausdrücken in bezug auf die Regeln P gehören. Gemäß der Annahmen dieses Theorems würden dann zu der Menge der Konsequenzen aus der Axiomenmenge A und dem Axiom H in bezug auf die

Regeln P zwei sich widersprechende Ausdrücke $\sim E$ und E gehören. Das System mit der Axiomenmenge A und dem Axiom H sowie den primären Regeln P wäre dann – im Widerspruch zur ersten Annahme des Theorems – ein widersprüchliches System.

Im XIX. Jahrhundert baute man die Axiomensysteme der nichteuklidischen Geometrie auf. In diesen Systemen wurden anstelle des Parallelenaxioms von Euklid (welches besagt, daß durch einen außerhalb einer Geraden liegenden Punkt genau eine zu ihr parallele Gerade verläuft) andere Axiome angenommen, aus denen man die Negation des Axioms von Euklid ableiten kann. Diese Systeme erwiesen sich als widerspruchsfrei. Daraus folgt – im Sinne des obenangegebenen Theorems –, daß das euklidische Parallelenaxiom von den übrigen Axiomen der euklidischen Geometrie unabhängig ist.

Aus dem obenangeführten Theorem erhalten wir – wenn wir $\sim E$ für H annehmen – folgendes Theorem:

Wenn ein System mit den Axiomen A und dem Axiom $\sim E$ sowie den primären Regeln P widerspruchsfrei ist, so ist das Axiom E von den Axiomen A in bezug auf die Regeln P unabhängig.

Aufgrund des Deduktionstheorems, welches wir im Abschnitt 3 dieses Kapitels behandeln werden, kann man auch das umgekehrte Theorem beweisen.

Aufgrund der angegebenen Theoreme kann man die Unabhängigkeit bestimmter Axiome von den übrigen Axiomen eines Systems beweisen, indem man sich auf das Theorem von der Widerspruchsfreiheit entsprechender Axiomensysteme stützt, die aus dem gegebenen System durch Ersetzung des Axioms, dessen Unabhängigkeit bewiesen werden soll, durch einen Ausdruck entstehen, aus dem zusammen mit den übrigen Axiomen des Systems ein Widerspruch abgeleitet werden kann.

Die Unabhängigkeitsbedingung der Axiomenmenge eines Axiomensystems ist sicherlich eine verständliche Bedingung. Wenn irgendein Axiom eine Konsequenz aus den übrigen Axiomen des Systems ist, dann braucht man es nicht als Axiom des Systems einzuführen, weil es ein Theorem des Systems ist, das sich anhand der übrigen Axiome des Systems beweisen läßt. Manchmal können wir jedoch in einem gegebenen Augenblick nicht entscheiden, ob ein vorliegendes Axiom von den übrigen Axiomen unabhängig ist, und erst spätere Untersuchungen zeigen, daß es eine Konsequenz aus den übrigen Axiomen des Systems ist. Wie wir in Abschnitt 6 des Kapitels III erwähnten, waren z. B. die Axiomenmengen des Aussagenkalküls von Frege sowie Whitehead-Russell nicht unabhängig. Manchmal, vor allem in reicheren Systemen, ist das Problem der Unabhängigkeit bestimmter Axiome ein sehr schwieriges Problem. Seit der Formulierung des Auswahlaxioms durch E. Zermelo waren z. B. fast sechzig Jahre vergangen, ehe es nach intensiven, diesem Problem gewidmeten Untersuchungen gelungen war, zu beweisen, daß das Auswahlaxiom von den übrigen Axiomen der Mengenlehre unabhängig ist.

Für deduktive Systeme, in deren Ausdrücken Variable bindende Quantifikatoren auftreten, kann man den Begriff der Vollständigkeit eines Systems folgendermaßen bestimmen:

Ein deduktives System ist (klassisch) vollständig dann und nur dann, wenn in jedem Paar zum System gehörender und sich widersprechender Aussagenausdrücke, in denen keine freien Variablen vorkommen, einer dieser Ausdrücke ein Theorem des Systems ist (d. h. wenn für jeden Aussagenausdruck E dieses System, in dem keine freien Variablen vorkommen, gilt, daß entweder der Ausdruck E oder der Ausdruck $\sim E$ ein Theorem dieses Systems ist).

Dieser Vollständigkeitsbegriff hat keine Anwendung auf solche Systeme, in deren Ausdrücken nur freie Variable vorkommen, wie z. B. den üblichen Aussagenkalkül (ohne Quantifikatoren). In Hinblick auf solche, wie auch andere Systeme, in deren Ausdrücken das Negationszeichen nicht vorkommt, bestimmen wir einen Begriff der Vollständigkeit eines Systems, der einen breiteren Anwendungsbereich als der oben bestimmte Begriff hat. Die Definition dieses Begriffes kann man in zwei Versionen formulieren.

Erstens. Ein System heißt (syntaktisch) vollständig dann und nur dann, wenn jeder Aussagenausdruck dieses Systems entweder ein Theorem dieses Systems ist oder die Menge der Konsequenzen dieses Ausdruckes in bezug auf die Theoreme des Systems und seiner primären Regeln widersprüchlich ist (d. h. wenn man aus diesem Ausdruck und den Theoremen des Systems einen beliebigen Aussagenausdruck dieses Systems mit Hilfe seiner primären Regeln ableiten kann).

Zweitens. Ein System ist vollständig dann und nur dann, wenn jeder Aussagenausdruck dieses Systems entweder ein Theorem dieses Systems ist oder die Menge der Konsequenzen aus diesem Ausdruck in bezug auf die Theoreme des Systems und seiner stets von Theoremen zu Theoremen führenden Regeln widersprüchlich ist (d. h. wenn man aus diesem Ausdruck und den Theoremen des Systems einen beliebigen Ausdruck dieses Systems mit Hilfe solcher Regeln, welche von Theoremen wieder zu Theoremen führen, ableiten kann).

Vollständige Systeme im Sinne der ersten Version sind z. B. folgende: Das System des Aussagenkalküls mit Implikation und Negation, welches sich auf die drei Axiome von J. Łukasiewicz und die Einsetzungs- sowie die Abtrennungsregel als den primären Regeln stützt, die Systeme des Aussagenkalküls nur mit Implikation und die Systeme nur mit Äquivalenz, welche sich auf die im Abschnitt 6 des Kapitels III angegebenen Axiome sowie auf die Einsetzungs- und die Abtrennungsregel als den primären Regeln stützen. Wesentlich ist, daß die Einsetzungsregel eine primäre Regel dieser Systeme ist.

Dagegen ist z. B. das System des Aussagenkalküls nur mit Implikation und Negation, in dem als einzige primäre Regel die Abtrennungsregel auftritt und in dem alle durch Einsetzung aus den drei Axiomen von J. Łukasiewicz entstandenen Ausdrücke Axiome sind, kein vollständiges System im Sinne der ersten Version, obwohl es ein vollständiges System im Sinne der zweiten Version ist. Eine ähnliche Eigenschaft zeigt das im Kapitel III dargestellte Annahmesystem des Aussagenkalküls. In diesen beiden Systemen ist die Einsetzungsregel keine primäre Regel; in beiden Systemen ist auch die Einsetzungsregel sekundär, welche feststellt, daß ein durch Einsetzung aus einem beliebigen Theorem des Systems entstandener Ausdruck ebenfalls ein Theorem des Systems ist. In diesen beiden Systemen führt also die Einsetzungsregel von Theoremen wieder zu Theoremen des Systems.

Um nachzuweisen, daß ein gegebenes System nicht vollständig ist, genügt es, wenn man einen Aussagenausdruck dieses Systems findet, der weder ein Theorem dieses Systems ist noch aufgrund der Theoreme und der (primären oder auch von Theoremen zu Theoremen führenden) Regeln des Systems zum Widerspruch führt. Der engere Prädikatenkalkül ist z. B. nicht vollständig, da der Ausdruck: $\bigvee_{x} A(x) \rightarrow \bigwedge_{x} A(x)$ weder ein Theorem dieses Systems ist noch aufgrund der Theoreme und Regeln dieses Systems zum Widerspruch führt.

Der Beweis der Vollständigkeit eines gegebenen Systems ist gewöhnlich schwieriger. In solchen Beweisen macht man oft von dem Umstand Gebrauch, daß die Aussagenausdrücke eines gegebenen Systems auf bestimmte äquivalente Normalformen zurückgeführt werden können.

Wir sagen, Ausdrücke E und H sind dann und nur dann **deduktiv äquivalent aufgrund der Theoreme und Regeln eines Systems**, wenn jeder dieser Ausdrücke zu der Menge der Konsequenz des anderen dieser Ausdrücke in bezug auf die Theoreme des Systems und seiner Regeln gehört.

Wir können beweisen, daß ein System vollständig ist, wenn wir nachweisen, daß jeder Aussagenausdruck dieses Systems auf der Grundlage der Theoreme und Regeln des Systems einem bestimmten

Ausdruck mit einer bestimmten Normalform äquivalent ist und daß jeder Ausdruck in dieser Normalform entweder ein Theorem des Systems ist oder daß man aus diesem Ausdruck und den Theoremen des Systems mit Hilfe der Regeln des Systems einen beliebigen Aussagenausdruck des Systems ableiten kann.

Auf diese Weise beweisen wir z. B. die Vollständigkeit eines Axiomensystems des Aussagenkalküls, wobei wir die im Abschnitt 5 des Kapitels III behandelten konjunktiven Normalformen benutzen. Jeder Aussagenausdruck des klassischen Aussagenkalküls ist aufgrund der Theoreme und Regeln dieses Kalküls einer bestimmten konjunktiven Normalform äquivalent. Wenn diese konjunktive Normalform ein wahrer Ausdruck ist, so läßt sie sich beweisen und dann ist auch der dieser Normalform äquivalente Ausdruck ein Theorem des Systems. Wenn dagegen die konjunktive Normalform eines gegebenen Ausdruckes ein falscher Ausdruck ist, dann ist, wie wir bereits im Abschnitt 5 des Kapitels III festgestellt haben, mindestens ein Glied dieser konjunktiven Normalform eine Alternative, in der keine Variable einmal negiert und einmal unnegiert auftritt. Wenn wir in einer solchen Alternative für alle in ihr auftretenden nicht negierten Variablen die gleiche Variable, z.B. die Variable „p", einsetzen, und für alle in ihr auftretenden negierten Variablen den Ausdruck: $\sim p$ einsetzen und dann das Gesetz der doppelten Negation sowie das Gesetz: $p \vee p \equiv p$ anwenden, leiten wir aus dieser Alternative den Ausdruck „p" ab, aus dem man durch Einsetzung einen beliebigen Ausdruck des Aussagenkalküls erhalten kann. In diesem Fall läßt sich also aus einem Ausdruck, dessen konjunktive Normalform falsch ist, auf der Grundlage des Systems mit Hilfe der Einsetzungsregel ein beliebiger Ausdruck des Aussagenkalküls ableiten. Wenn die Einsetzungsregel eine primäre Regel des gegebenen Systems des Aussagenkalküls ist, dann ist dieses System vollständig im Sinne der ersten Version der Vollständigkeitsdefinition. Wenn dagegen die Einsetzungsregel keine primäre, sondern eine sekundäre, stets von Theoremen wieder zu Theoremen führende Regel ist, dann ist dieses System vollständig im Sinne der zweiten Version der Vollständigkeitsdefinition.

Nur wenige axiomatische deduktive Systeme erwiesen sich als vollständig. K. Gödel wies nach, daß jedes Axiomensystem, in dem die Arithmetik der natürlichen Zahlen enthalten ist, unvollständig ist. Auf diese Aussage werden wir noch im letzten Abschnitt dieses Kapitels eingehen.

Die Vollständigkeit eines Systems, wie wir sie hier behandelt haben, nennt man, wie schon bemerkt, die syntaktische Vollständigkeit eines

Systems. Sie ist von der semantischen Vollständigkeit eines Systems zu unterscheiden, auf die wir im letzten Abschnitt dieses Kapitels eingehen wollen.

Zu den wichtigen syntaktischen Begriffen der Theorie deduktiver Systeme gehört der Begriff der Entscheidbarkeit eines Systems.

Ein deduktives System heißt dann und nur dann entscheidbar, wenn die Menge der Nummern seiner Theoreme eine entscheidbare Menge ist.

Für ein entscheidbares System gibt es eine allgemeine Methode, mit dessen Hilfe man in einer endlichen Anzahl von Schritten von jedem Aussagenausdruck dieses Systems entscheiden kann, ob er ein Theorem dieses Systems ist oder nicht.

Ein Beispiel für ein entscheidbares System ist das System des klassischen Aussagenkalküls, für welches die Null-Eins-Prüfung ein Entscheidungsverfahren darstellt.

Der engere Prädikatenkalkül erwies sich als ein unentscheidbares System. Diese Tatsache wurde von A. Church im Jahre 1936 bewiesen. Der engere einstellige Prädikatenkalkül dagegen ist ein entscheidbares System.

Von den gegenwärtig wichtigsten deduktiven Systemen erwiesen sich nur wenige als entscheidbar. Man kann zwei Beweismethoden für die Unentscheidbarkeit eines Systems unterscheiden: die direkte und die indirekte Methode. Nach der direkten Methode wird bewiesen, daß das widerspruchsfreie System der Artihmetik der natürlichen Zahlen, welches bestimmte Bedingungen erfüllt, ein unentscheidbares System ist. Ein widersprüchliches System ist natürlich entscheidbar, sofern nur die Menge der Aussagenausdrücke dieses Systems eine entscheidbare Menge ist.

Ein System S_2 ist eine Erweiterung des Systems S_1 dann und nur dann, wenn jedes Theorem des System S_1 ein Theorem des Systems S_2 ist.

Ein System S ist tatsächlich unentscheidbar dann und nur dann, wenn das System S unentscheidbar ist und wenn jede widerspruchsfreie Erweiterung dieses Systems S, welche die Konstanten von S enthält, ein unentscheidbares System ist.

Das Axiomensystem der Arithmetik der natürlichen Zahlen von Peano ist ein tatsächlich unentscheidbares System.

Für ein syntaktisch vollständiges System S sind folgende Bedingungen äquivalent:

(1) S ist unentscheidbar.

(2) S ist tatsächlich unentscheidbar.

(3) S ist nicht axiomatisierbar.

Daraus folgt, daß jedes widerspruchsfreie, syntaktisch vollständige und axiomatisierbare System ein entscheidbares System ist.

Bei der indirekten Beweismethode für die Unentscheidbarkeit benutzen wir bestimmte Theoreme, aufgrund deren man aus der Unentscheidbarkeit oder auch tatsächlichen Unentscheidbarkeit eines bestimmten Systems das Theorem über die Unentscheidbarkeit eines bestimmten anderen Systems ableiten kann. Insbesondere benutzen wir folgende Theoreme:

Wenn wir ein System S_1 aus einem unentscheidbaren System S_2 dadurch erhalten, daß wir eine endliche Zahl von Theoremen des Systems S_2 streichen und dabei alle Konstanten des Systems S_2 beibehalten, so ist auch das System S_1 unentscheidbar.

Wenn ein tatsächlich unentscheidbares und endlich axiomatisierbares System S_2 eine Interpretation in einer widerspruchsfreien Erweiterung eines Systems S_1 hat, so ist das System S_1 unentscheidbar.

Axiomensysteme kann man um axiomatisch verworfene Ausdrücke und um Verwerfungsregeln bereichern, wir haben es bereits an einem Beispiel bezüglich des Aussagenkalküls im Abschnitt 7 des Kapitels III gesehen.

Wenn die Menge der axiomatisch verworfenen Ausdrücke eine entscheidbare Menge ist, die durch die primären Verwerfungsregeln bestimmten Relationen entscheidbar sind, und jeder Aussagenausdruck des Systems entweder ein Theorem des Systems oder ein verworfener Ausdruck ist, dann ist das System entscheidbar.

In diesem Fall sind die Menge der Theoreme des Systems und die Menge der verworfenen Ausdrücke des Systems zwei disjunkte, rekursiv aufzählbare Mengen, und die Vereinigungsmenge dieser Mengen ist gleich der entscheidbaren Menge der sinnvollen Ausdrücke des Systems. Daraus folgt, daß die Menge der Theoreme des Systems eine entscheidbare Menge ist, und zwar aufgrund dessen, daß wenn die Vereinigungsmenge zweier disjunkter, rekursiv aufzählbarer Mengen eine entscheidbare Menge ist, jede dieser Mengen eine entscheidbare Menge ist.

Es ist zu bemerken, daß es Systeme gibt, die nicht syntaktisch vollständig sind (z. B. das von J. Łukasiewicz aufgebaute System der Aristotelischen Syllogistik, auf das wir im Kapitel VII, Abschnitt 1 eingegangen sind) und die man um entscheidbare Mengen axiomatisch verworfener Ausdrücke und entscheidbare Relationen bestimmende Verwerfungsregeln dergestalt bereichern kann, daß jeder Aussagenausdruck dieses Systems zu den Theoremen des Systems oder zu den verworfenen Ausdrücken des Systems gehört.

Ein wichtiger syntaktischer Begriff, der in den Untersuchungen zu Systemen des Aussagenkalküls verwendet wird, ist der Begriff der logischen Matrix.

Eine logische Matrix ist ein geordnetes $(k+2)$-Tupel $\langle A, B, f_1, \ldots, f_k \rangle$, in dem A eine nicht-leere Menge und B eine nicht-leere Teilmenge der Menge A ist und die Argumente sowie Werte der Funktionen $f_1, \ldots, f_k$ zu der Menge A gehören.

Die Menge A wird die Menge der Werte der Matrix und die Menge B die Menge der ausgezeichneten Werte der gegebenen Matrix genannt. Wir sagen, daß eine Matrix n-wertig dann und nur dann ist, wenn die Menge A der Matrixwerte n Elemente enthält. In den gewöhnlich in der Logik untersuchten Matrizen ist die Zahl n entweder eine natürliche Zahl $\geqq 2$ oder auch die Zahl $\aleph_0$. Im ersten Fall sprechen wir von endlichen Matrizen, im zweiten von abzählbaren Matrizen.

Wir sagen, ein Ausdruck E des Aussagenkalküls heißt dann und nur dann über einer Matrix M erfüllt, wenn bei festgelegter Zuordnung zwischen den im Ausdruck E auftretenden Funktoren und den zur Matrix M gehörenden Funktionen für jede Anordnung der den Aussagenvariablen des Ausdruckes E zugeordneten Werte der Matrix der Wert des Ausdruckes E zu der Menge der ausgezeichneten Werte der Matrix M gehört. Die Wertberechnung von E erfolgt dabei nach Formeln, welche die Funktionen bestimmen, die den Funktoren des Ausdruckes E zugeordnet sind.

Eine Matrix M heißt adäquat bezüglich eines Systems S – bei festgelegter Zuordnung der Funktoren des Systems S und der Funktionen der Matrix M – dann und nur dann, wenn die Menge der über der Matrix M erfüllten Ausdrücke mit der Menge der Theoreme des Systems S identisch ist. Z. B. ist die zweiwertige Matrix $\langle \{0, 1\}, \{1\}, c, n \rangle$, in der c und n Funktionen sind, welche durch die den Funktoren der Implikation und der Negation zugeordneten Tabellen bestimmt werden, eine adäquate Matrix für den klassischen Aussagenkalkül nur mit Implikation und Negation, wenn dem Implikationsfunktor die Funktion c und dem Negationsfunktor die Funktion n zugeordnet wird. Ein System des Aussagenkalküls nennen wir ein n-wertiges System dann und nur dann, wenn die Zahl n die kleinste Zahl ist derart, daß es eine n-wertige Matrix M gibt, die adäquat bezüglich des gegebenen Systems bei einer bestimmten Zuordnung (in oben genannter Weise) ist. Der klassische Aussagenkalkül ist in diesem Sinne ein zweiwertiges System des Aussagenkalküls.

Bei dieser Art der Bestimmung des Begriffes eines n-wertigen Systems des Aussagenkalküls brauchen wir mit den Werten der adäquaten Matrix eines solchen Systems keine intuitive Interpretation zu verbinden, obwohl natürlich die Möglichkeit einer solchen Interpretation nicht ausgeschlossen wird.

2. Definitionen

Ein wichtiger syntaktischer Begriff ist der Begriff der Nominaldefinition, d. h. der Definition bestimmter Ausdrücke eines Systems mit Hilfe anderer Ausdrücke des Systems. Wenn wir in diesem Abschnitt von Definitionen sprechen, meinen wir diesen Begriff der Nominaldefinition.

Wenn wir von Definitionen in deduktiven Systemen sprechen, meinen wir meistens zum System gehörende Definitionen, im System angenommene Definitionen, welche Theoreme des Systems sind oder zu seinen Regeln gehören. Manchmal sprechen wir aber auch von Definitionen, die zwar nicht zu einem System gehören, aber ohne die Gefahr eines Widerspruchs in das System eingeführt werden können.

Wir wollen jetzt diese Begriffe definieren.

Der Ausdruck (die Klasse von Ausdrücken) D des Systems S oder seines Metasystems übersetzt auf bestimmte Weise die Aussagenausdrücke des Systems S, in denen der Ausdruck W enthalten ist, in Aussagenausdrücke des Systems S, in denen der Ausdruck W nicht enthalten ist, dann und nur dann, wenn es eine entscheidbare Relation P gibt, die jedem Aussagenausdruck des Systems S, der den Ausdruck W enthält, einen ihm – aufgrund von D sowie der Theoreme und Regeln des Systems S – deduktiv äquivalenten Aussagenausdruck des Systems S zuordnet, in dem der Ausdruck W nicht enthalten ist.

Im Sinne dieser Begriffsbestimmung ist eine solche Relation P eine bestimmte entscheidbare Unterrelation der Relation der deduktiven Äquivalenz von Aussagenausdrücken des Systems S aufgrund von D sowie der Theoreme und Regeln des Systems S.

D ist eine angenommene Definition des Ausdrucks W im System S dann und nur dann, wenn D ein Theorem (eine Klasse von Theoremen) oder eine Regel des Systems S ist, welches (oder welche) Aussagenausdrücke von S, die den Ausdruck W enthalten, in bestimmter Weise in Aussagenausdrücke des Systems S übersetzt (bzw. übersetzen), in denen der Ausdruck W nicht vorkommt.

Die Menge der in einem System S angenommenen Definitionen ist die entscheidbare Menge aller derjenigen Ausdrücke, welche angenommene Definitionen bestimmter Ausdrücke im System S sind.

D ist eine Definition, welche man in das widerspruchsfreie System *S* dann und nur dann einführen kann, wenn *D* eine angenommene Definition in der widerspruchsfreien Erweiterung des Systems *S* ist, welche aus *S* durch Einführung von *D* entsteht.

Aus diesen Bestimmungen ergibt sich:

1. Definitionen sind Ausdrücke, welche die Bedingung der Übersetzbarkeit erfüllen, d. h. solche Ausdrücke, aufgrund deren es für jeden Aussagenausdruck des Systems, der den definierten Ausdruck enthält, einen deduktiv äquivalenten Aussagenausdruck des Systems gibt, der den definierten Ausdruck nicht enthält. Diese Eigenschaft der Definition formulieren wir auch so, indem wir sagen, daß wir mit Hilfe der Definitionen aus jedem Aussagenausdruck des Systems den definierten Ausdruck eliminieren können.

2. Für jede Definition gibt es eine bestimmte Methode, nach der man für jeden Aussagenausdruck des Systems, in dem der durch die Definition definierte Ausdruck enthalten ist, in einer endlichen Anzahl von Schritte einen ihm deduktiv äquivalenten Aussagenausdruck des Systems angeben kann, in dem der durch diese Definition definierte Ausdruck nicht enthalten ist.

3. Die in einem System angenommenen Definitionen sind Theoreme (Klassen von Theoremen) oder Regeln dieses Systems. Definitionen, welche man in ein System *S* einführen kann, sind in der Erweiterung des Systems *S*, die durch ihre Einführung in das System *S* erhalten wurde, angenommene Definitionen, sofern nur das auf diese Weise erweiterte System widerspruchsfrei ist, wenn das System *S* widerspruchsfrei ist.

4. Die Menge der in einem System angenommenen Definitionen ist eine entscheidbare Menge, d. h., wir können immer entscheiden, ob ein gegebener Ausdruck eine in diesem System angenommene Definition ist oder nicht.

Die Termini der Systeme, welche Definitionen enthalten, teilt man in Grundtermini und definierte Termini ein.

Definitionen müssen zwei Hauptbedingungen erfüllen: 1. die Bedingung der Übersetzbarkeit, 2. die Bedingung der Widerspruchsfreiheit. Die Bedingung der Übersetzbarkeit folgt aus der Bestimmung einer Definition. Eine Definition erfüllt die Bedingung der Widerspruchsfreiheit, wenn ihre Einführung in ein widerspruchsfreies System ein widerspruchsfreies System ergibt. Die Forderung, daß Definitionen die Bedingung der Widerspruchsfreiheit erfüllen müssen, kann man aus der allgemeinen Forderung nach der Widerspruchsfreiheit eines Systems ableiten.

Eine Definition D ist **schöpferisch** in einem System S dann und nur dann, wenn es ohne den durch D definierten Ausdruck geschriebene Theoreme des Systems S gibt, zu deren Beweis die Definition D benutzt wird und die man ohne die Definition D im System S nicht beweisen kann.

Das folgende interessante Beispiel einer schöpferischen Definition stammt von J. Łukasiewicz.

Man kann beweisen, daß der Ausdruck:

(I) $[s \equiv (p \equiv p)] \equiv \{[s \equiv (p \equiv p)] \equiv [(p \equiv q) \equiv ((r \equiv q) \equiv (p \equiv r))]\}$

als einziges Axiom des Aussagenkalküls nur mit Äquivalenz nicht ausreicht, weil man aufgrund dieses Theorems nur solche Ausdrücke beweisen kann, welche durch Einsetzung aus ihm hervorgegangen sind.

Wenn wir jedoch in dieses System die Definition:

(II) $vr(p) \equiv (p \equiv p)$

einführen, können wir mit Hilfe der Einsetzungsregel und der Abtrennungsregel für die Äquivalenz den Ausdruck:

(III) $(p \equiv q) \equiv [(r \equiv q) \equiv (p \equiv r)]$

beweisen, der das einzige Axiom des Aussagenkalküls nur mit Äquivalenz ist. Wenn wir nämlich in (I) den Ausdruck „$vr(p)$" für die Variable „s" einsetzen und zweimal die Abtrennungsregel für die Äquivalenz anwenden, erhalten wir das Theorem (III).

Die Definition (II) ist also eine schöpferische Definition in einem System, welches auf (I) und (II) sowie der Einsetzungs- und der Abtrennungsregel für die Äquivalenz beruht.

Wenn wir dagegen statt der Definition (II) die Definition:

(IIa) $vr(p) \underset{\text{df}}{=} p \equiv p$

annehmen würden, verstanden als eine Ersetzungsregel, die es uns erlaubt, in jedem Theorem die eine Seite der Definition (oder eine Einsetzung in sie) durch die zweite Seite der Definition (oder der entsprechenden Einsetzung in sie) zu ersetzen, könnten wir nicht das Theorem (III) beweisen. Die Definition (IIa) ist keine schöpferische Definition in einem System, das auf (I), (IIa) sowie der Einsetzungs- und der Abtrennungsregel für die Äquivalenz beruht.

Außer Systemen, in denen alle Definitionen nichtschöpferisch sind, gibt es auch deduktive Systeme, welche schöpferische Definitionen enthalten.

In Systemen, die sich auf den klassischen logischen Kalkül stützen, werden die als ein Theorem des Systems formulierten Definitionen sehr oft in Form von Normaldefinitionen eingeführt.

Eine Normaldefinition ist ein Ausdruck von der Form einer Gleichheit oder Äquivalenz. Die eine Seite einer solchen Definition (gewöhnlich die linke), in welcher der zu definierende Ausdruck enthalten ist, nennt man Definiendum, die andere Seite nennt man Definiens. Eine Normaldefinition, in deren Definiendum außer dem zu definierenden Ausdruck nur Variable vorkommen, erfüllt die Forderung nach Übersetzbarkeit und Widerspruchsfreiheit, wenn sie folgende Bedingungen der formalen Richtigkeit erfüllt:

1. Die Bedingung der Vermeidung eines Zirkels in der Definition (circulus vitiosus): Im Definiens tritt weder der zu definierende Ausdruck noch ein Ausdruck auf, der mit Hilfe des in dieser Definition zu definierenden Ausdruckes bestimmt wird.

2. Die Bedingung des allgemeinsten Kontextes für das Definiendum: Im Definiendum tritt jede Variable nur einmal auf, d. h. keine Variable wiederholt sich.

3. Die Bedingung der Homogenität: Jede auf einer Seite der Definition vorkommende freie Variable kommt auch auf ihrer anderen Seite als freie Variable vor.

Falls die erste oder zweite Bedingung nicht erfüllt ist, kann eine Normaldefinition auch nicht die Bedingung der Übersetzbarkeit erfüllen. Die Nichterfüllung der Bedingung der Homogenität kann zum Widerspruch führen. Würden wir z. B. folgende inhomogene Definition einführen:

(a) x steht im Geschwisterverhältnis zu $y \equiv x$ und y sind Kinder der Person z,

so kann man aufgrund dieser Definition zwei sich widersprechende Aussagen beweisen. Nehmen wir z. B. an, daß über die Personen M, N, K und L folgende Aussagen wahr sind:

(b) M und N sind Kinder der Person K

(c) M und N sind nicht Kinder der Person L.

Wenn wir in (a) die Einsetzung: x/M, y/N, z/K vornehmen und die Aussage (b) benutzen, erhalten wir aufgrund der Regel $AR\ddot{A}$ die Aussage:

(d) M steht im Geschwisterverhältnis zu N.

Wenn wir dagegen in (a) die Einsetzung: x/M, y/N, z/L vornehmen und auf die so erhaltene Aussage die Negationsregel der Äquivalenzglieder anwenden sowie die Aussage (c) benutzen, erhalten wir gemäß der Regel $AR\ddot{A}$ die Aussage:

(e) M steht nicht im Geschwisterverhältnis zu N.

Die Aussagen (d) und (e) widersprechen sich.

Einen solchen Widerspruch erhalten wir nicht, wenn wir anstelle der Definition (a) folgende Definition einführen:

(f) x steht im Geschwisterverhältnis zu $y \equiv \bigvee_{z} x$ und y sind Kinder der Person z.

Die Definition (f) erfüllt die Bedingung der Homogenität und ist eine adäquate Entsprechung für die umgangssprachliche Formulierung:

Zwei Personen stehen im Geschwisterverhältnis zueinander dann und nur dann, wenn sie die Kinder einer bestimmten Person sind.

Normaldefinitionen von Prädikaten von n Namenargumenten, welche die drei obengenannten Bedingungen erfüllen, haben die Form einer Äquivalenz:

$$P(x_1, \ldots, x_n) \equiv E(x_1, \ldots, x_n),$$

in der die rechte Seite eine Aussageform mit den einzigen freien Variablen: $x_1, \ldots, x_n$ ist und in der weder der zu definierende Ausdruck „P" noch ein mit Hilfe des Ausdruckes „P" definierter Ausdruck vorkommt.

Zu Normaldefinitionen gehören die Definitionen der namenbildenden Funktoren von n Namenargumenten, die als Äquivalenzen formuliert sind:

$$y = f(x_1, \ldots, x_n) \equiv E(x_1, \ldots, x_n, y).$$

Der zu definierende Ausdruck ist hier der Funktor „f". Im Definiendum einer solchen Definition tritt neben dem zu definierenden Ausdruck und den Variablen noch das Identitätszeichen auf.

Definitionen solcher Funktoren, welche die drei obengenannten Bedingungen der formalen Richtigkeit erfüllen, kann man aber in ein System nur unter der Bedingung einführen, daß der Ausdruck:

$$\bigwedge_{x_1, \ldots, x_n} \bigvee_{y}{}_1 E(x_1, \ldots, x_n, y)$$

ein Theorem des Systems ist oder zumindest nach Einführung in das System nicht zum Widerspruch führt. Dieser Ausdruck garantiert, daß es einen und nur einen Gegenstand gibt, welcher durch den Ausdruck „$f(a_1, \ldots, a_n)$", in dem die Konstanten: $a_1, \ldots, a_n$ Namen bestimmter Gegenstände sind, denotiert wird. Deshalb sagen wir, daß dieser Ausdruck die Existenz und Einzigkeit des zu definierenden Gegenstandes garantiert. Wenn diese Bedingung nicht erfüllt ist, kann eine Definition der hier behandelten Form zu einem Widerspruch führen.

Die als Theoreme eines Systems formulierten Definitionen haben nicht immer die Form von Normaldefinitionen. Im Kapitel III, Abschnitt 6, brachten wir das Beispiel einer Definition im Aussagenkalkül mit Implikation und Negation, welche eine Klasse von zwei Implikationen ist. Im Kapitel III, Abschnitt 7, lernten wir Definitionen in der elementaren Protothetik kennen, welche die Gestalt einer Implikation haben, in der eine Variable vorkommt, die Wahrheitsfunktoren repräsentiert. Diese Definitionen sind jedoch bestimmten Normaldefinitionen äquivalent.

Zu den Normaldefinitionen gehören auch die Definitionen durch Abstraktion, von denen im Kapitel V, Abschnitt 3.5, die Rede war.

Die induktiven Definitionen der Summe und des Produktes natürlicher Zahlen, die wir im Abschnitt 4 des Kapitel V kennenlernten, sind keine Normaldefinitionen. Solchen Definitionen entsprechen aber Normaldefinitionen, wenn in dem System, zu dem sie gehören, Variable auftreten, welche in diesen Definitionen bestimmte Konstanten repräsentieren. Zum Beispiel ist die in jenem Abschnitt angegebene induktive Definition der Multiplikation mit Hilfe der Addition folgenden Normaldefinitionen äquivalent:

$$k \cdot m = n \equiv \bigwedge_{f} [W_1(f) \wedge W_2(f) \rightarrow f(k, m) = n]$$

$$k \cdot m = n \equiv \bigvee_{f} [W_1(f) \wedge W_2(f) \wedge f(k, m) = n],$$

wobei: $W_1(f) \equiv \bigwedge_{k} f(k, 0) = 0$

$$W_2(f) \equiv \bigwedge_{k,m} f(k, m+1) = f(k, m) + k\,.$$

Analog formulieren wir die äquivalenten Normaldefinitionen anderer induktiver Definitionen. Die Ausdrücke „$W_1(f)$“ und „$W_2(f)$“ erhalten wir dabei aus zwei Gleichungen, die eine induktive Definition sind, indem wir in ihnen den definierten Funktor durch eine Variable ersetzen und die in den gegebenen Gleichungen auftretenden freien Namenvariablen durch den Allquantifikator binden. Der Beweis einer Normaldefinition aufgrund einer entsprechenden induktiven Definition ist ein induktiver Beweis.

Man muß jedoch bemerken, daß wenn in einem System keine Variablen auftreten, welche der gleichen syntaktischen Kategorie angehören, zu der auch die in einer induktiven Definition eingeführten Konstanten gehören, für eine solche induktive Definition keine äquivalenten Normaldefinitionen angegeben werden können. Dann erfüllt aber eine solche Definition nicht die allgemeine Bedingung der Übersetzbarkeit, sie ist also auch keine Definition in dem hier festgelegten Sinne des Wortes. Zum Beispiel erfüllen in einem System der Arithmetik der natürlichen Zahlen, in dem keine Variablen auftreten, die zu der gleichen syntaktischen Kategorie gehören, zu der auch die Zeichen der Summe und des Produkts von Zahlen gehören, die induktiven Definitionen dieser Zeichen nicht die allgemeine Bedingung der Übersetzbarkeit, weil es mit ihrer Hilfe nicht möglich ist, die definierten Termini aus den Ausdrücken: $k+m=m+k$, $k\cdot m=m\cdot k$ zu eliminieren. In solchen Systemen sind die induktiven Definitionen Axiome, die nur teilweise die Bedingung der Übersetzbarkeit erfüllen. Mit ihrer Hilfe kann man nämlich den definierten Funktor aus Kontexten eliminieren, in denen als zweites Argument dieses Funktors irgendeine Konstante auftritt, welche eine bestimmte natürliche Zahl bezeichnet.

In bestimmten deduktiven Systemen werden manchmal Definitionen folgender Form eingeführt:

$$y=f(x_1,\ldots,x_n)\equiv E(x_1,\ldots,x_n,y),$$

unter dem Vorbehalt, daß $W(x_1,\ldots,x_n)$, und der Ausdruck:

$$\bigwedge_{x_1,\ldots,x_n}[W(x_1,\ldots,x_n)\rightarrow \bigvee_{y}{}_1 E(x_1,\ldots,x_n,y)]$$

ein Theorem des Systems ist (oder zumindest ohne Widerspruch in die Menge der Theoreme des Systems eingeführt werden kann). Ein Beispiel für eine solche Definition ist die folgende der Division in der Arithmetik der rationalen (oder reellen) Zahlen:

$$y=\frac{x}{z}\equiv x=y\cdot z, \text{ unter dem Vorbehalt, daß } z\neq 0.$$

Anhand dieses Beispiels wollen wir hier kurz auf zwei Interpretationen solcher Definitionen eingehen.

Bei der ersten Interpretation ist der in der Definition auftretende Vorbehalt ein metalogischer Vorbehalt, durch welchen der Bereich der sinnvollen Ausdrücke, in denen der zu definierende Funktor auftritt, sowie der Bereich der in den Argumenten dieses Funktors vorkommenden Variablen eingeschränkt werden. Wir verstehen also z. B. den in der Definition der Division auftretenden Vorbehalt als eine Feststellung, daß sinnvolle Ausdrücke des Systems, in denen der zu definierende Funktor „—" auftritt, nur solche Ausdrücke sind, in denen als zweites Argument dieses Funktors eine Konstante auftritt, die eine Zahl verschieden von 0 bezeichnet, und daß die im zweiten Argument des zu definierenden Funktors vorkommenden Variablen nur die Menge derjenigen Zahlen durchlaufen, für die das zweite Argument dieses Funktors eine Zahl verschieden von 0 bezeichnet. Bei dieser Interpretation hat die untersuchte Definition die Form einer Normaldefinition. Es entsteht dann aber die gleiche Schwierigkeit, auf die wir schon in Verbindung mit dem deskriptiven Operator hingewiesen haben. Da man die Definition des Funktors „–" mit Hilfe des deskriptiven Operators auf folgende äquivalente Weise schreiben kann:

$$\frac{x}{z} = \underset{y}{\imath}\, x = y \cdot z,$$

ist das völlig verständlich.

Die Schwierigkeit besteht darin, daß wenn das zweite Argument des zu definierenden Funktors mit Hilfe von nicht berechenbaren Funktionszeichen geschrieben ist, wir nicht immer entscheiden können, ob es eine Zahl verschieden von 0 bezeichnet. Dann ist nämlich die Menge der sinnvollen Ausdrücke des Systems keine entscheidbare Menge. Analoge Feststellungen treffen auch auf andere Definitionen dieser Art zu. Wenn wir die bei den untersuchten Definitionen auftretenden Vorbehalte als metalogische Einschränkungen des Bereiches der sinnvollen Ausdrücke, welche die zu definierenden Termini enthalten, betrachten, so ist – sofern das System nicht entscheidbar ist – die Menge der sinnvollen Ausdrücke des Systems keine entscheidbare Menge.

Bei der zweiten Interpretation führen wir die untersuchten Definitionen als bedingte Definitionen ein, als Theoreme des Systems in Gestalt einer Implikation, deren Vorderglied der bei der gegebenen Definition auftretende Vorbehalt und deren Hinterglied diese Definition ist. Wir führen sie also als Theoreme der folgenden Form ein:

$$W(x_1, \ldots, x_n) \rightarrow [y = f(x_1, \ldots, x_n) \equiv E(x_1, \ldots, x_n, y)].$$

Die Definition der Division schreiben wir z. B. in Form des Theorems:

$$z \neq 0 \rightarrow \left[y = \frac{x}{z} \equiv x = y \cdot z\right].$$

Diese Art der Einführung der Definition des Divisionszeichens entspricht der Einführungsart des deskriptiven Operators, wie sie im Kapitel IV, Abschnitt 4, angegeben wurde. Aufgrund des dort bewiesenen Theorems:

$$\underset{y}{\bigvee}{}_1\, A(x) \rightarrow [y = \underset{x}{\imath} A(x) \equiv A(y)]$$

erhalten wir – unter Benutzung der Umbenennungsregel für gebundene Variablen und der Einsetzungsregel für atomare Ausdrücke des Prädikatenkalküls – folgendes Theorem:

$$\underset{y}{\bigvee}{}_1 (x = y \cdot z) \rightarrow [y = \underset{y}{\imath} (x = y \cdot z) \equiv x = y \cdot z].$$

Aufgrund der Definition: $\frac{x}{z} = \iota_y\, x = y \cdot z$ sowie der beweisbaren Äquivalenz: $\bigvee_{y}{}_1(x = y \cdot z) \equiv z \neq 0$, ist dieses Theorem der obenangegebenen bedingten Definition des Divisionszeichens äquivalent.

Die in bedingten Definitionen eingeführten Funktoren kann man also mit Hilfe des deskriptiven Operators definieren. Wir schränken zwar den Bereich der sinnvollen Ausdrücke nicht ein, aber dank den im Abschnitt 4 des Kapitels IV eingeführten Einschränkungen umgehen wir bestimmte damit verbundene Schwierigkeiten. Z. B. können wir anhand des Theorems: $x = x$ nur das Theorem: $z \neq 0 \rightarrow \frac{x}{z} = \frac{x}{z}$ beweisen. Wir erhalten also z. B. nicht als Theorem den Ausdruck: $\frac{4}{0} = \frac{4}{0}$, sondern nur die Implikation: $0 \neq 0 \rightarrow \frac{4}{0} = \frac{4}{0}$, was zu keinerlei Schwierigkeiten führt. Die so eingeführten bedingten Definitionen erfüllen eine eingeschränkte Bedingung der Übersetzbarkeit, und es ist mit ihrer Hilfe möglich, in Kontexten, welche die Bedingung der Definition erfüllen, den definierten Terminus zu eliminieren.

Wenn wir im System der Arithmetik, in das wir die bedingte Definition der Division eingeführt haben, folgendes Axiom annehmen:

$$x, z \in L \wedge z \neq 0 \equiv \frac{x}{z} \in L,$$

wobei die Konstante „L“ die Menge der Zahlen bezeichnet, von denen in dieser Arithmetik die Rede ist, also z. B. die Menge der rationalen oder auch reellen Zahlen, sowie annehmen, daß die Theoreme dieses Systems Aussagen sind, welche mit auf die Menge L beschränkten Quantifikatoren beginnen, kommen wir zu der Schlußfolgerung, daß man in diesem System mit Hilfe der besprochenen bedingten Definition in jedem Theorem des Systems den definierten Terminus eliminieren kann.

Würden wir bei anderen bedingten Definitionen analog verfahren, kämen wir zu der Feststellung, daß es mit Hilfe solcher Definitionen möglich ist, die in ihnen definierten Termini in jedem Theorem des Systems zu eliminieren.

Von den besprochenen bedingten Definitionen sind die Definitionen zu unterscheiden, die manchmal Definitionen durch Aufzählung (verschiedener Möglichkeiten) genannt werden. Ein Beispiel für eine solche Definition ist die des absoluten Wertes, welche man gewöhnlich folgendermaßen schreibt:

$$|x| = \begin{cases} x, & \text{wenn } x \geqq 0 \\ -x, & \text{wenn } x < 0. \end{cases}$$

Das allgemeine Schema einer solchen Definition ist:

$$f(x) = \begin{cases} g_1(x), & \text{wenn } E_1(x) \\ g_2(x), & \text{wenn } E_2(x) \\ \dots\dots\dots\dots & \\ g_n(x), & \text{wenn } E_n(x) \end{cases}$$

Es wird dabei angenommen, daß die Alternative der Ausdrücke $E_1(x), \ldots, E_n(x)$ ein Theorem ist und daß sich ihre Glieder gegenseitig ausschließen. Dann kann man aber die obige Definition in folgender Normalform (d. h. in Form folgender Normaldefinition) schreiben:

$$y = f(x) \equiv E_1(x) \wedge y = g_1(x) \vee E_2(x) \wedge y = g_2(x) \vee \cdots \vee E_n(x) \wedge y = g_n(x).$$

Man kann also z. B. die Definition des absoluten Wertes in der Normalform schreiben:

$$y = |x| \equiv x \geqq 0 \wedge y = x \vee x < 0 \wedge y = -x.$$

In axiomatischen deduktiven Systemen werden Definitionen meistens als Axiome oder primäre Regeln des Systems eingeführt. Die als Axiome eines Systems eingeführten Definitionen unterscheiden sich von den eigentlichen Axiomen des Systems dadurch, daß sie die Bedingung der Übersetzbarkeit erfüllen. Ähnlich unterscheiden sich die als primäre Ersetzungsregeln eingeführten Definitionen von den primären Beweisregeln (Schlußregeln) des Systems dadurch, daß sie die Bedingung der Übersetzbarkeit erfüllen.

Die Termini eines Systems, welche in den eigentlichen Axiomen des Systems auftreten bzw. durch die primären Beweisregeln des Systems eingeführt werden, nennt man Grundtermini des gegebenen Axiomensystems.

Ein Ausdruck W eines Systems S ist definierbar im System S mit Hilfe der Ausdrücke $W_1, \ldots, W_n$ des Systems S dann und nur dann, wenn eine Definition des Ausdruckes W mit Hilfe der Ausdrücke $W_1, \ldots, W_n$ als Theorem oder als Regel des Systems S vorliegt, d. h. eine Definition, welche Ausdrücke des Systems S, die den Ausdruck W enthalten, auf bestimmte Weise in Ausdrücke des Systems S übersetzt, welche statt des Ausdrucks W die Ausdrücke $W_1, \ldots, W_n$ enthalten.

Ein Ausdruck W eines Systems S ist nichtdefinierbar im System S mit Hilfe der Ausdrücke $W_1, \ldots, W_n$ des Systems S dann und nur dann, wenn der Ausdruck W im System S mit Hilfe der Ausdrücke $W_1, \ldots, W_n$ nicht definierbar ist. Ein Ausdruck W eines Systems S ist nichtdefinierbar mit Hilfe der Ausdrücke $W_1, \ldots, W_n$ des Systems S dann und nur dann, wenn der Ausdruck W in keiner widerspruchsfreien Erweiterung des Systems S mit Hilfe der Ausdrücke $W_1, \ldots, W_n$ definierbar ist.

Zwei Axiomensysteme sind äquivalent dann und nur dann, wenn sowohl die Klassen der Theoreme dieser Systeme wie auch die Klassen der Regeln dieser Systeme identisch sind, d. h. wenn jedes Theorem des einen Systems ein Theorem des anderen Systems ist und wenn jede Regel des einen Systems eine Regel des anderen Systems ist.

Beim Aufbau eines axiomatischen deduktiven Systems bemühen wir uns, seine Grundtermini so zu wählen, daß sie nicht gegenseitig definierbar sind. Wenn es sich herausstellt, daß irgendein Grundterminus des Systems in ihm mit Hilfe anderer Grundtermini des Systems definierbar ist, wandeln wir das gegebene System in ein äquivalentes um, in dem dieser Terminus dann schon zu den definierten Termini gehört.

Für bestimmte Systeme mit einer entsprechend reichen logischen Basis gibt es noch eine andere Möglichkeit, wenn es um die Art der Einführung von Definitionen geht. Die als Theoreme solcher Systeme formulierten Definitionen werden in ihnen nicht als Axiome, welche die Bedingung der Übersetzbarkeit erfüllen, eingeführt, sondern werden anhand der Theoreme und Regeln des Systems bewiesen. Dies ist in Systemen möglich, in welchen Variable vorkommen, die zu der gleichen syntaktischen Kategorie wie die in ihnen definierten Konstanten gehören, sowie Regeln für das Operieren mit diese Variablen bindenden Quantifikatoren und außerdem die verstärkte Beseitigungsregel des Existenzquantifikators enthalten sind. Die im Kapitel IV, Abschnitt 2, formulierte Beseitigungsregel des Existenzquantifikators erlaubt uns, in Annahmebeweisen Konstanten einzuführen, die jedoch nicht zu den Konstanten des Systems gehören. Mit Hilfe der verstärkten Beseitigungsregel des Existenzquantifikators ist es möglich, aus dem Theorem $\bigvee_{x} {}_1 E(x)$ des Systems das Theorem $E(a)$ abzuleiten, in dem die Konstante „a" eine Konstante des Systems ist. Ähnlich können wir nach dieser Regel aus dem Theorem $\bigvee_{x} {}_1 E(x, y_1, \ldots, y_n)$ das Theorem $E(f(y_1, \ldots, y_n), y_1, \ldots, y_n)$ ableiten, in dem „f" ein konstanter namenbildender Funktor von n Namenargumenten ist, der zu den Konstanten des Systems gehört (wir schreiben hier „$f(y_1, \ldots, y_n)$" anstatt „$a_{y_1 \ldots y_n}$", um die syntaktische Kategorie der bei dieser Beseitigung des Existenzquantifikators eingeführten Konstanten hervorzuheben). Die so formulierte verstärkte Beseitigungsregel des Existenzquantifikators ist völlig intuitiv. Wenn es genau ein x gibt derart, daß $E(x)$, können wir die Konstante „a" einführen, welche den einzigen Gegenstand x denotiert, so daß $E(x)$ gilt. Wenn wir im System über die Einführungsregel des deskriptiven Operators verfügen (die Formulierung dieser Regel wurde im Kapitel IV, Abschnitt 4, angegeben), können wir beweisen, daß $a = \underset{x}{\iota} E(x)$. Unter Benutzung der so verstärkten Beseitigungsregel des Existenzquantifikators können wir die als Theoreme des Systems formulierten Definitionen beweisen. Z. B. erhalten wir aus dem Theorem: (I) $\underset{x}{\bigvee_1} E(x)$ mit Hilfe der verstärkten Beseitigungsregel des Existenzquantifikators das Theorem: (II) $E(a)$. Aufgrund dieser Theoreme können wir folgende Definition beweisen:

$$x = a \equiv E(x).$$

Beweis. (a)	(1)	$x = a$	{An.}
		$E(x)$	{EI: 1, II}
Beweis. (b)	(1)	$E(x)$	{An.}
		$x = a$	{I, II, 1}

Ähnlich kann man aufgrund des Theorems:

$$\underset{y}{\bigvee_1} E(x_1, \ldots, x_n, y)$$

– unter Benutzung der verstärkten Beseitigungsregel des Existenzquantifikators – die folgende Definition beweisen:

$$y = f(x_1, \ldots, x_n) \equiv E(x_1, \ldots, x_n, y)\,.$$

Aus der Formulierung der Regel $B\bigvee$, die wir auch für die verstärkte Beseitigungsregel des Existenzquantifikators annehmen, ist ersichtlich, daß eine solche Definition die Bedingung der Homogenität erfüllt. Definitionen von Prädikaten von n Argumenten werden anhand des Definitionsaxioms für Prädikate und des Extensionalitätsaxioms für Prädikate bewiesen. Aufgrund dieser beiden Axiome erhalten wir nämlich das Theorem:

$$\underset{P}{\bigvee_1} \underset{x_1,\ldots,x_n}{\bigwedge} [P(x_1, \ldots, x_n) \equiv E(x_1, \ldots, x_n)]\,,$$

wobei $E(x_1, \ldots, x_n)$ eine Aussageform mit genau den freien Variablen: $x_1, \ldots, x_n$ ist.

Bei Anwendung der verstärkten Beseitigungsregel des Existenzquantifikators auf dieses Theorem erhalten wir Definitionen eines Prädikats von n Argumenten der Form: $P(x_1, \ldots, x_n) \equiv E(x_1, \ldots, x_n)$.

Jedesmal, wenn wir – im Sinne der für die Regel $B\vee$ angegebenen Beschränkungen – die verstärkte Beseitigungsregel des Existenzquantifikators auf obige Weise anwenden, führen wir eine neue Konstante des Systems ein, welche von allen bisherigen Konstanten des Systems verschieden ist.

Diese letzte Art der Einführung von Definitionen als Theoreme eines Systems, die mit Hilfe der verstärkten Beseitigungsregel des Existenzquantifikators bewiesen werden, hat vom theoretischen Standpunkt aus gewisse Vorzüge. Wenn ein System widerspruchsfrei ist, so sind auch die mit Hilfe der Theoreme und Regeln des Systems bewiesenen Definitionen widerspruchsfrei. Es ist offensichtlich, daß die auf diese Weise eingeführten Normaldefinitionen die Bedingungen der formalen Richtigkeit, wie z. B. die Bedingung der Homogenität, erfüllen. Völlig verständlich wird bei dieser Darstellung der Zusammenhang zwischen dem Theorem über die Existenz und die Einzigkeit des Gegenstandes, welcher durch den zu definierenden Ausdruck denotiert wird, und der Definition. Dieses Theorem stellt nämlich die Prämisse dar, aufgrund derer die Definition bewiesen wird. Diese Darstellung erlaubt uns außerdem, ein bestimmtes Problem bezüglich der analytischen Sätze zu klären und eine einfache Lösung dieses Problems anzugeben. Es geht hier um den im Kapitel V, Abschnitt 4, angegebenen und von G. Frege bestimmten Begriff der analytischen Sätze. Frege sagt nämlich, bei der Frage, ob ein Satz analytisch sei, kommt es „darauf an, den Beweis zu finden und ihn bis auf die Urwahrheiten zurückzuverfolgen. Stößt man auf diesem Wege nur auf die allgemeinen logischen Gesetze und auf Definitionen, so hat man eine analytische Wahrheit, wobei vorausgesetzt wird, daß auch die Sätze mit in Betracht gezogen werden, auf denen etwa die Zulässigkeit einer Definition beruht.“[1] Unter „Sätze ..., auf denen etwa die Zulässigkeit einer Definition beruht“, versteht man offenbar die Behauptung von der Existenz und Einzigkeit des durch den zu definierenden Ausdruck denotierten Gegenstandes. K. Ajdukiewicz machte darauf aufmerksam, daß im Falle bestimmter Definitionen durch Abstraktion eine empirische Prämisse zum Beweis der Behauptung von der Existenz einer entsprechenden Klasse benutzt wird. Sind die aufgrund einer solchen Definition bewiesenen Sätze zu den analytischen Sätzen zu zählen? Das obenangeführte Zitat von G. Frege scheint dafür zu sprechen, daß er die logischen Konsequenzen einer solchen Definition nicht zu den analyti-

[1] G. Frege, *Die Grundlagen der Arithmetik, Eine logische Untersuchung über den Begriff der Zahl*, Breslau 1884, S. 4.

schen Sätzen zählen würde. Eine einfache Lösung dieses Problems erhalten wir auf der Grundlage der zuletzt besprochenen Art der Einführung von Definitionen. Wenn nämlich eine Definition mit Hilfe der verstärkten Beseitigungsregel des Existenzquantifikators anhand des Theorems $\bigvee_{1_x} E(x)$ bewiesen wird, und dieses Theorem ausschließlich aufgrund von logischen Gesetzen und Regeln bewiesen wird, so sind sowohl diese Definition als auch die mit Hilfe logischer Regeln aus ihr abgeleiteten Sätze analytische Sätze. Wenn dagegen das Theorem $\bigvee_{1_x} E(x)$ anhand von empirischen Aussagen bewiesen wird, so sind weder die aufgrund dieser Aussagen bewiesene Definition noch die aus dieser Definition mit Hilfe logischer Regeln abgeleiteten Sätze analytische Sätze. Unter Berücksichtigung dieser Art der Einführung von Definitionen können wir die Fregesche Definition der analytischen Sätze vereinfachen. Die analytischen Sätze können wir nämlich als Sätze bestimmen, die sich anhand logischer Gesetze und Regeln beweisen lassen. Bei dieser Vereinfachung der von G. Frege gegebenen Definition eines analytischen Satzes kann man übrigens – unter Wahrung des Umfanges dieses Begriffes – noch einen Schritt weiter gehen. Man kann ein logisches System ausschließlich auf Regeln aufbauen. Unter Berücksichtigung dessen kann man analytische Sätze als Sätze bestimmen, welche sich ausschließlich anhand logischer Regeln beweisen lassen. Eine solche Bestimmung erfordert natürlich, daß eine allgemeine Charakteristik logischer Regeln gegeben wird.[1]

Der hier besprochene Begriff eines analytischen Satzes ist ein syntaktischer Begriff. Im letzten Abschnitt des vorliegenden Kapitels werden wir auf den semantischen Begriff des analytischen Satzes und auf das Verhältnis dieser beiden Begriffe zueinander eingehen.

3. Das Deduktionstheorem

Man kann zwischen einem Deduktionstheorem für logische Kalküle, z. B. den Aussagen- oder den Prädikatenkalkül, und einem Deduktionstheorem für deduktive Systeme, welche sich auf die Logik stützen, unterscheiden. Das Deduktionstheorem für Axiomensysteme des Aussagenkalküls und des engeren Prädikatenkalküls spielt beim Beweis, daß diese Systeme mit den Annahmesystemen für diese Kalküle äqui-

[1] L. Borkowski, *Deductive Foundation and Analytic Propositions*, Studia Logica, 19, 1969, S. 59–72.

valent sind, eine große Rolle. Bei der Formulierung des Deduktionstheorems verwenden wir folgende Bezeichnungen:
$(H_1, \ldots, H_n \vdash_S E) \equiv$ der Ausdruck E gehört zu der Menge der Konsequenzen aus einer Menge $\{H_1, \ldots, H_n\}$ von Ausdrücken in bezug auf die Axiome und primären Regeln des Systems S.

$$\vdash_S E \equiv \text{der Ausdruck } E \text{ ist ein Theorem des System } S.$$

Den Ausdruck „$H_1, \ldots, H_n \vdash_S E$" lesen wir auch: Der Ausdruck E ist **ableitbar im System** S aus den Ausdrücken $H_1, \ldots, H_n$.

Aus der Definition der Menge der Konsequenzen aus einer Menge von Ausdrücken B in bezug auf die Axiome und primären Regeln des Systems S als der kleinsten Menge, in der die Menge B und die Axiome des Systems S enthalten sind und die in bezug auf die durch die primären Regeln des Systems S bestimmten Relationen abgeschlossen ist, erhalten wir aufgrund des Gesetzes (XXV) aus Kap. V, Abschnitt 3.9. sowie der eingeführten Bezeichnung folgende Äquivalenz:

$(H_1, \ldots, H_n \vdash_S E) \equiv$ es gibt eine endliche Folge von Ausdrücken, deren letztes Glied der Ausdruck E ist, und in der jedes Glied der Folge entweder ein Axiom des Systems S oder einer der Ausdrücke $H_1, \ldots, H_n$ ist oder aus früheren Gliedern der Folge mit Hilfe irgendeiner primären Regel des Systems S ableitbar ist (d. h., es steht zu früheren Gliedern der Folge in einer durch irgendeine primäre Regel des Systems S bestimmten Relation).

Es gilt folgende Äquivalenz:

Es gibt eine endliche Folge von Ausdrücken, deren letztes Glied der Ausdruck E ist und in der jedes Glied der Folge entweder ein Axiom des Systems S oder einer der Ausdrücke der Menge B ist oder aus früheren Gliedern der Folge mit Hilfe irgendeiner primären Regel des Systems S ableitbar ist $\equiv$ Es gibt eine endliche Folge von Ausdrücken, deren letztes Glied der Ausdruck E ist und in der jedes Glied der Folge entweder ein Theorem des Systems S oder einer der Ausdrücke der Menge B ist oder aus früheren Gliedern der Folge mit Hilfe irgendeiner (primären oder sekundären) Regel des Systems S ableitbar ist.

Die dieser Äquivalenz entsprechende Implikation folgt einfach daraus, daß jedes Axiom des Systems S ein Theorem von S und jede primäre Regel des Systems S eine (primäre oder sekundäre) Regel von S ist. Aus der Definition einer sekundären Regel folgt, daß wenn ein Ausdruck G aus Ausdrücken einer Menge C mittels irgendeiner sekundären Regel des Systems S ableitbar ist, dann ist der Ausdruck G aus Ausdrücken der Menge C und bestimmten Theoremen des Systems S

mittels primärer Regeln des Systems S ableitbar. Auf dieser Grundlage können wir die umgekehrte Implikation beweisen. Nehmen wir als Annahme die rechte Seite der zu beweisenden Äquivalenz an. Die Folge C sei die Folge, von der in dieser Annahme die Rede ist. Wenn aus den Ausdrücken $F_1, \ldots, F_k$ der Folge C gemäß irgendeiner sekundären Regel des Systems S der Ausdruck G abgeleitet wurde, so setzen wir in der Folge C vor das Glied F_1 solche Theoreme des Systems S, daß aus diesen Theoremen und den Ausdrücken $F_1, \ldots, F_k$ mit Hilfe der primären Regeln des Systems S der Ausdruck G ableitbar ist. Danach setzen wir vor jedes Glied der auf diese Weise erhaltenen Folge, welches ein bewiesenes Theorem des Systems S ist, den Beweis dieses Theorems auf Grund der Axiome gemäß den primären Regeln des Systems S. Auf diese Weise erhalten wir eine Folge, von der auf der linken Seite der zu beweisenden Äquivalenz die Rede ist. Die umgekehrte Implikation ist also wahr. Aus den beiden letzten Äquivalenzen folgt: $(H_1, \ldots, H_n \vdash_S E) \equiv$ es gibt eine endliche Folge von Ausdrücken, deren letztes Glied der Ausdruck E ist und in der jedes Glied der Folge entweder ein Theorem des Systems S oder einer der Ausdrücke $H_1, \ldots, H_n$ ist oder aus früheren Gliedern der Folge mit Hilfe irgendeiner (primären oder sekundären) Regel des Systems S ableitbar ist.

Das **Deduktionstheorem** für ein Axiomensystem S, in dem das Implikationszeichen enthalten ist, hat eine der beiden folgenden Formen:

I. Wenn $H_1, \ldots, H_n \vdash_S E$, so $H_1, \ldots, H_{n-1} \vdash (H_n \to E)$.

Für $n = 1$ nimmt es die Form an:
Wenn $H_1 \vdash_S E$, so $\vdash_S (H_1 \to E)$.

Dieses Theorem besagt, wenn ein Ausdruck E im System S aus den Ausdrücken $H_1, \ldots, H_n$ ableitbar ist, dann ist die Implikation $H_n \to E$ im System S aus den Ausdrücken $H_1, \ldots, H_{n-1}$ ableitbar. Für den Fall $n = 1$ besagt dieses Theorem, wenn ein Ausdruck E im System S aus einem Ausdruck H_1 ableitbar ist, dann ist die Implikation $H_1 \to E$ ein Theorem des Systems S.

II. Wenn $H_1, \ldots, H_n \vdash_S E$, so $\vdash_S (H_1 \to [\cdots \to (H_n \to E) \cdots])$.

Das so formulierte Deduktionstheorem besagt, wenn ein Ausdruck E im System S aus den Ausdrücken $H_1, \ldots, H_n$ ableitbar ist, dann ist die Implikation $H_1 \to [\cdots \to (H_n \to E) \cdots]$ ein Theorem des Systems S. Ein solches Theorem ist also eine Implikation, deren Vorderglieder die Ausdrücke $H_1, \ldots, H_n$ sind und deren Hinterglied der Ausdruck E ist.

Diese beiden Formulierungen des Deduktionstheorems sind für ein die Abtrennungsregel enthaltendes System S äquivalent. Wenn wir das Theorem I annehmen und es n-mal auf das Vorderglied des Theorems II anwenden, erhalten wir das Hinterglied des Theorems II. Wenn wir uns andererseits auf das Theorem II berufen und $(n-1)$-mal die Ab- Antrennungsregel anwenden, erhalten wir aus dem Vorderglied des Theorems I sein Hinterglied.

Es ist leicht festzustellen, daß in dem im Kapitel III dargestellten Annahmesystem des Aussagenkalküls das Deduktionstheorem II die Bildungsregel des direkten Annahmebeweises ist.

Das Deduktionstheorem gilt nicht für jedes Axiomensystem. Es gibt verschiedene Systeme des Aussagenkalküls, für die dieses Theorem nicht wahr ist. Für bestimmte Systeme gelten aber gewisse schwächere Formen des Deduktionstheorems. Wir wollen ein Theorem von D. Hilbert angeben, welches bestimmte hinreichende Bedingungen dafür angibt, wann das Deduktionstheorem für ein Axiomensystem S wahr ist. Dieses Theorem besagt:

Das Deduktionstheorem gilt für ein Axiomensystem S, wenn das System S folgende Bedingungen erfüllt:

1. Jeder Ausdruck der Form $H \rightarrow H$ ist ein Theorem des Systems S.
2. Eine (primäre oder sekundäre) Regel des Systems S ist die Regel Q mit dem Schema:

$$\frac{G}{H \rightarrow G}$$

3. Zu jeder primären Regel P des Systems S mit dem Schema

$$\begin{array}{c} E_1 \\ \cdot \\ \cdot \\ \cdot \\ E_k \\ \hline G \end{array}$$

gibt es im System S eine (primäre oder sekundäre) Regel P^* mit dem Schema:

$$\begin{array}{c} H \rightarrow E_1 \\ \cdots\cdots \\ \cdots\cdots \\ \cdots\cdots \\ H \rightarrow E_k \\ \hline H \rightarrow G \end{array}.$$

Wir geben nachfolgend den Beweis dieses Theorems an. Als Beweisannahmen setzen wir voraus, daß das System S die drei obenerwähnten Bedingungen erfüllt und daß:

$$H_1, \ldots, H_n \vdash_S E .$$

Daraus folgt, daß es eine Folge von Ausdrücken

(C) $$E_1, \ldots, E_n$$

gibt derart, daß $E_n = E$, und daß jedes Glied E_i der Folge (C) eine der drei folgenden Bedingungen erfüllt: 1. E_i ist ein Axiom des Systems S; 2. E_i ist einer der Ausdrücke $H_1, \ldots, H_n$; 3. E_i ist aus früheren Gliedern der Folge (C) mit Hilfe irgendeiner primären Regel P des Systems S abgeleitet.

Die Folge (C*) $H_n \to E_1, \ldots, H_n \to E_n$
entsteht aus der Folge (C) auf die Weise, daß wir jedes Glied E_i der Folge (C) durch die Implikation $H_n \to E_i$ ersetzen. Das letzte Glied der Folge (C*) ist die Implikation $H_n \to E$. Wenn 1. der Ausdruck E_i der Folge (C) ein Axiom des Systems S ist, ist der gemäß der Regel Q ableitbare Ausdruck $H_n \to E_i$ der Folge (C*) ein Theorem des Systems S. Wenn 2. der Ausdruck E_i der Folge (C) einer der Ausdrücke $H_1, \ldots, H_{n-1}$ ist, so ist der ihm entsprechende Ausdruck $H_n \to E_i$ der Folge (C^*) in S gemäß der Regel Q aus einem der Ausdrücke $H_1, \ldots, H_{n-1}$ ableitbar; wenn dagegen $E_i = H_n$, so ist der ihm in der Folge (C*) entsprechende Ausdruck $H_n \to E_i$ ein Theorem des Systems S im Sinne der ersten Bedingung, die wir für das System S angenommen haben. Wenn dagegen 3. der Ausdruck E_i der Folge (C) aus bestimmten früheren Gliedern der Folge (C) mit Hilfe einer primären Regel P des Systems S ableitbar ist, so wird in der Folge (C*) der ihm entsprechende Ausdruck $H_n \to E_i$ aus den Entsprechungen dieser Glieder der Folge (C) mit Hilfe der Regel P^* erhalten, welche im Sinne der dritten der für das System S geltenden Bedingungen eine Regel des Systems S ist. Wir kommen also zu dem Schluß, daß jedes Glied der Folge (C*) entweder ein Theorem des Systems S oder einer der Ausdrücke $H_1, \ldots, H_{n-1}$ ist oder aus früheren Gliedern der Folge (C*) mit Hilfe irgendeiner (primären oder sekundären) Regel des Systems S ableitbar ist. Daraus sowie aus der Tatsache, daß das letzte Glied der Folge (C*) die Implikation $H_n \to E_i$ ist, folgt – aufgrund der vorher bewiesenen Äquivalenz –, daß

$$H_1, \ldots, H_{n-1} \vdash_S (H_n \to E) .$$

Unter den für ein System S als geltend angenommenen Bedingungen 1.–3. haben wir also das Deduktionstheorem in der ersten Formulierung bewiesen. Aus ihm folgt das Deduktionstheorem in der zweiten Formulierung.

Das bewiesene Theorem werden wir die Verallgemeinerung des Deduktionstheorems nennen. Es muß betont werden, daß man dieses Theorem nicht nur auf Systeme des Aussagenkalküls anwenden kann, da in der dritten der für das System S angenommenen Bedingungen nur sehr allgemeine Annahmen bezüglich der primären Regeln des Systems S formuliert werden. Außer in der ersten Bedingung werden auch keine besonderen Annahmen bezüglich der Axiome des Systems S gemacht.

Im Sinne dieser Verallgemeinerung ist das Deduktionstheorem wahr für den metalogisch formulierten positiven Aussagenkalkül (von dem im Abschnitt 6 des Kapitels III die Rede war). Die einzige primäre Regel dieses Kalküls ist die Abtrennungsregel. Axiome des Aussagenkalküls sind alle Ausdrücke der Form:

1. $[H \to (E \to G)] \to [(H \to E) \to (H \to G)]$
2. $G \to (H \to G)$.

Ein Theorem dieses Systems ist jeder Ausdruck der Form $H \to H$. Mittels des Axioms 2 und der Abtrennungsregel erhalten wir in diesem System eine sekundäre Regel mit dem Schema:

$$\frac{G}{H \to G}.$$

Aufgrund des Axioms 1 und der Abtrennungsregel erhalten wir in diesem System eine sekundäre Regel mit dem Schema:

$$\frac{\begin{array}{c} H \to (E \to G) \\ H \to E \end{array}}{H \to G}.$$

Zu der primären Regel des Systems mit dem Schema:

$$\frac{\begin{array}{c} E \to G \\ E \end{array}}{G}$$

gibt es also in diesem System eine sekundäre Regel, die zu der primären Regel des Systems in der Relation steht, welche in der dritten Bedingung der Verallgemeinerung des Deduktionstheorems verlangt wird. Daraus ersieht man, daß in diesem Fall alle drei Bedingungen dieser Verallgemeinerung erfüllt sind, das Deduktionstheorem also für ein so formuliertes Axiomensystem des positiven Aussagenkalküls wahr ist.

Aus der Verallgemeinerung des Deduktionstheorems folgt, wenn ein bestimmtes Axiomensystem S die Bedingungen 1.–3. erfüllt, dann erfüllt auch jede Erweiterung des Systems S, welche aus dem System S durch Einführung neuer Axiome in dieses System entsteht, diese Bedingungen, sofern nur dieses erweiterte System auf den gleichen primären Regeln wie das System S beruht. Das Deduktionstheorem ist dann für jede derartige Erweiterung des Systems S wahr.

Solche Erweiterungen des Systems des positiven Aussagenkalküls sind z. B. die metalogisch gefaßten Axiomensysteme des Aussagenkalküls mit Implikation, des Aussagenkalküls mit Implikation und Negation, des Aussagenkalküls, in dem als Grundtermini die Zeichen der Implikation, Negation, Konjunktion, Alternative und Äquivalenz auftreten und deren einzige primäre Regel die Abtrennungsregel ist. Für alle diese Systeme ist also das Deduktionstheorem wahr.

Für äquivalente Systeme des Aussagenkalküls, deren primäre Regeln die Einsetzungs- und die Abtrennungsregel sind, trifft das Deduktionstheorem in folgender Formulierung zu: Wenn der Ausdruck E in einem solchen System aus den Ausdrücken $H_1, \ldots, H_n$ ableitbar ist, ohne einer Einsetzung für die freien Variablen der Ausdrücke $H_1, \ldots, H_n$, ist in einem solchen System aus den Ausdrücken $H_1, \ldots, H_{n-1}$ der Ausdruck $H_n \to E$ ableitbar (oder auch: Der Ausdruck $H_1 \to [\cdots \to (H_n \to \to E) \cdots]$ ist ein Theorem eines solchen Systems).

Eine analoge Beschränkung muß im Falle des engeren Prädikatenkalküls für die Einführungsregel des Allquantifikators vorgenommen werden. Dieses System kann metalogisch so aufgebaut werden, daß als seine primären Regeln die Abtrennungs- und die Einführungsregel des Allquantifikators auftreten und Axiome alle Ausdrücke der folgenden Form sind:

1. $(E \to G) \to [(G \to H) \to (E \to H)]$
2. $(\sim E \to E) \to E$
3. $E \to (\sim E \to G)$
4. $\bigwedge_v E \to E(v/v_1)$
5. $\bigwedge_v (H \to E) \to (H \to \bigwedge_v E)$, sofern v keine freie Variable in H ist.

Die Axiome 1–3 sind Axiome des Aussagenkalküls, das Axiom 4 ist die metalogische Entsprechung für das Axiom, welches im Hilbertschen Axiomensystem auftritt (Kap. IV, Abschnitt 5), das Axiom 5 dagegen ist das Gesetz der Verschiebung des Allquantifikators in das Hinterglied einer Implikation (sofern die durch diesen Quantifikator gebundene Variable nicht im Vorderglied dieser Implikation frei vorkommt).

Den Existenzquantifikator kann man in diesem System mit Hilfe des Allquantifikators und des Negationszeichens definieren.

Für dieses System ist das Deduktionstheorem in folgender Formulierung zutreffend:

Wenn der Ausdruck E in diesem System aus den Ausdrücken $H_1, \ldots, H_n$ ableitbar ist, ohne Anwendung der Einführungsregel des Allquantifikators auf in den Ausdrücken $H_1, \ldots, H_n$ auftretende freie Variablen, so ist in diesem System aus den Ausdrücken $H_1, \ldots, H_{n-1}$ die Implikation $H_n \to E$ ableitbar (oder auch: Der Ausdruck $H_1 \to [\cdots \to (H_n \to E) \cdots]$ ist ein Theorem dieses Systems).

Die auf diese Weise eingeschränkte Einführungsregel des Allquantifikators erfüllt eine analoge Bedingung wie die in der Formulierung der Verallgemeinerung des Deduktionstheorems angegebene dritte Bedingung. Wenn wir aus dem Ausdruck G mit Hilfe der Regel $E\bigwedge$ den Ausdruck $\bigwedge_v G$ erhalten und die Variable „v" im Ausdruck H keine freie Variable ist, so erhalten wir in diesem System aus dem Ausdruck $H \to G$ den Ausdruck $H \to \bigwedge_v G$. Aus dem Ausdruck $H \to G$ erhalten wir nämlich mit Hilfe der Regel $E\bigwedge$ den Ausdruck $\bigwedge_v (H \to G)$ und aus diesem Ausdruck wiederum erhalten wir aufgrund des Axioms 5 den Ausdruck $H \to \bigwedge_v G$.

Beim Beweis des Deduktionstheorems für das betrachtete System des engeren Prädikatenkalküls muß man neben den im Beweis der Verallgemeinerung des Deduktionstheorems berücksichtigten drei Möglichkeiten noch eine vierte Möglichkeit beachten, welche dann eintritt, wenn der Ausdruck E_i der Folge (C) aus einem früheren Glied E_j dieser Folge mit Hilfe der entsprechend eingeschränkten Regel $\mathrm{E}\bigwedge$ erhalten wird (d. h. wenn $E_i = \bigwedge_v E_j$), wobei der Vorbehalt gilt, daß die Variable „v" in den Ausdrücken $H_1, \ldots, H_n$ keine freie Variable sein darf. Dann kann man jedoch – wie wir oben nachgewiesen haben – aus dem Ausdruck $H_n \to E_j$ der Folge (C*) im betrachteten System den Ausdruck $H_n \to \bigwedge_v E_j$, d. h. den Ausdruck $H_n \to E_i$ der Folge (C*), ableiten.

Für äquivalente Systeme des engeren Prädikatenkalküls, deren primäre Regeln die Einsetzungsregel, die Abtrennungsregel und die Einführungsregel des Allquantifikators sind, ist das Deduktionstheorem in folgender Formulierung zutreffend:

Wenn der Ausdruck E in einem solchen System aus den Ausdrücken $H_1, \ldots, H_n$ ohne Anwendung der Einsetzungsregel und der Einführungsregel des Allquantifikators auf freie Variablen der Ausdrücke $H_1, \ldots, H_n$ ableitbar ist, so ist in einem solchen System die Implikation $H_n \rightarrow E$ aus den Ausdrücken $H_1, \ldots, H_{n-1}$ ableitbar (oder auch: Der Ausdruck $H_1 \rightarrow [\cdots \rightarrow (H_n \rightarrow E) \cdots]$ ist ein Theorem des Systems).

Im Annahmesystem des engeren Prädikatenkalküls ist dieses Theorem die Bildungsregel des direkten Annahmebeweises.

Man kann den engeren Prädikatenkalkül auf der Abtrennungsregel als der einzigen primären Regel des Systems aufbauen, wenn wir als Axiome die durch Einsetzungen in Theoreme des Aussagenkalküls erhaltenen Ausdrücke annehmen und ihnen Allquantifikatoren voransetzen, durch welche alle ihre freien Variablen gebunden werden, sowie noch folgende Ausdrücke:

$$\bigwedge_v (H \rightarrow E) \rightarrow (\bigwedge_v H \rightarrow \bigwedge_v E)$$

$$E \rightarrow \bigwedge_v E, \text{ sofern die Variable „}v\text{" in } E \text{ nicht frei vorkommt,}$$

$$\bigwedge_v E \rightarrow E(v/v_1)\,.$$

Das Deduktionstheorem für ein solches System erhalten wir aufgrund der Verallgemeinerung des Deduktionstheorems.

Den engeren Prädikatenkalkül mit Identität erhalten wir, indem wir in das System des engeren Prädikatenkalküls als Axiome die Ausdrücke der Form:

$$v = v$$
$$v = v_1 \rightarrow (E \rightarrow E(v//v_1))$$

einführen (oder auch – bei der zuletzt besprochenen Darstellung – die aus ihnen durch Voranstellen von Allquantifikatoren entstandenen Ausdrücke, welche alle ihre freien Namenvariablen binden).

Das Deduktionstheorem gilt für dieses System in der gleichen Formulierung wie für das System des engeren Prädikatenkalküls, dessen Erweiterung es ist.

Den Prädikatenkalkül n-ter Stufe (mit Identität) sowie den Prädikatenkalkül (mit Identität), welcher Prädikate beliebiger natürlicher Stufe enthält, kann man auf Axiome und Regeln aufbauen, die analog zu den Axiomen und Regeln des engeren Prädikatenkalküls (mit Identität) sind. Das Deduktionstheorem für einen solchen Prädikatenkalkül (mit Identität) ist gültig in der Formulierung, die analog der Formulierung des Deduktionstheorems für den engeren Prädikatenkalkül (mit Identität) ist.

Wir wollen jetzt die Formulierung des Deduktionstheorems für

Axiomensysteme kennenlernen, die sich auf einen metalogisch dargestellten Aussagenkalkül oder Prädikatenkalkül (mit Identität) stützen, in denen die Axiome Aussagen sind, also Ausdrücke, in denen keine freien Variablen vorkommen.

In den Ausdrücken solcher Systeme treten weder Aussagenvariable noch Prädikate repräsentierende Variable auf. Der Vorbehalt, daß die Axiome Aussagen sind, ist keine wesentliche Einschränkung. Wenn nämlich irgendein Ausdruck, in welchem freie Variablen vorkommen, ein Theorem des Systems ist, so ist auch der aus ihm entstehende Ausdruck ein Theorem des Systems, wenn man ihm Allquantifikatoren voransetzt, welche alle seine freien Variablen binden. Anstatt also als Axiom einen Ausdruck anzunehmen, in welchem freie Variable vorkommen, können wir als Axiom einen deduktiv äquivalenten Ausdruck annehmen, in dem keine freien Variablen vorkommen. Die Aussagenausdrücke des untersuchten Systems bestehen aus Variablen, logischen Konstanten und außerlogischen Konstanten des Systems, welche *spezifische Konstanten* des gegebenen Axiomensystems genannt werden. Unter den in solchen Systemen angenommenen Axiomen kann man logische Axiome (des Aussagenkalküls bzw. des Prädikatenkalküls mit Identität) und die übrigen Axiome, die *spezifische Axiome* der gegebenen Axiomensysteme genannt werden, unterscheiden. Wenn wir einfach von den Axiomen eines solchen Systems sprechen werden, meinen wir die spezifischen Axiome eines solchen Systems. Die Beweisregeln sind die Regeln des logischen Systems, auf denen das gegebene Axiomensystem beruht, also die Regeln des Aussagenkalküls oder des Prädikatenkalküls mit Identität. Die logischen Axiome des gegebenen Axiomensystems sind Einsetzungen von Ausdrücken in Axiome des entsprechenden logischen Kalküls, welche die außerlogische Konstanten enthalten, die für das gegebene System spezifisch sind. Solche Ausdrücke kann man logische Axiome im weiteren Sinne nennen. Die kleinste Menge, welche die Menge der logischen Axiome (im weiteren Sinne) des gegebenen Systems enthält und die in bezug auf die durch seine primären Beweisregeln bestimmten Relationen abgeschlossen ist, nennen wir die Menge der *logischen Theoreme im weiteren Sinne*, die zum gegebenen Axiomensystem gehören. Solche Theoreme entstehen durch Einsetzungen in Theoreme der entsprechenden logischen Kalküle. Die Menge der Theoreme eines solchen Axiomensystems ist die kleinste Menge, in der die logischen Axiome (im weiteren Sinne) und die spezifischen Axiome des Systems enthalten sind und die in bezug auf die durch die primären Beweisregeln eines solchen Systems bestimmten Relationen abgeschlossen ist.

Für die Axiomensysteme der besprochenen Art ist das gleiche Deduktionstheorem zutreffend wie das für die logischen Kalküle, auf denen diese Systeme beruhen. Außerdem kann man für solche Systeme noch eine bestimmte spezielle Form des Deduktionstheorems beweisen. Zum Beweis dieses Theorems benutzen wir folgende Schlußfolgerung, welche sich aus dem Deduktionstheorem für den Prädikatenkalkül (mit Identität) ergibt.

Wenn der Ausdruck E in diesem System aus den Ausdrücken $H_1, \ldots, H_n$, in denen freie Namenvariable vorkommen können, ableitbar ist, so ist der Ausdruck $H_1 \to [\cdots \to (H_n \to E) \cdots]$ ein Theorem dieses Systems. Wir wollen folgendes **Deduktionstheorem für ein Axiomensystem** S der besprochenen Art beweisen:

Wenn der Ausdruck E ein Theorem des Systems S ist, so ist die Implikation $A_1 \wedge \cdots \wedge A_n \to E$, in der die Ausdrücke $A_1, \ldots, A_n$ bestimmte spezifische Axiome des Systems S sind, ein logisches Theorem (im weiteren Sinne).

Aus der Annahme, daß E ein Theorem des Systems S ist, der Definition der Menge der Theoreme des Systems S sowie aus dem Theorem (XXIV) aus dem Abschnitt 3.9 des Kapitels V folgt, daß der Ausdruck E in S aus einer endlichen Menge der logischen Axiome und der spezifischen Axiome des Systems S ableitbar ist. Mögen die Ausdrücke $L_1, \ldots, L_k$ diese logischen Axiome sein, dagegen die Ausdrücke $A_1, \ldots, A_n$ die spezifischen Axiome des Systems S, auf die wir uns im Beweis des Theorems E berufen. Nach den für das System S angenommenen Bedingungen treten in diesen Axiomen keine freien Variablen auf. Die Beweisregeln sind logische Regeln (Regeln eines logischen Systems, auf dem das System S beruht). Aufgrund der obenangeführten Schlußfolgerung ergibt sich aus dem Deduktionstheorem, daß ein logisches Theorem (im weiteren Sinne) folgende Implikation ist:

$$L_1 \wedge \cdots \wedge L_k \to (A_1 \wedge \cdots \wedge A_n \to E).$$

Das Vorderglied dieser Implikation ist als Konjunktion logischer Theoreme gleichfalls ein logisches Theorem. Also ist auch das Hinterglied dieser Implikation ein logisches Theorem (wir sprechen hier von logischen Theoremen im weiteren Sinne). Wir nahmen das Vorderglied des zu beweisenden Theorems als Annahme an und erhielten sein Hinterglied, also ist der Beweis des Theorems beendet.

Wenn das System S auf einer endlichen Anzahl von spezifischen Axiomen beruht, kann man in der Formulierung des Deduktionstheorems für das System S annehmen, daß die Axiome $A_1, \ldots, A_n$ alle spezifischen Axiome des Systems S sind.

Wahr ist natürlich auch das in bezug auf das bewiesene Theorem umgekehrte Theorem:

Wenn es solche spezifischen Axiome $A_1, \ldots, A_n$ des Systems S gibt, daß die Implikation $A_1 \wedge \cdots \wedge A_n \rightarrow E$ ein logisches Theorem (im weiteren Sinne) ist, so ist der Ausdruck E ein Theorem des Systems S.

Aus diesen beiden Theoremen folgt die Äquivalenz:

Der Ausdruck E ist ein Theorem des Axiomensystems S dann und nur dann, wenn es spezifische Axiome $A_1, \ldots, A_n$ des Systems S gibt derart, daß die Implikation $A_1 \wedge \cdots \wedge A_n \rightarrow E$ ein logisches Theorem (im weiteren Sinne) ist.

Also ist die Entscheidung darüber, ob ein gegebener Ausdruck ein Theorem eines Axiomensystems ist, gleichbedeutend mit der Entscheidung der Frage, ob eine bestimmte Implikation ein logisches Theorem (im weiteren Sinne) ist oder nicht.

Für Axiomensysteme, für die das bewiesene Deduktionstheorem gilt, kann man die Umkehrung des im Abschnitt 1 dieses Kapitels angegebenen Theorems, welches die Unabhängigkeit der Axiome betrifft, beweisen, nämlich das Theorem:

Wenn das Axiom E von den Axiomen A des Systems S unabhängig ist, so ist ein System mit den Axiomen A und dem Axiom $\sim E$ widerspruchsfrei. Die Axiome A und E sind hier spezifische Axiome des Systems S und als primäre Regeln des Systems S treten auf die primären Regeln desjenigen logischen Systems, auf dem das System S beruht.

Wir wollen die Transposition dieses Theorems beweisen. Nehmen wir an, ein System mit den Axiomen A und dem Axiom $\sim E$ sei widersprüchlich. Dann ist jeder Ausdruck, also auch der Ausdruck E, ein Theorem dieses Systems. Im Sinne des Deduktionstheorems ist die Implikation

$$A_1 \wedge \cdots \wedge A_n \wedge \sim E \rightarrow E ,$$

in der die Ausdrücke $A_1, \ldots, A_n$ spezifische Axiome des Systems S sind, die zu der Menge der Axiome A gehören, ein logisches Theorem. Aufgrund der Gesetze des Aussagenkalküls erhalten wir aus dieser Implikation folgende Implikationen:

$$A_1 \wedge \cdots \wedge A_n \rightarrow (\sim E \rightarrow E),$$
$$A_1 \wedge \cdots \wedge A_n \rightarrow E .$$

Daraus folgt, daß das Axiom E im System S aus den Axiomen $A_1, \ldots, A_n$, also auch aus den Axiomen der Menge A, zu der diese Axiome gehören, ableitbar ist.

Das in diesem Abschnitt behandelte Deduktionstheorem ist von dem in Abschnitt 3 des Kapitels II angegebenen Theorem über den Zusammenhang zwischen den logischen Schemata und den ihnen entsprechenden logischen Gesetzen zu unterscheiden. Unter Benutzung des in Abschnitt 4 des Kapitels II eingeführten Begriffes der logischen Folgerung kann man dieses Theorem folgendermaßen formulieren:

Aus den Ausdrücken $W_1, \ldots, W_n$ folgt logisch der Ausdruck W dann und nur dann, wenn die Implikation $W_1 \wedge \cdots \wedge W_n \rightarrow W$ (oder auch die ihr äquivalente Implikation $W_1 \rightarrow [\cdots \rightarrow (W_n \rightarrow W) \cdots]$) ein logisches Gesetz ist. Dieses Theorem ist mit Hilfe der semantischen Begriffe der logischen Folgerung und des logischen Gesetzes formuliert, d. h. mit Hilfe eines immer wahren Ausdruckes, welcher aus logischen Konstanten und Variablen gebildet ist. Das Deduktionstheorem ist dagegen mit Hilfe der syntaktischen Begriffe der Ableitbarkeit und des logischen Theorems formuliert. Das Deduktionstheorem betrifft Axiomensysteme und ist für bestimmte Systeme wahr und für andere falsch. Trotz der formalen Ähnlichkeit in den Formulierungen der beiden Theoreme sind sie einander nicht äquivalent.

Im letzten Abschnitt dieses Kapitels wird davon die Rede sein, daß sich die Begriffe des logischen Gesetzes und des logischen Theorems nicht decken, weil sie sich in ihrem Umfang unterscheiden. Ähnlich decken sich nicht die Begriffe der logischen Folgerung und der Ableitbarkeit (Konsequenz).

4. Axiomatische Konsequenzentheorie

Die axiomatische Konsequenzentheorie, auch axiomatische Theorie deduktiver Systeme genannt, wurde von A. Tarski[1] aufgebaut. In dieser Theorie werden bestimmte Grundeigenschaften der Konsequenzen für deduktive Systeme, die auf dem klassischen Aussagenkalkül beruhen, festgelegt. Primäre Termini dieser Theorie sind die Symbole „S“ und „Cn“. Die Konstante „S“ denotiert die Menge der (sinnvollen) Aussagenausdrücke deduktiver Systeme genannter Art. A. Tarski nimmt an, daß die Menge S eine endliche oder abzählbare Menge ist. Wenn man die Konsequenztheorie auf Systeme verallgemeinert, in

[1] A. Tarski, *Fundamentale Begriffe der Methodologie der deduktiven Wissenschaften*, Monatshefte für Mathematik und Physik, XXXVII, 1930, S. 361–404; A. Tarski, *Grundzüge des Systemenkalküls*, Fundamenta Mathematicae, 25, 1935, S. 503–526; 26, 1936, S. 283–301.

denen die Menge der sinnvollen Ausdrücke eine überabzählbare Menge ist, also eine Menge mit einer größeren Mächtigkeit als $\aleph_0$, braucht man das Axiom von der Abzählbarkeit der Elemente der Menge S nur durch das Axiom zu ersetzen, welches feststellt, daß es eine Relation gibt, welche die Menge S wohlordnet. Um die Schreibweise der Theoreme der Konsequenzentheorie zu verkürzen, nehmen wir an, daß die Variablen: $E, F, G, H, \ldots$ die Elemente der Menge S durchlaufen, d. h. daß $E \in S$, $F \in S$ usw., und daß die Variablen: $X, Y, Z, A, \ldots$ die Untermengen der Menge S durchlaufen, d. h. daß $X \subset S$, $Y \subset S$ usw. Wir nehmen weiterhin an, daß die Menge S in bezug auf die Operationen der Bildung zusammengesetzter Aussagenausdrücke mit Hilfe von Funktoren des Aussagenkalküls, insbesondere mit Hilfe der Zeichen der Negation und der Implikation, abgeschlossen ist. Wir nehmen also an, daß $\ulcorner \sim E \urcorner \in S$ sowie daß $\ulcorner H \rightarrow E \urcorner \in S$. Zur Vermeidung einer Mehrdeutigkeit verwendeten wir in den beiden Ausdrücken bei der Bildung der Namen von zusammengesetzten Ausdrücken sogenannte Quasi-Anführungszeichen. Der Ausdruck $\ulcorner \sim E \urcorner$ ist ein Ausdruck, welcher aus dem Negationszeichen und dem darauffolgenden Ausdruck E gebildet ist. Bisher verwendeten wir im Kontext der Umgangssprache den Namen „$\sim E$" als einen Namen für die Negation des Ausdruckes E, ohne die Gefahr einer Mehrdeutigkeit befürchten zu müssen. In einem mit Hilfe von Symbolen geschriebenen Kontext kann dies jedoch zu Mehrdeutigkeiten führen. Den Ausdruck „$\sim E \in S$" kann man z. B. als Negation des Ausdruckes „$E \in S$" verstehen oder auch als einen Ausdruck, welcher feststellt, daß die Negation des Ausdruckes E zu der Menge S gehört. Mit Hilfe der Quasi-Anführungszeichen schreiben wir diesen letzten Satz in der Form: $\ulcorner \sim E \urcorner \in S$. Ähnlich stellt der Ausdruck: $\ulcorner E \rightarrow G \urcorner \in S$ fest, daß die Implikation mit dem Vorderglied E und dem Hinterglied G zu der Menge S gehört.

Das Symbol „$Cn(X)$" denotiert die Menge der Konsequenzen aus einer Menge X von Ausdrücken in bezug auf die logischen Axiome und die logischen Beweisregeln des gegebenen deduktiven Systems. Im Sinne der im vorangegangenen Abschnitt angeführten Bemerkungen können wir uns bei entsprechender Wahl der logischen Axiome darauf beschränken, als einzige primäre Beweisregel die Abtrennungsregel anzunehmen. Die Menge $Cn(X)$ ist also die kleinste Menge, welche die Menge $A \cup X$ enthält, in der A die Menge der logischen Axiome ist, und die in bezug auf die Abtrennungsoperation (d. h. die durch die Abtrennungsregel bestimmte Relation) abgeschlossen ist. Wenn $X = \emptyset$, so ist die Menge $Cn(X)$ die kleinste Menge, welche die Menge A der logischen Axiome enthält und in bezug auf die Abtrennungsoperation abgeschlossen ist; also ist die Menge $Cn(\emptyset)$ die Menge der logischen Theoreme (im weiteren Sinne). In der axiomatischen Konsequenzentheorie mit den primären Termini S und Cn führen wir die Definition der Menge $Cn(X)$ als der kleinsten Menge, welche die Menge $A \cup X$ enthält und in bezug auf die Abtrennungsoperation abgeschlossen ist, nicht ein. Die Menge S und die Menge $Cn(X)$ werden mit Hilfe folgender Axiome charakterisiert:

A1. $0 < Nc'S \leqq \aleph_0$

A2. $X \subset Cn(X) \subset S$

A3. $X \subset Y \rightarrow Cn(X) \subset Cn(Y)$

A4. $Cn(Cn(X)) \subset Cn(X)$

A5. $CnX = \bigcup_{Y \subset X \wedge N'cY \in Nn} CnY$

A6. $\ulcorner H \rightarrow E \urcorner \in Cn(X) \rightarrow E \in Cn(X \cup \{H\})$

A7. $E \in Cn(X \cup \{H\}) \rightarrow \ulcorner H \rightarrow E \urcorner \in Cn(X)$

A8. $Cn(\{E, \sim E\}) = S$

A9. $Cn(\{E\}) \cap Cn(\{\sim E\}) = Cn(\emptyset)$.

Die Axiome A1–A5 werden allgemeine Axiome der Konsequenzentheorie genannt. Das erste Axiom formuliert die vorher besprochene Annahme bezüglich der Mächtigkeit der Menge S. Das Axiom A2 ist eine Konjunktion zweier Ausdrücke. Das zweite Glied dieser Konjunktion stellt fest, daß die Menge der Konsequenzen aus einer Menge sinnvoller Ausdrücke wiederum eine Menge sinnvoller Ausdrücke ist. Das erste Glied der Konjunktion, welche das Axiom A2 ist, sowie die Axiome A3–A5 sind Spezialfälle allgemeiner Gesetze, welche die kleinsten Mengen betreffen, in denen bestimmte Mengen enthalten sind und die in bezug auf bestimmte Relationen abgeschlossen sind; es handelt sich hier um die Theoreme (XVII), (XVIII), (XX) und (XXIV), die im Abschnitt 3.9 des Kapitels V bewiesen wurden. Das Axiom A5 nennt man das Axiom von der finitistischen Konsequenz. Bei der Untersuchung von Theoremen, die sich ausschließlich mit Hilfe der allgemeinen Axiome der Konsequenzentheorie beweisen lassen, wird manchmal folgendes Axiom eingeführt:

$$\bigvee_{E_1, \ldots, E_n} S = Cn(\{E_1, \ldots, E_n\}).$$

Dieses Axiom stellt fest, daß die Menge S endlich axiomatisierbar ist. In der auf den Axiomen A1–A9 aufgebauten Konsequenzentheorie folgt das Theorem von der endlichen Axiomatisierbarkeit der Menge S aus A8. A6 stellt fest, wenn eine Implikation aus einer bestimmten Menge von Ausdrücken ableitbar ist, dann ist auch ihr Hinterglied aus dieser, um das Vorderglied dieser Implikation bereicherten Menge ableitbar. Das ist eine bestimmte Form der Abtrennungsregel. Das Axiom A7 stellt das Deduktionstheorem in der im vorangegangenen Abschnitt angegebenen ersten Formulierung dar. A8 stellt fest, daß die Menge der Konsequenzen aus zwei sich widersprechenden Ausdrücken mit der Menge aller Aussagenausdrücke identisch ist. Aus zwei sich widersprechenden Ausdrücken ist also ein beliebiger Aussagenausdruck ableitbar. Bei der Interpretation der Menge $Cn(\emptyset)$ als Menge logischer Theoreme stellt das Axiom A9 fest, daß der und nur der Ausdruck ein logisches Theorem (im weiteren Sinne) ist, welcher sowohl aus einem Ausdruck E als auch aus der Negation des Ausdruckes W ableitbar ist.

Die Interpretation der Menge $Cn(\emptyset)$ als der Menge logischer Theoreme wird durch die Tatsache bestätigt, daß man aufgrund der angeführten Axiome der Konsequenzentheorie folgende Theoreme beweisen kann:

I. $\ulcorner(E \to G) \to [(G \to H) \to (E \to H)]\urcorner \in Cn(\emptyset)$

II. $\ulcorner(\sim E \to E) \to E\urcorner \in Cn(\emptyset)$

III. $\ulcorner E \to (\sim E \to G)\urcorner \in Cn(\emptyset)$

IV. $\ulcorner E \to G\urcorner, E \in Cn(\emptyset) \to G \in Cn(\emptyset)$.

Gemäß dieser Theoreme gehören zu der Menge $Cn(\emptyset)$ die drei Axiome des Aussagenkalküls mit Implikation und Negation von J. Łukasiewicz (genauer: alle Einsetzungen in diese Axiome) und außerdem ist diese Menge in bezug auf die Abtrennungsoperation abgeschlossen. Zu der Menge $Cn(\emptyset)$ gehören also alle logischen Theoreme (im weiteren Sinne), welche Einsetzungen in Theoreme des Aussagenkalküls sind.

Zum Beweis dieser Theoreme benutzen wir folgende Gesetze der Mengenlehre:

$$x \in \{x, y, z\}$$
$$y \in \{x, y, z\}$$
$$x \in A \equiv \{x\} \subset A$$
$$\{x, y, z\} \cup \{u\} = \{x, y, z, u\}$$
$$\{x, y, z\} = \{x\} \cup \{y\} \cup \{z\}$$
$$B \subset A \wedge C \subset A \to B \cup C \subset A$$
$$A = A \cup \emptyset .$$

Wenn wir uns auf irgendeines dieser Theoreme berufen, werden wir dies dadurch kenntlich machen, daß wir rechts von der Beweiszeile „Ml" schreiben werden.

Wir beweisen jetzt die genannten Theoreme:

I. $\ulcorner(E \to G) \to [(G \to H) \to (E \to H)]\urcorner \in Cn(\emptyset)$.

Beweis.	(1)	$\ulcorner E \to G \urcorner \in \{E \to G, G \to H, E\}$	{Ml}
	(2)	$\ulcorner G \to H \urcorner \in \{E \to G, G \to H, E\}$	{Ml}
	(3)	$\ulcorner E \to G \urcorner \in Cn(\{E \to G, G \to H, E\})$	{A2, 1}
	(4)	$\ulcorner G \to H \urcorner \in Cn(\{E \to G, G \to H, E\})$	{A2, 2}
	(5)	$G \in Cn(\{E \to G, G \to H, E\})$	{A6, 3}
	(6)	$H \in Cn(\{E \to G, G \to H, E, G\})$	{A6, 4}
	(7)	$\{G\} \subset Cn(\{E \to G, G \to H, E\})$	{5, Me}
	(8)	$\{E \to G, G \to H, E\} \subset$ $\subset Cn(\{E \to G, G \to H, E\})$	{A2}
	(9)	$\{E \to G, G \to H, E, G\} \subset$ $\subset Cn(\{E \to G, G \to H, E, G\})$	{Me, 7, 8}
	(10)	$Cn(\{E \to G, G \to H, E\}) \subset$ $\subset Cn(\{E \to G, G \to H, E\})$	{A3, A4, 9}
	(11)	$H \in Cn(\{E \to G, G \to H, E\})$	{6, 10}
	(12)	$\ulcorner E \to H \urcorner \in Cn(\{E \to G, G \to H\})$	{A7, 11, Ml}
	(13)	$\ulcorner (G \to H) \to (E \to H) \urcorner \in Cn(\{E \to G\})$	{A7, 12, Ml}
		$\ulcorner (E \to G) \to [(G \to H) \to (E \to H)] \urcorner \in$ $\in Cn(\emptyset)$	{A7, 13, Ml}

II. $\ulcorner (\sim E \to E) \to E \urcorner \in Cn(\emptyset)$

Beweis.	(1)	$E \in Cn(\{E, \sim E \to E\})$	{A2, Ml}
	(2)	$\ulcorner (\sim E \to E) \to E \urcorner \in Cn(E)$	{A7, 1}
	(3)	$\ulcorner \sim E \to E \urcorner \in Cn(\{\sim E, \sim E \to E\})$	{A2, Ml}
	(4)	$E \in Cn(\{\sim E, \sim E \to E)$	{A6, 3}
	(5)	$\ulcorner (\sim E \to E) \to E \urcorner \in Cn(\{\sim E\})$	{A7, 4}
	(6)	$\ulcorner (\sim E \to E) \to E \urcorner \in Cn(\{E\}) \cap Cn(\{\sim E\})$	{2, 5}
		$\ulcorner (\sim E \to E) \to E \urcorner \in Cn(\emptyset)$	{A9, 6}

III. $\ulcorner E \to (\sim E \to G) \urcorner \in Cn(\emptyset)$

Beweis.	(1)	$G \in S$	
	(2)	$G \in Cn(\{E, \sim E\})$	{A8, 1}
	(3)	$\ulcorner \sim E \to G \urcorner \in Cn(\{E\})$	{A7, 2}
		$\ulcorner E \to (\sim E \to G) \urcorner \in Cn(\emptyset)$	{A7, 3, Ml}

Die erste Zeile dieses Beweises wurde aufgrund der eingangs genannten Annahme bezüglich der Variablen E, F, G, H, ... angenommen.

Das Theorem IV ist eine Einsetzung in ein allgemeineres Theorem, welches feststellt, daß die Menge der Konsequenzen aus einer Menge X in bezug auf die Abtrennungsoperation abgeschlossen ist:

$$\ulcorner E \to G \urcorner, E \in Cn(X) \to G \in Cn(X)$$

Beweis. (1) $\ulcorner E \to G\urcorner \in Cn(X)$ } {An.}
(2) $E \in Cn(X)$
(3) $G \in Cn(X \cup \{E\})$ {A6, 1}
(4) $\{E\} \subset Cn(X)$ {2, Ml}
(5) $X \cup \{E\} \subset Cn(X)$ {A2, 4, Ml}
$G \in Cn(X)$ {5, 3, A3, A4}

A. Tarski wies darauf hin, daß man die axiomatische Theorie der deduktiven Systeme mit den primären Termini S und L aufbauen kann, wobei die Konstante „L“ die Menge der logischen Theoreme (im weiteren Sinne) denotiert. Es werden folgende Axiome dieser Theorie angenommen:

Ax. 1. $0 < Nc'S \leqq \aleph_0$
Ax. 2. $L \subset S$
Ax. 3. $\ulcorner(E \to G) \to [(G \to H) \to (E \to H)]\urcorner \in L$
Ax. 4. $\ulcorner(\sim E \to E) \to E\urcorner \in L$
Ax. 5. $\ulcorner E \to (\sim E \to G)\urcorner \in L$
Ax. 6. $\ulcorner E \to G\urcorner, E \in L \to G \in L$

Diesen Axiomen wird die Definition der Menge $Cn(X)$ als der kleinsten Menge, welche die Menge $L \cup X$ enthält und in bezug auf die Abtrennungsoperation abgeschlossen ist, hinzugefügt.

Die Abtrennungsoperation R_0 kann man folgendermaßen definieren:

$$\langle G, H, E\rangle \in R_0 \equiv H = \ulcorner E \to G\urcorner .$$

Die Operation R_0 ist also die Klasse aller und nur der geordneten Tripel von Ausdrücken der Form $\langle G, E \to G, E\rangle$, also solcher geordneter Tripel von Ausdrücken, deren erster Ausdruck durch Abtrennung aus dem zweiten und dritten erhalten wird. Im Sinne der im Abschnitt 3.9 des Kapitels V angegebenen Bestimmung erhalten wir die Äquivalenz:

Die Menge Y ist abgeschlossen in bezug auf die Abtrennungsoperation $\equiv R_0'' Y \times Y \subset Y$. Daraus erhalten wir aufgrund der Definition der Abtrennungsoperation die Äquivalenz:

Die Menge Y ist abgeschlossen in bezug auf die Abtrennungsoperation $\equiv \bigwedge_{E,G} (\ulcorner E \to G\urcorner, E \in Y \to G \in Y)$.

Mit Hilfe dieser Symbolik und der Menge L kann man die Definition der Menge $Cn(X)$ folgendermaßen formulieren:

$$Cn(X) = \bigcap_{L \cup X \subset Y \wedge R_0'' Y \times Y \subset Y} Y$$

oder in äquivalenter Form:

$$E \in Cn(X) \equiv \bigwedge_{Y} (L \cup X \subset Y \wedge R_0'' Y \times Y \subset Y \to E \in Y) .$$

Die Menge L der logischen Theoreme kann man bestimmen als die kleinste Menge, welche die Menge der logischen Axiome enthält und in bezug auf die Abtrennungsoperation abgeschlossen ist. Natürlich ist dazu die Bestimmung der Menge aller logischen Axiome erforderlich. Aufgrund einer solchen Bestimmung sowie der obenangeführten Definition der Menge $Cn(X)$ kann man beweisen, daß die Menge $Cn(X)$ die kleinste Menge ist, welche die Vereinigung der Menge der logischen Axiome und der Menge X enthält und in bezug auf die Abtrennungsoperation abgeschlossen ist.

Aufgrund der Axiome Ax. 1–Ax. 6 und der Definition der Konstanten „Cn" mit Hilfe der Konstanten „L" kann man die Axiome A1–A9 und die Identität:

$$L = Cn(\emptyset)$$

beweisen. Die Axiome A2–A5 erhalten wir nämlich aufgrund der Definition der Menge $Cn(X)$ als der kleinsten Menge, welche die Menge $L \cup X$ enthält und in bezug auf die Abtrennungsoperation abgeschlossen ist, sowie der in Abschnitt 3 des Kapitels V angegebenen Theoreme (XVII), (XVIII), (XX) und (XXIV) über kleinste Mengen. Das Axiom A7, welches eine bestimmte Form des Deduktionstheorems ist, erhalten wir anhand der Verallgemeinerung des Deduktionstheorems. Und zwar aufgrund der Definition der Menge $Cn(X)$, nach welcher die Konsequenzen der Ausdrücke der Menge X aus den Ausdrücken der Menge X und den logischen Theoremen, zu denen die Axiome des klassischen Aussagenkalküls mit Implikation und Negation gehören, mit Hilfe der Abtrennungsregel gewonnen werden. Die Beweise der übrigen Axiome A1–A9 sowie der Identität $L = Cn(\emptyset)$ bereiten keine Schwierigkeiten.

Andererseits erhalten wir die Axiome Ax. 1–Ax. 6 aus der Definition $L = Cn(\emptyset)$ und den Axiomen A1–A9, und zwar mittels den aus ihnen folgenden Theoremen I–IV. Auf diese Weise erhalten wir aber nicht die Identität:

$$Cn(X) = \bigcap_{L \cup X \subset Y \wedge R_0'' Y \times Y \subset Y} Y,$$

sondern nur die Inklusion:

$$\bigcap_{L \cup X \subset Y \wedge R_0'' Y \times Y \subset Y} Y \subset Cn(X).$$

Das Axiomensystem deduktiver Systeme mit den Grundtermini „S" und „Cn" und der Definition der Konstante „L" mit Hilfe der Konstanten „Cn" ist also nicht äquivalent dem System mit den Grundtermini „S" und „L" und der Definition der Konstante „Cn" mit Hilfe der Konstanten „L". Das zweite System ist stärker.

Mit Hilfe der Grundtermini der axiomatischen Konsequenzentheorie kann man die wichtigsten syntaktischen Begriffe aus der Theorie der deduktiven Systeme definieren. Wir wollen jetzt diese Definitionen anführen. Eine Menge von (Aussagen-)Ausdrücken X ist ein deduktives System $\equiv Cn(X) \subset X$. Ein deduktives System ist also eine in bezug auf die Funktion der Konsequenz abgeschlossene Menge von Ausdrücken, d. h. ist eine Menge von Ausdrücken derart, daß auch die Konsequenzen der Ausdrücke dieser Menge zu ihr gehören. Aus dieser Definition erhalten wir aufgrund des Axioms A2 die Äquivalenz:

X ist ein deduktives System $\equiv Cn(X) = X$.

Eine Menge X ist äquivalent einer Menge $Y \equiv Cn(X) = Cn(Y)$.

Zwei Mengen von Ausdrücken sind äquivalent dann und nur dann, wenn die Menge ihrer Konsequenzen identisch ist. Man kann leicht beweisen, daß die so definierte Äquivalenz von Ausdrucksmengen eine Äquivalenzrelation (in der Menge aller Untermengen der Menge S) ist.

Eine Menge X ist eine Menge von Axiomen einer Menge $Y \equiv X$ ist eine entscheidbare Untermenge der Menge Y, welche der Menge Y äquivalent ist.

Eine Menge X ist eine endliche Menge von Axiomen einer Menge $Y \equiv X$ ist eine endliche Untermenge der Menge Y, welche der Menge Y äquivalent ist.

Eine Menge von Ausdrücken Y ist eine axiomatisierbare Menge $\equiv$ es gibt eine solche Menge, welche eine Menge von Axiomen der Menge Y ist.

Eine Menge Y ist eine endlich axiomatisierbare Menge $\equiv$ es gibt eine Menge, welche eine endliche Menge von Axiomen der Menge Y ist.

X ist eine widerspruchsfreie Menge $\equiv Cn(X) \neq S$.

Eine widerspruchsfreie Menge von Ausdrücken ist eine Menge, bezüglich der es sinnvolle Ausdrücke gibt, welche nicht Konsequenzen dieser Menge sind.

In der axiomatischen Konsequenzentheorie kann man aufgrund dieser Definition die folgende Äquivalenz beweisen:

X ist eine widerspruchsfreie Menge $\equiv \sim \bigvee_{E} E, \ulcorner \sim E \urcorner \in Cn(X)$.

Eine Menge X ist widerspruchsfrei dann und nur dann, wenn keine zwei sich widersprechenden Ausdrücke zu den Konsequenzen dieser Menge gehören.

Die Äquivalenz dieser beiden Bestimmungen der Widerspruchsfreiheit kann man hier beweisen, weil in der axiomatischen Konsequenzentheorie das Deduktionstheorem angenommen wird und außerdem angenommen wird, daß es zu jedem Ausdruck seine Negation gibt – es werden also nur solche deduktiven Systeme untersucht, welche das Negationszeichen und Regeln, für die das Deduktionstheorem gilt, enthalten.

Aus der Äquivalenz dieser beiden Bestimmungen der Widerspruchsfreiheit folgt, daß:

X ist eine nicht widerspruchsfreie Menge genau dann, wenn

$$Cn(X) = S \equiv \bigvee_{E} \ulcorner \sim E \urcorner \in Cn(X) .$$

X ist eine syntaktisch vollständige Menge genau dann, wenn

$$\bigwedge_{E} (E \in Cn(X) \vee Cn(X \cup \{E\})) = S .$$

X ist eine syntaktisch vollständige Menge dann und nur dann, wenn jeder sinnvolle Ausdruck *E* entweder zu den Konsequenzen der Menge *X* gehört oder bei Hinzunahme zur Menge *X* eine nicht widerspruchsfreie Menge ergibt.

Aus den gleichen Gründen, aus denen man die Äquivalenz beider Bestimmungen der Widerspruchsfreiheit beweisen kann, kann man in der axiomatischen Konsequenzentheorie folgende Äquivalenz beweisen:

X ist eine syntaktisch vollständige Menge genau dann, wenn

$$\bigwedge_{E} (E \in Cn(X) \vee \ulcorner \sim E \urcorner \in Cn(X)) .$$

Für in dieser Theorie untersuchte Systeme sind also beide Bestimmungen der syntaktischen Vollständigkeit äquivalent.

Es ist bemerkenswert, daß die ersten der hier angegebenen Bestimmungen der Widerspruchsfreiheit und der syntaktischen Vollständigkeit auf der Grundlage einer Theorie formuliert werden können, die nur auf den allgemeinen Axiomen der Konsequenzentheorie aufgebaut ist. Wenn wir diesen Axiomen dasjenige von der endlichen Axiomatisierbarkeit der Menge sinnvoller Ausdrücke *S* hinzufügen, können wir den folgenden Lindenbaumschen Satz beweisen:

Zu jeder widerspruchsfreien Menge gibt es eine Obermenge dieser Menge, welche ein widerspruchsfreies und syntaktisch vollständiges System ist.

Dieser Satz wird mitunter in Untersuchungen zu deduktiven Systemen benutzt.

Ein Ausdruck E ist **unabhängig** von einer Ausdrucksmenge $X \equiv E \notin Cn(X)$.

Ein Ausdruck ist unabhängig von einer Menge von Ausdrücken dann und nur dann, wenn er nicht eine Konsequenz aus dieser Menge ist, aus den Ausdrücken dieser Menge nicht ableitbar ist.

X ist eine **unabhängige** Menge $\equiv \bigwedge_{E \in X} E \notin Cn(X - \{E\})$.

Eine Menge von Ausdrücken ist unabhängig dann und nur dann, wenn keiner der zu dieser Menge gehörenden Ausdrücke eine Konsequenz aus den übrigen Ausdrücken dieser Menge ist.

Mit Hilfe des Begriffes der Konsequenz aus einer Ausdrucksmenge kann man den Begriff der **Konsequenz aus einer Menge von Ausdrücken** X **auf der Grundlage einer Menge von Ausdrücken** A bestimmen:

$$Cn_A(X) = Cn(A \cup X) .$$

Wenn wir in den allgemeinen Axiomen der Konsequenzentheorie den Terminus „Cn" durch „Cn_A" ersetzen, so sind die auf diese Weise erhaltenen Ausdrücke Theoreme dieser Theorie; man kann also für die obeneingeführte relativierte Konsequenz die allgemeinen Axiome der Konsequenzentheorie beweisen. Einen solchen relativierten Konsequenzbegriff benutzen wir z. B., wenn wir von den Konsequenzen aus einer Menge von Ausdrücken X auf der Grundlage der Axiome A eines gegebenen Systems sprechen. Mit Hilfe dieses Begriffes kann man den relativierten Begriff der Äquivalenz zweier Mengen von Ausdrücken auf der Grundlage der Ausdrücke der Menge A bestimmen:

Eine Menge X von Ausdrücken ist **auf der Grundlage der Menge** A **von Ausdrücken äquivalent** einer Menge Y von Ausdrücken $\equiv Cn_A(X) = Cn_A(Y)$.

J. Słupecki definierte die **Funktion des Verwerfens** Cn' mit Hilfe der Konsequenz folgendermaßen[1]:

$$H \in Cn'(X) \equiv \bigvee_{E \in X} E \in Cn(\{H\}) .$$

Zu der Menge $Cn'(X)$ gehören diejenigen und nur diejenigen Ausdrücke, aus denen irgendein Ausdruck der Menge X ableitbar ist.

Die Menge $Cn'(X)$ ist die Menge der aufgrund der Ausdrücke einer Menge X verworfenen Ausdrücke. Der intuitive Sinn dieser Definition der Funktion des Verwerfens erlaubt uns, folgendes Theorem

[1] J. Słupecki, *Funkcja Łukasiewicza*, Zeszyty Naukowe Uniwersytetu Wrocławskiego (B), [Wiss. Hefte der Universität Wrocław], Nr. 3, 1959.

zu verstehen:

$$\bigwedge_X (X \subset Y \to Cn(X) \subset Y) \to \bigwedge_X (X \subset \bar{Y} \to Cn'(X) \subset \bar{Y}).$$

Beweis.

(1)	$\bigwedge_X (X \subset Y \to Cn(X) \subset Y$	{An.}
(2)	$X \subset \bar{Y}$	{An.}
(3)	$H \in Cn'(X)$	{An.}
(4)	$H \notin \bar{Y}$	{A. d. i. B.}
(5)	$\bigvee_{E \in X} E \in Cn(\{H\})$	{3, Df Cn'}
(6)	$E_1 \in X$	{5}
(7)	$E_1 \in Cn(\{H\})$	{5}
(8)	$H \in Y$	{4}
(9)	$\{H\} \subset Y$	{8}
(10)	$\{H\} \subset Y \to Cn(\{H\}) \subset Y$	{1}
(11)	$Cn(\{H\}) \subset Y$	{10, 9}
(12)	$E_1 \in Y$	{11, 7}
(13)	$E_1 \notin Y$	{2, 6}
	Wid.	{12, 13}

Wenn wir für die Menge Y eine Menge wahrer Ausdrücke annehmen (dann ist die Menge $\bar{Y}$ eine Menge falscher Ausdrücke), so erhalten wir im Sinne des obigen Theorems:

Wenn die Konsequenzen wahrer Ausdrücke stets wahre Ausdrücke sind, so sind die aufgrund der falschen Ausdrücke verworfenen Ausdrücke stets falsche Ausdrücke.

Mit anderen Worten: Wenn die Funktion der Konsequenz von wahren Ausdrücken zu wahren Ausdrücken führt, so führt die Funktion des Verwerfens von falschen Ausdrücken zu falschen Ausdrücken.

So war auch die Funktion des Verwerfens im Abschnitt 7 des Kapitels III zu verstehen. Die obige Definition der Funktion des Verwerfens entspricht also dem von J. Łukasiewicz in die formale Logik eingeführten Begriff des Verwerfens. J. Słupecki hat auch bewiesen, daß für die Funktion Cn' die allgemeinen Axiome der Konsequenzentheorie gelten (d. h., wenn wir in ihnen „Cn" durch „Cn'" ersetzen, erhalten wir Theoreme dieser um die Definition der Funktion Cn' bereicherten Theorie).

Wir führen als Beispiele einige Theoreme der axiomatischen Konsequenzentheorie (ohne Beweis) an. Bei ihrer Formulierung werden wir folgende Bezeichnungen gebrauchen:

$X \in Syst \equiv X$ ist ein System,

$X \in WM \equiv X$ ist eine widerspruchsfreie Menge,

$X \in VM \equiv X$ ist eine vollständige Menge,
$X \in UM \equiv X$ ist eine unabhängige Menge,
$X \in AM \equiv X$ ist eine axiomatisierbare Menge,
$X \in AM(Y) \equiv X$ ist ein Axiomensystem einer Menge Y,
$X \approx Y \equiv Y$ ist äquivalent mit Y.

(I) $Cn(X \cup Y) = Cn(Cn(X) \cup Cn(Y))$.

(II) $X, Y \in Syst \to X \cap Y \in Syst$.

Der Durchschnitt zweier Systeme ist ein System. Diese Behauptung kann man auf eine beliebige endliche oder unendliche Familie von Systemen verallgemeinern.

Die Vereinigung zweier Systeme braucht nicht wiederum ein System zu sein. Das folgende Theorem gibt eine hinreichende Bedingung dafür an, wann die Vereinigung von Systemen ein System ist:

(III) $K \neq \emptyset \wedge K \subset Syst \wedge \bigwedge_{X,Y \in K} (X \subset Y \vee Y \subset X) \to \bigcup_{X \in K} X \in Syst$.

Wenn von zwei beliebigen Mengen, welche zu der nicht-leeren Klasse von Systemen gehören, die eine in der anderen enthalten ist, so ist die Vereinigung der Mengen dieser Klassen ein System.

Aus diesem Theorem folgt, daß die Vereinigung einer unendlichen Folge von Systemen, in der jedes Glied im nächsten Glied enthalten ist, ein System ist.

(IV) $X, Y \in AM \to X \cup Y \in AM$.

Die Vereinigung zweier axiomatisierbarer Mengen ist eine axiomatisierbare Menge.

(V) $X, Y \in AM(Z) \to X \approx Y$.

Zwei Axiomensysteme der gleichen Menge sind einander äquivalent.

(VI) $Nc'(Syst \cap AM) \leqq \aleph_0$.

Die Menge axiomatisierbarer Systeme ist höchstens abzählbar.

(VII) $X \in WM \wedge Y \subset X \to Y \in WM$.

Jede Untermenge einer widerspruchsfreien Menge ist widerspruchsfrei.

(VIII) $\bigwedge_X (Nc'X \in Nn \wedge X \subset Y \to X \in WM) \to Y \in WM$.

Wenn jede endliche Untermenge einer gegebenen Menge widerspruchsfrei ist, so ist diese Menge widerspruchsfrei.

(IX) $X \cup \{\sim E\} \in WM \equiv E \notin Cn(X)$.

Ein Ausdruck E ist unabhängig von den Ausdrücken einer Menge X (d. h. gehört nicht zu den Konsequenzen aus der Menge X) dann und nur dann, wenn die Einführung der Negation des Ausdrucks E in die Menge X eine widerspruchsfreie Menge ergibt.

(X) $X \in AM(Y) \rightarrow (X \in WM \equiv Y \in WM)$.

Eine axiomatisierbare Menge von Ausdrücken ist widerspruchsfrei dann und nur dann, wenn ihr Axiomensystem widerspruchsfrei ist.

(XI) $X \in VM \equiv \bigwedge_{Y \in WM} (X \subset Y \rightarrow X \approx Y)$.

Eine Menge ist vollständig dann und nur dann, wenn jede ihrer widerspruchsfreien Obermengen mit ihr äquivalent ist.

(XII) $X \in UM \wedge Y \subset X \rightarrow Y \in UM$.

Jede Untermenge einer unabhängigen Menge ist unabhängig.

(XIII) $\bigwedge_{X} (Nc'X \in Nn \wedge X \subset Y \rightarrow X \in UM) \rightarrow Y \in UM$.

Wenn jede endliche Untermenge einer gegebenen Menge unabhängig ist, so ist diese Menge unabhängig.

(XIV) $X \in UM \equiv \bigwedge_{E \in X} X - \{E\} \cup \{\sim E\} \in WM$.

Eine Menge von Ausdrücken ist unabhängig dann und nur dann, wenn die Ersetzung eines beliebigen Ausdrucks, welcher zu dieser Menge gehört, durch seine Negation eine widerspruchsfreie Menge ergibt.

(XV) $X \in AM \rightarrow \bigvee_{Y} (Y \in UM \wedge Y \in AM(X))$.

Wenn eine Menge axiomatisierbar ist, so gibt es ein unabhängiges Axiomensystem dieser Menge.

5. Semantische Antinomien

Semantische Antinomien sind Antinomien, zu deren Formulierung semantische Termini oder Termini, welche hinreichen, semantische Termini zu definieren, benutzt werden. Wir wollen jetzt die wichtigsten semantischen Antinomien kennenlernen.[1]

[1] [Bezüglich weiterer Literatur zu diesem Thema kann sich der Leser in dem S. 417, Fußnote 1, angegebenen Buch informieren.]

Antinomie des Lügners

Die älteste der bekannten semantischen Antinomien, Antinomie des Lügners genannt, stammt von Eubulides und war schon Aristoteles bekannt. Wir geben hier ihre von J. Łukasiewicz stammende Formulierung an. Auf der nachstehend eingefügten Fläche I steht folgende Aussage:

I
Die auf der Fläche I geschriebene Aussage ist nicht wahr

Diese Aussage behauptet also von sich selbst, sie sei nicht wahr. Die Antinomie beweisen wir anhand der folgenden zwei Prämissen:

(a) Die auf der Fläche I geschriebene Aussage = „Die auf der Fläche I geschriebene Aussage ist nicht wahr"

(b) „p" ist wahr $\equiv p$

Die Prämisse (a) ist eine empirische Prämisse. Von ihrer Wahrheit überzeugen wir uns, indem wir auf die Fläche I schauen und feststellen, daß die auf der Fläche I geschriebene Aussage mit einer Aussage identisch ist, deren in Anführungszeichen geschriebener Name auf der rechten Seite der Prämisse (a) steht. Die Prämisse (b) gibt eine bestimmte Definition einer wahren Aussage an. Wenn wir in (b) für die Aussagenvariable „p" bestimmte Aussagen einsetzen, erhalten wir z. B. die Äquivalenz:

Die Aussage „Dresden ist eine Stadt" ist wahr $\equiv$ Dresden ist eine Stadt.

Die Aussage „$2+2=4$" ist wahr $\equiv 2+2=4$.

Die Wahrheit dieser Äquivalenzen erweckt keine Zweifel. Die Prämisse (b) stellt also eine bestimmte Formulierung der klassischen Definition der Wahrheit dar, gemäß deren eine Aussage dann und nur dann wahr ist, wenn es so ist, wie sie es behauptet.

Wenn wir in (b) für die Aussagenvariable „p" die auf der Fläche I geschriebene Aussage einsetzen, erhalten wir die Äquivalenz:

(1) „Die auf der Fläche I geschriebene Aussage ist nicht wahr" ist wahr $\equiv$ Die auf der Fläche I geschriebene Aussage ist nicht wahr. Aus der Prämisse (a) und (1) erhalten wir mit Hilfe der Ersetzungsregel bezüglich der Glieder einer Identität:

(2) Die auf der Fläche I geschriebene Aussage ist wahr $\equiv$ Die auf der Fläche I geschriebene Aussage ist nicht wahr.

Anhand des Ausdruckes (2), welcher eine Äquivalenz zweier sich widersprechender Ausdrücke ist, kann man – wie wir bereits im Abschnitt 1 des Kapitels VIII festgestellt haben – zwei sich widersprechende Ausdrücke beweisen.

C. I. Lewis und C. H. Langford geben folgende Antinomie dieser Art an. Wir stützen uns auf die Prämissen:

(a_1) $Z_1 =$ „$\sim Z_2$ ist wahr"
(a_2) $Z_2 =$ „$\sim Z_3$ ist wahr"
(a_3) $Z_3 =$ „$\sim Z_1$ ist wahr"

sowie auf die Prämisse (b). Aufgrund dieser Prämissen sowie der Ersetzungsregel bezüglich der Glieder einer Identität und des Gesetzes der doppelten Negation erhalten wir die Äquivalenzen:
Z_1 ist wahr $\equiv$ „$\sim Z_2$ ist wahr" ist wahr $\equiv$ $\sim Z_2$ ist wahr $\equiv$ $\sim$(„$\sim Z_3$ ist wahr" ist wahr) $\equiv$ $\sim \sim Z_3$ ist wahr $\equiv$ Z_3 ist wahr $\equiv$ „$\sim Z_1$ ist wahr" ist wahr $\equiv$ $\sim Z_1$ ist wahr.

Daraus folgt die zu einer Antinomie führende Äquivalenz:

$$Z_1 \text{ ist wahr} \equiv \sim Z_1 \text{ ist wahr}.$$

Diese Konstruktion kann man verallgemeinern, indem man eine solche Folge von n Aussagen – wobei n eine ungerade Zahl ist – konstruiert, so daß jede Aussage dieser Folge mit Ausnahme der letzten feststellt, daß die nächste Aussage dieser Folge nicht wahr ist und die letzte Aussage dieser Folge feststellt, daß ihre erste Aussage nicht wahr ist.

In dieser Formulierung der Antinomie tritt im Gegensatz zu der eingangs angegebenen Formulierung der Antinomie des Lügners keine Aussage auf, welche ihre Falschheit behauptet.

Von J. Łukasiewicz stammt die Formulierung einer verwandten Antinomie, in welcher der Terminus „wahr" nicht auftritt. Zu ihrer Formulierung werden wir folgende Abkürzung benutzen:
Z_{II} = die auf der nachstehend eingefügten Fläche II geschriebene Aussage

II
$\bigwedge_p (Z_{II} = „p" \rightarrow \sim p)$

Eine Antinomie erhalten wir aufgrund der folgenden zwei Prämissen:

(c) $Z_{II} =$ „$\bigwedge_p (Z_{II} = „p" \rightarrow \sim p)$"

(d) „p" = „q" $\rightarrow (p \equiv q)$.

Die Prämisse (c) ist eine empirische Prämisse, von deren Wahrheit wir uns auf ähnliche Weise überzeugen, wie von der Wahrheit der Prämisse (a) in der ersten Formulierung der Antinomie des Lügners.

Die Prämisse (d) stellt fest, daß eine aus zwei identischen Aussagen gebildete Äquivalenz wahr ist. Unter Benutzung der Regeln und Gesetze für Aussagenvariablen bindende Quantifikatoren beweisen wir anhand der Prämissen (c) und (d) die zwei sich widersprechenden Ausdrücke (e), (f):

(e) $\bigwedge_{p}(Z_{\mathrm{II}} = „p\text{“} \rightarrow \sim p)$

Beweis. (1) $\sim \bigwedge_{p}(Z_{\mathrm{II}} = „p\text{“} \rightarrow \sim p)$ {A. d. i. B.}

(2) $\bigvee_{p}(Z_{\mathrm{II}} = „p\text{“} \wedge p)$ {1}

(3) $Z_{\mathrm{II}} = „p_1\text{“}$
(4) p_1 {2}

(5) $„\bigwedge_{p}(Z_{\mathrm{II}} = „p\text{“} \rightarrow \sim p)\text{“} = „p_1\text{“}$ {(c), 3}

(6) $\bigwedge_{p}(Z_{\mathrm{II}} = „p\text{“} \rightarrow \sim p) \equiv p_1$ {(d), 5}

(7) $\bigwedge_{p}(Z_{\mathrm{II}} = „p\text{“} \rightarrow \sim p)$ {6, 4}

Wid. {1, 7}

(f) $\sim \bigwedge_{p}(Z_{\mathrm{II}} = „p\text{“} \rightarrow \sim p)$

Beweis. (1) $\bigwedge_{p}(Z_{\mathrm{II}} = „p\text{“} \rightarrow \sim p)$ {A. d. i. B.}

(2) $Z_{\mathrm{II}} = „\bigwedge_{p}(Z_{\mathrm{II}} = „p\text{“} \rightarrow \sim p)\text{“} \rightarrow$
$\rightarrow \sim \bigwedge_{p}(Z_{\mathrm{II}} = „p\text{“} \rightarrow \sim p)$ {B $\wedge$: 1}

(3) $\sim \bigwedge_{p}(Z_{\mathrm{II}} = „p\text{“} \rightarrow \sim p)$ {(c), 2}

Wid. {1, 3}

In dieser Formulierung einer Antinomie tritt der Terminus „wahr“ nicht auf. In den Prämissen (c) und (d) treten jedoch die Funktionen der Anführungszeichen: „p“, „q“ auf. Die Funktion der Anführungszeichen ist eine mit Hilfe von Anführungszeichen gebildete Namenfunktion, welche Variable enthält, für die man Ausdrücke der gleichen syntaktischen Kategorie wie die dieser Variablen einsetzen kann. Eine solche Einsetzung wandten wir im Beweis der Aussage (e) auf die Prämisse (d) an, wodurch wir die Zeile (6) erhielten; im Beweis der Aussage (f) wandten wir eine solche Einsetzung bei der Beseitigung des Allquantifikators in der Zeile (1) an. Eine solche Funktion der Anführungszeichen „p“ ist von dem in Anführungszeichen geschriebenen

Namen „p“ zu unterscheiden. Mit Hilfe einer solchen Funktion der Anführungszeichen kann man – wie man es im Falle des Ausdruckes (b), welcher ebenfalls eine Funktion der Anführungszeichen enthält, sehen kann – den Terminus „wahr“ bestimmen. Die zuletzt untersuchte Antinomie ist also eine semantische Antinomie, weil in ihrer Formulierung Termini auftreten, welche benutzt werden, um den semantischen Begriff der Wahrheit zu definieren.

Wir wollen noch bemerken, daß wir aufgrund des im Abschnitt 4, Kap. IV angegebenen Gesetzes: $A(x) \equiv \bigwedge_{y}(x = y \rightarrow A(y))$ sowie der aus der Prämisse (b) folgenden Äquivalenz:

$$\text{„}p\text{“ ist nicht wahr} \equiv \sim p$$

die Äquivalenz erhalten:

$\bigwedge_{p}(Z_{\text{II}} = \text{„}p\text{“} \rightarrow \sim p) \equiv \bigwedge_{p}(Z_{\text{II}} = \text{„}p\text{“} \rightarrow \text{„}p\text{“ ist nicht wahr}) \equiv Z_{\text{II}}$ ist nicht wahr.

Die auf der Fläche II geschriebene Aussage ist also der Aussage äquivalent, welche von sich behauptet, sie sei falsch. Diese Bemerkung erklärt den intuitiven Sinn der auf der Fläche II geschriebenen Aussage und zeigt, daß die zum Schluß formulierte Antinomie der eingangs angegebenen Formulierung der Antinomie des Lügners sehr nahe kommt.

Die Antinomie des Lügners kann man die Antinomie des Wahrheitsbegriffes nennen. In den verschiedenen Formulierungen dieser Antinomie benutzten wir immer irgendeine empirische Prämisse. In den übrigen semantischen Antinomien, die wir jetzt kennenlernen werden, benutzt man dagegen keine empirischen Prämissen, sondern nur die Definition bestimmter semantischer Termini.

Antinomie des Wortes „heterologisch“ (Antinomie des Bezeichnungsbegriffes).

Diese Antinomie erhalten wir aufgrund folgender Definition:

$$\text{„}W\text{“ ist heterologisch} \equiv \text{„}W\text{“ ist nicht } W\,.$$

Die in dieser Definition auftretende Variable ist eine Namenvariable. Um den Sinn des auf diese Weise definierten Terminus zu erklären, wollen wir darauf hinweisen, daß jeder Name eines Gegenstandes, welcher kein Wort ist, ein heterologisches Wort ist. Beispielsweise ist das Wort „Kraków“ heterologisch, weil das Wort „Kraków“ nicht Kraków selbst ist. Kraków ist ja eine Stadt und kein Wort. Das Wort „Mensch“ ist heterologisch, weil das Wort „Mensch“ kein Mensch ist. Ein Mensch ist ja kein Wort. Das in dieser Definition eingeführte Wort „heterologisch" gehört zu der syntaktischen Kategorie der Namen, wir können also in dieser Definition dieses Wort für die Namenvariable „W" einsetzen. Auf diese Weise erhalten wir die Äquivalenz:

„heterologisch" ist heterologisch ≡ „heterologisch" ist nicht heterologisch.

Aus dieser Äquivalenz kann man zwei sich widersprechende Aussagen ableiten. Diese Antinomie kann man auch folgendermaßen formulieren. Wir verwenden „N" als eine Variable, für die man Namen von Namenausdrücken einsetzen kann und führen folgende Definition ein:

N ist heterologisch ≡ N bezeichnet nicht N.

Ein heterologisches Wort ist also ein solches und nur ein solches Wort, welches sich nicht selbst bezeichnet.

Indem wir in dieser Definition für die Variable „N" den in Anführungszeichen geschriebenen Namen des Wortes „heterologisch" einsetzen, erhalten wir die Äquivalenz:

(1) das Wort „heterologisch" ist heterologisch ≡ das Wort „heterologisch" bezeichnet nicht das Wort „heterologisch".

Den Bezeichnungsbegriff kann man folgendermaßen bestimmen:

„W" bezeichnet $P \equiv P$ ist W.

Zum Beispiel: Das Wort „Stadt" bezeichnet Kraków ≡ Kraków ist eine Stadt. Das Wort „gerade Zahl" bezeichnet die Zahl 2 ≡ die Zahl 2 ist eine gerade Zahl.

Aus dieser Definition der Bezeichnung erhalten wir aufgrund der Negationsregel der Äquivalenzglieder die Äquivalenz:

„W" bezeichnet nicht $P \equiv P$ ist nicht W.

Wenn wir in dieser letzten Äquivalenz die Einsetzungen:

W/heterologisch, P/„heterologisch"

vornehmen, erhalten wir die Äquivalenz:

(2) das Wort „heterologisch" bezeichnet nicht das Wort „heterologisch" ≡ das Wort „heterologisch" ist nicht heterologisch.

Aus (1) und (2) erhalten wir die Äquivalenz zweier sich widersprechender Ausdrücke:

Das Wort „heterologisch" ist heterologisch ≡ das Wort „heterologisch" ist nicht heterologisch.

Wir erhalten also, ähnlich wie bei der vorigen Formulierung, eine Antinomie.

Die Antinomie des Wortes „heterologisch" nennt man auch die Antinomie von Grelling, der sie im Jahre 1908 veröffentlichte.[1] Spätere historische Untersuchungen zeigten, daß diese Antinomie bereits im Mittelalter bekannt war als die Antinomie eines Wortes, welches sich selbst nicht bezeichnet (nicht nennt) – *vox non appellans se.*

Antinomie von Berry (Antinomie des Denotationsbegriffes)

Die Menge der der deutschen Sprache angehörenden Namen, welche Namen bestimmter natürlichen Zahlen sind und aus weniger als hundert Wörtern bestehen, ist eine endliche Menge. Die Menge der natürlichen Zahlen ist eine unendliche Menge. Es gibt also solche natürlichen Zahlen, für die es in der deutschen Sprache keinen aus weniger als hundert Wörtern bestehenden Namen gibt. In jeder nichtleeren Menge natürlicher Zahlen gibt es eine kleinste Zahl. Es gibt also die kleinste natürliche Zahl n_1, für die es in der deutschen Sprache keinen aus weniger als hundert Wörtern bestehenden Namen gibt. Der Name „die kleinste natürliche Zahl, für die es in der deutschen Sprache keinen aus weniger als hundert Wörtern bestehenden Namen gibt" ist jedoch ein Name der Zahl n_1, und zwar ein Name, welcher der deutschen Sprache angehört und aus weniger als hundert Wörtern besteht, nämlich nur aus zwanzig. Wir gelangen also zu einer mit der vorigen im Widerspruch stehenden Aussage, daß es für die Zahl n_1 in der deutschen Sprache einen aus weniger als hundert Wörtern bestehenden Namen gibt.[2]

Die zwischen einem Namen und dem durch diesen Namen bezeichneten Gegenstand bestehende Relation ist die Relation der Denotation. Den Denotationsbegriff kann man folgendermaßen bestimmen:

$$„W\text{" denotiert } P \equiv P = W\ .$$

Diesen Denotationsbegriff kann man auf diejenigen syntaktischen Kategorien von Ausdrücken anwenden, welche Glieder irgendeines

[1] [Vgl. dazu: K. Berka, L. Kreiser, *Logik-Texte. Kommentierte Auswahl zur Geschichte der modernen Logik*, 2. Auflage Berlin 1973, S. 339. Die genannte Paradoxie wurde veröffentlicht in: K. Grelling, L. Nelson, *Bemerkungen zu den Paradoxien von Russell und Burali-Forti*, Abhandlungen der Fries'schen Schule, N. F. Bd. II, Heft 3, S. 301–324.]

[2] Anm. des Übers.: Die im Original auf die polnische Sprache bezogene Formulierung dieser Antinomie wurde hier entsprechend auf die deutsche Sprache übertragen. Das gleiche trifft auf die nachfolgende Richardsche Antinomie zu.

Aussagenausdruckes sein können, der aus zwei durch das Identitätszeichen verbundenen Ausdrücken gebildet ist. Insbesondere kann man ihn auf Namen anwenden. In der obenangegebenen Formulierung der Antinomie von Berry können wir statt der Redewendung, daß ein gegebener Ausdruck der Name einer bestimmten natürlichen Zahl ist, auch sagen, daß er diese natürliche Zahl denotiert. Deshalb kann man die Antinomie von Berry die Antinomie des Denotationsbegriffes nennen.

Antinomie der nicht selbst anwendbaren Sätze.

Diese Antinomie erhalten wir aufgrund der Definition:

Der Satz „Jeder Satz ist P" ist nicht selbst anwendbar $\equiv$ der Satz „Jeder Satz ist P" ist nicht P.

Ein Beispiel für einen Satz, welcher nicht selbst anwendbar ist, ist der Satz „Jeder Satz ist ein Satz, der aus hundert Wörtern besteht", weil dieser Satz kein Satz ist, der aus hundert Wörtern besteht. Wenn wir in dieser Definition für die Variable „P" das Wort „nicht selbst anwendbar" einsetzen, erhalten wir die Äquivalenz zweier sich widersprechender Aussagen:

Der Satz „Jeder Satz ist nicht selbst anwendbar" ist nicht selbst anwendbar $\equiv$ der Satz „Jeder Satz ist nicht selbst anwendbar" ist nicht nicht selbst anwendbar.

Diese Antinomie veröffentlichte A. Tarski im Jahre 1944. Sie kommt der Antinomie des Wortes „heterologisch" sehr nahe.

Antinomie des Begriffs der Erfüllung

Der Begriff der Erfüllung wird folgendermaßen bestimmt:

$$a \text{ erfüllt die Aussageform „}F(x)\text{"} \equiv F(a)\,.$$

Zum Beispiel: Kraków erfüllt die Aussageform „x ist eine Stadt" $\equiv$ Kraków ist eine Stadt

2 erfüllt die Aussageform „$x+3=5$" $\equiv 2+3=5$.

Wenn wir in dieser Definition der Erfüllung für „$F(x)$" die Aussageform „Die Aussageform E erfüllt nicht die Aussageform E" sowie für „a" den in Anführungszeichen geschriebenen Namen dieser Aussageform einsetzen, erhalten wir folgende Äquivalenz zweier sich widersprechenden Ausdrücke:

„Die Aussageform E erfüllt nicht die Aussageform E" erfüllt die Aussageform „Die Aussageform E erfüllt nicht die Aussageform E" $\equiv$ „Die Aussageform E erfüllt nicht die Aussageform E" erfüllt nicht die Aussageform „Die Aussageform E erfüllt nicht die Aussageform E“.

Diese Antinomie gab A. Tarski im Jahre 1944 an.

Richardsche Antinomie

Die Richardsche Antinomie ist eine Antinomie des semantischen Begriffes der **Bestimmung (Definition)** einer Eigenschaft oder einer Menge durch eine Aussageform. Der semantische Begriff der Bestimmung (Definition) ist von dem syntaktischen Begriff der Bestimmung (Definition) von Wörtern mit Hilfe von Wörtern, auf den wir im 2. Abschnitt dieses Kapitels eingegangen sind, zu unterscheiden. Diesen semantischen Begriff der Bestimmung (Definition) kann man folgendermaßen festlegen:

Die Aussageform $E(x)$ mit einer freien Variablen x bestimmt (definiert) die Eigenschaft $C \equiv \bigwedge_{a}$ (a erfüllt die Aussageform $E(x) \equiv a$ hat die Eigenschaft C).

Die Aussageform $E(x)$ bestimmt (definiert) die Menge $A \equiv \bigwedge_{a} (a \in A \equiv a$ erfüllt die Aussageform $E(x))$.

In der Richardschen Antinomie untersuchen wir Aussageformen der deutschen Sprache mit einer freien Variablen, welche die Menge der natürlichen Zahlen durchläuft.

Diese Aussageformen bestimmen bestimmte Eigenschaften der natürlichen Zahlen. Beispiele solcher Aussageformen sind z. B.: n ist eine natürliche Zahl; n ist eine gerade Zahl; n ist eine Primzahl; n ist eine natürliche Zahl, die größer als 1 ist, usw.

Die Menge aller Ausdrücke der deutschen Sprache ist eine abzählbare Menge, also ist auch die Menge aller Aussagenausdrücke dieser Sprache, welche Eigenschaften von natürlichen Zahlen bestimmen, eine abzählbare Menge. Es gibt also eine unendliche Folge mit sich nicht wiederholenden Gliedern:

$$\text{(I)} \qquad W_1, W_2 \cdots$$

wobei als Glieder alle und nur diejenigen Aussageformen der deutschen Sprache auftreten, welche Eigenschaften natürlicher Zahlen bestimmen. Wenn k irgendeine natürliche Zahl ist, so hat entweder die Zahl k die durch das k-te Glied der Folge (I), d. h. die durch die Aussageform: W_k, bestimmte Eigenschaft, oder die Zahl k hat die durch diese Aussageform bestimmte Eigenschaft nicht. Wäre z. B. die Aussageform „n ist eine gerade Zahl“ das erste Glied der Folge (I), so hätte die Zahl 1 die durch die Aussageform „W_1“ bestimmte Eigenschaft nicht. Untersuchen wir jetzt die Aussageform:

Die natürliche Zahl k hat die durch das k-te Glied der Folge (I), d. h. durch W_k, bestimmte Eigenschaft nicht.

Diese Aussageform ist eine Aussageform, welche eine gewisse Eigenschaft natürlicher Zahlen festlegt. Sie ist also ein bestimmtes Glied der Folge (I), irgendeine Aussageform W_r aus der Folge (I). Aus der Bestimmung der Aussageform W_r erhalten wir folgende Äquivalenz:

Die natürliche Zahl k hat die durch W_r bestimmte Eigenschaft $\equiv$ die natürliche Zahl k hat die durch W_k bestimmte Eigenschaft nicht.

Wenn wir in dieser Äquivalenz „r" für „k" einsetzen, erhalten wir die Äquivalenz zweier sich widersprechender Ausdrücke:

Die natürliche Zahl r hat die durch W_r bestimmte Eigenschaft $\equiv$ die natürliche Zahl r hat die durch W_r bestimmte Eigenschaft nicht.

Diese Antinomie veröffentliche J. Richard im Jahre 1905.[1]

6. Definitionsmethode semantischer Begriffe

Die verzweigte Typentheorie hatte die Aufgabe – wie wir zu Beginn des Abschnitts 2 des Kapitels VIII erwähnten – sowohl die logischen Antinomien als auch die semantischen Antinomien zu beseitigen. Als die verzweigte Typentheorie durch die einfache Theorie logischer Typen abgelöst wurde, gab es also eine – im übrigen kurze – Zeit in der Logik, in der man die durch die semantischen Antinomien hervorgerufenen Schwierigkeiten nicht zu lösen vermochte. Die semantischen Antinomien werden nämlich weder durch die einfache logische Typentheorie noch durch die in der axiomatischen Mengenlehre zur Beseitigung der logischen Antinomien angenommenen Beschränkungen beseitigt. Polnischen Logikern kommt das Verdienst zu, diese Schwierigkeiten beseitigt zu haben.

In den Formulierungen der semantischen Antinomien haben wir es mit Ausdrücken zu tun, die zu einem bestimmten System (einer bestimmten Sprache) gehören, in welchem sich auf Ausdrücke dieses Systems (dieser Sprache) beziehende semantische Termini auftreten. Die semantischen Antinomien weisen nach, daß ein System (eine Sprache), welches (welche) sich auf Ausdrücke dieses Systems (dieser Sprache) beziehende semantische Termini oder auch für die Definition solcher Termini hinreichende Termini enthält, ein widersprüchliches System ist. St. Leśniewski führte die für die Lösung der seman-

[1] [*Les principes des mathematiques et le problème des ensembles*, Rev. Gen. Sci. Pur. Appliqu., 16, 1905, S. 541–543.]

tischen Antinomien grundlegende Unterscheidung zwischen einem System (einer Sprache) und einem Metasystem (einer Metasprache) ein. Die sich auf die Ausdrücke eines gegebenen Systems beziehenden semantischen Termini gehören zu seinem Metasystem. Aus der vorigen Bemerkung folgt, wenn ein gegebenes System widerspruchsfrei ist, dann kann ein Metasystem, welches semantische Termini enthält, die sich auf Ausdrücke dieses Systems beziehen, nicht ein Teil dieses Systems sein. A. Tarski hat in seiner Arbeit aus dem Jahre 1933 *Der Wahrheitsbegriff in den Sprachen der deduktiven Disziplinen* diese Unterscheidung angenommen und eine Definitionsmethode semantischer Termini, welche sich auf Ausdrücke eines Systems S beziehen, in einem Metasystem M_S des Systems S angegeben, wobei das Metasystem folgende Bedingungen erfüllt:

1. Zu jedem Ausdruck des Systems S gibt es im Metasystem M_S einen mit ihm gleichbedeutenden Ausdruck.

2. Für jeden Ausdruck des Systems S gibt es im Metasystem M_S seinen Namen.

Wenn S und M_S auf der Typentheorie aufgebaut sind, muß man – wollte man nach der Methode von Tarski sich auf das System S beziehende Termini in M_S definieren – in M_S Variable höherer logischer Typen als der jener Variablen einführen, die im System S auftreten.

Das Hauptanliegen der genannten Arbeit von A. Tarski ist die formal richtige Formulierung der Definition einer wahren Aussage im Sinne der von Aristoteles stammenden klassischen Konzeption der Wahrheit. A. Tarski formuliert ausführlich die Definition einer wahren Aussage in einem bestimmten System des Mengenkalküls mit Quantifikatoren und gibt allgemeine Hinweise, wie seine Methode beim Definieren des Begriffes einer wahren Aussage auf andere deduktive Systeme anzuwenden sei. In diesen Systemen erhält man Aussagen, d. h. Aussagenausdrücke, welche keine freien Variablen enthalten, meistens aus Aussageformen, indem man ihnen Quantifikatoren voransetzt, durch welche die in ihnen auftretenden freien Variablen gebunden werden. Die Menge der Aussagenausdrücke solcher Systeme bestimmt man – wie wir bereits im Abschnitt 1 dieses Kapitels festgestellt haben – als die kleinste Menge, welche die atomaren Aussagenausdrücke des gegebenen Systems enthält und die in bezug auf bestimmte Operationen der Bildung zusammen-

[1] [Nachdruck in: K. Berka, L. Kreiser, *Logik-Texte. Kommentierte Auswahl zur Geschichte der modernen Logik*, 2. Auflage Berlin 1973, S. 356–359.]

gesetzter Ausdrücke abgeschlossen ist. Die atomaren Aussagenausdrücke solcher Systeme wiederum sind im allgemeinen nicht Aussagen, sondern Aussageformen. Aus diesen Gründen definiert A. Tarski zuerst den Begriff der Erfüllbarkeit einer Aussageform durch eine Folge von Gegenständen und definiert erst dann mit Hilfe dieses Begriffes den Begriff einer wahren Aussage.

Bevor wir die Definition des Begriffes der Erfüllbarkeit kennenlernen, wollen wir einige Beispiele untersuchen, in denen dieser Begriff verwendet wird. Die Termini „erfüllt", „erfüllen" verwenden wir in einer solchen Bedeutung, daß z. B. folgende Äquivalenzen wahr sind:

Die Zahl 4 erfüllt die Ungleichheit „$x > 2$" $\equiv 4 > 2$.

Die Zahlen 4, 2 erfüllen die Ungleichheit „$x > y$" $\equiv 4 > 2$.

Die Zahlen 4, 2, 6 erfüllen die Gleichung „$x + y = z$" $\equiv 4 + 2 = 6$.

Diese Beispiele lassen erkennen, daß wenn wir von der Erfüllbarkeit einer Aussageform mit mehr als einer freien Variablen sprechen, wir eine bestimmte Zuordnung der Gegenstände, von denen wir sagen, sie erfüllen die gegebene Aussageform, und der in dieser Form auftretenden freien Variablen annehmen. So ordnen wir im zweiten der angegebenen Beispiele der Variablen „x" die Zahl 4 und der Variablen „y" die Zahl 2 zu. Wir können also genauer sagen, die Zahlen 4 und 2 erfüllen die Aussageform „$x > y$", wenn die Zahl 4 der Variablen „x" und die Zahl 2 der Variablen „y" zugeordnet wird. Dies ist wahr, weil $4 > 2$ ist. Die Zahlen 4 und 2 erfüllen dagegen die Aussageform „$x > y$" nicht. Wenn man die Zahl 2 der Variablen „x" und die Zahl 4 der Variablen y zuordnet, erhält man die falsche Aussage: $2 > 4$.

Aus den angegebenen Beispielen ist auch ersichtlich, daß wir je nach der Anzahl der in einer gegebenen Aussageform auftretenden freien Variablen davon sprechen, daß diese Form von einem Gegenstand, von zwei Gegenständen usw. erfüllt wird. Um solche Formulierungen zu vereinheitlichen, werden wir davon sprechen, daß eine gegebene Aussageform durch eine bestimmte Folge von Gegenständen (oder auch ein geordnetes n-Tupel von Gegenständen) erfüllt wird. Im Sinne der vorigen Bemerkung könnten wir nunmehr von der Erfüllbarkeit einer Aussageform durch eine bestimmte Folge von Gegenständen bei festgelegter Zuordnung der Glieder dieser Folge zu den freien Variablen dieser Form sprechen. Es erweist sich aber, daß auch eine solche Präzisierung immer noch nicht ausreichend ist. Nehmen wir z. B. die Aussageform „$\bigvee_{y}(x < y < z)$". Erfüllt die Zahlenfolge 2, 3 diese Aussageform, wenn der Variablen „x" das erste Glied dieser Folge und der Variablen „z" das zweite Glied dieser Folge zugeordnet wird? Die Antwort auf diese Frage wird davon abhängen, welche Zahlen die in dieser Funktion auftretende gebundene Variable „y" durchläuft. Durchläuft nämlich diese Variable rationale Zahlen, so werden wir die obige Frage bejahend beantworten, durchläuft dagegen diese Variable natürliche Zahlen, werden wir die Frage verneinen müssen. Dies kann man folgendermaßen zum Ausdruck bringen:

Die Zahlenfolge 2, 3 erfüllt im Bereich der rationalen Zahlen die Aussageform „$\bigvee_y (x > y > z)$" bei Zuordnung der Zahl 2 zur Variablen „x" und der Zahl 3 zur Variablen „z", weil es eine rationale Zahl y gibt, welche zwischen der Zahl 2 und der Zahl 3 liegt.

Dagegen erfüllt die gleiche Folge im Bereich der natürlichen Zahlen diese Form bei gleicher Zuordnung der Glieder der Folge zu ihren freien Variablen nicht, weil es keine natürliche Zahl gibt, welche zwischen der Zahl 2 und der Zahl 3 liegt.

Wir gelangen also zu der Schlußfolgerung, wenn wir von der Erfüllbarkeit einer Aussageform durch eine Folge von Gegenständen sprechen, müssen wir berücksichtigen:

1. die Zuordnung der Glieder der Folge zu den freien Variablen der Aussageform,

2. den Bereich, die Menge der Gegenstände, welche die in dieser Aussageform auftretenden gebundenen Variablen durchlaufen.

Im Sinne dieser Unterscheidung werden wir sagen, die Zahl 0 erfüllt im Bereich der rationalen Zahlen die Aussageform „$\bigvee_y y < x$", weil es eine rationale Zahl gibt, welche kleiner als 0 ist. Dagegen erfüllt die Zahl 0 im Bereich der natürlichen Zahlen diese Aussageform nicht, weil es keine natürliche Zahl gibt, welche kleiner als 0 ist. Wenn wir in der ersten dieser Aussagen von „kleiner" sprechen, so meinen wir die Kleiner-Relation zwischen rationalen Zahlen, wenn wir die dagegen in der zweiten Aussage von „kleiner" sprechen, meinen wir die Kleiner-Relation zwischen natürlichen Zahlen. Diese beiden Relationen sind durchaus nicht identisch. Sie unterscheiden sich durch bestimmte Eigenschaften. So wird durch die zweite dieser Relationen eine Menge von Zahlen, welche ihr Feld ist, wohlgeordnet, während die erste dieser Relationen ihr Feld nicht wohlordnet. Dieses Beispiel läßt deutlich werden, daß wenn wir von der Erfüllbarkeit einer Aussageform in einer gegebenen Menge durch eine bestimmte Folge von Gegenständen sprechen, wir außerdem noch – meistens stillschweigend – eine bestimmte Verständnisweise der in dieser Aussageform auftretenden Konstanten voraussetzen, eine bestimmte Zuordnung von gewissen Gegenständen (Individuen, Mengen, Relationen – in Abhängigkeit von der syntaktischen Kategorie dieser Konstanten) zu diesen Konstanten annehmen. Wenn wir also davon sprechen, daß eine Aussageform durch eine bestimmte Folge von Gegenständen in einem gegebenen Bereich erfüllt wird, so verstehen wir unter einem Bereich ein bestimmtes geordnetes n-Tupel $\langle A, R_1, \ldots, R_k, c_1, \ldots, c_m \rangle$, welches aus einer bestimmten Menge A, bestimmten, zwischen den Elementen der Menge A bestehenden Relationen $R_1, \ldots, R_k$ und bestimmten, zu der Menge A gehörenden Gegenständen $c_1, \ldots, c_m$ besteht. Die genannten Relationen können insbesondere Funktionen sowie Operationen sein. Wenn wir von der Erfüllbarkeit einer Aussageform durch eine bestimmte Folge von Gegenständen in einem so verstandenen Bereich sprechen, ordnen wir zu diesem Bereich gehörende Relationen in der gegebenen Aussageform auftretenden Prädikatenkonstanten zu, während wir die Gegenstände $c_1, \ldots, c_m$ den entsprechenden, in dieser Aussageform auftretenden Namenkonstanten zuordnen. Ein solches geordnetes Tupel wird auch ein Modell und die Menge A der Bereich des Modells genannt. Wenn wir diesen Terminus gebrauchen, dürfen wir aber nicht vergessen, daß der Terminus „Modell" noch eine zweite, semantische Bedeutung hat, nämlich die des Modells eines Systems (einer Theorie).

Die bezüglich des Begriffes der Erfüllbarkeit angenommene Zuordnung der freien Variablen einer Aussageform und der Glieder einer Folge kann auf zweierlei Arten festgelegt werden. Bei der ersten Art sprechen wir davon, daß eine Aussageform mit n freien Variablen durch eine Folge von n Gegenständen erfüllt wird und legen für jeden Ausdruck diese Zuordnung gesondert fest. Die zweite Art können wir anwenden, wenn Variable des gegebenen Systems z. B. die Variablen $x_1, x_2, \ldots$ sind, und nur solche Variablen (also Variablen, welche aus dem Buchstaben „x" und einem unteren Index bestehen, der eine der natürlichen Zahlen größer als 0 bezeichnet). Wir nehmen an, daß das i-te Glied der Folge der Variablen mit dem Index i versehen ist. Wir sprechen von der Erfüllbarkeit einer Aussageform durch eine unendliche Folge von Gegenständen und berücksichtigen dabei den Umstand, daß die Erfüllbarkeit von Aussageformen mit beliebiger (wenn auch immer endlicher) Anzahl von in ihnen auftretenden freien Variablen untersucht wird. Eine solche Erfüllbarkeit hängt natürlich immer von einer bestimmten endlichen Anzahl der Glieder der gegebenen unendlichen Folge ab, nämlich nur von denjenigen Gliedern, welche den Variablen der untersuchten Aussageform zugeordnet werden. Diese zweite Art der Festlegung der Zuordnung erlaubt eine einfachere Schreibweise der Definition der Erfüllbarkeit und deshalb werden wir sie benutzen.

Nehmen wir an, Symbole eines Systems S sind die Variablen: x_1, $x_2, \ldots$, die Funktoren des Aussagenkalküls, die Quantifikatoren, welche diese Variablen x_i binden, die Prädikatenkonstanten: $P_1, \ldots, P_k$ und Klammerzeichen. Atomare Ausdrücke des Systems S sind Ausdrücke, welche aus einem Prädikat von n Argumenten und n Variablenzeichen gebildet sind. Die zusammengesetzten Ausdrücke des Systems S werden mit Hilfe von Funktoren des Aussagenkalküls und von Namenvariablen des Systems bindenden Quantifikatoren gebildet.

Zu bestimmen ist der Begriff der Erfüllbarkeit von Ausdrücken des Systems S in einem solchen Bereich M, mit $M = \langle A, R_1, \ldots, R_k \rangle$ und der Zuordnung Q, bei der dem Prädikat „P_1" die Relation R_1 zugeordnet ist, dem Prädikat „P_2" die Relation R_2 zugeordnet ist, ..., dem Prädikat „P_k" die Relation R_k zugeordnet ist.

Wir bauen das Metasystem M_S des Systems S auf, in welchem wir die Definition der Erfüllbarkeit formulieren.

Den Variablen: $x_1, x_2, \ldots$ des Systems S entsprechen die zu M_S gehörenden Variablen: $a_1, a_2, \ldots$ Den zu S gehörenden Prädikatenkonstanten: $P_1, P_2, \ldots$ entsprechen die zu M_S gehörenden Konstanten: $R_1, R_2, \ldots$ Darüber hinaus enthält das Metasystem M_S alle diejenigen logischen Konstanten, welche zum System S gehören, sowie die Klammern. Dadurch gibt es für jeden zum System S gehörenden Ausdruck im Metasystem M_S einen Ausdruck, welcher seine Übersetzung und mit ihm gleichbedeutend ist. Den Buchstaben „v", der mit einem konstanten unteren Index, eine natürliche Zahl bezeichnend, versehen ist, werden wir in M_S als den Namen für eine unten mit dem gleichen Index versehene Variable des Systems S gebrauchen. Also z. B.: $v_1 =$ „x_1", $v_2 =$ „x_2" usw. Der Buchstabe „v" mit den unteren variablen Indizes $i, j, i_1, \ldots$ ist eine zu M_S gehörende Variable, für die man die Konstanten v_1, v_2 usw. einsetzen kann; er durchläuft also die Menge der Variablen des Systems S. Der Ausdruck „Pr" mit einem konstanten unteren Index, eine natürliche Zahl bezeichnend, ist ein zu M_S gehörender Name eines Prädikats des Systems S, der unten mit dem gleichen Index versehen ist. Also z. B.: $Pr_1 =$ „P_1", $Pr_2 =$ „P_2" usw. Der Ausdruck „Pr" mit den unteren variablen Indizes $i, j, \ldots$ ist eine zu M_S gehörende Variable, welche die Menge der Prädikatenkonstanten des Systems S durchläuft, also eine Variable, welche die Namen dieser Prädikate repräsentiert. Die Buchstaben: E, F, G, H sind Variable des Systems M_S, welche die Menge der Aussagenausdrücke des Systems S durchlaufen, also Variable, für die man die Namen solcher Ausdrücke einsetzen kann. Mit Hilfe der Quasi-Anführungszeichen bilden wir die zu M_S gehörenden Namen von zusammengesetzten Ausdrücken des

Systems S. Also z. B.: $\ulcorner Pr_1(v_2, v_3)\urcorner =$ „$P_1(x_2, x_3)$“, $\ulcorner \sim Pr_2(v_3, v_5)\urcorner =$ „$\sim P_2(x_3, x_5)$“. Der Ausdruck $\ulcorner \sim Pr_2(v_3, v_5)\urcorner$ ist also ein Ausdruck, welcher aus dem Negationszeichen, dem Prädikat Pr_2, einer Klammer, den Variablen v_3 und v_5 sowie einer Klammer gebildet ist, und zwar ein Ausdruck, welcher aus diesen Symbolen in der genannten Reihenfolge aufgebaut ist. Wir wir daraus ersehen, treten in den zum Metasystem gehörenden, in Quasi-Anführungszeichen geschriebenen Namen der Ausdrücke des Systems die Zeichen der logischen Konstanten als Namen dieser Konstanten auf. Auf diese Weise können wir für jeden Ausdruck des Systems S im Metasystem M_S einen Namen dieses Ausdruckes bilden. Den Buchstaben „R“ mit den unteren variablen Indizes $i, j, \ldots$ werden wir als eine Variable des Metasystems verwenden, welche die Prädikate: $R_1, R_2, \ldots$ repräsentiert. Eine solche Variable braucht man nicht in M_S einzuführen, wenn im System S nur eine Prädikatenkonstante vorkommt. Zu den Ausdrücken des Metasystems M_S gehört auch die Konstante „A“, welche der Name einer ganz bestimmten Menge A ist. Außer den auch im System S auftretenden logischen Konstanten enthält das Metasystem M_S auch den Terminus „unendliche Folge“, für den wir auch einfach den Terminus „Folge“ verwenden werden. In M_S kommen auch Variable vor, welche aus Elementen der Menge A gebildete unendliche Folgen repräsentieren.

Als Variable solcher Folgen werden wir den Buchstaben „C“ sowie die Wendung „Folge $\{a_n\}$“ gebrauchen. In der Mathematik verwendet man das Symbol „$\{a_n\}$“ zur Bezeichnung einer Folge. Das Symbol „$\{a_n\}$“ könnte man aber auch als Namen für eine Einzelmenge mit dem Element a_n verstehen. Um diese Doppeldeutigkeit zu vermeiden, werden wir die Wendung „Folge $\{a_n\}$“ dann gebrauchen, wenn wir das Symbol „$\{a_n\}$“ zur Bezeichnung einer Folge verwenden.

Nach dieser Erklärung zur Symbolik des Metasystems M_S können wir jetzt dazu übergehen, in ihm die Definition der Erfüllbarkeit von Ausdrücken des Systems S im Bereich M bei einer Zuordnung Q zu formulieren. Wir nehmen dabei an, daß $M = \langle A, R_1, \ldots, R_k \rangle$ und daß die Zuordnung Q dem Prädikat Pr_i des Systems S die zu M gehörende Relation R_i zuordnet, d. h., daß Q folgende Zuordnung ist: Dem Prädikat „P_1“ ordnen wir die Relation R_1 zu, dem Prädikat „P_2“ ordnen wir die Relation R_2 zu usw. Die Definition der Erfüllbarkeit ist eine induktive Definition. Wir bestimmen zunächst die Erfüllbarkeit von atomaren Ausdrücken des Systems S und anschließend die Erfüllbarkeit von zusammengesetzten Aussagenausdrücken, die mit Hilfe von Funktoren des Aussagenkalküls und der Quantifikatoren gebildet sind.

Da jeder Aussagenausdruck des Systems S mit Hilfe dieser Operationen aus atomaren Ausdrücken des Systems S gebildet wird, bestimmen wir mit Hilfe einer solchen Definition den Begriff der Erfüllbarkeit beliebiger Aussagenausdrücke des Systems S. Bei der Bestimmung der Erfüllbarkeit von mit Hilfe der Quantifikatoren gebildeten Ausdrücken werden wir das Symbol „$C(^{a_i}_a)$" benutzen. Dieses Symbol bezeichnet eine Folge, welche aus einer Folge C entsteht, wenn wir das i-te Glied der Folge C durch den Gegenstand a ersetzen. Das bedeutet, daß die Folge $C(^{a_i}_a)$ eine Folge ist, die sich von der Folge C nur dadurch unterscheidet, daß ihr i-tes Glied der Gegenstand a ist.

Definition der Erfüllbarkeit von Aussagenausdrücken des Systems S im Bereich M bei der Zuordnung Q:

1. Eine Folge $\{a_n\}$ erfüllt in M den Ausdruck $\ulcorner Pr_j(v_{i_1}, \ldots, v_{i_n})\urcorner$ bei der Zuordnung $Q \equiv R_j(a_{i_1}, \ldots, a_{i_n})$.

2a) Eine Folge C erfüllt in M den Ausdruck $\ulcorner \sim E\urcorner$ bei der Zuordnung $Q \equiv$ die Folge C erfüllt nicht in M den Ausdruck E bei der Zuordnung Q.

b) Eine Folge C erfüllt in M den Ausdruck $\ulcorner E \wedge H\urcorner$ bei der Zuordnung $Q \equiv$ (die Folge C erfüllt in M den Ausdruck E bei Q) $\wedge$ (die Folge C erfüllt in M den Ausdruck H bei Q).

c) Eine Folge C erfüllt in M den Ausdruck $\ulcorner E \vee H\urcorner$ bei der Zuordnung $Q \equiv$ (die Folge C erfüllt in M den Ausdruck E bei Q) $\vee$ (die Folge C erfüllt in M den Ausdruck H bei Q).

d) Eine Folge C erfüllt in M den Ausdruck $\ulcorner E \rightarrow H\urcorner$ bei der Zuordnung $Q \equiv$ (die Folge C erfüllt in M den Ausdruck E bei Q) $\rightarrow$ (die Folge C erfüllt in M den Ausdruck H bei Q).

e) Eine Folge C erfüllt in M den Ausdruck $\ulcorner E \equiv H\urcorner$ bei der Zuordnung $Q \equiv$ [(die Folge C erfüllt in M den Ausdruck E bei Q) $\equiv$ (die Folge C erfüllt in M den Ausdruck H bei Q)].

3a) Eine Folge C erfüllt in M den Ausdruck $\ulcorner \bigwedge_{v_i} E\urcorner$ bei der Zuordnung

$$Q \equiv \bigwedge_{a \in A} \text{(die Folge } C(^{a_i}_a) \text{ erfüllt in } M \text{ den Ausdruck } E \text{ bei } Q).$$

b) Eine Folge C erfüllt in M den Ausdruck $\ulcorner \bigvee_{v_i} E\urcorner$ bei der Zuordnung

$$Q \equiv \bigvee_{a \in A} \text{(die Folge } C(^{a_i}_a) \text{ erfüllt in } M \text{ den Ausdruck } E \text{ bei } Q).$$

Überlegen wir, welchen intuitiven Sinn diese Definition der Erfüllbarkeit hat. In Punkt 1 ist die Bestimmung der Erfüllbarkeit von atomaren Ausdrücken des Systems S gegeben. Im Sinne dieser Bestimmung erfüllt eine Folge von Elementen der Menge A einen atomaren Ausdruck des Systems S, welcher aus einem bestimmten Prädikat des Systems S und Variablen gebildet ist, dann und nur dann, wenn die (durch die Zuordnung Q) diesem Prädikat zugeordnete Relation zwischen den Gliedern der Folge besteht, die den freien Variablen dieses atomaren Ausdruckes zugeordnet sind. Aus dieser Bestimmung ersieht man, daß die Erfüllbarkeit eines atomaren Ausdruckes durch eine gegebene Folge von Gegenständen von denjenigen Gliedern dieser Folge abhängig ist, welche den freien Variablen dieses atomaren Ausdruckes zugeordnet sind.

In den Punkten 2a–e wird die Erfüllbarkeit von Ausdrücken bestimmt, welche mit Hilfe von Funktoren des klassischen Aussagenkalküls gebildet sind. Hier werden bestimmte Beziehungen formuliert, welche zwischen der Erfüllbarkeit eines mit Hilfe irgendeines dieser Funktoren gebildeten zusammengesetzten Ausdruckes durch eine gegebene Folge von Gegenständen und der Erfüllbarkeit der Glieder dieses zusammengesetzten Ausdruckes durch diese Folge bestehen. Diese Beziehungen sind die in den entsprechend interpretierten Tabellen der Wahrheitsfunktoren angegebenen Beziehungen. Im Kapitel III, Abschnitt 4, interpretierten wir die in den Tabellen der Wahrheitsfunktoren angegebenen Beziehungen als solche, welche zwischen den logischen Werten (d. h. der Wahrheit oder Falschheit) der mit Hilfe gegebener Funktoren gebildeten zusammengesetzten Ausdrücke und den logischen Werten der Teilausdrücke bestehen. Man kann diese Beziehungen aber auch als Beziehungen interpretieren, welche zwischen der Erfüllbarkeit eines mit Hilfe von Wahrheitsfunktoren gebildeten (zusammengesetzten) Ausdruckes durch eine gegebene Folge von Gegenständen und der Erfüllbarkeit der Glieder dieses zusammengesetzten Ausdruckes durch diese Folge bei festgelegter Zuordnung der Glieder dieser Folge zu den freien Variablen der gegebenen Aussageform bestehen. Bei Annahme einer festgelegten Zuordnung der Glieder einer Folge zu den freien Variablen sagen wir, der Ausdruck E hat für die gegebene Folge den Wert 1, wenn diese Folge den Ausdruck E erfüllt, und der Ausdruck E hat für die gegebene Folge den Wert 0, wenn diese Folge den Ausdruck E nicht erfüllt. Die Tabelle für die Negation können wir dann folgendermaßen interpretieren:

Wenn eine Folge C den Ausdruck E erfüllt, so erfüllt die Folge C nicht den Ausdruck $\ulcorner \sim E \urcorner$. Wenn eine Folge C den Ausdruck E nicht erfüllt, so erfüllt die Folge C den Ausdruck $\ulcorner \sim E \urcorner$. Bei einer solchen Interpretation der Tabelle für die Negation können wir z. B. sagen:

Die Zahl 2 erfüllt die Aussageform „$\sim x < 1$“ dann und nur dann, wenn die Zahl 2 die Aussageform „$x < 1$“ nicht erfüllt. Bei einer solchen Interpretation werden wir gemäß der Tabelle für die Konjunktion sagen: Die Zahl 5 erfüllt die Aussageform „$x > 4 \wedge x < 6$“ dann und nur dann, wenn die Zahl 5 beide Glieder dieser Aussageform erfüllt. In den Punkten 2a–c der Definition der Erfüllbarkeit formulieren wir gerade diese Art von Beziehungen zwischen der Erfüllbarkeit von zusammengesetzten Ausdrücken (durch eine gegebene Folge, bei festgelegter Zuordnung der Glieder der Folge zu den freien Variablen) und der Erfüllbarkeit der Glieder dieser zusammengesetzten Aussagenausdrücke (durch die gleiche Folge bei gleicher Zuordnung). In den Punkten 3a und b wird die Erfüllbarkeit von Ausdrücken bestimmt, welche mit Hilfe von Quantifikatoren gebildet sind. Den intuitiven Sinn dieser Bestimmungen wollen wir am folgenden Beispiel erklären:

Wir nehmen an, A sei die Menge der natürlichen Zahlen. Aufgrund der Bedingung 3a und der Bedingung 1 der Definition der Erfüllbarkeit erhalten wir die Äquivalenzen: Die Folge C erfüllt den Ausdruck „$\bigwedge_{x_1} x_1 \geqq 0$“ $\equiv \bigwedge_{a \in Nn}$ die Folge $C\binom{a_i}{a}$ erfüllt die Aussageform „$x_1 \geqq 0$“ $\equiv$
$\equiv \bigwedge_{a \in Nn} a \geqq 0$.

Ähnlich erhalten wir aufgrund der Bedingung 3b und der Bedingung 1 die Äquivalenz:
Die Folge C erfüllt den Ausdruck „$\bigvee_{x_1} x_1 > 5$“ $\equiv \bigvee_{a \in Nn} a > 5$.

Diese Beispiele zeigen, daß die Bedingungen 3a und b dem intuitiven Sinn der Quantifikatoren angepaßt sind.

Bevor wir die Definition der Erfüllbarkeit angegeben haben, berücksichtigten wir in den untersuchten Beispielen nur solche Fälle, in denen von der Erfüllbarkeit von Aussageformen durch eine Folge von Gegenständen die Rede ist. Es ist also hervorzuheben, daß man aufgrund der Bedingungen 3a und b in manchen Fällen sagen kann, daß eine Folge von Gegenständen Ausdrücke erfüllt, d. h. Aussagenausdrücke, in denen keine freien Variablen vorkommen. Anhand der Definition der Erfüllbarkeit kann man beweisen, daß, wenn ein Ausdruck E eine Aussage ist, dann erfüllt entweder jede Folge von Gegenständen den Ausdruck E in M bei der Zuordnung Q oder aber keine Folge von Gegenständen erfüllt den Ausdruck E in M bei der Zuordnung Q. Unter den Aussageformen kann man wiederum drei Arten unterscheiden:

1. Aussageformen, welche in M bei der Zuordnung Q durch jede Folge von Gegenständen erfüllt werden,

2. Aussageformen, welche in M bei der Zuordnung Q durch keine Folge von Gegenständen erfüllt werden,

3. Aussageformen, welche in M bei der Zuordnung Q durch bestimmte Folgen von Gegenständen erfüllt werden und durch andere Folgen von Gegenständen in M bei der Zuordnung Q nicht erfüllt werden.

Wenn wir den Begriff der Erfüllbarkeit definieren, müssen wir damit rechnen, daß dieser Terminus eine bestimmte festgelegte Bedeutung hat. Die Definition dieses Terminus ist also keine synthetische Definition, sondern eine berichtende (analytische) Definition, welche die bisherige Bedeutung des Terminus – zumindest zum Teil – berücksichtigen muß; sie sollte in diesem Sinne eine meritorisch richtige Definition sein. Man kann folgendes Argument zum Nachweis der meritorischen Richtigkeit der obigen Definition der Erfüllbarkeit anführen. Aufgrund dieser Definition kann man nämlich jede Äquivalenz der folgenden Form beweisen:

(I) Die Folge C erfüllt in M bei der Zuordnung Q den Ausdruck $E \equiv Z$, in welchem „E" der Name eines bestimmten Aussagenausdruckes des Systems S ist, der Ausdruck Z dagegen aus dem Ausdruck W, welcher die Übersetzung des Ausdruckes E in das Metasystem M_S ist, dadurch entsteht, daß anstelle der freien Variablen die Namen derjenigen Glieder einer Folge C eingesetzt werden, welche den freien Variablen des Ausdruckes E zugeordnet sind.

Ein Beispiel für eine solche Äquivalenz ist die folgende:

Die Folge $\{a_n\}$ erfüllt in M den Ausdruck $\ulcorner \sim Pr_2(v_3, v_5)\urcorner \equiv \sim R_2 (a_3, a_5)$.

Der Ausdruck des Systems S, dessen Name auf der linken Seite dieser Äquivalenz steht, ist der Ausdruck „$\sim P_2(x_3, x_5)$". Der Ausdruck Z ist der Ausdruck „$\sim R_2(a_3, a_5)$".

Der Beweis des Theorems, daß man jede solche Äquivalenz im Metasystem M_S beweisen kann, ist ein induktiver Beweis. Aufgrund der Bedingung 1 der Definition der Erfüllbarkeit beweisen wir sofort dieses Theorem für atomare Ausdrücke des Systems S. Indem wir induktiv die Wahrheit dieser Behauptung für die Ausdrücke E und H annehmen und die Bedingungen 2a–e sowie 3a, b benutzen, beweisen wir die Wahrheit dieses Theorems für zusammengesetzte Ausdrücke, welche aus den Ausdrücken E und H mit Hilfe von Funktoren des Aussagenkalküls und der Quantifikatoren gebildet sind. Eine Äquivalenz dieser Art benutzten wir zu Beginn unserer Überlegungen über die Erfüllbarkeit, als wir Beispielssätze anführten, in denen dieser Begriff auftrat, ohne daß natürlich zwischen Ausdrücken des Systems und des Metasystems unterschieden wurde.

Wenn wir die Definition des Erfüllbarkeitsbegriffes betrachten, verstehen wir, warum ein Metasystem M_S, in dem wir den Begriff der Erfüllbarkeit von Ausdrücken eines Systems S definieren, die zu Beginn dieses Abschnittes genannten Bedingungen 1. und 2. erfüllen muß. In den aufgrund von Punkt 1 der Definition der Erfüllbarkeit erhaltenen Äquivalenzen (durch Einsetzung konstante Indizes bezeichnender natürlicher Zahlen für den variablen Index „j") tritt auf der linken Seite der (zu M_S gehörende) Name eines bestimmten Ausdruckes des Systems S und auf der rechten Seite die Übersetzung dieses Ausdruckes in das Metasystem M_S auf. In den Äquivalenzen der Punkte 2a–e, 3a, b treten auf der rechten Seite bestimmte logische Konstanten auf, welche auch zum System S gehören, während auf der linken Seite die Namen dieser Konstanten (welche in den mit Hilfe der Quasi-Anführungszeichen gebildeten Namen von Ausdrücken des Systems S vorkommen) auftreten. Würde also ein Metasystem M_S die Bedingungen 1. und 2. nicht erfüllen, so könnten wir die Definition der Erfüllbarkeit von Ausdrücken des Systems S in ihm einfach nicht formulieren.

Man erkennt, falls das Metasystem M_S auf der logischen Typentheorie aufgebaut ist, in ihm Variable eines höheren logischen Typs als desjenigen der in S vorkommenden Variablen auftreten. In dem hier untersuchten System S treten nur Namenvariablen auf. Im Metasystem M_S kommen in einem solchen Fall außer Namenvariablen, welche Elemente einer Menge A repräsentieren, auch Variable vor, welche aus Elementen der Menge A gebildete Folgen repräsentieren. Aufgrund der Typentheorie ist der logische Typ der Folge höher als der logische Typ der Glieder dieser Folge.

Wenn das System S atomare Ausdrücke verschiedener Stufen enthält, so muß der erste Punkt der Definition der Erfüllbarkeit von Ausdrücken dieses Systems entsprechend erweitert werden. Die übrigen Punkte dieser Definition bleiben jedoch ohne wesentliche Veränderung bestehen.

Unter den Axiomen eines Metasystems M_S kann man drei Arten von Axiomen unterscheiden:

1. logische Axiome,

2. spezifische Axiome des Metasystems, in denen die sich auf die Ausdrücke des Systems S beziehenden syntaktischen Grundtermini auftreten,

3. Axiome des Metasystems, welche Übersetzungen der Axiome des Systems S sind.

Aufgrund der unter 3. genannten Axiome können wir im Metasystem M_S jeden Aussagenausdruck dieses Metasystems als Theorem erhalten, der eine Übersetzung irgendeines Theorems des Systems S ist. Unter Benutzung solcher Theoreme sowie der Äquivalenz (I) beweisen wir im Metasystem M_S die Behauptung der Erfüllbarkeit oder Nichterfüllbarkeit bestimmter Ausdrücke des Systems S durch bestimmte Folgen von Gegenständen. Die Möglichkeit, solche Aussagen im Metasystem M_S beweisen zu können, ist ein weiteres Argument zur Bestätigung der meritorischen Richtigkeit der im Metasystem M_S formulierten Definition der Erfüllbarkeit von Ausdrücken des Systems S.

Daraus ersieht man, daß solche Aussagen, welche die meritorische Richtigkeit der im Metasystem M_S formulierten Definition des Erfüllbarkeitsbegriffes von Ausdrücken des Systems S bestätigen, nur unter der Bedingung bewiesen werden können, daß M_S stärker als S ist (d. h., daß M_S die Entsprechungen aller Theoreme des Systems S und darüber hinaus Theoreme, welche keine Entsprechungen von Theoremen des Systems S sind, enthält). Eine analoge Bemerkung gilt auch für die Definition anderer semantischer Begriffe, welche Ausdrücke des Systems S betreffen und im Metasystem M_S formuliert sind.

In einem Metasystem M_S, welches die oben angegebenen Bedingungen – die ausreichend sind, um in ihm den Begriff der Erfüllbarkeit von Ausdrücken des Systems S zu definieren – erfüllt, kann man auch andere, sich auf Ausdrücke des Systems S beziehende semantische Begriffe definieren. Die wichtigsten semantischen Begriffe, welche Ausdrücke des Systems S betreffen, kann man jedoch mit Hilfe des Begriffes der Erfüllbarkeit von Ausdrücken des Systems S definieren. Aus diesem Grund kann man den Begriff der Erfüllbarkeit als einen semantischen Grundbegriff betrachten. Im nächsten Abschnitt werden wir die wichtigsten semantischen Begriffe und ihre Definitionen mit Hilfe des Begriffes der Erfüllbarkeit kennenlernen.

7. Wichtige semantische Begriffe

Die im vorliegenden Abschnitt behandelten semantischen Begriffe betreffen die Ausdrücke irgendeines Systems S und können in einem Metasystem M_S, welches die im vorangegangenen Abschnitt genannten Bedingungen erfüllt, definiert werden. Wenn wir einige dieser Begriffe mit Hilfe des Erfüllbarkeitsbegriffes definieren, benutzen wir bestimmte Vereinfachungen im Gebrauch dieses Begriffes. Wir werden nämlich sagen, ein Gegenstand a_i erfülle eine Aussageform mit der freien Variablen v_i, anstatt zu sagen, eine Folge, deren i-tes Glied der Gegenstand a_i ist, erfülle diese Aussageform. Ähnlich werden wir sagen, ein geordnetes n-Tupel $a_1, \ldots, a_n$ erfülle eine Aussageform mit den freien Variablen: $v_1, \ldots, v_n$, anstatt zu sagen, eine Folge, deren entsprechenden Glieder diese Elemente des n-Tupels sind, erfülle diese Aussageform. Solche Vereinfachungen in den Formulierungen können wir einführen, weil – wie bereits im vorangegangenen Abschnitt betont wurde – die Erfüllbarkeit einer gegebenen Aussageform durch eine bestimmte Folge von Gegenständen nur von denjenigen Gliedern dieser Folge abhängig ist, welche den freien Variablen dieser Aussageform zugeordnet sind.

Mit Hilfe des Begriffes der Erfüllbarkeit kann man den Begriff der Denotation eines Gegenstandes a_i durch einen Ausdruck W eines Systems S bestimmen:

Ein Ausdruck W des Systems S denotiert in M bei der Zuordnung Q den Gegenstand $a_i \equiv$ der Gegenstand a_i erfüllt in M bei der Zuordnung Q die Aussageform $\ulcorner v_i = W \urcorner$.

Im Sinne dieser Definition kann man davon sprechen, daß Gegenstände verschiedener Art durch verschiedenen syntaktischen Kategorien angehörender Ausdrücke denotiert werden, wenn nur diese Ausdrücke Glieder einer Identität sind. Gemäß dieser Definition können wir also nicht nur sagen, daß z. B. der Einzelname „Australien" einen bestimmten Kontinent denotiert, sondern auch, daß z. B. das Prädikat „ist kleiner" die Kleiner-Relation denotiert, oder auch, daß der Name „Mensch" die Menge der Menschen denotiert.

Der Begriff der Denotation ist vom Begriff der Bezeichnung eines Gegenstandes a durch einen Ausdruck W des Systems S zu unterscheiden. Diesen letzten Begriff kann man auf eine der beiden folgenden Weisen definieren:

1. Ein Ausdruck W des Systems S bezeichnet in M bei der Zuordnung Q den Gegenstand $a \equiv \bigvee_A$ (W denotiert in M bei Q die Menge $A \wedge a \in A$).

Im Sinne dieser Definition bezeichnet z. B. der Ausdruck „Mensch" Sokrates, weil der Ausdruck „Mensch" die Menge der Menschen denotiert und Sokrates zu dieser Menge gehört.

2. Ein Ausdruck W des Systems S bezeichnet in M bei der Zuordnung Q den Gegenstand $a_i \equiv$ der Gegenstand a_i erfüllt in M bei Q die Aussageform $\ulcorner v_i$ ist $W \urcorner$.

Gemäß dieser Definition könnte man statt der Konstanten „ist" auch die Konstante „ε" aus der Ontologie von St. Leśniewski, welche eine bestimmte Entsprechung des Wörtchens „ist" darstellt, verwenden.

Dieser Definition zufolge sagen wir einfach, daß der Ausdruck „Mensch" Sokrates bezeichnet, weil Sokrates ein Mensch ist.

Den **semantischen Begriff der Definition** (der Bestimmung) eines Gegenstandes, einer Menge oder einer Relation durch eine bestimmte Aussageform kann folgendermaßen festgelegt werden:

Die Aussageform $E(v_i)$ des Systems S mit der freien Variablen v_i **definiert den Gegenstand** a_i in M bei der Zuordnung $Q \equiv$ der Gegenstand a_i ist der einzige Gegenstand, welcher in M bei Q die Aussageform $E(v_i)$ erfüllt (d. h.: a_i erfüllt in M bei Q die Aussageform $E(v_i) \wedge \bigwedge_{b_i} (b_i$ erfüllt in Z bei Q die Aussageform $E(v_i) \rightarrow b_i = a_i))$.

Die Aussageform $E(v_i)$ des Systems S mit der freien Variablen v_i **definiert die Menge** A in M bei der Zuordnung $Q \equiv \bigwedge_{a_i} (a_i \in A \equiv a_i$ erfüllt in M bei Q die Aussageform $E(v_i))$.

Die Aussageform $E(v_1, \ldots, v_n)$ des Systems S mit den freien Variablen: $v_1, \ldots, v_n$ **definiert die Relation** R in M bei der Zuordnung $Q \equiv \bigwedge_{a_1,\ldots,a_n} (\langle\langle a_1, \ldots, a_n\rangle\rangle \in R \equiv \langle a_1, \ldots, a_n\rangle$ erfüllt in M bei Q die Aussageform $E(v_1, \ldots, v_n))$.

Dieser semantische Begriff der Definition von Gegenständen, Mengen und Relationen durch bestimmte Aussageformen ist nicht mit dem im Abschnitt 2 des vorliegenden Kapitels behandelten syntaktischen Begriff der Definition bestimmter Ausdrücke mit Hilfe anderer Ausdrücke zu verwechseln.

Im Sinne der angegebenen Definition können wir z. B. sagen, daß die Gleichung „$x+2=5$" die Zahl 3 definiert (bestimmt, eindeutig festgelegt), weil die Zahl 3 die einzige Zahl ist, welche diese Gleichung erfüllt. Ähnlich werden wir sagen, daß die zum Peanoschen Axiomensystem der Arithmetik gehörende Aussageform „$n=0$" die Zahl 0 definiert, eindeutig festlegt, obwohl natürlich diese Aussageform durchaus nicht eine Definition in dem im Abschnitt 2 des vorliegenden Kapitels bestimmten Sinne der Konstanten „0" ist, die ein Grundterminus dieses Systems ist.

Nach der angegebenen Definition wird durch eine Aussageform mit einer freien Variablen die Menge aller und nur derjenigen Gegenstände, welche diese Aussageform erfüllen, definiert (eindeutig festgelegt). Ähnlich wird durch eine Aussageform mit n freien Variablen die Relation zwischen denjenigen und nur denjenigen Gegenständen, welche diese Aussageform erfüllen, definiert (eindeutig festgelegt).

Mit Hilfe des oben bestimmten Begriffes kann man den **semantischen Begriff der Definierbarkeit** eines Gegenstandes, einer Menge oder einer Relation im System S bestimmen:

Ein Gegenstand a (eine Menge A, eine Relation R) in M ist **definier-**

bar im System S bei der Zuordnung $Q \equiv$ es gibt eine Aussageform, welche zu den Ausdrücken des Systems S gehört und in M bei Q den Gegenstand a (die Menge A, die Relation R)definiert.

Wenn wir als System S das Peanosche Axiomensystem der Arithmetik natürlicher Zahlen und als Bereich M den Bereich $\langle Nn, Seq, 0\rangle$ annehmen, so können wir z. B. sagen, daß in diesem System und in diesem Bereich definierbar sind:

die Zahl 0, welche durch die Aussageform „$n = 0$" definiert wird;
die Zahl 1, welche durch die Aussageform „$n = Seq'0$" definiert wird;
die Zahl 2, welche durch die Aussageform „$n = Seq'Seq'0$" definiert wird;
die Menge Nn, welche durch die Aussageform „$k \in Nn$" definiert wird; die Funktion Seq, welche durch die Aussageform „$k = Seq'm$" definiert wird usw.

Diese Definierbarkeit der Zahl 0 im semantischen Sinne, der Funktion des Nachfolgers und der Menge der natürlichen Zahlen im System der Arithmetik ist von der Definierbarkeit bestimmter Termini dieses Systems im syntaktischen Sinne mit Hilfe anderer seiner Termini zu unterscheiden. Die Konstanten, welche die genannten Gegenstände denotieren, sind Grundtermini dieses Systems und zumindest einige von ihnen sind in diesem System in dem im Abschnitt 2 dieses Kapitels bestimmten syntaktischen Sinne nicht definierbar. Unter Benutzung einer ziemlich freien Ausdrucksweise können wir sagen, daß im semantischen Sinne definierbare Gegenstände (Mengen, Relationen) im gegebenen System bei festgelegtem Bereich M und festgelegter Zuordnung Q diejenigen und nur diejenigen Gegenstände (Mengen, Relationen) sind, von denen man in diesem System bei einer festgelegten Auffassungsweise der spezifischen Konstanten dieses Systems sprechen kann. Man kann der Ansicht sein, daß die Definition des semantischen Begriffes der Definierbarkeit von Gegenständen (Mengen, Relationen) eine Präzisierung des Begriffes der Gegenstände (Mengen, Relationen), „von denen man im gegebenen System sprechen kann", ist. Mit Hilfe des Begriffes der Erfüllbarkeit von Ausdrücken eines Systems S definieren wir den Begriff eines wahren Ausdruckes des Systems S im Bereich M bei der Zuordnung Q.

Ein Ausdruck E des Systems S ist wahr im Bereich M bei der Zuordnung $Q \equiv$ jede Folge von Gegenständen, welche zu der Menge A des Bereiches M gehören, erfüllt in M bei der Zuordnung Q den Ausdruck E. Die Aussagenausdrücke des Systems S, welche keine wahren Ausdrücke im Bereich M bei der Zuordnung Q sind, werden wir falsche

Ausdrücke des Systems S im Bereich M bei der Zuordnung Q nennen. Wahre Ausdrücke können gemäß dieser Bestimmung sowohl Aussageformen als auch Aussagen, d. h. Aussagenausdrücke, in welchen keine freien Variablen vorkommen, sein. Wie wir bereits im vorangegangenen Abschnitt erwähnten, kann man aufgrund der Definition der Erfüllbarkeit beweisen, daß entweder jede Folge von Gegenständen in M bei Q die Aussage E erfüllt oder daß keine Folge von Gegenständen in M bei Q die Aussage E erfüllt. Daraus folgt sofort, wenn irgendeine Aussage E des Systems S in M bei der Zuordnung Q falsch ist, dann erfüllt auch keine Folge von Gegenständen in M bei Q die Aussage E. Dagegen können bestimmte Aussageformen, welche falsch sind, d. h. nicht durch jede Folge von Gegenständen aus der Menge A des Bereiches M bei der Zuordnung Q erfüllt werden, durch einige solche Folgen nicht erfüllt werden und durch andere solche Folgen erfüllt werden.

Aufgrund dieser Definition sowie der Äquivalenz (I) aus dem vorigen Abschnitt kann man im Metasystem M_S des Systems S jede Äquivalenz der folgenden Form beweisen:

(II) Die Aussage E ist wahr in M bei $Q \equiv Z$,

wobei „E" der Name einer bestimmten Aussage des Systems S ist und Z die Übersetzung dieser Aussage in das Metasystem M_S.

Wenn wir festgelegte M und Q annehmen, also ein bestimmtes Verständnis der außerlogischen Konstanten des Systems S annehmen, gelangen wir zu der Schlußfolgerung, daß man im Metasystem des Systems S jede Äquivalenz der folgenden Form beweisen kann:

(IIa) Die Aussage E ist wahr $\equiv Z$,

wobei „E" der Namen einer bestimmten Aussage des Systems S ist, Z dagegen die Übersetzung dieser Aussage in das Metasystem M_S.

Aufgrund der oben eingeführten Definition der Wahrheit erhalten wir also alle Äquivalenzen, welche wir im Abschnitt 5 dieses Kapitels aufgrund der Prämisse (b) erhalten haben. Die Prämisse (b) war jedoch mit Hilfe der Funktion der Anführungszeichen geschrieben, ohne daß zwischen System und Metasystem unterschieden wurde, was zu einer Antinomie führte. Mit Hilfe der obenangegebenen Definition der Wahrheit kann man dagegen als Konsequenzen alle Äquivalenzen der Form (IIa) erhalten, deren Wahrheit keine Zweifel erweckt. Die Möglichkeit, anhand der Definition des Wahrheitsbegriffes solche Äquivalenzen beweisen zu können, stellt ein Argument dar, welches für die meritorische Richtigkeit dieser Definition spricht. Die Möglichkeit, solche Äquivalenzen beweisen zu können, zeigt, daß die angegebene Definition den Sinn des Terminus „eine wahre Aussage" in Übereinstimmung mit der klassischen Wahrheitskonzeption präzisiert, nach der eine Aussage dann und nur dann wahr ist, wenn es so ist, wie sie es behauptet. Die meritorische Richtigkeit der Definition einer wahren Aussage wird noch durch die Tatsache bestätigt, daß man aufgrund dieser Definition bestimmte, allgemein anerkannte Aussagen, in denen der Terminus „eine wahre Aussage" vorkommt, beweisen kann, nämlich folgende:

1. das Prinzip der Zweiwertigkeit: Jede Aussage ist entweder wahr oder falsch,

2. das metalogische Gesetz vom ausgeschlossenen Dritten: Von zwei sich widersprechenden Aussagen ist eine wahr,

3. das metalogische Gesetz vom Widerspruch: Von zwei sich widersprechenden Aussagen ist eine falsch.

Wenn wir festgelegte M und Q, also eine festgelegte Auffassungsweise der außerlogischen Konstanten des Systems S annehmen, erhalten wir diese Aussagen aus den nachstehend angeführten:

Die Aussage E ist wahr in M bei Q oder die Aussage E ist nicht wahr in M bei Q (d. h., die Aussage E ist falsch in M bei Q).

Die Aussage E ist wahr in M bei Q oder die Aussage $\ulcorner \sim E \urcorner$ ist wahr in M bei Q. $\sim$ (die Aussage E ist wahr in M bei $Q \wedge$ die Aussage $\ulcorner \sim E \urcorner$ ist wahr in M bei Q).

Zum Beweis dieser Aussagen benutzt man die Definition der Erfüllbarkeit, die Definition der Wahrheit, die zum Metasystem gehörenden Gesetze des klassischen Aussagenkalküls sowie die vorher angegebene Schlußfolgerung aus der Definition der Erfüllbarkeit, nach der entweder jede Folge von Gegenständen die Aussage E in M bei Q erfüllt oder keine Folge von Gegenständen die Aussage E in M bei Q erfüllt.

Mit Hilfe des Begriffes der Wahrheit von Ausdrücken des Systems S im Bereich M wird der semantische Begriff eines Modells des Systems S bestimmt:

Ein Bereich M ist ein Modell des Systems (der Theorie) S bei der Zuordnung $Q \equiv$ jedes Theorem des Systems S ist ein wahrer Ausdruck im Bereich M bei der Zuordnung Q.

Bei festgelegter Zuordnung Q ist also ein Modell des Systems S ein solcher und nur ein solcher Bereich, in dem alle Theoreme des Systems S wahr sind.

Die Menge der wahren Ausdrücke des Systems S im Bereich M bei der Zuordnung Q werden wir durch das Symbol „$E(M, Q)$" bezeichnen (oder auch, bei festgelegtem Q, durch das Symbol „$E(M$")). Also: $H \in E(M, Q) \equiv H$ ist ein wahrer Ausdruck (des Systems S) im Bereich M bei der Zuordnung Q.

Wenn wir dieses Symbol benutzen und unter dem System S die

Menge der Theoreme des Systems S verstehen, erhalten wir die Äquivalenz:

Der Bereich M ist ein Modell des Systems S bei der Zuordnung $Q \equiv S \subset E(M, Q) \equiv \bigwedge_{H} (H \in S \rightarrow H \in E(M, Q))$.

Aufgrund der Definition der Menge der Theoreme eines Axiomensystems als der kleinsten Menge, in welcher die Axiome des Systems enthalten sind und die in bezug auf die durch die primären Regeln des Systems bestimmten Relationen abgeschlossen ist, sowie aufgrund der zuletzt angegebenen Äquivalenz und dem Theorem (XXI) aus Abschnitt 3.9 des Kapitels V erhalten wir folgendes Theorem:

Wenn 1. die Axiome des Systems S im Bereich M bei der Zuordnung Q wahre Ausdrücke sind und 2. die primären Regeln des Systems S von wahren Ausdrücken in M bei Q wieder zu wahren Ausdrücken in M bei Q führen, so ist der Bereich M ein Modell der Menge der Theoreme des Axiomensystems S. Wenn die primären Regeln des Systems S logische Regeln sind, so kann man aufgrund der Definitionen der Wahrheit und der Erfüllbarkeit beweisen, daß die Bedingung 2. erfüllt ist. Um also zu beweisen, daß der Bereich M bei der Zuordnung Q ein Modell der Menge der Theoreme des auf der Logik beruhenden Axiomensystems S ist, braucht man nur zu beweisen, daß die Axiome des Systems S wahre Ausdrücke im Bereich M bei der Zuordnung Q sind.

Das Theorem (2) ist die Grundlage der Modellmethode für Beweise der Widerspruchsfreiheit. Dieser Methode nach beweisen wir die Widerspruchsfreiheit einer Menge A von Ausdrücken so, daß wir ein Modell M finden derart, daß in ihm alle Ausdrücke der Menge A bei der Zuordnung Q wahr sind. Dann gilt: $A \subset E(M, Q)$. Aufgrund dieser Inklusion folgt aus der Widerspruchsfreiheit der Menge $E(M, Q)$ die Widerspruchsfreiheit der Menge A.

Die Konsequenzen der Ausdrücke, die wahr in M bei Q sind, sind ebenfalls wahr in M bei Q, d. h., es gilt:

$$X \subset E(M, Q) \rightarrow CnX \subset E(M, Q).$$

Aus diesem Theorem folgt:

$$X \subset E(M, Q) \wedge H \notin E(M, Q) \rightarrow H \notin CnX.$$

Dieses Theorem ist die Grundlage der Modellmethode für die Beweise der Unabhängigkeit. Dieser Methode nach beweisen wir die Unabhängigkeit des Ausdrucks H von den Ausdrücken einer Menge X so, daß wir ein Modell M finden, in dem die Ausdrücke der Menge X bei der Zuordnung Q wahr sind, aber der Ausdruck H bei eben dieser Zuordnung Q nicht wahr ist.

Wenn wir der Konstanten „*Nn*“ die in A enthaltene Menge A_1 zuordnen, der Konstanten „*Seq*“ die Funktion f und der Konstanten „0“ ein Element a der Menge A zuordnen, so ist der Bereich $\langle A, A_1, f, a\rangle$ bei dieser Zuordnung ein Modell des Peanoschen Axiomensystems der Arithmetik der natürlichen Zahlen dann und nur dann, wenn die Axiome dieses Systems in diesem Bereich bei dieser Zuordnung wahr sind. Insbesondere stellt ein solches Modell der Bereich $\langle Nn, Nn, Seq, 0\rangle$ dar. Ähnlich ist der Bereich $\langle B, f, g, h\rangle$ bei der Zuordnung: „$\cup$“ $-f$, „$\cap$“ $-g$, „$-$“ $-h$ ein Modell des Systems der Booleschen Algebra mit den spezifischen Grundtermini: $\cup$, $\cap$, $-$ (das Gleichheitszeichen behandeln wir dann wie eine logische Konstante) dann und nur dann, wenn die Axiome dieses Systems in ihm bei dieser Zuordnung wahr sind. Insbesondere ist der Bereich $\langle B, \cup, \cap, -\rangle$ ein solches Modell. Jedes Modell des Systems der Booleschen Algebra wird eine Boolesche Algebra genannt.

Über die Menge $E(M)$ der Ausdrücke des Systems S, welche im Bereich M (bei festgelegter Zuordnung Q) wahr sind, kann man folgende Theoreme beweisen:

(1) Die Menge $E(M)$ der wahren Ausdrücke im Bereich M ist in bezug auf die Abtrennungsoperation (wie auch in bezug auf die durch andere logische Regeln bestimmten Relationen) ein System. Diese Regeln führen nämlich von wahren Ausdrücken in M wieder zu wahren Ausdrücken in M.

(2) Die Menge $E(M)$ der wahren Ausdrücke in M ist eine widerspruchsfreie Menge. Dies folgt daraus, daß zwei sich widersprechende Ausdrücke nicht gleichzeitig wahr in M sein können.

(3) Die Menge $E(M)$ der wahren Aussagen in M ist eine syntaktisch vollständige Menge. Dies folgt aus dem metalogischen Gesetz vom ausgeschlossenen Dritten.

Im vorangegangenen Abschnitt gaben wir die Definition der Erfüllbarkeit von Ausdrücken des Systems S an, dessen atomare Ausdrücke aus Prädikatenkonstanten und Namenvariablen gebildet sind. Jetzt wollen wir die Definition der Erfüllbarkeit und der Wahrheit von Ausdrücken des engeren Prädikatenkalküls kennenlernen. Wir nehmen an, Namenvariable dieses Systems seien die Variablen: $x_1, x_2, \ldots$; und Variable, welche Prädikate repräsentieren, seien die Variablen: P_1^1, P_1^2, $P_1^3, \ldots, P_2^1, P_2^2, P_2^3, \ldots$ Der obere Index gibt die Anzahl der Argumente des Prädikates an. Der Ausdruck „Pr_j^k“ ist hier eine Variable des Metasystems, welche die mit dem oberen Index „k“ versehenen Variablen des engeren Prädikatenkalküls repräsentieren. Die Variablen: $v_{i_1}, \ldots$, $v_{i_k}, a_{i_1}, \ldots, a_{i_k}, v_i, a_i$ verwenden wir hier im gleichen Sinne wie in der im vorangegangenen Abschnitt angegebenen Definition der Erfüllbarkeit (also als Variable, welche Namen der Namenvariablen des engeren Prädikatenkalküls repräsentieren, sowie als Variable des Metasystems, welche Entsprechungen dieser Variablen des Prädikatenkalküls sind). Da in den Ausdrücken des untersuchten Systems weder Prädikatenkonstanten noch Namenkonstanten vorkommen, reduziert sich der Bereich M auf die Menge A. Wir werden also den Begriff der Erfüllbarkeit und der Wahrheit von Ausdrücken des engeren Prädikatenkalküls in der Menge A bestimmen.

Ähnlich wie in der im vorangegangenen Abschnitt angegebenen Definition ist die Folge $\{a_n\}$ eine beliebige Folge, deren Glieder Elemente der Menge A sind.

Eine Folge $\{R_n^k\}$ ist eine beliebige Folge, deren Glieder k-gliedrige Relationen zwischen Elementen der Menge A sind, wenn $k > 1$, oder auch Mengen von Elementen der Menge A sind, wenn $k = 1$. Ähnlich wie im vorangegangenen Abschnitt sprechen wir von der Erfüllbarkeit von Ausdrücken durch die unendlichen Folgen $\{a_n\}$ und $\{R_n^k\}$ und ähnlich wie dort nehmen wir an, daß das i-te Glied einer solchen Folge einer entsprechenden Variablen mit den unteren Index „i" zugeordnet ist. Nach dieser Erklärung der Symbolik geben wir die **Definition der Erfüllbarkeit von Ausdrücken des engeren Prädikatenkalküls in der Menge A** an:

1. Die Folgen $\{R_n^k\}$ und $\{a_n\}$ erfüllen in der Menge A den Ausdruck $\ulcorner Pr_j^m(v_{i_1}, \ldots, v_{i_m})\urcorner \equiv \langle a_{i_1}, \ldots, a_{i_m}\rangle \in R_j^m$.

2a. Die Folgen $\{R_n^k\}$ und $\{a_n\}$ erfüllen in A den Ausdruck $\ulcorner \sim E\urcorner$ $\equiv$ die Folgen $\{R_n^k\}$ und $\{a_n\}$ erfüllen in A den Ausdruck E nicht.

b. Die Folgen $\{R_n^k\}$ und $\{a_n\}$ erfüllen in A den Ausdruck $\ulcorner E \wedge H\urcorner \equiv$ (die Folgen $\{R_n^k\}$ und $\{a_n\}$ erfüllen in A den Ausdruck E) $\wedge$ (die Folgen $\{R_n^k\}$ und $\{a_n\}$ erfüllen in A den Ausdruck H).

Die Punkte 2c, d und e sind analog zum Punkt 2b formuliert, nur mit dem Unterschied, daß in ihnen jeweils anstelle der Konjunktion die Alternative, die Implikation und die Äquivalenz treten.

3a. Die Folgen $\{R_n^k\}$ und $\{a_n\}$ erfüllen in A den Ausdruck $\ulcorner \bigwedge_{v_i} E\urcorner \equiv \bigwedge_{a \in A}$ (Die Folgen $\{R_n^k\}$ und $\{a_n\}$ $\binom{a_i}{a}$ erfüllen in A den Ausdruck E).

Der Punkt 3c ist analog formuliert, nur mit dem Unterschied, daß auf beiden Seiten dieser Äquivalenz statt des Allquantifikators der Existenzquantifikator auftritt.

Wenn das Metasystem nicht auf der logischen Typentheorie beruht (also z. B. auf der axiomatischen Mengenlehre oder auf irgendeinem System der Logik aufgebaut ist, welches sich nicht auf die Typentheorie stützt), so kann man statt von der Erfüllbarkeit eines Ausdruckes durch die beiden genannten Folgen von der Erfüllbarkeit eines Ausdruckes durch eine Folge, deren Glieder alle und nur die Glieder dieser Folgen sind, sprechen. Dies ist nicht möglich, wenn das Metasystem auf der Typentheorie aufgebaut ist, weil nach dieser Theorie alle Glieder der gleichen Folge zum gleichen logischen Typ gehören müssen.

Ein Ausdruck E des engeren Prädikatenkalküls ist **wahr in der Menge** $A \equiv$ jedes Paar der Folgen $\{R_n^k\}$ und $\{a_n\}$ erfüllt in A den Ausdruck E (d. h. alle Folgen $\{R_n^k\}$ und $\{a_n\}$ erfüllen in A den Ausdruck E).

Ein Ausdruck E des engeren Prädikatenkalküls ist **wahr** $\equiv$ der Ausdruck E ist wahr in jeder nicht-leeren Menge A.

Definieren wir auf analoge Weise den Begriff der Erfüllbarkeit und der Wahrheit von Ausdrücken des Prädikatenkalküls n-ter Stufe, in dem $n+1$ syntaktische Kategorien von Variablen auftreten, so sprechen wir von der Erfüllbarkeit eines Ausdruckes durch $n+1$ unendliche Folgen (durch ein geordnetes n-Tupel von $n+1$ Folgen).

Wenn das Metasystem nicht auf der Theorie der logischen Typen beruht, so kann man – ähnlich wir im vorigen Fall – von der Erfüllbarkeit eines Ausdruckes durch eine aus den Gliedern dieser Folgen gebildeten Folge sprechen.

Mit Hilfe des Begriffs der Wahrheit der Ausdrücke im Bereich M bei der Zuordnung Q kann der Begriff der **Wahrheit** der Ausdrücke eines deduktiven Systems definiert werden: Ein Ausdruck H eines deduktiven Systems S ist **wahr** $\equiv$ H ist wahr in jedem Bereich M, der ein Modell des Systems S bei einem gewissen Q ist $\equiv \bigwedge_{M,Q} [S \subset \subset E(M, Q) \rightarrow H \in E(M, Q)]$.

Weil jede nicht-leere Menge ein Modell eines logischen Systems ist, erhalten wir aus dieser Definition die Äquivalenz:

Ein Ausdruck H eines logischen Systems ist wahr $\equiv$ H ist wahr in jeder nicht-leeren Menge.

In diesem Sinne sprachen wir bisher von der Wahrheit der Ausdrücke des engeren Prädikatenkalküls.

Wahre Ausdrücke eines logischen Systems nennt man, wie bereits bemerkt, **logische Gesetze** oder **Tautologien**.

Wenn wir dagegen von der Wahrheit der Ausdrücke eines deduktiven Systems, welches auf der Logik aufgebaut ist und spezifische, außerlogische Konstanten enthält, sprechen, meinen wir die Wahrheit der Ausdrücke dieses Systems in jedem Bereich, der ein Modell dieses Systems bei einer gegebenen Zuordnung von außerlogischen Konstanten und Elementen des Modells ist. In diesem Sinne sprechen wir z. B.

von der Wahrheit der Ausdrücke der Arithmetik der natürlichen Zahlen.

Mitunter aber, insbesondere dann, wenn von der Wahrheit der Ausdrücke eines Systems gesprochen wird, welches empirische Aussagen enthält, meinen wir die Wahrheit von Ausdrücken dieses Systems in einem festgelegten Modell bei einer festgelegten Zuordnung von außerlogischen Konstanten und Elementen des Modells *M*.

Mit Hilfe des Wahrheitsbegriffes wird der Begriff der semantischen Vollständigkeit eines Systems bestimmt:

Ein System *S* ist semantisch vollständig dann und nur dann, wenn jeder wahre Ausdruck des Systems *S* ein Theorem des Systems *S* ist.

In dieser Definition verwenden wir den Terminus „ein wahrer Ausdruck des Systems *S*" auf eine der beiden obenangegebenen Arten, in Abhängigkeit davon, ob es sich um ein logisches System handelt oder um ein System, welches auf der Logik aufgebaut ist und spezifische, außerlogische Konstanten enthält.

Im Jahre 1930 hat K. Gödel bewiesen, daß der engere Prädikatenkalkül ein semantisch vollständiges System ist. Jeder wahre Ausdruck dieses Systems, d. h. jeder in jeder nicht-leeren Menge wahre Ausdruck dieses Systems, ist ein Theorem dieses Systems.

Systeme (Theorien), welche auf dem engeren Prädikatenkalkül aufgebaut sind und in deren Ausdrücken außer logischen Konstanten nur Namenvariable und spezifische Prädikatenkonstanten vorkommen, werden Standard- oder Elementar-Systeme (-Theorien) genannt.

Der Gödelsche Satz von der semantischen Vollständigkeit des engeren Prädikatenkalküls ist äquivalent der Aussage, welche besagt, daß es für jedes widerspruchsfreie Elementarsystem einen Bereich *M* gibt, der ein Modell dieses Systems bei einer bestimmten Zuordnung *Q* ist.

Der Satz von Skolem-Löwenheim besagt, daß jedes widerspruchsfreie Elementarsystem ein abzählbares Modell besitzt. Dieser Satz hat weitgehende Konsequenzen, weil aus ihm folgt, daß es für die Systeme ZFS und NBG der axiomatischen Mengenlehre ein abzählbares Modell gibt.

Dies hängt mit dem Problem der Kategorizität eines Systems zusammen.

Ein System ist kategorisch dann und nur dann, wenn zwei beliebige seiner Modelle isomorph sind.

Kategorisch ist das Peanosche Axiomensystem der Arithmetik der natürlichen Zahlen mit dem Induktionsaxiom und dem Axiom:

$\bigwedge_k k \in Nn$. Das Induktionsaxiom ist ein Beispiel für eine nichtelementare Aussage der Arithmetik, weil in ihr sowohl natürliche Zahlen durchlaufende Variable als auch Mengen natürlicher Zahlen durchlaufende Variable vorkommen.

Jedes Elementarsystem ist dagegen nicht-kategorisch. Es wird auch der Begriff der Kategorizität eines Systems in einer gegebenen Mächtigkeit eingeführt. Als Mächtigkeit eines Modells *M* wird die Mächtigkeit der Menge *A* dieses Modells bezeichnet. Ein System ist kategorisch in der Mächtigkeit *m* dann und nur dann, wenn zwei beliebige seiner Modelle der Mächtigkeit *m* isomorph sind.

Wenn wir von Modellen von Systemen sprechen, meinen wir Standard-Modelle, in denen die gewöhnliche Bedeutung der logischen Konstanten, wie z. B. der Konstanten „=", „∈", beibehalten wird.

Im Jahre 1931 bewies K. Gödel in der Arbeit *Über formal unentscheidbare Sätze der Prinzipia Mathematica und verwandter Systeme*[1] ein berühmtes Theorem, das Gödelscher Unvollständigkeitssatz genannt wird. Dieses Theorem besagt (in der später von J. B. Rosser verstärkten Formulierung), daß jedes widerspruchsfreie Axiomensystem, welches die Arithmetik der natürlichen Zahlen enthält, unvollständig ist, daß es also wahre Aussagen dieses Systems gibt, die sich in ihm nicht beweisen lassen.

Zum Beweis dieses Theorems benutzt K. Gödel die sogenannte Arithmetisierung der Syntax. Sie besteht darin, daß man den Symbolen und Ausdrücken eines Systems *S* natürliche Zahlen, welche die Nummern dieser Ausdrücke sind, eineindeutig zuordnet und den Mengen der Ausdrücke sowie den zwischen diesen Ausdrücken bestehenden Relationen Mengen von Zahlen, welche die Nummern dieser Ausdrücke sind, und zwischen den Nummern dieser Ausdrücke bestehende Relationen eineindeutig zuordnet. Aufgrund dieser Zuordnung haben bestimmte arithmetische Sätze neben der üblichen arithmetischen Interpretation auch eine syntaktische Interpretation, welche sich auf die Ausdrücke bezieht. Unter Benutzung einer solchen Arithmetisierung der Syntax konstruiert K. Gödel in einem bestimmten System *S*, welches die Arithmetik der natürlichen Zahlen enthält, eine bestimmte Aussage *G*. Dieser Satz behauptet in der syntaktischen Interpretation von sich selbst, er sei kein Theorem des Systems *S*. K. Gödel beweist, wenn

[1] [Gekürzter Nachdruck dieser Arbeit in K. Berka, L. Kreiser, *Logik-Texte. Kommentierte Auswahl zur Geschichte der modernen Logik*, 2. Auflage Berlin 1973, S. 321–325. Diese Arbeit von K. Gödel erschien in: Monatshefte für Physik und Mathematik, 38, 1931, S. 173–198.]

ein System S widerspruchsfrei ist, dann sind weder die Aussage G noch die Negation der Aussage G Theoreme des Systems S. Die Aussage G ist aber ein arithmetischer Satz des Systems S, welcher in der arithmetischen Interpretation behauptet, daß eine bestimmte natürliche Zahl, welche die Nummer des Satzes G ist, nicht zu der Klasse derjenigen natürlichen Zahlen gehört, welche die Nummern der Theoreme des Systems S sind. Im untersuchten System S, in dem die Arithmetik der natürlichen Zahlen enthalten ist, gibt es also eine arithmetische Aussage G derart, daß weder die Aussage G noch ihre Negation Theoreme des Systems S sind. Eine dieser beiden sich widersprechenden Aussagen ist aber wahr. Und tatsächlich ist die Aussage G wahr. In der syntaktischen Interpretation behauptet der Satz G von sich, er sei kein Theorem des Systems S, und er ist auch faktisch kein Theorem dieses Systems. Wenn man im Metasystem des Systems S den Wahrheitsbegriff nach der Methode von Tarski definiert, kann man in diesem Metasystem beweisen, daß die Aussage G eine wahre Aussage des Systems S ist. Es gibt also wahre Aussagen des Systems S, welche keine Theoreme des Systems S sind. Das System S ist also ein semantisch nicht vollständiges System. Diese semantische Unvollständigkeit des Systems S kann nicht dadurch beseitigt werden, daß man die Aussage G zu den Axiomen des Systems S hinzufügt. Für ein auf diese Weise erweitertes System kann man nämlich wieder nach der von Gödel eingeführten Methode eine andere Aussage G_1 konstruieren, welche in diesem erweiterten System die gleiche Rolle erfüllt wie die Aussage G im System S, welche also kein Theorem des erweiterten Systems ist, obwohl sie eine wahre Aussage dieses Systems ist, und ihre Negation ebenfalls kein Theorem des erweiterten Systems ist.

Der Gödelsche Satz bezieht sich auf alle widerspruchsfreien Axiomensysteme, welche die Arithmetik der natürlichen Zahlen enthalten, also auch auf das System der einfachen Typentheorie mit dem Unendlichkeitsaxiom, das System der axiomatischen Mengenlehre oder nicht auf der Typentheorie beruhende Systeme der Logik, in denen man die Arithmetik der natürlichen Zahlen aufbauen kann – unter Annahme der Widerspruchsfreiheit dieser Systeme. Insbesondere ist das Axiomensystem der Arithmetik der natürlichen Zahlen (mit den Operationen der Addition und der Multiplikation) ein semantisch unvollständiges System.

Den Gödelschen Satz kann man auch als eine Behauptung formulieren, welche feststellt, daß eine nichtaxiomatisierbare Menge sowohl die Menge der wahren Aussagen der Arithmetik der natürlichen Zahlen ist, als auch die Menge der wahren Ausdrücke jedes

Systems der Logik, in dem die Arithmetik der natürlichen Zahlen enthalten ist.

Die oben behandelte Aussage G ist äquivalent einer Aussage, welche die Widerspruchsfreiheit des Systems S feststellt. Wenn also ein System S, welches die Arithmetik der natürlichen Zahlen enthält, widerspruchsfrei ist, so kann die Widerspruchsfreiheit des Systems S nicht im System S bewiesen werden. Daraus folgt, wenn die Widerspruchsfreiheit eines solchen Systems S im System S bewiesen werden kann, dann ist auch das System S widersprüchlich. Auf diese Weise haben S. C. Kleene und J. B. Rosser die Widersprüchlichkeit eines bestimmten Systems von A. Church bewiesen.[1] Der Gödelsche Satz gehört zu den bedeutungsvollsten logischen Entdeckungen des XX. Jahrhunderts. Er hatte großen Einfluß auf die Bestimmung der Richtung der Forschungen zu deduktiven Systemen.

Der Gödelsche Satz zeigt, daß man den Begriff eines logischen Theorems und den Begriff eines wahren Ausdruckes eines logischen Systems, d. h. eines aus logischen Konstanten und Variablen gebildeten wahren Ausdruckes, nicht miteinander identifizieren kann. In bestimmten ärmeren logischen Systemen, welche semantisch vollständige Systeme sind, können diese beiden Begriffe den gleichen Umfang haben. Zum Beispiel ist im Aussagenkalkül (oder auch im engeren Prädikatenkalkül) ein Ausdruck wahr genau dann, wenn er ein Theorem dieses Systems ist. In reicheren logischen Systemen jedoch, auf die der Gödelsche Satz anwendbar ist, decken sich die Umfänge dieser beiden Begriffe nicht. Jedes logische Theorem eines solchen Systems ist ein wahrer Ausdruck dieses Systems, aber nicht umgekehrt. Es gibt wahre Ausdrücke eines solchen Systems, d. h. in jeder nicht-leeren Menge wahre Ausdrücke des Systems, welche keine Theoreme dieses Systems sind.

Als wir von Modellen der Elementarsysteme sprachen, berücksichtigten wir Bereiche, welche aus einer bestimmten Menge A sowie bestimmten Elementen der Menge A und gewissen, zwischen Elementen der Menge A bestehenden Relationen gebildet waren. Die Zuordnung Q ist eine Zuordnung entsprechender Elemente eines solchen Bereiches zu den außerlogischen Namenkonstanten und Prädikatenkonstanten eines solchen Systems. In Systemen, welche auf reicheren logischen Kalkülen beruhen, wie z. B. auf den Prädikatenkalkülen n-ter Stufe,

[1] Eine allgemeinverständliche, aber gleichzeitig exakte Darstellung des Ergebnisses von Gödel findet man z. B. in [E. Nagel, J. R. Newman, *Der Gödelsche Beweis*, Wien-München 1964. Eine anspruchsvollere Darstellung gibt W. Stegmüller in: *Unvollständigkeit und Unentscheidbarkeit*, 2. berichtigte Auflage Wien-New York 1970.]

können (spezifische) außerlogische Konstanten verschiedener höherer syntaktischer Kategorien auftreten. Wenn wir von Modellen solcher Systeme sprechen, meinen wir Bereiche, welche aus einer bestimmten Menge A sowie Relationen und Mengen höherer Typen gebildet sind, die man auf der Grundlage der Menge A erhalten kann. Elemente eines solchen Bereiches können also z. B. bestimmte Untermengen der Menge A, Relationen zwischen Untermengen der Menge A, Mengen solcher Relationen usw. sein. Wenn wir im folgenden von einem Bereich sprechen werden, so meinen wir einen solchen allgemeiner verstandenen Bereich. Die Zuordnung Q ist eine Zuordnung von Elementen eines solchen Bereiches und von außerlogischen Konstanten des gegebenen Systems. Wenn wir im folgenden vom Bereich M sprechen werden, meinen wir außerdem einen nicht-leeren Bereich, d. h. einen solchen Bereich M, bei dem die Menge A dieses Bereiches eine nicht-leere Menge ist.

Unter Benutzung eines solchen Begriffes des Bereiches kann man den semantischen Begriff eines analytischen Satzes bestimmen: H ist ein analytischer Satz im semantischen Sinne $\equiv \bigwedge_{M,Q} H \in \in E(M, Q)$.

Analytische Sätze im semantischen Sinne sind diejenigen und nur diejenigen Sätze, welche wahr sind in jedem nicht-leeren Bereich M bei jeder Zuordnung Q der Elemente des Bereiches M und der außerlogischen Konstanten der gegebenen Sätze, also wahr sind in jedem nicht-leeren Bereich bei jeder Auffassungsweise der in ihnen auftretenden außerlogischen Konstanten. Analytische Sätze in diesem Sinne sind die wahren Ausdrücke der Systeme der Logik und die außerlogische Konstanten enthaltenden Einsetzungen in diese Ausdrücke. Analytische Sätze im syntaktischen Sinne, auf die wir im 4. Abschnitt des Kapitels V und im Abschnitt 2 des vorliegenden Kapitels eingingen, sind dagegen logische Theoreme oder Einsetzungen in sie, in denen außerlogische Konstanten vorkommen.

Aus dem Gödelschen Satz folgt, daß es analytische Sätze im semantischen Sinne gibt, welche keine analytischen Sätze im syntaktischen Sinne sind. Im Sinne dieses Satzes ist eine Menge analytischer Sätze im semantischen Sinne eine nicht-axiomatisierbare Menge. Jeder analytische Satz im syntaktischen Sinne ist dagegen ein analytischer Satz im semantischen Sinne, natürlich unter dem Vorbehalt, daß wir zu den Axiomen der Logik z. B. nicht einen solchen Ausdruck wie das im System der einfachen Typentheorie angenommene Unendlichkeitsaxiom zählen, welches in Bereichen, in denen die Menge A eine endliche Menge von Individuen ist, falsch ist.

Den Begriff eines analytischen Satzes im semantischen Sinne kann man als eine gewisse Entsprechung für den von Leibniz stammenden

Begriff eines Satzes, welcher „in jeder möglichen Welt wahr" ist, betrachten. Man kann nämlich die Definition der analytischen Sätze im semantischen Sinne als eine Definition betrachten, welche den Sinn des Terminus „ein wahrer Satz in jeder möglichen Welt" auf eine bestimmte Weise präzisiert.

Die Definition des semantischen Begriffes der **logischen Folgerung**, den wir im 4. Abschnitt des Kap. II behandelten, kann man mit Hilfe der eingeführten Begriffe – und der Annahme, daß der Bereich nicht-leer ist – auf eine der beiden folgenden Arten formulieren:

1. Eine Aussage H **folgt logisch** aus einer Klasse K von Aussagen $\equiv \bigwedge_{M,Q} [K \subset E(M,Q) \rightarrow H \in E(M,Q)]$.

2. Eine Aussage H folgt aus den Aussagen $H_1, \ldots, H_n \equiv$ $\equiv \bigwedge_{M,Q} (\ulcorner H_1 \wedge \cdots \wedge H_n \rightarrow H \urcorner \in E(M,Q))$.

Die erste Definition der logischen Folgerung geht auf eine Definition von A. Tarski aus dem Jahre 1935 zurück, während dagegen die zweite auf eine Definition von K. Ajdukiewicz aus dem Jahre 1934 zurückgeht.[1] Wenn K eine endliche Klasse von Aussagen ist, so sind beide Definitionen einander äquivalent. Aufgrund der Definitionen der Erfüllbarkeit und der Wahrheit im Bereich M bei einer Zuordnung Q kann man nämlich folgende Äquivalenz beweisen:

$$\bigwedge_{M,Q} [\{H_1, \ldots, H_n\} \subset E(M,Q) \rightarrow H \in E(M,Q)] \equiv$$
$$\equiv \bigwedge_{M,Q} (\ulcorner H_1 \wedge \cdots \wedge H_n \rightarrow H \urcorner \in E(M,Q)).$$

Aufgrund der Definition von A. Tarski kann man davon sprechen, daß eine Aussage aus einer unendlichen Klasse von Aussagen folgt, während in der Definition von K. Ajdukiewicz nur davon gesprochen wird, daß eine Aussage aus einer endlichen Klasse von Aussagen folgt. Eine im Prinzip der Definition von A. Tarski sehr nahe kommende Definition der logischen Folgerung gab im Jahre 1837 B. Bolzano.[2]

[1] K. Ajdukiewicz, *Logiczne podstawy nauczania* [*Logische Grundlagen des Lehrens*], 1934; A. Tarski, *Über den Begriff der logischen Folgerung*, in: Actes du Congrès International de Philosophie Scientifique, Paris 1935, Bd. II, ASI 394, S. 1–11. [Mit Ausnahme einiger Fußnoten wurde diese Arbeit von A. Tarski nachgedruckt in: K. Berka, L. Kreiser, *Logik-Texte. Kommentierte Auswahl zur Geschichte der modernen Logik*, 2. Auflage Berlin 1973, S. 359–368].

[2] [Vgl. dazu den Nachdruck der diesbezüglichen Ausführungen von B. Bolzano in: K. Berka, L. Kreiser, *Logik-Texte. Kommentierte Auswahl zur Geschichte der modernen Logik*, 2. Auflage Berlin 1973, S. 5–9.]

Der semantische Begriff der logischen Folgerung ist vom syntaktischen Begriff der Ableitbarkeit gemäß logischer Regeln zu unterscheiden. Wenn wir die in der Formulierung des Deduktionstheorems angegebenen Vorbehalte bezüglich der Einsetzungs- und der Einführungsregel des Allquantifikators annehmen, können wir feststellen, daß:

Eine Aussage H ist ableitbar (ist eine Konsequenz) gemäß logischer Regeln aus den Aussagen $H_1, \ldots, H_n \equiv$ die Implikation $\ulcorner H_1 \wedge \cdots \wedge H_n \rightarrow H \urcorner$ ist ein logisches Theorem.

Da man den Begriff eines logischen Theorems nicht mit dem Begriff eines wahren Ausdruckes eines Systems der Logik identifizieren kann, kann man auch nicht den Begriff der Ableitbarkeit gemäß logischer Regeln mit dem Begriff der logischen Folgerung identifizieren. Wahr ist folgende Impliation: Wenn die Aussage H gemäß logischer Regeln (mit den im Deduktionstheorem formulierten Vorbehalten) aus den Aussagen $H_1, \ldots, H_n$ ableitbar ist, so folgt die Aussage H logisch aus den Aussagen $H_1, \ldots, H_n$. Diese Implikation folgt aus der zuletzt angegebenen Äquivalenz sowie daraus, daß jedes logische Theorem ein wahrer Ausdruck eines logischen Systems ist. Die umgekehrte Implikation ist in dieser allgemeinen Formulierung nicht wahr. Wahr sind nur bestimmte Spezialfälle der umgekehrten Implikation. Aus dem (semantischen) Vollständigkeitstheorem für den engeren Prädikatenkalkül folgt, daß die umgekehrte Implikation für Ausdrücke der auf diesem Kalkül beruhenden Standard-(Elementar-)Systeme wahr ist. Für Ausdrücke solcher Systeme gilt also: Eine Aussage H ist gemäß logischer Regeln (mit den entsprechenden Vorbehalten) aus den Aussagen $H_1, \ldots, H_n$ ableitbar $\equiv$ die Aussage H folgt logisch aus den Aussagen $H_1, \ldots, H_n$.

Dagegen ist für reichere logische Systeme, auf die der Gödelsche Satz anwendbar ist, sowie für Systeme, welche auf solchen logischen Systemen beruhen, die umgekehrte Implikation nicht wahr. Aufgrund der Theoreme des Aussagenkalküls ist also die nach der von K. Gödel angegebenen Methode konstruierte Aussage G eines solches Systems z. B. äquivalent der Implikation $\ulcorner H \vee \sim H \rightarrow G \urcorner$. Da G eine wahre Aussage ist, ist diese Implikation ebenfalls eine wahre Aussage. Die Aussage ist aber kein Theorem. Also ist die Aussage G nicht aus der Aussage $\ulcorner H \vee \sim H \urcorner$ ableitbar, obwohl sie aus der Aussage $\ulcorner H \vee \sim H \urcorner$ logisch folgt. Aus der Definition der logischen Folgerung und der analytischen Sätze im semantischen Sinne folgt:

Jeder analytische Satz im semantischen Sinne folgt logisch aus einem beliebigen Satz.

Dieses Theorem ist dem folgenden analog:

Jeder analytische Satz im syntaktischen Sinne ist gemäß logischer Regeln aus einem beliebigen Satz ableitbar.

Dieses Theorem erhalten wir aufgrund der Definition der analytischen Sätze im syntaktischen Sinne und der Definition der Ableitbarkeit gemäß logischer Regeln.

Die Definitionen semantischer Begriffe in der modernen Logik, insbesondere des Begriffes einer wahren Aussage im Sinne der klassischen Wahrheitskonzeption (unter Ausschluß semantischer Antinomien), sind vom philosophischen Standpunkt aus sehr bedeutungsvoll. Diese Begriffe gehören nämlich zu den Grundbegriffen der Erkenntnistheorie oder stellen zumindest Entsprechungen solcher Begriffe dar. Ebenso bedeutungsvoll sind bestimmte Ergebnisse der Forschung zu deduktiven Systemen, insbesondere der Gödelsche Satz von der Unvollständigkeit reicherer logischer Systeme. In dem Artikel *Problemat idealizmu transcendentalnego w sformułowaniu semantycznym*[1] [*Das Problem des transzendentalen Idealismus in semantischer Formulierung*] aus dem Jahre 1937 kritisiert K. Ajdukiewicz den Standpunkt des transzendentalen Idealismus, wobei er sich auf die Ergebnisse von K. Gödel stützt, insbesondere darauf, daß man den Begriff einer wahren Aussage nicht mit dem Begriff des Theorems eines Systems identifizieren kann. In dem Artikel *Epistemologia i semiotyka*[2] [*Epistemologie und Semiotik*] aus dem Jahre 1948 kritisiert der gleiche Autor die Argumente aus dem Bereich der Erkenntnistheorie des metaphysischen Idealismus (sowohl des objektiven als auch des subjektiven), welche sich auf epistemologische Überlegungen stützen. Bei dieser Kritik benutzt K. Ajdukiewicz die Aussagen bezüglich der Bedingungen, welche eine Metasprache (ein Metasystem) erfüllen muß, damit man in ihr (ihm) adäquate (meritorisch richtige) Definitionen der Termini „eine wahre Aussage“ und „Bezeichnen“ für die Ausdrücke der gegebenen Sprache (des gegebenen Systems) angeben kann. Diese Artikel sind Beispiele dafür, wie man bei der Formulierung und Lösung bestimmter klassischer philosophischer Probleme von den Ergebnissen der modernen Logik Gebrauch machen kann. Dies zeugt davon, daß bestimmte Ergebnisse der modernen formalen Logik eine Bedeutung besitzen, die weit über den Rahmen dieses Spezialgebietes hinausgeht.

[1] [Przeglad Filozofizany XL, 1937, S. 271–287].

[2] Englisch in: Proceedings of the Xnth Congress of Philosophy, Amsterdam 1948, S. 607–609.

Tabelle der logischen Zeichen

A^B	Abbildung einer Menge B in eine Menge A
	ableitbar im System S
$[x]_{R,A}$	Abstraktionsklasse einer Relation R in der Menge A
$\simeq$	Ähnlichkeit geordneter Mengen
$W(F//G)$	Ausdruck, der aus W durch Ersetzung von F durch G entsteht
$E(v/W)$	Ausdruck, der aus E durch Einsetzung des Ausdrucks W für die Variable v entsteht
$\equiv$	Äquivalenzzeichen
$\mathbf{V}$	Allmenge, Allname
$\mathbf{V}^n$	Allmenge n-ten Typs
a	allgemein bejahende Aussage bildender Funktor
e	allgemein verneinende Aussage bildender Funktor
$\bigwedge_x$	Allquantifikator
$\bigwedge_{E(x)}$	Allquantifikator mit begrenztem Bereich
A	Alternative
$\vee$	Alternativzeichen
$\underset{c}{=}$	Bereichsgleichheit
$D(\mathrm{R})$	Bereich einer Relation
$\underset{df}{=}$	Definitionsgleichheit
$\imath$	deskriptiver Operator
$-$	Differenz zweier Mengen
$\sim_R$	die durch die Relation R festgelegte Gleichmächtigkeit
$Cl\,(B, K)$	die in bezug auf die Relationen der Klasse K abgeschlossene Menge B
$\cap$	Durchschnittszeichen
$\subsetneqq$	echte Enthaltenseinsbeziehung
$\{x\}$	Einermenge
$\bigvee_1$	Einsquantifikator
$\in$	Elementbeziehung
$\in_m$	Elementbeziehung zwischen Mengen m-ten Typs

$\subset$	Enthaltenseinsbeziehung
$\subset_m$	Enthaltenseinsrelation zwischen Mengen m-ten Typs
ε	Epsilonoperator; „ist“, Grundterminus der Ontologie von St. Leśniewski
$\bigvee_x$	Existenzquantifikator
$\bigvee_{E(x)}$	Existenzquantifikator mit begrenztem Bereich
$\vert$	Exklusionszeichen
0	Falschheit einer Aussage, Konstante falsum, Zahl 0
fl	Konstante falsum
$C(R)$	Feld einer Relation
$as(p)$	Funktor Assertion
$\vee_m$	Funktor der mehrwertigen Alternative
$\sim_m$	Funktor der mehrwertigen zyklischen Negation
$\langle x_1, x_2 \rangle$	geordnetes Paar
M	Funktor der Möglichkeit
$\Diamond$	Funktor der Möglichkeit
L	Funktor der Notwendigkeit
$\Box$	Funktor der Notwendigkeit
$\Rightarrow$	Funktor der strikten Implikation
$\Leftrightarrow$	Funktor der strikten Äquivalenz
T	Funktor T
$G(R)$	Gegenbereich einer Relation R
hom	Homomorphismus von Relationen
hom_T	––, der durch eine Relation T festgelegt ist
$=$	Identität
$R \vert B$	im Gegenbereich auf eine Menge B beschränkte Relation R
$B \vert R$	im Feld auf eine Menge B beschränkte Relation R
I^n	n-stellige Identitätsfunktion
$\rightarrow$	Implikationszeichen, Zeichen der strengen Implikation
C	Implikation
ism	Isomorphismus von Relationen
ism_T	–, durch eine Relation T festgelegt
$Nc'A$	Kardinalzahl der Menge A
$A \times B$	Kartesisches Produkt von Mengen A, B
$Z_K(A)$	kleinste Menge, die die Menge A enthält und in bezug auf die Relationen einer Klasse K abgeschlossen ist
$\bar{A}$	Komplement der Menge A, Zeichen der Namennegation
$\wedge$	Konjunktionszeichen
$\underline{K}$	Konjunktion
$\breve{R}$	Konversion einer Relation R
$\emptyset$	leere Menge
$\aleph_0$	(Aleph-Null), Mächtigkeit der Menge der natürlichen Zahlen

$\mathfrak{c}$	Mächtigkeit der Menge der reellen Zahlen
$as(A)$	Menge der asymmetrischen Relationen
$aeq(A)$	Menge der Äquivalenzrelationen
$1\text{-}cls$	Menge der eindeutigen Relationen
$intr(A)$	Menge der intransitiven Relationen
$irr(A)$	Menge der irreflexiven Relationen
$con(A)$	Menge der konnexen Relationen
$Cn(x)$	Menge der Konsequenzen aus einer Menge x
Nn	Menge der natürlichen Zahlen
$refl(A)$	Menge der reflexiven Relationen
$R''(y)$	Menge der R-Nachfolger eines Gegenstandes y
$as^*(A)$	Menge der schwach asymmetrischen Relationen
$altrans(A)$	Menge der schwach transitiven Relationen
$sym(A)$	Menge der symmetrischen Relationen
$reflex\ (A)$	Menge der total reflexiven Relationen
$\{x_1 \ldots x_n\}$	Menge mit n Elementen
$\{x : W(x)\}$	Menge der x, für die gilt: $W(x)$
$Cls\text{-}1$	Menge der umgekehrt eindeutigen Relationen
$1-1$	Menge der umkehrbar eindeutigen Relationen
$E(M, Q)$	Menge der wahren Ausdrücke des Systems S im Bereich M bei der Zuordnung Q
seq	Nachfolger einer natürlichen Zahl
N	Negation
$\wedge^n$	Nullmenge n-Typs
trans (A)	Menge der transitiven Relationen
$\supset$	ist Obermenge
i	partikulär bejahende Aussage bildender Funktor
o	partikulär verneinende Aussage bildender Funktor
$\ulcorner \urcorner$	Quasi-Anführungszeichen
$R''A$	R-Bild der Menge A
$R; S$	relatives Produkt der Relationen R und S
R^*, S	relative Summe von Relationen R und S
$E\wedge$	Regel der Einführung des Allquantifikators
$E\vee$	Regel der Einführung des Existenzquantifikators
$B\wedge$	Regel der Beseitigung des Allquantifikators
$B\vee$	Regel der Beseitigung des Existenzquantifikators
$\cup$	Zeichen der Mengenvereinigung
R_*	Vorgängerrelation
R_{po}	echte Vorgängerrelation
vr	Funktor verum
1	Wahrheit einer Aussage, Zahl 1
$part\ (A)$	Zerlegung einer Menge A
$\sim$	Zeichen der Negation, der Gleichmächtigkeit von Mengen
$\downarrow$	Zeichen der einschließenden Negation

Stichwortregister

Bei Fragen zur Produktsicherheit wenden Sie sich bitte an:
If you have any questions regarding product safety,
please contact:

Walter de Gruyter GmbH
Genthiner Straße 13
10785 Berlin
productsafety@degruyterbrill.com